海洋声层析
——理论和应用

[美]沃尔特·芒克　彼得·伍斯特　卡尔·温施　著
项　杰　赵小峰　王辉赞　杜华栋　等译

国防工业出版社
·北京·

著作权合同登记　图字：军-2012-232号

图书在版编目(CIP)数据

海洋声层析：理论和应用/(美)沃尔特·芒克，(美)彼得·伍斯特，(美)卡尔·温施著；项杰等译.
—北京：国防工业出版社，2023.3
书名原文：Ocean Acoustic Tomography
ISBN 978-7-118-12438-5

Ⅰ.①海…　Ⅱ.①沃…②彼…③卡…④项…　Ⅲ.①海洋学—声学—层析成像　Ⅳ.①P733.2

中国版本图书馆CIP数据核字(2022)第053990号

This is a Simplified Chinese translation of the following title published by Cambridge University Press:
Ocean Acoustic Tomography
ISBN 978-0-521-47095-7

※

国防工业出版社出版发行
(北京市海淀区紫竹院南路23号　邮政编码100048)
北京龙世杰印刷有限公司印刷
新华书店经售

*

开本710×1000　1/16　插页2　印张28　字数504千字
2023年3月第1版第1次印刷　印数1—1500册　定价198.00元

(本书如有印装错误，我社负责调换)

国防书店：(010)88540777　　书店传真：(010)88540776
发行业务：(010)88540717　　发行传真：(010)88540762

《海洋声层析》翻译委员会

中文版序言

海洋占地球表面总面积的71%,是巨大的资源库,富含矿物、生物等各种资源。随着陆地不可再生资源的日益减少,人们把开发重点投向了海洋,海洋已成为人类获取各种资源的主要场所。同时,海洋还是巨大的热源库,通过加热地球大气,影响着地球上的天气和气候。因此,获取海洋环境参数,掌握海洋环境的动力学、热力学等等特征,对于我们认识海洋环境,充分利用海洋资源,研究海洋对全球天气及气候的影响,具有重大意义。

然而,相对于大气环境来说,人类对海洋环境的了解要少得多,其主要原因在于观测手段的限制。船舶观测、浮标观测等虽然有较高的精度,但时间或空间分辨率低,难以获得足够的数据。卫星遥感技术的发展给探测海洋环境提供了强有力的新途径,但卫星遥感技术获得的海洋环境数据更多的是海洋表层的信息,深海的信息少。因此,如何获得三维海洋环境信息,是一项具有挑战性的工作。

1978 年,W. H. Munk 和 C. Wunsch 从理论上提出了探测三维海洋环境的新方法——海洋声学层析技术(Ocean Acoustic Tomography, OAT),该技术属于遥感技术,主要利用声波在海洋中的传播时间等信息来反演海洋水文参数。随后,美国、法国、德国、日本等主要大国实施了多个海洋声学层析实验来检验方法的可行性,取得了丰硕的成果,表明了该技术在探测海洋水文环境(特别是大尺度海洋水文环境)方面的巨大潜力,同时也发现了更多需要解决的问题。在一系列理论研究及实际的海洋层析实验的基础上,剑桥大学出版社于 1995 年正式出版了由 W. H. Munk、P. F. Worcester 与 C. Wunsch 撰写的 *Ocean Acoustic Tomography* 一书。该专著一经面世,就受到广泛的关注和好评。2009 年,该书的电子版公开发行。

Ocean Acoustic Tomography 对海洋声学层析进行了比较详细的介绍。理论方面主要包括:声波传播的正问题(声速随距离不变的情形及变化的情形)、声波传播的反问题(面向数据的反演和面向模型的反演);声学层析实验方面主要包括实验的几何范围的确定、收发仪器的部署、声信号的接收与处理等。*Acoustic Tomography* 涉及的学科内容包括海洋学、声学、数字、信号与系统、计算

机科学等，是多学科交叉的领域。现在，海洋声学层析技术已成为国际海洋界和声学界非常活跃的研究领域，*Ocean Acoustic Tomography* 仍然是海洋声学层析技术领域最主要的专著。

随着我国国力的强大和国家利益的拓展，海洋战略已日益凸显其重要性。为此，国家专门启动了海洋探测方面的重大专项，用以探测热点海洋地区的海洋环境信息，为经济建设、国防安全服务。在海洋调查中，遥感调查是一个重要手段。目前，国内在海洋声传播的正演方面的研究达到了世界先进水平，在海洋声传播的反演方面也取得了一些研究成果，在实验方面也有一定的进展。但总的来说，我国在海洋声学层析领域与国际水平还有较大的差距。因此，推广海洋声学层析技术，开展海洋声学层析技术的理论和应用研究，对于提高我国在海洋声学层析技术领域的水平具有重要的意义。从这一点来说，国防科技大学气象海洋学院的项杰教授及其同事在国防工业出版社支持下经过近 10 年的艰苦努力完成了 *Ocean Acoustic Tomography* 的中文翻译工作，具有重要的意义。我相信，这本专著的翻译出版必将对我国在海洋声学层析技术领域的发展起着重要的促进作用。

中国科学院声学研究所研究员
中国科学院院士

2022 年 3 月 5 日

译者的话

Ocean Acoustic Tomography(海洋声层析)是由著名海洋学家 W. H. Munk 、P. F. Worcester 和 C. Wunsch 撰写、剑桥大学出版社于 1995 年出版的海洋遥感专著,该专著主要介绍利用声波传播探测海洋内部状态的理论及应用,内容包括:声波传播的正问题、声波传播的反问题;声波传播的观测及声信号处理等。译者之一的项杰在 2011 年初次看到这本书时,感觉这本书既是声层析方面的专著,也是一本很好的反问题理论及应用的专著。他当时正在调研 GNSS 掩星探测方面的研究工作,由于 GNSS 掩星探测技术(GNSS RO)与声层析技术的原理类似(前者利用电磁波探测大气,后者利用声波探测海洋,而且处理方法也相似),于是萌生了把这本书译成中文的念头。在各方面的共同努力下,这个愿望最终得以实现。

这本书是翻译小组集体努力的成果,按章节顺序的翻译任务分工如下:序言和第 1 章(项杰),第 2 章(项杰、周则明),第 3 章(李训强),第 4 章(王毅),第 5 章(王辉赞),第 6 章(赵小峰),第 7 章(杜华栋),第 8 章(寇正),后记、附录(马卫民),译稿由项杰、章东华和张韧校对,并由项杰统稿。为了帮助读者增加对反问题的了解,同时增加译著的可读性,黄思训教授专门写了一个译者补记:关于反问题的若干说明。

翻译小组于 2016 年 7 月 12 日在南京组织了中文《海洋声层析》(初稿)审查会,会议邀请了校外的伍荣生院士(南京大学)、笪良龙教授(海军潜艇学院)、朴胜春教授(哈尔滨工程大学)、吕连港研究员(国家海洋局第一海洋研究所)、高会旺教授(中国海洋大学)、张卫民教授(国防科学技术大学)、左军成教授(河海大学)、王卫强研究员(中国科学院南海海洋研究所)、管玉平研究员(中国科学院南海海洋研究所)、马卫民高工(战略支援部队第二十三基地),校内的费建芳、周树道、王举、黄思训、石汉青、方涵先、张韧、陈希、何明元、曾文华等教授,以及国防工业出版社张冬晔编辑等专家,对译稿初稿进行了审查,专家们提出了宝贵的意见和建议。根据专家们的意见和建议,翻译小组对译稿进行了认真的修改和完善。

翻译国外高水平学术著作是一件非常辛苦的工作,在目前的考评制度下甚至是一件很吃亏的工作。但是，鉴于 W. H. Munk、P. F. Worcester 和 C. Wunsch 在海洋领域的学术地位以及专著 *Ocean Acoustic Tomography* 的理论和应用价值，我们认为把 *Ocean Acoustic Tomography* 翻译成中文还是很值得做的，这个信念支撑了我们历时 10 年的时间完成了这一工作。在翻译过程中，我们得到了各方面的支持和帮助。复旦大学的穆穆院士和中国海洋大学的高会旺教授对于我们的装备科技译著基金申请给予了推荐支持；复旦大学数学科学学院的程晋教授对于翻译工作给予了鼓励和支持；原解放军理工大学气象海洋学院及转隶组建后的国防科技大学气象海洋学院各级领导和机关、空间天气与环境探测系、海洋科学与技术系、地球信息科学系和数值气象海洋研究所对于我们的工作也给予了大力支持和帮助；*Ocean Acoustic Tomography* 的原作者之一 P. F. Worcester 教授还给我们提供了全书中的所有插图原图；中国科学院南海海洋研究所的管玉平研究员和南京信息工程大学海洋学院的董昌明教授在海洋学术语的翻译方面给予了指导；研究生吕苗、邓婉月在后记、附录的翻译中提供了帮助，研究生闫申和上海视觉艺术学院的项宁宁同学在插图格式转换及汉化方面给予了很大帮助；原教研室同事赫英明博士在 2016 年 7 月参与组织了《海洋声层析》(初稿)审查会。特别是，国防工业出版社以及责任编辑张冬晔先生始终对翻译工作给予了有力的支持，这保证了翻译工作的顺利完成。中国科学院院士、中国科学院声学研究所张仁和研究员对翻译工作给予了坚定的支持，在百忙之中给译著作序。译者对以上所有的支持和帮助以及未提及的其他人的帮助表示衷心的感谢，对《海洋声层析》(初稿)审查会与会专家的支持和帮助表示诚挚的谢意！

本译著的翻译工作得到了国防科技译著出版基金的资助，还得到了国家自然科学基金项目(编号 41275113，41475021，41575026)，高分专项，基础加强项目(2020-JCJQ-ZD-141)，“双重建设”等项目的支持。

Ocean Acoustic Tomography 的翻译引进正处于我国建设海洋强国的发展阶段，译者希望该译著的出版能促进我国在海洋声层析技术领域科研水平的提高。

译者

2022 年 9 月 21 日

序 言

1979 年在克斯莫斯俱乐部聚会期间,Athelstan Spilhaus——他曾经完善了深海温度测量器以测量温度廓线进而预报潜艇可被声呐探测的范围——提出应该用另外一种方法做这件事,即利用测量到的声波传播过程确定海洋温度场。Spilhaus 所不知道的是,我们正在华盛顿劝说海军研究办公室和国家科学基金会资助一个实验做他说的那件事。

在地震学界,利用传播时间反演地球内部结构是久负盛名的方法,原因是地球内部不容易直接接触并测量。在医学上,把导管插入体内的治疗方法并不太为人所接受(至少对一部分病人是这样的),这导致了利用 X 射线进行的计算机层析成像反演方法的发展。相比而言,海洋可以进行直接接触并进行观测,但是取样需要昂贵的平台又带来了限制条件。与地震学和医学上的情形不同的是,海洋时间变率(ocean time variability)是描述海洋状态的核心参数之一。因此,在时间和空间上对海洋进行取样有严格的要求。在海洋学的第一个世纪里,人们利用仅有的几艘海洋研究船来往于全球大洋进行取样调查。因此,这个世纪具有显著的气候学特色是不足为怪的。

进入 20 世纪 60 年代,人们惊讶地发现,与大气一样,在海洋内部的各个深度上也存在着一种活跃的“天气”。这种海洋内部的风暴称为涡旋,其典型的空间尺度为 100km,时间尺度为 100 天。海洋涡旋比大气涡旋更紧凑,存在时间更长。海洋涡旋的强度很大,以至于在海洋中部区域,涡旋本身包含了动能的绝大部分。在洋流速度分别为(10±1)cm/s 和(1±10)cm/s 的海洋之间存在着显著的差异。对这样强的“中尺度”场(俄语将其称为“天气尺度”)作评估后可以看出,目前的观测取样策略具有明显的不足:它使得 99%的动能“逃脱了”观测网络的“监测”。关于海洋声层析技术的建议就是以上考虑的一个直接结果①。

美国海军研究办公室资助了我们早期的研究工作,此项研究旨在发展海洋监测的声学技术,并从那时起一直坚定地资助我们从事这项研究工作;但是,该办公室从不对此项目的研究方向施加任何影响。我们特别对 Gordon Hamilton

---

① 层析技术的应用后来扩展到更短和更长尺度的海洋过程。

和 Hugo Bezdeck 的早期鼓励表示感谢,国家科学基金会也于 1981 年开始资助我们。我们对这两个机构的持续资助感到非常满意。这个工作是来自不同单位的科学家们的非正式合作的成果。本书献给那些参与了首次海洋声层析三维实验的各位同事,他们是 D. Behringer, T. Birdsall, M. Brown, B. Cornuelle, R. Heinmiller, R. Knox, K. Metzger, J. Spiesberger, R. Spindel 和 D. Webb。此外,多年来我们还与其他许多科学家合作开展了研究工作,他们对本研究领域做出了重要的贡献,他们是 S. Flatte, J. Guoliang, B. Howe, J. Lynch, P. Malanotte-Rizzoli, J. Mercer, J. Miller, J. Romm, F. Zachariasen 和 B. Zetler。下列人员阅读过本书的手稿并且提出了许多有价值的建议: B. Cornuelle, J. Colosi, B. Dushaw, M. Dzieciuch, B. Howe, D. Menemenlis 和 U. Send。最后(绝不是不重要),我们感谢那些为了验证海洋声层析技术中的诸多概念而研发仪器和组织实验的各位工程师、程序员、技师。

在本书编写过程中,Elaine Blackmore 和 Breck Betts 一直参与了我们的工作,我们深表感谢。K. Rolt 对本书的定稿做出了极大的贡献。

海洋声层析课题组成员满怀共同的研究热情,在没有职业协调人的情况下,通过电子邮件方式,合作开展声层析研究工作。在研究进行中的某个阶段,曾有一位评议人对我们的这种组织结构的有效性表现出极大的怀疑,但是当我们展示出 40 篇已发表的论文时,他还是对我们的研究计划给予了勉强的支持。我们曾设想过,若干年之后,海洋声层析课题组终将解散,但是,我们仍然会在一起工作。因此,唯一合适的做法是将本书献给我们的合作伙伴。

书中疏漏和不足之处在所难免。如果读者发现了问题,请通知加州大学圣迭亚哥分校斯克瑞帕斯海洋研究所的 Walter Munk,他的联系方式:加州 92093-0225,拉霍亚,戈尔曼大道 9500 号,传真 619/534 - 6251,或 wmunk@igpp.ucsd.edu。

目 录

第1章 海洋声层析问题

海洋声层析问题利用声传播时间或其他声传播性质的精确测量值推断声场穿过区域的海洋状态。层析方法①是 Munk 和 Wunsch (1979) 为直接响应 20 世纪 70 年代海洋学上的科学需求(验证海洋环流中约 99%的动能与直径仅为 100km 左右的特征(称为中尺度特征②)有关)而提出的。测量和理解与海洋环流有关的中尺度和大尺度特征向人们提出了一项棘手的采样任务。流场的各个要素不仅在空间上紧凑,而且具有长的时间尺度(量级为 100 天)。为了获取具有重要统计学意义的流体状态的测量值,甚至在面积为 1Mm×1Mm (1Mm = 1000km)的紧凑区域内(约占大洋盆地面积的 1%),就需要若干艘全天候工作的测量船或数百个固定的锚定浮标。因此,研究者自然想到要利用声传播技术来测量锚定浮标间的流体性质。

海洋声层析技术利用了如下事实:①声传播时间和其他可测量的声学参数是温度、水流速度和其他海洋参数的函数,因而借助于反问题方法可提供海洋信息。②海洋对低频声波几乎是透明的,因此,声波信号能传播到数千千米以外。这与经典地震学有点类似,地球内部的性质可从地震波的传播时间推断出来(然而,海洋声层析关注的重点问题不是平均声速场,而是声速场的空间-时间变率)。与地震、医学问题相比,我们是可以进入海洋内部开展直接测量的,这是处理海洋问题的一个优势所在。但从长远来看,这种优势会延缓间接方法的发展,因而可能是不利的。从我们的带有偏见的角度来看,间接方法是不可避免的,原因在于直接观测涉及到海量的采样任务。

海洋声层析具有很多吸引人的特征。与其他遥感方法相同,声层析方法可用于监测难以直接观测的海洋区域。例如,我们一直采用在墨西哥湾流两侧缓慢流动的水流中布放锚定的声源和接收机的方式,对蜿蜒的墨西哥湾流开展监测。声层析方法的另一个优势与声速(340m/s)超过海洋测量船的速度有关,即利用声层析可构建海洋中尺度场。这里从几何分析上认识利用锚定浮标测量海

---

① 有关早期海洋声层析技术的情况报告,参阅附录 A。

② 图 1.5 和 1.6 是中尺度特征为主的海洋的具体例子。

洋的问题:假设 M 个浮标,利用常规技术可获取 M 个"点"观测值;但是,M 个浮标由 S 个声源和 R 个接收机组成,由此产生 $S \times R$ 条信息,而不是 $S + R = M$,即信息量以平方形式增长,这是一个吸引人的特征(当然仪器出现故障时,情况有所不同)。

层析测量的一个主要特征在于其是沿空间积分的(spatially integrating)。层析测量具有构建长距离直至全球尺度的水平和垂直平均场的潜在能力,这是一个极具吸引力(但尚未为人熟悉)的工具。例如,利用层析技术,可以快速地、重复地测量横跨海盆的垂直剖面上的热含量(heat content)。这种空间积分可抑制不需要的小尺度信息,它们对于常规的站点观测来说是干扰源。声波在数百千米范围内的传播可抑制内波"噪声",在数兆米范围内的传播可抑制中尺度噪声。这种空间积分的数据可检验动力学模型所具有的预测能力,并提供强有力的模型约束。

构建可在海上部署并配有数据处理工具的应用系统,需要综合运用海洋学、声学和数学的基础理论知识。作为单科知识,它们通常并无太大的困难;但是将这些理论知识综合起来开展研究,则提出了一个巨大的挑战。为了使读者能有兴趣地读完本书后续章节中有关技术方面材料的大部分内容,本章对海洋声层析作一个富有启发性的概述,大部分细节只是一带而过,这些细节将在后面的章节中再次讨论。

1.1 海 洋 声 学

1. 声速廓线

在世界上的大部分海洋区域,声速 C 在 800~1200m 深度之间存在一个显著的最小值,这一范围称为声道轴(简称声轴)。声速最小值的存在是由于声速大小取决于温度和压力。在声轴上方,声速随着温度的增加而增加;在声轴下方(那里的温度梯度小),声速随着压力的增加而增加。

在高纬度(北纬和南纬)区域,海表水更冷,声轴变浅。冬季,对流上翻及由此产生的混合,将导致近绝热条件[①](near-adiabatic conditions)的出现。因此,声速向下(沿负 z 方向)以近似绝热率 $-(1/C)\mathrm{d}C/\mathrm{d}z = \gamma_a = 0.0113\mathrm{km}^{-1}$ 增加。

为了方便讨论我们定义两个理想化的模型廓线:温带(或称标准,canonical)

---

① 绝热(adiabatic)是指与流体静力学压力梯度有关的温度、密度和声速的垂直梯度。这个术语也用来指水平梯度逐渐变化,因而没有明显的声散射。

声速廓线①,以及极地冬季(绝热)廓线(图 1.1)。利用这两个模型廓线,我们可以分析导出大部分的声传播特征。描写这两个廓线的公式将在 2.17 节和 2.18 节给出。一般地,真实廓线显著不同于理想模型廓线,并且随地点不同而发生变化(见附录 B 中的传播图集)。

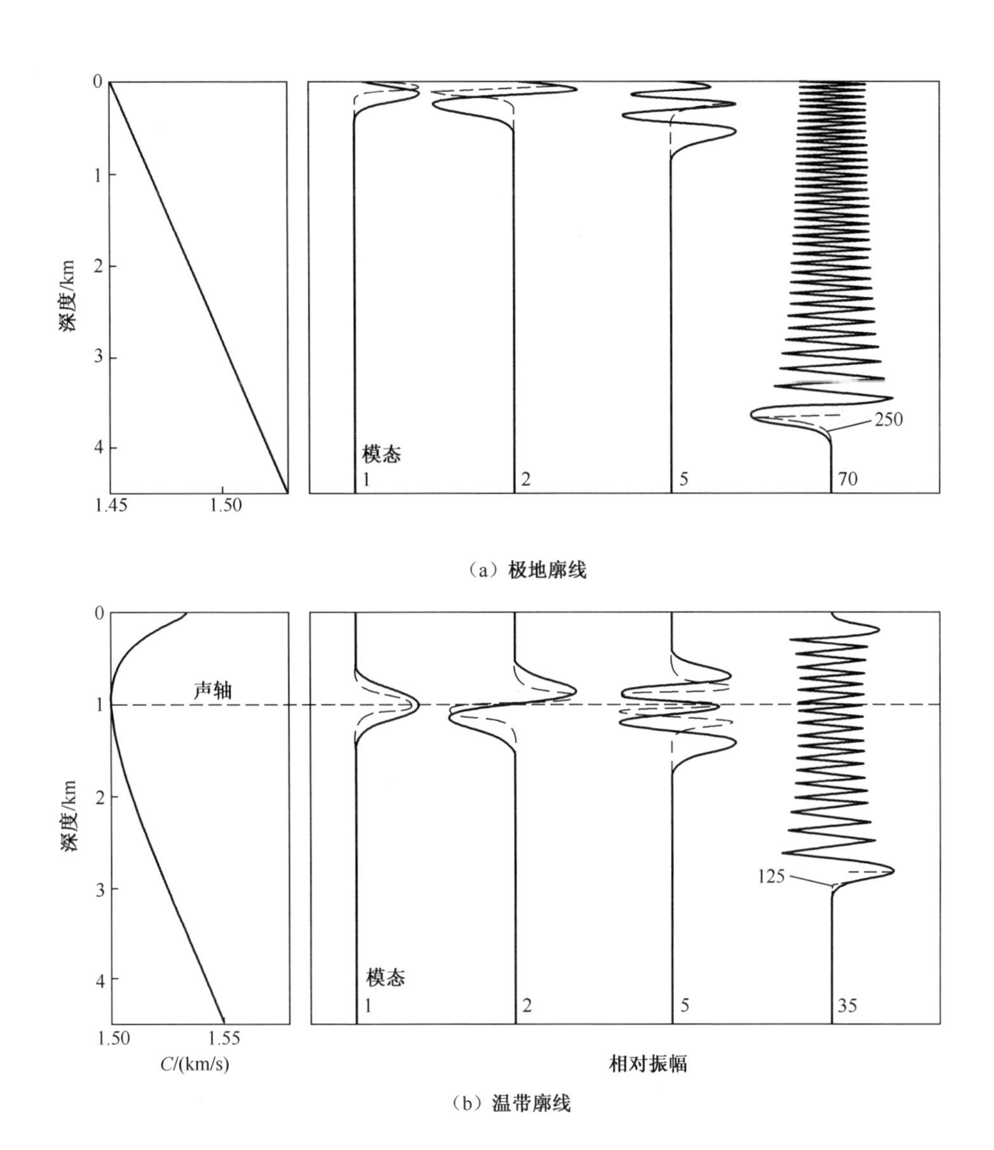

(b) 温带廓线

① 以下简称为温带廓线或标准廓线。

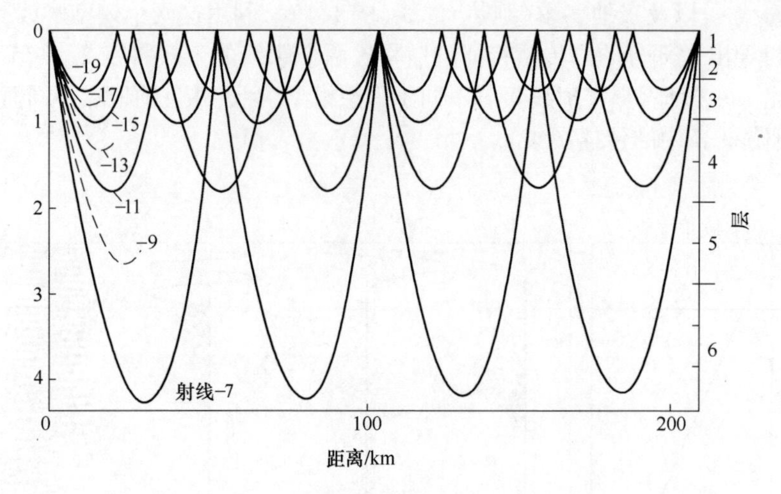

（c）极地廓线(续)

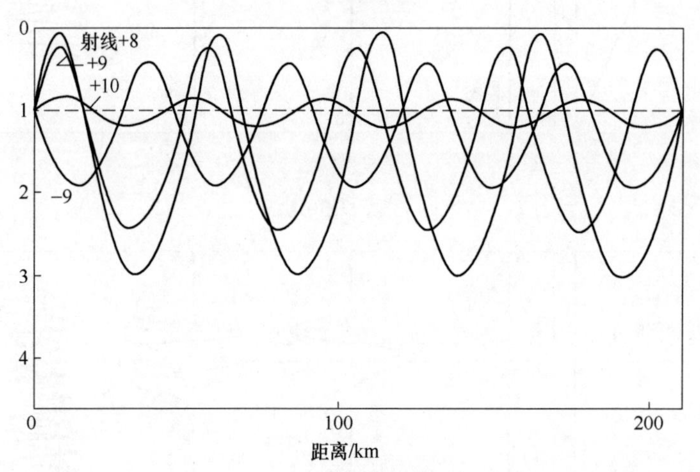

（d）温带廓线(续)

图 1.1 (a)、(b)中的左图显示的为极地和温带模型的声速廓线。所绘的极地射线为声源和接收机都位于海表面的情形(与实际情况并不符合)。所有射线都是折射-表面反射的(Refracted Surface-Reflected, RSR)；射线标识符-7,-9,…,表示(上和下)转向点的数量,包括表面反射,负号表示向下的发射角。温带射线+8,+9,-9,+10 的声源和接收机都在声轴上。射线图(续图)的垂直方向比例尺是 1：25;小倾角近似一般来说是合理的。所显示的模态 $m = 1,2,\cdots$ 包含两个频率,70Hz (实线) 和 250Hz (虚线),并且标明了 WKBJ 转向点。作为反问题理论应用的实例,极地廓线分为 6 层($j = 1,2,\cdots,6$)。

为了方便讨论诸多重要动力学问题,我们用位势密度场(potential density field)的垂直梯度描述海洋,有

$$N^2 = \frac{-g}{\rho}\frac{\partial \rho_p}{\partial z} \tag{1.1.1}$$

式中:z 为垂直坐标(从海表面向上);g 为重力加速度;ρ_p 为位势密度(考虑绝热垂直位移而修正的密度);N 的单位与频率单位(Hz)相同,称为“浮力”或(不尽合意地)布伦特-维塞拉(Brunt-Väisälä)频率。

Turner (1973)和 Gill (1982)讨论了 N 在海洋动力学中的意义。在第 2 章中,我们将把这个量与声速梯度显式地联系起来:在极为一般的条件下,有

$$\frac{dC/dz}{C_A} = \gamma_a \frac{N^2 - N_A^2}{N_A^2} \tag{1.1.2}$$

式中:C_A 和 N_A 分别为轴向声速和浮力频率。

对应于前面引入的两个理想模型,分别有极地模型:$N = 0$;温带模型:$N = N_0 e^{z/h}$。在极地冬季,$N \to 0$,$dC/dz \to -\gamma_a C_A$,即为绝热廓线。对于深海温带廓线,与极地廓线一样,也有 $N \to 0$。在声轴上,$N(z) = N_A$,且 $dC/dz = 0$。这个最小声速 C_A 的深度(在温带海洋约为 1km)正是声波导的中心所在位置。在声轴之上,$N(z)$ 和 dC/dz 快速增加,直至海表混合层。

2. 声学射线

几何光学方法是理解海洋中声波传播的一个有效途径。声波能量倾向于沿着被称为“射线”的弧线方向传播。当存在声速梯度时,根据 Snell 定律,射线离开较高速度的区域向远处弯曲(折射),或者被较高速度的区域“排斥”;对于极地廓线,所有的射线向上折射,接着在海面发生反射(图 1.1),称为折射-表面反射(Refracted Surface-Reflected,RSR)。在某一个指定距离处,根据向上(向下)的发射方向和转向点(包括表面反射点)的数量,我们用 $\pm p$ 给射线命名,如图 1.1 所示。对于迟来的(声射线)到达,$p \to \infty$。令人惊奇的是,陡峭的射线是最早到达的射线,在更深处的较高的声速可补偿更长的传播路径。

对于温带廓线,射线从声轴以上区域向下折射,从声轴以下区域向上折射。这种射线称为折射-折射(Refracted Refracted,RR)射线,表示由于折射的缘故,射线在声轴上部和声轴下部传播途中的方向改变。通常,**射线波长**(上循环与下循环之和)的量级为 50km。陡峭射线也许会与海表面相交(RSR),或与海底相交(RBR),或与海表面和海底都相交(SRBR)。对于某一固定距离,存在一些离散数量的 RR 射线,图 1.1 展示了其中的四条射线。图中最为陡峭的射线($p = \pm 8$)是最早到达的射线,而较为平坦(位于声轴附近)的射线($p = \pm 10$)是最迟到达的射线。

3. 射线传播时间

在运动的且不依赖于距离的(range-independent)海洋中,沿正(负)x 方向的几乎水平的特征射线的传播时间可分别写为

$$\tau_n^{\pm} = \int_{\Gamma_n^{\pm}} \frac{\mathrm{d}s}{C(z) \pm u(z)} \tag{1.1.3}$$

收发机(声源和接收机)既部署于发射点也部署于接收点,u 为沿着射线的海流速度分量(沿着 x 正方向)。积分路径 $\Gamma_n^{\pm}$ 沿着第 n 条射线的轨迹,一般来说是 $C(z)$ 和 $u(z)$ 的函数。可以证明,在 $u/C \ll 1$ 的近似下,积分路径是互易的(reciprocal),因此,$\Gamma^{+} \approx \Gamma^{-} \equiv \Gamma$ 。互易的传播时间的和与差分别定义为

$$s_n = \frac{1}{2}(\tau_n^{+} + \tau_n^{-}) = \int_{\Gamma} \mathrm{d}s \frac{C}{C^2 - u^2} \tag{1.1.4a}$$

$$d_n = \frac{1}{2}(\tau_n^{+} - \tau_n^{-}) = -\int_{\Gamma} \mathrm{d}s \frac{u}{C^2 - u^2} \tag{1.1.4b}$$

式中:C 和 u 的量级分别是 $10^3\mathrm{m/s}$ 和 $10^{-1}\mathrm{m/s}$,所以,分母中的 u^2 可以忽略。传播时间的差占单程传播时间 τ 很小的一部分。因而,声速 C 可以利用任何一个方向的单程传播时间完全确定。

这里,我们更感兴趣的是相对前一个测量或气候态海洋平均的扰动量 $\Delta\tau$ 。对式(1.1.4)进行线性化,有

$$s_n = \int_{\Gamma} \frac{1}{C}\mathrm{d}s \tag{1.1.5a}$$

$$\Delta s_n = -\int_{\Gamma} \frac{\Delta C}{C^2}\mathrm{d}s \tag{1.1.5b}$$

$$d_n = -\int_{\Gamma} \frac{u}{C^2}\mathrm{d}s \tag{1.1.5c}$$

式中:ΔC 的量级是 10m/s,与 u 相比仍然是很大的。因此,扰动 ΔC 可以利用任何一个方向的单程传播时间完全确定。但是,测量 u 需要传播时间差①。

利用差分层析(difference tomography)方法可以获取有用的海流廓线 $u(z)$ 的数据(见第 3 章)。这个方法对区分正压(不依赖于深度)和斜压(随深度变化的)潮汐流特别有效。海洋流速计的测量记录表明,正压分量和斜压分量的贡献量相当。陡峭的射线可以做出垂直平均的水平速度的好的估计,因而主要对正压分量更敏感。

海洋学家对确定声速 $C(x,y,z)$ 并没有特别的兴趣,他们的兴趣所在是,声

---

① 可以把 u 看作是相对 0 的扰动,并且把 d_n 记作 Δd_n。

速 C 与温度 T 和流体密度 ρ 有关。C 与 ρ 都是 T 和盐度 S_a 的函数(对固定的压力 p 而言),相对来说盐度的影响是较小的。C 与 T、S_a 之间的关系是一个复杂的函数关系,其线性化形式为

$$\Delta C/C = \alpha\Delta T + \beta\Delta S_a$$

式中:$\alpha \approx 3 \times 10^{-3}/℃$;$\beta = 1 \times 10^{-3}/‰$。

对于局地线性温度-盐度关系,有

$$S_a = S_a(T_0) + \mu\Delta T, \Delta T = T - T_0$$

则

$$\Delta C/C = \alpha\Delta T(1 + \mu\beta/\alpha) \tag{1.1.6}$$

一个典型值是 $\mu\beta/\alpha = 0.03$,并且在一阶近似下,确定 ΔC 就是确定温度场。

4. 声学模态

声学模态是表示声场的另一种方式。在场变量不依赖于距离的情形下,应用模态理论是解决传播问题的一个简单方法。对于一些解析声速廓线(包括极地和温带模型廓线)存在解析解。

声学模态用 $m = 1,2,\cdots$表示,意思是垂直波函数具有 $0,1,\cdots,m-1$ 个零交叉点(zero crossings),如图 1.1 所示。模态函数的尺度依赖于频率 f,较高频率更集中于声轴附近(对极地海洋,声轴位于海表面)。距声轴最远的拐点(inflection points,WKBJ 转向点)是模态离开声轴进入海洋深处的量度。图 1.1 显示的仅是转向点位于底边界上方足够远的那些模态。

一个点声波源可以产生所有这些模态,其振幅与点源深度处的垂直波函数成正比。每个模态以群速度 c_g(群慢度 s_g)(group slowness)传播,它是模态数量 m 和频率 f 的一个已知函数。一个重要的参数是"作用量(action)",对于非表面相互作用(non-surface-interacting)和表面相互作用(surface-interacting)模态,它们分别为

$$A = \left(m - \frac{1}{2}\right)\Big/f, \quad A = \left(m - \frac{1}{4}\right)\Big/f \tag{1.1.7}$$

式中,A 值相同的模态具有相同的转向点。例如,在温带海洋模态中,$m = 125(f = 250\text{Hz})$ 和 $m = 35(f = 70\text{Hz})$ 可产生几乎相同的 $A \approx \frac{1}{2}$ s。

接收机接收的是合成的到达结构,它是通过把各个模态的到达结构叠加而得到的。图 1.2 显示的是温带海洋中一个射线到达结构的计算结果(距离为 1Mm,声源频率为 250Hz,带宽为 100Hz)。这样一个宽带声源可产生许多具有相同 A 值的模态,因而具有相同的转向深度,这些模态相互干涉,产生结构上明显类似于手风琴状的特征(图 1.2)。这里把射线理论与模态理论的计算结果作

一个比较,由射线理论得到的“射线波前(ray front)”清晰可见,且两种理论的计算结构极为一致①,射线的上、下转向深度出现在两个模态 WKBJ 转向深度处。不论是射线还是模态,在距离 r 处的传播时间可以写为

$$\tau = s_g r \tag{1.1.8}$$

但是,相位慢度和群慢度 s_g 的表达式不同(见 2.11 节)。

在正常情况下,所记录信号的最显著和最稳定特征是射线的相长干涉结构。迄今为止,几乎所有的层析都是利用这个特征进行的,利用射线理论比利用多模态叠加可以更容易地解释这一特征。因此,在第 2 章中,我们首先利用射线理论讨论正问题;然后利用模态理论给出解释,这产生了一些重复。

1.2 正问题和反问题

正问题可表述为:给定 $C(x,y,z)$ 和 $u(x,y,z)$,以及声源特征参数,计算出位于接收机处的接收信号的详细结构,这是一个求波动方程解的经典问题。而反问题是,给定发射和接收信号的性质,要求计算出表征海洋性质的参数 $C(x,y,z)$ 和(或) $u(x,y,z)$ 。反问题在海洋学中具有极高的研究和应用价值。

理解正问题是讨论反问题的前提。当 Munk 和 Wunsch (1979)提出海洋声层析时,他们原以为正问题已经“解决”,但后来证明这个认识是错误的。因此,在 1979 年的第一个 10 年中,他们将研究集中在声学的正问题上,得到了修正的海水声速方程,当然还取得了一些其他成果。直到 1989 年,我们才有机会对海洋进行足够的采样,进而对预测值与观测值作有约束力的分析比较(Worcester 等, 1994),当然依然存在一些问题。例如,观测到的逐渐向声轴汇聚的转向点所确定的楔形(wedge)结构要比计算得到的楔形结构(图 1.2)更为宽广,并且前期的类似射线的结构更为分散②。

现在回到层析问题上来。图 1.3 比较了在某个温带纬度地点观测的到达结构与对气候平均的海洋计算得到的到达结构。先期到达的射线(对整个海洋柱进行积分)比预测的射线要稍早一些时间到达,表明当时的温度高于其气候平均值。滞后到达的射线(它们仅能“看到”声轴周围的海洋)接近于预测结果。因此,观测的到达结构和预测的到达结构的差异包含了声速廓线的全部信息,即使声源和接收机都仅位于同一个深度(它们都位于声轴上)。反问题方法试图

① 对于最终的轴向阶段,射线理论不成立。早期到达中的些许不一致明显地与如下事实有关:RR 射线根本没有达到海表面,无论它们是多么靠近,而靠近海表面的模态存在稍许的海表面相互作用。

② 一个可能的解释是内波产生的声散射(见 4.4 节)。

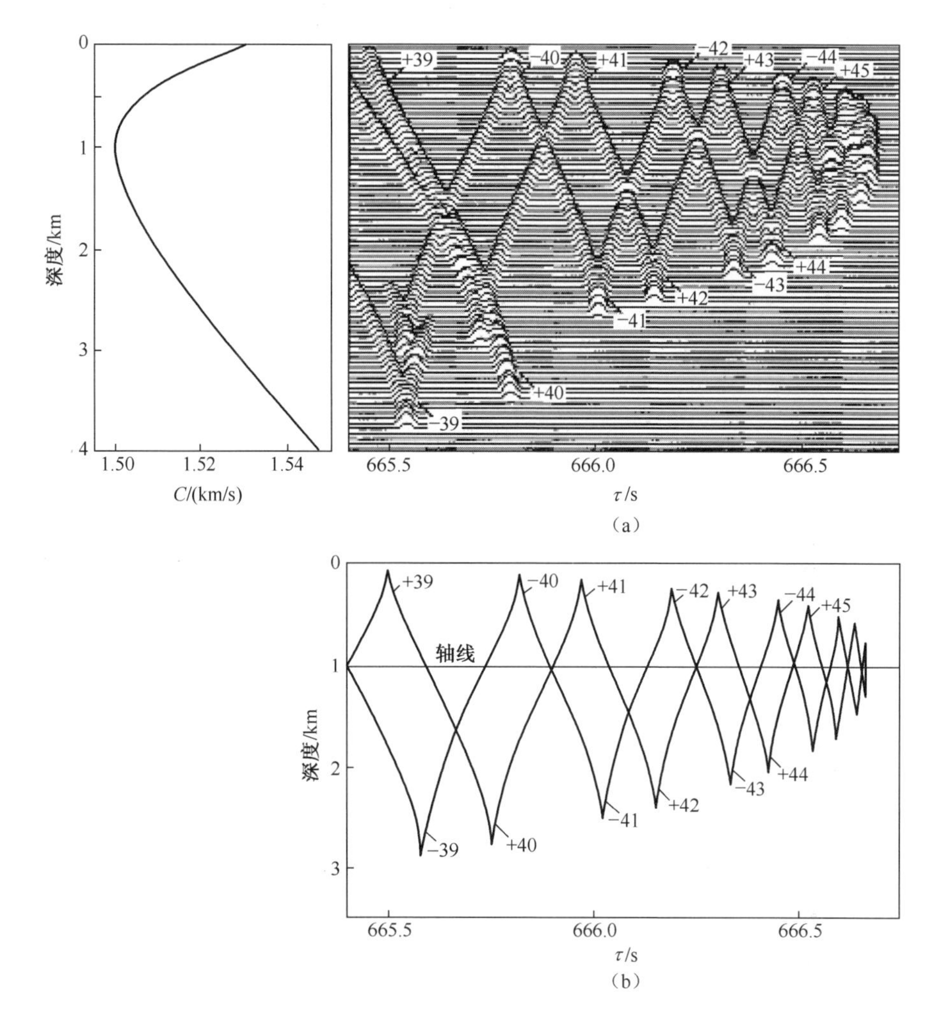

图 1.2 温带海洋中在 1Mm 距离处根据射线理论(a)和模态理论(b)计算的到达结构(arrival pattern)。每当一个射线波前穿过直线 $z = z_{\text{axis}}$ 时轴向的射线到达结构出现一个峰值;声轴以外的结构可类似地用 z_{receiver} 导出。模态结构(modal pattern)通过把第 1 到第 250 个模态求和得出,频率 250Hz,带宽 100Hz。不难看出,除了最后一个干涉脊外,所有的干涉脊都类似射线(ray-like)(±39 脊的分离是表面影响的结果)。

用一种系统的方式研究这些信息。所谓成功的反演是,我们希望射线的到达是可解析、可识别和稳定的。显然,图 1.3 中显示的实测的射线到达结构是符合这三个条件的(图 1.4)。

目前,所讨论的是把传播时间作为声学可观测量。但是,其他的一些参数也

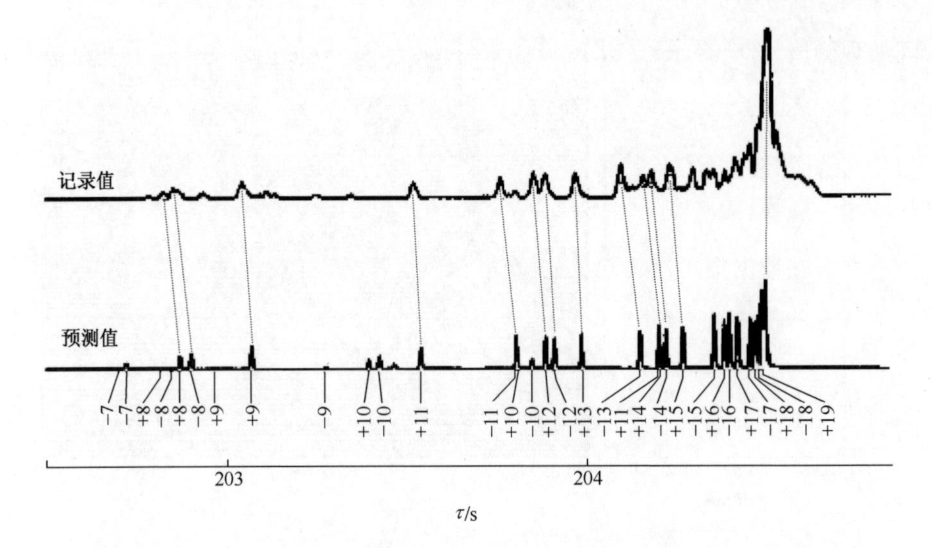

图 1.3　在百慕大群岛以西 300km 距离处，实测和（根据历史数据）预测的轴向到达结构，时间为 1983 年第 217 天（Howe 等，1987）。预测结果是基于射线理论作出的，并经 Brown（1981）改进。图中实测的到达多早于预测的到达，表明温度在气候平均值之上。

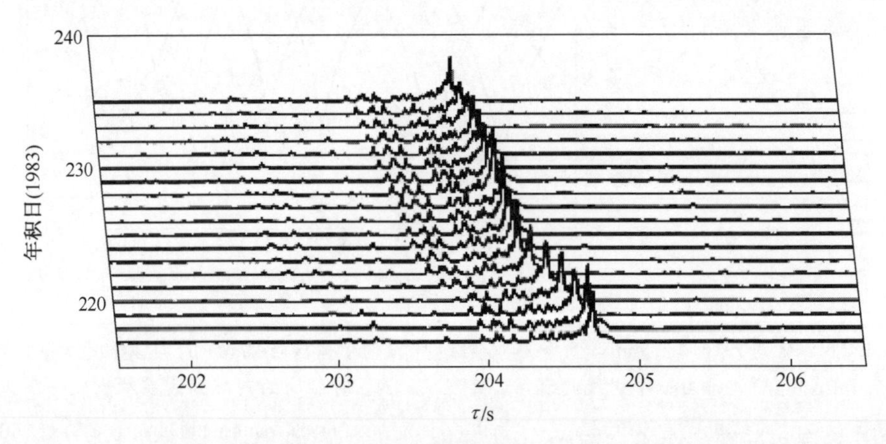

图 1.4　图 1.3 中的到达结构的延续，显示出时间稳定性的特征（选自 Worcester 等，1985b）。

可以考虑，如垂直接收机阵列可以测量入射射线的方向；另一个可能的可观测量是窄带信号的相位。最具挑战性的做法是利用完整的压力数据记录 $p(t)$ 推断发生于其中的海洋的性质。

1. 先验估计

为了说明问题，考虑静止海洋中的射线传播时间。现在，我们定义两个具有联系但又有显著区别的层析问题：①给定声源和接收机的位置以及一列传播时间的观测值$\{\tau_i\}$,寻求 $C(z)$ 的最优估计 $\hat{C}(z)$;②给定“先验廓线”的最优估计 $\hat{C}(z,-)$ 及相应的先验传播时间的集合$\{\tau_i(-)\}$,并且给定一列传播时间的观测值$\{\tau_i\}$,计算改进的 $\hat{C}(z)$ 估计值。引入自变量“-”的目的是表示它们仅依赖于先验模型廓线,而独立于观测值。

有一些数据集可用来给出先验估计 $\hat{C}(z,-)$ 。一种是基于水文地理历史记录的纯气候资料;另一种是利用在层析阵列部署期间所获得的水文地理观测数据,或者是利用基于前一次层析反演的初始化数据。

问题①和②的区别在于声速先验估计的引入。因为,一般来说,我们对开展实验的海洋区域是有较好了解的。所以,第二个问题(它导致了式(1.1.5b))才是我们最感兴趣的问题。根据式(1.1.3),有

$$\Delta\tau = \tau_i - \tau_i(-) = \int_{\Gamma_i} S(z)\,\mathrm{d}s - \int_{\Gamma_i(-)} S(z,-)\,\mathrm{d}s \tag{1.2.1}$$

$$\Delta\tau = \tau_i - \tau_i(-) \approx \int_{\Gamma_i(-)} (S(z) - S(z,-))\,\mathrm{d}s \tag{1.2.2}$$

式中:$S = C^{-1}$ 为声慢度①(sound-slowness);Γ_i 为真实路径;$\Gamma_i(-)$ 为基于先验状态对真实路径的估计。

$\Gamma_i \approx \Gamma_i(-)$(可导出式(1.2.2),证明将在后面给出)是费马原理的一种表达形式(Pierce,1989):射线路径与传播时间的极值有关,因此,路径扰动并不产生传播时间的一阶扰动②。

2. 不确定性估计

现在把式(1.2.2)改写为

$$\Delta\tau_i = \int_{\Gamma_i(-)} \Delta S(z)\,\mathrm{d}s + \delta\tau_i \tag{1.2.3}$$

式中:$\Delta S(z) = S(z) - S(z,-)$ 为相对于先验估计的扰动,对 τ 也类似。

引入 $\delta\tau_i$ 表示噪声对 $\Delta\tau_i$ 的贡献,噪声的存在不可避免,这是讨论任意一个实际声层析问题的中心内容。$\delta\tau_i$ 包括许多误差源:观测误差,与 $\Delta S(z)$ 的数学表示有关的建模误差,以及近似表达式(1.2.3)带来的非线性误差。对射线$i=1,2,\cdots,M$,式(1.2.3)代表了层析观测的最简单且有趣的表述。

---

① 这里把 $\Delta\tau$ 从$-C^{-2}\int\Delta C\mathrm{d}s$ 简化为$+\int\Delta S\mathrm{d}s$,代价是用不为人们所熟悉的声慢度 S 代替声速 C;但是,S 类似于光学文献中的折射指数。在本书中两种记号都将使用。

② 换句话说,在一阶近似下,$\Delta\tau$ 由 ΔS 沿着未被扰动的路径积分得到。正如后面将要看到的,这个近似在射线传播时间层析上带来很大的简化。

观测误差通常由与内波活动有关的传播时间脉动(travel-time fluctuations)主导,因此,对层析反演的终极限制来自于海洋自身。自 1970 年以来,研究者对这个问题作了大量深入的研究(Flatté 等(1979)的工作)。研究表明,主要影响来自于在固定深度处的温度脉动,而温度脉动由质点的垂直位移(与内波有关)产生。内波“噪声”大体上按 $r^{1/2}$ 的规律随距离增加,陡峭射线的增加相对较小。在 1Mm 距离处,典型值是 10ms(均方根)。如果沿着近乎互易的路径发射声波,大部分内波噪声将被抵消。对于速度层析而言,这是一个最为幸运的情形。

3. 反问题

下面给出两个简单的扰动模型:①在第 j 层内扰动 ΔS_j 是均匀的;②扰动 $\Delta S_j = a_j F_j(z)$,它与第 j 个流体动力学模态或经验正交函数有关。分层模型适合用于阐明问题,如果包含多个薄层,则是符合实际情况的。因此式(1.2.3)可以写为

$$\Delta\tau_i = \sum_{j=1}^{N} E_{ij}\Delta S_j + \delta\tau_i, 1 \leqslant i \leqslant M \tag{1.2.4}$$

式中:$E_{ij}\Delta S_j$ 为由第 j 层中的声慢度扰动 ΔS_j ($j = 1,2,\cdots,N$)产生的对射线 i 传播时间扰动 $\Delta\tau_i$ 的贡献。E_{ij} 可以仅从先验信息估算得到,可定义为

$$E_{ij} = \int_{\Gamma_i(-)} \delta_j \mathrm{d}s$$

式中:$\delta_j = 1$(在第 j 层),$\delta_j = 0$(在其他地方);因此,E_{ij} 是整个距离 r 内由射线 i 在第 j 层内所传播的距离。

式(1.2.4)是包含 N 个未知量 ΔS_j(以及 M 个未知的噪声成分 $\delta\tau_i$)的方程组(M 个方程)。利用矩阵符号,式(1.2.4)可以写成如下简洁的形式:

$$\boldsymbol{y} = \boldsymbol{E}\boldsymbol{x} + \boldsymbol{n} \tag{1.2.5}$$

其中

$$\boldsymbol{y} = [\Delta\tau_i], \boldsymbol{E} = \{E_{ij}\}, \boldsymbol{x} = [\Delta S_j], \boldsymbol{n} = [\delta\tau_i] \tag{1.2.6}$$

反问题就是在有噪声 $\boldsymbol{n}$ 的情况下利用给定的观测 $\boldsymbol{y}$ 求 $\boldsymbol{x}$。本书第 6 章和第 7 章将讨论求解反问题的方法,其主要内容就是求出估计值 $\hat{\boldsymbol{x}}$,$\hat{\boldsymbol{x}}$ 与 $\boldsymbol{x}$ 的偏差为 $\delta\boldsymbol{x} = \hat{\boldsymbol{x}} - \boldsymbol{x}$。这里要注意三个重要特征:①通常情况下,方程个数比未知变量个数少($M < N$)。实际上,应将这种“欠定(underdetermined)”情形看作为正常情形,而“超定(overdetermined)”属于例外情形①。② $\Delta\tau_i$ 测量值总包含有误差 $\delta\tau_i$。其实,允许存在实际误差才有可能得到具有物理意义的结果,认识到这一

① 流体系统具有无穷自由度,而海洋学家一直只有有限的数据集。

点是至关重要的,因此讨论无误差的情形并无意义。确定 $\delta\tau_i(i=1,2,\cdots,M)$ 则是求解反问题的一个关键环节。据此分析,未知变量是 $M+N$ 个,而方程只有 M 个,问题总是欠定的。③估计不确定性 $\delta(\Delta\hat{S}_j)$ 和估计扰动 $\Delta\hat{S}_j$ 本身具有同等重要性。

把估计量 $\hat{\boldsymbol{x}}$ 写成观测量的加权线性和的形式,即

$$\hat{\boldsymbol{x}}=\boldsymbol{B}\hat{\boldsymbol{y}}=\boldsymbol{B}(\boldsymbol{E}\boldsymbol{x}+\boldsymbol{n}) \tag{1.2.7}$$

其中用到式(1.2.5)。

设 $\langle\boldsymbol{n}\rangle=0$,$\hat{\boldsymbol{x}}$ 的期望(均值)为

$$\langle\hat{\boldsymbol{x}}\rangle=\boldsymbol{B}\boldsymbol{E}\langle\boldsymbol{x}\rangle \tag{1.2.8}$$

式中:$\langle\cdot\rangle$ 表示平均运算;$\hat{x}$ 的不确定性可表示为

$$\boldsymbol{P}=\langle(\hat{\boldsymbol{x}}-\boldsymbol{x})(\hat{\boldsymbol{x}}-\boldsymbol{x})^{\mathrm{T}}\rangle=\langle(\boldsymbol{B}\boldsymbol{y}-\boldsymbol{x})(\boldsymbol{B}\boldsymbol{y}-\boldsymbol{x})^{\mathrm{T}}\rangle \tag{1.2.9}$$

$\boldsymbol{BE}$ 为解的分辨率矩阵(solution resolution matrix),它给出了特解,即无噪声条件下真解的加权平均。如果分辨率矩阵是单位矩阵 $\boldsymbol{I}$, 那么特解就是无噪声时的真解。如果 $\boldsymbol{BE}$ 的行向量沿对角线取峰值,而在其他地方值很小,那么特解就是无噪声时真解的光滑形式。有若干种途径推导 $\boldsymbol{B}$, 作为示例,我们考虑一种熟悉的方法。

4. 最小二乘方法

形式上超定的问题($M>N$), 通常采用经典的最小二乘方法求解,即选择这样的解,使得噪声尽可能小,也就是使目标函数

$$\boldsymbol{J}=\boldsymbol{n}^{\mathrm{T}}\boldsymbol{n}=(\boldsymbol{y}-\boldsymbol{E}\boldsymbol{x})^{\mathrm{T}}(\boldsymbol{y}-\boldsymbol{E}\boldsymbol{x}) \tag{1.2.10}$$

尽可能小。

令

$$\partial\boldsymbol{J}/\partial\boldsymbol{x}=0 \tag{1.2.11}$$

得到期望值 $\langle\hat{\boldsymbol{x}}\rangle$ 和它们的不确定性 $\boldsymbol{P}$,如式(1.2.8)和式(1.2.9)给出的那样,则

$$\boldsymbol{B}=(\boldsymbol{E}^{\mathrm{T}}\boldsymbol{E})^{-1}\boldsymbol{E}^{\mathrm{T}} \tag{1.2.12}$$

由式(1.2.12)给出的解,存在以下潜在的严重缺陷:①解的量值大小与可接受的量值可能不一致;②最小的可能的噪声大小与真实情况不一致;③如果方程在形式上是欠定的,则矩阵的逆不存在,且最小的可能噪声是零。解决上述问题有若干个方法,我们考虑其中简单的一个。

5. 递减的最小二乘方法(tapered least-squares)

一个稍作推广的最小二乘方法考虑如下重新定义的目标函数:

$$\boldsymbol{J} = \alpha^2 \boldsymbol{x}^{\mathrm{T}} \boldsymbol{x} + \boldsymbol{n}^{\mathrm{T}} \boldsymbol{n} \tag{1.2.13}$$

通过选择 α^2,以控制 $\boldsymbol{x}^{\mathrm{T}}\boldsymbol{x}$ 极小和 $\boldsymbol{n}^{\mathrm{T}}\boldsymbol{n}$ 极小之间的平衡。同样,令 $\partial \boldsymbol{J}/\partial \boldsymbol{x} = 0$ 得到 $\hat{\boldsymbol{x}} = \boldsymbol{B}\boldsymbol{y}$,其中

$$\boldsymbol{B} = (\boldsymbol{I} + \alpha^{-2} \boldsymbol{E}^{\mathrm{T}} \boldsymbol{E})^{-1} \alpha^{-2} \boldsymbol{E}^{\mathrm{T}} \tag{1.2.14}$$

当 $\alpha^2 \to 0$ 时,式(1.2.14)简化为普通的最小二乘解式(1.2.12)。不论 M 与 N 的相对大小是多少,式(1.2.14)的解都存在,并且,$\boldsymbol{n}$ 与 $\boldsymbol{x}$ 作为解的主要部分,它们的地位是平等的。

6. 约束条件

根据已知的物理海洋学理论可提供 $\boldsymbol{x}$ 的各元素之间的约束关系,因而可用于减少解的不确定性。作为应用动力学约束的一个示例,我们通过测量传播时间的和与差确定声慢度和流体速度。设 $\boldsymbol{E}_S$ 和 $\boldsymbol{E}_u$ 表示合适的矩阵,那么同时包含两个物理场的联合反演问题仍然可表示为 $\boldsymbol{y} = \boldsymbol{E}\boldsymbol{x} + \boldsymbol{n}$,其中

$$\boldsymbol{y} = \begin{bmatrix} \Delta s \\ \Delta d \end{bmatrix}, \boldsymbol{E} = \begin{bmatrix} \boldsymbol{E}_S & \boldsymbol{0} \\ \boldsymbol{0} & \boldsymbol{E}_u \end{bmatrix}, \boldsymbol{x} = \begin{bmatrix} \Delta \boldsymbol{S} \\ \boldsymbol{u} \end{bmatrix}, \boldsymbol{n} = \begin{bmatrix} \boldsymbol{n}_S \\ \boldsymbol{n}_d \end{bmatrix} \tag{1.2.15}$$

式(1.2.15)的矩阵是分块对角的,其中矩阵 $\boldsymbol{0}$ 的维数选择使得 $\boldsymbol{E}$ 与 $\boldsymbol{x}$ 协调一致。只有在增加表示流速和声速(作为密度的替代物)关系的方程时,将 $\Delta \boldsymbol{S}$ 与 $\boldsymbol{u}$ 联立起来才有意义,这个附加信息可用于得到改进的解;否则,式(1.2.15)表示两个非耦合的问题,独立求解更佳。Munk 和 Wunsch (1982b)讨论过这个问题,他们假设在垂直于速度分量的平面上,水平速度的垂直导数正比于密度的水平导数(热成风关系),并把方程写成如下形式:

$$\boldsymbol{u} = \boldsymbol{A}\Delta \boldsymbol{S}$$

式中:$\boldsymbol{A}$ 为一个常数矩阵。

这是一种简单情况,更为一般的约束由运动方程组提供,即把数据分析与数值环流模型结合起来进行反演。第 6 章和第 7 章中的部分内容将对这个问题展开讨论。

利用关于噪声 $\boldsymbol{n}$ 的已知信息,我们可以对解进行显著的改进。例如,时钟误差①(钟差)影响到声源计时,从而导致虚假的传播时间。我们可能不知道这个误差,但是我们确实知道,所有来自单个声源的接收信号都有相同的钟差。类似地,单个接收机定时误差会导致来自所有声源的相同的误差。我们也可以充分利用关于定位误差和锚定运动(服从锚定动力学)的已知信息。在所有这些情形,噪声不再是不相关的。一个精巧的方法是从噪声向量 $\boldsymbol{n}$ 中除去时钟和定位

① 钟差在传播时间求和时会抵消;定位误差在传播时间求差时会抵消。

误差,而把它们添加到未知数向量 $\boldsymbol{x}$ 中。在这个意义上,我们正如在地震学中一样(如 Spencer 和 Gubbins, 1980),利用一些自由度来确定声源坐标 x,y,z,t 。事实上,层析实验一直在没有导航控制的情况下实施,但是进行精确定时和定位的努力通常是值得的,因为这样的话,观测工作就可以完全集中于海洋状态估计上。

1.3 垂直截面反演:一个数值示例

下面考虑超定反问题的一个简单示例:假设极地海洋中有 7 条射线①,6 个扰动层,扰动层的厚度从海表面开始向下增加(图 1.1,表 1.1)。在这个示例中,距离 $r = 210\text{km}$;在 2100km 处有多达 10 倍的射线(但是假设平均态 $\hat{C}(z)$ 不依赖于距离可能会导致一些困难)。

令

$$\Delta S_j = x_j = -2, -1, -0.5, -0.25, 0, 0\ (\text{ms/km}) \tag{1.3.1}$$

表 1.1 观测矩阵元素 ρ_{ij} 给出射线 i 在极地海洋的第 j 层中穿过的相对距离①

第 j 层		射线 i						
		1	2	3	4	5	6	7
		4.3km	2.6km	1.8km	1.3km	1.0km	0.8km	0.6km
	0km							
1		0.02	0.04	0.06	0.08	0.11	0.14	0.17
	0.2km							
2		0.04	0.06	0.09	0.13	0.19	0.26	0.37
	0.5km							
3		0.06	0.11	0.18	0.30	0.70	0.60	0.46
	1.0km							
4		0.15	0.29	0.67	0.49	0	0	0
	2.0km							
5		0.18	0.50	0	0	0	0	0
	3.0km							
6		0.55	0	0	0	0	0	0
	4.5km							

①每一层的深度边界显示在左边,每一条射线的转向深度显示在顶部。注意,在第一层和第二层没有射线转向。

① 在图 1.1 中,射线 $i = 1,2,\cdots,7$ 表示为 $p = -7,-9,-11,-13,-15,-17,-19$。为了几何上的简单,声源和接收机放在表面。下面的结果适用于声源和接收机在任何相同的深度 z^*,只要 z^* 在最平坦的射线的转向深度(为 0.6km)之上。

为“真实”的分层扰动($j = 1,2,\cdots,6$)。为了清楚起见,将对应的声速扰动和温度扰动分别写为

$$\Delta C_j = +4.5,\ +2.2,\ +1.1,\ +0.6,\ 0,\ 0\ (\mathrm{m/s})$$

$$\Delta T_j = +1,\ +\frac{1}{2},\ +\frac{1}{4},\ +\frac{1}{8},\ 0,\ 0\ (℃)$$

利用表 1.1 中的 ρ_{ij} 值,并设 $E_{ij} \approx r\rho_{ij}$,得到传播时间扰动量为

$$\Delta\tau_i = \boldsymbol{y}_i = (\boldsymbol{Ex} + \boldsymbol{n})_i = -33 + 1.7,\ -58 - 1.9,\ -100 - 2.6,$$
$$-120 + 2.9,\ -160 + 1.3,\ -177 - 1.6,\ -200 + 0.2\ (\mathrm{ms}),\ i = 1,2,\cdots,7 \tag{1.3.2}$$

正确的传播时间扰动为-33,-58,…,这些扰动已被均方根约为 2ms 的噪声修正过,这对位于距离 210km 处、由内波影响造成的传播时间扰动而言,是一个符合实际的估计。

为了说明问题,我们现在采用若干种反问题方法对由式(1.3.2)给出的数据进行分析。

1. 最小二乘方法

不难证明,在式(1.2.8)中利用式(1.2.12)和无噪声的数据 $\Delta\tau_i = -33\mathrm{ms}$, $-58\mathrm{ms}$,…,可精确地得到“真实”解式(1.3.1)。但是,我们所关心的并非是这种理想化的情形,海洋学的中心问题是对存在缺陷、非完整的数据做出解释。

对于含有噪声的传播时间式(1.3.2),估计的扰动 ΔS_j 及其不确定性可以根据式(1.2.8)和式(1.2.9)计算得到

$$\hat{x}_j \pm \delta\hat{x}_j = -1 \pm 2.4,\ -1.4 \pm 1.0,\ -0.5 \pm 0.5,\ -0.3 \pm 0.4,$$
$$0 \pm 0.2,\ 0 \pm 0.02\ (\mathrm{ms/km})$$

而真值是-2ms/km,-1ms/km,-0.5ms/km,-0.25ms/km,0,0。这个解在标准误差范围内是正确的,但是在海表面附近不确定性很大。这些不确定性可以归因于射线的垂直取样性质(将在第 2 章中给出证明)。在射线转向点附近,射线传播时间扰动的权重主要在声速扰动上,且在上面的两层中没有转向点。

估计的传播时间误差为

$$\hat{n}_i = y_i - (\boldsymbol{E}\hat{\boldsymbol{x}})_i = -0.0,\ -0.0,\ -1.9,\ +2.7,\ +0.9,\ -2.3,\ +0.7\ (\mathrm{ms})$$

从形式上看,我们难以解释最陡峭的两条射线的估计误差为何如此之小。

这种超定情形在层析问题中并不典型。考虑 $M < N$ 的情形,通过减少第 4 条和第 6 条到达射线,利用余下的 5 条射线的信息估计 6 个层中的扰动。当 $\alpha^2 = 10^6$ 时,递减的最小二乘解为

$$\hat{x}_j = -0.01,\ -0.2,\ -0.05,\ -0.18,\ -0.07,\ -0.03\ (\mathrm{ms/km})$$

其所有的不确定性均小于 0.004ms/km。很小的不确定性并不意味着 $\hat{x}_j$ 有正确的值。相对应的误差估计

$$\hat{n}_i = -29,\ -56,\ -97,\ -150,\ -192(\mathrm{ms})$$

远大于可接受的数值。

另外,如果选择 $\alpha^2 = 1$,则

$$\hat{x}_j = -0.7,\ -1.6,\ -0.5,\ -0.3, 0.0, 0.0(\mathrm{ms/km})$$

其所有的不确定性均小于 0.04ms/km。显然,除了十分接近于海表面附近以外,这个解是可以接受的。但是,误差估计

$$\hat{n}_j = 1.3\times10^{-4},\ -2.1\times10^{-4},\ -2.0\times10^{-3}, 1.4\times10^{-2},\ -2.6\times10^{-2}(\mathrm{ms})$$

非常之小。显然,在 $1 \leqslant \alpha^2 \leqslant 10^6$ 范围内存在一个 α^2 值,选择这个值可以得到一个合适的误差范数①。选择 α^2 是应用递减的最小二乘方法(通常称为岭回归(ridge regression))中的一个环节。一般地,只有 α 值在一个狭窄范围内才可以同时得到可接受的 $\hat{x}_j$ 和 $\hat{n}_j$。最小二乘方法为我们提供了一个有效、但或多或少有点复杂的反问题方法的例子。估计值 $\hat{x}_j$ 的不确定性极小(0.004~0.04ms/km),对此问题,需要给出解释和说明。

2. 奇异值分解(SVD)

最小二乘方法是一种为人熟知的、便于使用的方法。这种方法的一个不足之处是,无论对简单形式还是递减形式,都难以理解单个观测值与最优估计解两者之间的关系。SVD 是最小二乘方法的一种形式,它对数据空间的标准正交结构与解空间的标准正交结构之间的关系提供了一个完整、具体而定量的描述,并且具有完整的可靠性估计。

为了帮助读者了解 SVD 在数值实例中的应用,在此仅对 SVD 方法作简要的分析(有关问题将在 6.4 节中讨论)。SVD 应用于两个完备的正交向量组。一组向量 $\boldsymbol{u}_k$,属于 M 维的数据空间;另一组向量 $\boldsymbol{v}_k$,属于 N 维的解空间或模式空间(这里的"模式"指反问题的解,其对应的英文也为 model——译者注),两组向量(称为奇异向量)之间的关系为

$$\boldsymbol{E}\boldsymbol{v}_k = \lambda_k \boldsymbol{u}_k,\ \boldsymbol{E}^{\mathrm{T}}\boldsymbol{u}_k = \lambda_k \boldsymbol{v}_k,\ k = 1,2,\cdots,K \tag{1.3.3}$$

式中:λ_k 为"奇异值"(根据习惯,按从大到小次序排列);对所考虑的欠定情形,有 6 个分层,λ_k 为 220,161,119,89,43。与其余的奇异值相比,这 5 个奇异值中没有特别小的。这个事实表明,所有 5 条射线都可给出独立的信息。

① 可以证明,除了上面两层以外,这个合适的 α^2 与精确解有关。

可以证明,解的某些加权平均 $\bar{x}_k = \boldsymbol{v}_k^{\mathrm{T}} \boldsymbol{x}$ 由观测值特定的加权平均 $\bar{y}_k = \boldsymbol{u}_k^{\mathrm{T}} \boldsymbol{y}$ 所确定,具体关系式为

$$\bar{x}_k = \bar{y}_k / \lambda_k \tag{1.3.4}$$

对于本例而言,$\boldsymbol{v}_k$ 奇异向量是如下矩阵的第 1 列~第 6 列,即

$$\begin{bmatrix} 0.19 & 0.08 & 0.01 & 0 & -0.33 & -0.92 \\ 0.36 & 0.19 & 0.03 & -0.01 & -0.83 & 0.39 \\ 0.77 & 0.45 & 0.06 & -0.01 & 0.45 & 0.03 \\ 0.43 & -0.69 & -0.50 & 0.30 & 0.02 & 0.02 \\ 0.21 & -0.41 & 0.24 & -0.85 & 0.02 & 0.01 \\ 0.13 & -0.33 & 0.83 & 0.42 & 0.01 & 0 \end{bmatrix} \begin{matrix} \text{浅层} \\ \\ \\ \\ \\ \text{深层} \end{matrix}$$

而 $\boldsymbol{u}_k$ 奇异向量是如下矩阵的第 1 列~第 5 列,即

$$\begin{bmatrix} 0.24 & -0.44 & 0.81 & 0.31 & 0 \\ 0.34 & -0.46 & -0.04 & -0.82 & 0 \\ 0.46 & -0.47 & -0.58 & 0.48 & 0 \\ 0.61 & 0.48 & 0.08 & -0.02 & 0.63 \\ 0.50 & 0.38 & 0.07 & -0.02 & -0.78 \end{bmatrix} \begin{matrix} \text{陡的射线} \\ \\ \\ \\ \text{平坦的射线} \end{matrix}$$

显然,从最前面的两个列向量 $\boldsymbol{v}_1$ 和 $\boldsymbol{u}_1$ 可见,每一层慢度扰动的加权平均(中间层具有更大的权重①)可以从射线传播时间扰动的加权平均(平坦的射线具有较大的权重)估计得出。$\bar{x}_1$ 和 $\bar{y}_1$ 对应于最大的奇异值,因而 $\bar{x}_1$ 承载了最为重要的有效信息。类似地,考虑第二个组合 $\bar{x}_2$ 和 $\bar{y}_2$,可以发现,上层海洋扰动与下层海洋扰动的加权差可以从平坦射线扰动与陡峭射线扰动的加权差中估计得到。

第 5 个组合把上面三层(海洋)的扰动与最平坦的两条射线的扰动联系起来;由于它对应于最小的奇异值,噪声的存在对式(1.3.4)具有随机的贡献。最后,因为解 $\boldsymbol{x}$ 的维数(6)超过了数据 $\boldsymbol{y}$ 的维数(5),存在一个额外的奇异向量,称为 $\boldsymbol{E}$ 的零空间(nullspace),它不含有效信息。显然,这个向量 $\boldsymbol{v}_6$ 在两个表面层中是最大的,然而相应的解却很差。

SVD 是最小二乘方法中的一种,利用这种方法可解释解的细节情况。在本示例中可以应用射线几何学的抽样性质对分析结果做出解释。递减的最小二乘估计 $\hat{\boldsymbol{x}}_j$ 的不确定性很小,其原因是,它们并不包含与欠定性有关的解的不确定性。对高维问题,SVD 方法所提供的信息量将成为一个沉重的负担,可以证明,

① 上面三层的权重大体上与它们的厚度,0.2km、0.3km、0.5km 有关。

应用其他方法更为容易。

3. Gauss-Markov 估计

这是一种极为不同的方法(虽然它经常被混淆为最小二乘方法),它基于极小化 $\hat{\boldsymbol{x}}$ 的每个分量与对应的真值的平均平方偏差,即求 $\boldsymbol{P}$ 的对角元素(注意,不是对角元素的和)的极小值,这里

$$\boldsymbol{P} = \langle (\hat{\boldsymbol{x}} - \boldsymbol{x}) (\hat{\boldsymbol{x}} - \boldsymbol{x})^{\mathrm{T}} \rangle \tag{1.3.5}$$

其解同样可以写为 $\hat{\boldsymbol{x}} = \boldsymbol{B}\boldsymbol{y}$,但现在有

$$\boldsymbol{B} = \langle \boldsymbol{x}\boldsymbol{y}^{\mathrm{T}} \rangle \langle \boldsymbol{y}\boldsymbol{y}^{\mathrm{T}} \rangle^{-1} \tag{1.3.6}$$

式中,$\boldsymbol{B}$ 依赖于解和数据的协方差,以及数据与自身的协方差(因此,称为随机逆)。

利用解和噪声的协方差,矩阵 $\boldsymbol{B}$ 可以进一步写为

$$\boldsymbol{B} = \langle \boldsymbol{x}\boldsymbol{x}^{\mathrm{T}} \rangle \boldsymbol{E}^{\mathrm{T}} (\boldsymbol{E} \langle \boldsymbol{x}\boldsymbol{x}^{\mathrm{T}} \rangle \boldsymbol{E}^{\mathrm{T}} + \langle \boldsymbol{n}\boldsymbol{n}^{\mathrm{T}} \rangle)^{-1} \tag{1.3.7}$$

这个方法依赖于准确给出协方差的能力。实际上,我们对研究对象是有足够了解的。在此仍以极地声速廓线(M=5, N=6)为例做出说明。为了得到解,取对角元素 $\langle x_j^2 \rangle$ 为1,1,1,0.1,0.01,0.01(ms/km)^2,而非对角线元素取为零(如果将 x_j 看作为确定性的量,因而 $\langle x_j^2 \rangle = x_j^2$,则正确的值为 4, 1, 0.25, 0.0625, 0, 0(ms/km)^2。误差协方差取为 $\langle n_i n_j \rangle = 4\delta_{ij}$ ms^2(均方根为 2ms 的"白噪声")。那么,Gauss-Markov 估计为

$$\begin{aligned}\hat{x}_j =& -0.73 \pm 0.9,\ -1.55 \pm 0.4,\ -0.54 \pm 0.05,\\ & -0.29 \pm 0.02,\ -0.02 \pm 0.02,\ +0.02 \pm 0.02\end{aligned}$$

而正确的值为-2,-1,-0.5,-0.25,0,0,相应的误差估计 $\hat{n}_i$ 为 +0.6, -0.09, -0.06, +0.07, -0.10ms 。小的噪声值提供了一个敏感性的指标,即给出的解协方差并不完全协调一致,因而需考虑选择更为合适的值①。最上层的扰动太小,但是较大的上层海洋的不确定性仍然存在于解中,这是由于对上层海洋取样不尽合理的缘故。这就是数据集的一个基本缺陷,在前面的关于最小二乘方法的应用中同样遇到过此类情况。如果在上面两层中的每一层都增加两个射线转向点,确实就可得到一个不错的结果。另一个重要的考虑是,如果假设相邻的层之间存在强相关性,即对 $i \neq j$,有 $\langle x_i x_j \rangle \neq 0$。那么,甚至在最上面两层无法充分取样的情况下,仍可得到精确的估计。

我们可对以上这些方法作一些推广和变形处理,以满足研究人员及特殊实

---

① $\hat{n}_i = y_i - (\boldsymbol{E}x)_i$ 是两个大数之间的很小的差值,并且比 $\hat{x}_j$ 对先验统计量更敏感。

验布局的需要。例如,考虑一个可能的上层海洋变暖(与大气中温室气体的积累有关)问题,这是目前非常热门的一个研究方向。为了利用层析观测数据确定这种变暖是否发生,可以把上层海洋区域分割成若干个薄层,略去其中的细节,仅寻求顶部 1km 范围(最上面的三层)的温度平均值,以此分析上层海洋可能的变暖情况。应用线性规划方法(linear programming methods)),我们可计算上、下界(见 6.8 节)。另一个可行的办法是,用 Gauss-Markov 解估计解的平均性质。例如,顶部三层的平均增暖与底部三层平均增暖之间的差(全部用层的厚度加权)。海洋上部和下部的“真”值 $\overline{\Delta S}$ 分别为-0.95ms/km 和-0.07ms/km,两者之差是-0.88ms/km,对应的温度相差 0.44℃。根据 Gauss-Markov 估计给出的垂直偏差是(-0.80±0.05)ms/km 和(+0.40±0.03)℃。由此可以推导出上部海洋增暖的一个有用的度量指标,即便在重要的上面两层中并没有出现射线的转向。这个重要的结果证明了层析方法在获得沿空间**积分的**数据方面的有效性。

显然,层析数据的反演是统计估计理论中的一个问题。线性反问题技术已经非常成熟。海洋声层析应用中的关键问题是,海洋变率的参数化以及给出模式(指反问题的解——译者注)和噪声的(协)方差。对于解决所有这样的问题,一定的经验、技巧和洞察力是必要的。不懂得海洋学的统计学家与不懂得统计推断的海洋学家都可能走入歧途。正是经验与洞察力的回报才使得问题变得如此引人入胜。

1.4 水平截面反演

当然,完整的海洋学问题是三维的。在单个的声源和接收机对之间的垂直截面上,声波传输包含了一些依赖于距离的(range-dependent)信息,但是这些信息限于尺度等于射线循环(ray loops)的海洋扰动及其谐波(见 4.2 节)中。实际上,人们必须利用许多交叉的截面才能获得完整的三维信息。从形式上看,这种情形可以按如下方式处理,即把海洋分割成 k 个体积单元,并且定义 E_{ik} 为射线 i 在第 k 个体积单元内的传播距离。

但是,理解层析的最好办法还是考虑两维的水平问题,其中垂直方向的声速设为常数。射线路径是连接声源和接收机的直线。初看起来,这个问题似乎是一个主观臆想出来的问题,其实不然。假设在第 j 层的扰动 ΔS_j 由前一个垂直截面反演得到,对于一个假设的声源和接收机对(相隔距离为 r,而且全部位于该层内),定义一个拟传播时间扰动(pseudo-travel-time perturbation),$\Delta\tau_j^* =$

$r\Delta S_j$。我们便可以把 $\Delta\tau^*$ 当作为"观测数据",对 j 个层中的每一个分层分别进行水平反演。反演方法与前面讨论过的完全一样。选取其中的任何一层,考虑直的水平路径 i(连接任何一对锚定的声源和接收机)。E_{ik} 现在是正方形 k 内这条路径的距离(可以为零)。

1. 谱模型

理想化的移动船几何结构为我们提供了一个直观的例子①,以说明探测物理量场中的取样问题。"真实的"声速场(图 1.5 顶部)由截断的傅里叶级数产生(Cornuelle 等,1989),即

$$\Delta S(x,y) = \sum_k \sum_l c_{kl}\exp\frac{2\pi i}{L}(kx+ly), \qquad k,l=0,\ \pm1,\cdots,\ \pm N$$

传播时间扰动可以写为

$$\Delta\tau_n = \sum_k \sum_l c_{kl}\int_{\Gamma_n(-)} ds\exp\frac{2\pi i}{L}(kx+ly) \tag{1.4.1}$$

并且式(1.4.1)中的积分对每条射线路径 n 计算先验值。该问题再次简化成形式 $\boldsymbol{y}=\boldsymbol{E}\boldsymbol{x}+\boldsymbol{n}$,其中解向量 $\boldsymbol{x}$ 是复傅里叶系数 c_{kl} 的一个有序集合。

首先,我们考虑这样一种情形:探测区域为边长 1Mm 的正方形,两船分别从左、右侧底部拐角处出发,平行地向北行驶,每隔 71km 自西向东发射一次信号,总共发射 15 次(图 1.5)。对 15 个传播时间进行反演,得到的估计值全部构成了东西向的等值线,因为沿着所有的射线路径测量的仅是纬向平均值(信息与经度无关),即

$$\Delta\tau(y) = L\sum_l c_{0l}\exp\frac{2\pi i}{L}ly$$

为了在波数空间解释这个结果,有

$$\int_0^L dx\Delta S(x,y) = 0,\ k\neq 0$$

因此,东西向的传输仅给出了参数 c_{0l} 的信息。所有这些都具有近乎完美的 100%的预测方差(除最高的谐波以外),而其余的全部是未知的(图 1.5 的右列)。总的预测仅具有 16%的技巧。类似地,利用南北向的传输,仅可以确定参数 c_{k0}。把东西向和南北向的传输结合起来,可以一起确定 c_{0l} 和 c_{k0}。不出所

① 在一个广泛的尺度范围内进行精确探测是层析技术的最苛刻的应用;它比估计热含量及其他整体性质,或估计重要的谱参数要求更高。

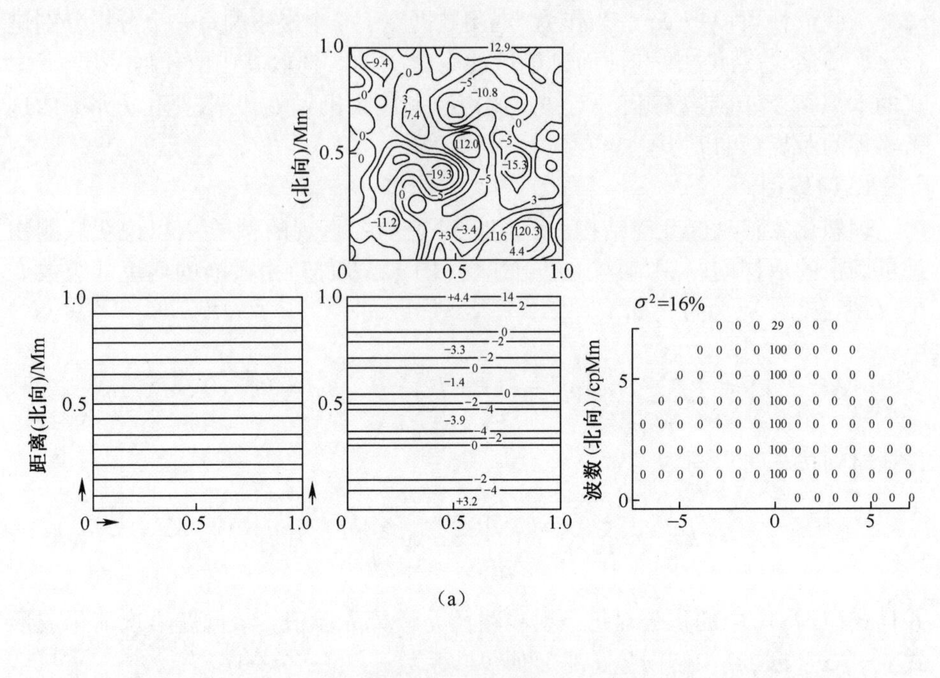

(a)

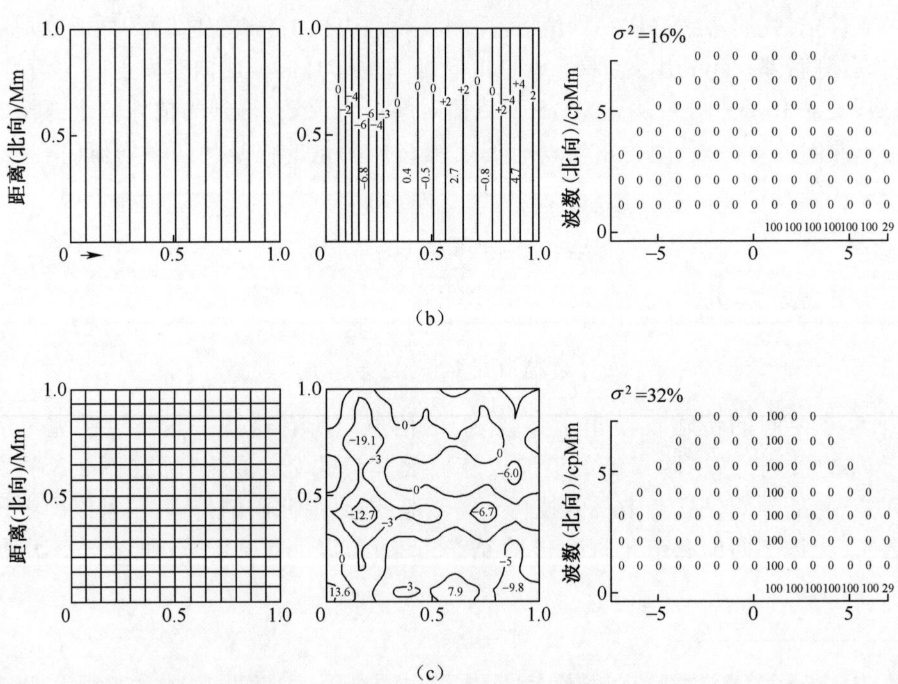

(b)

(c)

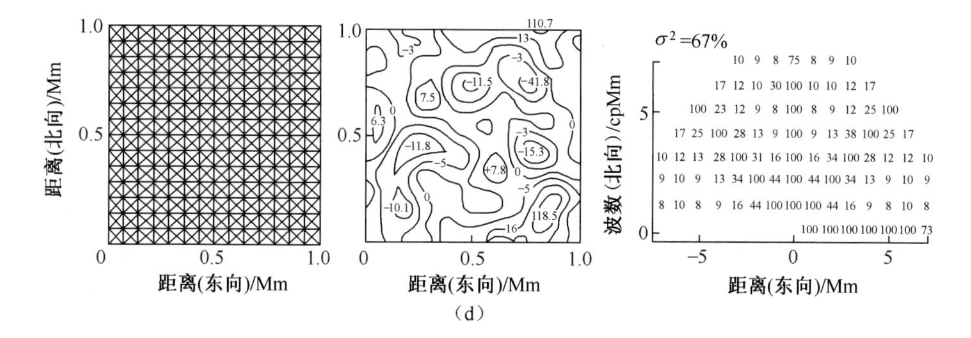

图 1.5 “真实的海洋”(顶部中间位置)将由层析反演得到。(a)的三幅图分别显示了在向北航行的声源船(位于一边长为 1Mm 的正方形区域的西侧)和向北航行的接收船(位于该正方形区域的东侧)之间的自西向东传输的声射线路径(左),根据这些射线路径的传播时间数据的反演结果(中),以及在波数空间表示的预期的预测方差(右,0 表示没有技巧)。(b)对应于在两个向东航行的船之间的从南到北的传输情形;(c)和(d)代表更具挑战性的取样策略,只有(d)与“真实海洋”的情形有些类似,占 67%的方差。

料,这个取样方案仍然不足以获得有用的分布图。采用更复杂的移动船几何结构(包括以 45°角进行扫描),可得到明显改进的结果①。

获取精确的海洋物理量分布图,需要波数空间有足够高的分辨率,因而需要多角度的射线路径。在任意一个几何尺寸相当于海洋相关尺度的区域内,这个条件必须要独立地满足,这是截面投影定理(projection-slice theorem)的一个直接结果(见 6.8 节)。

大多数价格不贵的锚定接收机阵列(图 1.6 所示的六点阵列),都存在如下问题:对中尺度特征的采样不足(undersampling)。为了探测边长为 1Mm 的正方形区域,我们至少要估计 20×20 个复谐波;对于两个或三个垂直动力学模态中的每一个模态,未知数的总数达到 800 个。这种情形需要借助于多个移动船载接收机(moving-ship receivers)来补充锚定接收机阵列数量的不足。在图 1.6 所示的例子中,接收船在 17 天的时间内,围绕直径为 1Mm 的圆形路径航行(因而错过了一些中尺度特征),作了 135 次的(接收)停留,共获取 810 个单程路径的信息。在此情况下,由于增加了一个时间维(见第 7 章),未知数的数量也在增加。在实际应用中,如果不考虑有限取样时间内物理量的变化,由层析方法得到

① 在图 1.5 中,上面的两行图每个相当于医学 CT 中的单个测量,最下面的图相当于四个不同方向的测量。

的海洋物理量场,完全可与 AXBT 调查①结果相媲美。

2. 几何结构

考虑如图 1.6 所示的锚定结构(mooring configuration)。每个接收机记录每

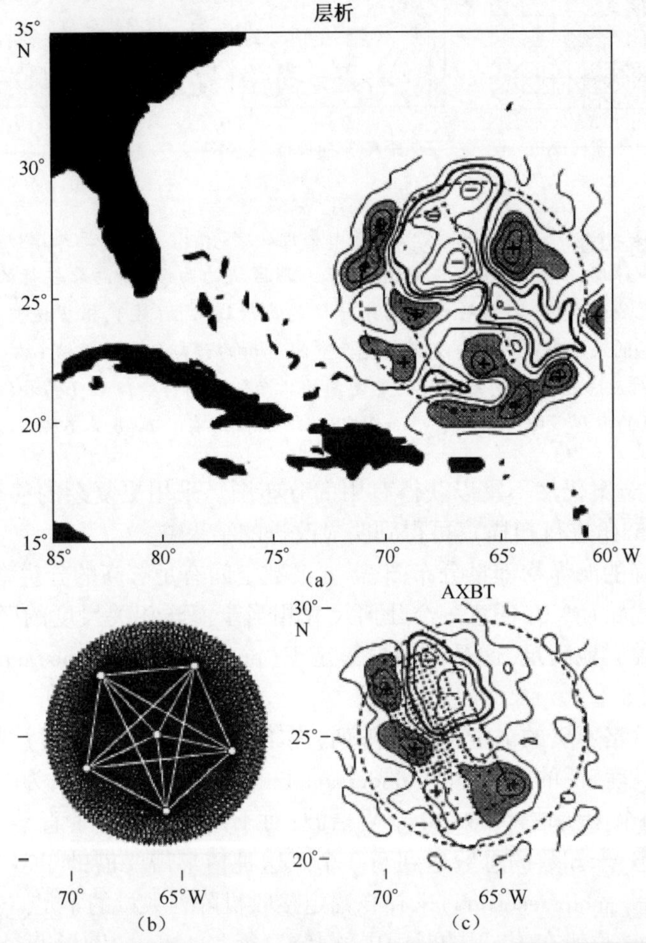

图 1.6 在 700m 深度处,相对气候平均值的声速扰动分布图(等值线图),等值线间隔为 1m/s (0.25℃),扰动数据来自 1991 年 7 月 15 日~30 日期间的移动船层析实验(AMODE-MST Group,1994)。5 个锚定浮标分别位于直径 700km 的五边形顶点处,第 6 个锚定浮标位于该五边形的中心。接收船环绕直径为 1Mm 的圆周航行,期间实施了 135 次停留接收作业。从每个锚定位置到接收停留处的射线如图(b)所示。为了与层析获得的结果(仅使用声学数据)比较,一张仅用 AXBT 数据(在 700m 深度)得到的分布图如图(c)所示。AXBT 测量于 7 月 18~22 日期间进行,测量范围为图(c)中的矩形区域。在圆周区域以外由层析推断的场变量和矩形区域以外由 AXBT 推断的场变量易于产生大的不确定性。

① AXBT 是空投式深海温度测量仪(Airbone Expendable Bathythermograph)。图 1.6 中的层析图是根据完全的三维反演得到的。

个声源的信号，用白色的线条表示，它对应于一个垂直截面。水平路径的数量，作为声源数量 S 与接收机数量 R 的乘积 $S \times R$，它增加了，但是代价却主要与 $S + R$ 有关。对于 N 个收发机，存在 $N(N-1)$ 条路径和 $\frac{1}{2}N(N-1)$ 条互易的路径（reciprocal paths）。图 1.6 所示的六点收发机阵列，代表了一个重要的探测中尺度特征的任务。即便如此，这 15 条互易路径对于中尺度特征的探测而言，也仅仅是达到了最低限度的要求。

3. 涡度

现在回来讨论锚定的收发机阵列内互易声传输的问题。涡度是一个具有海洋学意义的物理量。可以注意到，在三个锚定点，共同存在的声源和接收机（收/发机）能提供涡度的度量①。涡度等于速度环流 $\oint \boldsymbol{u} \cdot d\boldsymbol{l}$（积分沿着三角形闭合边界）除以三角形面积。这个环流可通过声循环（sing-around）观测

$$(\tau_{A\to B} + \tau_{B\to C} + \tau_{C\to A}) - (\tau_{A\to C} + \tau_{C\to B} + \tau_{B\to A})$$

得到，而且可以得到一些有趣（但可预料）的结果。我们曾发现，在美国弗罗里达海峡，涡度的量级达到了 $10^{-5}\ s^{-1}$（图 6.23）；而在夏威夷北部，涡度的量级仅为 $10^{-8} s^{-1}$（图 6.24）。采用传统的锚定流速计方法可能是难以估算这些物理量的。

1.5 利用时间演变信息获取估计值

海洋一直在随时间演变，任何时刻 t 对海洋的观测数据都包含着它的现在、过去和将来的信息。如果存在一个能够描述海洋状态演变的模型，便可通过分析这些海洋观测信息，将不同时刻的海洋状态与观测数据联系在一起。人们试图寻找类似于式（1.3.5）的目标函数的极小值，但是要用到 $\boldsymbol{x}$ 和 $\boldsymbol{n}$ 在某个有限时间长度内的值，而不是在某一时刻的值。这样的估计问题可以通过多种方法加以解决。可以利用一种熟悉的方法（称为 Kalman 滤波器），按照时间顺序利用观测值，求得直至观测时刻的最佳可能的估计值。这些估计值还可以利用后来得到的观测值，通过后向（指时间）处理，进一步得到系统性的改进（称为平滑算法，smoothing algorithm）。另一种方法，则试图通过迭代方法立刻求出目标函数在整个时间长度内的极小值，其中的一种形式可衍生出所谓的庞特里亚金原理（见 7.3 节）和“伴随模拟”（adjoint modeling）。

---

① 但是，差分层析不适合测量流场的散度（见 3.3 节）。

通常,在时间演化系统(time-evolving systems)中,模型约束方程的数量要比观测值的数量多出许多(其程度可达几个数量级)。因此,尽管第6章和第7章讨论的是一般的反问题,但我们还是将反问题分成两类来讨论,即存在众多数据约束的(称为面向数据的(data-oriented))反问题(第6章),以及模型约束占多数的(称为面向模型的(model-oriented))反问题(第7章)。当然,这种区别多少有些模糊不清。

1.6 检　　验

利用传统的测量方法可检验(testing)①层析技术(或任意新型观测方法)的优劣,在此有必要对此问题加以说明。通常情况下,这种检验是无法比较的,就好比无法在苹果与桔子之间作出比较一样。新型观测工具以一种独特的崭新的方式对海洋环境实施取样(因而不太适合用作比较之用),我们应从正面而不是反面去认识这一个事实。

过去,我们常将协同观测数据(如CTD② 调查和流速计记录)从反演过程中扣除掉,以便对声学反演结果作独立的比较。统计上常采用以下的做法:首先实施单个的反演过程;然后检验 $\hat{\boldsymbol{x}}$ 和 $\hat{\boldsymbol{n}}$ 两者与来自所有有贡献的观测数据的已知误差及先验统计量的一致性。对于爱挑剔的观测者来说,这种广泛性的检验通常被认为过于勉强而难以让人信服,因此有必要将观测数据扣除出来,为测试新技术是否有效提供具体的证据。

1.7 比较和评论

这里将海洋声层析与医学CAT扫描作一个对比分析。医学CAT扫描的目的是进行计算机辅助层析成像,其具体的工作流程如下:首先通过使用一个线阵X射线源和一个对应的接收阵列,测量沿着人体内一组平行射线路径的X射线吸收密度;然后旋转发射源和接收机,(旋转角度)间隔1~2°重复测量一次,由此获得一组密集的以简单几何形状呈现出来的线积分数据;接着,将这些数据反演成人体一个截面的二维吸收密度图。在一幅现代的CAT扫描图中,线积分总数一般可达 $10^4 \sim 10^5$ 量级。

---

① 与常用的validating(验证)相比,我们更喜欢用检验(testing)。

② CTD是一个测量电导率、温度和深度的仪器。

考虑到成本和安装声波收发机的困难,从几何角度考虑声层析问题并不比从同样的角度考虑 CAT 扫描更有优势。但是,过于关注锚定的海洋声层析(moored ocean acoustic tomography)相对信息的贫乏这个事实也是会令人误解的,原因如下:①我们通常处理相对一个已知的参考状态的扰动,而每个 CAT 扫描过程则没有利用先前已有的知识;②与医学情形不同,人们对利用深入内部(intrusive)的方式建立海洋参考状态没有异议;③海洋动力学提供了一个重要的信息源,这个信息源可以在反演过程中有效地加以利用;④在许多海洋应用中,我们不是致力于追求高分辨率探测,而是对平均的海洋性质感兴趣,如热含量或体积输送(volume transport),在这个意义上,早期的层析过分强调探测方面是不适宜的;⑤声层析并不是作为一个独立的探测手段使用的[①]。流速计观测记录、水文地理(hydrographic)数据和其他的信息源,每个都提供了海洋环流要素的独特的观测值。利用反问题方法,可将上述不同种类的观测资料与已知的运动学、动力学知识融合在一起。

反思过去,Munk 和 Wunsch 类比 CAT 扫描,将类似的海洋问题称为海洋声层析,这多少有点令人遗憾。正如我们已经看到的那样,几乎在所有方面,海洋问题都不同于医学问题:空间尺度、时间尺度、技术和射线轨迹,更不用说市场需求了。当然,根本的差别在于数据密度的不同。医学层析可完成独立的测量过程而无需任何的先验信息,而海洋层析则主要依靠先验信息和协同观测。因此,如果我们在分析海洋层析数据时不考虑已知的海洋知识,那将是极不明智的,甚至可以说还有点傲慢和自大。

读者可能发现,海洋声层析领域中尚有许多(即使不是大多数)问题没有得到解决。无论是从实验的要求上看,还是从理论的挑战性上看,海洋声层析都是一个充满困难的研究领域。我们希望,本书的编写出版能对初次接触此领域的研究者有所帮助,期待他们的工作能丰富人们对海洋声层析的认识。正如已故的伟大的 C. G. Rossby 曾经指出的那样,“我们从事的是一项奇怪的交易,我们给别人的越多,我们就越富有”。

---

① 卫星测高和海洋声层析具有很好的互补性:前者具有高的水平分辨率、适度的时间分辨率和低的垂直分辨率,而后者具有低的水平分辨率、高的时间分辨率和适度的垂直分辨率(Munk 和 Wunsch,1982a)。

第2章 正问题:不依赖于距离的情形

在海洋声学中,求解任何反问题的前提条件是能精确求解正问题,即给定"海洋状态",构建声学到达结构(arrival pattern)。如果正问题无法求解,那么观测得到的数据就不能用来反演重构海洋状态。

我们是在1978年进入海洋声层析这个领域的。当时认为,正问题已经得到了解决,因此可以直接开展海洋学中的反问题研究工作。然而,实际情况是,正问题并没有解决;海洋场和声学场也从来没有被同时精确地测量过,以进行评价性的检验。在20世纪80年代末期这样的测量工作(作为层析工作的一部分)最终完成后,我们发现在测量的和计算的声场之间存在显著的偏差。其中,最显著的偏差可以追溯到海水的状态方程;还有一些常用的声速方程也被证明是错误的。

随着所谓的SLICE89实验的完成,正问题也得到最终解决。现在,我们对正问题已有深入的了解,可以满足反问题方法在海洋学中的应用需求。当然,一些偏差仍然存在,这些问题可能与内波以及其他的依赖于距离的现象有关(见第4章)。

在声速场给定的条件下,预测海洋中声脉冲的传播有一系列的方法。几何光学近似(射线理论)适合于预测海洋声层析中遇到的大多数情形的传播时间。实验测量常常揭示了一些显著的到达,而它们并不能由射线理论预测。通常,这些到达与焦散(caustics)有关。WKBJ近似可以精确地处理焦散,预测发生在几何光学阴影区的衍射到达(除射线到达以外)。然而,WKBJ近似理论并没有准确地描述转向点(turning points)。

描写声传播的最基本的方法是把声信号展开成标准模(而不是渐近理论)。对几百个模态进行直接求和所得到的到达结构,呈现出三种清晰可辨的状态:①早期明显的峰值到达(由属于一个宽频范围内的多个模态的相长干涉形成);这些峰值根据类似射线的到达(ray-like arrivals)而识别,因此能利用简单的射线理论计算,无须利用模态求和;②过度期;③后期的类似模态的到达(mode-like arrivals)。在一个频散的极地声道中,单个的模态在状态③中可清晰地识别,而在弱频散的温带声道中,情况可能不是这样。因此,最有效的处理方法是一种综合的描述方法，也就是说，利用射线理论描写早期的陡峭角度的到达(steep-angle arrival)，利用模态理论描写后期的近轴到达(near-axial arrival)。标准模(normal mode)理论很容易推广到绝热变化声速廓线的情形(见4.1节)，对于强烈依赖于距离的情形，则需要应用耦合的模态理论(见4.6节)。

本章的主要任务是，分别从射线和模态角度出发，给出 $\boldsymbol{y} = \boldsymbol{E}\boldsymbol{x} + \boldsymbol{n}$ 中的矩阵 $\boldsymbol{E}$ 的计算方法，用于计算传播时间扰动，为第6章和第7章中讨论反问题提供必要的基础。本章包括三个部分的内容：①射线表示法；②模态表示法；③与观测数据的比较。模态方法的推导与射线方法的推导是并行展开的，这可以加深对射线光学方法局限性的理解。当然，这也将出现一些重复。

2.1 海洋声道

海水中的声速随温度、压力和盐度的增加而增加。在全球的大部分海洋中，在深度约为1km处存在一个声速极小值，其所在深度称为声轴。在声轴上方，温度的影响占主导地位，声速随温度的增加而增加；在声轴下方，温度分布更为均匀，声速随压力的增加而增加。声速极小值(在声轴处)形成一个波导，使声能量得以有效传播，而没有(产生能量损耗的)海底相互作用。这就是在第一次世界大战后期发现的著名的SOFAR声道(SOFAR channel)(SOFAR为Sound Fixing and Ranging的缩写，含义是声学定位和测距——译者注)。来自远处声轴上的脉冲源的信号被记录下来，这些信号首先由一系列脉冲组成(它们可用射线解释)，然后是一个与轴向模态有关的强烈且急剧的截止(所谓的SOFAR高音(SOFAR crescendo))。

在北半球和南半球高纬度海区，声轴上升，并最终到达海面。因此，在发生声反射的海面和产生向上折射的深水之间形成一个“表面波导”，如位于中太平洋中的北极-南极剖面图所示(图2.1和图2.2)。

温带海区的声传播与极地海区的声传播有很大的不同。我们发现，利用两个声速廓线模型有助于声传播问题的讨论：一是绝热声速梯度的极地廓线；二是与指数层结海洋有关的温带廓线(有时称为“标准廓线”)。就浮力(Brunt-Väisälä)频率 $N(z)$ 而言，这两个模型分别对应于 $N = 0$ 和 $N = N_0\exp(-|z|/h)$ 的情形。本章及本章附录中都将对这两个模型做出描述。应当强调的是，一些声传播参数对廓线中的细节极为敏感①，因而对任意特定的实验而言，这些模型

① 这种敏感性是成功反演的基础。

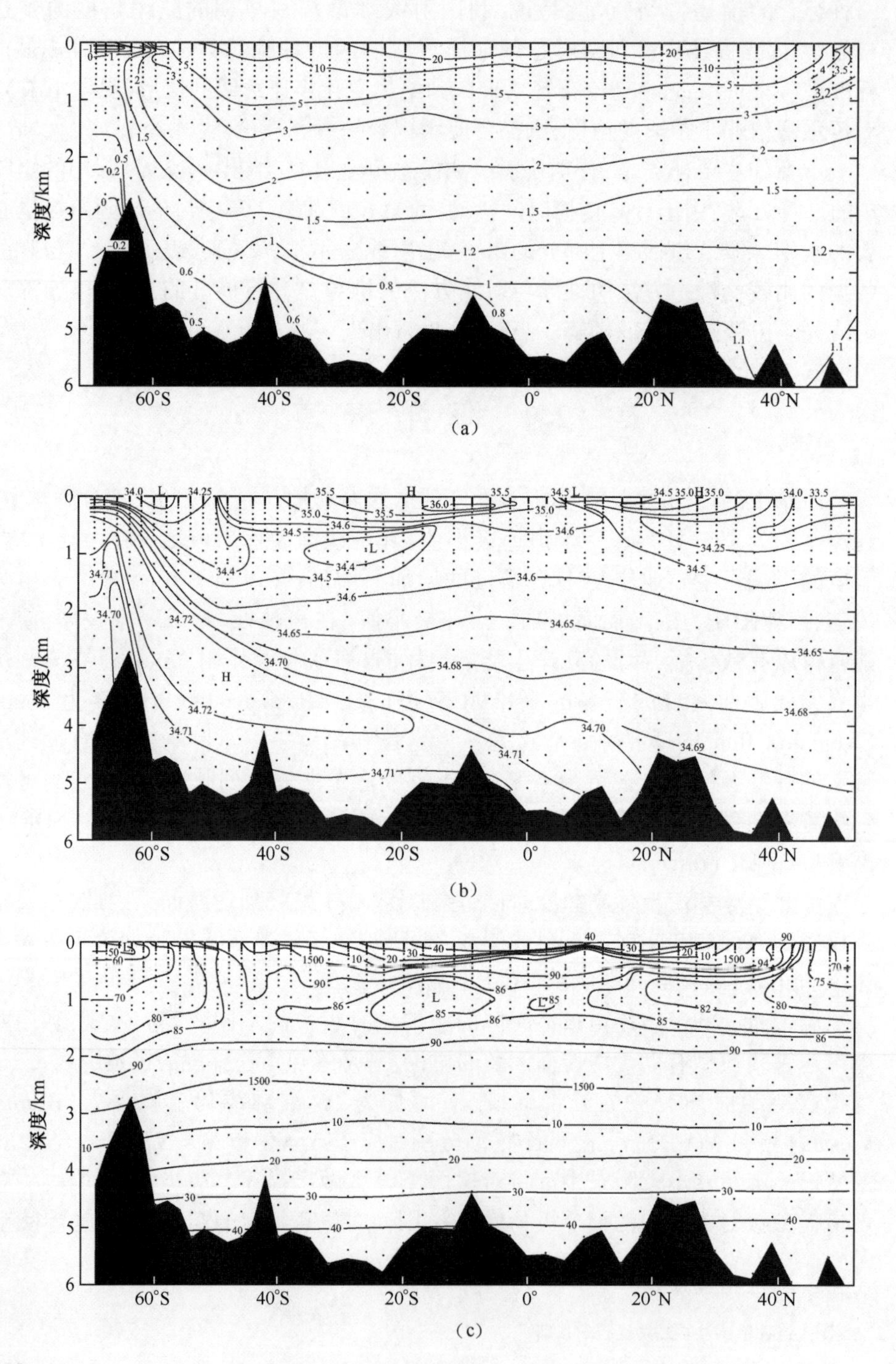
深度/km
60°S
40°S
20°S
0°
20°N
40°N
(a)
(b)
(c)

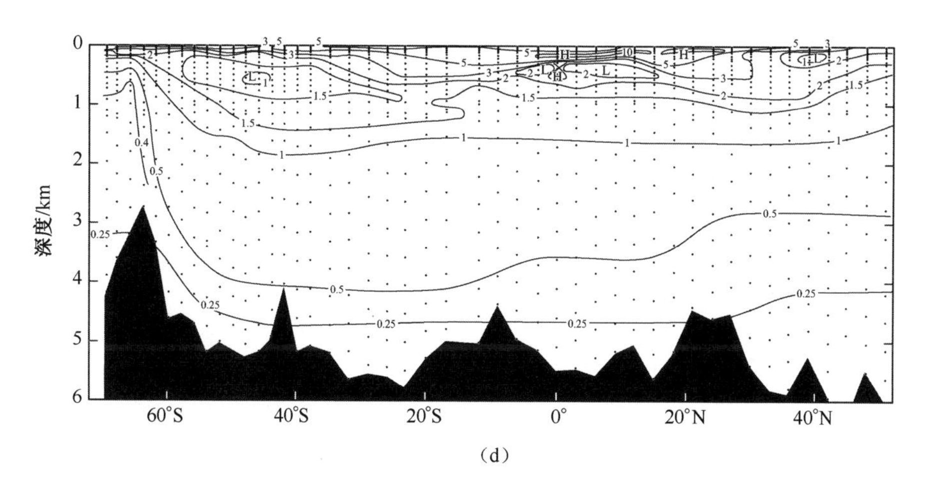

图 2.1　中太平洋(170°W)纬度–深度(km)剖面图,从南极洲到阿留申群岛(垂直比例尺约为1000∶1,图中点的分布表示测量网格(Flatté 等, 1979))

(a)位势温度等值线(℃);(b)盐度等值线(‰);(c) 声速等值线(1450~1540m/s,前面两个数字已省略);(d)浮力频率等值线(周/h)。

的适用性是有限的。

2.2　声　　速

在以下的讨论中,我们将参考若干文献和著作,给出相关问题的详细介绍(如 Flatté 等,1979;Urick,1983;Brekhovskikh 和 Lysanov,1991)。海水中的声速变化仅限于一个狭窄的范围以内,典型情况是,声速可以在 1450~1550m/s 内变化。但是,这个极小的数值变化却在声传播特征变化中发挥关键性的作用。MacKenzie (1981)给出如下公式,用于描述声速 C(m/s)与温度 T(℃)、盐度 S_a(‰)及深度 D(m)的函数关系:

$$
\begin{aligned}
C(T,S_a,D) = {} & 1448.96 + 4.591T - 0.05304T^2 + 2.374 \times 10^{-4}T^3 \\
& + 1.340(S_a - 35) + 1.630 \times 10^{-2}D + 1.675 \times 10^{-7}D^2 \\
& - 1.025 \times 10^{-2}T(S_a - 35) - 7.139 \times 10^{-13}TD^3
\end{aligned}
\tag{2.2.1}
$$

在 0.1m/s 的精度范围内,式(2.2.1)与 Del Grosso(1974) 方程一致,后者达到了现代测量的精度(Dushaw 等,1993b)。声速随着温度、盐度和压力的增加而增加,但是盐度的影响相对较小。

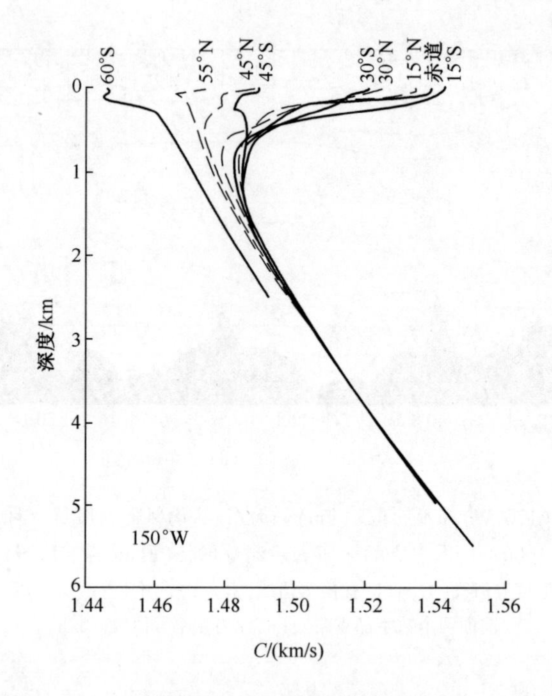

图 2.2　沿 150°W 选择的一些廓线图

为了方便,我们引入一个标量的位势梯度(potential gradient),其定义为:测量的梯度减去绝热梯度。其中的绝热梯度来自于某一个上升(或下沉)体积元的绝热膨胀(或收缩)。因此,声速的垂直梯度可写为

$$\frac{\mathrm{d}C}{\mathrm{d}z}=\frac{\mathrm{d}C_p}{\mathrm{d}z}+\frac{\mathrm{d}C_a}{\mathrm{d}z} \tag{2.2.2}$$

对于密度和温度而言,也有类似的定义。总的**原地** (in situ)密度 ρ 出现在水平动量方程中,但是只有位势密度梯度 $\mathrm{d}\rho_p/\mathrm{d}z$ 对水柱的稳定性有贡献。总的**原地**声速 C 决定着声道的性质,但是只有位势声速梯度 $\mathrm{d}C_p/\mathrm{d}z$ 对声波脉动有贡献,而声波脉动与内波和其他垂直运动形式有关。

记

$$\frac{1}{C}\frac{\mathrm{d}C_p}{\mathrm{d}z}=\alpha\frac{\mathrm{d}T_p}{\mathrm{d}z}+\beta\frac{\mathrm{d}S_a}{\mathrm{d}z},\quad \frac{1}{\rho}\frac{\mathrm{d}\rho_p}{\mathrm{d}z}=a\frac{\mathrm{d}T_p}{\mathrm{d}z}+b\frac{\mathrm{d}S_a}{\mathrm{d}z} \tag{2.2.3}$$

其中,系数的典型值为

$$\begin{cases}\alpha = 3.19 \times 10^{-3}\ (℃)^{-1},\ \beta = 0.96 \times 10^{-3}\ (‰)^{-1} \\ a = 0.13 \times 10^{-3}\ (℃)^{-1},\ b = 0.80 \times 10^{-3}\ (‰)^{-1}\end{cases} \tag{2.2.4}$$

式中：a 的数值代表 1km 深度处的条件，但是随着温度和压力有显著变化。

绝热声速梯度部分地与绝热温度梯度 $\mathrm{d}T_a/\mathrm{d}z = -0.08℃/\mathrm{km}$ 有关，同时也部分地与压力梯度有关，则

$$\begin{aligned}\frac{1}{C}\frac{\mathrm{d}C_a}{\mathrm{d}z} &= \alpha\frac{\mathrm{d}T_a}{\mathrm{d}z} - \gamma\frac{\mathrm{d}P}{\mathrm{d}z} \\ &= (-0.02 - 1.11) \times 10^{-2}\ \mathrm{km}^{-1} = -1.13 \times 10^{-2}\ \mathrm{km}^{-1} \equiv -\gamma_a\end{aligned} \tag{2.2.5}$$

注意，绝热声速梯度主要由压力效应主导。

通常，我们假设一个局地关系式 $S_a = S_a(T)$，其线性化形式为

$$S_a = S_a(T_0) + \mu\Delta T,\ \Delta T = T - T_0$$

式中：μ 的单位为‰/℃，则

$$\Delta C/C = \alpha\Delta T(1 + \mu\beta/\alpha) \tag{2.2.6}$$

一个典型值为 $\mu\beta/\alpha = 0.03$，因此近似到一阶，确定 ΔC 就是确定温度场。在固定的压力层上，密度扰动为

$$\frac{\Delta\rho}{\rho} = \frac{a}{\alpha}\left[1 + \left(\frac{b}{a} - \frac{\beta}{\alpha}\right)\mu\right]\frac{\Delta C}{C} \sim -0.04[1 - 0.65]\frac{\Delta C}{C} \tag{2.2.7}$$

式(2.2.7)对 $T - S_a$ 回归是敏感的。Pond 和 Pickard (1983)对确定温度、盐度和密度之间的关系问题作了极为深入的讨论。在许多海区，对声速的估计可用作对密度的估计，密度是运动方程的一个动力学变量。在大多数的海区，我们可利用历史水文数据①对盐度做出合理的修正。对某些应用来说，无论能否确定出盐度场，确定温度场本身就具有重要的意义。

表示稳定性的一个广泛使用的物理量是浮力(Brunt-Väisälä)频率：

$$N^2(z) = -\frac{g}{\rho}\frac{\mathrm{d}\rho_p}{\mathrm{d}z},\ \frac{\mathrm{d}\rho_p}{\mathrm{d}z} = \frac{\mathrm{d}\rho}{\mathrm{d}z} - \frac{\mathrm{d}\rho_a}{\mathrm{d}z} \tag{2.2.8}$$

式中：$\mathrm{d}\rho_p/\mathrm{d}z$ 为位势(真实的减去绝热的)密度梯度。

在盐度均匀分布的海洋中，或在具有线性 $T-S_a$ 关系的海洋中，$\mathrm{d}C_p/\mathrm{d}z$ 和

---

① 也有例外：在高纬地区，盐度控制着密度场；在锋区，函数 $S_a(T)$ 并不存在。

N^2 都与 $\mathrm{d}T_p/\mathrm{d}z$ 成正比。由此,可以证明(Munk,1974)。

$$\frac{\mathrm{d}C/\mathrm{d}z}{C_A} = \gamma_a \frac{N^2 - N_A^2}{N_A^2} \tag{2.2.9}$$

式中:C_A、N_A 为声轴处的数值。

式(2.2.9)是一个将声速廓线与基本海洋条件联系起来的简单的方式。Flatté 等(1979)讨论了式(2.2.9)的限制条件。在大的深度处,$N \to 0$,且 $\mathrm{d}C/\mathrm{d}z \to -\gamma_a C_A$,如同在冬季极地海区那样。在声轴上,$N(z) = N_A$ 且 $\mathrm{d}C/\mathrm{d}z = 0$。声速 C_A 极小值所在深度(在温带海区约为 1km)是声波导中心所在位置。在声轴上方直至表面混合层 $N(z)$,因而 $\mathrm{d}C/\mathrm{d}z$ 快速增加。

1. 极地(绝热)廓线 (polar (adiabatic) profile)

在冬季极地海区,海表面冷却将导致对流不稳定。因此,$N \to 0$,并且由式(2.2.9),可得

$$C(z) = C_0(1 - \gamma_a z) \tag{2.2.10}$$

声速随深度线性增加(z 是负值)。为了便于解析处理,把声慢度的平方 $S^2 = (1/C)^2$ 记为

$$S^2(z) = S_0^2(1 + 2\gamma_a z) \tag{2.2.11}$$

式(2.2.10)与式(2.2.11)没有明显的差别,因为 $\gamma_a z$ 总是很小,$\gamma_a z<0.05$。

2. 温带(标准)廓线 (temperate (canonical) profile)

温带海区的情况有所不同,海表的加热在海水上部 1km 范围内起着主导的作用(在海的深处,可以达到绝热梯度状态)。为了推导典型的声速廓线,可以利用以下事实:水柱的稳定性从海表面向下平稳地递减(忽略表面混合层),而且 $N(z)$ 大体上可用指数函数拟合(Munk,1974),即

$$N = N_0 \mathrm{e}^{z/h}, \ h \approx 1\mathrm{km} \tag{2.2.12}$$

因此,正如图 2.3 中所示的那样,有

$$C = C_A\left[1 + \frac{1}{2}h\gamma_a(\mathrm{e}^{2\zeta} - 2\zeta - 1)\right], \ \zeta = \frac{z - z_A}{h} \tag{2.2.13}$$

可以采用如下的数值:

$$C_A = 1.5\mathrm{km/s}, \ \gamma_a = 0.0113\ \mathrm{km}^{-1}, \ z_A = -1\mathrm{km}, \ h = 1\mathrm{km}$$

式(2.2.13)可以作为温带海区声波传播的有用的参考,这是一个描述声道与海洋指数层结之间关系的简单方式。

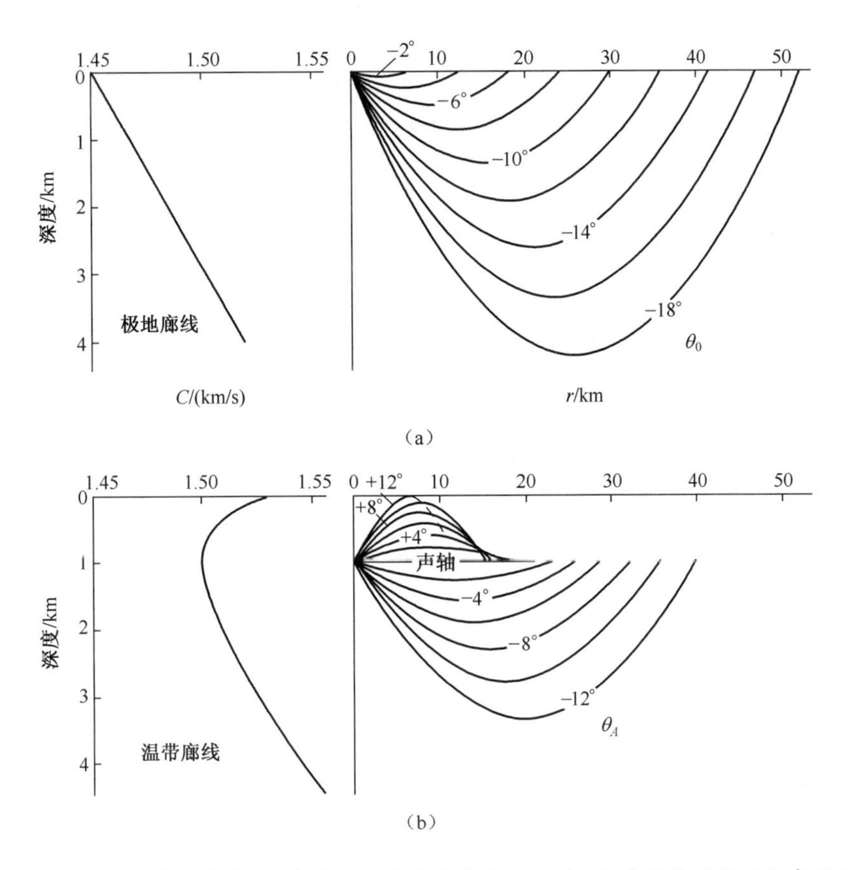

图 2.3　极地和温带声速廓线的射线图。垂直发射角 θ_0 已标明,声源分别置于海表面和声轴上。对极地廓线,循环距离(loop range) →0(当 $\theta_0 \to 0°$ 时)。对温带廓线,轴向射线($\theta_A = 0°$)的循环距离是有限的;随着 θ_A 的增加,循环距离是减少的。射线 $\theta_A = +12°$ 属于折射-表面反射(RSR);其余射线是纯折射(RR)。射线倾向于在不同的距离处聚集,从而形成"会聚区(convergence zones)"。

2.3　射线表示法:射线理论

研究表明,射线理论是研究海洋声传播问题的一种有效的方法,可为绝大多数的层析分析提供理论基础(Boden 等,1991)。考虑下列波动方程:

$$\left(\nabla^2 - S^2(z;r)\frac{\partial^2}{\partial t^2}\right)p = 0 \tag{2.3.1}$$

令 $p = p_0 e^{i\omega t}$,得到 Helmholtz 方程为

$$(\nabla^2 + k^2) p_0 = 0 \tag{2.3.2}$$

式中：$k = \omega S$ 。

方程(2.3.2)可以在不同的近似条件下采用多种方法进行求解。常用的一种方法是，选取一个试解(trial solution) $p_0 = a\exp(\mathrm{i}k_0\phi)$ ，代入 Helmholtz 方程式(2.3.2)中。考虑短波近似，即

$$\frac{\nabla^2 a}{a} \ll k_0^2 \tag{2.3.3}$$

那么，相位 ϕ 满足程函方程(eikonal equation)，即

$$|\nabla\phi|^2 = (S/S_0)^2 \equiv \nu^2 \tag{2.3.4}$$

式中，S_0 为一个方便的参考慢度(reference slowness)；ν 为折射指数。

令 $\phi(x,y,z)$ = 常数，式(2.3.4)可以确定波前的演变。从式(2.3.4)的求解中可以知道，式(2.3.3)是应用射线理论的一个必要条件，但是并不是充分条件。对某些层析问题来说，这个近似是不充分的，因此需要寻找另外的方法系统地获得更为精确的解。J. B. Keller 提出一种方法(如 Dowling 和 Ffowcs Williams, 1983；Jensen 等，1994)，是把波动方程的解写成 ω^{-1} 的渐近级数形式，即

$$p(x,z,t) = \exp\mathrm{i}(\omega t - k_0\phi) \sum_{n=0}^{\infty} (\mathrm{i}\omega)^{-n} I_n(x,z) \tag{2.3.5}$$

将式(2.3.5)代入式(2.3.1)，取最低阶(对大的 ω)，同样可得到程函方程式(2.3.4)；还可以得到高阶修正。这里暂时仅考虑最低阶近似的情形。定义"波前"为等相面 $\phi(\boldsymbol{r})$ = 常数，"射线"的方向定义为波前的法线。沿着射线的点的位置由弧长 s 确定，因此 $\boldsymbol{r} = \boldsymbol{r}(s)$。波前的单位法向量是 $\boldsymbol{n} = \nabla\phi / |\nabla\phi|$。但是，从 $\boldsymbol{r}$ 的定义可知，单位法向量也可以用 $\mathrm{d}r/\mathrm{d}s$ 给出，因此，利用程函方程，有

$$\frac{\mathrm{d}r}{\mathrm{d}s} = \frac{\nabla\phi}{|\nabla\phi|} = \frac{\nabla\phi}{\nu} \tag{2.3.6}$$

所以

$$\nu \frac{\mathrm{d}r}{\mathrm{d}s} = \nabla\phi \tag{2.3.7}$$

对式(2.3.7)微分，可得

$$\begin{aligned} \frac{\mathrm{d}}{\mathrm{d}s}\left(\nu \frac{\mathrm{d}r}{\mathrm{d}s}\right) &= \frac{\mathrm{d}r}{\mathrm{d}s} \nabla\phi = (n \cdot \nabla)\, \nabla\phi = \left(\frac{\nabla\phi}{|\nabla\phi|} \cdot \nabla\right) \nabla\phi \\ &= \frac{1}{\nu} \nabla(|\nabla\phi|^2/2) - \frac{1}{\nu} \nabla\phi \times (\nabla \times \nabla\phi) = \nabla\nu \end{aligned} \tag{2.3.8}$$

注意，在推导中的最后一步，我们利用了程函方程以及梯度的旋度等于零这个结

果。把 $\nu = S/S_0$ 代入式(2.3.8),可得

$$\frac{\mathrm{d}}{\mathrm{d}s}\left(\nu \frac{\mathrm{d}r}{\mathrm{d}s}\right) = \nabla \nu \tag{2.3.9}$$

式中:S_0 为常数(沿着射线),则

$$\frac{\mathrm{d}}{\mathrm{d}s}\left(S \frac{\mathrm{d}r}{\mathrm{d}s}\right) = \nabla S \tag{2.3.10}$$

或者(分量形式),有

$$\frac{\mathrm{d}}{\mathrm{d}s}\left(S \frac{\mathrm{d}x}{\mathrm{d}s}\right) = \frac{\partial S}{\partial x} \tag{2.3.11a}$$

$$\frac{\mathrm{d}}{\mathrm{d}s}\left(S \frac{\mathrm{d}z}{\mathrm{d}s}\right) = \frac{\partial S}{\partial z} \tag{2.3.11b}$$

以上这些是二维射线轨迹方程,其解为射线轨迹 $z_{\mathrm{ray}}(x)$ 。

式(2.3.11a)、式(2.3.11b)与变分问题的 Euler 方程极为相似。令积分

$$\int_{s_1}^{s_2} S(z,x) \sqrt{\left(\frac{\mathrm{d}x}{\mathrm{d}s}\right)^2 + \left(\frac{\mathrm{d}z}{\mathrm{d}s}\right)^2}\,\mathrm{d}s \tag{2.3.12}$$

的一阶变分等于零(两个端点固定),便可得到式(2.3.11a)与式(2.3.11b)。因此可以给出下列明确结论:在射线理论范围内,波动方程的解可以产生射线轨迹,该射线轨迹是积分式(2.3.12)的平稳值(stationary value)。这个积分可简化为 $\int_{s_1}^{s_2} S\mathrm{d}s$,可以把它看作是从 s_1 到 s_2 的传播时间。以上结果就是 Fermat 原理。

对于不依赖于距离的情形,式(2.3.11a) 变为

$$\frac{\mathrm{d}}{\mathrm{d}s}\left(S \frac{\mathrm{d}x}{\mathrm{d}s}\right) = \frac{\mathrm{d}}{\mathrm{d}s}(S\cos\theta) = 0 \tag{2.3.13}$$

式中:$\theta(z)$ 为射线相对水平面的倾角,这就是 Snell 定律。

因此,在高频近似下,由波动方程可以导出 Fermat 原理;对于不依赖于距离的情形,可直接导出 Snell 定律,即

$$S(z)\cos\theta(z) = 常数 = \tilde{S} \tag{2.3.14}$$

式中:$\tilde{S} = S(\tilde{z})$ 为射线转向点处的慢度($\tilde{\theta} = 0$)。

3. 地球球面的影响

这里,波动方程的解是用笛卡儿坐标表示的。对全球传播的问题而言,这里有必要使用完全的球坐标(考虑地球扁率的影响),对相关问题的讨论将在 8.5 节中展开。对相当于 1Mm 的距离而言,如果笛卡儿坐标系中的深度坐标 z 以"球"深度变量 z_S 代替,则仍可在笛卡儿坐标下处理正问题。这里,定义:

$$e^{-z_s/a} = \rho/a \tag{2.3.15}$$

式中：ρ 为自地心至该点的径向距离，在地球表面 $\rho = a$ 。

声速廓线 $C(z)$ 定义为 $(a/\rho)\ C_s(\rho)$ 。有关球面变换问题的讨论，读者可以参阅 Aki 和 Richards (1980)的文献。

但是，为达到毫秒级的精度，甚至在最小的距离内，也需要用完全的球坐标方程组计算距离 r，相关计算公式可在测地学书籍中找到（如 Bomford，1980）。在 1000km 的距离内，利用这些公式计算的结果，其精度可以达到 10m 量级以上，这与现代卫星导航业务一致。

2.4 射线表示法：射线图

对于任意指定的声源和接收机，可能有许多条射线 n 存在，可用射线参数 $\tilde{S}_n$ 表示。射线结构由方程 $dz/dx = \tan\theta(z)$ 的解和 Snell 定律给出。类似地，沿着射线微元 ds 的传播时间由 $ds/dt = 1/S(z)$ 和 $dz/ds = \sin\theta(z)$ 给出，则

$$x(z) = \int \frac{dz}{\tan\theta(z)},\ \tau(z) = \int \frac{S(z)\,dz}{\sin\theta(z)} \tag{2.4.1}$$

对于任意给定的 $S(z)$ ，可用数值方法计算得到射线和传播时间，或对于简单的 $S(z)$ ，可给出解析解。一般地，射线路径可利用射线微分方程

$$\frac{d\theta}{ds} = \frac{1}{S}\frac{dS}{dn},\ \frac{dx}{ds} = \cos\theta,\ \frac{dy}{ds} = \sin\theta$$

计算得到，这个方程把（局地的）射线曲率 $d\theta/ds$ 与声慢度沿着方向 n（垂直于局地的射线路径 s）的对数梯度联系起来。

图 2.3 所示分别为极地和温带声速廓线模型对应的射线分布图。

我们希望能获得某些射线特征，如一个射线循环的水平距离（跨度，span）R 及相应的传播时间 T 。利用 Snell 定律，$\tan\theta(z)$ 和 $\sin\theta(z)$ 可用声慢度表示，则对于上/下射线循环分别有

$$R^{\pm} = \pm 2\tilde{S}\int_{z_A}^{\tilde{z}^{\pm}} \frac{dz}{(S^2 - \tilde{S}^2)^{\frac{1}{2}}} \tag{2.4.2a}$$

$$T^{\pm} = \pm 2\int_{z_A}^{\tilde{z}^{\pm}} \frac{S^2\,dz}{(S^2 - \tilde{S}^2)^{\frac{1}{2}}} \tag{2.4.2b}$$

对于极地廓线，声轴位于海表面，$z_A = 0$，并且只有下射线循环，$R = R^-$，$T =$

T^- 。对于温带廓线的双循环(double loops),有

$$R = R^+ + R^- = 2\tilde{S}\int_{\tilde{z}^-}^{\tilde{z}^+} \frac{dz}{(S^2 - \tilde{S}^2)^{\frac{1}{2}}} \tag{2.4.3a}$$

$$T = T^+ + T^- = 2\int_{\tilde{z}^-}^{\tilde{z}^+} \frac{S^2 dz}{(S^2 - \tilde{S}^2)^{\frac{1}{2}}} \tag{2.4.3b}$$

以上所讨论的都是极为一般的关系式。例如,考虑极地廓线 $S^2 = S_0^2(1 + 2\gamma_a z)$:

$$R = 2\gamma_a^{-1}\tilde{\sigma}\sqrt{1 - \tilde{\sigma}^2},\ T = 2\gamma_a^{-1}S_0\tilde{\sigma}\left(1 - \frac{2}{3}\tilde{\sigma}^2\right) \tag{2.4.4}$$

式中

$$\tilde{\sigma}^2 = \sigma^2(\tilde{S}) = \frac{S_0^2 - \tilde{S}^2}{S_0^2} = 2\gamma_a(-\tilde{z}) \tag{2.4.5}$$

则

$$T = RS_0\left(1 - \frac{1}{6}\tilde{\sigma}^2 + \cdots\right) \tag{2.4.6}$$

陡峭射线的到达略早于海表面陷获(surface-trapped)射线的到达。我们将在引入作用量(action)以后,再推导出温带廓线的类似的关系式。

为了简单起见,考虑不依赖于距离情形下的海洋,假设声源和接收机位于同一个深度 z_S 。不失一般性,将此深度取在声轴处。对于极地廓线(声轴位于海表面),存在 n^- 个下循环,每个循环的跨度为 R^- ,因此总的水平距离 $r = n^- R^-$,传播时间 $\tau = n^- T^-$ 。对于温带廓线,存在 $n^{\pm}$ 个上/下循环, $r = n^+ R^+ + n^- R^-$, $\tau = n^+ T^+ + n^- T^-$ 。对于 $n = n^+ = n^-$ 的双循环情形, $r = nR, \tau = nT$ 。

时间波前(Time fronts)

利用时间波前图可方便地表示射线到达的结构(Munk 和 Wunsch,1979)。时间波前处处与射线正交,在 $r - z$ 空间给定时刻 τ ,或在 $\tau - z$ 空间的固定距离 r 处,时间波前可用于描述在何处能听到声脉冲。射线到达对应于时间波前 $\pm p$ 与接收机深度的交叉点,在该深度处, $p = n^+ + n^-$ 是射线向上和向下转向点的总数,而且“±”对应于射线发射角的符号。虽然,时间波前显示方法不如射线图那样受到关注,但是在许多方面,时间波前显示法是一种更为便利的表达方法。在2.17 节和 2.18 节中,我们将讨论时间波前的几何结构问题。我们将在 2.12 节和 2.16 节回到这个主题。2.12 节将给出基于标准模叠加的交错的结构形式;2.16 节将证明观测的和计算得到的时间波前非常一致。

图 2.4 显示了极地和温带海洋廓线的情形(水平距离为 1 Mm)。对于声源和接收机都位于声轴的情形,时间波前±38,±40,…有重叠的到达时间。有关退化问题的讨论,读者可参阅 Munk 和 Wunsch (1979)的文献。

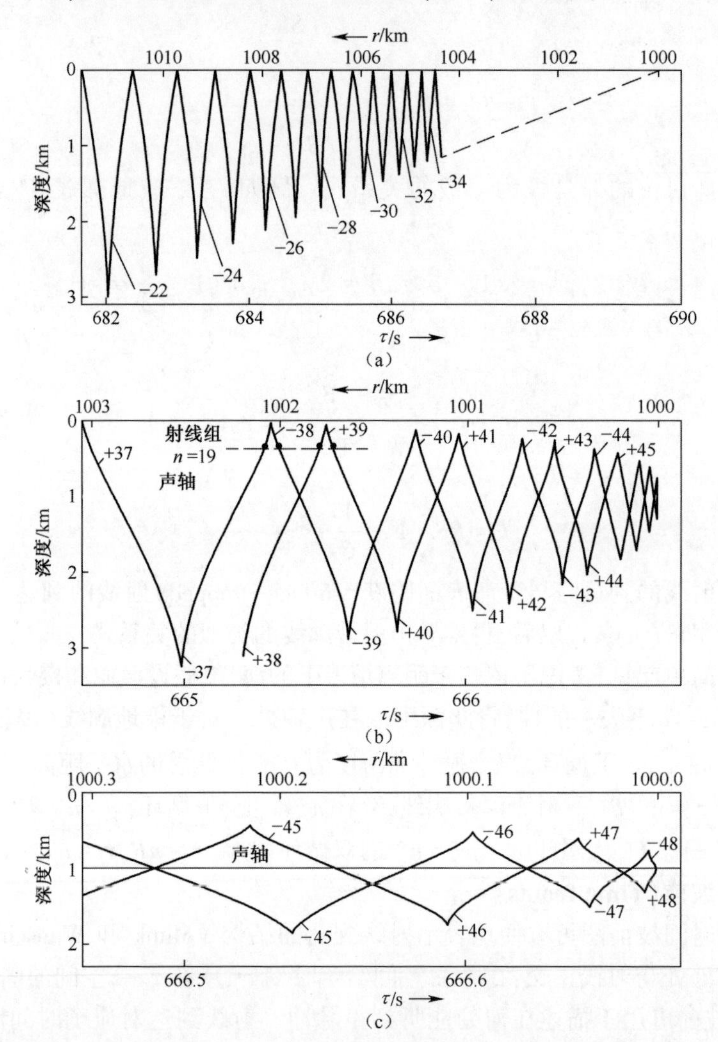

图 2.4 在 1Mm 处的时间波前:图(a)为极地声速廓线情形,图(b)为温带声速廓线情形,声源分别位于海表面和声轴处。当接收机位于固定的距离 r = 1Mm 处时,图(b)可以在 $\tau - z$ 空间加以解释。图(b)与 $r - z$ 空间中在表面(轴向)最终到达时刻的射线波前(在 1Mm 处)非常一致,其中距离向左延伸,以表示在接收机之外的射线波前。对于极地廓线情形下的海表面接收机,第一个折射射线(转向点在 3km 深度)具有 n^- = 22 个下循环,在 τ = 681.7s 到达,比最后一个到达∞(没有显示出来)早 8s。对于温带廓线情形下的声轴接收机,第一个折射到达(RSR 没有显示出来)具有 $n^+ + n^-$ = 19 + 18 = 37 个转向点,发射角向上(表示为+37),在 τ = 664.8s 到达,比最后的到达±48(在 666.66 s)早 1.9 s(注意相对小的轴向差值)。当接收机位于声轴上方足够远时,射线以四个一组的形式到达(图(b)中所示的为 n^- = 19 这一组),并且这种到达在轴向到达之前结束。最后的近轴到达显示在更大的比例尺上(图(c))。

特征射线(eigenray)是与声源和接收机都相交的射线。在本书已经讨论过的解析的示例中,可以通过解析形式将这个条件强加上去。在数值构造中,我们利用发射角 θ_{source} 的尝试值(trial values)寻找特征射线①。一个等价的方法是:首先构造射线波前(图 1.2);然后从接收机画出射线,这条射线与局地射线波前正交。对于均匀辐射到所有角度 θ 的声源,沿着波前 n 的能量与 $|\mathrm{d}n/\mathrm{d}\theta_{\text{source}}|^{-1}$ 成正比。

尖点(cusp)是不同射线的连接点(如在 3.1km 深度处,下尖点将射线+37与-37 连接在一起),代表了显著的射线到达。即使为测得直接的射线到达而将接收机放置在很浅或很深之处(如对射线±37 而言,应将接收机放置在 4km 深度处),也不能忽略这些尖点。有关这个问题,需要运用广义射线理论加以解释,如 Brown 的 WKBJ 处理方法(1981,1982)。

2.5 射线表示法:作用量

式(2.4.3b)中的分子可写为 $(S^2-\tilde{S}^2)+\tilde{S}^2$,则

$$T^{\pm}=A^{\pm}+\tilde{S}R^{\pm},\ T=T^{+}+T^{-} \tag{2.5.1}$$

其中

$$A^{\pm}(\tilde{S})\equiv\pm 2\int_{z_A}^{\tilde{z}^{\pm}}\mathrm{d}z\,(S^2-\tilde{S}^2)^{\frac{1}{2}},\ A=A^{+}+A^{-} \tag{2.5.2}$$

式中:A 为作用量,在 Hamilton 力学中发挥着核心的作用。

作用量与相位积分密切相关(见 2.10 节),在地震学文献中它称为延迟时间。此外,Hamilton 形式也产生了系统的和优美的声学理论(Miller,1986;Wunsch,1987)。

被积函数在积分上限处等于零,则

$$\frac{\mathrm{d}A^{\pm}}{\mathrm{d}\tilde{S}}=\mp 2\tilde{S}\int_{z_A}^{\tilde{z}^{\pm}}\mathrm{d}z(S^2-\tilde{S}^2)^{-1/2} \tag{2.5.3}$$

从式(2.4.3a)可得

$$R^{\pm}=-\mathrm{d}A^{\pm}/\mathrm{d}\tilde{S},\ R=R^{+}+R^{-} \tag{2.5.4}$$

① 这个问题有时称为打靶问题(shooting problem)。

从式(2.5.1)和式(2.5.4),可得

$$\frac{\mathrm{d}T^{\pm}}{\mathrm{d}\tilde{S}}=-R^{\pm}+R^{\pm}+\tilde{S}\frac{\mathrm{d}R^{\pm}}{\mathrm{d}\tilde{S}}=\tilde{S}\frac{\mathrm{d}R^{\pm}}{\mathrm{d}\tilde{S}}$$

则

$$\mathrm{d}T^{\pm}=\tilde{S}\,\mathrm{d}R^{\pm} \tag{2.5.5}$$

式(2.5.1)、式(2.5.4)和式(2.5.5)对双循环也成立:

$$T=A+\tilde{S}R,\ R=-\mathrm{d}A/\mathrm{d}\tilde{S},\ \tilde{S}=\mathrm{d}T/\mathrm{d}R \tag{2.5.6}$$

这些关系式大大地简化了射线性质的推导。

1. 极地海区的作用量(Polar action)

对于极地廓线,有

$$A=\frac{2S_0}{3\gamma_a}\tilde{\sigma}^3,\ \tilde{\sigma}^2=\frac{S_0^2-\tilde{S}^2}{S_0^2},\ \gamma_a=0.013\mathrm{km}^{-1},\ S_0^{-1}=1.45\mathrm{km/s} \tag{2.5.7}$$

而且表达式(2.4.4)也极易得到验证(见2.17节)。对复杂廓线(如温带廓线)而言,借助这些积分关系可更为方便地推导射线的性质。特别是,对于二阶效应的推导,几乎没有其他可用的方法可以选择。

2. 温带海区的作用量(Temperate action)

对于温带廓线,引入一个有用的无量纲尺度 $\tilde{\phi}$,$\tilde{\phi}$ 在0(对应于轴向射线)与1(对应于陡峭的折射射线)之间变化。

令

$$\begin{cases}A^{\pm}=S_A h^{\frac{3}{2}}\gamma_a^{\frac{1}{2}}(a\tilde{\phi}^2\pm b\tilde{\phi}^3+c\tilde{\phi}^4),\ \phi^2=(\gamma_a h)^{-1}\dfrac{S_A^2-\tilde{S}^2}{S_A^2},\\ a=\dfrac{\pi}{2\sqrt{2}},\ b=-\dfrac{2}{9},\ c=\dfrac{\pi}{48\sqrt{2}},\\ \gamma_a=0.0113\ \mathrm{km}^{-1},\ h=1\mathrm{km},\ S_A^{-1}=1.5\mathrm{km/s}\end{cases} \tag{2.5.8}$$

式中:“±”分别指上/下射线循环。

近似到三阶项,方程式(2.5.8)与式(2.2.13)是一致的。对于中纬度海洋来说,三项展开式(2.5.8)可能是保留某些真实特征的最为简单的形式(见Miller(1982)“深-六(deep-six)”声道部分)。

3. Abel 变换

传统的做法是,从 $C(z)$ 的模型出发,推导出作用量和其他的射线参数。我们发现,从作用量 $A(\tilde{S})$ 的最简单的模型出发,导出 $z(S)$,并进而导出廓线 $S(z)$,这种做法具有明显的优势。Abel 变换提供了数学框架。考虑 Abel 变换对(Sneddon,1972;Aki 和 Richards,1980):

$$f(\beta)=\int_0^\beta \mathrm{d}\alpha \frac{\mathrm{d}g/\mathrm{d}\alpha}{\sqrt{\beta-\alpha}} \tag{2.5.9a}$$

$$g(\alpha)=\frac{1}{\pi}\int_0^\alpha \mathrm{d}\beta \frac{f(\beta)}{\sqrt{\alpha-\beta}} \tag{2.5.9b}$$

为了简化符号,用 z 表示从声轴(z_A 或 z_0)向上的距离,并且 $S_A=S_0$。由式(2.5.4)可得

$$R^{\pm}=-\mathrm{d}A^{\pm}/\mathrm{d}\tilde{S}=\pm 2\tilde{S}\int_0^{\tilde{z}^{\pm}}\mathrm{d}z\,(S^2-\tilde{S}^2)^{-1/2}=\pm\frac{2\tilde{S}}{S_0}\int_0^{\tilde{\sigma}^2}\mathrm{d}\sigma^2\frac{\mathrm{d}z/\mathrm{d}\sigma^2}{\sqrt{\tilde{\sigma}^2-\sigma^2}} \tag{2.5.10}$$

其中

$$\sigma^2=\frac{S_0^2-S^2}{S_0^2},\ \tilde{\sigma}^2=\frac{S_0^2-\tilde{S}^2}{S_0^2}$$

分别为慢度(是 z 的函数)和转向点慢度的无量纲形式。如果

$$\alpha=\sigma^2,\ \beta=\tilde{\sigma}^2,\ g(\alpha)=z(\sigma),\ f(\beta)=\frac{1}{2}R^{\pm}\left(\frac{S_0}{\tilde{S}}\right)=\frac{1}{2}R^{\pm}\frac{1}{\sqrt{1-\tilde{\sigma}^2}} \tag{2.5.11}$$

则式(2.5.10)就是式(2.5.9a)的形式。从式(2.5.9b),可得

$$z(\sigma)=\pm\frac{1}{2\pi}\int_0^{\sigma^2}\mathrm{d}\tilde{\sigma}^2\frac{R^{\pm}(\tilde{\sigma})}{\sqrt{1-\tilde{\sigma}^2}\sqrt{\sigma^2-\tilde{\sigma}^2}} \tag{2.5.12}$$

以上结果具有一般性。对式(2.4.5)中的极地廓线 $R=R^-=2\gamma_a^{-1}\tilde{\sigma}\sqrt{1\quad\tilde{\sigma}^2}$ 而言,有

$$z(\sigma)=-\frac{2}{\pi\gamma_a}\int_0^\sigma \mathrm{d}\tilde{\sigma}\frac{\tilde{\sigma}^2}{\sqrt{\sigma^2-\tilde{\sigma}^2}}=\frac{-\sigma^2}{2\gamma_a} \tag{2.5.13}$$

并且与式(2.4.6)一致。对于温带廓线,对 $z \geqslant z_A$,由 Abel 变换可得(见 2.18 节)

$$\frac{z(\phi) - z_A}{h} = \pm\left(\frac{1}{\sqrt{2}}\phi \mp \frac{1}{6}\phi^2 + \frac{1}{18\sqrt{2}}\phi^3\right), \ \phi^2 = \frac{1}{\gamma_a h}\frac{S_A^2 - S^2}{S_A^2} \quad (2.5.14)$$

Abel 变换为反问题提供了直接的求解形式(Jones 等,1990)。为了简单起见,考虑声源和接收机位于同一个深度,双循环的数量为整数 $n = n^+ = n^-$。可以假设,测量的到达时间 τ 与射线数量 n 对应。那么,在已知传播时间 τ_n 和水平距离 r 的情况下,可以计算

$$R = r/n, T = \tau_n/n$$

并且,对于每个 n 值,点绘 T/R 的分布图。现在假设(不太符合实际情况),所画的点足够密集而且光滑,因而可合理地求出斜率 $\mathrm{d}T/\mathrm{d}R$。但是,根据式(2.5.6),有 $\mathrm{d}T/\mathrm{d}R = \tilde{S}$,即转向慢度。因此,我们已确定 $R(\tilde{S}) \approx 2f(\beta)$,将此代入式(2.5.9b)可得到 $z(S)$,或等价地,得到 $S(z)$ ①。实际上,由于 Abel 变换无法为误差估计提供一个便利的线性框架(见 6.8 节),因此在海洋层析中 Abel 变换并不常用。

4. 分数阶作用量②

类似于式(2.5.2),可以定义一个分数阶作用量(fractional action):

$$\delta A^{\pm}(z, \tilde{S}) = \pm\int_0^z \mathrm{d}z' \left[S^2(z') - \tilde{S}^2\right]^{1/2}, z \geqslant 0 \quad (2.5.15)$$

因此,$\pm\delta A^{\pm}(\tilde{z}^{\pm}, \tilde{S}) = \frac{1}{2}A^{\pm}$,因子 1/2 的出现是因为 $\delta A^{\pm}(\tilde{z}^{\pm}, \tilde{S})$ 指的是上/下循环的 1/2,从声轴到声波峰/波谷。类似于式(2.5.6),

$$\delta R(z, \tilde{S}) = -\partial(\delta A)/\partial\tilde{S}, \delta T(z, \tilde{S}) = \delta A + \tilde{S}\delta R \quad (2.5.16)$$

分别是射线在 0 与 z 之间传播的水平距离和时间。附录 2.17 节和 2.18 节分别给出了极地和温带廓线的 δA、δR 和 δT 的计算公式。

通过消去 $z(\phi^2)$、$\delta R(\phi^2)$ 和 $\delta T(\phi^2)$ 中的 ϕ^2,可以方便地构造射线 $z(\delta R)$ 和时间波前 $z(\delta T)$。

2.6 射线表示法:射线到达的结构

下面的内容将分别按极地海区和温带海区两种情形,详细地讨论射线和射

① 见 Munk 和 Wunsch (1983,附录 A)确定 $R^{\pm}(\tilde{S})$。

② 在这一节中,δ 指“分数的”,而不是指“误差”。

线到达结构的性质。研究表明,熟悉这些性质将有助于层析测量的设计及其对结果的分析解释。

根据 Snell 定律,转向慢度 $\tilde{S}$ 和作用量 $A(\tilde{S})$ 是发射角 θ 的连续函数。一个非定向的声源可以在所有可能的角度(发射角)内发射声波。因此,对所有可能的 $\tilde{S}$ 产生了 $A(\tilde{S})$,某中一个接收机仅可以选择那些离散的 $\tilde{S}$ 值(记为 $\tilde{S}_n$),多条射线 n 与该接收机相交,从而导致了作用量的量子化(quantization),这一点具有重要的影响。

为简单起见,考虑不依赖于距离的海洋的情形,声源位于声轴上。射线到达对应于时间波前 n 与 z_{receiver} 的交点(图 2.4)。为了讨论问题的方便,仅考虑双循环情形 $n = n^+ = n^-$。由式(2.5.1)可得

$$r = nR,\ a = nA,\ \tau = nT = a + r\tilde{S} \tag{2.6.1}$$

现在,我们对射线到达结构建立一套规则。

总距离是固定的,即

$$(n+1)R_{n+1} = nR_n = r \tag{2.6.2}$$

因此,循环的跨度 R_n 随着 n 增加而减少。对于任意的量 x,令 $\mathrm{D}x = x_{n+1} - x_n$ 为依次的(双循环)射线到达的差。从式(2.6.1)可得

$$\mathrm{D}\tau = r\mathrm{D}\tilde{S} + n\mathrm{D}A + A_{n+1} \tag{2.6.3}$$

近似到一阶,$\mathrm{D}A = (\partial A/\partial\tilde{S})\mathrm{D}\tilde{S}$,并且从式(2.5.4),$n\mathrm{D}A = -nR\mathrm{D}\tilde{S} = -r\mathrm{D}\tilde{S}$,则

$$\mathrm{D}\tau = \tau_{n+1} - \tau_n = A_{n+1} \tag{2.6.4}$$

总是正的,并且与距离 r 无关。我们可以得到如下的规则:

规则 1　循环的数量 n 总是随着到达时间而增加,循环的跨度 R 总是随着到达时间而减少。

规则 2　两个连续的射线到达之间的时间间隔与距离无关。

真正变化的是折射射线到达的总数量。设 n_{AX} 为近轴射线的双循环数量 $(\tilde{S} \equiv \tilde{S}_{\mathrm{AX}})$,$n_{\mathrm{SLR}}$ 是指受海表面限制的(surface-limited)射线数量$(\tilde{S} \equiv \tilde{S}_{\mathrm{SLR}})$。因此,$n_{\mathrm{AX}}R_{\mathrm{AX}} - n_{\mathrm{SLR}}R_{\mathrm{SLR}} = r$,$n_{\mathrm{AX}} - n_{\mathrm{SLR}} = (R_{\mathrm{AX}}^{-1} - R_{\mathrm{SLR}}^{-1})r$。

规则 3　射线到达的数量,以及总数量的离差(total record spread)(不同于连续到达之间的时间间隔)随着距离线性增加。

以上结论,并不依赖于"表面限制的射线首先到达、轴向射线最后到达(这

是正常声道情形),或者相反",因而具有一般性。式(2.6.2)可以写为

$$\mathrm{D}R = -\frac{r}{n(n+1)} = \frac{\partial A/\partial \tilde{S}}{n+1} \tag{2.6.5}$$

因为 $r = -n\partial A/\partial \tilde{S}$ 。但是, $\mathrm{D}R = (\partial R/\partial \tilde{S})\mathrm{D}\tilde{S} = -(\partial^2 A/\partial \tilde{S}^2)\mathrm{D}\tilde{S}$, 则

$$\mathrm{D}\tilde{S} = \frac{R}{(n+1)\partial^2 A/\partial \tilde{S}^2} \tag{2.6.6}$$

轴向射线具有最大的转向慢度 $\tilde{S}_0$。我们定义一个"正常声道",该声道内的射线具有增加的 $\tilde{S}$ (转向点更接近于声轴)。

规则 4　如果 $\partial^2 A/\partial \tilde{S}^2$ 为正,则声道为正常声道(轴向射线最后到达);如果 $\partial^2 A/\partial \tilde{S}^2$ 为负,则声道为异常声道。

连续的射线群(ray groups)之间的时间间隔等于 A (见式(2.6.4))。对正常声道, $\mathrm{D}\tilde{S}$ 为正,且 $\mathrm{D}A = (\partial A/\partial \tilde{S})\mathrm{D}\tilde{S} = -R\mathrm{D}\tilde{S}$ 为负。因此,我们有下面的结论。

规则 5　对于正常声道,射线群的时间间隔 $\mathrm{D}\tau$ 随到达时间而减少;对于异常声道, $\mathrm{D}\tau$ 随到达时间而增加。

1. 射线群

到目前为止的讨论都针对射线群。每个射线群 n 包括四条射线。我们用射线标识符 $\pm p$ 表示具有 $\pm$ 发射角 q_{source} 的射线,转向点总数为 $p = n^+ + n^-$ (边界反射点也看作为转向点)。对于温带廓线,射线以四条为一群的方式聚在一起,如 $-37, -38, +38, +39$(图 2.4)。

2. 极地廓线

对于受底边界限制(bottom-limited)的射线,有(见 2.17 节)

$$z_{\mathrm{BLR}} = -4\mathrm{km},\ \tilde{\sigma}_{\mathrm{BLR}} = 0.30,\ A_{\mathrm{BLR}} = 1.2\mathrm{s} \tag{2.6.7}$$

初始的射线群的时间间隔 $\mathrm{D}\tau = A_{\mathrm{BLR}} = 1.2\mathrm{s}$,初始的循环跨度是 $2\gamma_a^{-1}\tilde{\sigma}_{\mathrm{BLR}} = 53\mathrm{km}$;对于最后的到达来说,两者都递减趋于零。当 $r = 1\mathrm{Mm}$ 时,到达离差(arrival spread)为

$$rS_0 - n_{\mathrm{BLR}}T_{\mathrm{BLR}} = r(S_0 - \tilde{S}_{\mathrm{BLR}}) - n_{\mathrm{BLR}}A_{\mathrm{BLR}} \approx \frac{1}{6}rS_0\tilde{\sigma}_{\mathrm{BLR}}^2 = 10\mathrm{s} \tag{2.6.8}$$

3. 温带廓线

可利用 2.18 节的结果。对于受海表面限制的射线,根据式(2.18.6)和

$$\tilde{z}^{+}_{\mathrm{SLR}} = 1\mathrm{km},\ \tilde{z}^{-}_{\mathrm{SLR}} = -2.18\mathrm{km},\ \tilde{\phi}_{\mathrm{SLR}} = 1.88$$

$$A_{\mathrm{SLR}} = A^{+}_{\mathrm{SLR}} + A^{-}_{\mathrm{SLR}} = 0.21 + 0.43 = 0.64\mathrm{s}$$

有 $A^{\pm}_{\mathrm{SLR}} = 0.28 \mp 0.11 + 0.04(\mathrm{s})$,其中,"±"指上/下循环。初始的射线群的时间间隔是 $A_{\mathrm{SLR}} = 0.64\mathrm{s}$,对于最后的到达来说,它趋于零。

根据式(2.18.10),对上/下循环跨度有

$$R^{\pm} \approx R_0^{\pm}\left(1 \mp \frac{2\sqrt{2}}{3\pi}\tilde{\phi} + \frac{1}{12}\tilde{\phi}^2\right),\ R_0^{\pm} \approx \frac{\pi}{\sqrt{2}}\frac{h}{\sqrt{\gamma_a h}} = 20.8\mathrm{km} \quad (2.6.9)$$

而对于双循环,有 $R = R^{+} + R^{-}$。这里,近似是指 $(\tilde{S}/S_A)^2 = 1-(\gamma_a h)\tilde{\phi}^2 \approx 1$。双循环跨度从 $R_{\mathrm{SLR}} = R^{+}_{\mathrm{SLR}} + R^{-}_{\mathrm{SLR}} = 15.2\mathrm{km} + 38.7\mathrm{km} = 53.9\mathrm{km}$ 减小到渐近值 $R_A = R_0^{+} + R_0^{-} = 42\mathrm{km}$(与极地情形不同,不会减小到零)。对于早期的到达来说,循环是极不对称的,下循环的跨度是上循环跨度的两倍以上。对于后期的到达来说,射线接近于正弦波形式。传播时间为(相对于在相同距离 $R^{\pm}$ 内的轴向传播时间)

$$\begin{cases} T^{\pm} - S_A R^{\pm} = A^{\pm} - R^{\pm}(S_A - \tilde{S}) = T_0^{\pm}\left(\pm\frac{2\sqrt{2}}{9\pi}\tilde{\phi}^3 - \frac{1}{24}\tilde{\phi}^4\right) \\ T_0^{\pm} = \frac{1}{2}(\gamma_a h) S_A R_0^{\pm} = 0.079\mathrm{s} \end{cases} \quad (2.6.10)$$

对于双循环,传播时间

$$T = T^{+} + T^{-} = S_A R - \frac{1}{12}T_0^{\pm}\tilde{\phi}^4 \quad (2.6.11)$$

总是小于轴向传播时间(正常情形);但是,对于平坦的射线(小的 $\tilde{\phi}$),传播时间仅稍小于轴向传播时间。受海表面限制的射线与轴向射线之间的到达离差为

$$rS_A - n_{\mathrm{SLR}}T_{\mathrm{SLR}} = \frac{1}{48}\gamma_a h r S_A \tilde{\phi}^4_{\mathrm{SLR}}/\left(1 + \frac{1}{12}\tilde{\phi}^2_{\mathrm{SLR}}\right) = 1.5(\mathrm{s}) \quad (2.6.12)$$

而对于极地廓线,这个值为 10s。

极地离差和温带离差之间的差异具有重要的影响。对于深度 $|z_B| = 4\mathrm{km}$,$C_0 = 1.5\mathrm{km/s}$,则有

极地:

$$C_B = 1.568\text{km/s}, \tilde{\sigma}^2_{\text{BLR}} = 2\gamma_a |z_B| = 0.090$$

温带：

$$C_B = 1.548\text{km/s}, \tilde{\sigma}^2_{\text{BLR}} = 0.065, \tilde{\phi}_{\text{BLR}} = 2.40$$

$$C_S = 1.531\text{km/s}, \tilde{\sigma}^2_{\text{SLR}} = 0.040, \tilde{\phi}_{\text{SLR}} = 1.88$$

根据式(2.6.7)和式(2.6.11)，相对离差(fractional dispersal，相对总的轴向传播时间)分别为

$$\text{FD} = \frac{1}{3}\gamma_a h_B = 1.51 \times 10^{-2} \text{，极地 RSR}$$

$$\text{FD} = \frac{1}{48}\gamma_a h \frac{\tilde{\phi}^4_{\text{BLR}}}{1 + \frac{1}{12}\tilde{\phi}^2_{\text{BLR}}} = 0.53 \times 10^{-2} \text{，温带 RSR}$$

$$\text{FD} = \frac{1}{48}\gamma_a h \frac{\tilde{\phi}^4_{\text{SLR}}}{1 + \frac{1}{12}\tilde{\phi}_{\text{SLR}}} = 0.23 \times 10^{-2} \text{，温带 RR}$$

4. 其他声速廓线

对于抛物线廓线，式(2.5.8)中的 b 和 c 都为零。根据规则4，这个抛物声道为异常声道。Slichter 廓线(Slichter，1932)

$$C(z) = C_A \cosh[\gamma(z - z_A)],\ A = 2\pi\gamma^{-1}(S_A - \tilde{S}) \tag{2.6.13}$$

是聚焦的：所有射线在同一时间到达同一个地点。在这个意义上，赤道海区几乎是聚焦的。不难发现，声道上的微小变化将导致射线到达结构的巨大变化，因此在实施海洋声层析时，应充分利用这一潜在的有利条件。

5. 焦散(caustics)

焦散的条件为

$$\frac{\partial^2 A}{\partial \tilde{S}^2} = -\frac{\partial R}{\partial \tilde{S}} = 0 \tag{2.6.14}$$

在式(2.6.14)和 $z_{\text{ray}}(x, \tilde{S})$ 中消去 $\tilde{S}$，可得到 $z_{\text{caustic}}(x)$。存在不同类型的焦散，可将它们看作为灾变理论的特例(Brown 和 Tappert，1987)。读者若有兴趣

了解对该问题的一般性讨论,可参阅 Brekhovskikh 和 Lysanov(1991,4.5 节)。

有关处理焦散问题的讨论超出了几何光学近似的范围,需要把式(2.3.5)展开到二阶项。Brown(1981,1982)的 WKBJ 处理方法以一种可行的方式讨论了焦散,并广泛应用于正问题研究中。在那样的情形下,几何射线近似中的 δ 函数在空间和时间范围内扩展,并且焦散的到达(caustic arrivals)可能是主要的,即使接收机并不在焦散面上(Worcester,1981)。

2.7 射线表示法:射线权重

对于给定的射线,传播时间由加权的声速廓线确定,而权重由射线在给定深度范围内行进的距离确定。这个权重与反问题中的 $\boldsymbol{E}$ 矩阵密切相关,并且是确定海洋声层析的垂直分辨率的一个重要考虑因素。极地海洋与温带海洋的情形有很大差异。在极地海洋,对任意射线到达,权重函数向下单调增加,直至转向深度(turning depth)处;连续的到达将渐增的权重置于更浅深度处的声速上。对于温带声道,权重函数在上、下转向深度处均取极大值,导致在两个**共轭**水层之间出现棘手的模糊性问题(在声轴上方和下方具有相等的声速)。通过在射线中包含附加的上(或下)循环的方式,可降低(但无法消除)这种模糊性的影响(Munk 和 Wunsch, 1982b)。这个问题将在第 5 章和第 6 章中进一步的讨论。

传播时间的微分由 $\mathrm{d}t = S\mathrm{d}s = S\mathrm{d}z\sin q$ 给出。根据 Snell 定律,有 $S\cos q = \tilde{S}$ 。因此,对于温带廓线,有

$$T^{\pm} = \int_{\text{upper loop}} \mathrm{d}s S(z) = \pm 2\int_{z_A}^{\tilde{z}^{\pm}} \mathrm{d}z\ (w^0)^{\pm}(z) S(z) \qquad (2.7.1)$$

其中

$$w^0(z) = \frac{\mathrm{d}s}{\mathrm{d}z} = \frac{1}{\sin\theta(z)} = \frac{S(z)}{(S^2(z) - \tilde{S}^2)^{1/2}} \qquad (2.7.2)$$

因此, $w^0(z)$ 是一个权重函数,在转向深度处具有积分奇异性(integrable singularities); $2w^0(z)\mathrm{d}z$ 是在水层 $z \pm \frac{1}{2}\mathrm{d}z$ 内一个循环所行进的距离,而 $2S(z)w^0(z)\mathrm{d}z$ 是射线在这个水层内的传播时间。图 2.5 显示了累积的传播时间。

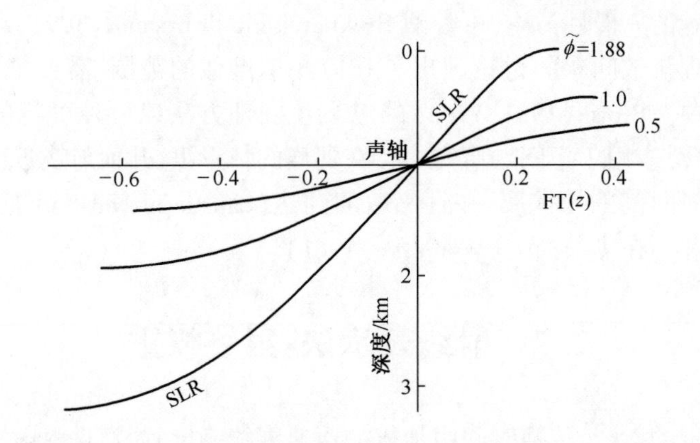

图 2.5　对于温带廓线，射线在声轴与深度 z 之间的的相对传播时间(fractional ray travel times) $\mathrm{FT}(z)$：平坦射线($\widetilde{\phi}=0.5$)，陡峭射线($\widetilde{\phi}=1$)，受海表面限制的射线($\widetilde{\phi}=1.88$)。因此，$\mathrm{FT}(\widetilde{z}^{+})+\mathrm{FT}(\widetilde{z}^{-})=1$ 。与线性性的偏离程度是转向深度处的权重的度量。

2.8　射线表示法：射线扰动

层析技术应用于海洋问题的特点是进行扰动处理：确定相对于一个已知(或估计的)参考场的微小偏差。在本节中，我们将推导(或解释)扰动处理中的某些关键特征。

沿某一个射线路径 Γ_n 的一个声脉冲的传播时间为

$$\tau_n=\int_{\Gamma_n}\mathrm{d}sS(\boldsymbol{x}) \tag{2.8.1}$$

传播时间的层析(travel-time tomography)利用 τ_n 确定 $S(x)$ 。精确的传播时间扰动为

$$\Delta\tau_n=\int_{\Gamma_n}\mathrm{d}sS(\boldsymbol{x})-\int_{\Gamma_n(-)}\mathrm{d}sS(\boldsymbol{x},-) \tag{2.8.2}$$

式中：$\Gamma_n(-)$ 为未受扰动场 $S(\boldsymbol{x},-)$ 中的射线路径。

因为射线路径 Γ_n 依赖于 $S(\boldsymbol{x})$ ，所以这个问题是非线性的。利用扰动理论可将式(2.8.2)作线性化处理，因而可应用标准的线性反问题方法。海洋声速与其平均态仅存在百分之几的差异，则

$$S(\boldsymbol{x})=S(\boldsymbol{x},-)+\Delta S(\boldsymbol{x}),\ \Delta S(\boldsymbol{x})\ll S(\boldsymbol{x},-) \tag{2.8.3}$$

1.“冻结射线”近似("Frozen-ray" approximation)

取一阶近似，则传播时间的扰动由沿着未受扰动路径的声慢度扰动给定，即

$$\Delta\tau_n = \int_{\Gamma_n(-)} \mathrm{d}s \Delta S(\boldsymbol{x}) \tag{2.8.4}$$

射线路径扰动对传播时间的影响涉及到二阶项的处理,有关对这个问题的讨论将在本节的最后给出。首先,从基本定义出发,利用极地廓线作为示例推出结果,以此简要解释所谓的冻结射线近似;然后,利用作用量扰动作更一般的推导。

为此假设 $S(\boldsymbol{x})$ 是有限个变量 $\boldsymbol{l}$ 的函数。对于 $S(\boldsymbol{x})$ 不依赖于距离的情形,可作如下处理(近似到一阶):

$$\Delta\tau_n = \Delta\int_{\text{source}}^{\text{receiver}} \mathrm{d}sS = \int_{\Gamma_n(-)} \mathrm{d}s \cdot \Delta S + \int_{\Gamma_n(-)} \Delta(\mathrm{d}s) \cdot S(-)$$
$$= \underbrace{\int_{\Gamma_n(-)} \mathrm{d}s \frac{\partial S(-)}{\partial \boldsymbol{l}} \cdot \Delta \boldsymbol{l}}_{\boldsymbol{A}} + \underbrace{\int_{\Gamma_n(-)} \mathrm{d}s \frac{\partial S(-)}{\partial z} \cdot \Delta z}_{\boldsymbol{B}} + \underbrace{\int_{\Gamma_n(-)} \mathrm{d}(\Delta s) \cdot S(-)}_{\boldsymbol{C}} \tag{2.8.5}$$

式中:$\boldsymbol{A}$ 项为主要的近似项,即声慢度扰动沿着未受扰动路径的积分;$\boldsymbol{B}$ 项为由未受扰动的声慢度的变化(与垂直路径位移有关)而产生的传播时间的变化;$\boldsymbol{C}$ 项是路径长度扰动的结果。$\boldsymbol{B}$ 项和 $\boldsymbol{C}$ 项均来源于射线路径的扰动,这是海洋模型扰动的结果。

对于极地廓线的梯度受到扰动的特例,式(2.8.5)中的三项可以明确地估算出来。对于单个模型参数 $\boldsymbol{l} = \gamma_a$,$\gamma_a$ 由 γ_a 扰动为 $\gamma_a + \Delta\gamma$,可以确定梯度(图 2.6)。利用关系式(2.4.1)和式(2.4.2),有

$$\mathrm{d}z = \frac{\mathrm{d}S^2}{2\gamma_a S_0^2} = \sin\theta \mathrm{d}s,\ \cos\theta = \frac{\tilde{S}}{S}$$

因此,式(2.8.5)中的 $\boldsymbol{A}$、$\boldsymbol{B}$、$\boldsymbol{C}$ 三项变为

$$\begin{aligned} \boldsymbol{A} &= -\frac{1}{3} r S_0 \tilde{\sigma}^2 (1 - \tilde{\sigma}^2)^{-\frac{1}{2}} (\Delta\gamma/\gamma_a), \\ \boldsymbol{B} &= -\boldsymbol{C} = 3(1 - \tilde{\sigma}^2)(1 - 2\tilde{\sigma}^2)^{-1}\boldsymbol{A} \end{aligned} \tag{2.8.6}$$

式中:$\tilde{\sigma}^2 = (S_0^2 - \tilde{S}^2)/S_0^2$。

受到扰动的射线比初始射线更深(更快)、更长,而且两种影响恰好抵消。取一阶近似,则传播时间扰动由表达式 $\boldsymbol{A}$(沿着未受扰动路径的声速扰动)给出。这不是因为 $\boldsymbol{B}$ 和 $\boldsymbol{C}$ 每个都比 $\boldsymbol{A}$ 小(在这里它们更大),而是因为它们由于平稳性条件(stationarity condition)而抵消。这个近似有时被称为冻结射线近似。

这个术语的措辞并不太恰当,因为我们没有作这样的假定。

平稳性是 Fermat 原理应用的一种特殊情形。这个计算必须要谨慎,因为 Fermat 原理与介质的扰动并无关系;更确切地是,Fermat 原理适用于射线路径的**虚拟**扰动(virtual perturbation)(对于一个固定的海洋模型来说)。但是,因为我们可以自由选取任一虚拟路径扰动,所以就选取那个特殊的扰动,它满足性质:如果海洋模型从 $\boldsymbol{l}$ 变为 $\boldsymbol{l}+\Delta\boldsymbol{l}$,则这个扰动就要发生,并且可以假设虚拟扰动发生在未受扰动的海洋模型 $\boldsymbol{l}$ 中(先于 $\boldsymbol{l}+\Delta\boldsymbol{l}$)。可以看出,对于未受扰动海洋中的路径扰动,根据 Fermat 原理(控制传播时间的平稳性),$\boldsymbol{B}$ 和 $\boldsymbol{C}$ 一般情况下必须要抵消①。

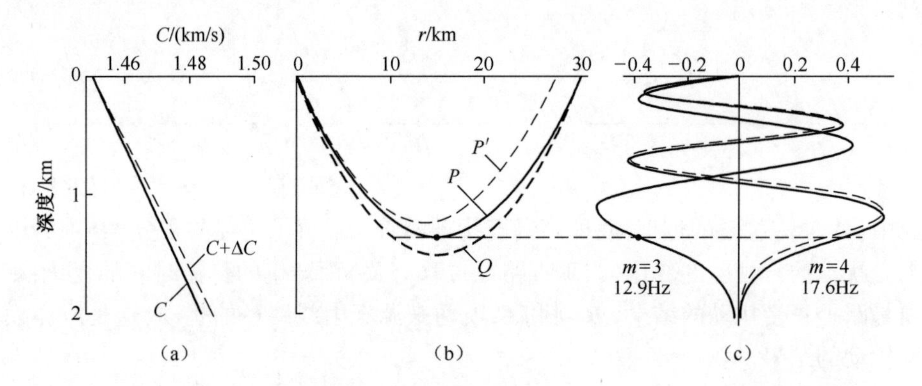

图 2.6　实线对应于未受扰动的极地廓线,其中 $\gamma_a = 0.0113\mathrm{km}^{-1}$。射线 P(发射角 $\theta_0 = -10°$)与在 30km 处的接收机相交。当梯度从 γ_a 扰动到 $1.1\gamma_a$(虚线),$-10°$ 的射线 P' 未与接收机相交,但是射线 Q(发射角为 $-11.1°$)与接收机相交。受到扰动的路径 Q 比未受扰动的路径 P 更长且更深(更快)。根据 Fermat 原理,这两个路径扰动的影响是抵消的。考虑沿着未受扰动路径 P 的声速扰动 ΔC,传播时间扰动可计算到一阶项。为方便以后的参考,将未受扰动和受到扰动的标准模函数显示在右侧。

2. 作用量扰动

一种更为方便的推导是采用作用量扰动的方式。传播时间可用群慢度 s_g 表示为

$$\tau = rs_g,\ s_g = T/R = \tilde{S} + A/R \tag{2.8.7}$$

对于极地廓线,利用式(2.17.8),有

① 在标准模层析中,模态波函数(modal wave function)的扰动以一阶项的形式出现,对应的原理不存在。

$$s_g(\tilde{\sigma}) = \frac{T(\tilde{\sigma})}{R(\tilde{\sigma})} = S_0 \frac{1 - \frac{2}{3}\tilde{\sigma}^2}{\sqrt{1 - \tilde{\sigma}^2}} \approx S_0(1 - \frac{1}{6}\tilde{\sigma}^2) \tag{2.8.8}$$

式中：$\tilde{\sigma}^2 = 2\gamma_a(-\tilde{z})$ 。

对于在距离 $r = nR(\tilde{\sigma}_n)$ 内有 n 个双循环的射线，在转向点的无量纲慢度参数为

$$\tilde{\sigma}^2 = \tilde{\sigma}_n^2 = \frac{1}{2}\left[1 - \sqrt{1 - (\gamma_a r/n)^2}\right] \approx \left(\frac{1}{2}\gamma_a r/n\right)^2 \tag{2.8.9}$$

群慢度扰动可表示为

$$\Delta s_g = \Delta\tilde{S} + R^{-1}\Delta A + A\Delta(R^{-1}) \tag{2.8.10}$$

对任意在常数距离 r 内具有 n 个双循环的射线路径，$R = r/n$ 是常数，则

$$\Delta R = 0 = \frac{\partial R}{\partial \boldsymbol{l}} \cdot \Delta \boldsymbol{l} + \frac{\partial R}{\partial \tilde{S}}\Delta\tilde{S} \tag{2.8.11}$$

以上讨论很容易推广到附加上循环或下循环的情形中去。近似到一阶项，式(2.8.11)将射线扰动 $\Delta\tilde{S}$ 与海洋扰动 $\Delta\boldsymbol{l}$ 联系在一起。而且，对于一阶作用量扰动，有

$$\Delta A = \frac{\partial A}{\partial \boldsymbol{l}} \cdot \Delta \boldsymbol{l} + \frac{\partial A}{\partial \tilde{S}}\Delta\tilde{S} \tag{2.8.12}$$

从式(2.5.4)，R^{-1} 乘以式(2.8.12)中的第二项等于 $-\Delta\tilde{S}$ ，可消去式(2.8.10)中的第一项。最后，得到简单的表达式：

$$(\Delta s_g)_{\text{ray}} = \frac{1}{R}\frac{\partial A}{\partial \boldsymbol{l}} \cdot \Delta \boldsymbol{l} \tag{2.8.13}$$

对于极地海洋，$A = \frac{2}{3}\gamma_a^{-1}S_0\tilde{\sigma}^3$，从式(2.8.9)可得

$$(\Delta s_g)_{\text{ray}} = -\frac{1}{3}S_0\tilde{\sigma}^2(1 - \tilde{\sigma}^2)^{-1/2}(\Delta\gamma/\gamma_a), \tag{2.8.14}$$

这与式(2.8.6)一致：近似到一阶项，传播时间扰动 $\Delta\tau = r\Delta s_g$ 等价于沿着未受扰动路径的积分。

3. 展开到二阶

Mercer 和 Booker（1983）、Spiesberger 和 Worcester（1983）、Spiesberger（1985a,b）、Munk 和 Wunsch（1985,1987），以及 Wunsch（1987）讨论了二阶射线问题。一般来说，$A(\boldsymbol{l}, \tilde{S})$ 是海洋参数向量 $\boldsymbol{l}$ 和射线参数 $\tilde{S}$ 的函数。对于海

洋平均状态，$\Delta \boldsymbol{l}=0$；海洋扰动产生射线扰动 $\Delta\tau,\Delta A,\Delta\tilde{S}$。

展开到二阶项，需要路径扰动 $\Delta\tilde{S}$ 近似到一阶的表达式，这可以通过在式(2.8.11)中令 $\Delta R=0$ 得到，具体细节冗长无趣。最后的结果为(Munk 和 Wunsch，1985，1987)

$$\begin{cases}\Delta T = L\Delta l + M(\Delta l)^2 \\ L=\dfrac{\partial A}{\partial l},\ M=\dfrac{1}{2}\left[\dfrac{\partial^2 A}{\partial l^2}-\dfrac{(\partial^2 A/\partial l\partial\tilde{S})^2}{\partial^2 A/\partial\tilde{S}^2}\right]\end{cases} \tag{2.8.15}$$

Wunsch(1987)用 Hamilton 理论给出了式(2.8.15)的一个不同的推导方法。

对于极地廓线情形下的射线，将 $A=\dfrac{2}{3}lS_0\tilde{\sigma}_n^3$ 代入式(2.8.15)，可得

$$\Delta\tau=\frac{2}{3}n\tilde{\sigma}^3 S_0\Delta l - n\tilde{\sigma}^3 S_0 l^{-1}(\Delta l)^2 \tag{2.8.16}$$

式中：二阶项与一阶项的比值是 $-\dfrac{3}{2}(\Delta l/l)$。

式(2.8.16)中二阶项中的负号对应于暖的偏差，即路径扰动产生的射线到达要早于线性项预测的到达，这个负号有可能被误解为比实际情形更暖的海洋。

Munk 和 Wunsch (1987)通过温带海洋的动力学(Rossby)模态，对于扰动给出了等价的计算，得到了类似的定性结果。

2.9 射线表示法：参数扰动和函数扰动

到目前为止，我们仅仅考虑了这样的情形，即声速廓线由若干个参数 $\boldsymbol{l}$ 表示，参数的扰动由 $\Delta\boldsymbol{l}$ 表示。对于极地海洋，已经设 $\Delta\boldsymbol{l}=\Delta\gamma$，对于温带海洋，可设 $\Delta\boldsymbol{l}=(\Delta a,\Delta b,\Delta c)$。这种借助于参数扰动的数学描述对于解释性说明而言是合适的，但对于实际应用，几乎是无用的。一般地，我们希望处理任意的 $S(z)+\Delta S(z)$ 的情形，目的是导出扰动权重函数 $w(z)$，使得对于给定的 $S(z)$，有

$$\Delta s_g=\int_{\tilde{z}^-}^{\tilde{z}^+}\mathrm{d}z w(z)\Delta S(z)$$

但是，即使参考态可利用包含若干个参数的解析模型完美地表示出来，预期的声慢度扰动也可能无法用参考态参数的**扰动**充分地表示出来①。在这些情形

① 平均的声速廓线由大尺度、长期的海洋过程（如全球尺度的热盐环流）决定，而扰动基本上(虽然不是全部)由短的时空尺度的过程(如中尺度涡旋场)决定。

下，令

$$\Delta S(z) = \sum_j l_j F_j(z) \tag{2.9.1}$$

式中：$F_j(z)$ 为先验(a priori)选定的函数，表示预期的慢度扰动。$F_j(z)$ 有多种选择，包括分层的情形，动力海洋模态(Rossby 波)情形，以及基于历史数据的经验正交函数情形。

为了处理一般的情形，可以用第 j 层(范围为 $z_j \sim z_j + \delta z_j$)的慢度扰动 ΔS_j 解释扰动参数，有

$$A = 2\int_{\tilde{z}^-}^{\tilde{z}^+} \mathrm{d}z\,(S^2 - \tilde{S}^2)^{\frac{1}{2}},\ \frac{\partial A}{\partial S} = 2\int_{\tilde{z}^-}^{\tilde{z}^+} \mathrm{d}z \frac{S}{(S^2 - \tilde{S}^2)^{\frac{1}{2}}}$$

则

$$\frac{\partial A}{\partial \boldsymbol{l}} \cdot \Delta \boldsymbol{l} = \sum_j \frac{\partial A}{\partial S_j} \Delta S_j = \sum_j 2\int_{z_j}^{z_j+\delta z_j} \mathrm{d}z\, S(S^2 - \tilde{S}^2)^{-\frac{1}{2}} \Delta S_j$$

并且在许多薄层的极限下，有

$$\frac{\partial A}{\partial \boldsymbol{l}} \cdot \Delta \boldsymbol{l} = 2\int_{\tilde{z}^-}^{\tilde{z}^+} \mathrm{d}z w^0(z) \Delta S(z),\ w^0 = \frac{S(z)}{(S^2 - \tilde{S}^2)^{\frac{1}{2}}} \tag{2.9.2}$$

式中：$w^0(z)$ 等于未受扰动的权重函数式(2.7.2)。

因此，根据 $w^0 = \mathrm{d}s/\mathrm{d}z$，有

$$\Delta s_g = \frac{1}{R} \frac{\partial A}{\partial \boldsymbol{l}} \cdot \Delta \boldsymbol{l} = \frac{2}{R}\int_{\tilde{z}^-}^{\tilde{z}^+} \mathrm{d}z w^0 \Delta S = \frac{2}{R}\int_{\Gamma_n(-)} \mathrm{d}s \Delta S(z) \tag{2.9.3}$$

综上所述有

$$s_g = \frac{2}{R}\int_{\tilde{z}^-}^{\tilde{z}^+} \mathrm{d}z w^0(z) S(z),\ \Delta s_g = \frac{2}{R}\int_{\tilde{z}^-}^{\tilde{z}^+} \mathrm{d}z w^0(z) \Delta S(z)$$

因此，可以得到一个重要的结论：对于 s_g 和 Δs_g 来说，射线权重函数是相同的。这是 Fermat 原理的一个结果，它使得在推导式(2.8.13)时抵消了一些项。Fermat 原理等价于 $w(z) = w(-)$，$\tilde{z}^{\pm} = \tilde{z}^{\pm}(-)$。

例如，考虑极地廓线的情形，梯度扰动为 $\Delta\gamma/\gamma_a$，则

$$\Delta S(z) = S_0 z \Delta\gamma = -\frac{1}{2} S_0 \tilde{\sigma}^2 (\Delta\gamma/\gamma_a)\zeta,\ \zeta = z/\tilde{z}$$

有

$$(\Delta s_g)_{\text{ray}} = -\frac{1}{4} S_0 \tilde{\sigma}_n^2 (1 - \tilde{\sigma}_n^2)^{-\frac{1}{2}} (\Delta\gamma/\gamma_a) \int_0^1 \mathrm{d}\zeta\,(1 - \zeta)^{-\frac{1}{2}}$$

这与式(2.8.14)一致。

2.15 节将以射线和标准模形式给出一些扰动模型的例子。第 5 章和第 6 章将在反问题框架下讨论不同选择的意义及其相对价值。我们将要用到的公式为

$$\Delta\tau = r\Delta s_g,\ \Delta S = \sum_j l_j F_j(z)$$

因此,正问题可写成矩阵形式:

$$\boldsymbol{\Delta\tau} = \boldsymbol{El} \tag{2.9.4}$$

式中

$$E_{nj} = 2n\int \mathrm{d}z w_n^0(z) F_j(z) \tag{2.9.5}$$

将射线 n 的传播时间扰动 $\Delta\tau_n$ 与海洋扰动 $F_j(z)$ 联系起来, $n = r/R$ 表示射线双循环的数量。

2.10 模态表示法:模态

在射线近似条件下,对脉冲声源的响应是一组变振幅的 δ 函数。这种描述对观测到的早期射线到达来说是没有什么问题的。通常的反问题仅仅是从到达时间来推断射线穿过的海洋的信息,显然,这并没有利用所有可获得的信息。但是,观测的射线到达结构要比单一的一组 δ 函数更复杂,尤其是在最终的射线到达附近。

理想的情况是希望根据波动方程的精确解首先计算出全部的射线到达结构;然后通过比较计算的 $p(t)$ 和观测的 $p(t)$ 推断射线穿过的海洋的状态。在地震学专业文献中,这种经计算得到的地震波到达结构称为合成地震图(synthetic seismogram)。因此这里希望利用正问题方法得到合成声波图(synthetic sonogram),并与完整的观测记录作比较,这就是所谓的匹配场处理(matched-field processing)。

在不依赖于距离的情形下,匹配场处理是用完备的正交标准模(orthogonal normal modes)把声源函数进行展开。每个模以合适的群速度传播,将所有的在接收机处的模态作线性叠加,可构建合成声波图。我们应当认为,这样的处理过程是可以得到针对水平均匀的海洋的一个精确解的(当然,实际情况并非如此)①。

上述情况一定会产生以下的疑问:为什么还要在射线解上耗费精力?答案

① 这个方程已经被线性化了,并且没有考虑表面边界的波动性和底面边界的地质结构特征。

是，射线解是观测记录中最为显著的特征（除了射线到达的最后部分以外）、具有稳健性、对于绝大部分记录而言都可以得到极好的近似（比较图 2.4 和图 2.7）、极易实现可视化，而且对计算的要求也不高。此外，射线解还可以用来计算与距离有关的小尺度结构（原则上，式（2.3.11）可以穿过间断点进行积分）。但是，实际的与距离有关的标准模解有一个严格的限制条件，即绝热且依赖于距离（见第 4 章）。

理解射线表示法与标准模表示法之间的关系以及它们各自的优缺点是极为有益的。在利用一组射线之和或者是一组标准模之和表示扰动时，我们通常选择具有更少项数的表示方法。Kamel 和 Felsen（1982）提出了一种混合的分析方法，即用射线表示早期陡峭声源角的射出（outgoing）声波辐射，用标准模表示晚期近轴的声波到达。

关于射线与模态的关系已有大量的文献（射线-模态的二元性（ray-mode duality）自古代开始就为人知晓），其中的某些关系在不同的领域（似乎）独立地被重新提出，但是，将这些关系应用于海洋学研究，却是一件新颖的事情（Officer，1958；Tolstoy 和 Clay，1966；Brekhovskikh 和 Lysanov，1991）。我们沿着 Munk 和 Wunsch 的讨论思路（1983），重点展开对射线-模态关系的讨论，这是所有面向实际海洋和实际数据的数值方法的基础。

我们的出发点仍然是波动方程式（2.3.1）：

$$\left(\nabla^2 - S^2(z)\,\frac{\partial^2}{\partial t^2}\right)p = 0$$

在柱坐标系中，它有一个可分离的解

$$p(r,z,t) = Q(r)P(z)\mathrm{e}^{\mathrm{i}\omega t} \tag{2.10.1}$$

径向波函数 $Q(r)$ 必须满足

$$\frac{1}{r}\,\frac{\mathrm{d}}{\mathrm{d}r}\left[r\,\frac{\mathrm{d}Q}{\mathrm{d}r}\right] + k_{\mathrm{H}}^2 r = 0$$

适合射出能量（outgoing energy）的解为

$$Q(r) = H_0^1(k_{\mathrm{H}}r) \rightarrow \sqrt{\frac{2}{\pi k_{\mathrm{H}} r}}\,\mathrm{e}^{\mathrm{i}\left(k_{\mathrm{H}}r - \frac{1}{4}\pi\right)}\text{，当 } r\rightarrow\infty \text{ 时}$$

式中：H_0^1 为 Hankel 函数。

利用在大值 $k_{\mathrm{H}}r$ 处的渐近解，可将分离常数 k_{H} 确定为水平方向的波数，注意 k_{H} 不是 z 的函数。

垂直波函数 $P(z)$ 必须满足

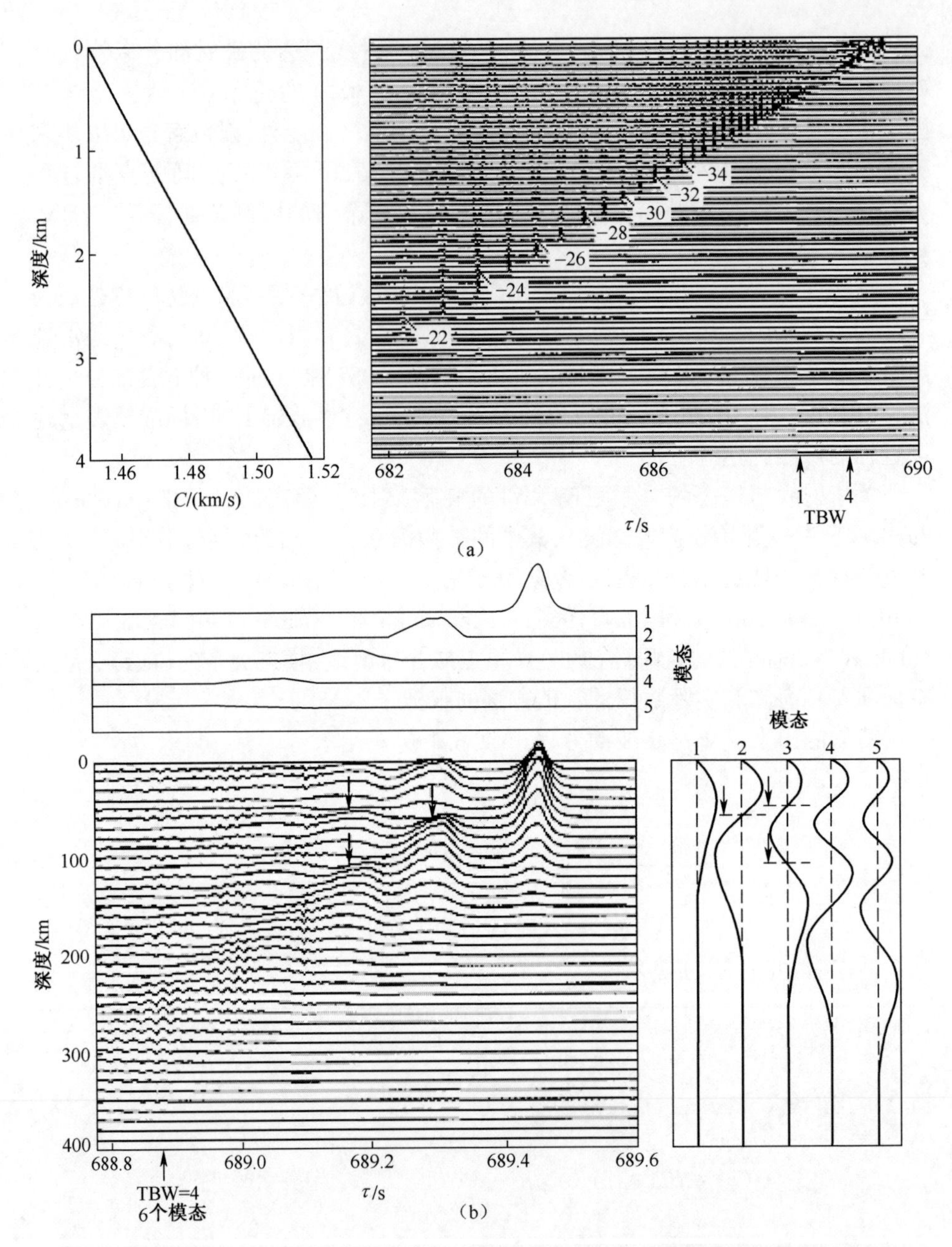

图 2.7 (a)对极地海洋廓线,通过模态 1 到模态 150 的叠加而得到的到达结构(非底面相互作用,non bottom-interacting):距离 1Mm,中心频率 250Hz,带宽 100Hz,声源深度 30m。射线标志-22,-24,…是通过与射线解(图 2.4(a))比较而得到的,指的是向下的射线循环(downward ray loops)的数量。(b) 最后的 0.8s 的细节情况,其中模态 1 到模态 5 的时间和深度函数分开显示。箭头表示模态的零交叉点的深度。

$$\frac{d^2P}{dz^2} + (\omega^2 S^2(z) - k_H^2)P = 0 \tag{2.10.2}$$

我们将 $\omega S(z) = k(z)$ 作为标量波数,将

$$k_V(z) = (\omega^2 S^2(z) - k_H^2)^{\frac{1}{2}} \tag{2.10.3}$$

作为局地垂直波数:在深度 $\tilde{z}$ (称为模态转向深度)处,k_V 在实数到虚数范围内变化。其中

$$k_H/\omega = S(\tilde{z}) \equiv \tilde{S} \tag{2.10.4}$$

使得

$$k_V(z) = \omega\ (S^2(z) - \tilde{S}^2)^{\frac{1}{2}} \tag{2.10.5}$$

$P(z)$ 在声轴附近呈振荡形式变化,而在远离声轴处呈指数形式变化,并且 $P(z)$ 的行为在模态转向点处发生改变。

式(2.10.2)现在可写为(用撇号"′"代替 d/dz)

$$P'' + \omega^2(S^2 - \tilde{S}^2)P = 0$$

用 $P(z)$ 乘上式两边,然后积分,可得

$$\int_{-\infty}^{\infty} dz P_m P_m'' + \omega_m^2 \int_{-\infty}^{\infty} dz(S_m^2(z) - \tilde{S}_m^2)P_m^2 = 0$$

把 PP'' 写成 $PP'' = (PP')' - (P')^2$。对于 $P(z)$ 在边界处呈指数形式衰减的温带声道,在极限情形下 PP' 等于零,则

$$-\int_{-\infty}^{\infty} dz\ (P_m')^2 + \omega_m^2 \int_{-\infty}^{\infty} dz(S_m^2(z) - \tilde{S}_m^2)P_m^2 = 0 \tag{2.10.6}$$

这就是 Rayleigh 原理:对于给定的 $S(z)$,ω_m 关于标准模 $P_m(z)$ 是平稳的(Morse 和 Feshbach,1953)。

相慢度和群慢度定义为

$$s_p = k_H/\omega,\ s_g = dk_H/d\omega = s_p + \omega \cdot ds_p/d\omega \tag{2.10.7}$$

从式(2.10.4)有 $s_p = \tilde{S}$:在转向深度,相慢度等于声慢度。

为了得到群慢度,在式(2.10.6)的第二个积分中记 $\omega\tilde{S} = k_H$,再对 ω 求微分,记住 $P_m(z)$ 是平稳的,则

$$s_p s_g = \overline{S^2} = \frac{\int_{-\infty}^{\infty} dz S^2(z) P^2(z)}{\int_{-\infty}^{\infty} dz P^2(z)} \tag{2.10.8}$$

式中：$\overline{S^2}$ 定义为 $S^2(z)$ 的 P^2 加权平均。

无论是极地廓线还是温带廓线，式(2.10.2)的精确解都可写成 Bessel 函数的形式(2.18 节)。对大多数应用问题来说，WKBJ 近似是足够的(Brekhovskikh 和 Lysanov，1991，6.7 节)，这暗示了如下的代换

$$P^2(z) \to 2(\tilde{S}/R)\left[S^2(z) - \tilde{S}^2\right]^{-\frac{1}{2}} \tag{2.10.9}$$

具有归一化条件

$$\int_{-\infty}^{\infty} dz P^2 = 1,\ 2(\tilde{S}/R)\int_{\tilde{z}^-}^{\tilde{z}^+} dz\,(S^2 - \tilde{S}^2)^{-\frac{1}{2}} = 1 \tag{2.10.10}$$

式中：$R(\tilde{S}_m)$ 没有直接的解释(如在射线理论中那样)，仅是简单地由积分式(2.4.4a)(在模态 m 的 WKBJ 转向点 $\tilde{z}_m^{\pm}$ 之间)定义。结果同样是 $s_p s_g = \overline{S^2}$，而 $\overline{S^2}$ 现在定义为

$$\overline{S^2} = \frac{\int_{\tilde{z}^-}^{\tilde{z}^+} dz S^2\,(S^2 - \tilde{S}^2)^{-\frac{1}{2}}}{\int_{\tilde{z}^-}^{\tilde{z}^+} dz\,(S^2 - \tilde{S}^2)^{-\frac{1}{2}}} \tag{2.10.11}$$

以取代式(2.10.8)。这个近似是极好的(表 2.1)。基于这一点，通过作用量原理推导 s_g 就更为简单了，其优点是可对射线和模态作统一处理，并阐明重要的射线-模态二元性。

表 2.1　极地海洋情形下的 WKBJ 近似解与精确模态解式(2.10.8)的比较①

m	s_g/(s/km)		Δs_g	
	模态	WKBJ	模态	WKBJ
1	0.666078	0.666083	-3.96×10^{-6}	-3.88×10^{-6}
2	0.665637	0.665642	-6.75×10^{-6}	-6.82×10^{-6}
5	0.66467	0.66468	-13.68×10^{-6}	-13.20×10^{-6}
10	0.66344	0.66346	-21.07×10^{-6}	-21.18×10^{-6}

①参数 $\gamma_a = 0.0113\text{km}^{-1}$，$S_0 = (1/1.5)$ s/km，$f_0 = 250$Hz。左边两列指的是群慢度，右边两列(相对后来的参考态)指的是群慢度扰动 Δs_g(与 $\Delta\gamma/\gamma_a = 0.01$ 有关)。

来源：感谢 E. C. Shang 提供模态值。

2.11 WKBJ 近似:射线/模态的等价性

在 WKBJ 近似中,“相位积分”

$$\int_{\tilde{z}^-}^{\tilde{z}^+} \mathrm{d}z k_V(z) = \omega \int_{\tilde{z}^-}^{\tilde{z}^+} \mathrm{d}z \left(S^2 - \tilde{S}^2\right)^{\frac{1}{2}} = \frac{1}{2}\omega A \tag{2.11.1}$$

可以给出模态转向点间的相位差。利用 $\frac{1}{2}\omega A$ 确定相位积分是根据定义式(2.5.2)得到的。解在转向点 $\tilde{z}^{\pm}$ 之间是振荡的,而在其余地方呈现指数函数形式。在指数衰减区域,式(2.10.2)的 WKBJ 解,由包含 $\exp\left(\pm \mathrm{i}\int_0^z k_V \mathrm{d}z\right)$ 的两项组成。对于有限的解,增长项必须为零。产生这种情形的条件是,对温带和极地声道,分别为(Brekhovskikh 和 Lysanov,1991,6.7 节)

$$\omega A_m = 2\pi\left(m - \frac{1}{2}\right), \ \omega A_m = 2\pi\left(m - \frac{1}{4}\right), \ m = 1,2,\cdots \tag{2.11.2}$$

式中:模态数量 $m = 1,2,\cdots$ 等于 $P(z)$ 的极值的数量(图 2.9)。

从式(2.11.2),有

$$\omega_m = 2\pi A_m^{-1}\left(m - \frac{1}{2}\right), \ \omega_m = 2\pi A_m^{-1}\left(m - \frac{1}{4}\right) \tag{2.11.3}$$

图 2.6 给出了两个具有不同频率、但转向点相同的模态的例子。在式(2.10.7)中替换 ω_m,并利用定义式(2.5.1)、式(2.5.4)和式(2.10.11),有

$$s_g = \tilde{S} - A_m/(\partial A_m/\partial \tilde{S}) = T/R = \overline{S^2}/s_p \tag{2.11.4}$$

这与 2.10 节中推导的 WKBJ 近似解一致,但是以上的推导更为简洁,并且与射线法的推导结果式(2.8.7)一致。

我们将要点重述如下:

$$s_p = \tilde{S}, \ s_g = T/R = \tilde{S} + A/R \tag{2.11.5}$$

无论对射线还是模态都是相慢度和群慢度,但对它们的解释是不同的。对于具有 n 个双循环的射线来说,$R(A) = r/n$ 确定了 A,因而确定了 $T(A)$ 和 $s_g(A) = T(A)/R(A)$。对于模态数量为 m、频率为 f 的标准模来说,$A = \left(m - \frac{1}{2}\right)\Big/f$ 或 $\left(m - \frac{1}{4}\right)\Big/f$ 确定了 A,因而确定了 $s_g(A)$。

1. 极地廓线

参考特定的廓线,可进一步阐明以上所得的结果。根据式(2.17.6)、式(2.17.7)和式(2.17.8),无论对射线还是模态,都有

$$s_g(\tilde{\sigma})=\frac{T(\tilde{\sigma})}{R(\tilde{\sigma})}=S_0\frac{1-\dfrac{2}{3}\tilde{\sigma}^2}{\sqrt{1-\tilde{\sigma}^2}}\approx S_0(1-\frac{1}{6}\tilde{\sigma}^2) \tag{2.11.6}$$

式中:$\tilde{\sigma}^2=2\gamma_a(-\tilde{z})$。对于在距离 $r=nR(\tilde{\sigma}_n)$ 处的具有 n 个双循环的射线,有

$$\tilde{\sigma}^2=\tilde{\sigma}_n^2=\frac{1}{2}\left[1-\sqrt{1-(\gamma_a r/n)^2}\right]\approx\left(\frac{1}{2}\gamma_a r/n\right)^2 \tag{2.11.7a}$$

而对于模态,其 $A(\tilde{\sigma}_m)=\left(m-\dfrac{1}{4}\right)\Big/f$,有

$$\tilde{\sigma}^3=\tilde{\sigma}_m^3=\frac{A_m}{\dfrac{2}{3}\gamma_a^{-1}S_0}=\frac{m-\dfrac{1}{4}}{f/F_P},\ F_P=\frac{3\gamma_a}{2S_0}=0.0254\text{Hz} \tag{2.11.7b}$$

2. 温带廓线

根据式(2.18.6)、式(2.18.10)和式(2.18.13),无论对射线还是模态,都有

$$s_g(\tilde{\phi})=\frac{T(\tilde{\phi})}{R(\tilde{\phi})}=S_A\left[1-\frac{1}{48}\gamma_a h\frac{\tilde{\phi}^4}{1+\dfrac{1}{12}\tilde{\phi}^2}\right]$$

但是,对于射线和模态分别有

$$\tilde{\phi}^2=\tilde{\phi}_n^2=12\left[\frac{\rho}{n}-1\right],\ \rho=\frac{r\gamma_a}{\pi\sqrt{2\gamma_a h}} \tag{2.11.8a}$$

$$\tilde{\phi}^2=\tilde{\phi}_m^2=12\left[\sqrt{1+\frac{m-\dfrac{1}{2}}{f/F_T}}-1\right],\ F_T=\frac{2c/a^2}{S_A h\sqrt{\gamma_a h}}=1.059\text{ Hz} \tag{2.11.8b}$$

这个结果极易推广到附加的上(或下)循环(见附录,式(2.18.17))。

对于任意指定的射线 n,或者对于任意指定的模态数量 m 和频率 f,利用上述方程可以计算群慢度(因而可计算传播时间)。表 2.2 中给出了模态的一些数值,它们由式(2.11.7b)和式(2.11.8b)计算得到。事实上,式(2.11.7b)和式(2.11.8b)可方便地写为(分别对应于极地和温带声道)

$$\frac{c_g - C_0}{C_0} = \left(\frac{m - \frac{1}{4}}{f/f_1}\right)^{\frac{2}{3}}, \frac{c_p - C_0}{C_0} = \left(\frac{m - \frac{1}{4}}{f/f_2}\right)^{\frac{2}{3}} \tag{2.11.9a}$$

$$\frac{c_g - C_A}{C_A} = \left(\frac{m - \frac{1}{2}}{f/f_3}\right)^{2}, \frac{c_p - C_A}{C_A} = \frac{m - \frac{1}{2}}{f/f_4} \tag{2.11.9b}$$

其中

$$f_1 = \frac{\gamma_a}{4\sqrt{6}S_0} = 1.75 \times 10^{-3}\ \text{Hz}, f_2 = \frac{3\gamma_a}{4\sqrt{2}S_0} = 9.09 \times 10^{-3}\ \text{Hz},$$

$$f_3 = \frac{\sqrt{1 - 6\gamma_a h}}{2\sqrt{6}\pi h S_A} = 9.4 \times 10^{-2}\ \text{Hz}, f_4 = \frac{\sqrt{2\gamma_a h}}{2\pi h S_A} = 3.6 \times 10^{-2}\ \text{Hz}$$

上述方程为2.14节中处理扰动问题提供了出发点,处于正问题的核心地位:在声速廓线中给定一个扰动,声传播时间的扰动是什么?但是,首先,我们希望读者能对在典型海洋条件下的射线-模态二元性有一个总体的印象。

具有转向深度 $\tilde{z}_n$ 和相应的 $\tilde{S}_n$ 的射线,是满足下列条件的所有模态相长干涉的结果:模态数量 m 和频率 f,如表2.2所列,使得 $\tilde{\sigma}_m = \tilde{\sigma}_n$,因而WKBJ转向深度 $\tilde{z}_m$ 等于射线转向深度 $\tilde{z}_n$。它们全部具有相同的群慢度 $s_g(\tilde{S})$ 和相同的相位慢度 $s_p = S(\tilde{z})$。采用模态解相加的方式可构造射线,采用射线解相加的方式可构造模态。有关详细情况,读者可参阅Brekhovskikh和Lysanov(1991,6.7节),以及Munk和Wunsch(1983)。

表2.2　对于给定的频率 f(Hz)和模态数量 m,模态的群速度和相速度相对于表面声速 C_0(极地廓线)和轴向声速 C_A(温带廓线)的增量

m	f/Hz					
	50	60	100	50	50	50
极地声道	$c_g - C_0$/(m/s)			$c_p - C_0$/(m/s)		
1	1.01	0.90	0.64	3.03	2.69	1.91
2	2.10	1.86	1.32	6.31	5.59	3.97
5	4.38	3.87	2.76	13.1	11.6	8.30
10	7.20	6.38	4.54	21.6	19.1	13.6

(续)

m	f/Hz					
	50	60	100	50	50	50
温带声道	$c_g - C_A$/(m/s)			$c_p - C_A$/(m/s)		
1	0.0013	0.0009	0.0004	0.54	0.45	0.27
2	0.012	0.008	0.003	1.62	1.35	0.81
5	0.107	0.075	0.027	4.86	4.05	2.43
10	0.53	0.33	0.12	10.3	8.6	5.1

2.12 模态表示法:模态 τ–z 显示

图 2.7~图 2.9 显示了时间–深度空间中的到达结构。我们发现,这种显示方法是对正问题的最有效的描述。在 2.16 节中,这种显示将作为一种严格的检验方法,用于与观测资料的比较。

图 2.7 显示的是极地廓线的结果,由 Phil Sutton 通过对最低的 150 个模态解作直接求和而得到(个人交流)。该图在 $\tau - z$ 空间分别显示了来自脉冲源(位于 1Mm 远处)、发射后 682~690s 的信号,以及在传播终止前 1s 内的信号。在拖曳端(the trailing end)存在强烈的近表面扰动。该图对 $x - z$ 空间的扰动(在固定时刻,且声源在右侧 1Mm 处)是一个极佳的近似。

最显著的特征是类似于手风琴形状的增强结构,这可以追溯到 688s 那一刻。上层的传播在海表面终止,下层的传播终止导致一个明显的峰值的出现,在其之下存在一个陡峭的截止(cutoff),这是焦散信号。这种手风琴形状的结构已被证明与由射线理论构建的波前完全一致(图 2.4(a)),因而人们将这种到达结构称为手风琴状结构。然而,我们没有作出任何类似于射线传播的假定。显然,由模态的相长干涉产生的到达结构在大部分记录中都是主要的,忽略这个特征的任何分析都是不明智的。可以设想如下情形,即在射线理论发展之前先发现模态的干涉结构,以此直接解释射线到达结构、而无须采用模态累加的方式。

到达结构的最后一秒具有完全不同的外观特征(图 2.7(b)),此时的结构是垂直的、而不是倾斜的。海底部的传播终止比早期的传播更为平缓(图 2.8)。到达峰值与计算的模态到达一致,垂直调制与计算的模态波函数一致。我们可以确定并且解析(resolve) 模态 1 到模态 3,甚至更多的模态。这种类似模态的结局(finale)(指最后一秒的到达结构——译者注)可以解释为(转向点十分接近于海表面的)多个射线相长干涉的结果(正如类似射线的早期到达结构可以用许多具有深的转向点的高阶模态相长干涉解释一样)。这种结局就是笛卡儿所说的“回音廊”效应的一种类似形式(Budden, 1961)。

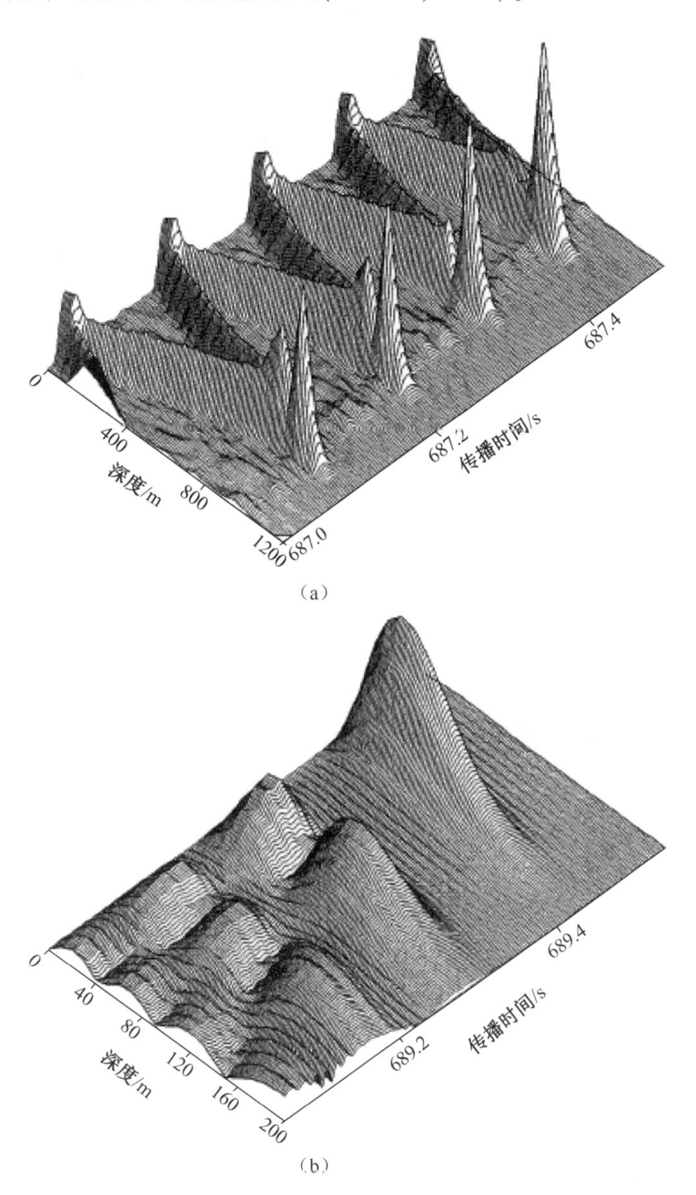

图 2.8　海底部的传播终止

(a) 在类似射线的状态; (b) 在类似模态的状态。

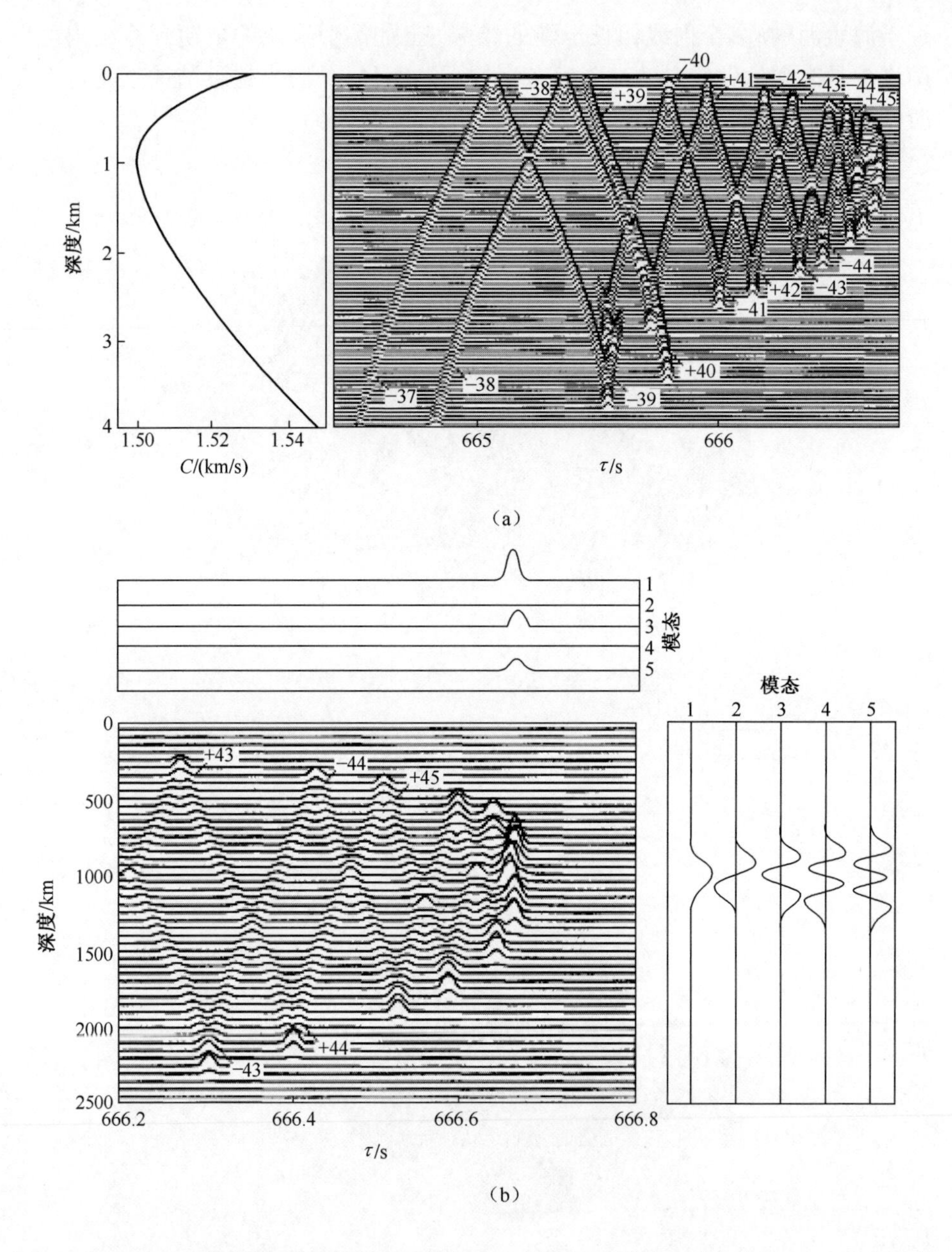

图 2.9 (a) 对于温带廓线,通过模态 1 到模态 250 的叠加而得到的到达结构(非边界相互作用):距离为 1Mm,中心频率为 250Hz,带宽为 100Hz,声源深度为 1000m (在声轴上);(b) 最后的 0.5s 的细节,其中模态 1 到模态 5 的时间和深度函数分开显示。标签 ±39,±40,…是通过与射线解的比较而得到的(图 2.4(b)),指的是±发射角及上循环与下循环的总数。

对于温带廓线,也有类似的结构,如图 2.9 所示。非边界相互作用的到达持续了 1.4s,因此,与极地廓线相比,频散的程度要小许多(注意图 2.7 和图 2.9 中时间尺度的不同)。同样,干涉结构与由射线理论导出的射线波前极为一致①(图 2.4(b))。与极地廓线不同的是,最终到达的放大图像并没有显示出任何分离的模态到达。注意,奇数模态没有被声轴上的声源有效地激发出来。

因此,声传播过程呈现出三种状态,即:①类似射线的倾斜波前状态;②类似模态的结尾状态;③复杂的过渡状态。下一节将证明如何用一阶的时间带宽乘积 TBW 估计划分的时间,正如图 2.7 中对极地廓线所示的那样。对于温带廓线,模态分离需要超过 1Mm 的距离。所有这些问题都可通过模糊性关系加以讨论。

2.13 模态表示法:模糊性关系

模糊图中的两个坐标具有互逆的量纲,这里的坐标分别是传播时间和频率。利用这些坐标,我们可以观测宽带信号。在地中海传输实验中,Porter (1973)用的就是这种模糊表示法。

图 2.10 所示为极地和温带海洋模型的模糊图。射线群 n 的传播时间用水平线表示;当然,这些时间是独立于频率的。模态到达记为 $m = 1,2,\cdots$。每个传播时间 τ 和群慢度 s_g 对应一个唯一的转向慢度 $\tilde{S}$(射线或模态在转向深度处的声慢度)。所有具有相同(模态)转向点的模态同时到达,并且也与具有相同(射线)转向点的射线同时到达。例如,在极地 1Mm 距离的传输中,带宽 200~300Hz,射线 $n = 40$ 由模态 $m = 23$ 到 $m = 35$ 组成。

在图 2.10 的右下角(高频信号的早期到达),模态多于射线,在这个区域宜采用射线表示法。而在左上角,相反的情形占优势。在这里,射线多,模态极少;一般地,射线是不可解析的,但模态是可解析的。这与 Felsen 利用射线/模态混合表示法的判据一致:利用任何适合于稀疏表示的东西。

式(2.6.4)给出了相邻的两个射线群到达之间的时间间隔:

$$D_n\tau = \tau_{n+1} - \tau_n = A_{n+1} \tag{2.13.1}$$

式(2.11.3)给出了相邻的两个模态之间的频率间隔(在某个固定的时刻):

$$D_m f = f_{m+1} - f_m = A^{-1} \tag{2.13.2}$$

利用模糊图可以验证,在 $f - \tau$ 空间中处处成立:

---

① 射线 41 到达之前的图形由于干涉模态数量的不足而受到影响。

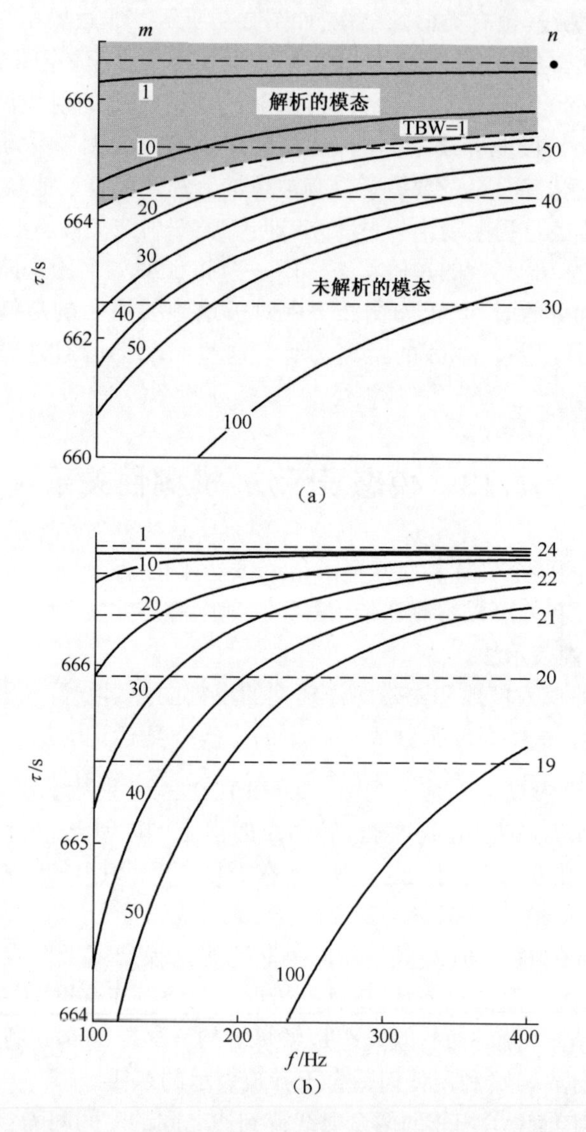

图 2.10　在 1Mm 处的极地(a)和温带(b)海洋传输的模糊图。坐标分别是频率 f 和传播时间 τ,它们具有互逆的量纲,这允许用"模糊关系"表示。射线群 n 的传播时间由水平虚线表示。对于极地廓线,最终的轴向(表面)到达具有无穷多个零长度的射线循环;对于温带廓线,最终的轴向到达具有 24 个长 41.6km 的双循环。模态到达标记为 $m = 1,10,\cdots$。对于极地海洋传输中的 200~300Hz 带宽,模态 23 到模态 35 的相长干涉,形成射线 $n = 40$,全部在 664.4s 到达。阴影区域表示在时间域中迟到的低阶模可解析的条件(给定足够的带宽)。点线边界表示时间带宽乘积 TBW = 1。对于温带弱频散的海洋,模态的分辨率要求距离超过 1Mm。

$$D_n\tau \cdot D_m f = 1 \tag{2.13.3}$$

这个重要的关系式明确了模态相长干涉的频率范围。任何以周期 $\Delta\tau = A$ 出现的函数都有一个线性谱,其包含的频率等于周期的倒数及其谐频(harmonic),$f = A^{-1}, 2A^{-1}, \cdots$,因此,$Df = A^{-1}$。

除了 $D_n\tau$ 和 $D_m f$ 以外,还需要某个固定频率的连续的模态之间的时间间隔:

$$\begin{aligned} D_m\tau &= \tau_{m+1} - \tau_m = r\,\mathrm{d}s_g/\mathrm{d}m \\ &= r\frac{\mathrm{d}}{\mathrm{d}\tilde{S}}\left(\frac{A + R\tilde{S}}{R}\right)\frac{\mathrm{d}\tilde{S}}{\mathrm{d}A}\frac{\mathrm{d}A}{\mathrm{d}m} = \frac{rA}{fR^3}\frac{\mathrm{d}R}{\mathrm{d}\tilde{S}} \end{aligned} \tag{2.13.4}$$

模态的时间带宽乘积

$$\mathrm{TBW} = D_m\tau \cdot D_m f = \frac{r}{f}\left[\frac{1}{R^3}\frac{\mathrm{d}R}{\mathrm{d}\tilde{S}}\right] \tag{2.13.5}$$

是解释结果的关键。图 2.10 中的虚线 TBW = 1 对无限的声源和接收机带宽给出了模态的分辨率限制。考虑曲线以下的区域,TBW < 1。为了解析两个相邻的模态(频率间隔为 $D_m f$),要求时间间隔大于 $(D_m f)^{-1}$。但是,$(D_m f)^{-1} = D_m\tau/\mathrm{TBW} > D_m\tau$,超过了相邻模态的时间间隔。因此,模态是不可解析的(unresolvable)。

在式(2.13.5)中,方括弧内的项仅是 $\tilde{S}$ 的函数。对于一个给定的 TBW,这产生了 $\tilde{S}(f)$,因此 $\tau(\tilde{S}) = rs_g(\tilde{S})$。消去式(2.13.4)和式(2.13.5)中的 $\tilde{S}$ 可知,TBW 是 f 和 t 的函数(对于固定的距离 r),正如图中的点线所示的那样。

我们已经假设,声源和接收机具有足够的实验带宽 $D_E f$,以达到理论上的分辨率限制。对于射线,根据式(2.13.1),这意味着 $(D_E f)^{-1}$ 应该小于射线的时间间隔 $D_n\tau = A$。对于标准模,$(D_E f)^{-1}$ 应该小于 $D_m\tau = \mathrm{TBW}/D_m f = \mathrm{TBW} \times A$。对于 TBW = 1,关于临界带宽的要求可写为

$$D_E f = (D_n\tau)^{-1} = (D_m\tau)^{-1} = D_m f = A^{-1} \tag{2.13.6}$$

我们需要用具体的示例说明以上这些结果。对于极地廓线,对射线和标准模都有

$$A = \frac{2}{3}\gamma_a^{-1}S_0\tilde{\sigma}^3 \tag{2.13.7}$$

给定 A,可计算式(2.13.5)的值,即

$$\mathrm{TBW} = \frac{1}{4}\frac{r\gamma_a^2}{S_0 f(\tilde{\sigma}^*)^4}。 \tag{2.13.8}$$

式中:星号(*)表示这个值对于模态分辨率是临界的。

将式(2.13.8)代入式(2.13.4),得到相对于轴向到达的传播时间为

$$\tau^{*}-\tau_{A}=-\frac{1}{6}rS_{0}(\tilde{\sigma}^{*})^{2}=-\frac{1}{12}r^{\frac{3}{2}}S_{0}^{\frac{1}{2}}\gamma_{a}f^{-\frac{1}{2}}\text{TBW}^{-\frac{1}{2}} \quad (2.13.9)$$

从式(2.11.2),并利用式(2.13.7)和式(2.13.8),有

$$m^{*}-\frac{1}{4}=fA^{*}=\frac{\sqrt{2}}{6}\gamma_{a}^{\frac{1}{2}}S_{0}^{\frac{1}{4}}f^{\frac{1}{4}}r^{\frac{3}{4}}\text{TBW}^{-\frac{3}{4}} \quad (2.13.10)$$

对于1Mm的距离和250Hz的频率,这个结果是,等于或小于

$$m^{*}=\frac{1}{4}+16.0(\text{TBW})^{-\frac{3}{4}}$$

的模态是可解析的,并且在或迟于

$$\tau^{*}=\tau_{A}-1.54(\text{TBW})^{-\frac{1}{2}}(\text{s})$$

的时刻到达。

需要的实验带宽为

$$D_{E}f=(A^{*})^{-1}=\left(\frac{3}{2}\right)4^{\frac{3}{4}}\gamma_{a}^{-\frac{1}{2}}S_{0}^{-\frac{1}{4}}f^{\frac{3}{4}}r^{-\frac{3}{4}}=156(\text{Hz}) \quad (2.13.11)$$

这是一个具有挑战性但可达到的要求。

图2.7所示的TBW为1和4(对应于模态截断到 m^{*} 为16和6)的界限时间。虽然我们未能实现模态分辨率达到TBW=1的理论极限,但是达到了基本的一致。这可能与如下事实有关:在模态构建中,带宽取为100Hz,未达到"要求的"156Hz。

温带廓线的情形极为不同,代入式(2.13.5),可得

$$\text{TBW}=K^{3}\left(1+\frac{1}{12}(\tilde{\phi}^{*})^{2}\right)^{-3},\quad K^{3}=\frac{r}{12\pi^{2}fS_{A}h^{2}} \quad (2.13.12)$$

对于假设的值 $r=1\text{Mm}$, $f=250\text{Hz}$,得到 $K^{3}=0.051$,远未达到TBW=1所要求的 $K^{3}=1$。结论是,模态在任何时候都是不可解析的!这是温带海洋相对弱的频散特性的结果。

为了继续讨论这种情形,给定 $K^{3}=1.086$,则

$$(\tilde{\phi}^{*})^{2}=12(K(\text{TBW})^{-\frac{1}{3}}-1)$$

或

$$(\tilde{\phi}^{*})^{2}=0.33,\text{TBW}=1$$

采用与计划的实验一致的参数,$r=6\text{Mm}$,$f=70\text{Hz}$。那么,从式(2.13.1)可得

$$\tau^* - \tau_A = -\frac{rS_A\gamma_a h}{48}(\tilde{\phi}^*)^4 = -0.10\mathrm{s} \tag{2.13.13}$$

$$m^* - \frac{1}{2} = fA^* = f\frac{\pi}{\sqrt{2}}S_A h(\gamma_a h)^{\frac{1}{2}}(\tilde{\phi}^*)^2\left(1 + \frac{1}{24}(\tilde{\phi}^*)^2\right) = 3.6 \tag{2.13.14}$$

所以,甚至在这些相当极端的条件下,模态分辨率的机会也是受到限制的,虽然要求的实验带宽 $(A^*)^{-1} = 19\mathrm{Hz}$ 是可以达到的。以上所有这些讨论所指的是时间域上的模态分离。但是,这并不妨碍利用实际实验中的垂直阵列,在垂直波数域上对模态进行分离。

2.14 模态表示法:模态扰动

Fermat 原理并不适用于模态扰动。我们可能认为,近似到一阶,$(\Delta\tau)_{\mathrm{mode}}$ 可由未受扰动的模型波函数(the unperturbed model wave function)的模态传播(穿过受到扰动的海洋)给出,并且存在这方面的参考文献(如 Munk 和 Wunsch,1983)。但是,情况并非如此,因为不存在“冻结模态”近似。分析表明,我们可以得到量级相同的三项(如 2.8 节中的 $\boldsymbol{A}$、$\boldsymbol{B}$、$\boldsymbol{C}$),但是没有互相抵消的情况。

显而易见的是,受到扰动的模态场必须能够通过适当的相长干涉而支持射线表示法。结果是,如果 f_m 是相长干涉的模态(其在未受扰动的海洋中生成一个给定的射线)的频率,那么,f'_m 是在受到扰动的海洋中的对应的频率,且有 $f_m \neq f'_m$。m 个相长干涉的模态函数也是不一样的,$P_m(z) \neq P'_m(z)$。因为模态的群慢度是频率的函数,所以如果模态频率保持不变,扰动 $(\Delta s_g)_{\mathrm{ray}}$ 将与模态组成中的任何一个都不一样。

这里首先给出模态表示法的扰动形式,这是层析模态反演通过数值处理成功实现的形式(Romm,1987;Lynch et al.,1991)。在 WKBJ 近似下,解被大大地简化了(特别是对射线扰动)。在下面的讨论中,我们将略去有关模态扰动的冗长的代数处理。

我们的出发点是式(2.10.2):

$$P'' + (\omega^2 S^2(z) - k_{\mathrm{H}}^2)P = 0 \tag{2.14.1}$$

从式(2.14.1)出发,我们推导了 Rayleigh 原理式(2.10.6)。这里,我们采用稍微不同的形式把它写为

$$\omega^2\int \mathrm{d}z S^2 P^2 - k_{\mathrm{H}}^2\int \mathrm{d}z P^2 - \int \mathrm{d}z\,(P')^2 = 0 \tag{2.14.2}$$

式中:$P' = \mathrm{d}P/\mathrm{d}z$;对温带廓线,所有的积分都是从 $-\infty$ 到 ∞。

我们以前通过扰动式(2.10.6)而保持 $S(z)$ 固定不变,导出了群慢度。根据 Rayleigh 变分原理,乘以 δP 的项加起来等于零,则

$$\omega\delta\omega\int \mathrm{d}zS^2P^2 - k_\mathrm{H}\delta k_\mathrm{H}\int \mathrm{d}zP^2 = 0 \tag{2.14.3}$$

因此,考虑到 $s_P = k_\mathrm{H}/\omega = \tilde{S}$,可以立刻得到群慢度的表达式(2.10.8),有

$$s_g = \delta k_\mathrm{H}/\delta\omega = \tilde{S}^{-1}\int \mathrm{d}zS^2P^2/\int \mathrm{d}zP^2 \tag{2.14.4}$$

本节推导与任意海洋扰动 $\Delta S(z)$ 有关的扰动 Δs_g 。利用频散关系式 $f_m(\omega, k_\mathrm{H}) = 0$ 导出的扰动,可以通过如下方式计算:保持 ω_m 固定不变而得到 Δk_H ,或者保持 k_H 固定不变而得到 $\Delta\omega_m$ 。遵循实际实验中保持声源频率谱不变的惯例(甚至当海洋声慢度改变 $\Delta S(z)$ 时),我们保持 ω_m 固定不变。扰动群慢度为

$$s_g = \frac{\mathrm{d}k_\mathrm{H}}{\mathrm{d}\omega},\ \Delta s_g = \frac{\mathrm{d}\Delta k_\mathrm{H}}{\mathrm{d}\omega} \tag{2.14.5}$$

同样,利用 Rayleigh 变分原理,推导过程可大为简化。从式(2.14.2),并且 $\int \mathrm{d}zP^2 = 1$,则

$$\omega^2\int \mathrm{d}zS\Delta SP^2 - k_\mathrm{H}\Delta k_\mathrm{H} = 0 \tag{2.14.6}$$

利用记号 $(P^2)_\omega$ 表示 $\mathrm{d}P^2/\mathrm{d}\omega$, $s_g = (k_\mathrm{H})_\omega$, $\Delta s_g = (\Delta k_\mathrm{H})_\omega$,则

$$2\omega\int \mathrm{d}zS\Delta SP^2 + \omega^2\int \mathrm{d}zS\Delta S\,(P^2)_\omega = s_g\Delta k_\mathrm{H} + k_\mathrm{H}\Delta s_g \tag{2.14.7}$$

$$\Delta s_g = \tilde{S}^{-1}\int \mathrm{d}zS\Delta SP^2\,[2 - s_g/\tilde{S}\,] + \tilde{S}^{-1}\omega\int \mathrm{d}zS\Delta S\,(P^2)_\omega \tag{2.14.8}$$

这与 Shang (1989), Shang 和 Wang (1991, 1992), Lynch 等(1991)的讨论一致①。

为了计算 $(P^2)_\omega = 2PP_\omega$,对式(2.14.7)进行微分:

$$P''_\omega + (\omega^2S^2 - k^2)P_\omega = -(2\omega S^2 - 2k_\mathrm{H}s_g)P$$

解出 P_ω 。Rodi 等(1975)讨论了有效数值方法,这是 Lynch 等(1991)和 Romm (1987)在有关模态扰动的研究中所采用的形式。

为了得到 Δs_g 的 WKBJ 近似,我们按照先前的做法,利用式(2.10.9)和式(2.10.10)。注意到 $\tilde{S} = \dfrac{k_\mathrm{H}}{\omega}$,有

① 在改变(他们的方程 18 中的)第一项和第三项的符号后(J. F. Lynch,私人交流)。

$$\frac{\partial}{\partial \omega}=\frac{\partial}{\partial \tilde{S}}\frac{\partial \tilde{S}}{\partial \omega}+\frac{\partial}{\partial k_{\mathrm{H}}}\frac{\partial k_{\mathrm{H}}}{\partial \omega}=\frac{s_g-\tilde{S}}{\omega}\frac{\partial}{\partial \tilde{S}}$$

从式(2.11.5),有 $s_g-\tilde{S}=A/R$;从式(2.10.9),有 $P^2=(2\tilde{S}/R)(S^2-\tilde{S}^2)^{-\frac{1}{2}}$。因此,有

$$(P^2)_{\omega}=\frac{2A}{R^2\omega}\left[1-\frac{\tilde{S}}{R}\frac{\partial R}{\partial \tilde{S}}+\tilde{S}\frac{\partial}{\partial \tilde{S}}\right](S^2-\tilde{S}^2)^{-\frac{1}{2}}$$

将 P^2 和 $(P^2)_{\omega}$ 代入式(2.14.8),可得

$$\Delta s_g=\frac{2}{R}\left[1-\frac{A}{R^2}\frac{\partial R}{\partial \tilde{S}}+\frac{A}{R}\frac{\partial}{\partial \tilde{S}}\right]\int \mathrm{d}z\frac{S}{(S^2-\tilde{S}^2)^{\frac{1}{2}}}\Delta S \tag{2.14.9}$$

这与 WKBJ 的结果一致(WKBJ 的结果将在下面推导)。

1. 作用量扰动

上述方程可以从作用量

$$A^{\pm}=2\int_{z_A}^{\tilde{z}^{\pm}}\mathrm{d}z[S^2(z)-\tilde{S}^2]^{\frac{1}{2}} \tag{2.14.10}$$

出发直接推导出来。这种推导方法具有如下优点:所得结果更易可视化,且 WKBJ 方法对射线和模态可给出平行的处理。讨论的出发点是式(2.5.6),有

$$T=A+R\tilde{S},\ R=-\partial A/\partial \tilde{S} \tag{2.14.11}$$

式中:T 和 R 由积分式(2.4.3a,b)定义。

对于射线,以上参数极易解释为循环传播时间和水平距离;对于模态,仅有比值 $s_g=T/R$ 才有简单的物理解释。

假设声慢度从 $S(z,-)$ 扰动为 $S(z,-)+\Delta S(z)$。其结果是,射线路径受到扰动,因此转向慢度从 $\tilde{S}(-)$ 变化为 $\tilde{S}(-)+\Delta\tilde{S}$。那么,群慢度和群慢度扰动为

$$s_g=TR^{-1}=\tilde{S}+AR^{-1} \tag{2.14.12}$$

$$\Delta s_g=\Delta\tilde{S}+R^{-1}\Delta A+A\Delta(R^{-1}) \tag{2.14.13}$$

式中

$$\Delta A=\frac{\partial A}{\partial \boldsymbol{l}}\cdot\Delta \boldsymbol{l}+\frac{\partial A}{\partial \tilde{S}}\Delta\tilde{S} \tag{2.14.14}$$

从现在开始,关于射线和模态扰动的处理分开进行。前面已经证明(见式

(2.8.11)~式(2.8.13)),对于常数距离 $r = nR$,条件 $\Delta R = 0$ 导致了一些项的相互抵消,最后得到一个简单的结果,即

$$(\Delta s_g)_{\text{ray}} = \frac{1}{R}\frac{\partial A}{\partial \boldsymbol{l}} \cdot \Delta \boldsymbol{l} \tag{2.14.15}$$

这等价于沿着未受扰动的路径的积分。对于模态,没有类似 $\Delta R = 0$ 的简单的约束关系,我们只能得到包含三项的式(2.14.13),这三项的量级相当。

我们考虑一些特例。对于极地长距离的情形,最终的记录由若干个完全分离的模态 $m = 1,2,3$ 组成(图 2.7(b))。如果我们能识别模态,并且假设它们的频率谱未受到明显的扰动,所以 m 和 f,因而(对于温带和极地海洋)

$$A = \frac{m - \frac{1}{2}}{f},\ A = \frac{m - \frac{1}{4}}{f}$$

也未受到扰动,那么,有

$$\Delta A = 0 = \frac{\partial A}{\partial \boldsymbol{l}} \cdot \Delta \boldsymbol{l} + \frac{\partial A}{\partial \tilde{S}}\Delta \tilde{S} \tag{2.14.16}$$

所以 $\Delta \tilde{S} = R^{-1}(\partial A/\partial \boldsymbol{l}) \cdot \Delta \boldsymbol{l}$。式(2.14.13)现在可以简化为

$$(\Delta s_g)_{\text{mode}} = R^{-1}\frac{\partial A}{\partial \boldsymbol{l}} \cdot \Delta \boldsymbol{l} + A\Delta(R^{-1}) \tag{2.14.17}$$

式中:第一项可以看作为 $(\Delta s_g)_{\text{ray}}$。把 $\Delta(R^{-1})$ 写成

$$\Delta(R^{-1}) = -R^{-2}\Delta R = -R^{-2}\left(\frac{\partial R}{\partial \boldsymbol{l}} \cdot \Delta \boldsymbol{l} + \frac{\partial R}{\partial \tilde{S}}\Delta \tilde{S}\right) \tag{2.14.18}$$

利用式(2.14.16)替换 $\Delta \tilde{S}$,即

$$(\Delta s_g)_{\text{mode}} = \frac{1}{R}\left(1 - \frac{A}{R^2}\frac{\partial R}{\partial \tilde{S}} + \frac{A}{R}\frac{\partial}{\partial \tilde{S}}\right)\frac{\partial A}{\partial \boldsymbol{l}} \cdot \Delta \boldsymbol{l} \tag{2.14.19}$$

作代换 $R = -\partial A/\partial \tilde{S}$,那么式(2.14.19)将模态扰动表示为 $A(\boldsymbol{l}, \tilde{S})$ 及其导数的函数。利用式(2.9.2)替换 $(\partial A/\partial \boldsymbol{l}) \cdot \Delta \boldsymbol{l}$,就得到前面的结果式(2.14.9)。式(2.14.19)也可以写成如下的形式:

$$(\Delta s_g)_{\text{mode}} = (\Delta s_g)_{\text{ray}} + \frac{A}{R}\frac{\partial(\Delta s_g)_{\text{ray}}}{\partial \tilde{S}} \tag{2.14.20}$$

可以发现在式(2.14.19)中,没有一项是可被忽略掉的。因此,从数值求解的角度来看,射线和模态扰动是完全不同的。这种差别并没有过多地涉及射线

和模态本身的不同,而是在于观测约束条件的不同[①]:对前者的约束是 $\Delta R = 0$,而对后者的约束是 $\Delta A = 0$。

约束 $\Delta A = 0$ 并不是我们可以预想到的众多约束条件中的唯一一个。例如,如果具有足够的垂直阵列,那么就有可能在入射信号中选择特别的波函数,即最像未受扰动的波函数(冻结模态近似)。这将在下节中通过考虑四个可能的约束予以说明。在这四个约束中,没有一个是与选择最大模态振幅的时间(采用 Lynch 等(1991)、Worcester 等(1993)的方法)完全一样的。一个更为稳健的方法是匹配场处理方法,即用观测值对计算的模态到达的整个时间过程进行匹配,并充分考虑声源和接收机阵列的配置、声源频率谱,以及由于衰减和分析处理造成的频率谱的任何后续变化。至于潜在的缺陷,我们尚无经验可循。

2. 参数扰动

为了说明问题再次考虑极地海洋梯度扰动的情形:$\Delta l = \Delta\gamma$。对于极地海洋,$A = \frac{2}{3}\gamma_a^{-1} S_0 \tilde{\sigma}^3$,并且从式(2.14.15)和式(2.14.19),可得

$$(\Delta s_g)_{\text{ray}} = -\frac{1}{3} S_0 \tilde{\sigma}^2 (1 - \tilde{\sigma}^2)^{-\frac{1}{2}} (\Delta\gamma/\gamma_a) \tag{2.14.21}$$

$$(\Delta s_g)_{\text{mode}} = -\frac{1}{9} S_0 \tilde{\sigma}^2 (1 - \tilde{\sigma}^2)^{-\frac{3}{2}} (1 - 2\tilde{\sigma}^2) \Delta\gamma/\gamma_a \tag{2.14.22}$$

注意,模态扰动仅为射线扰动的 1/3 左右!近似到一阶,$(\Delta s_g)_{\text{mode}} = \left[1 + \frac{1}{3} - 1\right](\Delta s_g)_{\text{ray}}$,其中方括号中的三个数对应于式(2.14.19)中的三项。

这些结果极易得到验证:对射线和模态,$s_g = S_0(1 - \frac{1}{6}\tilde{\sigma}^2 + \cdots)$,计算 $\Delta s_g = (\partial s_g / \partial \tilde{\sigma}) \Delta \tilde{\sigma}$,这里,对 Δl 并没有显式的依赖关系。根据 R 或 A 的守恒,可得

$$\Delta \tilde{\sigma}_{\text{ray}} = \tilde{\sigma} \Delta\gamma/\gamma_a,\ \Delta \tilde{\sigma}_{\text{mode}} = \frac{1}{3} \tilde{\sigma} \Delta\gamma/\gamma_a$$

群慢度扰动中的比例 3∶1 是令人惊讶的。为加深理解,我们考虑未受到扰动的射线和未受到扰动的波函数(图 2.6)(见 2.17 节中的构造细节)。未受到扰动的射线和模态具有相同的转向深度,$\tilde{z} = -1.33\text{km}$。对于模态 $m = 3,4$,分别需要 12.9Hz 和 17.6Hz 的频率。未受到扰动的射线可被看作是许多这样的

① 约束 $\Delta A = 0$ 与作用量关于距离保持不变没有关系(在绝热依赖于距离的环境中)。我们处理的是在不同的时间、不同的独立于距离的环境中进行的观测。

模态 m 和频率 f_m(全部具有相同的转向深度)叠加的结果。对于模态 $m=4$,保持频率为 17.6Hz 不变这个约束条件将导致受到扰动的波函数的产生。在此约束条件下,扰动使波函数向上移动,与射线移动方向正好相反。由此得出结论,受到扰动的模态对受到扰动的射线不再有建设性的贡献。这是施加约束 $\Delta A=0$ 的结果。

下面考虑其他的约束条件,仍然用极地梯度扰动加以说明。忽略 $\tilde{\sigma}^4$ 阶的项,则

$$s_g = S_0\left(1-\frac{1}{6}\tilde{\sigma}^2\right),\ \tilde{\sigma}^2 = 2\gamma(-\tilde{z}) \tag{2.14.23}$$

式中:$\tilde{z}$ 为负值。

对于极地梯度扰动:$\gamma_a \to \gamma_a + \Delta\gamma$,有

$$\frac{\Delta\tilde{z}}{\tilde{z}} = 2\frac{\Delta\tilde{\sigma}}{\tilde{\sigma}} - \frac{\Delta\gamma}{\gamma},\ \Delta s_g = -\frac{1}{3}S_0\tilde{\sigma}^2\frac{\Delta\gamma}{\gamma} \tag{2.14.24}$$

对于射线 n,$r=2n\gamma^{-1}\tilde{\sigma}_n$,则

$$\frac{\Delta\tilde{\sigma}_n}{\tilde{\sigma}_n} = \frac{\Delta\gamma}{\gamma},\ \frac{\Delta\tilde{z}_n}{\tilde{z}_n} = \frac{\Delta\gamma}{\gamma},\ (\Delta s_g)_n = -\frac{1}{3}S_0\tilde{\sigma}_n^2\frac{\Delta\gamma}{\gamma} \tag{2.14.25}$$

对于模态,出发关系式是 $\sigma_m^3 = 3\left(m-\frac{1}{4}\right)\gamma/(2fS_0)$,则

$$\begin{cases}\dfrac{\Delta\tilde{\sigma}_m}{\tilde{\sigma}_m} = \dfrac{1}{3}\dfrac{\Delta\gamma}{\gamma} - \dfrac{1}{3}\dfrac{\Delta f}{f},\ \dfrac{\Delta\tilde{z}_m}{\tilde{z}_m} = -\dfrac{1}{3}\dfrac{\Delta\gamma}{\gamma} - \dfrac{2}{3}\dfrac{\Delta f}{f} \\ (\Delta s_g)_m = -\dfrac{1}{9}S_0\tilde{\sigma}_m^2\left(\dfrac{\Delta\gamma}{\gamma} - \dfrac{\Delta f}{f}\right)\end{cases} \tag{2.14.26}$$

有多条路径可以进行分析。

(1) 情形 A。对于一个连续波(Continuou Wave,CW)传输,或者对于强频率滤波的 CW 记录,有

$$\begin{cases}\Delta f = 0,\ \dfrac{\Delta\tilde{\sigma}_m}{\tilde{\sigma}_m} = \dfrac{1}{3}\dfrac{\Delta\gamma}{\gamma},\ \dfrac{\Delta\tilde{z}_m}{\tilde{z}_m} = -\dfrac{1}{3}\dfrac{\Delta\gamma}{\gamma} \\ (\Delta s_g)_m = -\dfrac{1}{9}S_0\tilde{\sigma}_m^2\dfrac{\Delta\gamma}{\gamma}\end{cases} \tag{2.14.27}$$

注意,模态的转向深度稍微变小了,但射线的转向深度却增加了。这是对应于 $\Delta A=0$ 的情形。

(2) 情形 B。一个固定的垂直阵列有利于未受到扰动的波函数,因此在受到扰动的海洋中,到达峰值会发生频率上的改变,即

$$\begin{cases}\Delta \tilde{z}_m=0, \dfrac{\Delta \tilde{\sigma}_m}{\tilde{\sigma}_m}=\dfrac{1}{2}\dfrac{\Delta\gamma}{\gamma}, \dfrac{\Delta f}{f}=-\dfrac{1}{2}\dfrac{\Delta\gamma}{\gamma} \\ (\Delta S_g)_m=-\dfrac{1}{6}S_0\tilde{\sigma}_m^2\dfrac{\Delta\gamma}{\gamma}\end{cases} \tag{2.14.28}$$

这可以看作是与“冻结模态”近似等价的模态形式,可在形式上作如下推导:令 $\Delta\tilde{S}=0$,则式 (2.14.19)变为

$$(\Delta s_g)_{\text{mode}}=\frac{1}{R}\left(1+\frac{A}{R}\frac{\partial}{\partial\tilde{S}}\right)\frac{\partial A}{\partial \boldsymbol{l}}\cdot\Delta\boldsymbol{l}$$

(3) 情形 C。通过适当的频率滤波,传播时间可保持不变,即

$$(\Delta s_g)_m=0, \frac{\Delta f}{f}=\frac{\Delta\gamma}{\gamma}, \frac{\Delta\tilde{\sigma}_m}{\tilde{\sigma}_m}=0, \frac{\Delta\tilde{z}_m}{\tilde{z}_m}=-\frac{\Delta\gamma}{\gamma}$$

(4) 情形 D。最后,为了使模态通过相长干涉形成射线,有

$$\begin{gathered}\frac{\Delta\tilde{\sigma}_m}{\tilde{\sigma}_m}=\frac{\Delta\tilde{\sigma}_n}{\tilde{\sigma}_n}=\frac{\Delta\gamma}{\gamma}, \frac{\Delta f}{f}=-2\frac{\Delta\gamma}{\gamma}, \\ \frac{\Delta\tilde{z}_m}{\tilde{z}_m}=\frac{\Delta\gamma}{\gamma}, (\Delta s_g)_m=-\frac{1}{3}S_0\tilde{\sigma}_m^2\frac{\Delta\gamma}{\gamma}\end{gathered} \tag{2.14.29}$$

因此, $\Delta z_m=\Delta z_n$, $(\Delta s_g)_m=(\Delta s_g)_n$,就如同对相长干涉必须的那样。

以上情形可以简洁地用模糊扰动图加以概括(图 2.11)。对于未受扰动的极地情形(图 2.11(a)),模态 28 和 29(位于其他模态中间)对射线 40 提供建设性的贡献(f 分别为 243Hz 和 251.5Hz)。图 2.11(b)显示的是射线 40 和模态 29 的未受到扰动的($n=40, m=29$)和受到扰动的($n=40', m=29'$)位置。

情形 A 可以用箭头 OA 表示，频率没有发生变化，$\Delta f = 0$，因而 $\Delta A = 0$。但是，在点 A，扰动模态 29′ 对扰动射线 40′ 并未提供建设性的贡献；在点 D，情况也是如此，但频率从 251.5Hz 改变为 246.5Hz。我们注意到，OA 下的传播时间扰动大约是 OD 下的 1/3。

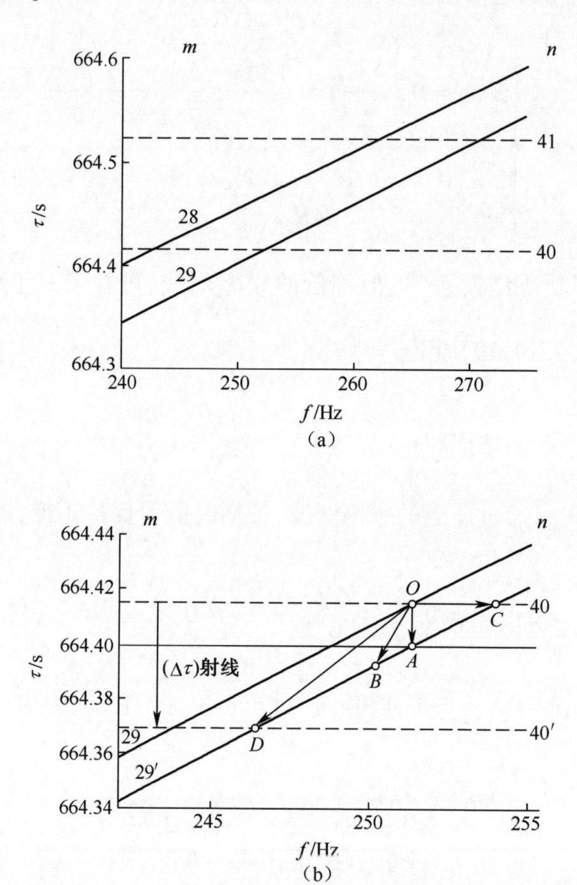

图 2.11 模糊扰动(ambiguity perturbation)图

(a)未受到扰动的模糊图的放大部分；(b)射线 40 从未受扰动状态 40 到受到扰动状态 40′ 的位移；模态 29 由于声速梯度从 γ_a 扰动为 $1.1\gamma_a$，具有类似的结果。传播时间扰动由箭头 OA、OB、OC 及 OD 表示，具体取决于记录和分析的条件。

箭头 OB(情形 B)对应于模态转向深度 $\tilde{z}_m$ 未发生变化。对相对于 OB 作顺时针转动的箭头而言，海洋扰动使模态转向点变深；对于 OD，模态转向点变深的数量与射线转向深度 $\tilde{z}_n$ 相同。对于 OA，扰动增加了模态转向深度。对于情形 C,扰动呈现为中心频率的增加。

3. 函数扰动

为了说明问题的方便,到目前为止讨论仅限于高度简化的模型。如要将简化模型应用于实际问题,就有必要考虑扰动 $\Delta S(z)$,如同 2.9 节中处理射线问题那样。我们的目标是推导模态扰动的权重函数 $w(z)$ 。利用的方程是式(2.14.19),其中 $(\partial A/\partial \boldsymbol{l})\cdot\Delta\boldsymbol{l}$ 由式(2.9.2)给出。注意, $\partial w^0/\partial\tilde{S}\sim(S^2-\tilde{S}^2)^{-\frac{3}{2}}$ 将导致一个非整数的奇异性,并且被积函数在 $\tilde{z}^{\pm}=z(\tilde{S})$ 处为无穷大。利用 Leibnitz 公式对定积分求导,将导致∞ -∞(当 $A(\boldsymbol{l})$ 用海洋参数 $\boldsymbol{l}$ 显式地表示时,不存在这个问题)。通过分部积分,可消除掉这种不确定性。

考虑积分:

$$I=\int_0^{\tilde{z}}\mathrm{d}z w^0(z)\Delta S(z)$$

上式可以写成极为一般的形式:

$$I=I_1+I_2=\int_0^{\tilde{z}}\mathrm{d}z\left[\frac{S^2-\tilde{S}^2}{S_0^2-\tilde{S}^2}+\frac{S_0^2-S^2}{S_0^2-\tilde{S}^2}\right]w^0(z)\Delta S(z)$$

式中:方括号内的项等于 1。I_1 在转向点为零, I_2 在声轴(表面)为零。

令 $I_2=\int u\mathrm{d}v$,其中

$$u=q\Delta S,\ q=(S_0^2-S^2)/S',$$

$$\mathrm{d}v=w^0\mathrm{d}S,\ v=(S^2-\tilde{S}^2)^{\frac{1}{2}}$$

式中: $S'=\mathrm{d}S/\mathrm{d}z$ 。

对于极地声道, $q=-2Sz$ 。对于抛物线形的声道, $q=-Sz$ 。因此,在两个积分限处 $uv=0$,有

$$I_2=\frac{1}{S_0^2-\tilde{S}^2}\int u\mathrm{d}v=-\frac{1}{S_0^2-\tilde{S}^2}\int_0^{\tilde{z}}\mathrm{d}z\,(S^2-\tilde{S}^2)^{\frac{1}{2}}u'(z)\ ,$$

$$I=\frac{1}{S_0^2-\tilde{S}^2}\int_0^{\tilde{z}}\mathrm{d}z\,(S^2-\tilde{S}^2)^{\frac{1}{2}}[S\Delta S-u']\ ,$$

$$\frac{\partial I}{\partial \tilde{S}} = \frac{1}{S_0^2 - \tilde{S}^2}\int_0^{\tilde{z}} \mathrm{d}z \frac{1}{(S^2 - \tilde{S}^2)^{\frac{1}{2}}}\left(-1 + 2\frac{S^2 - \tilde{S}^2}{S_0^2 - \tilde{S}^2}\right)[S\Delta S - u']$$

把 u' 写成 $u' = q'\Delta S + q\Delta S'$，那么对于极地廓线，方括号中的项等于 $3S\Delta S + 2zS\Delta S'$；对于温带廓线，方括号中的项等于 $2S\Delta S + zS\Delta S'$。最后的结果可写为

$$(\Delta s_g)_{\text{ray}} = \frac{2}{R}\int \mathrm{d}z w^0 \Delta S,\ (\Delta s_g)_{\text{mode}} = \frac{2}{R}\int \mathrm{d}z[w^{I}\Delta S + w^{II}\Delta S']$$

$$w^0(z) = S(z)\,(S^2 - \tilde{S}^2)^{-\frac{1}{2}}$$

$$w^I(z) = \left[1 - \frac{A}{R^2}\frac{\partial R}{\partial \tilde{S}} + \frac{A}{R}\frac{\tilde{S}}{S_0^2 - \tilde{S}^2}\left(-1 + 2\frac{S^2 - \tilde{S}^2}{S_0^2 - \tilde{S}^2}\right)\left(1 - \frac{q'}{S}\right)\right]w^0 \tag{2.14.30}$$

$$w^{II}(z) = \frac{A}{R}\frac{\tilde{S}}{S_0^2 - \tilde{S}^2}\left(-1 + 2\frac{S^2 - \tilde{S}^2}{S_0^2 - \tilde{S}^2}\right)\left(-\frac{q}{S}\right)w^0 \tag{2.14.31}$$

积分沿着正 z 的方向：对于极地海洋，从 $\tilde{z}^-$ 到 0；对于温带海洋，从 $\tilde{z}^-$ 到 $\tilde{z}^+$。

一个重要的新特征是除了依赖于 $\Delta S(z)$ 外，也依赖于 $\Delta S'(z) = \mathrm{d}\Delta S/\mathrm{d}z$，这两个函数由于 w^0 在转向点处的奇异性而具有很大的权重。对于极地和温带廓线，权重可以简化成相当简单的解析形式(见 2.17 节和 2.18 节)。一般情况下，权重由测量的 $S(z)$ 及因此已知的 $A(z)$ 通过数值方法得到。

在式(2.14.30)和式(2.14.31)中，w^0 和 w^I 是无量纲量(w^{II} 具有长度的量纲)。为了方便起见，把因子 $2/R$ 合并到权重中。这里，令 $W(z) = (2/R)w(z)$，这样，W^0 和 W^I 是每千米的量，W^{II} 是无量纲量，则

$$(\Delta s_g)_{\text{ray}} = \int \mathrm{d}z W^0 \Delta S,\ (\Delta s_g)_{\text{mode}} = \int \mathrm{d}z[W^{I}\Delta S + W^{II}\Delta S'] \tag{2.14.32}$$

所有的积分都是沿着正(向上的)方向的。

图 2.12 是权重 $W^0(z)$、$W^I(z)$ 及 $W^{II}(z)$ 的分布图。此图显示了射线与模态权重的区别、模态权重对频率的依赖性(这两个频率是短距离层析和长距离层析的区别特征)，以及极地和温带海洋层析的主要差别。无论是极地海洋还是温带海洋，对每个频率，图 2.12(a)表示平坦射线和低阶模态，图 2.12(b)表示陡峭射线和高阶模态。对于表面陷获(surface-trapped)射线和模态，W^{II} 的贡献相对较小。

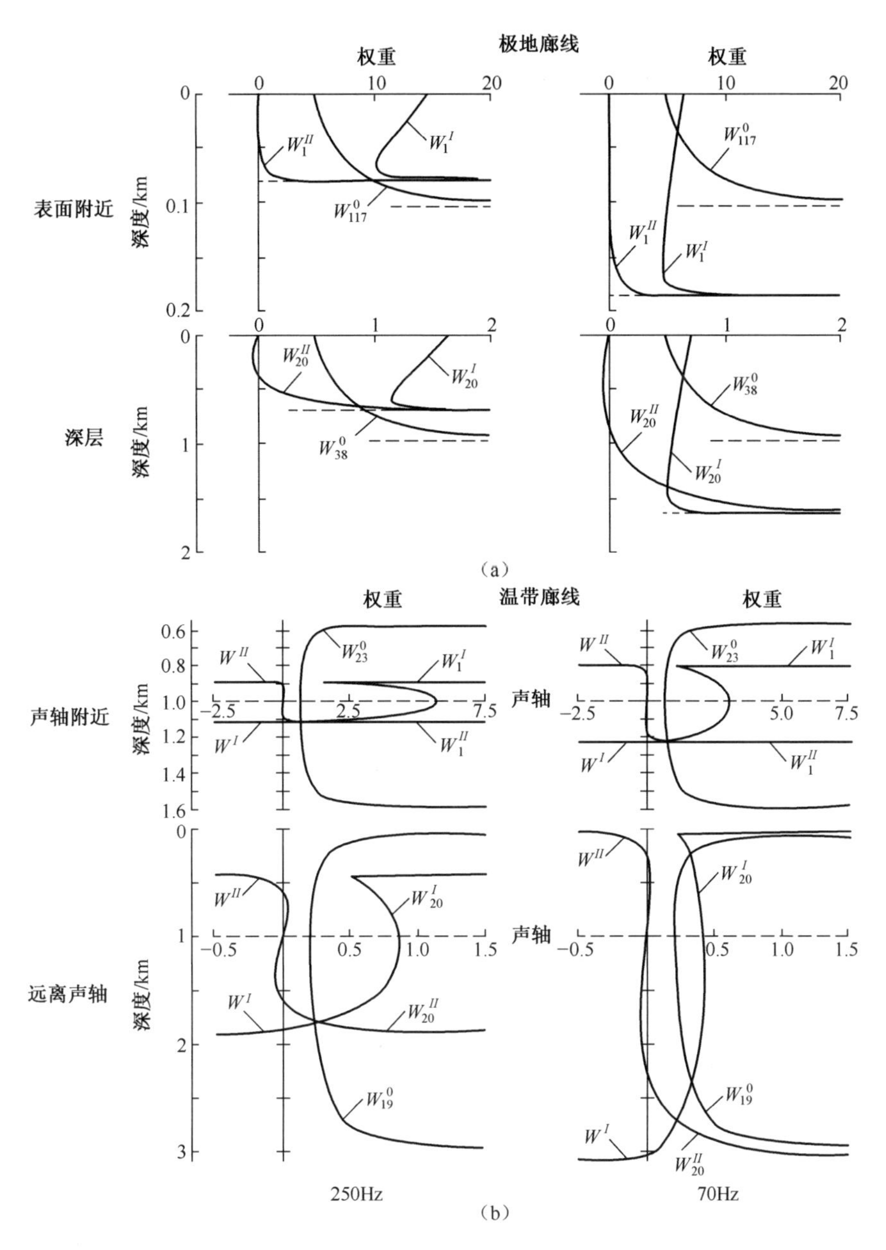

图 2.12　扰动权重函数。传播时间扰动为声慢度扰动的加权平均：$\Delta\tau = \int dzW(z)\Delta S(z)$。$W_n^0$ 是射线 n 的权重，$W^I{}_m$ 及 W_m^{II} 是与模态 m 有关的权重。左图对应于 250Hz，右图对应于 70Hz（射线权重 $W_n^0(z)$ 在两个频率处都是相同的）。

(a)平坦的射线和低阶模态；(b)陡峭的射线和高阶模态。

2.15 模态表示法：扰动模型

现在开始同时处理射线和模态情形。无论对射线还是模态形式，正问题都可写成矩阵形式：

$$\Delta \boldsymbol{\tau} = \boldsymbol{E} \boldsymbol{l} \tag{2.15.1}$$

反问题的求解过程是，给定 E_{ij}，从观测的 $\Delta\tau_i$ 估计出 l_j。考虑到无量纲的 l_j，因此，$\boldsymbol{E}$ 具有时间的单位。

以下的示例将用来说明第 6 章和第 7 章中的反问题方法。这里的讨论仅限于函数扰动的情形。研究表明，参数扰动对于描述正问题是有用的，但是，它们并不能成为研究反问题的合适的例子。因此

$$\Delta S(z) = \sum_j l_j F_j(z) \tag{2.15.2}$$

$$\begin{cases} (E_{ij})_{\text{ray}} = \dfrac{2r}{R_i}\displaystyle\int \mathrm{d}z w_i^0(z) F_j(z) \\ (E_{ij})_{\text{mode}} = \dfrac{2r}{R_i}\displaystyle\int \mathrm{d}z \left[w^{\mathrm{I}}{}_i(z) F_j(z) + w^{\mathrm{II}}{}_i(z) F_j'(z) \right] \end{cases} \tag{2.15.3}$$

式中：$F' = \mathrm{d}F/\mathrm{d}z$，权重 w 由式(2.14.30)和式(2.14.31)给出。$(w^0, w^{\mathrm{I}}, w^{\mathrm{II}})$ 的量纲是 $(0,0,L)$。

1. 分层扰动，射线

假设在第 j 层(其上/下边界分别为 z_j 和 z_{j+1})，扰动为常数，分层从海表面开始向下计算。在第 j 层内，$F_j(z)=1$；在第 j 层外，$F_j(z)=0$。对于极地海洋中的 $n = r/R_n$ 个射线循环，有

$$E_{nj} = 2n \int_{z_{j+1}}^{z_j} \mathrm{d}z w_n^0(z) \tag{2.15.4}$$

式中：E 的单位为 km。极地权重函数为

$$w_n^0 \approx \frac{1}{2} \gamma_a{}^{-\frac{1}{2}} (z - \tilde{z}_n)^{-\frac{1}{2}}, \quad \tilde{z}_n = -r^2 \gamma_a / (8n^2) \tag{2.15.5}$$

并且积分容易计算。根据射线 n 究竟是在第 j 层之上、在第 j 层内还是在第 j 层之下转向的三种情形，分别有

$$\begin{cases} E_{nj} = 0, \quad \tilde{z}_n > z_j, \\ E_{nj} = 2n\gamma_a{}^{-\frac{1}{2}} \sqrt{z_j - \tilde{z}_n}, \quad z_j \geqslant \tilde{z}_n \geqslant z_{j+1}, \\ E_{nj} = 2n\gamma_a{}^{-\frac{1}{2}} \left[\sqrt{z_j - \tilde{z}_n} - \sqrt{z_{j+1} - \tilde{z}_n} \right], \quad z_{j+1} \geqslant \tilde{z}_n \end{cases} \tag{2.15.6}$$

在图 2.13 中,声源和接收机位于 $z_s = -0.1\text{km}$。对于 $n = 119 \sim \infty$,声源和接收机位于转向点以下,因此没有射线。

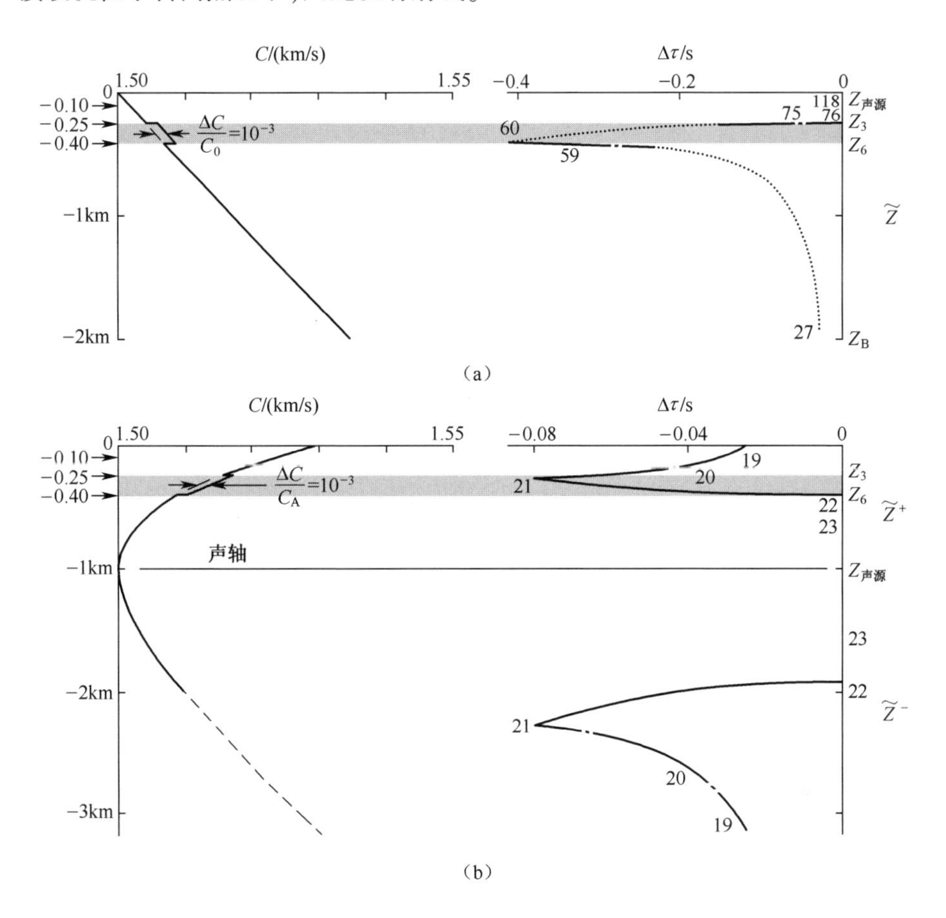

图 2.13 分层表示下的射线传播时间扰动。图(a)(极地廓线)及图(b)(温带廓线)指的是深度 250m 和 400m 之间的分层扰动,其中的声速增加了 1.5m/s。廓线及它们的扰动显示在左边。右图给出传播时间扰动 $\Delta\tau$ 作为射线上/下转向深度 $\tilde{z}$ 的函数。射线数量 n(仅考虑双循环)已标明。对于极地廓线,声源和接收机取在 $z_{\text{source}} = -100\text{m}$ 处,且在 100m 以上不存在具有转向点的射线。对于温带廓线,声源和接收机位于声轴上。距离为 1Mm。

我们选取三层,j 为 3,4,5,深度为 250~300m,300~350m,350~400m,每层的扰动都相同,大小为 $l_j = -10^{-3}S_0$,因此,对所有其他各层,有 $\Delta C_j = 1.5\text{m/s}$(+0.3℃);$l_j = 0$。对恰好在最低受扰层的底边之上的射线转向点,扰动达到最大值 $\Delta\tau = -400\text{ms}$。

对温带声道作类似的处理,将导致上/下模糊性(up/down ambiguity)问题的出现(Munk 和 Wunsch,1982b),难以区分“共轭”层(在声轴上下具有相同声速的水层)中的扰动。模糊性是一个反问题,正问题是不会出现这种困难的。

同样地,第 j 层具有上边界 z_j 和下边界 z_{j+1} 。为方便起见,引入记号 z_j^A 表示第 j 层的靠近声轴的边界(无论在声轴上/下), z_j^B 表示第 j 层的远离声轴的边界,则

$$z_j^A = z_{j+1},\ z_j^B = z_j,\ z > z^A$$
$$z_j^A = z_j,\ z_j^B = z_{j+1},\ z < z^A$$

式中: ϕ_j^A 及 ϕ_j^B 的值可从式(2.18.8)的数值解得到。

那么,对 n 个双循环,有

$$\tilde{\phi}_n^2 = 12\left[\frac{r}{2nR_0^{\pm}} - 1\right] \quad (2.15.7)$$

$$E_{nj} = 2nR_0^{\pm}K_{nj}\left[F_4(v_{nj}) \mp F_5(v_{nj})\tilde{\phi}_n + F_6(v_{nj})\tilde{\phi}_n^2\right]_{\phi^A}^{\phi^B} \quad (2.15.8)$$

其中

$$K_{nj} = 0,\ 0 \leqslant \tilde{\phi}_n \leqslant \phi_j^A$$

$$K_{nj} = 1,\ \sin v_{nj}^A = \phi_j^A / \tilde{\phi}_n,\ \sin v_{nj}^B = \tilde{\phi}_n / \tilde{\phi}_n,\ \phi_j^A \leqslant \tilde{\phi}_n \leqslant \phi_j^B,$$

$$K_{nj} = 1,\ \sin v_{nj}^A = \phi_j^A / \tilde{\phi}_n,\ \sin v_{nj}^B = \phi_j^B / \tilde{\phi}_n,\ \phi_j^B \leqslant \tilde{\phi}_n$$

函数 $F(v_{nj})$ 的定义在 2.18 节给出,结果显示在图 2.13(b)中。

最大扰动 $\Delta\tau = -80$ms 与靠近三个扰动层上边界的射线转向有关。注意到, $\Delta\tau$ 比极地情形的要小得多。其原因是只有上循环通过了扰动层,而且,一般来说,上循环的跨度比下循环的更短。在声轴下方共轭层中的等声速扰动将产生一个更大的信号,但是在其他地方的信号难以区分。除了四个受扰动的射线群 $n = 19,20,21,22$ 以外,也存在射线群 23 和 24,它们在层下转向,因而 $\Delta\tau = 0$。既然只有 6 个射线群,那么自然会利用具有附加的上或下循环的射线,在 1Mm 距离处总共有 24 条射线。附加循环对上部和下部海洋的加权方式不同,有助于减少上/下模糊性,特别是对短距离的情形。然而,由于相对稀疏的射线束以及可能的上/下模糊性的存在,使得对温带海洋的反演比极地海洋更为困难(见第 6 章)。

对于模态,各水层之间的不连续性,将导致在水层边界处的 $\Delta S'$ 数值为无穷大,解不存在。这与地震学文献中提到的 soloton 效应(soloton effect)有关(Lapwood,1975)。三角形的水层将产生有限的解。

2. 温带海洋中的动力学模态扰动(射线和模态)

在许多方面,用离散分层方式表示海洋扰动是有异议的;这种方式用最少的

海洋动力学先验知识描述海洋①。一个更为令人满意的处理方式是,采用海洋标准模(是动力学的,不是声学的)展开扰动,或等价地,采用内行星(Rossby)波表示扰动。一般的经验是,最低阶的几个模态包含了能量的绝大部分。对于长距离声传输问题而言,目前的不依赖于距离的处理方式当然是无效的。

行星波在绝热状态 $N=0$ 中不能存在,所以仅处理温带廓线的情形 $N(z) \sim e^{z/h}$。在温带海洋中,关于模态 j 的流体动力学方程的解由式(2.18.31)表示为

$$\eta_j(z) = l_j B_j(\xi),\ B_j(\xi) = (-1)^{j-1}\left[J_0(\xi_j) - \frac{J_0(\xi_B)}{Y_0(\xi_B)}Y_0(\xi_j)\right] \tag{2.15.9}$$

式中:$\eta(z)$ 为垂直位移,$\eta(0)=0, \eta(z_B)=0$;l_j 为垂直振幅。

为了满足边界条件式(2.18.23)~式(2.18.29),需要有

$$\xi_j(z) = (\xi_0)_j e^{z/h}, (\xi_0)_j = 2.87, 6.12, \cdots, j = 1, 2, \cdots \tag{2.15.10}$$

符号项 $(-1)^{j-1}$ 要求,无论对奇数还是偶数模态数量,位移 $\eta_j(z)$ 在海表面附近都是向上的。

我们知道,位势声速 C_p 存在垂直输送(见式(2.2.2)),即

$$\frac{\Delta C_j}{C} = -\frac{1}{C}\frac{dC_p}{dz}\eta$$

一般地,dC_p/dz 为正,因此,向上的位移 η 产生一个负的声速扰动。对于标准廓线,$C^{-1}dC_p/dz = \gamma_a N^2(z)/N_A^2$,则

$$\Delta C_j/C = -\gamma_a l_j B_j(z) N^2(z)/N_A^2,\ N(z)/N_A = e^{(z-z_A)/h}$$

利用 $\Delta S_j(z) = l_j F_j(z)$,有

$$F_j(z) = +\gamma_a S_A B_j(z) N^2(z)/N_A^2 \tag{2.15.11}$$

因此,F 具有量纲 T/L^2,l_j 具有长度的量纲②。

为了方便,我们变换到 v 坐标,$z^{\pm}(\tilde{\phi}, v)$ 由式(2.18.35)给出,则

$$(E_{ij})_{\text{ray}} = r\int_0^{\pi/2} dv V_i^0 F_j,\ (E_{ij})_{\text{mode}} = r\int_0^{\pi/2} dv [V^{I}{}_i F_j + V^{II}{}_i F_j'] \tag{2.15.12}$$

---

① 指定一个合理的分层之间的垂直协方差可以使得分层表示非常有意义。

② 我们使用非归一化的垂直系数 l_j。既然 B_j 趋近于 $N^{-\frac{1}{2}}(z)$(对大的 z),$F(z) \sim N^{\frac{3}{2}}$。我们可以选择深度归一化的振幅,使得 $\overline{\eta_j^2} = 1$。传统的方法是对模态能量进行归一化:$\overline{\eta_j^2 N^2} = 1$。或者,我们可能希望对 ΔC^2 进行归一化,因而对等盐度海洋,有 $\overline{\eta_j^2 N^4} = 1$。若了解更多,见 Cornuelle 等(1989,附录A)。

而 $V(\tilde{\phi},v) = V^{+} + V^{-}$ 由式(2.18.32)给出，$F_j{}' = \mathrm{d}F_j/\mathrm{d}z$。这里，$E$ 具有量纲 TL^{-1}。

对于轴向射线,正如预期的那样,有

$$\tilde{\phi}_n = 12\left[\frac{r}{2nR_0^{\pm}} - 1\right] \to 0,\ E_{nj} \to rF_j(0),\ \Delta\tau_{nj} \to r\Delta S_j(0)$$

图2.14显示了这种情形。对 $j = 1$ 和 $j = 2$ 两个模态,选取最大扰动 $\Delta C_{\max} = 10^{-3}C$。相关的垂直位移的振幅是，$l_1 = -0.0508\mathrm{km}$，$l_2 = -0.0456\mathrm{km}$。对应

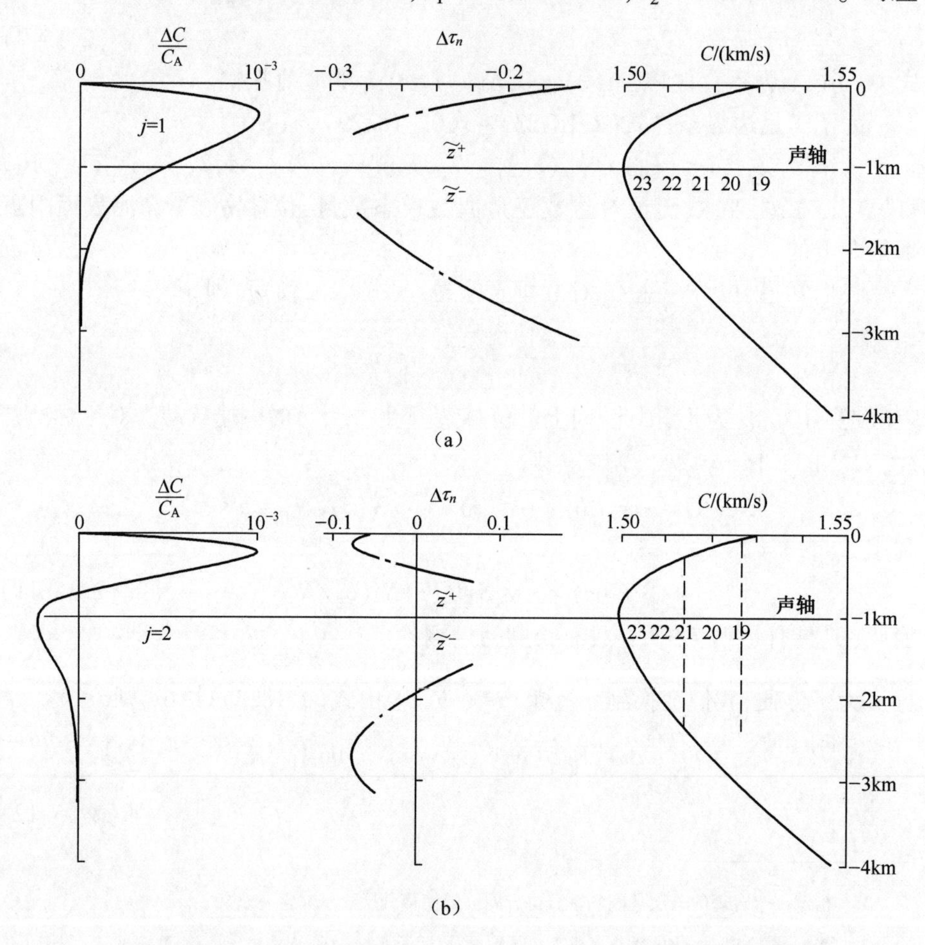

图2.14　对于温带廓线 $C(z)$,通过动力学模态表示的射线传播时间扰动(右)。对模态 $j = 1$ 和 $j = 2$(左),速度扰动 $\Delta C_j(z)$ 已作归一化处理(相对一个最大值 $\Delta C = 10^{-3}C_A$)。对于射线 $n = 19 \sim 23$,上、下转向深度用水平虚线表示。传播时间扰动 $\Delta\tau_{jn}$ 显示为上、下转向深度的函数。声轴上的记号对应于 $\Delta\tau = r(\Delta S_j)_{\mathrm{axis}}$。

的轴向扰动是 $\Delta C_A/C=-\Delta S_A/S=+0.43\times10^{-3}$，$-0.24\times10^{-3}$。对近轴射线，传播时间扰动 $r\Delta S_A$ 约等于 $-0.29\mathrm{s}$ 和 $+0.16\mathrm{s}$。扰动 $|\Delta\tau_n|$ 随着射线陡峭程度的增加（n 的减少）而减少，因为，相对于上循环来说，下循环（其中 ΔC 相对较小）变长了。

动力学模态-声学模态相互作用矩阵 E_{ij} 概括了这一情形（图 2.15（c）（d））。图中等值线的单位为 s/km（对于 1Mm 距离的传输），与式（2.15.12）一

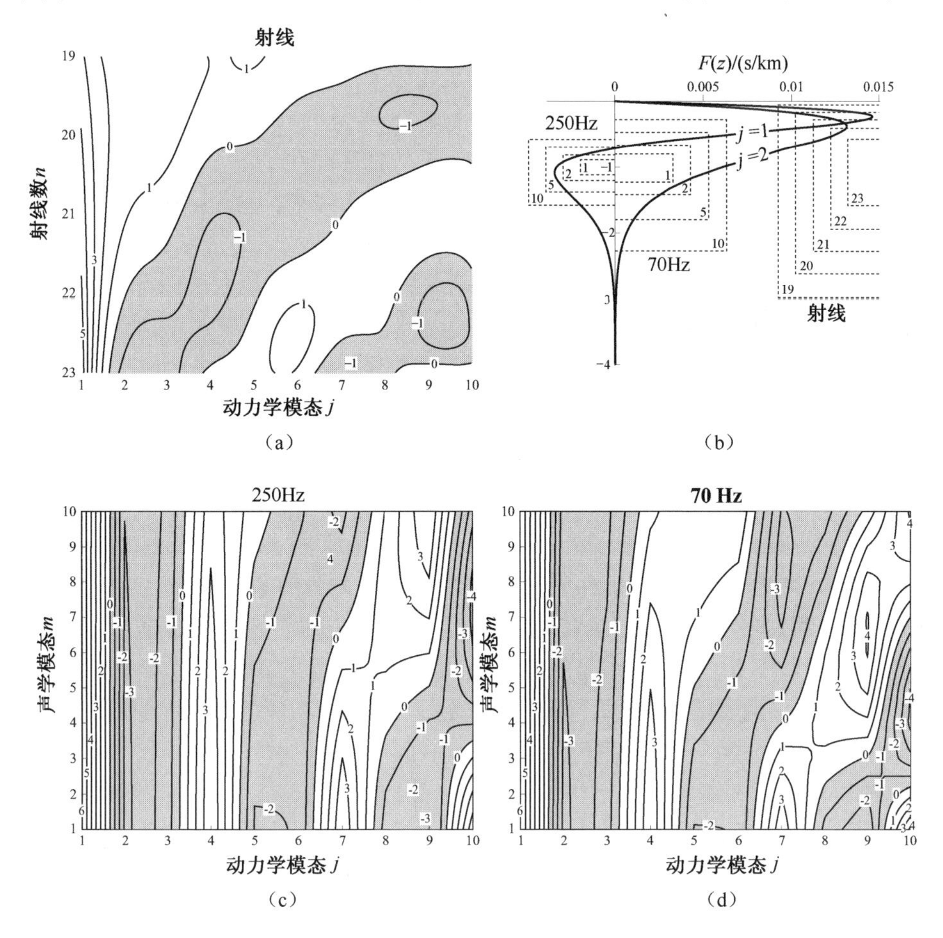

图 2.15　温带海洋中的动力学扰动 $j=1\sim10$ 的 E_{ij} 矩阵。图（a）对应于前面的图，并且给出了射线 $i=n=19$（陡峭的）~23（近轴的）的扰动。图（c）（d）对应于声学模态 $i=m=1$（轴向的）~ $m=10$ 的扰动。对于低阶动力学模态、低阶轴向的声学模态和轴向射线，相互作用最强。图（b）显示了两个最低阶动力学模态的波函数，以及声学模态和射线的转向深度。矩阵 $\boldsymbol{E}$ 对应的距离为 1Mm，等值线间隔为 1s/km（阴影部分表示 $\boldsymbol{E}$ 是负值）。传播时间扰动通过乘以动力学模态的垂直振幅 l_j 给出。

致。图(b)可用于帮助解释 E 图。注意到,对于动力学模态 $j=1$,波函数 $F(z)$ 在声轴上的值接近于 0.006s/km²,并且 $F'(z)$ 几乎为常数。因此,$F(z)$ 在(位于声轴两侧的)低阶模转向点之间的近轴平均值,几乎保持为常数 0.006s/km²,因而,$E \approx 0.006r = 6\text{s/km}$ 对声学模态和射线的数量并不敏感。相关的传播时间扰动是 $l_1 E$s,其中 l_j 是第 j 个模的垂直振幅(图 2.14)。图(a)是射线-模态相互作用的比较。注意,对于射线和模态,E 值(因而群速度扰动)是类似的,而在极地廓线情形下,梯度扰动之比为 3∶1。

对于动力学模态 2,$F(z)$ 在声轴附近具有极小值,所以对于轴向模态和射线,E 是负的,但是,随着 m 的增加和 n 的减少,其量值在减少。

一个重要的考虑是,尽管动力学模态被大的表面浮力 $N(z)$ 俘获在海表面附近,但是它仍可达到声轴深度,并与声学模态和射线产生强烈的相互作用。另外,在温带海洋中,季节变率和其他的近海表面现象是难以接近低阶模态和平坦射线的。

3. 海表增温的一个实例

以上讨论内容可通过一个简单的指数形式的海表增温例子加以总结,有关参数为

$$\Delta C(z) = \Delta C_0 \exp(-z/z^*),\ \Delta C_0 = 10^{-3} C_0,\ z^* = -1\text{km}$$

海表增温 0.3℃(1.5m/s)可能是温室效应在十年时间尺度上产生的温度变化的量值。群慢度扰动的单位是 ms/km(表 2.3),或者是 s/Mm。因此,对于 10000km 的距离,增温导致的传播时间的减少将达到数秒。

表 2.3 数据的排列方式是将近表面(近轴)俘获的射线和模态置于(表的)上部。对这些平坦的射线或低阶模态,$\Delta s_g \approx \Delta S_0 = -S_0(\Delta C_0/C_0) \approx -0.66\text{ms/km}$。对于 1km 处的射线转向,影响减小到 −0.36ms/km,对于在 1km 处具有 WKBJ 转向点的模态,影响减小到 −0.49ms/km。

表 2.3 指数形式的海表增温产生的扰动①

n	射线		m	模态(f = 250Hz)		模态(f = 70Hz)	
	$\tilde{z}$ /km	Δs_g /(ms/km)		$\tilde{z}$ /km	Δs_g /(ms/km)	$\tilde{z}$ /km	Δs_g /(ms/km)
极地廓线							
117	−0.10	−0.62	1	−0.080	−0.65	−0.18	−0.64
75	−0.25	−0.57	2	−0.14	−0.64	−0.33	−0.061
50	−0.50	−0.46	5	−0.27	−0.62	−0.64	−0.56

（续）

n	射线		m	模态(f = 250Hz)		模态(f = 70Hz)	
	$\tilde{z}$ /km	Δs_g /(ms/km)		$\tilde{z}$ /km	Δs_g /(ms/km)	$\tilde{z}$ /km	Δs_g /(ms/km)
极地廓线							
38	-0.98	-0.36	10	-0.44	-0.59	-1.03	-0.49
26	-2.1	-0.20	20	-0.70	-0.54	-1.64	-0.39
温带廓线							
23	-0.58, -1.59	-0.23	1	-0.89, -1.12	-0.25	-0.80, -1.23	-0.25
22	-0.41, -1.94	-0.22	2	-0.82, -1.21	-0.24	-0.67, -1.42	-0.24
21	-0.28, -2.28	-0.21	5	-0.70, -1.38	-0.24	-0.47, -1.80	-0.24
20	-0.17, -2.62	-0.20	10	-0.58, -1.58	-0.24	-0.28, -2.28	-0.23
19	-0.055, -2.98	-0.19	20	-0.43, -1.90	-0.23	-0.025, -3.08	-0.21

①扰动是 $\Delta C = \Delta C_0 e^{-z/z^*}$, $\Delta C_0 = +10^{-3}C_0 = 1.5\text{m/s}$, $\Delta S_0 = -0.667\text{ms/km}$, $z^* = -1\text{km}$。表中列出的 Δs_g 值是扰动值，单位为 ms/km，或 s/Mm。无论对极地还是温带廓线，这个表的上部列出了近表面（近轴）的传播。对于温带廓线，最近的轴向射线离声轴也有些距离。

权重 $W^0(z)$、$W^I(z)$、$W^{II}(z)$ 已显示在图 2.12 中。对 $z^* = -1\text{km}$，因为 $\Delta S = S_0 e^{-z/z^*}$ 和 $\Delta S' = -(1/z^*)S_0$ 在数值上相等（对所选单位而言），所以可以直接比较相对贡献的大小（当然，权重独立于假设的扰动）。对于表面陷获的射线和模态（图 a)），W^{II} 的贡献相对较小，但是对于穿透到深层的射线和模态，情况是不同的（图 b）。对于相等深度的转向点而言，在浅水部分模态比射线具有更大的权重。

由于极地海洋具有表面陷获的声波辐射，因此是探测海表增温的有利环境。温带海洋情形有很大的不同，在那里，声波被陷获在声轴附近。对于近轴射线和模态（温带廓线的上部），可以预期扰动可代表轴向增温，即

$$\Delta s_g \approx \Delta S_0 \exp(z_A/z^*) = \Delta S_0/e = -0.245\text{ms/km}$$

就现有的观测系统布局而言，在很靠近声轴的地方是没有射线的。这造成了令人惊奇的结果：延伸到海表面增温层的更为陡峭的射线和更高阶的模态，实际上经历了一个更小的扰动！这是因为，更陡峭的射线具有更短的上循环，或者等价地，更高阶的模态在上层海洋具有更小的权重。可以证明，对于更为集中的海表增温（$z^* = 0.5\text{km}$），情形正好相反，即更陡峭的射线和更高阶的模态将经历一个更大的扰动。

2.16 观　　测

在前面的几节中，我们针对理想的温带和极地声速廓线，研究了不依赖于距离的声波传播问题。在理解实际海洋的声传播问题时，这些在理想情形下所导出的结果究竟有多大用处？其中有两点是需要说明的：①理想廓线在多大程度上代表了测量的声速廓线？②不依赖于距离的近似处理对于定性预测声波传播是否合适？

1. 传播图集

对任何给定的地理位置和测量系统几何布局，气候态数据都可用来预测气候态的声波到达结构。一般来说，海洋中的声速扰动足够小，因此气候数据能满足对测量的声波传播定性描述的需要。虽然针对任何实验的几何布局的详细计算需要在实验计划过程中进行，但是，世界范围内的声波传播图集（在500km的标准距离内）会给我们一些对于预期变率的感性认识。

本书的附录B，给出了遍布世界各海区的声速廓线和预测的声波到达结构。利用年平均气候态的温度和盐度数据（Levitus，1982），获得用于传播计算的年平均声速廓线。Levitus的气候态给出了水平平滑的海洋图像，因此，这个结果并不完全代表了锋区的行为。尽管如此，对于大多数的海洋，我们仍然可以期待，声波传播的计算结果与观测数据之间存在着定性意义上的一致性。

位于南大西洋（15.5°S，0.5°W）处的声波传播计算结果，大体上对应于解析的温带廓线情形（图2.16）。除了声轴深度稍微浅一点以外，年平均的声速廓线类似于解析的温带廓线（为了简单起见，假设解析廓线的轴向声速为1500m/s，这比真实廓线的典型值要大许多）。在声源（声轴上）与接收机（500km之外）之间的特征射线，定性地类似于解析温带廓线情形中的特征射线（图2.17）。由于射线权重函数突出强调了转向点深度，射线图上的射线转向点深度的分布有助于我们从定性的角度来认识垂直分辨率的大小，而垂直分辨率可从传播时间的反演中得到。我们更愿意在射线时间波前图中显示这个信息（图2.16）。时间波前的上、下顶点大致对应于射线的上、下转向点深度。穿过波前图的水平截面给出射线在对应深度处的到达结构。对一个放置于轴上的声源和接收机，预测的到达结构可用WKBJ理论作更为详细的说明（Brown，1981，1982）。在这些预测中假设中心频率为250Hz和脉冲长度0.012 s，类似于许多层析实验中所采用的信号参数。对早期的分离良好的射线到达，用射线标识符 $\pm p$ 标记，这里“±”表示具有如下特征的射线，即在初始时刻在声源处射线向上（向下）传播，而且在声源和接收机之间总共有 p 个上、下转向点。由于在一条焦散线的阴影区一

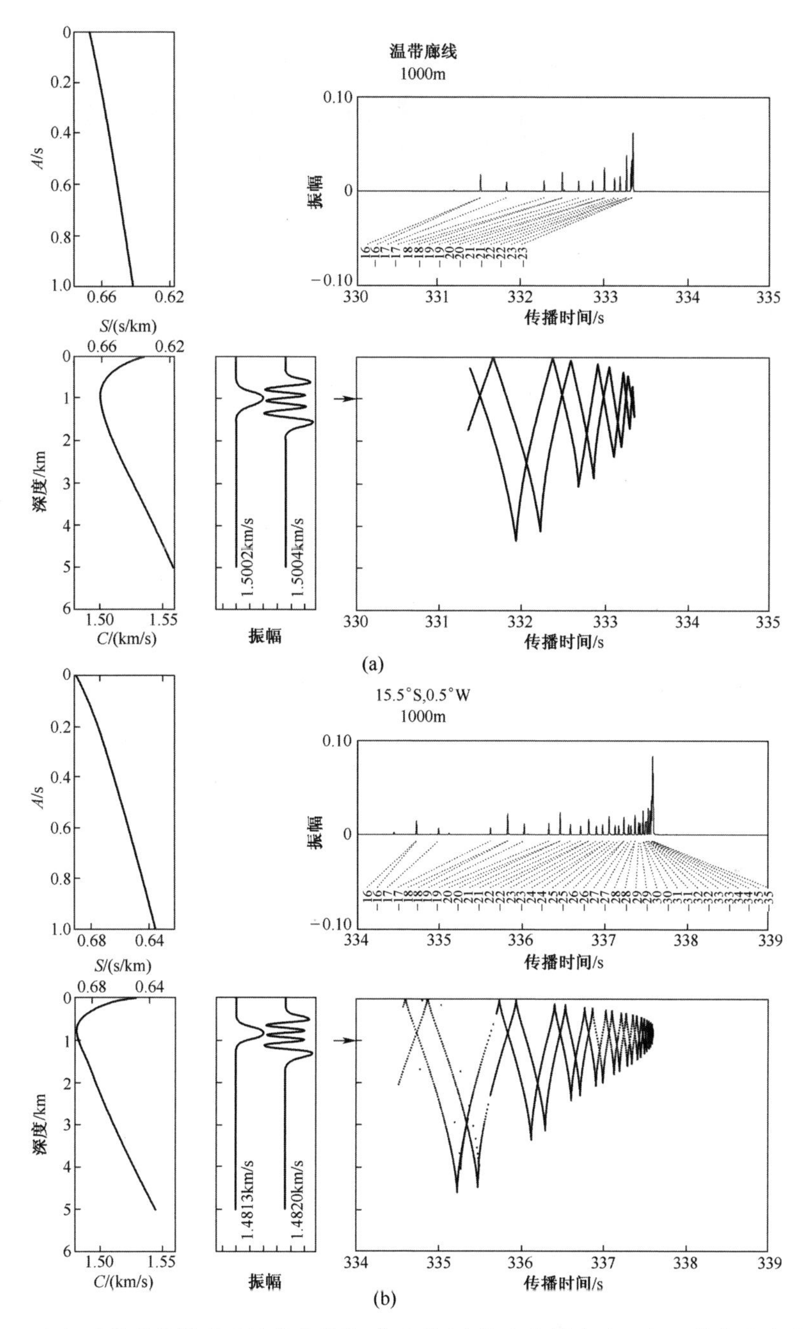

图 2.16 (a) 温带廓线情形下的声速廓线、作用量(为转向点慢度的函数)、射线波前图(声源位于声轴上)、WKBJ 到达结构(声源和接收机都位于声轴上),以及第 1 个和第 7 个声学标准模函数。(b) (15.5°S,0.5°W)处气候态数据的情形。计算中用到的其他参数在正文中给出。

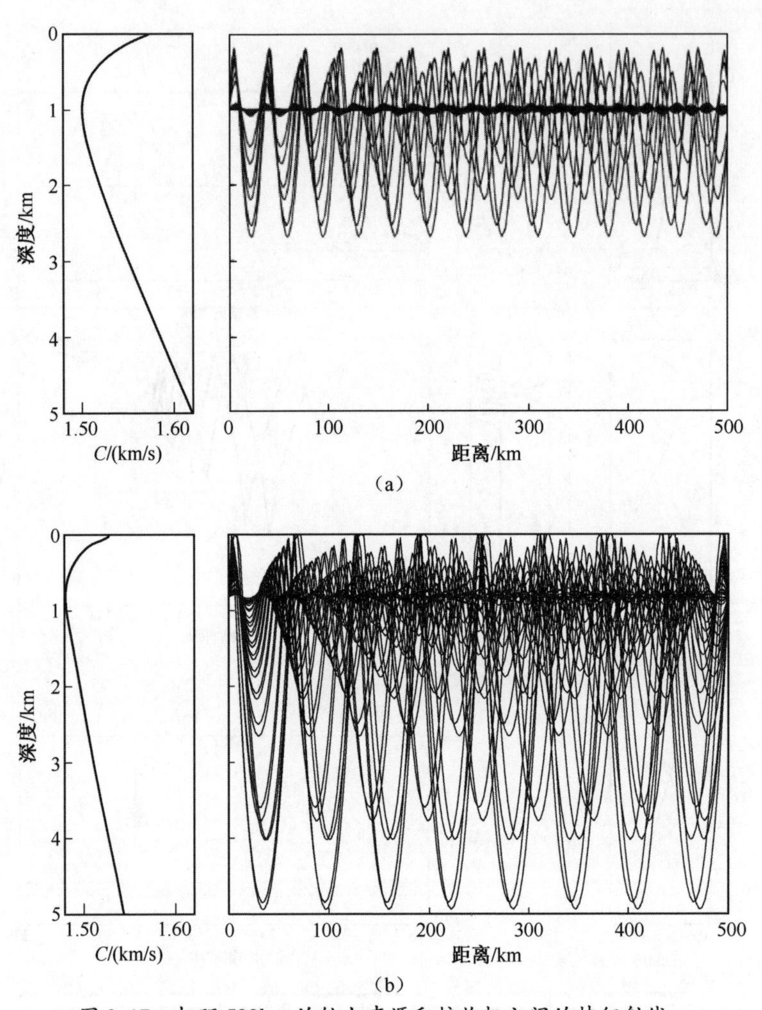

图 2.17　相距 500km 的轴上声源和接收机之间的特征射线，
图中显示的仅是在声源处向上射出的射线
(a)温带廓线情形;(b)位于(15.5°S, 0.5°W)处的气候态数据情形。

侧存在能量,早期的、可解析的到达(没有标志符)是非几何的。最后的射线到达呈簇状分布,多少有些难以解析,由于实际的原因,没有作标记。最后,我们可通过图中显示的模态 1 和模态 7 的声学标准模函数(频率为 70Hz),增加对模态取样性质的感性认识。

图 2.18 和图 2.19 给出了在(60.5° S,100.5° W)处的一条廓线的类似的结果,此廓线与解析的极地廓线式(2.2.10)极为类似。在某种意义上,温带和极地声速廓线是海洋声速廓线的极端情形,其声轴分别在 1000m 左右和海表面。

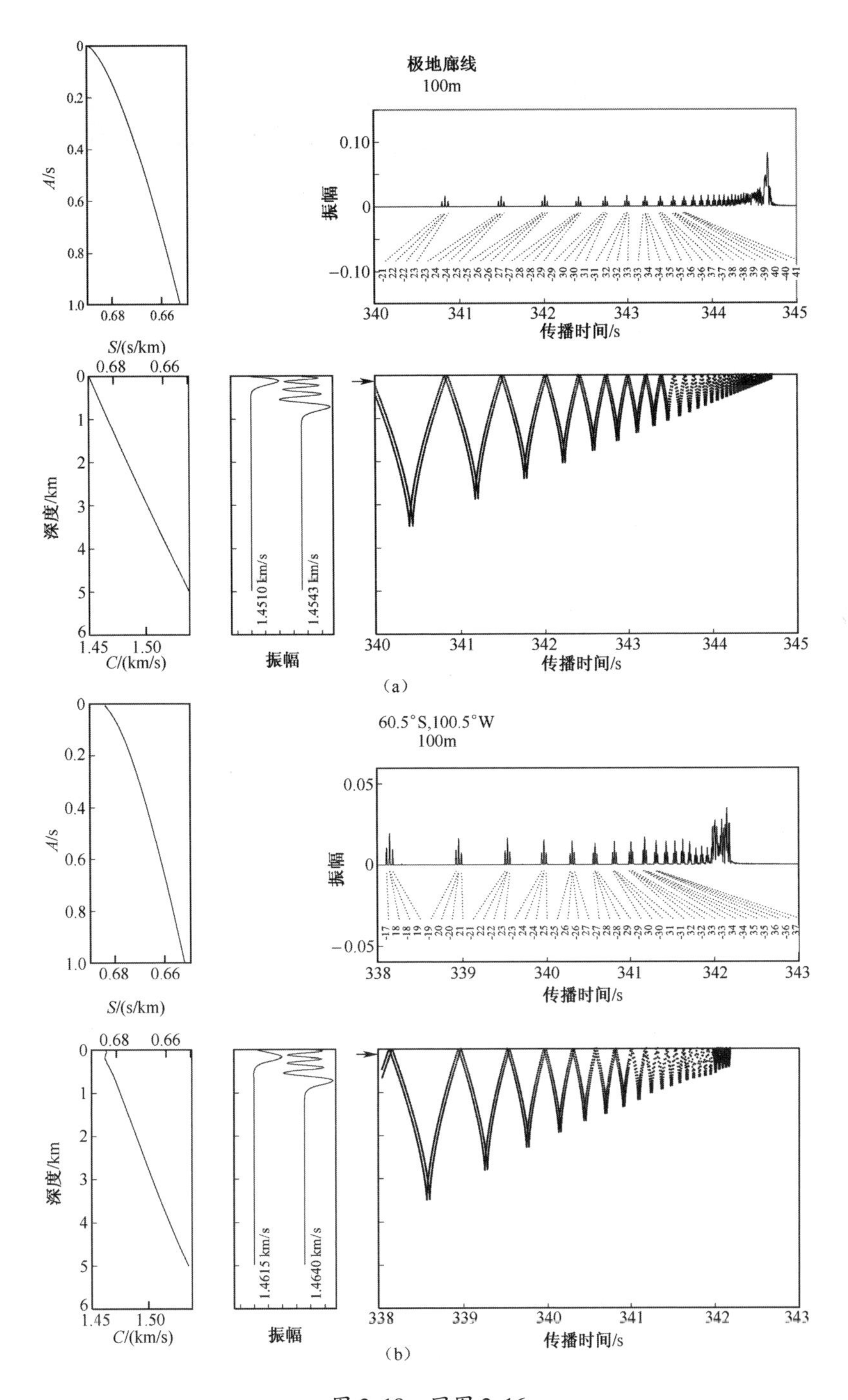

图 2.18　同图 2.16

(a)极地廓线的情形;(b)位于(60.5°S, 100.5°W)处的气候态数据的情形。

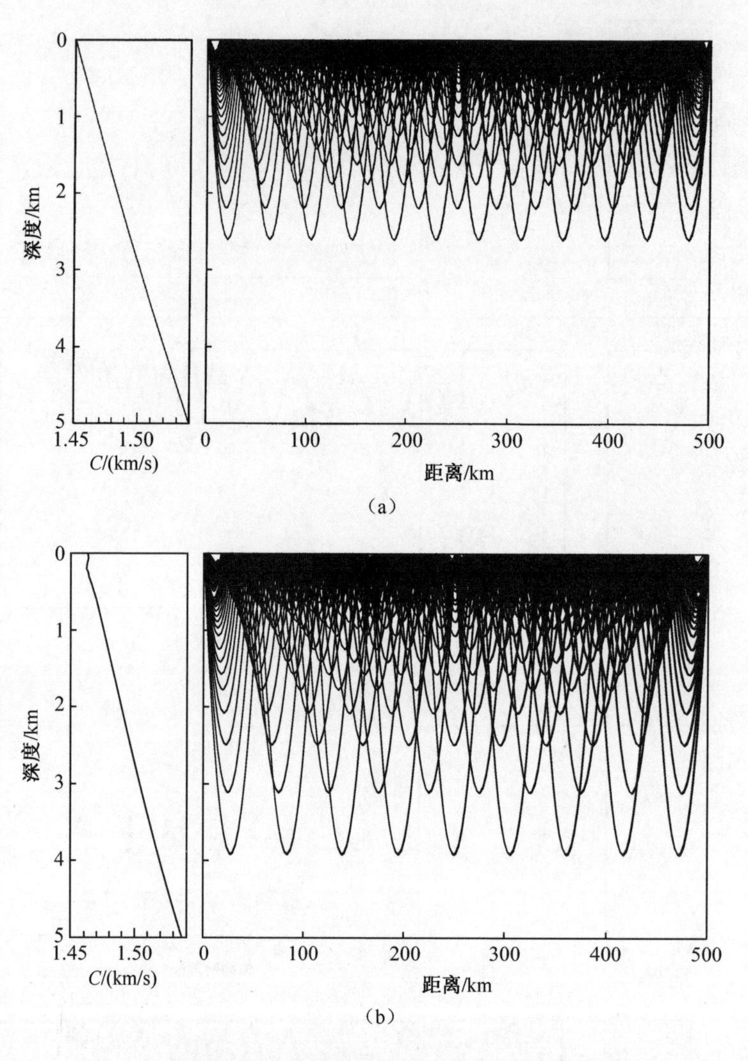

图 2.19　相距 500km 的轴上声源和接收机之间的特征射线，图中显示的仅是在声源处向上射出的射线

(a)极地廓线的情形;(b)位于(60.5°S, 100.5°W)处的气候态数据情形。

真实的廓线显示出一个宽泛的变率范围(图 2.1 和图 2.2)。查看附录 B,可对预期的对应的声传播的变率范围有一个大致的印象。射线轨迹依赖于声速廓线的垂直梯度,因而对细致结构是极为敏感的。正如在理想的温带和极地廓线中所发现的那样,无法保证陡峭射线首先到达,轴向射线最后到达。在某些情形下,轴向路径将首先到达,陡峭路径最后到达。赤道声速廓线趋向于汇聚,所有的路径具有几乎相同的传播时间。在其他情形下,复杂声速廓线将给出复杂的到达结构,在射线角与到达时间之间不存在一种简单的关系。例如,在北大西洋的东部海域,地中海的出流在大约 1000m 深度处产生了一个暖的咸水层,由此在地中海水层上方和下方产生声速极小值。在此海域,声波传播极为复杂。

2. 观测的到达结构

与距离无关这个近似(利用距离平均的廓线)的有效性强烈依赖于所选海域。利用不依赖于距离的廓线,预测通过强烈依赖于距离的海域(如墨西哥湾流或南极锋区)的声波传播是不太可能得到有用结果的(见第 4 章)。然而,在令人惊讶的众多情形下,利用与距离无关近似做出的预测定性地与观测结果一致。在此,给出两个实验结果,一个是温带海洋的结果,另一个是极地海洋的结果。

3. 温带海洋

在 1989 年 7 月的实验中,由一个频率为 250Hz 的声源发射宽带声信号,传输到达位于中北太平洋中 1Mm 远处的 3km 长的水听器垂直阵列上(Howe 等,1991;Duda 等,1992;Cornuelle 等,1992,1993;Worcester 等,1994)。声源被锚定在 804m 深度处,接近于声轴。接收阵列悬挂于研究平台(R/P) FLIP 上。在实验中,利用船载下投式传导率-温度-深度传感器(CTD)、一次性使用的深海温度测量器(XBT)以及一次性使用的空投式深海温度测量器(AXBT),测量获取沿着大圆路径(它连接着声源和接收机)的温度场和盐度场。通过综合 CTD、XBT 和 AXBT 数据得到的距离平均的声速廓线(图 2.20),定性地类似于解析的温带廓线式(2.2.13),除了声轴较浅,在 750m 深度处(相对于 1000m 深度)。

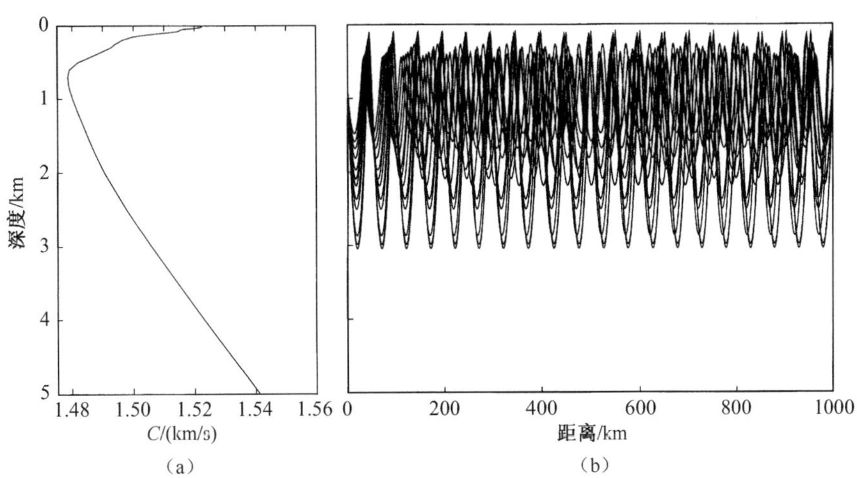

图 2.20 在声源(32°00′N, 150°26′W)和 733m 深度处的接收机(34°00′N, 140°00′W)之间的特征射线。关于距离平均的声速廓线是通过综合 CTD、XBT 和 AXBT 数据(在 1989 年中北太平洋垂直截面层析实验期间获得)而构造的。图中显示的仅是在声源处向下射出的射线。

对单个接收信号而言,测量的到达峰值的位置是传播时间和水听器深度的函数。将到达峰值的位置点绘在传播时间-深度坐标图上,结果表明,声波的波前扫过水听器阵列(图 2.21)。在接收过程中,早期看到的接收信号的波前与利

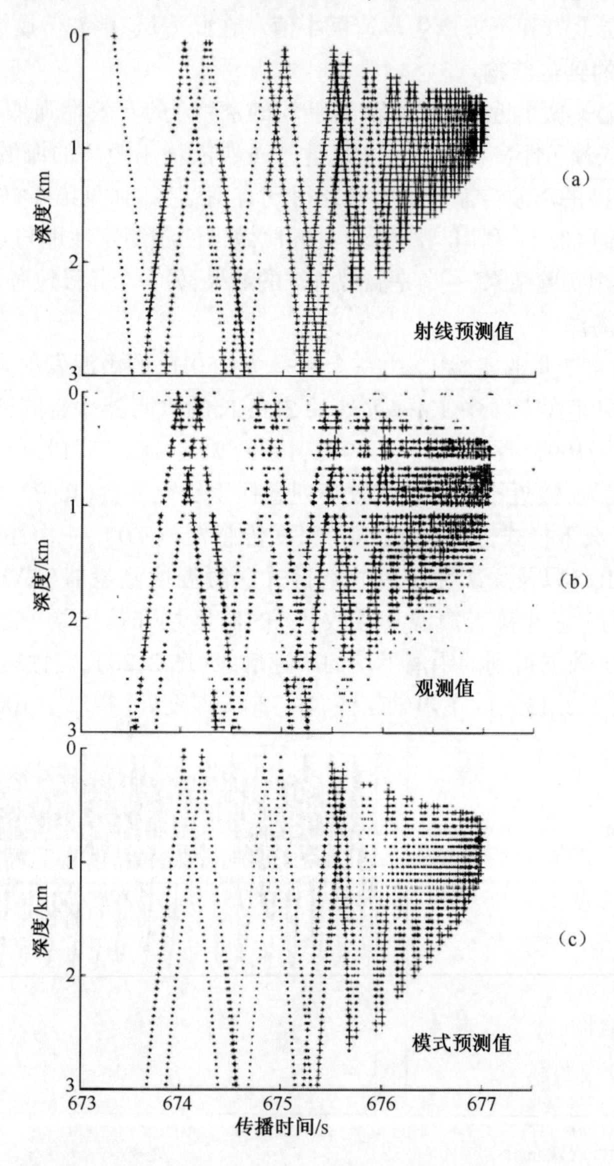

图 2.21 (a)预测的传播时间对水听器深度(利用不依赖于距离的射线追踪算法计算);(b)测量的脉冲传播时间(1989 年的第 192 天,19:20 UTC);四个明显的水平数据空白是水听器故障引起的;(c)同图(b),但预测是利用不依赖于距离的、宽带声学标准模算法进行的。符号大小与强度(单位 dB)成正比。

用射线理论或宽带标准模理论预测的波前存在一对一的对应关系,因而可直接识别具有特殊路径的测量的波前。然而,测量和预测的波前结构并非完全相同。通过使用依赖于距离的传播程序,是可以消除大部分的差异的,相关问题将在第4章中讨论。但是,最为显著的差异是,预测的声波接收的截止与实际发生的最终截止之间存在时间上的差异。虽然近轴水听器(深度为700~800m)的最终截止时间大体上与射线理论预测的一致,但是,远离声轴的水听器的最终截止时间却比射线理论预测的要晚数百毫秒之多。这种差异对位于声轴下方的水听器而言特别明显(图2.21)。换句话说,测量的声波截止楔形比射线理论预测的更钝一些。

对这种差异的一个可能的解释是,几何射线理论无法正确处理转向点和焦散性。对于远离声轴的到达,不应把这种差异看作是能量的到达比预测的晚,而应将其看作为在垂直于慢的轴向射线方向上的能量泄漏。例如,Worcester(1981)观测到了衍射的到达,其中包含了与焦散(大约在接收机深度以上400m处)有关的显著能量(Brown, 1981)。对于不依赖于距离的廓线,声学标准模理论无论对转向点还是焦散,都可给出完整且精确的解。事实上,宽带标准模预测显示出最终截止具有明显的扩展(broadening)现象。但是,预测的扩展似乎不足以解释所有的观测的扩展,特别是在声轴之上。Colosi等(1994)证明,来自声速脉动(由内波产生)的散射也明显地使最终的截止扩展,这一点将在第4章讨论。

4. 极地海洋

1988—1989年,研究者在格林兰海域布放了由6个250Hz的声学收发机组成的阵列,实验时间为一年(Worcester等,1993;Sutton等,1993,1994)。其中的5个仪器以第6个仪器(位于75°04′N, 02°58′W)为中心,呈五边形几何排列。该五边形的半径大约是105km;相距最远的仪器之间的距离大约是200km。声源被锚定在海表以下95m处,小型垂直接收阵列(最多6个水听器)直接置于其下方。在1989年2月至3月期间,在阵列附近进行了大范围的海上航行①和CTD测量(SIZEX Group,1989;Greenland Sea ProjectGroup,1990)。在中心和北部锚定位置之间,距离平均的声速廓线几乎是绝热的(图2.22),类似于解析廓线式(2.2.9)。对这个声源-接收机对来说,所有预测的射线路径都反射离开海表面。对于早期的到达②,测量和预测的射线到达结构具有极好的一致性,但是,对于后来的、无法解析的到达结构(图2.23),两者的一致性变差。这种变化

① 指定了一个垂直的Z字形路径。

② 测量和计算的到达之间的偏差主要是计算误差所致。

特征在前面讨论过的其他到达结构中是非常典型的。

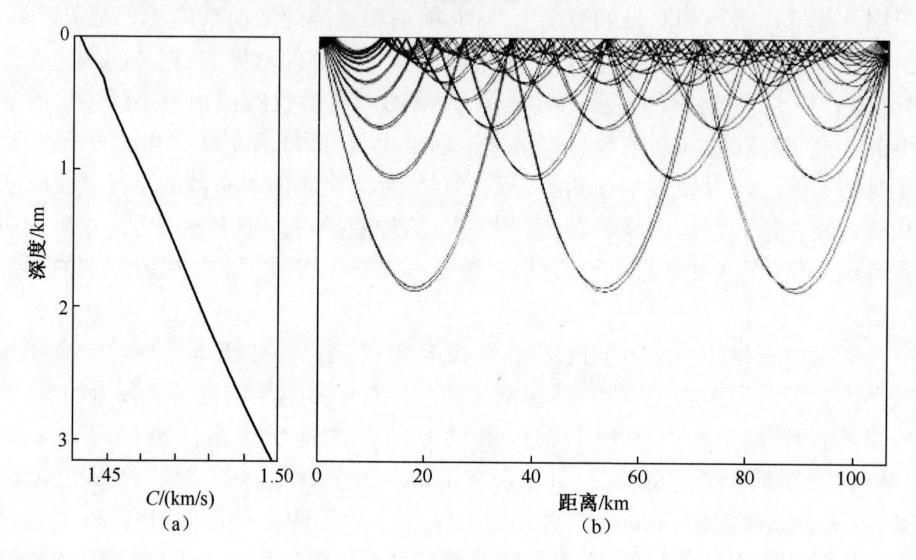

图 2.22　在声源(75°04′N,2°58′W)和接收机(75°58′N,1 °50′W)之间的特征射线。关于距离平均的声速廓线,是通过综合海上航行和 CTD 数据(在 1989 年 3 月格陵兰海的 SIZEX 实验期间,在声源和接收机之间的直线路径上获得)而构造的。图中显示的仅是在声源处向上射出的射线。

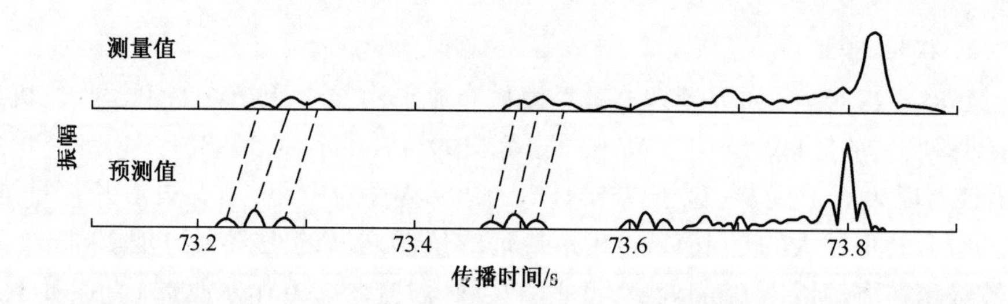

图 2.23　实测的和预测的到达振幅(对于图 2.22 中的声源-接收机对)。实测的到达结构是 1989 年 3 月接收信号的日平均值(在平均之前,先把最初的到达对齐)。预测的到达结构是利用不依赖于距离的、宽带声学标准模算法构建的。点线连接了实测的和预测的射线到达的对应部分。

2.17　极地(绝热)廓线

在极地冬季,声速廓线接近于绝热条件,即有 $S = S_0(1 + \gamma_a z)$,其中 γ_a =

0.0113km^{-1}(见式(2.2.5))。因此,随着深度 $-z$ 的增加,慢度减少(声速增加)。为简化分析,把

$$S^2(z)=S_0^2(1+2\gamma_a z) \tag{2.17.1}$$

作为出发方程,该式与绝热条件的区别不大。

定义

$$\sigma^2(S)=\frac{S_0^2-S^2}{S_0^2}=2\gamma_a(-z) \tag{2.17.2}$$

σ 从 $\sigma_0\equiv\sigma(S_0)=0$ 变化为

$$\tilde{\sigma}^2=\sigma^2(\tilde{S})=\frac{S_0^2-\tilde{S}^2}{S_0^2} \tag{2.17.3}$$

可以认为

$$\tilde{\sigma}=\sin\theta_0 \tag{2.17.4}$$

式中:θ_0 为射线在海表面的倾角。

定义"循环作用量(loop action)":

$$A(\tilde{S})=-2\int_0^{\tilde{z}}\mathrm{d}z(S^2-\tilde{S}^2)^{\frac{1}{2}}=\frac{2}{3}\gamma_a^{-1}S_0\tilde{\sigma}^3 \tag{2.17.5}$$

式(2.17.5)中出现因子 2 是因为,在之后所要处理的问题中的大部分为完整的射线循环情形,则:

$$R(\tilde{\sigma})=-\partial A/\partial\tilde{S}=2\gamma_a^{-1}\tilde{\sigma}\sqrt{1-\tilde{\sigma}^2} \tag{2.17.6}$$

$$T(\tilde{\sigma})=A+R\tilde{S}=2\gamma_a^{-1}S_0\tilde{\sigma}\left(1-\frac{2}{3}\tilde{\sigma}^2\right)\approx RS_0\left(1-\frac{1}{6}\tilde{\sigma}^2+\cdots\right) \tag{2.17.7}$$

因此,陡峭射线只比"表面陷获"射线稍微提前一点时间到达。

群慢度和相位慢度可由式(2.9.12)给出,即

$$s_g=\frac{T}{R}=\frac{S_0\left(1-\frac{2}{3}\tilde{\sigma}^2\right)}{\sqrt{1-\tilde{\sigma}^2}}\approx S_0\left(1-\frac{1}{6}\tilde{\sigma}^2\right) \tag{2.17.8}$$

$$s_P=\frac{\mathrm{d}T}{\mathrm{d}R}=\frac{\mathrm{d}T/\mathrm{d}\tilde{\sigma}}{\mathrm{d}R/\mathrm{d}\tilde{\sigma}}=\tilde{S}=S_0\sqrt{1-\tilde{\sigma}^2} \tag{2.17.9}$$

如果适当地定义 $\tilde{\sigma}$,则式(2.17.6)~式(2.17.9)同样适用于模态情形。

1. 射线

对于具有 n 个完整的射线循环的固定距离 $r = nR$，由式(2.17.6)可得

$$\tilde{\sigma}^2 = \tilde{\sigma}_n^2 = \frac{1}{2}\left[1 - \sqrt{1 - (\gamma_a r/n)^2}\right] \approx \left(\frac{1}{2}\gamma_a r/n\right)^2 \tag{2.17.10}$$

为了处理分数阶射线循环(fractional ray loops)情形，引入“分数阶作用量”：

$$\delta A(S, \tilde{S}) = -\int_0^z \mathrm{d}z\,(S^2 - \tilde{S}^2)^{\frac{1}{2}} = -S_0\int_0^z \mathrm{d}z\,(\tilde{\sigma}^2 - \sigma^2)^{\frac{1}{2}} \tag{2.17.11}$$

式中：$z > \tilde{z}$。

对于极地廓线式(2.17.1)，有

$$\mathrm{d}z = \frac{1}{2\gamma_a}\mathrm{d}\left(\frac{S^2}{S_0^2}\right) = -\frac{1}{2\gamma_a}\mathrm{d}\sigma^2$$

则

$$\delta A(\sigma, \tilde{\sigma}) = \frac{S_0}{2\gamma_a}\int_0^\sigma \mathrm{d}\sigma^2\,(\tilde{\sigma}^2 - \sigma^2)^{\frac{1}{2}} = \frac{S_0}{3\gamma_a}\left[\tilde{\sigma}^3 - (\tilde{\sigma}^2 - \sigma^2)^{\frac{3}{2}}\right] \tag{2.17.12}$$

分数阶作用量从 0(在 $z = 0$)变化到 $\frac{1}{2}A(\tilde{S})$(在转向点)。分数阶距离(fractional range)由下式给出：

$$\delta R(\sigma, \tilde{\sigma}) = -\frac{\partial(\delta A)}{\partial \tilde{S}} = \frac{1}{\gamma_a}\left[\tilde{\sigma} - \sqrt{\tilde{\sigma}^2 - \sigma^2}\right]\sqrt{1 - \tilde{\sigma}^2}$$

引入一个方便的记号：

$$\sin^2\nu = \frac{\sigma^2}{\tilde{\sigma}^2} = \frac{S_0^2 - S^2}{S_0^2 - \tilde{S}^2},\ 0 \leqslant \nu \leqslant \frac{1}{2}\pi \tag{2.17.13}$$

则

$$\delta A(\nu, \tilde{\sigma}) = \frac{1}{3}\gamma_a^{-1} S_0 \tilde{\sigma}^3 (1 - \cos^3\nu) \tag{2.17.14}$$

$$\delta R(\nu, \tilde{\sigma}) = \gamma_a^{-1}(1 - \cos\nu)\,\tilde{\sigma}\sqrt{1 - \tilde{\sigma}^2} \tag{2.17.15}$$

相应地，循环距离 $R(\tilde{\sigma}) = 2\delta R\left(\frac{1}{2}\pi, \tilde{\sigma}\right)$，这与式(2.17.6)一致。

传播时间由下式给出

$$\delta T(S, \tilde{S}) = \delta A + \tilde{S}\,\delta R = S_0\delta R - (S_0 - \tilde{S})\delta R + \delta A$$

则

$$\delta T(\nu, \tilde{\sigma}) = \gamma_a^{-1} S_0 (1 - \cos\nu) \tilde{\sigma} \left[1 - \frac{1}{2} \tilde{\sigma}^2 (2 - \cos\nu - \cos^2\nu) \right] \tag{2.17.16}$$

循环传播时间为 $T(\tilde{\sigma}) = 2\delta T\left(\frac{1}{2}\pi, \tilde{\sigma}\right)$,与式(2.17.7)一致。

2. 时间波前

$z(\tau)$ 通过下列步骤构建。首先,解二次方程

$$r = nR(\tilde{\sigma}) + \delta R(\nu, \tilde{\sigma})$$

得到 $\tilde{\sigma}(\nu, n)$;然后,对 $0 \leqslant \nu \leqslant \pi$ 和给定的 n ,计算(图 2.4):

$$z(\nu, n) = -(\tilde{\sigma} \sin\nu)^2 / 2\gamma_a, \ \tau(\nu, n) = nT(\tilde{\sigma}) + \delta T(\nu, \tilde{\sigma})$$

3. 模态

对于波动方程(2.9.2)的解 $Q(r)P(z)\mathrm{e}^{\mathrm{i}\omega t}$,垂直波函数 $P(z)$ 必须满足

$$\frac{\mathrm{d}^2 P}{\mathrm{d}z^2} + k_v^2(z) P = 0 \tag{2.17.17a}$$

$$k_v(z) = \omega \left(S^2(z) - \tilde{S}^2 \right)^{\frac{1}{2}} \tag{2.17.17b}$$

有关详细讨论见 2.9 节。对于极地廓线式(2.17.1),式(2.17.17)可转换为 Airy 方程,即

$$\frac{\mathrm{d}^2 P}{\mathrm{d}\xi^2} - \xi P = 0$$

该方程的解为

$$P(\xi) = a\mathrm{Ai}(\xi) + b\mathrm{Bi}(\xi) \tag{2.17.18}$$

其中

$$\xi(z) = -\left[\frac{3}{2}\right]^{\frac{2}{3}} \frac{z - \tilde{z}}{H_{\mathrm{Ai}}}, \quad H_{\mathrm{Ai}} = \left[\frac{9}{32\pi^2} \frac{1}{\gamma_a f^2 S_0^2}\right]^{\frac{1}{3}} \tag{2.17.19}$$

注意,从转向深度 $\tilde{z}$ 向下 ξ 为正值。

对于 $\gamma_a = 0.0113$, $f = 2\pi/\omega = 250\mathrm{Hz}$, $C_0 = 1/S_0 = 1.45\mathrm{km/s}$,得到 Airy 尺度 $H_{\mathrm{Ai}} = 0.044\mathrm{km}$;波函数在转向深度以下实质上延伸了 44m 。对于更深的海底情形,取 $b = 0$。在海表面, $z = 0$, $\xi = \xi_0$。因此,由海表面边界条件 $P' = 0$,我们可得到 $\mathrm{Ai}'(\xi_0) = 0$,其根 $(\xi_0)_m = -1.019, -3.248, -4.820, \cdots$ (对于模态 m 为 $1,2,3,\cdots$)。这与渐进公式的结果

$$(\xi_0)_m = -\left[(3\pi/2)\left(m - \frac{3}{4}\right)\right]^{\frac{2}{3}} = -1.115, -3.262, -4.826, \cdots$$

基本一致。将以上的根代入式(2.17.19)中的$\xi(0)$，可得转向点处相长干涉的频率f_m。

如果对$\tilde{\sigma}$作如下解释：

$$\tilde{\sigma}^3 = \tilde{\sigma}_m^3 = \frac{A_m}{\frac{2}{3}\gamma_a^{-1}S_0} = \frac{m-\frac{1}{4}}{f/F_P},\ F_P = \frac{3\gamma_a}{2S_0} = 0.0254\text{Hz}$$

则群速度和相速度同样地满足式(2.17.8)和式(2.17.9)。

4. 扰动

使用无量纲坐标$\zeta = z/\tilde{z}$，其中$-\tilde{z} = \tilde{\sigma}^2/2\gamma_a$，而式(2.14.32)中极地廓线的权重为

$$\begin{cases} W^0(z) = \frac{1}{2}(1-\zeta)^{-\frac{1}{2}}/(-\tilde{z}) \\ W^{I}(z) = \frac{1}{2}(1-\zeta)^{-\frac{1}{2}}\left(\frac{7}{3}-2\zeta\right)/(-\tilde{z}) \\ W^{II}(z) = -\frac{1}{3}\zeta(1-\zeta)^{-\frac{1}{2}}(1-2\zeta) \end{cases} \tag{2.17.20}$$

注意，$\int \mathrm{d}zW^0 = 1$，$\int \mathrm{d}zW^{I} = 1$，所以$(\Delta s_g)_{\text{ray}} = (\Delta s_g)_{\text{mode}} = \Delta S$，因为$\Delta S' = 0$。由于$W^{I}$和$W^{II}/(-\tilde{z})$量值相当，如果转向深度$-\tilde{z}$超过了扰动尺度$\Delta S/\Delta S'$，那么$(\Delta s_g)_{\text{mode}}$表达式中的第二项将起主要作用。对于极地梯度扰动$\Delta\gamma$，有

$$\Delta S = -\frac{1}{2}\tilde{\sigma}^2 S_0(\Delta\gamma/\gamma)\zeta,\ \Delta S' = S_0\Delta\gamma$$

和

$$\begin{cases} (\Delta s_g)_{\text{ray}} = -\frac{1}{3}S_0\tilde{\sigma}^2\Delta\gamma/\gamma \\ (\Delta s_g)_{\text{mode}} = S_0\tilde{\sigma}^2\frac{\delta\gamma}{\gamma}\left(-\frac{11}{45}+\frac{2}{15}\right) = -\frac{1}{9}S_0\tilde{\sigma}^2\Delta\gamma/\gamma \end{cases} \tag{2.17.21}$$

近似到二阶$\tilde{\sigma}^2$，与上述结果一致。ΔS的贡献大概是$\Delta S'$贡献的2倍。

令$z = \tilde{z}\sin^2\nu\left(0 \leqslant \nu \leqslant \frac{1}{2}\pi\right)$，则$(1-\zeta)^{-\frac{1}{2}}$在转向点处的奇异性可以去除。

因此，给定$\Delta S(\tilde{z},\nu)$，$\Delta S'(\tilde{z},\nu) = (\mathrm{d}/\mathrm{d}z)\Delta S$，有

$$\begin{cases}(\Delta s_g)_{\text{ray}} = \int_0^{\pi/2} \mathrm{d}\nu V^0 \Delta S,\ (\Delta s_g)_{\text{mode}} = \int_0^{\pi/2} \mathrm{d}\nu\,[V^{I}\ \Delta S + V^{II}\ \Delta S'] \\ V^0 = \sin\nu, V^{I} = \sin\nu\left(\frac{1}{3} + 2\cos^2\nu\right), V^{II} = -\frac{2}{3}\sin^3\nu(1 - 2\sin^2\nu)(-\tilde{z})\end{cases} \tag{2.17.22}$$

2.18 温带(标准)廓线

对于全球大多数海域而言,一个基本的属性是上层海洋比深层海洋具有更为稳定的层结。位势密度的垂直梯度随深度呈指数递减,这对某些平均廓线并没有给出不好的拟合(Munk,1974)。通常,层结用 Brunt-Väisälä (或浮力)频率 N 表示,$N^2 = -(g/\rho)\mathrm{d}\rho_p/\mathrm{d}z$;$z$ 的方向从海表面向上。设 $N(z) = N_0 \mathrm{e}^{z/h}$,或参考某个深度 z_A (用声轴确定)的情形,设

$$N(z) = N_A \mathrm{e}^{\zeta},\ \zeta = (z - z_A)/h \tag{2.18.1}$$

在等盐度海洋中,位势温度、位势密度及位势声速的梯度都是成比例的,所以有 $\mathrm{d}C_p/\mathrm{d}z \sim N^2$。位势梯度 $\mathrm{d}C_p/\mathrm{d}z$ 等于绝对梯度 $\mathrm{d}C/\mathrm{d}z$ 减去绝热梯度 $\mathrm{d}C_a/\mathrm{d}z$,则

$$\frac{1}{C}\frac{\mathrm{d}C}{\mathrm{d}z} = \gamma_a \frac{N^2 - N_A^2}{N_A^2},\ \gamma_a = -\frac{1}{C}\frac{\mathrm{d}C_a}{\mathrm{d}z} \tag{2.18.2}$$

注意,$\mathrm{d}C/\mathrm{d}z$ 在声轴上为零(声速最小值),而在大的深度处($N \ll N_A$)趋近于 $\mathrm{d}C_a/\mathrm{d}z$。对于极地廓线,$N = 0, \mathrm{d}C/\mathrm{d}z = -\gamma_a C$。

令

$$\phi^2 \equiv \frac{1}{\gamma_a h}(S_A^2 - S^2)/S_A^2 = \mathrm{e}^{2\zeta} - 2\zeta - 1 \tag{2.18.3}$$

可将以上所有结果综合在一起,此处 $S = 1/C$ 为声慢度。温带廓线 $S(z)$ 满足式(2.18.3),绝热梯度取为 $\gamma_a = 1.13 \times 10^{-2}\ \mathrm{km}^{-1}$,并设 $h = 1\mathrm{km}, z_A = -1\mathrm{km}$。

温带廓线 $S(z)$ 具有明显的上/下非对称性(图 2.3)和“正常的”频散特性(高阶模态首先到达,轴向模态最后到达,在 1Mm 距离处有 0.2%的离差)。然而,它不适合于解析的处理。把式(2.18.3)展开,可得

$$\phi^2 = 2\zeta^2 + \frac{4}{3}\zeta^3 + \frac{2}{3}\zeta^4 + \cdots \tag{2.18.4}$$

式(2.18.4)确实适合于解析的处理,但是,截断的级数并不能正确地描述 2km 以下的声道,实际上,它是异常频散的(轴向模态首先到达)。

多年来,我们找到了一个易于处理的模型,这个模型与实际声道的性质大体

吻合(Munk 和 Wunsch,1979,1985,1987)。通常的步骤是,从模型廓线 $S(z)$ 出发,然后导出作用量:

$$
\begin{aligned}
A^{\pm} &= \pm 2\int_{z_A}^{\tilde{z}^{\pm}} \mathrm{d}z\,(S^2 - \tilde{S}^2)^{\frac{1}{2}}, \\
A &= A^+ + A^- = 2\int_{\tilde{z}^-}^{\tilde{z}^+} \mathrm{d}z(S^2 - \tilde{S}^2)^{\frac{1}{2}}
\end{aligned}
\tag{2.18.5}
$$

式中:$\tilde{S} = S(\tilde{z}^+) = S(\tilde{z}^-)$ 为上/下转向深度处的慢度。一个更好的方案是首先从模型作用量 $A(\tilde{z})$ 出发;然后(如果有必要的话)通过 Abel 变换计算声速廓线。

特别地,可以精确地选取:

$$
A^{\pm} = S_A h\,(\gamma_a h)^{\frac{1}{2}}(a\tilde{\phi}^2 \pm b\tilde{\phi}^3 + c\tilde{\phi}^4) \tag{2.18.6}
$$

其中

$$
\tilde{\phi}^2 = (\gamma_a h)^{-1}\tilde{\sigma}^2 = (\gamma_a h)^{-1}(S_A^2 - \tilde{S}^2)/S_A^2 \tag{2.18.7}
$$

与式(2.18.3)类似。可以认为 $\tilde{\sigma} = \sin\theta_A$ 。大多数令人感兴趣的参数(如群慢度 s_g)可直接从 A 得到。为计算常数 a, b 和 c ,对式(2.5.12)作 Abel 变换。

设

$$
\begin{cases}
\alpha = \phi^2 = \dfrac{\sigma^2}{\gamma_a h},\ \beta = \tilde{\phi}^2 = \dfrac{\tilde{\sigma}^2}{\gamma_a h} \\
f(\beta) = \dfrac{R^{\pm} S_A}{2\tilde{S}} = \dfrac{h}{\sqrt{\gamma_a h}}\left(a \pm \dfrac{3}{2}b\tilde{\phi} + 2c\tilde{\phi}^2\right) \\
\zeta = \pm\dfrac{1}{\pi}\displaystyle\int_0^{\phi} 2\tilde{\phi}\,\mathrm{d}\tilde{\phi}\,\dfrac{a \pm \dfrac{3}{2}b\tilde{\phi} + 2c\tilde{\phi}^2}{(\phi^2 - \tilde{\phi}^2)^{\frac{1}{2}}} \\
= \pm\left[\dfrac{2a}{\pi}\phi \pm \dfrac{3b}{4}\phi^2 + \dfrac{8c}{3\pi}\phi^3\right]
\end{cases}
\tag{2.18.8}
$$

为了与温带海洋式(2.18.3)保持一致(达到 ϕ^3 阶),取

$$
a = \frac{\pi}{2\sqrt{2}},\ b = -\frac{2}{9},\ c = \frac{\pi}{48\sqrt{2}} \tag{2.18.9}
$$

式(2.18.8)中的 $\zeta(\phi)$ 包含三项,能较好地拟合标准的海洋模型、产生正常的频

散关系,而相比之下,式(2.18.4)中的三项则不是这样。本书讨论的大部分解析结果来自前述3项展开式,称为“多项式温带声速通道”。对于指数形式的温带廓线式(2.18.3),结果则稍有不同。

根据式(2.5.4),对于上/下循环跨度,有

$$R^{\pm}=-\frac{\partial A^{\pm}}{\partial \tilde{S}}=R_0^{\pm}\left(1\mp\frac{2\sqrt{2}}{3\pi}\tilde{\phi}+\frac{1}{12}\tilde{\phi}^2\right)\frac{S}{S_A},$$

$$R_0^{\pm}=\frac{\pi}{\sqrt{2}}\frac{h}{\sqrt{\gamma_a h}}=20.8\text{km} \tag{2.18.10}$$

对于双循环则有 $R=R^{+}+R^{-}$,可取 $\tilde{S}/S_A=\sqrt{1-\gamma_a h\tilde{\phi}^2}\approx 1$。类似地,由式(2.5.1),有

$$T^{\pm}=A^{\pm}+\tilde{S}R^{\pm}=S_A R^{\pm}+A^{\pm}-R^{\pm}(S_A-\tilde{S})$$

$$=S_A R^{\pm}-T_0^{\pm}\left(\mp\frac{2\sqrt{2}}{9\pi}\tilde{\phi}^3+\frac{1}{24}\tilde{\phi}^4\right), \tag{2.18.11}$$

$$T_0^{\pm}=\frac{1}{2}(\gamma_a h)S_A R_0^{\pm}=0.079\text{s}$$

对于双循环,近似到 $\gamma_a h$ 的一阶,有

$$R=R^{+}+R^{-}=2R_0^{\pm}\left(1+\frac{1}{12}\tilde{\phi}^2\right)(\tilde{S}/S_A) \tag{2.18.12}$$

$$T=T^{+}+T^{-}=RS_A\left(1-\gamma_a h\frac{\tilde{\phi}^4/48}{1+\tilde{\phi}^2/12}\right) \tag{2.18.13}$$

群慢度和相位慢度由下式给出:

$$s_g=\frac{T}{R}=S_A\left[1-\gamma_a h\frac{\tilde{\phi}^4/48}{1+\tilde{\phi}^2/12}\right] \tag{2.18.14}$$

$$s_p=\frac{\mathrm{d}T}{\mathrm{d}R}=\frac{\mathrm{d}T/\mathrm{d}\tilde{\sigma}^2}{\mathrm{d}R/\mathrm{d}\tilde{\sigma}^2}=S_A\left[1-\gamma_a h\tilde{\phi}^2\right]^{\frac{1}{2}}=\tilde{S} \tag{2.18.15}$$

如果适当地定义 $\tilde{\sigma}$ 和 $\tilde{\phi}$(见式(2.11.8)),那么,式(2.18.10)~式(2.18.15)对射线表示法和模态表示法均适用。

1. 附加射线循环

对于具有 n 个完整的射线循环的固定距离来说,$r=nR$,由式(2.18.12)

可得

$$\tilde{\phi}^2 = \tilde{\phi}_n^2 = 12\left[\frac{r}{2nR_0^{\pm}} - 1\right] \tag{2.18.16}$$

对于附加的上/下循环情形,有

$$\begin{cases} r = n^+ R^+ + n^- R^- = \dfrac{1}{2}(n^+ + n^-)(R^+ + R^-) + \dfrac{1}{2}(n^+ - n^-)(R^+ - R^-) \\ \rho = \dfrac{1}{2}(n^+ + n^-)\left(1 + \dfrac{1}{12}\tilde{\phi}^2\right) - \dfrac{1}{2}(n^+ - n^-)\dfrac{2\sqrt{2}}{3\pi}\tilde{\phi} \\ \tilde{\phi}_n = \lambda + \sqrt{\lambda^2 + 12\left(\dfrac{\rho}{n} - 1\right)},\ \lambda = \dfrac{4\sqrt{2}}{3\pi}\dfrac{n^+ - n^-}{n^+ + n^-} \end{cases} \tag{2.18.17}$$

2. 模态

由关系式 $A = \left(m - \frac{1}{2}\right)\Big/ f$ 及式(2.18.6)(用来计算 $A = A^+ + A^-$)可得到 $\tilde{\phi}_m(m, f)$ 的解式(2.11.8)。$\tilde{z}(m, f)$ 的解析表达式容易从式(2.18.20)得到。

3. 部分循环(partial loops)

到目前为止,本节讨论了完整的循环情形,即完整的上循环、完整的下循环、完整的双循环。为了处理分数阶循环(fractional loops),可以利用式(2.7.1)定义的“分数阶作用量”。与前述处理过程类似,记

$$\begin{cases} \phi^2(S) = \dfrac{1}{\gamma_a h}\dfrac{S_A^2 - S^2}{S_A^2},\ \tilde{\phi}^2(\tilde{S}) = \dfrac{1}{\gamma_a h}\dfrac{S_A^2 - \tilde{S}^2}{S_A^2} \\ \sin^2\nu = \dfrac{\phi^2}{\tilde{\phi}^2} = \dfrac{S_A^2 - S^2}{S_A^2 - \tilde{S}^2},\ 0 \leqslant \nu \leqslant \dfrac{1}{2}\pi \end{cases} \tag{2.18.18}$$

则

$$\begin{aligned} \delta A^{\pm} &= \pm\int_{z_A}^{z} \mathrm{d}z'[S^2(z) - \tilde{S}^2]^{\frac{1}{2}},\ z \geqslant z_A \\ &= \pm\sqrt{\gamma_a h}\,S_A \int_{z_A}^{z} \mathrm{d}z'(\tilde{\phi}^2 - \phi^2)^{\frac{1}{2}} \\ &= \pm\sqrt{\gamma_a h}\,S_A\,\tilde{\phi}\int_0^{\nu} \mathrm{d}\nu'(\mathrm{d}z/\mathrm{d}\nu')\cos\nu' \end{aligned} \tag{2.18.19}$$

对 $A(\tilde{S})$ 作 Abel 变换,可得

$$\frac{z - z_A}{h} = \pm\left(\frac{1}{\sqrt{2}}\phi \mp \frac{1}{6}\phi^2 + \frac{1}{18\sqrt{2}}\phi^3\right) \tag{2.18.20}$$

由此得到 $z(\nu)$。结果如下:

$$\delta A^{\pm}(\nu, \tilde{\phi}) = T_0^{\pm}[F_1(\nu)\tilde{\phi}^2 \mp F_2(\nu)\tilde{\phi}^3 + F_3(\nu)\tilde{\phi}^4] \tag{2.18.21}$$

其中:

$$\begin{cases} F_1(\nu) = \pi^{-1}(\nu + \cos\nu \ \sin\nu), \\ F_2(\nu) = (2\sqrt{2}/9\pi)(1 - \cos^3\nu), \\ F_3(\nu) = (1/24\pi)(\nu - \cos\nu \ \sin\nu + 2\cos\nu \ \sin^3\nu) \end{cases}$$

给定 δA ,则 δR 和 δT 由式(2.7.2)计算。由于 ν 和 $\tilde{\phi}$ 都是 $\tilde{S}$ 的函数,因此可以使用以下记号:

$$\frac{\partial}{\partial \tilde{S}} = -\frac{\tilde{S}}{\gamma_a h \tilde{\phi} S_A^2}\left(\frac{\partial}{\partial \tilde{\phi}} - \frac{\tan\nu}{\tilde{\phi}}\frac{\partial}{\partial \nu}\right) \tag{2.18.22}$$

那么,结果为

$$\delta R^{\pm}(\nu, \tilde{\phi}) = R_0^{\pm}[F_4(\nu) \mp F_5(\nu)\tilde{\phi} + F_6(\nu)\tilde{\phi}^2] \tag{2.18.23}$$

其中

$$\begin{cases} F_4(\nu) = \pi^{-1}\nu, \\ F_5(\nu) = (\sqrt{2}/3\pi)(1 - \cos\nu), \\ F_6(\nu) = (1/12\pi)(\nu - \cos\nu \ \sin\nu) \end{cases}$$

并且有

$$\begin{aligned} \delta T^{\pm} &= \delta A^{\pm} + \tilde{S}\delta R^{\pm} = \delta A^{\pm} - (S_A - \tilde{S})\delta R^{\pm} + S_A\delta R^{\pm} \\ &= S_A\delta R^{\pm} + T_0^{\pm}[F_7\tilde{\phi}^2 \mp F_8\tilde{\phi}^3 + F_9\tilde{\phi}^4] \end{aligned} \tag{2.18.24}$$

其中

$$\begin{cases} F_7 = F_1 - F_4 = \pi^{-1}\cos\nu\sin\nu, \\ F_8 = F_2 - F_5 = (\sqrt{2}/9\pi)(1 - 3\cos\nu + 2\cos^3\nu), \\ F_9 = F_3 - F_6 = (1/24\pi)(\ \ \nu + \cos\nu\sin\nu + 2\cos\nu \ \sin^3\nu) \end{cases}$$

4. 时间波前

时间波前(图 2.4)由求解关于 $\tilde{\phi}(\nu)$ 的二次方程而构建:

$$r(\nu,\tilde{\phi}) = n^+ R^+(\tilde{\phi}) + n^- R^-(\tilde{\phi}) - \text{sgn}\delta R^+(\nu,\tilde{\phi}) \quad (2.18.25)$$

式中：$\sin\nu = \phi/\tilde{\phi}$，$-\pi/2 \leqslant \nu \leqslant \pi/2$；符号函数 sgn = + / - 为向上/向下的发射角。$\tau(z)$ 图可通过在两个方程中消去 ν 得到：由式(2.18.20)得到 $z(\phi) = z(\tilde{\phi}\sin\nu)$，而 $\tau(\tilde{\phi},\nu)$ 由下式给出：

$$\frac{\tau(\tilde{\phi},\nu) - \tau_{AX}}{T_0^{\pm}} = \frac{2\sqrt{2}}{9\pi}(n^+ - n^-)\tilde{\phi}^3 - \frac{1}{24}(n^+ + n^-)\tilde{\phi}^4 - \text{sgn}[F_7\tilde{\phi}^2 - F_8\tilde{\phi}^3 + F_9\tilde{\phi}^4] \quad (2.18.26)$$

5. 动力学模态

对于标准海洋，动力学模态(Rossby 波)可由 Bessel 函数表示。讨论的出发点为 β - 平面上的地转平衡，其中的科氏(Coriolis)频率为 $f + \beta y$ (见 Pedlosky，1987，第 6 章)。在平坦的刚盖(rigid lid)海底上方(正压分量因此被抑制)向北的速度分量可写为

$$v(x,y,z,t) = \exp[i(\kappa_x x + \kappa_y y - \omega t)]V(z)$$

式中：$V(z)$ 满足

$$\frac{d^2V}{dz^2} - \frac{dN^2/dz}{N^2 - \omega^2}\frac{dV}{dz} + \frac{N^2 - \omega^2}{f^2 - \omega^2}\lambda^2 V = 0 \quad (2.18.27)$$

其中

$$\lambda^2 = -\left(\frac{\beta\kappa_x}{\omega} + \kappa_x^2 + \kappa_y^2\right) \quad (2.18.28)$$

对于 $N = N_0 e^{z/h}$ 的情形，近似到小参数 σ/N 的一阶，式(2.18.27)变为

$$\xi^2\frac{d^2V}{d\xi^2} - \xi\frac{dV}{d\xi} + \xi^2 V = 0,\ \xi(z) = h\lambda\frac{N(z)}{(f^2 - \omega^2)^{\frac{1}{2}}} \quad (2.18.29)$$

其解为 $V = \xi C_1(\xi)$，$C_1(\xi)$ 表示 Bessel 函数 J_1 和 Y_1 的任意线性组合。垂直位移 η 与 $N^{-2}dV/dz \sim \xi^{-1}dV/d\xi$ 成正比。由 $dV/d\xi = \xi C_0(\xi)$，可得

$$\eta = aJ_0(\xi) + bY_0(\xi) \quad (2.18.30)$$

令 $\xi_0 = \xi(0)$，$\xi_B = \xi(-H)$ 表示海表面和海底边界条件，因此，对于指数函数形式的 $N(z)$，有 $\xi_B = \xi_0 e^{-H/h}$。为了满足海底面边界条件 $\eta_B = 0$，选择 a，b 使得

$$\eta = c\left[J_0(\xi) - \frac{J_0(\xi_B)}{Y_0(\xi_B)}Y_0(\xi)\right] \quad (2.18.31)$$

海表面边界条件 $\eta_0 = 0$ 要求

$$J_0(\xi_0)Y_0(\xi_B) - Y_0(\xi_0)J_0(\xi_B) = 0, \ \xi_B = \xi_0 e^{-H/h} \tag{2.18.32}$$

当 $H = 4\text{km}, h = 1\text{km}$ 时,式(2.18.32)的第一组根为

$$\xi_0(j) = 2.872, \ 6.117, \ 9.351, \ 12.576, \ j = 1,2,3,4 \tag{2.18.33}$$

设 $\xi_j(z) = \xi_0(j)e^{z/h}$,根据式(2.18.31)可以得到模态函数 $\eta_j(z)$。由式(2.18.28)可得到频散关系,其中 $\lambda_j = \xi_0(j)h^{-1}\sqrt{f^2 - \omega^2}/N_0$。对于大的变量,渐进解为

$$\eta_j(z) = c_j N^{-\frac{1}{2}} \sin\left(j\pi \frac{N_S - N(z)}{N_S - N_B}\right) \tag{2.18.34}$$

6. 扰动

由式(2.18.20),对 $z \geqslant z_A$,有

$$\frac{z - z_A}{h} = \pm \frac{\phi f_c^{\pm}(\phi)}{\sqrt{2}}, \ f_c^{\pm}(\phi) = 1 \mp \frac{\sqrt{2}}{6}\phi + \frac{1}{18}\phi^2 \tag{2.18.35}$$

利用

$$\phi = \tilde{\phi}\sin\nu, \ 0 \leqslant \nu \leqslant \frac{1}{2}\pi$$

可以得到 $z^{\pm}(\tilde{\phi},\nu)$。因此,扰动可写成 $\Delta S(\tilde{\phi},\nu)$。对于温带廓线,式(2.14.32)中的一般权重 $W(z)$ 可计算为:

$$\begin{cases} W^0(z) = \dfrac{\sqrt{2}}{\pi} \dfrac{1}{h\tilde{\phi}\left(1 + \dfrac{1}{12}\tilde{\phi}^2\right)} \dfrac{1}{\cos\nu} \\ W^{I}(z) = W^0\left[1 + \dfrac{1}{12}\tilde{\phi}^2 F(\tilde{\phi})\right] \\ \qquad + \dfrac{\sqrt{2} f_b^{\pm}(\phi)}{\pi h \tilde{\phi} f_a^{\pm}(\phi)} F(\tilde{\phi}) \dfrac{1 - 2\sin^2\nu}{\cos\nu} \\ W^{II}(z) = \pm \dfrac{f_a^{\pm}(\phi)}{2\pi} F(\tilde{\phi}) \tan\nu \ (1 - 2\sin^2\nu) \end{cases} \tag{2.18.36}$$

式中:

$$\begin{cases} f_a^{\pm}(\phi) = 1 \mp \dfrac{\sqrt{2}}{3}\phi + \dfrac{1}{6}\phi^2, \ f_b^{\pm}(\phi) = 1 \mp \dfrac{\sqrt{2}}{2}\phi + \dfrac{1}{3}\phi^2 \\ f_c^{\pm}(\phi) = 1 \mp \dfrac{\sqrt{2}}{6}\phi + \dfrac{1}{18}\phi^2, \ F(\tilde{\phi}) = \dfrac{1 + \dfrac{1}{24}\tilde{\phi}^2}{\left(1 + \dfrac{1}{12}\tilde{\phi}^2\right)^2} \end{cases} \tag{2.18.37}$$

令

$$\mathrm{d}z = 2^{-\frac{1}{2}} h \tilde{\phi} f_a^{\pm}(\phi) \cos\nu \mathrm{d}\nu$$

利用$f^{\pm}(\phi)$的合适的符号(根据$z \gtrless z_A$),可以证明$\int_{\tilde{z}^-}^{\tilde{z}^+} \mathrm{d}z W^0 = 1$,$\int_{\tilde{z}^-}^{\tilde{z}^+} \mathrm{d}z W^I = 1$。因此,当$\Delta S' = 0$时,同样有$(\Delta s_g)_{\mathrm{ray}} = (\Delta s_g)_{\mathrm{mode}} = \Delta S$。根据定义式(2.18.37),有

$$\begin{cases} (V^0)^{\pm} = \dfrac{1}{\pi\left(1 + \dfrac{1}{12}\tilde{\phi}^2\right)} f_a^{\pm}(\phi) \\ (V^I)^{\pm} = (V^0)^{\pm}\left[1 + \dfrac{1}{12}\tilde{\phi}^2 F(\tilde{\phi})\right] + \pi^{-1} F(\tilde{\phi}) f_b^{\pm}(\phi)(1 - 2\sin^2\nu) \\ (V^{II})^{\pm} = \pm \dfrac{1}{2\sqrt{2}\pi} h \tilde{\phi} F(\tilde{\phi})(f_a^{\pm}) 2\sin\nu(1 - 2\sin^2\nu) \end{cases}$$

对于$V^0 = (V^0)^+ + (V^0)^-$,再次有$\int_0^{\pi/2} V \mathrm{d}\nu = 1$,对于$V^I$也有类似的结果。更进一步地,有$\int_0^{\pi/2} V^{II} \mathrm{d}\nu \ll 1$。由于积分限是有限的,矩阵$\boldsymbol{E}_{ij}$在$\nu$空间式(2.15.12)中可以很方便地计算。

第3章　海　　流

一个声脉冲顺流的传播比逆流的传播要快。除了在强西边界流(如墨西哥湾流)以外,海流流速的典型量级为10cm/s(均方根)或更少,而海洋中声速扰动的典型量级为5m/s(均方根)。相应地,由海流产生的传播时间扰动比由声速扰动产生的传播时间信号要小一两个量级。尽管如此,利用声学技术,即对沿相反方向传播的声信号的传播时间进行求差(differencing),来测量海流仍然是可能的。正如在第1章中简要概述的那样,在对传播时间求差时,声速扰动产生的传播时间信号相互抵消,只保留了海流的影响。

3.1节描述射线理论在运动介质中的应用。海流的存在引入各向异性。3.2节给出互易传播时间和与差的扰动表达式。当流动处于地转平衡时,流速场与声速场有关。3.3节将对它们的相对大小作出定量的估计,以证实之前所引用的粗略量级。

利用水平截面近似,3.4节证明平均的声传播时间特别适合于测量流体的环流(通过沿着一个闭合的等值线积分)。根据Stokes定理,环流等于面积平均的相对涡度。因此,我们可以利用这个结果更一般地证明差分传播时间(differential travel times)对流动的无源分量(solenoidal component)的敏感性(由此,可确定相对涡度)。但其不是收/发机之间的流动的无旋分量的函数,而收/发机之间流动的无旋分量是确定水平散度所需要的。虽然,散度在海洋学中非常重要,遗憾的是,差分传播时间并不特别适合于测量它。

对此,我们已默认假设声脉冲顺流和逆流传播的路径是一致的。3.5节讨论声波在移动介质中传播的非互易性问题(这个问题与第2章中关于传播时间的非线性的讨论是密切相关的)。一般来说,尽管有例外存在,但是由非互易性产生的误差是比较小的。

3.6节展示反向传播信号的接收数据,以及一些差分传播时间的时间序列。研究发现,差分传播时间包含潮汐信号,与经验数值正压潮汐(barotropic-tide)模型和独立的潮汐观测是相一致的。对于精确的单向(和总的)传播时间测量值,其主要限制是由温度(声速)脉动(与内波有关)产生的传播时间脉动。研究发现,这些传播时间脉动在差分传播时间中基本上是抵消的,这就证明了射线路径在直到 1Mm 的距离上是互易的,至少对可获得测量资料的情形是正确的。这个结果与 3.5 节的分析结果是一致的。在差分传播时间中,由内波产生的噪声水平的减小可显著提高流速估计的精度。

3.1 非均匀运动介质中的射线理论

在静止介质中,波前法线的方向(与等位相面垂直的方向)与声波能量的传播方向(射线路径的切向矢量)一致。在运动介质中,流速的存在使各向异性成为需要考虑的问题,因此,波前法线的方向与射线的切向是不一致的。射线速度不仅依赖于局地的声速和水速,还依赖于射线的局地方向。

考虑以速度向量 $\boldsymbol{v}$ 运动的流体。在随流体运动的坐标系统中,根据 Huygens 原理,每个波前以局地声速 C 按与自身正交的方式扩展,即波前上每个点的移动速度为 $C(\boldsymbol{r})\hat{\boldsymbol{n}}$,这里, $C(\boldsymbol{r})$ 为局地声速, $\hat{\boldsymbol{n}}$ 为与波前正交的方向上的单位向量。转换到静止的坐标系统,波前上每个点的速度变成 $C(\boldsymbol{r})\hat{\boldsymbol{n}}+\boldsymbol{v}$ (图 3.1)。因此,在某个初始时刻,位于波前上的点 $\boldsymbol{r}(t)$ 将一直位于波前上,条件是其速度为(Pierce,1989)

$$\frac{\mathrm{d}\boldsymbol{r}}{\mathrm{d}t}=\boldsymbol{v}(\boldsymbol{r})+C(\boldsymbol{r})\hat{\boldsymbol{n}}(\boldsymbol{r})\equiv\boldsymbol{v}_{\mathrm{ray}} \tag{3.1.1}$$

由时间函数 $\boldsymbol{r}(t)$ 描述的空间曲线是运动介质中的射线路径,并且是声脉冲传播的路径。这个方程是 Huygens 原理在运动介质中的推广。

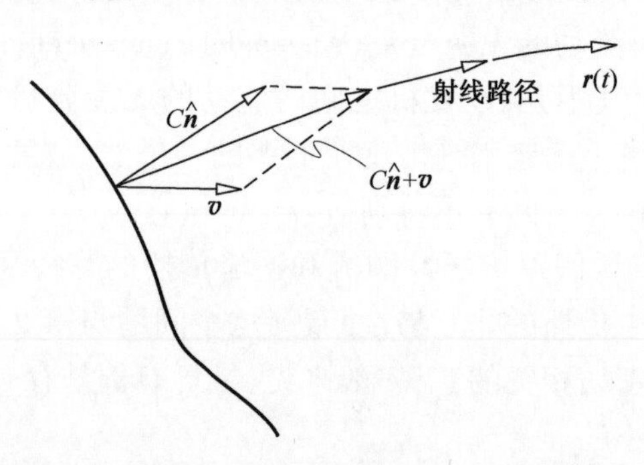

图 3.1 运动介质中射线路径的概念。点 $\boldsymbol{r}(t)$ 以速度 $C\hat{\boldsymbol{n}}+\boldsymbol{v}$ 运动,以便使其始终在波前上,并且在这过程中描绘出射线路径。

现在开始推导运动介质中射线轨迹的显式方程。第一步,得出与第 2 章中对静止介质推导的程函方程式(2.3.4)类似的方程:

$$|\nabla\phi|^2 = (S/S_0)^2 = (C_0/C)^2 \tag{3.1.2}$$

在静止介质中,给定相位 ϕ = 常数,这个方程确定了波前的演化。在第 2 章中,程函方程直接由波动方程推导出,尽管这个方程可以通过 Huygens 原理获得。同样,运动介质中的程函方程也可以直接由波动方程导出(如 Blokhintsev,1946,1952,1956;Heller,1953;Keller,1954;Thompson,1972)。为了简单起见,这里利用 Huygens 原理给出一个启发式的推导(Kornhauser,1953;Pierce,1989)。与等位相面正交的速度(在 $\nabla\phi$ 方向)出现在式(3.1.2)中。根据定义,$\hat{\boldsymbol{n}}$ 与等位相面正交,所以在运动介质中波前的速度是式(3.1.1)右边与 $\hat{\boldsymbol{n}}$ 的点积,其大小(法向速度)为

$$C + \boldsymbol{v} \cdot \hat{\boldsymbol{n}} \tag{3.1.3}$$

当 $\boldsymbol{v} = 0$ 时,这个速度可简化为 C,正如预期的那样。静止介质中的程函方程可以简单地推广到运动介质中,只需要在式(3.1.2)中用 $C + \boldsymbol{v} \cdot \hat{\boldsymbol{n}}$ 代替 C,即

$$|\nabla\phi|^2 = (C_0/(C + \boldsymbol{v} \cdot \hat{\boldsymbol{n}}))^2 \tag{3.1.4}$$

运动介质中显式的射线轨迹方程可由式(3.1.1)和式(3.1.4)推出,具体步骤与 2.3 节中类似。沿射线的位置可用弧长 s 度量,因此,$\boldsymbol{r}(s)$ 为射线轨迹。射线的单位切向量为 $\mathrm{d}\boldsymbol{r}/\mathrm{d}s$,并且在式(3.1.1)中,有

$$\boldsymbol{v}_{\mathrm{ray}} = v_{\mathrm{ray}} \frac{\mathrm{d}\boldsymbol{r}}{\mathrm{d}s} \tag{3.1.5}$$

在式(3.1.1)中,作代换 $\hat{\boldsymbol{n}} = \nabla\phi/|\nabla\phi|$,并且利用式(3.1.4)消去 $|\nabla\phi|$,可得

$$(C_0/C)(C + \boldsymbol{v} \cdot \hat{\boldsymbol{n}})^{-1}\left(v_{\mathrm{ray}} \frac{\mathrm{d}\boldsymbol{r}}{\mathrm{d}s} - \boldsymbol{v}\right) = \nabla\phi \tag{3.1.6}$$

定义

$$N \equiv (C_0/C)\,(C + \boldsymbol{v} \cdot \hat{\boldsymbol{n}})^{-1} v_{\mathrm{ray}} \tag{3.1.7}$$

$$\boldsymbol{V} \equiv (C_0/C)(C + \boldsymbol{v} \cdot \hat{\boldsymbol{n}})^{-1}\,\boldsymbol{v} \tag{3.1.8}$$

那么,式(3.1.6)变为

$$\nabla\phi = N \frac{\mathrm{d}\boldsymbol{r}}{\mathrm{d}s} - \boldsymbol{V} \tag{3.1.9}$$

将式(3.1.9)对弧长 s 微分,有

$$\frac{\mathrm{d}}{\mathrm{d}s}\nabla\phi = \frac{\mathrm{d}}{\mathrm{d}s}\left(N \frac{\mathrm{d}\boldsymbol{r}}{\mathrm{d}s} - \boldsymbol{V}\right) \tag{3.1.10}$$

重新整理式(3.1.10),可得

$$\frac{\mathrm{d}}{\mathrm{d}s}(N\boldsymbol{r}') = \frac{\mathrm{d}}{\mathrm{d}s}(\boldsymbol{V} + \nabla\phi) = (\boldsymbol{r}' \cdot \nabla)(\boldsymbol{V} + \nabla\phi) + \boldsymbol{r}'' \cdot \nabla'\boldsymbol{V} \quad (3.1.11)$$

式中：$\boldsymbol{r}' = \mathrm{d}\boldsymbol{r}/\mathrm{d}s$，梯度算子 ∇' 作用在方向分量 $\boldsymbol{r}' = (x_i', y_i', z_i')$ 上。最后一项的出现是因为，$\boldsymbol{V} = \boldsymbol{V}(\boldsymbol{r}, \boldsymbol{r}')$ 是射线路径 $\boldsymbol{r}$ 和射线方向 $\boldsymbol{r}'$ 的显式函数(Ugincius, 1965,1972)。解出式(3.1.9)中的 $\boldsymbol{r}'$，并在式(3.1.11)中的等式右边第一项进行代换可得

$$\begin{aligned}\frac{\mathrm{d}}{\mathrm{d}s}(N\boldsymbol{r}') &= \frac{1}{N}[(\nabla\phi + \boldsymbol{V}) \cdot \nabla](\nabla\phi + \boldsymbol{V}) + \boldsymbol{r}'' \cdot \nabla'\boldsymbol{V} \\ &= \frac{1}{N}\left\{\frac{1}{2}\nabla(|\nabla\phi + \boldsymbol{V}|^2) - (\nabla\phi + \boldsymbol{V}) \times [\nabla \times (\nabla\phi + \boldsymbol{V})]\right\} + \boldsymbol{r}'' \cdot \nabla'\boldsymbol{V}\end{aligned} \quad (3.1.12)$$

这里利用了恒等式 $\boldsymbol{u} \cdot \nabla\boldsymbol{u} = (1/2)\nabla\boldsymbol{u} \cdot \boldsymbol{u} - \boldsymbol{u} \times (\nabla \times \boldsymbol{u})$。因为 $|\nabla\phi + \boldsymbol{V}|^2 = N^2$，并且梯度的旋度恒为零，式(3.1.12)可简化为

$$\frac{\mathrm{d}}{\mathrm{d}s}(N\boldsymbol{r}') - \boldsymbol{r}'' \cdot \nabla'\boldsymbol{V} + \boldsymbol{r}' \times (\nabla \times \boldsymbol{V}) = \nabla N \quad (3.1.13)$$

式(3.1.13)是射线轨迹方程式(2.3.9)在运动介质中的推广。式(3.1.13)的笛卡儿分量由三个二阶微分方程组成，对它们进行数值积分，就得到射线路径。

因此，射线传播时间由下式给出，即

$$\tau_i = \int_{\Gamma_i} \frac{\mathrm{d}s}{\upsilon_{\mathrm{ray}}} \quad (3.1.14)$$

式中：Γ_i 为射线 i 的轨迹。

这个结果具有极好的普遍性，因为对于 $|\boldsymbol{v}|$ 和 C 的相对大小、介质的分层、$\boldsymbol{v}$ 的方向(相对传播的方向)，均未给出假定条件。

对于海洋中的传播，因为 $|\boldsymbol{v}| \ll C$，我们可作相当大的简化处理。可以证明在近似到关于 $|\boldsymbol{v}|/C$ 的一次项的条件下，式(3.1.13)中的 $\boldsymbol{r}'' \cdot \nabla'\boldsymbol{V} - 0$ (Ugincius,1972)。而且，式(3.1.7)与式(3.1.8)可以简化为

$$N = C_0/C \quad (3.1.15)$$

$$\boldsymbol{V} = \frac{C_0}{C}\frac{\boldsymbol{v}}{C}\left[1 - \frac{\boldsymbol{v}}{C} \cdot \frac{\mathrm{d}\boldsymbol{r}}{\mathrm{d}s}\right] \quad (3.1.16)$$

许多研究者针对海洋学中的多种具体情形推导了射线方程的解(如 Hayre 和 Tripathi, 1967; Stallworth 和 Jacobson, 1970, 1972a, b; Franchi 和 Jacobson, 1972, 1973a, b; Widfeldt 和 Jacobson, 1976; Hamilton 等, 1977, 1980; Newhall 等, 1977)。

当 $|\boldsymbol{v}|/C \ll 1$ 时，传播时间的表达式也可简化。由式(3.1.1)和式(3.1.5)，有

$$C\hat{\boldsymbol{n}} = v_{\text{ray}}\boldsymbol{r}' - \boldsymbol{v} \tag{3.1.17}$$

因此,射线速度的大小满足如下的二次方程:

$$v_{\text{ray}}^2 - 2v_{\text{ray}}\boldsymbol{v}\cdot\boldsymbol{r}' - (C^2 - v^2) = 0 \tag{3.1.18}$$

它在 $C^2 > v^2$ 条件下的正解为

$$v_{\text{ray}} = \boldsymbol{v}\cdot\boldsymbol{r}' + [C^2 - v^2 + (\boldsymbol{v}\cdot\boldsymbol{r}')^2]^{1/2} \tag{3.1.19}$$

将式(3.1.19)代入式(3.1.14),可得

$$\tau_i = \int_{\Gamma_i} \frac{\mathrm{d}s}{\boldsymbol{v}\cdot\boldsymbol{r}' + [C^2 - v^2 + (\boldsymbol{v}\cdot\boldsymbol{r}')^2]^{1/2}} \tag{3.1.20}$$

近似到 $|\boldsymbol{v}|/C$ 的一次项,即

$$\tau_i = \int_{\Gamma_i} \frac{\mathrm{d}s}{C(\boldsymbol{r}) + \boldsymbol{v}(\boldsymbol{r})\cdot\boldsymbol{r}'} \tag{3.1.21}$$

(由于对射线轨迹的依赖性,$\boldsymbol{r}'$ 是 $\boldsymbol{r}$ 的隐式函数)。式(3.1.21)的优点是,不需要考虑波前的法线方向,需要的只是射线轨迹。式(3.1.21)对于推导由声速扰动和海流扰动产生的传播时间扰动是十分方便的。在第 2 章中广泛使用的声慢度 $S = 1/C$,在讨论运动介质问题时并不方便。

3.2 传播时间扰动

没有海流的情形(静止介质)是一个非线性问题,因为射线路径 Γ_i 依赖于 $C(\boldsymbol{r})$ 和 $\boldsymbol{v}(\boldsymbol{r})$。这里可以再次作线性化处理,令

$$C(\boldsymbol{r}) = C(\boldsymbol{r}, -) + \Delta C(\boldsymbol{r}) \tag{3.2.1}$$

$$\boldsymbol{v}(\boldsymbol{r}) = \boldsymbol{v}(\boldsymbol{r}, -) + \Delta\boldsymbol{v}(\boldsymbol{r}) \tag{3.2.2}$$

式中:$C(\boldsymbol{r}, -)$,$\boldsymbol{v}(\boldsymbol{r}, -)$ 是已知的参考状态。

因此,传播时间扰动为

$$\Delta\tau_i = \int_{\Gamma_i} \frac{\mathrm{d}s}{C(\boldsymbol{r}) + \boldsymbol{v}(\boldsymbol{r})\cdot\boldsymbol{r}'} - \int_{\Gamma_i(-)} \frac{\mathrm{d}s}{C(\boldsymbol{r}, -) + \boldsymbol{v}(\boldsymbol{r}, -)\cdot\boldsymbol{r}'(-)} \tag{3.2.3}$$

式中:$\Gamma_i(-)$ 和 $\boldsymbol{r}'(-)$ 为平均场 $C(\boldsymbol{r}, -)$ 和 $\boldsymbol{v}(\boldsymbol{r}, -)$ 中的射线路径和射线切向量。

通常,$\Delta C(\boldsymbol{r}) \ll C(\boldsymbol{r},-)$,但是 $|\Delta\boldsymbol{v}(\boldsymbol{r})| > |\boldsymbol{v}(\boldsymbol{r},-)|$,虽然 $|\Delta\boldsymbol{v}(\boldsymbol{r})|$ 总是

比 $C(\boldsymbol{r},-)$ 小。在远离强西边界流(如墨西哥湾流)的地方,海洋中的大部分动能并不存在于平均流中,而是存在于中尺度脉动中,它们的周期为几周到几个月,空间尺度为 50~150km。因此可以设 $\boldsymbol{v}(\boldsymbol{r},-)\equiv 0,\Delta\boldsymbol{v}(\boldsymbol{r})\equiv\boldsymbol{v}(\boldsymbol{r})$。因此,近似到关于 $\Delta C/C$ 和 $|\boldsymbol{v}|/C$ 的一次项,有

$$\Delta\tau_i = -\int_{\Gamma_i(-)} \frac{(\Delta C(\boldsymbol{r}) + \boldsymbol{v}(\boldsymbol{r})\cdot\boldsymbol{r}'(-))\,\mathrm{d}s}{C^2(\boldsymbol{r},-)} \tag{3.2.4}$$

交换声源与接收机的位置,$\boldsymbol{r}'$ 的符号在固定坐标系下变成相反的。互易的传播时间扰动之和

$$\Delta s_i = \frac{1}{2}(\Delta\tau_i^+ + \Delta\tau_i^-) = -\int_{\Gamma_i(-)} \frac{\mathrm{d}s}{C^2(\boldsymbol{r},-)}\Delta C(\boldsymbol{r}) \tag{3.2.5}$$

仅依赖于 ΔC,而差

$$\Delta d_i = \frac{1}{2}(\Delta\tau_i^+ - \Delta\tau_i^-) = -\int_{\Gamma_i(-)} \frac{\mathrm{d}s}{C^2(\boldsymbol{r},-)}\boldsymbol{v}(\boldsymbol{r})\cdot\boldsymbol{r}'(-) \tag{3.2.6}$$

仅依赖于 $\boldsymbol{v}(\boldsymbol{r})$(对于 $\boldsymbol{v}(\boldsymbol{r},-)\equiv 0,\ d_i=\Delta d_i$)。

对传播时间求和与求差是强有力的层析工具。首先,它们将 ΔC 和 $\boldsymbol{v}$ 的影响分离开,这种分离可适度改进对 ΔC 值的确定。然而,测量 $\boldsymbol{v}$ 的值至关重要,因为通常 $|\boldsymbol{v}|$ 的值远小于 ΔC。Stallworth(1973)可能最早地提出采用差分传播时间的方式测量大尺度海流。式(3.2.6)首先由 Worcester(1977a,b)应用在尺度为 25km 的海洋中。其次,当 $\boldsymbol{v}$ 场和 ΔC 场相关时,如地转流(3.3 节),联合反演可以改进对两个场的估算(6.5 节)。最后,$s(t)$ 和 $d(t)$ 的协方差与海洋学中感兴趣的通量有关;$s(t)$ 是沿着传输路径的垂直位移 $\zeta(t)$ 的度量,因而是温度扰动 ΔT 的度量;$\mathrm{d}\zeta/\mathrm{d}t$ 为垂直速度 $w(t)$。$s(t)$ 和 $d(t)$ 交叉谱的同相分量与热通量有关,异相分量与动量通量有关。人们试图去估算这些量,但是一直未能获得成功(Munk 等,1981a;Munk 和 Wunsch,1982a;Munk,1986)。

3.3 地 转 流

大尺度、稳定的海流趋向于满足地转平衡关系,即水平压力梯度力与科里奥利(简称科氏)力平衡。地转流与压力梯度正交,并且声速和流场通过如下的关系联系起来

$$\rho f u = \Delta p / L_H \tag{3.3.1}$$

式中:ρ 为密度,$f=2\Omega_e\sin\theta\approx 10^{-4}\mathrm{s}^{-1}$(中纬度海域)为科氏参数,$\Omega_e=7.29\times 10^{-5}\mathrm{s}^{-1}$ 为地球的角速率,θ 为纬度;$\Delta p=g\Delta\rho L_V$ 为压力扰动;L_H 和 L_V 为运动的

水平和垂直尺度。

利用式(2.2.7)把 $\Delta\rho$ 和 ΔC 联系起来,有

$$\left|\frac{u}{\Delta C}\right| = \left|\left(\frac{g}{Cf}\right)\left(\frac{\Delta\rho/\rho}{\Delta C/C}\right)\frac{L_V}{L_H}\right| \approx (1.3)\frac{L_V}{L_H} \tag{3.3.2}$$

对于地转流,流速与声速扰动的比值和地转流的垂直与水平尺度的比值几乎一样。对于中尺度扰动, $L_V = 1\text{km}, L_H = 10^2\text{km}$;对于涡旋尺度, $L_V = 1\text{km}, L_H = 10^3 \sim 10^4\text{km}$ 。因此,地转流对传播时间的影响是对应的声速扰动影响的$10^{-4} \sim 10^{-2}$量级。

3.4 环流、涡度和散度

Rossby (1975)首先提出采用互易的声波传输来测量相对涡度, $\zeta \equiv \nabla\times \boldsymbol{v}$ 。在收发机阵列周围的传播时间之差(逆时针方向减去顺时针方向)可直接测量沿边缘的环流,或者根据 Stokes 定理,可以测量阵列内相对涡度的积分。但是,我们不能过高估计直接测量涡度的能力的重要性。几乎所有大尺度海洋环流及其变率的理论分析都是以涡度场的演变为基础的。在旋转流体中,角动量守恒(是流体涡度守恒的一种形式)在理解流体性质方面起着重要的作用(Pedlosky,1987)。在实际工作中,海洋学家在处理分层、旋转流体问题时的通常做法是,引入一个导出量,即"位势涡度",其守恒性比涡度本身更容易用数学公式表示。例如,在各层密度均匀的分层流体中,第 i 层的位势涡度可写为

$$\zeta_i^{\text{pot}} = \frac{(\nabla\times \boldsymbol{v}_i)_z + f}{h_i} \tag{3.4.1}$$

式中: h_i 为第 i 层的厚度;而

$$(\nabla\times \boldsymbol{v}_i)_z = \frac{\partial v}{\partial x} - \frac{\partial u}{\partial y}$$

是相对涡度的垂直分量,同时 f/h_i 是行星涡度。海洋环流理论认为,针对大多数海洋内部现象,应忽略相对涡度;但是在边界流区域和一些强流区域,相对涡度与行星涡度具有同等的重要性。如果想要寻找这个推断和其他理论预测的观测证据,如位势涡度的符号、位势涡度的通量和位势涡度的通量散度,就必须能直接测量式(3.4.1)中的不同的项。用流速计或者其他装置测量相对涡度,已经被证明是一件极为困难的事情。但是,通过闭合环流的速度层析方法,可直接得到相对涡度的估计值,这是因为相应的环流是水深的函数。利用单向层析可得到同一环流的厚度估计值(根据温度反演)。因此,单个层析三角可提供相对涡

度和行星涡度对位势涡度(作为深度的函数)贡献大小的估计值。

为简单起见,这里详细讨论在水平面上传播的情形(通常必须颠倒差分传播时间,以获取阵列每条边上关于距离平均的流速廓线,并且将每条边上相同深度的流速合并)。围绕一个包含 m 个收发机的阵列(包围的面积为 A),差分传播时间可以写为

$$\tau_{123\cdots m1}-\tau_{1m\cdots 321}=-\frac{1}{C^2}\oint \boldsymbol{v}(\boldsymbol{r})\cdot\boldsymbol{r}'\mathrm{d}s=-\frac{1}{C^2}\iint_A[\nabla\times\boldsymbol{v}(\boldsymbol{r})]\cdot\boldsymbol{n}\mathrm{d}a \tag{3.4.2}$$

式中:取参考声速 $C(\boldsymbol{r},-)$ 为常数 C;$\boldsymbol{n}$ 为表面的单位法向量。

由 m 个收发机组成的阵列,包含 $m(m-1)(m-2)/3!$ 个三角形。除了围绕整个阵列的环流以外,每个三角形的环流都可计算。然而,Longuet-Higgins (1982)证明,只有 $(m-1)(m-2)/2$ 个测量值是独立的。例如,$m=4$ 时,有四个三角形,其中三个是独立的。这个数量可提供足够的信息,以确定泰勒展开式中的三个系数:

$$\zeta=a+b\frac{\partial\zeta}{\partial x}+c\frac{\partial\zeta}{\partial y} \tag{3.4.3}$$

一般来说可以估算涡度和其直到 $m-3$ 阶的导数。因此,利用 5 个收发机的信号可获取涡度 ζ 、涡度梯度 $\nabla\zeta$ 和涡度的拉普拉斯 $\nabla^2\zeta$ 的估计值。

为清楚起见作以下讨论。涡旋尺度的相对涡度的量级可由下列 Sverdrup 平衡关系给出(Munk 和 Wunsch,1982a),即

$$\rho\beta v h=\nabla\times\tau \tag{3.4.4}$$

式中:$\beta=\partial f/\partial y\approx f/r_{\mathrm{earth}}$, f 为科氏参数, y 指向北; h 为水层的深度; τ 为风应力。

对于纬向风(其风应力从信风的 $-\tau_0$ 变化到中纬度西风带的 τ_0),即

$$\tau=\tau_x(y) \tag{3.4.5}$$

并且, $\partial v/\partial x=0$。利用如下事实:垂直积分的地转流是无辐散的, $\partial u/\partial x=-\partial v/\partial y$,并且从东边界沿长度为 x 的范围积分(以得到 u),将给出涡度的垂直分量,即

$$\zeta_{\mathrm{gyre}}=\frac{\partial v}{\partial x}-\frac{\partial u}{\partial y}=\frac{x}{\rho\beta h}\frac{\partial^2}{\partial y^2}(\nabla\times\tau_x)\approx\frac{8xr_{\mathrm{earth}}\tau_0}{\rho f h L^3} \tag{3.4.6}$$

则

$$|\zeta_{\mathrm{gyre}}|\approx 10^{-8}\mathrm{s}^{-1}\approx 10^{-4}f \tag{3.4.7}$$

这里取 $x=3\mathrm{Mm}$, $\tau_0=1\,\mathrm{dyn/cm^2}$, $r_{\mathrm{earth}}=6\mathrm{Mm}$, $h=1\mathrm{km}$,同时 $L_{\mathrm{gyre}}=2500\mathrm{km}$ 是信风和中纬度西风带之间的距离。在方形阵列($L=1\mathrm{Mm}$)上的涡度积分为

$L^2\zeta_{\rm gyre} \approx 10^4 \rm m^2/s$，同时

$$\Delta d_i \approx -\frac{1}{C^2}L^2\zeta_{\rm gyre} \approx -4\times10^{-3}\rm s$$

为了比较，类似刚体旋转的涡旋（在半径 $r_{\rm eddy}=50\rm km$ 处，旋转速度 $\boldsymbol{v}=10\rm cm/s$）的平均涡度为

$$\zeta_{\rm eddy} = 2v/r_{\rm eddy} \approx 4\times10^{-6}\rm s^{-1} \approx 10^{-1}f \tag{3.4.8}$$

相比之下，流涡尺度（gyre-scale）的涡度为 $10^{-4}f$。涡度的积分值 $\pi r_{\rm eddy}^2\zeta_{\rm eddy} \approx 3\times10^4 \rm m^2/s$ 与 1Mm 正方形上的流涡尺度的涡度积分大小相当。当中尺度涡进入和离开阵列区域时，将会产生显著的脉动。

散度。声学测量可自然地给出面积平均的相对涡度。但是，大尺度水平散度为 $-\partial w/\partial z$，并且作为垂直环流的一个度量，它具有极为重要的海洋学意义（Munk 和 Wunsch，1982a）。计算一个封闭区域周围的环流，需要知道与边界平行的流动分量，而计算散度则需要知道与边界垂直的分量。利用差分传播时间可得到环流，但是，声学传播时间本质上不受与射线路径垂直的流的影响。因此，有人怀疑声学技术并不是很适合于直接测量散度（在某些条件下，根据在两个水平分离的接收机处的振幅（或传播时间）起伏的交叉相关，可以获取与路径正交的流动情况（Farmer 和 Clifford，1986；Crawford 等，1990；Farmer 和 Crawford，1991））。

从形式上可以证明，声学传播时间对（收/发机阵列内部的）流动的散度并不敏感，方法是把流场 $\boldsymbol{v}(\boldsymbol{r})$ 分解成无旋和无源分量：

$$\boldsymbol{v}(\boldsymbol{r}) = \nabla\Phi(\boldsymbol{r}) + \nabla\times\boldsymbol{\Psi}(\boldsymbol{r}) \tag{3.4.9}$$

式中：$\Phi(\boldsymbol{r})$ 和 $\boldsymbol{\Psi}(\boldsymbol{r})$ 分别为标量势和向量势（Norton，1988）。

Helmholtz 定理说明，任何有限、连续、在无穷远处为零的向量场，都可唯一地写成式（3.4.9）的形式。对于二维的情形，$\boldsymbol{v}(\boldsymbol{r}) = \boldsymbol{v}(x,y)$，只有 z 分量 $\boldsymbol{\Psi}(\boldsymbol{r}) \equiv \Psi(x,y)\hat{z}$ 有贡献，并且这两个标量函数 $\Phi(x,y)$ 和 $\Psi(x,y)$ 确定了 $\boldsymbol{v}(x,y)$。在式(3.2.6)中进行变量代换，可得

$$\Delta d_i = -\frac{1}{C^2}\int_{\Gamma_i}[\nabla\Phi(x,y) + \nabla\times\Psi(x,y)\hat{z}]\cdot\boldsymbol{r}'\mathrm{d}s \tag{3.4.10}$$

这里再次取 $C(\boldsymbol{r},-)$ 为常数 C。因为一个标量场梯度的线积分只依赖于积分路径的两个端点，因此式(3.4.10)变为

$$\Delta d_i = -\frac{1}{C^2}[\Phi(\boldsymbol{r}_{\rm end}) - \Phi(\boldsymbol{r}_{\rm start})] - \frac{1}{C^2}\int_{\Gamma_i}[\nabla\times\Psi(x,y)\hat{z}]\cdot\boldsymbol{r}'\mathrm{d}s \tag{3.4.11}$$

式中：$\boldsymbol{r}_{\text{start}}$ 和 $\boldsymbol{r}_{\text{end}}$ 分别为射线路径 Γ_i 的起点和终点。

式(3.4.11)的意义是，差分传播时间数据并不包含收发机之间的无旋分量 $\nabla\boldsymbol{\Phi}(x,y)$ 的信息。只有场 $\nabla\times\boldsymbol{\Psi}(x,y)\hat{\boldsymbol{z}}$ 能由数据 Δd_i 确定。Norton(1988)推导了一个向量截面投影定理，它表明无源分量 $\nabla\times\boldsymbol{\Psi}(x,y)\hat{\boldsymbol{z}}$ 可从 $\boldsymbol{v}(x,y)$ 在一个有限区域内的无穷多个线积分唯一地实现重构，但是，无旋分量 $\nabla\boldsymbol{\Phi}(x,y)$ 不行。

总之，相对旋度

$$\nabla\times\boldsymbol{v}(\boldsymbol{r})=\nabla\times\nabla\times\boldsymbol{\Psi}(\boldsymbol{r}) \tag{3.4.12}$$

能从互易的传播时间确定（$\nabla\times\nabla\boldsymbol{\Phi}(\boldsymbol{r})\equiv 0$，因为梯度的旋度恒等于零），而散度

$$\nabla\cdot\boldsymbol{v}(\boldsymbol{r})=\nabla^2\boldsymbol{\Phi}(\boldsymbol{r}) \tag{3.4.13}$$

却不能直接地确定（$\nabla\cdot\nabla\times\boldsymbol{\Psi}(\boldsymbol{r})\equiv 0$，因为旋度的散度恒等于零）。但是，如果在区域内部有声源和接收机，那么，式(3.4.11)表明，在流动的无旋分量缓慢变化的条件下（在层析阵列的范围内），人们就能得到每个仪器位置处的标量势 $\boldsymbol{\Phi}(\boldsymbol{r})$ 的信息，因而可做出 $\nabla\boldsymbol{\Phi}$ 的离散估计。

3.5 非互易性

在一个静止的介质中，射线轨迹方程式(2.3.11)并不依赖于传播的方向。因此，沿着相反方向传播的射线具有相同的路径，并且存在一般的互易关系：

$$\frac{p(\boldsymbol{r}_2;\boldsymbol{r}_1)}{\rho(\boldsymbol{r}_2)}=\frac{p(\boldsymbol{r}_1;\boldsymbol{r}_2)}{\rho(\boldsymbol{r}_1)} \tag{3.5.1}$$

式中：$\rho(\boldsymbol{r})$ 为密度；$p(\boldsymbol{r}_j;\boldsymbol{r}_i)$ 为 $\boldsymbol{r}_i$ 处的单位压力源在 $\boldsymbol{r}_j$ 处产生的声压(Worcester,1977)。由于海洋中的密度至多变化百分之几，互易传输的声压力场本质上是相同的。在存在垂直流速切变的情况下，沿相反方向传播的射线将被垂直方向上相反的射线（一个向上，另一个向下）所替代，且式(3.5.1)不再成立。可以构造这样的情形，其中，反向传播信号的声学射线路径将有显著的不同(Sanford,1974;Mercer,1988)，因此，反向传播的信号将对流场的不同部分进行采样，并且式(3.2.6)不再适用。

对几乎水平的射线而言，射线路径的非互易性是最易估计的，因此，C 变成 $C\pm v$，这里 v 是流速在传播方向上的水平分量，并且弧长 s 变成水平位置 x。这时，式(2.3.11b)近似为

$$\frac{\mathrm{d}^2(z_{\text{ray}}+\Delta z_{\text{ray}})}{\mathrm{d}x^2}=-\frac{1}{C}\left(\frac{\mathrm{d}C}{\mathrm{d}z}+\frac{\mathrm{d}v}{\mathrm{d}z}\right) \tag{3.5.2}$$

因此,相对未受扰动的路径 z_{ray} 的位移 Δz_{ray} 是由流速切变产生的。当 $\mathrm{d}v/\mathrm{d}z \geqslant \mathrm{d}C/\mathrm{d}z$ 时,射线路径的非互易性是显著的(Sanford(1974)考虑了退化的情形:$\mathrm{d}C/\mathrm{d}z \approx 0$,并且 $\mathrm{d}v/\mathrm{d}z \gg \mathrm{d}C/\mathrm{d}z$)。

对于小角度的情形,方程(3.5.2)有如下的解,即

$$\Delta z_{\mathrm{ray}} = \frac{1}{2C}\frac{\mathrm{d}v}{\mathrm{d}z}x(R - x) \tag{3.5.3}$$

考虑单个的上射线循环,其中 $R = 25\mathrm{km}$,类似于 Worcester 实验(1977a, b)中观测阵列的几何布局。流速切变的一个合理值是 $\mathrm{d}v/\mathrm{d}z = 3 \times 10^{-4}\mathrm{s}^{-1}$,这时最大垂直位移(在 $x = \frac{1}{2}R$ 处)为

$$\Delta z_{\mathrm{ray}} = \frac{1}{8C}\frac{\mathrm{d}v}{\mathrm{d}z}R^2 = 16\mathrm{m} \tag{3.5.4}$$

因此,反向传播的信号被两倍的这个距离分隔开来。当然,射线路径不是无穷薄的,而是具有有限宽度的(菲涅耳区,Fresnel zone),其典型量级为 50 ~ 100m。射线的间隔需要与菲涅耳区的宽度作比较,以确定反向传播的射线是否真的是明显不同的。在本例中,情况是不同的。

与 16m 的位移相对应的声速扰动可能很大。为了说明这一点,这里用一个典型的声速梯度值乘以 Δz_{ray}。对于温带廓线(在 $z = \frac{1}{2}z_A = -\frac{1}{2}h$),由式(2.18.2)可知,位势声速梯度是 $C\gamma_a e = 0.046\mathrm{s}^{-1}$,因此,由 $x = R/2$ 处的射线路径位移产生的扰动是

$$\Delta C_{nr} = \frac{1}{8}\frac{\mathrm{d}v}{\mathrm{d}z}R^2\gamma_a e = 0.7\mathrm{m/s} \tag{3.5.5}$$

可以预期,流速 v 必须要超过 0.7m/s 才能被互易的传输测量到。尽管,Δz 和 ΔC_{nr} 关于 $\mathrm{d}v/\mathrm{d}z$ 的确是一阶的,但根据 Fermat 原理,增加的声速与增加的受扰路径(perturbed path)长度是相互抵消的,因此由 ΔC_{nr} 产生的传播时间扰动却是二阶的(在 2.8 节中针对静止介质的情形,我们推导过这个关系。同样,这个关系也适用于运动介质(Pierce,1989))。

把流速 v 看作为对声速 C 的一个扰动,而且 $|v|/C \ll 1$,那么,2.8 节中给出的传播时间扰动的二阶展开式,即

$$\Delta\tau = L\Delta l + M(\Delta l)^2 \tag{3.5.6}$$

是适用的,其中 $\Delta l = \pm v/C$(取决于传播的方向)。因为根据定义,二阶项是扰动的二次项,当计算差分传播时间

$$\Delta d_i = \frac{1}{2}(\Delta\tau_i^+ - \Delta\tau_i^-) \tag{3.5.7}$$

时,它们将相互抵消。即使运动介质中的射线路径是非互易的,近似到二阶的差分传播时间的线性化表达式仍然是正确的(单向传播时间及总的传播时间仅对一阶项是正确的)。

在式(3.5.4)中,Δz_{ray} 对 R^2 的依赖性表明,对于长距离,互易性是失效的。但是,如果距离超过射线的双循环长度,那么 Δz_{ray} 的解变成振荡的,并具有与射线相同的空间周期(3.6 节将给出一个来自真实实验的数值例子)。这种周期性的运动方式是声道的许多性质的特征,既适用于温带声道,也适用于极地表面波导。一般地,由流速切变产生的射线位移可根据如下条件得到,即总距离是固定的,$\Delta R = 0$。由式(2.8.11)并利用式(2.5.4),有

$$\Delta \tilde{S} = -\frac{\partial^2 A/\partial \tilde{S}\,\partial l}{\partial^2 A/\partial \tilde{S}^2}\Delta l = -f(\tilde{S})\Delta l$$

对于温带的 $A(\tilde{S})$,可以证明,$f(\tilde{S})$ 几乎是 $-\tilde{S}$。

为了清楚起见,考虑正的 $\mathrm{d}v/\mathrm{d}z$ 的情形。令 $\Delta l = -v_{AX}/C$,有

$$\Delta \tilde{S} = -\tilde{S}(v_{AX}/C) \tag{3.5.8}$$

式中:v_{AX} 为轴向声速。对于沿着 v 的方向的传播,$\Delta \tilde{S}$ 是负的。在声轴上方的射线循环向上移动,在声轴下方的射线循环向下移动。对于逆海流的传输,$\Delta \tilde{S}$ 是正的,并且两个射线循环均朝着轴向声慢度最大值处移动。取绝热梯度作为下层海洋的典型值,那么位移的量级为

$$\gamma_a^{-1}(v/C) = 1 \sim 10\text{m} \tag{3.5.9}$$

这个结果与距离无关。这些数值与单个射线循环的估计值式(3.5.4)是相当的。因此,在长距离上,利用互易传输来测量流速似乎是可行的。

3.6 互易传输实验

根据不同距离(从 25km 稳步增加到 1275km)情况所实施的一系列实验,研究了利用互易声学传输方法测量大尺度海流的可行性,读者如需了解有关详情,可参阅 Dushaw 等(1993a)的文献。各实验中获得的特定的声波到达的数量和间距极为相似,因此我们可以识别相应的声波到达并测量其传播时间之差(图 3.2)(差分传播时间只有几毫秒,当显示完整的到达结构时,无法看到差分传播时间)。

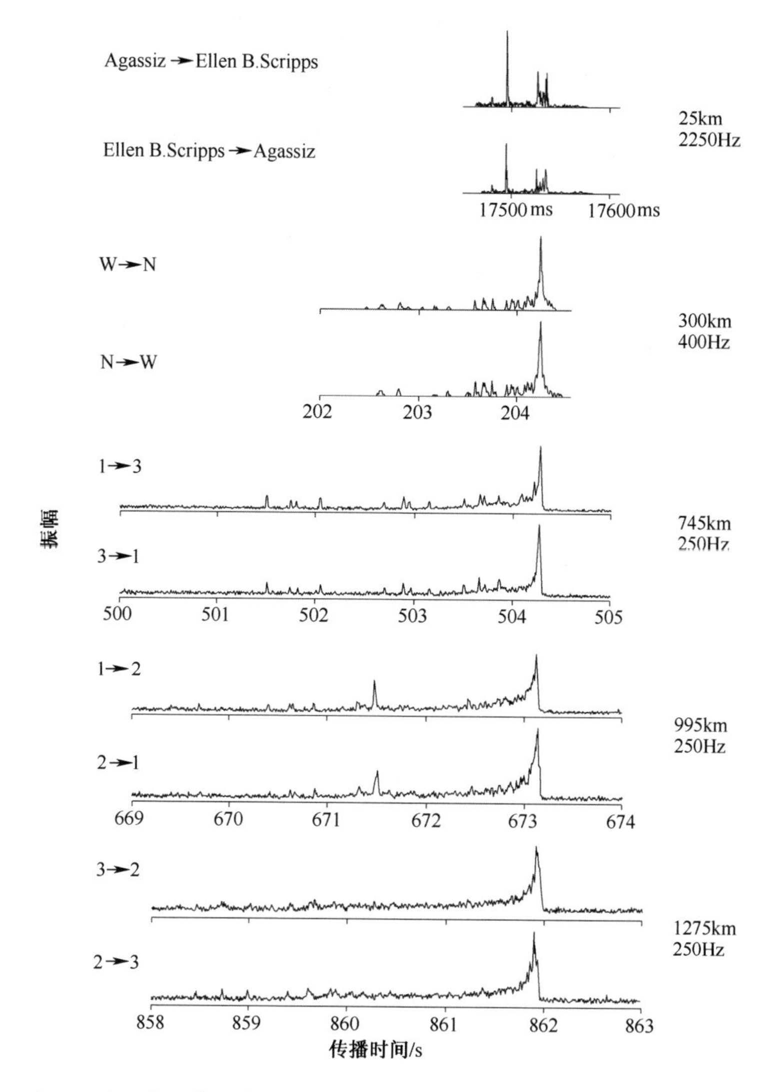

图 3.2　在不同的距离和声频率组合时的互易到达结构。纵轴与压力成正比。在 25km 处的到达的时间是 1976 年 4 月 3 日 09：14 UTC（取自 Worcester，1977b）。在 300km 处的到达是对 1983 年年积日 223（year day 223）的日平均（取自 Worcester 等，1985b）。在 745km 和 995km 处的到达是对 1987 年年积日 153 的日平均。在 1275km 处的到达是对 1987 年年积日 165 的日平均（取自 Worcester 等，1991b）。注意，对 25km 的距离，图中使用了一个放大的尺度。Agassiz 和 Ellen B. Scripps 是 1976 年实验中使用的船舶平台。

然而，相应的到达的振幅呈现出明显的差异，这表明存在一定程度的非互易性。这在 25km 处是特别明显的，在这里，0.6ms 的脉冲长度解析了到达中的单个微多路径(micromultipath)(在大约17530ms时)。对平均声速廓线而言,在这一时刻的一组声波到达对应于单个确定性的射线路径(Worcester,1977a,b;Worcester等,1981)。内波能够将基本的射线路径分裂成多个微多路径,接着,它们在接收机处产生干涉,有时是相消干涉(见第4章)。对于更长的距离,日平均将抑制与内波有关的变率(图3.2)。

图3.3和图3.4显示了在百慕大群岛以西300km处(Howe等,1987)以及中北太平洋中部745km、995km和1275km处(Dushaw等,1994)的差分传播时间。对应于差分传播时间的流速的量级可由下式得到:

$$\Delta d_i = \frac{1}{2}(\Delta\tau_i^+ - \Delta\tau_i^-) \approx -\frac{\bar{u}}{C_0}\frac{R}{C_0} \tag{3.6.1}$$

式中:射线路径取为一条直线;$\bar{u}$为距离平均的流速;C_0为参考声速(如Worcester,1977a,b)。

用这种方法计算的近似流速大小显示在图3.3和图3.4右边的坐标轴上。正如预期的那样,西北大西洋中的低频、大尺度的流速要比中北太平洋的大得多。

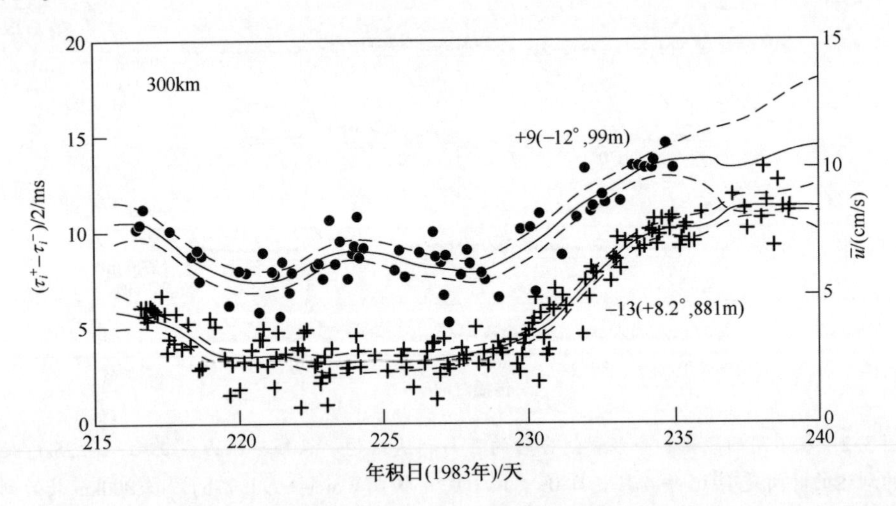

图3.3 在1983年的互易声波传输实验中,+9和−13射线的差分传播时间。其中的距离是300km。对每条射线,计算的到达角和上转向深度已给出。在实施反演(实线)之前,利用低通滤波抑制高频噪声(大于0.5周/天)。对低通序列,估计的均方根不确定性由虚线给出。右边的坐标轴对相应的关于距离平均的流速$\bar{u}$给出了粗略估计(改编自Howe等,1987)。

从图3.3中所标绘的两条射线(上转向深度分别为99m和881m)的差分传播时间的差异可以看出,图3.3中存在着明显的流速切变。类似地,在图3.4

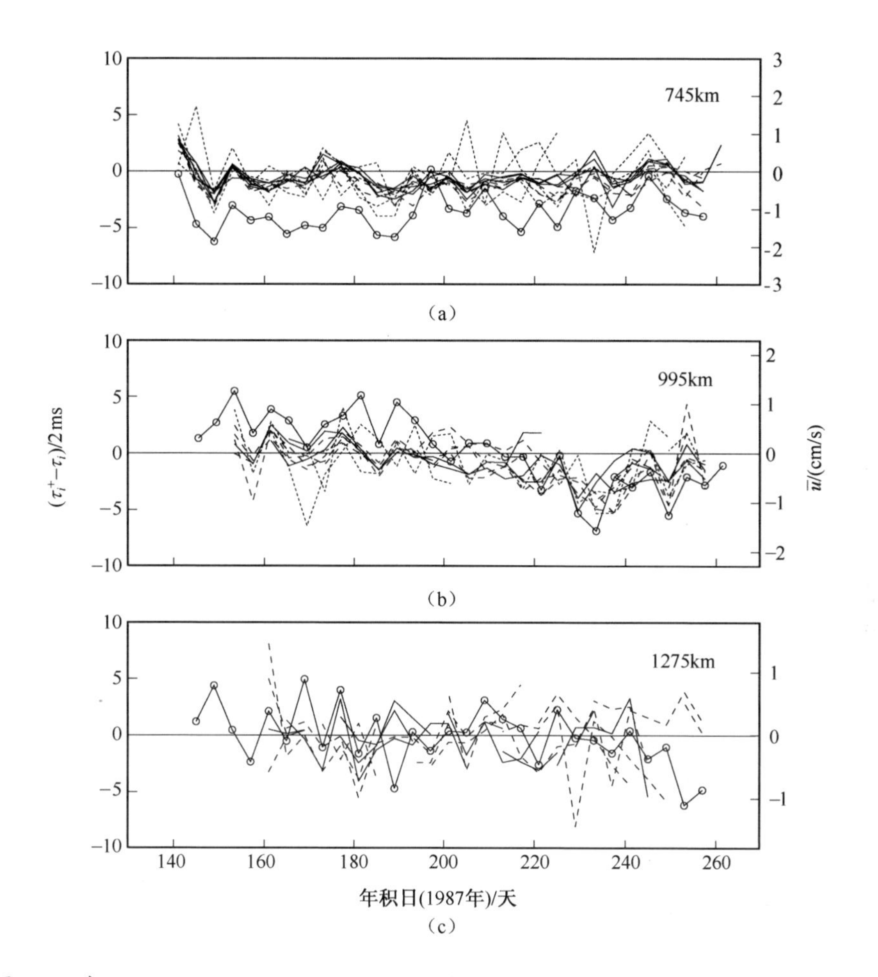

图 3.4　在 745km,995km 和 1275km 处,低通滤波(小于 1 周/天)的差分传播时间(取自 1987 年互易层析实验)。实线、虚线和点线代表不同的射线群。空心圆代表轴向射线的传播时间。在距离 1275km 处,声波的信噪比低,这给出了含噪声的差分传播时间。右边的坐标轴给出相应的距离平均的流速 $\bar{u}$ 的粗略估计(改编自 Dushaw 等,1994)。

中,轴向射线的差分传播时间不同于在深处转向射线的差分传播时间(即所有的其他射线),这同样表明了流速切变的存在。声学传播时间对海洋流场的斜压分量(依赖于深度)和正压分量(不依赖于深度)都是敏感的。

1. 正压潮汐

在海洋中部,正压潮流不依赖于深度,并且具有大的水平尺度,达到 O(1Mm)。相反,斜压潮流的水平尺度要小许多,并具有量级为 100m 的垂直相干尺度(Wunsch,1975)。正压潮流和斜压潮流的量级相当,均为 O(1cm/s),并具有相同的频率。可以预期,利用声学技术可获得极佳的正压潮流的估计值,这是因为长距离、陡峭射线路径周期性地通过大部分水柱,在其上的内在的垂直和水平平均,抑制了斜压分量对声学传播时间的贡献。

在 1987 年实施的互易层析实验中,潮汐信号可解释中北太平洋中 1Mm 距离处约 90%的差分传播时间方差(Dushaw,1992;Dushaw 等,1994)。把在 8 个潮汐频率处的分量最小二乘拟合到由差分传播时间估计的流速,可得到潮汐振幅和相位,这些值不但与潮汐的数值模型一致(Schwiderski,1980;Cartwright 等,1992)(表 3.1),也与根据锚定的流速计数据计算得到的正压潮汐流非常一致(Luther 等,1991)。(把潮汐分量不加权最小二乘拟合到差分传播时间,与这些结果并没有显著的不同(Worcester 等,1991b;Luther 等,1991))。

表 3.1　在 1987 年互易层析实验中,沿着北侧边向东的正压潮汐流分量的振幅和 Greenwich 相位

潮汐分量		声层析	锚定的流速计	Schwiderski 模型	CRS 模型①
K_2	cm/s	0.12 ±0.04	0.10 ±0.04	—	0.14
	°G	268 ±13	280 ±21	—	279
S_2	cm/s	0.53 ± 0.04	0.53 ± 0.05	0.66	0.63
	°G	272 ± 4	280 ± 6	270	276
M_2	cm/s	1.31 ±0.03	1.32 ±0.05	1.28	1.42
	°G	223 ± 1	218±2	222	218
N_2	cm/s	0.14 ±0.03	0.15 ±0.05	0.16	0.15
	°G	191 ± 13	216 ± 17	184	201
K_1	cm/s	0.75 ± 0.04	0.74 ± 0.03	0.45	0.53
	°G	128 ± 2	135 ± 3	127	100
P_1	cm/s	0.18 ±0.04	0.27 ± 0.02	—	0.10
	°G	132 ± 11	141 ± 4	—	129
O_1	cm/s	0.43 ± 0.03	0.46 ± 0.03	0.33	0.38
	°G	101 ± 4	122±4	99	104
Q_1	cm/s	0.10 ±0.03	0.07 ± 0.02	—	0.05
	°G	64 ± 16	110±14	—	125

①CRS 模型是 Cartwright,Ray 和 Sanchez (1992) 模型。

来源:改编自 Dushaw 等(1994)。

在某些条件下,潮汐的传播时间信号甚至能达到足够之大,以至于在单向传播时间中也可以将其识别出来。例如,Munk 等(1981b)在 1978 年实施的单向

传输实验中（从百慕大群岛到美国的东海岸）就发现了一个振幅为 8ms 的正压潮汐分量。

2. 互易性

分析高频的传播时间方差，可以获得体现反向传播信号沿着相似射线路径传播程度的实验性指标。其周期小于惯性周期的传播时间脉动，主要是由与内波位移有关的声速扰动产生的（Flatté 等，1979；Flatté，1983；Flatté 和 Stoughton，1986，1988）。如果反向传播信号沿着在时间和空间上充分接近的射线路径传播，以至于内波诱生的声速扰动是相关的，那么，产生的单向传播时间脉动也将是相关的，并且在差分传播时间中相互抵消。因此，相对于单向传播时间，对差分传播时间来说，高频的传播时间方差的减少表明，反向传播信号射线路径的分离不超过内波的相关尺度（在垂直方向约为 100m）。对于充分大的距离（因而在脉冲传播时间内，内波场将发生显著的改变），这种相关性将下降。在这种情形下，通过时间平均来抑制内波产生的传播时间脉动，差分传播时间的精度可以进一步提高。

在 1983 年百慕大以西实施的互易传输实验中发现，在 300km 距离上，高频传播时间方差具有高度的相关性，其中单向传播时间方差 $\langle \tau^2 \rangle = 10.6\text{ms}^2$，差分传播时间方差 $\frac{1}{2}\langle (\tau^+ - \tau^-)^2 \rangle = 0.8\text{ms}^2$，以上数据是基于对所有射线路径取平均得到的（表 3.2）。Stoughton 等（1986）证明，测量的差分传播时间脉动主要是由内波流（internal wave current）、而不是由射线路径的非互易性产生的。1987 年，在中北太平洋进行的互易层析实验所提供的数据表明，在最远至 1275km 距离处（在这个距离处仍能测得差分传播时间），反向传播的信号仍具有显著的相关性，尽管在较短距离处的相关性更为显著（表 3.2）。造成这种相关性下降的原因，至少部分地是因为反向传播脉冲的非同时性。在 1275km 距离处的传播时间差不多是 15min，与接近海表的内波的最短周期相当。然而，在中北太平洋，无论是平均流速还是均方根流速都很小，因此，在此情形下的相关系数达到极大值是可以预期的。

表 3.2　非潮汐的、高频（大于 1 周/天）传播时间方差①

距离/km	射线路径的几何形式	$\langle \tau^2 \rangle$ /ms^2	$\frac{1}{2}\langle (\tau^+ - \tau^-)^2 \rangle$ /ms^2	$\langle \tau^+ \tau^- \rangle / \langle \tau^2 \rangle$
300 (RTE83)	RR	10.6	0.8	0.92

(续)

距离/km	射线路径的几何形式	$\langle\tau^2\rangle$ /ms^2	$\frac{1}{2}\langle(\tau^+-\tau^-)^2\rangle$ /ms^2	$\langle\tau^+\tau^-\rangle/\langle\tau^2\rangle$
745	RSR	8	3	0.60
(RTE87)	RSR/RR	38	15	0.60
995	RSR	15	7	0.51
(RTE87)	RSR/RR	45	21	0.53
1275	RSR	17	7	0.59
(RTE87)	RSR/RR	39	10	0.50

①由 RR 表示的射线路径是折射路径,由 RSR 表示的是表面反射路径。$\langle\tau^2\rangle=\frac{1}{2}(\langle(\tau^+)^2\rangle+\langle(\tau^-)^2\rangle)$。差分传播时间方差已经归一化,使得如果 $\langle\tau^+\tau^-\rangle=0$,那么差分的和单向的方差相等。

来源:改编自 Dushaw 等(1993a)。

对于由差分传播时间反演得到的大尺度流场,我们也可以通过追踪在相反方向上的射线的方式来进行一致性检验。对于 1983 年的互易传输实验而言,由计算得到的反向传播射线之间的垂直间距没有超过 40m(图 3.5),相比之下,内波垂直相关尺度约为 100m。这个结果与高频方差分析中发现的高相关性是一致的。

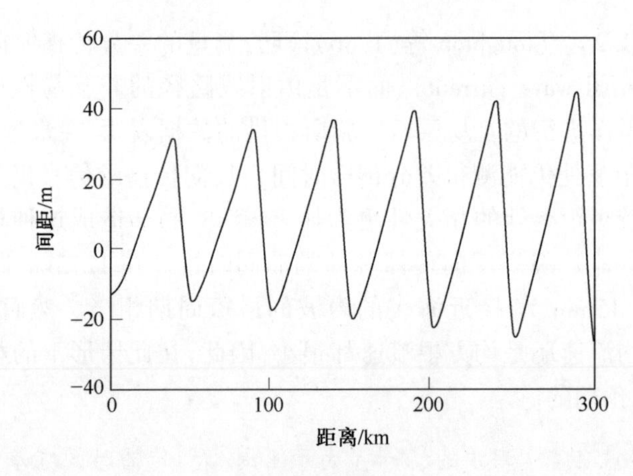

图 3.5 在 1983 年互易传输实验中,反向传播射线之间的垂直间距。这个间距是利用不依赖于距离的流速廓线(由差分传播时间反演得到)计算得到的(Howe,1986)。导致这个间距的原因有:存在平均流速切变 $\partial u(z)/\partial z$,以及声源和接收机并不完全同步这一事实(改编自 Stoughton 等,1986)。

第 4 章　正问题:依赖于距离的情形

到目前为止,我们已经处理了不依赖于距离的(Range Independent, RI)声道的情形。但是海洋沿着水平方向一定有变化,并且总是依赖于距离的(Range Dependent, RD);层析的主要目的之一就是推断它的关于距离平均的(Range Averaged, RA)性质。

RD 处理方法有不同的形式,取决于水平变化的尺度是较大,即与射线循环的水平距离(典型值是 50km)相当,还是远小于射线循环的水平距离。我们引入"绝热①距离依赖性"这个概念处理(在一个射线循环内)小扰动的情形。因此,如果没有强烈的锋区,在涡旋尺度上的扰动变化可以用绝热近似来处理②。

术语"循环共振"适用于射线传播时间扰动,这种传播时间扰动由水平尺度等于射线循环尺度或其一部分的海洋扰动引起。这包括中尺度运动(这种运动的尺度偶尔与循环尺度相当),并且向下延伸直至内波谱中波长更长的波动。Cornuelle 和 Howe(1987)的研究表明,观测的传播时间扰动(与循环共振有关),即使对于单条声源-接收机传输路径,也能提供某些 RD 的信息。

内波通常被作为小尺度过程(作为噪声),因此利用正问题方法可以得到传播时间的方差和其他统计特征的估计(Flatté 等,1979)。对实测数据集的反演需要这些估计。反过来,测量得到的方差能提供关于小尺度结构的有用信息(Flatté 和 Stoughton,1986)。从根本上来说,是小尺度结构、而不是测量误差对海洋声层析施加了主要的限制。

4.1　绝热距离依赖性

研究表明(Milder,1969;Wunsch,1987),绝热射线不变量是波作用量 A。假设在随距离 x 绝热变化的声道内,A = 常数,我们可以计算出 $\tilde{S}(x)$ 和 $\tilde{z}(x)$ 的

---

① 此处的"绝热(adiabatic)"不同于式(2.2.5)中的用法,式(2.2.5)中的"绝热(adiabatic)"指的是混合流体中的垂直梯度。

② 在所有北部和南部海盆中的风生海洋环流可以根据纬度带来分类。副热带环流圈从信风延伸到西风(大致在纬度 15°~50°);副极地环流圈则从副热带环流圈向极地延伸。环流圈之间的边界非常清晰。

绝热方差。图 4.1 显示了沿着中纬度到极地声道传播的声射线结构的变化情况(Dashen 和 Munk,1984)。这种射线结构的转变可用倾斜声轴来模拟,声轴在 B 点露出海面。假设作用量守恒,那么折射的射线沿着声道向上,并在 A 点从折射(RR)变为海表面反射(RSR)传播。从 RR 到 RSR 过渡的观测结果将在第 8 章中讨论。

作为一个简单例子,我们考虑极地声速廓线,假设其垂直声速梯度随纬度变化极小(如由盐度梯度产生的垂直声速梯度),有

$$\gamma(x) = \gamma_a + \mu(x - x_0)$$

式中:γ_a 为等盐度海洋式(2.2.5)中的绝热垂直声速梯度;μ 为系数(km^{-2})。那么,在 $A = \frac{2}{3}\gamma^{-1} S_0 \tilde{\sigma}^3$ 为常数时,有

$$\frac{3\delta\tilde{\sigma}}{\tilde{\sigma}} = +\frac{\delta\gamma}{\gamma_a} = +\frac{\mu(x - x_0)}{\gamma_a}$$

因此,$R(x)$ 随纬度的变化,以及 T, s_g, s_p 随纬度的变化,都可用式(2.17.6)~式(2.17.10)计算得到。相位慢度 s_p 的随纬度的变化将导致射线的水平折射。

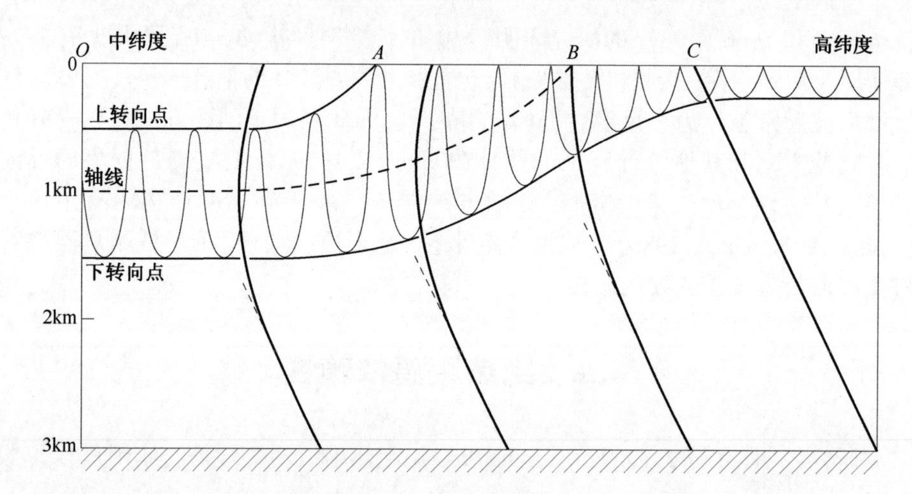

图 4.1 射线路径随纬度的绝热变化。图中绘出了四个声速廓线。从声源(在 0 处)到左侧的声速廓线之间,环境条件均匀。声轴在 B 点到达海表面,声速梯度在 C 点变为常数(绝热)。在中纬度海域,绘制的是 RR 传输的射线;在高纬度海域,绘制的是 RSR 传输的射线,A 点是上转向点首先到达海表面的位置。在 B 点以外,只有下循环(波导传输)。

用模态可对绝热距离依赖性作出极为简要的解释。Milder(1969)证明了波传播的绝热不变量是模态数量 m 。也就是说,尽管沿传播路径存在着声速廓线的绝热变化,但是各个模态的传播是独立进行的,不存在相互耦合的现象。关于绝热近似问题的讨论,读者可参阅 Brekhowskikh 和 Lysanow(1991,7.2 节)的说明。

二阶影响是个比较复杂的问题。对于 RI 情形,我们在前面讨论单个参数 l 扰动的简单示例时,有

$$\Delta T = L\Delta l + M(\Delta l)^2,\ \Delta\tau = n\Delta T \tag{4.1.1}$$

式中:M 和 L 为未受扰动状态下的 A 及其导数的给定函数式(2.8.15)。

对于 RD 绝热情形,结果为(Munk 和 Wunsch,1987;Wunsch,1987)

$$\Delta T = L\langle\Delta l\rangle + M\langle\Delta l\rangle^2 + N\langle(\Delta l - \langle\Delta l\rangle)^2\rangle,\ \Delta\tau = n\Delta T \tag{4.1.2}$$

其中

$$N = \frac{1}{2}\frac{\partial^2 A}{\partial l^2} - \left(1 - \frac{1}{2}\frac{(\partial A/\partial l)(\partial^2 A/\partial \tilde{S}^2)}{(\partial A/\partial \tilde{S})(\partial^2 A/\partial l\partial \tilde{S})}\right)\frac{(\partial A/\partial l)(\partial^2 A/\partial l\partial \tilde{S})}{\partial A/\partial \tilde{S}} \tag{4.1.3}$$

式(4.1.2)中的角括号表示距离平均。对于绝热情形,$A = \langle A\rangle \neq f(x)$,但是受f到扰动的 A 不同于初始的 $A(-)$ 。

式(4.1.2)等号右边的第一项是冻结(frozen)RD 射线近似。第二项和第三项给出了非线性修正。有两个重要的特例:①对于 RI 情形,我们只有第二项;②对于 RD 情形,当 $\langle\Delta l\rangle = 0$ 时,我们只有第三项。一个重要的结论是,第三项仅依赖于 $\Delta l(x)$ 的空间方差。对于非绝热的 RD 变化,传播时间依赖于 $\Delta l(x)$ 的矩,而这个矩随着射线的不同而有变化。

远距离的传输可能会出现一些麻烦问题,因为与平均涡旋扰动 $\langle\Delta l\rangle$ 有关的线性项,可能相当于或者小于二次项 $\langle(\Delta l - \langle\Delta l\rangle)^2\rangle$ (它与沿传播路径的绝热 RD 扰动 $\Delta l(x)$ 有关)。在这些情况下,二次偏差与线性扰动相当。

4.2 循环共振

我们采用 Cornuelle 和 Howe(1987)提出的、在 RD 环境中处理传播时间扰动的分析方法。在 RD 声道的 Fourier 分解中,每条射线都最敏感于那些与射线双循环及其谐波相同波长的 RD 扰动分量,因而采用“循环共振”这个术语描述这种现象。相反,逆处理(inverse treatment)将给出有关 RD 扰动的谱信息,我们称为“循环谐波分析”。这种仅对海洋波数谱中几个离散分量的约束,既有好的

一面又有不好的一面。从正问题的角度看,如果给定高度选择性的(仅和一小部分海洋变率的)相互作用,那么这意味着 RI 近似相对来说是好的。不好的一面是从反问题的角度看:对单个声源-接收机对来说,用循环谐波分析方法获得的扰动谱的信息(在波数空间)是非常稀少的。实际上,必须依赖于二维阵列来实施平面探测。Smith 等(1992a)在 $\theta - z$ 空间中给出了一个由循环共振引起的路径扰动的有趣例子。

对于 RI 慢度扰动,我们之前把 $\Delta S(z)$ 写成 $\Delta S(z) = \sum_j l_j F_j(z)$,其中 $F_j(z)$ 是某个方便的模态函数集(如:动力学的、经验的等)。该式可以表示为

$$\Delta S(x,z) = \sum_k \sum_j \left[a_{kj}\cos\frac{2\pi kx}{r} + b_{kj}\sin\frac{2\pi kx}{r}\right] F_j(z) \tag{4.2.1}$$

式中:k 为声源和接收机之间的周期数(number of cycles)。

正弦函数可以有任意的基本周期,使用距离 r 可简化一些代数处理。

传播时间扰动为

$$\Delta\tau_n = \int_{\Gamma_n} \mathrm{d}s\Delta S(x, z_n(x))$$

式中:Γ_n 为沿着第 n 条射线路径 $z_n(x)$ 的积分。

在线性近似中,用未受扰动路径 $\Gamma_n(-)$ 代替 Γ_n 。用 $(\mathrm{d}s/\mathrm{d}x)\mathrm{d}x$ 代替 $\mathrm{d}s$,有

$$\Delta\tau_n = \sum_k \sum_j \int_{\Gamma_n(-)} \mathrm{d}x G_{nj}(x)\left(a_{kj}\cos\frac{2\pi kx}{r} + b_{kj}\sin\frac{2\pi kx}{r}\right) \tag{4.2.2}$$

式中:

$$G_{nj}(x) = (\mathrm{d}s/\mathrm{d}x)F_j[z_n(x)] \tag{4.2.3}$$

是射线 n 在垂直模态 j 上的投影。Cornuelle 和 Howe 将 G 称为"射线权重函数"。现在,我们对非 RI 海洋中的 RD 扰动作出严格的限制。图 4.2 描绘了温带海洋中模态 $j(=1)$ 为 Rossby 波的情形。平坦的射线(虚线)停留在 $F(z)$ 最大值之下,因此,$G(x)$ 在射线最高点处有一峰值出现。在最大值之上延伸的陡峭射线(实线)与 $G(x)$ 的双峰有关。循环共振的有效性由 $G(x)$ 的 Fourier 分量决定。

例如,假设声源和接收机位于声轴上,并且考虑近似正弦曲线的轴向射线对 $z_n(x) = z_A \pm \beta\sin(2\pi nx/r)$ 。对单个的模态(略去下标 j),在声轴附近展开 $F(z)$,$F = F_A + F'_A(z - z_A)$ 。忽略 $\mathrm{d}s/\mathrm{d}x$ 项,则

$$\Delta\tau_n = \int_0^r \mathrm{d}x \sum_k \left[a_k\cos\frac{2\pi kx}{r} + b_k\sin\frac{2\pi kx}{r}\right]\left[F_A + F'_A\beta\sin\frac{2\pi kx}{r}\right] \tag{4.2.4}$$

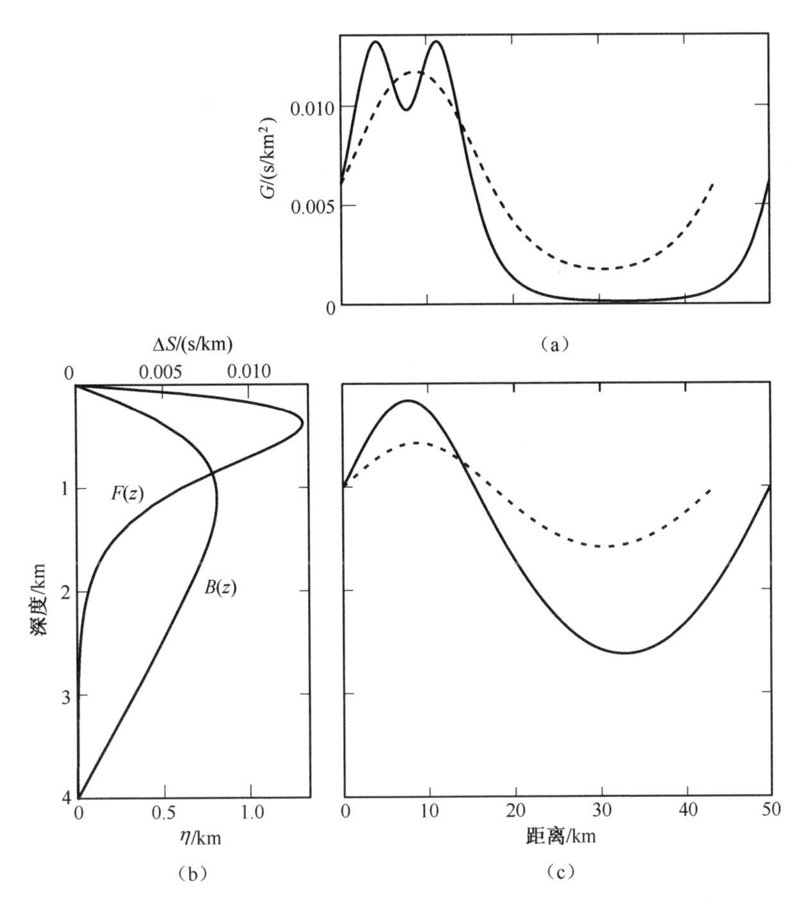

图 4.2 温带海洋中单个($j=1$)Rossby 波模态的情形。图(a)为两条射线的射线权重函数 $G_n(x) \sim F(z_n(x))$；图(b)为垂直位移的波函数 $B(z)$ 和声慢扰动的波函数 $F(z)$；图(c)为平坦射线(虚线)和陡峭射线的射线轨道 $z_n(x)$。

$$\Delta\tau_n = ra_0F_A \pm \frac{1}{2}rb_nF'_A\beta \tag{4.2.5}$$

式中:"±"号对应于向上/向下的发射角,这导致传播时间的"分离"。

在 RI 情形下,对于(整数) n 个双循环,有向上/向下的衰减,如果声源和接收机位于相同深度处(不必是轴向的),那么,向上/向下的射线同时到达。式(4.2.5)的第一项是 RI 扰动, $k=0$,由近轴的扰动 $\Delta S = a_0F_A$ 引起。第二项为 $k=n$ 时的 RD 扰动,其中,扰动谐波 k 与射线 n 具有相同的水平波长。因为正弦和余弦函数的正交性,除了 $k=0$ 之外没有关于 a_k 的信息。

由于众多原因,一般情形是复杂的。

(1)对于多个模态 j ,式(4.2.5)的第一项变为

$$\Delta\tau_n = r\sum_j a_{0j}\ (F_A)_j$$

(2)非轴向射线(较小的 n)变得越来越呈非正弦化,因此,需要考虑射线 n 的谐波 h, 即

$$z_n(x) - z_A = \sum_h \beta_{nh}\sin(2\pi nhx/r)$$

所有的谐波同时到达,因而射线 n 有来自于 $k=n,2n,\cdots,hn$ 个扰动周期的贡献(在距离 r 内)。

在非 RI 的海洋中,利用上述对 RD 扰动的限制,可方便地引入矩阵形式(见 2.9 节):

$$\Delta\tau_n = \sum_p E_{n,p}l_p \tag{4.2.6a}$$

式中:$p(j,h)$ 为对于所有可能的 j 和 h 值的联合指标,且有

$$\begin{cases} l_p = a_{0j}, k = h = 0 \\ l_p = \dfrac{1}{2}b_{k,j}, k = nh \neq 0 \end{cases} \tag{4.2.6b}$$

对于仅有一个模态 $j=1$ 的情形,下标 j 略去,并且用 k 代替 p ,式(4.2.6a)可写为

$$\Delta\tau_n = \sum_k E_{n,k}l_k \tag{4.2.7}$$

其中

$$\begin{cases} E_{n,0} = n\int_0^{r/n}\mathrm{d}xG_n(x),\ l_0 = a_0,\ k = 0 \\ E_{n,k} = n\int_0^{r/n}\mathrm{d}x\sin\dfrac{2\pi kx}{r}G_n(x),\ l_k = \dfrac{1}{2}b_k,\ k = nh \neq 0 \end{cases} \tag{4.2.8}$$

对于所有其他的 k ,有 $E_{n,k}=0$。对于温带海洋,在距离为 1Mm 的范围内,我们仅有 $n=19,20,\cdots,23$ 个双循环/Mm,因此,除了 $k=0,k=n=19,20,\cdots,23$, $k=2n=38,40,\cdots,46$ 等以外,有 $E_{n,k}=0$(表 4.1)。表 4.1 中第一列, $k=0$,对应于 RI 情形($j=1$),与式(2.15.12)中所给出的 $(E_{ij})_{\mathrm{ray}}$ 相同(图 2.15)。该矩阵为稀疏矩阵,正如在第 6 章中将要证明的那样,其结果是,由逆分析(inverse analysis)得到的信息(分辨率)在水平波数空间受到极为严格的限制。

1. 海洋 Rossby 波

在此,我们详细讨论单色二维 Rossby 波谱的情形。虽然得到的声速扰动分

布(图 4.4)与实际情况有较大的偏差,但是仍可作为一个示例,展示处理复杂海洋中的简单传输问题的逆方法(inverse methods)(读者可以跳过本节的其余部分)。

令

$$\eta(x,y,z,t) = c(\kappa_x,\kappa_y,\omega)B(z)\cos(\kappa_x x + \kappa_y y - \omega t - \phi) \quad (4.2.9)$$

表示 Rossby 波的垂直位移,并令

$$\Delta S(x,y,z,t) = cF(z)\cos(\kappa_x x + \kappa_y y - \omega t - \phi) \quad (4.2.10)$$

表示相关的声慢度扰动,其中 $F(z)$ 由式(2.18.31)中的方括号项给出。所有可能的解都位于圆心在 κ_c, 半径为 κ_r 的圆上(图 4.3),即

$$\kappa_r = \sqrt{\kappa_c^2 - \lambda^2}, \kappa_c = -\beta/(2\omega)$$

式中:$\lambda = \xi_0(1)h^{-1}f/N_0$(参见式(2.18.27)~式(2.18.34))。

对于任意的 $|\kappa_y|$,存在四个基本的波分量,即

$$\kappa_x^{L/R} = \kappa_c \mp \sqrt{\kappa_r^2 - \kappa_y^2}, \ \kappa^{L/R} = \sqrt{(\kappa_x^{L/R})^2 + \kappa_y^2} \quad (4.2.11)$$

式中:$\kappa_y = \pm|\kappa_y|$,分别对应于向北和向南传播的波;κ_x 总是负的:相速度是向西的。最短和最长的波长分别为 $2\pi/\kappa_x^L(0) = 10.5\text{km}$ 和 $2\pi/\kappa_x^R(0) = 2371\text{km}$。

表 4.1 对于温带廓线环境中的 1Mm 距离,转置的观测矩阵 $\boldsymbol{E}_n^{\mathrm{T}}$ (s/km)①

κ_y	n				
	19	20	21	22	23
0	3.39	4.12	4.69	5.18	5.64
1	0	0	0	0	0
⋮					
18	0	0	0	0	0
19	2.03	0	0	0	0
20	0	2.50	0	0	0
21	0	0	2.76	0	0
22	0	0	0	2.76	0
23	0	0	0	0	2.33
24	0	0	0	0	0
⋮					
37	0	0	0	0	0

（续）

κ_y	n				
	19	20	21	22	23
38	1.00	0	0	0	0
39	0	0	0	0	0
40	0	1.20	0	0	0
41	0	0	0	0	0
42	0	0	1.10	0	0
43	0	0	0	0	0
44	0	0	0	0.79	0
45	0	0	0	0	0
46	0	0	0	0	0.34
47	0	0	0	0	0

① n 为每 Mm 距离内射线双循环的数量；κ_y 为每 Mm 距离内（南北向）Rossby 波扰动的周期数。

对于在 1Mm 距离内的南北向的传输问题，我们把扰动的 y 分量展开为距离 $r = 1\text{Mm}$ 的谐波，即

$$\kappa_y = (2\pi/1000)k, \quad k = 0, \pm 1, \pm 2, \cdots \tag{4.2.12}$$

这可以简化代数处理。如上所述，循环共振出现在 $k = n = 19,20,21,22,23$，$k = 2n = 38,40,42,44,46$ 等情形。我们选取了合适的 Rossby 参数，使得频散圆包括的谐波直至谐波 47。这个距离范围需要一个不切实际的低频率，即每年 1/3 周。这就意味着，一般地，Rossby 波的波长太长以至于无法与射线谐波发生共振。

我们假设功率谱 $c^2(\kappa)$ 随着波数 κ 的增加而减少，可以表示为

$$\mathrm{c}(\kappa) = \mathrm{g}(\kappa)c_0, \quad \mathrm{g}^2(\kappa) = \kappa^{*2}/(\kappa^2 + \kappa^{*2}) \tag{4.2.13}$$

式中：$c_0 = 0.04\text{km}$，$\kappa^* = 0.628$ 弧度/km，或者 10 周/Mm（图 4.3）。

最大波数约为 $10\kappa^*$，即 c_0 振幅的 1/10。c_0 的选择是任意的；刚才提到的参数值可产生合理的扰动振幅。

为了估计 $\Delta S(x,y,z,t)$（对某个固定的 z），将式（4.2.10）中的各项从 $k = -47$ 到 $k = +47$ 累加起来（对频散圆的左、右侧），而 κ_y，$\kappa_x^{L/R}$，$\kappa^{L/R}$ 和 $c^{L/R}$ 全部都是 k 的函数（见式（4.2.9）~式（4.2.12））。对 190 项中的每一项都可生成随机相位 $\phi_k^{L/R}$。图 4.4 显示的是一个 1Mm×1Mm 区域上的轴向声速扰动图。倾斜分布的脊和槽（ridges and trenches）与图 4.3 中的波数矢量有关，即从原点指向

这样一些点，经过这些点的大频散圆与半径为 κ^* 的小圆相交。在这个圆之外，波分量的振幅是减少的。可以预期，与这些限制向量正交的线是空间等值线图上的显著特征。

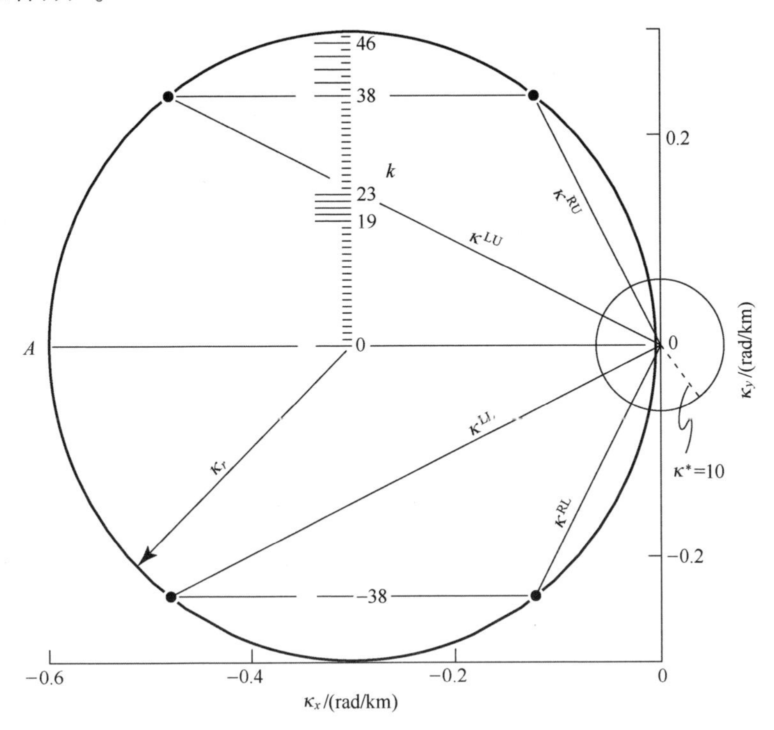

图 4.3 Rossby 波频散图(频散圆与 y 轴并非完全相切)。所有可能的波数 $\boldsymbol{\kappa}$ 表示为从原点到频散圆上点之间的弦。圆心位于 $\kappa_x = -\kappa_c, \kappa_y = 0$。向北的分量 $\kappa_y = (2\pi/1000)k$(rad/km) 显示在圆的直径上，其中谐波 $k = 0 \sim 47$(周/Mm)；长的记号对应于射线基波与第一谐波的循环共振。四个基本的波列与每个谐波有关，如对 $|k| = 38$ 所显示的那样。在原点周围的小圆对应于 $\kappa^* = 10$(波长 100km)；大的波数(小的波长)随着 κ 的增加快速减少。参数是 $\omega = 6.65 \times 10^{-8}$rad/s (1/3 周/年)，$f = 7.27 \times 10^{-5}\text{s}^{-1}$ (1 周/天)，$N_0 = 5.2 \times 10^{-3}\text{s}^{-1}$ (3 周/h)，$h = 1$km，$\zeta_0 = 2.872$。

为了计算传播时间，可以将式(4.2.10)写为

$$\begin{cases} \Delta S(x,y,z,t) = F(z)\left[a\cos(\kappa_x x + \kappa_y y) + b\sin(\kappa_x x + \kappa_y y)\right] \\ a = c\cos(\omega t + \phi), b = c\sin(\omega t + \phi) \end{cases} \tag{4.2.14}$$

传播时间扰动由式(4.2.7)给出，如果有下式成立：

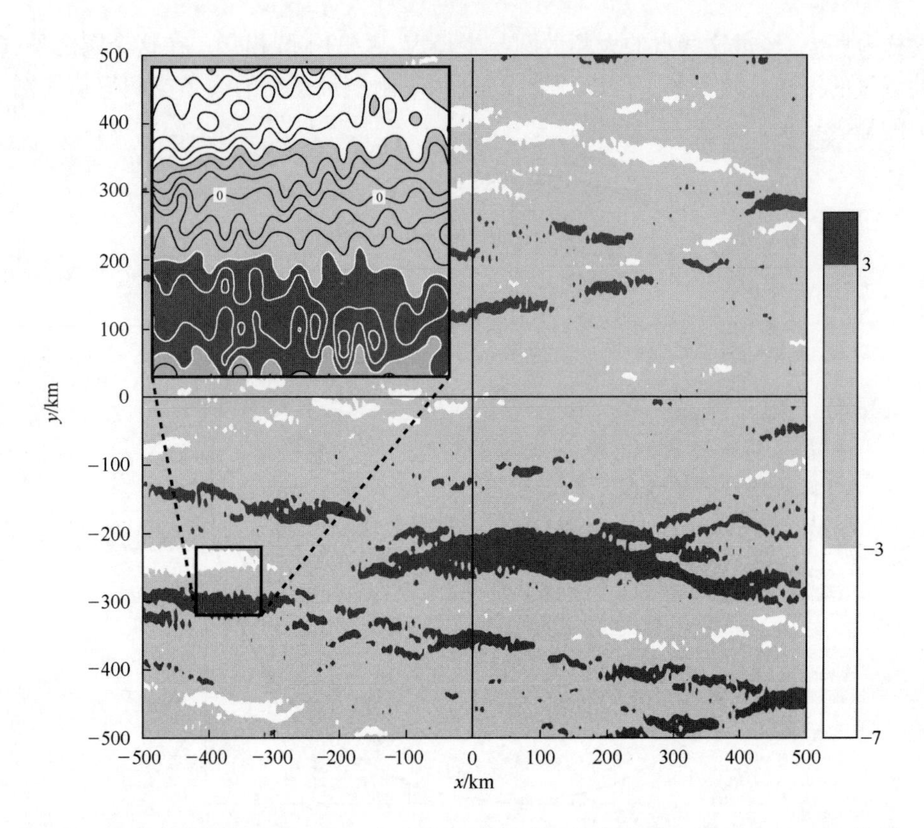

图 4.4　温带海洋中边长为 1Mm 的正方形区域内的轴向声速扰动(根据 Rossby 波得到)。阴影表示 $\Delta C > +3\text{m/s}$ 和 $\Delta C < -3\text{m/s}$;等值线 $\Delta C = 0$ 也显示在图中。一个 100km×100km 的正方形区域显示在放大的图中。表 4.2 给出了波沿着 y 轴传播 1Mm 距离的传播时间扰动。这个模型作为第 6 和第 7 章中讨论依赖于距离的逆方法的一个示例。

$$
\begin{cases}
l(k) = l^L(k) + l^L(-k) + l^R(k) + l^R(-k) \\
l^{L/R} = \begin{cases} \dfrac{1}{2}a^{L/R}(k), & k = 0 \\ \dfrac{1}{2}b^{L/R}(k), & k = 1, \cdots, 47 \end{cases}
\end{cases}
\tag{4.2.15}
$$
[①]

其结果如表 4.2 所列。

① 在这些方程中的因子$\frac{1}{2}$由两个不同的原因产生。式(4.2.7)中的求和仅对正的 k,并且 $l(0)$ 项出现两次。$\frac{1}{2}\,b$ 项由式(4.2.8)中的$(\overline{\sin^2}) = \frac{1}{2}$产生。

表 4.2　传播时间扰动 $\Delta\tau_n(s)$[①]

t	n				
	19	20	21	22	23
0	−0.11	−0.06	−0.12	−0.11	−0.22
0.5	−0.15	−0.18	−0.21	−0.17	−0.30
1	−0.04	−0.12	−0.09	−0.06	−0.08
1.5	0.11	0.06	0.12	0.11	0.22

① n 为每兆米距离内射线双循环的数量，t 是日历时间(年)。第一行和最后一行属于在半波周期的时间间隔内，因此大小相等，符号相反。

为便于在第 6 和第 7 章中讨论反问题，我们引入替代记号，即仅使用正的指数。在图 4.3 中频散圆的周围存在着 190 个基本波列，振幅从 c_1 到 c_{190}，相位从 ϕ_1 到 ϕ_{190}。每个波列都有一个同相分量和一个异相分量(关于时间)。我们从 c_1 和 ϕ_1(对应于 $k=0$ 时左侧的点，即图 4.3 中的点 A)开始，沿圆周顺时针方向前进。状态向量(将在第 6 章中定义)具有如下的分量：

$$\boldsymbol{x}(t)=\begin{bmatrix} x_1(t) \\ x_2(t) \\ x_3(t) \\ x_4(t) \\ \vdots \\ x_{39}(t) \\ x_{40}(t) \\ \vdots \\ x_{379}(t) \\ x_{380}(t) \end{bmatrix}=\begin{bmatrix} a_0^L(t) \\ b_0^L(t) \\ a_1^L(t) \\ b_1^L(t) \\ \vdots \\ a_{19}^L(t) \\ b_{19}^L(t) \\ \vdots \\ a_{-1}^L(t) \\ b_{-1}^L(t) \end{bmatrix}=\begin{bmatrix} c_1\cos(\omega t+\phi_1) \\ c_1\sin(\omega t+\phi_1) \\ c_2\cos(\omega t+\phi_2) \\ c_2\sin(\omega t+\phi_2) \\ \vdots \\ c_{20}\cos(\omega t+\phi_{20}) \\ c_{20}\sin(\omega t+\phi_{20}) \\ \vdots \\ c_{190}\cos(\omega t+\phi_{190}) \\ c_{190}\sin(\omega t+\phi_{190}) \end{bmatrix} \tag{4.2.16}$$

图 4.3 左上角 1/4 区域中的点对应于射线 $n=19$ 的最低阶(基波)共振，现在记为 x_{39} 和 x_{40}。

4.3　中尺度变率

下面，我们考察 SLICE89 实验中的 1Mm 声波传输过程(见附录 A，表 A.1)。图 2.21 中显示了 RI 时间波前(time front)。RD 时间波前有类似的图形，其中考虑了循环共振,但与图 2.21 没有明显的不同。因此,图 4.5 显示了 RD 和 RI 结构下的传播时间的差异。该实验是在北太平洋副热带流涡(subtropical gyre)海域进行的,那里的水平梯度相对较弱。在其他海域,RI 和 RD 结构可能具有显著的差异。

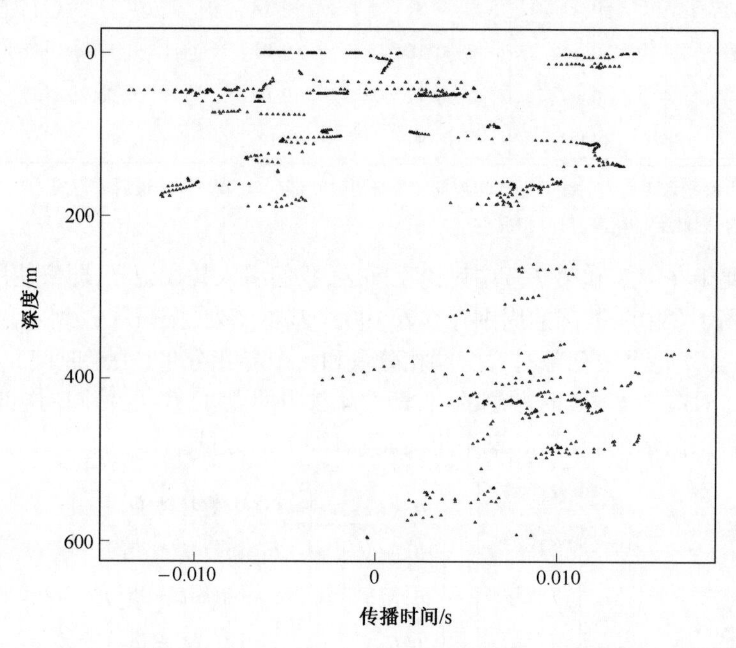

图 4.5 SLICE89 实验的传播时间差 $\tau_n(\mathrm{RD}) - \tau_n(\mathrm{RI})$ (作为上转向深度 $\tilde{z}_n^+$ 的函数)。这个时间差是对 50 个接收机深度中的每一个计算得到的。均方根时间差为 7.5ms。

4.4 内　　波

本节讨论在远小于循环距离的尺度上的海洋变率问题。一般来说,我们不会试图用确定性的方法估计这些特征。相反,我们的研究目标是把小尺度海洋变率的统计量与传播时间的统计量联系在一起。小尺度变率的地理分布问题在海洋学研究中具有重要意义。这些统计量也提供了相干处理(coherent processing)的时间界限信息,它是层析记录策略(tomographic recording strategy)的一个重要部分(见第 5 章);同时,这些统计量还可给出测量的传播时间的不确定性信息,它们在某些反演方法中会被用到(见第 6 章)。甚至对于中尺度过程(虽然可用层析方法对它们进行估计),在兆米量级距离上的声波传输中采用统计方法对它们进行处理,可能更有意义。

也许,声波传输的最典型特征是其固有的不稳定性。信号的衰减或闪烁是普遍情况,而非例外。早期,人们试图通过假设海洋具有均匀、各向同性的“精细结构”理解这些声学闪烁现象。虽然,这种假设在数学处理上是方便的,但它与真实情况并不相符:海洋的精细结构既不是均匀的也不是各向同性的。现在我们知道,海洋精细结构是由内波主导的。内波统计学 GM 模型(Garrett 和 Munk,1972;Munk,1981)是在综合各种海洋观测的基础上发展起来的①。Munk 和 Zachariasen(1976)基于 GM 模型计算的声学相位及强度方差,与 10 年前佛罗里达海峡的声传输实验结果基本符合(Steinberg 和 Birdsall,1966;Clark 和 Kronengold,1974)。GM 模型使用方便,为 Dashen、Flatté 及其他研究者后续的声传输(穿过脉动的海洋)研究提供了参考(Flatté 等,1979;Flatté,1983)。这里应该强调的是,不是所有的海洋精细结构都由内波产生,并且任何实际测量的内波仅能由 GM 谱近似表示。使用 GM 模型的目的是用类似极地和温带声速模型的方式来解释说明有关情况。

1. 内波散射

当频率高于每天 1 周(one cycle per day)时,传播时间脉动主要由声速扰动引起,该声速扰动由与内波有关的垂直位移产生(Flatté 等,1979)。来自互易传输的差分传播时间中的高频脉动主要是由内波流引起的。Flatté(1983)、Flatté 和 Stoughton(1986,1988)、Colosi 等(1994)对北太平洋 1Mm 距离上的高频脉动问题作了详细的讨论,并给出了数值预报的结果。

由内波引起的均方根传播时间脉动由下式给出:

$$\tau_{\mathrm{rms}} = \Phi/\omega \tag{4.4.1}$$

式中:ω 为频率;“强度参数”Φ 为(由内波引起的)相位脉动的均方根。

Φ 是由内波垂直位移引起的声速脉动的强度的度量,其计算公式为

$$\Phi^2 = \left\langle \left(\frac{\omega}{C_0} \int \frac{\Delta c(\boldsymbol{x},t)}{C_0} \mathrm{d}s \right)^2 \right\rangle \tag{4.4.2}$$

式(4.4.2)的积分路径为没有内波时的平衡射线路径。以上这些脉动具有低频性质,并在惯性频率处达到峰值,我们称为漂移(wander)。因为 Φ 正比于 ω,漂移 τ_{rms} 不依赖于声学频率。Φ 正比于 $\sqrt{r}$。对于 $r = 1$ Mm,由数值计算给出的 τ_{rms},其量级分别为 10ms(对于纯折射射线)和 1ms(对于表面反射的射线)(图 4.6)。

在距离足够长和(或)频率足够高的情形下,由内波产生的声速扰动不仅可

① GM 谱并没有考虑到内潮,这可能有重要的声学影响(Colosi 等,1994;Dushaw 等,出版中)。

引起脉冲传播时间振荡,而且还可将平衡射线路径分裂为若干条**微路径**(micro-paths)。因此,接收到的信号并不是对传输信号的简单复制,而是在众多微路径上传播的、无法解析的信号的总和,所有微路径的传播时间都有微小的差别。这就产生了脉冲信号的分离(spread)现象。预报何时将会发生脉冲信号分离,具有重要意义。为此,有必要定义另一个参量,即衍射参数Λ,它是$(R_F/L_\nu)^2$沿着平衡射线的加权平均,其中,R_F是**菲涅耳区**(Fresnel-zone)的半径①,L_ν是脉动的垂直相关长度。有关衍射参数的详细定义及其相关问题的讨论,读者可以参阅前面已引用过的参考文献。就我们的研究目的而言,主要问题是应用Φ和Λ这两个参数确定传播究竟是不饱和的、部分饱和的,还是饱和的(图4.7)。

如果声速脉动强度弱、声学频率低和(或)距离短,那么传播是不饱和的。定量地,不饱和状态可由$\Lambda \leqslant 1$和$\Lambda\Phi^2 \leqslant 1$确定。有时,不饱和状态也被称为几何光学状态。在此状态下,离差(spread)为零,脉冲漂移是内波产生的传播时间噪声的唯一来源。接收信号是对传输信号的复制,其相位正比于传播时间。长距离声传播问题属于这种不饱和状态的情形是极为少见的。

更为常见的情形是,传播以部分饱和或完全饱和的状态进行,每条射线都分解成相关或不相关的微路径。完全饱和状态定义为$\Lambda\Phi \geqslant 1, \Phi \geqslant 1$,定性地对应于以下情形,即声速脉动把平衡射线分解为若干条微路径,而微路径被大于脉动垂直相关长度的距离分隔开($R_F \gg L_\nu$)。因此,接收到的信号是许多不相关的复相位向量之和。于是,接收信号在时间上是分离的。因为接收信号是在众多微路径上传播的信号的总和,其相位不再简单地与传播时间相关。在部分饱和状态下($\Lambda\Phi^2 \geqslant 1, \Lambda\Phi \leqslant 1$),平衡射线分解成众多微路径,而微路径被小于脉动垂直相关长度的距离分隔开($R_F \ll L_\nu$)。接收信号在时间上仍然是分离的,但是较大尺度介质的脉动改变了所有的微路径的相位,因此微路径是相关的。在部分饱和状态,接收信号的离差小于漂移;而在完全饱和状态,离差则大于漂移。时间离差(time spread)按对数方式依赖于声频率,并以r^2形式增加。对于1Mm距离和100Hz情形,尽管声速廓线中的微小变化可以导致离差在1~100ms范围内变化(图4.6),但其量级却为10ms。

最后,内波散射也可引起脉冲平均到达时间的变化(偏差(bias))。这种偏差按对数方式依赖于频率并以r^2方式增加(如同脉冲离差)。在1Mm距离和100Hz情形,这种偏差的量级为10ms,但是在某些情形下可达到100ms(图4.6)。

---

① 菲涅耳区半径是构成平衡射线的**射线管**宽度的度量。射线管内的射线传播时间相差小于$2\pi/\omega$。

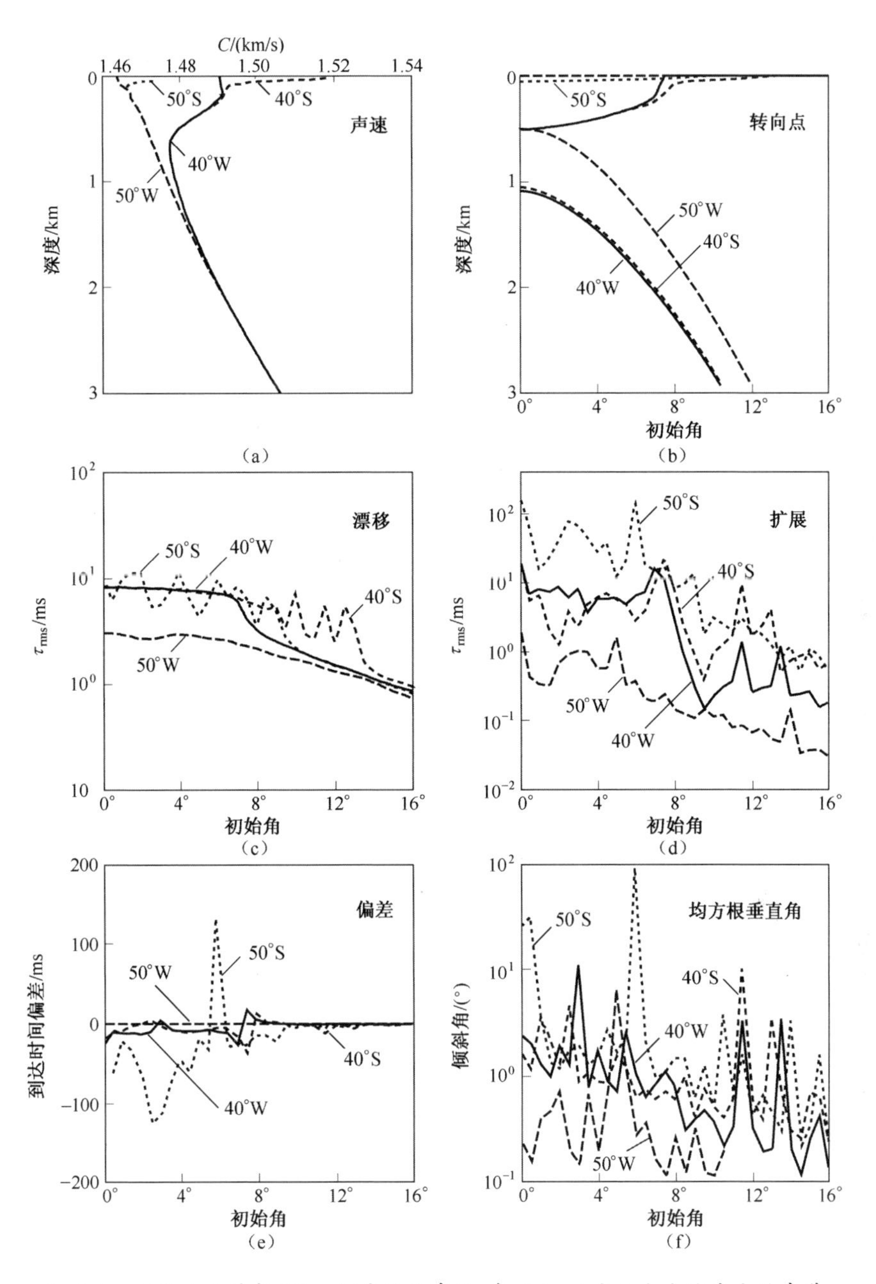

图 4.6 对北太平洋中 500m 深度处的声源，在 1Mm 距离处由内波产生的声学脉动参数(改编自 Flatté 和 Stoughton，1988)

(a)北太平洋声速廓线(40°N 和 50°N，冬季和夏季)；(b) 射线的上、下转向深度；(c) 均方根传播时间脉动；(d) 声脉冲的特征时间离差；(e) 声脉冲到达时间的平均偏差；(f) 垂直波前倾斜角的脉动。

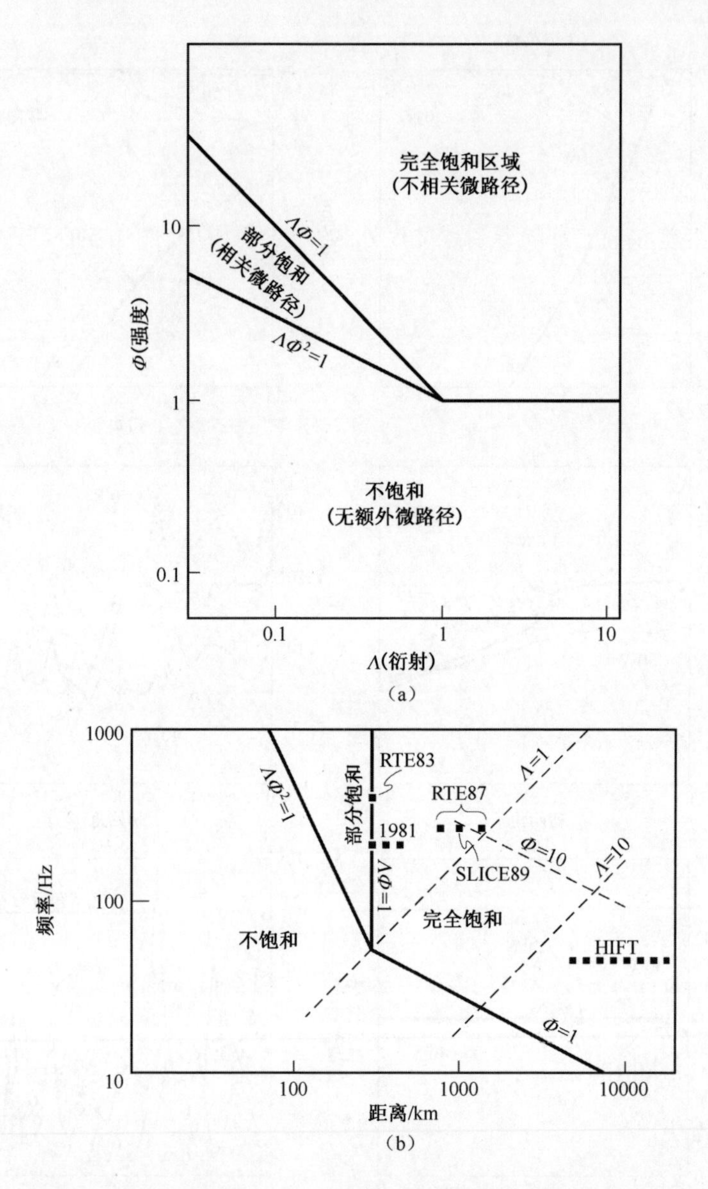

图 4.7 Λ-Φ 空间中的声传播区域(a)和转换成的距离-频率空间(b)。在转换中,假设了(由第 2 章中给出的)一条温带海洋声道中的远距离的陡峭射线,且散射主要是由内波主导的。不饱和状态也称为几何光学状态;如图所示,它包括所谓的 Rytov 扩充(Rytov extension)(Flatté 等,1979)。图中的点指的是主要的层析实验(参考表 A.1)。

总之,我们可用下列公式对典型的饱和条件作极为粗略的估计,即

$$
\begin{cases}
\text{漂移 } \tau_{\text{rms}} = \tau_0 (r/r_0)^{\frac{1}{2}} \\
(\text{离差,偏差}) = \tau_0 (r/r_0)^2 \ln(f\tau_{\text{rms}})
\end{cases}
\tag{4.4.3}
$$

式中:$f\tau_{\text{rms}} > 1$;$r_0 = 1\text{Mm}$;$\tau_0 = 0.010\text{s}$(对于中等程度陡峭的射线)。

漂移、离差和偏差都随着射线陡度 θ_0 的减少而增加(图 4.6)。当达到饱和时,$f\tau_{\text{rms}} = 1$,离差和偏差都为零(更为精确的理论可给出有限的偏差)。在近轴的限制下,上述公式将变得越发不可靠,因此,有必要依靠数值模拟方法。下面讨论这一问题。

图 4.8(a)和图 4.8(b)展示的是 SLICE89 实验中的实测时间波前和利用抛物方程(PE)计算得到的时间波前①。由图中早期射线到达的实测结果与计算结果,不难看到两者之间的一致性,但是也存在着两个差异:一是在最终截止(final cutoff)前的 0.3s 内,实测的射线到达不再是可解析的,而 RI 理论可以预测可解析的类似射线(ray-like)到达,直到最终截止前的 0.15s;二是在声轴上方和下方的实测的最终截止迟于计算的最终截止,其延迟时间约为 0.1~0.2s。也就是说,实测的截止楔形(wedge)比采用任一理论的计算结果更为"钝"一些。按照 Colosi 等(1994)的工作,图 4.8(c)显示了求解宽带抛物波动方程中考虑内波后的影响。前面提到的两个差异可能是内波散射的结果。

离差和偏差以 r^2 形式增长,这对远距离的层析应用具有重要的意义。已经证明,在早期陡峭射线(大 θ_0)和后期平坦射线之间,相邻的射线到达之间的时间间隔是减少的(见式(2.6.4))。可能存在这样一个时间(角度 θ_0^*),此时,离差等于间隔(separation),并且射线不可解析。在前面关于 RI 海洋的射线/模态问题的讨论中,我们区分了早期类似射线的到达结构和后期类似模态的终止行为。对于极为平坦的射线(非常小的 θ_0),不适合作射线的可视化处理。现在看来,即使对于 RI 海洋中射线可视化适用的 θ_0 值,也应该基于 RD 扰动区分比 θ_0^* 更陡峭的射线和比 θ_0^* 更平坦的射线。关于偏差,尚无证据能证明,内波气候态存在着大尺度的长期变化,这意味着我们可以将这些偏差作为时间不变量来处理。但这样的假设可能被证明是错误的。

---

① 类似的形式出现在图 2.21 中。

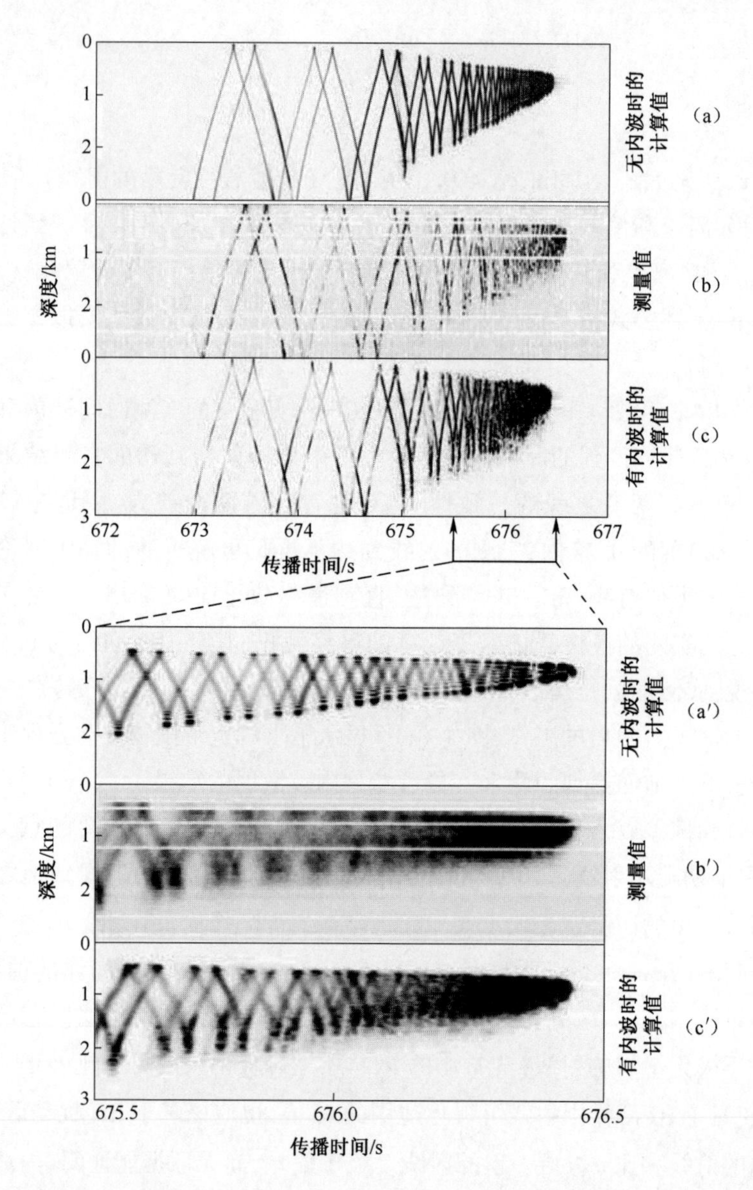

图 4.8 没有内波声速脉动与有内波声速脉动时的模拟数据的比较，以及与来自 SLICE89 实验获取的脉冲数据的比较。(a)没有内波声速脉动的模拟数据；(b)SLICE89 实验获取的脉冲数据；(c)有内波声速脉动的模拟数据。在图(b)和图(b′)中水平数据存在明显的空缺，这是由水听器故障引起的。下面的各图是最后一秒的放大形式，如箭头所示。在声学模拟中，中心频率是 250Hz，带宽是 102.2Hz。内波场参数 $E_0 = 2.0, j_m = 49$。

4.5 射线混沌

图 4.9 显示了 RI 海洋和 RD 海洋中射线传播的一个重要区别。RI 情形以射线轨道 $z(x)$ 的离散谱为特征(图 4.10),相邻射线轨迹按照幂函数方式缓慢分离。在 RD 情形下,谱是连续的;射线特征是以快速、类似指数函数的方式相互分离;特征射线的数量随着距离以指数形式增长,而其强度则以相同的指数率减少。我们称这种现象为射线混沌(ray chaos)。

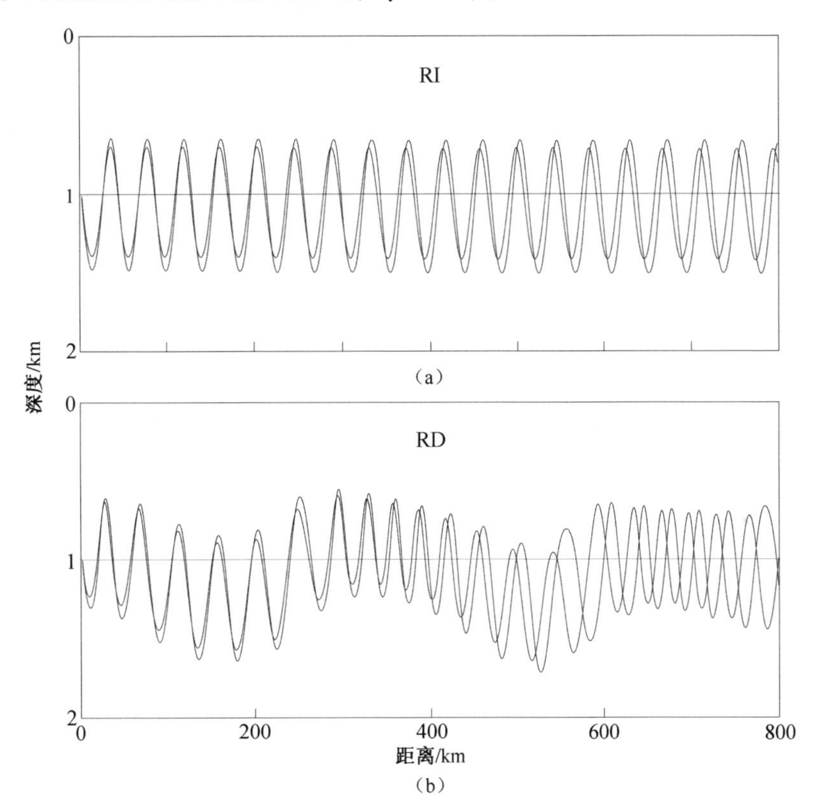

图 4.9 轴向发射角为 3.00°和 3.01°时的射线轨迹:RI 温带海洋的情形(a),具有 RD Rossby 波扰动的温带海洋的情形(b)。扰动由最初的四个斜压模态的随机相位叠加组成,1km 深度处的声速扰动为 5m/s,这与中纬度海区的观测值是定性一致的(引自 Smith 等,1992b)。

图 4.9 和 4.10 取自 Smith 等(1992a,b)。RI 状态以温带声速廓线来表示。

距离依赖性完全与长的($\lambda > 250$km)、叠加在 RI 温带廓线上的随机相位扰动有关。**任何** RD 廓线都是混沌的,这与 Smith 及其合作者的工作以及在他们论文中所引用的参考文献的观点是一致的;唯一的问题是,从声源出发直到出现明显的混沌,射线的传播距离究竟有多远(在引用的例子中,全部为 3277km)。因此,这些作者定义了可预报距离(predictability horizon),即在该距离内正问题是适定的,且前面给出的一些概念是适用的。超出这个可预报距离将会出现什么情况,对此我们并不清楚。在 4.3 节中利用"饱和"概念讨论了内波的统计学影响,也许在混沌理论框架中,这个概念可以得到解释。

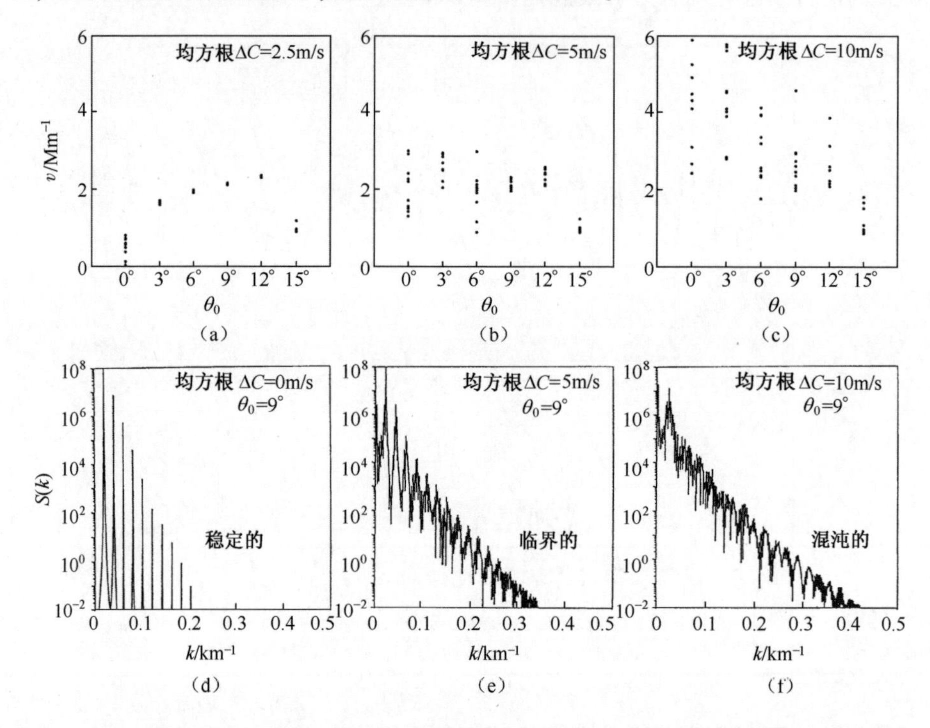

图 4.10 上面的三幅图(a)(b)(c)对扰动振幅 $\Delta C = 2.5,5,10$m/s 给出了指数 $\nu(r)$ (Mm^{-1})随发射角 θ_0 的变化情况。对每个角度,图中绘出了 10 个点,分别对应于海洋扰动的 10 个样本,每个样本具有不同的随机相位的选择。下面的三幅图(d)(e)(f)给出了射线 $z(x)$ 的波数谱,$z(x)$ 的发射角为 9°(左边的图对应于零扰动)。三个谱代表了从稳定状态到混沌的过渡。

下面,定量估计可预报距离。Smith 及其合作者定义了一个指数 $\nu(r)$ 度量射线的发散程度,其中的垂直发射角位于距离 r 处。因此,这个"Lyapunov 指数"可用极限 $\nu_\infty = \nu(r)$ (当 $r \to \infty$)渐近估计得到。图 4.10 对 10 个中尺度扰动样本显示了 $\nu(r)$ 在 $r = 3277$km 处的值。这些点近距离聚集表明渐近值尚未达到,并且ν_∞小于(可能远小于)$\nu(r)$。另外,数据点的分离表明,已达到近似渐近值。这样,每个值都是ν_∞的估计值,因此,把平均估计值$\bar{\nu}$赋予ν_∞的做法是合理的。总而言之,有下式成立:

$$\begin{cases}\text{聚集的样本}: \nu_\infty < \bar{\nu}(r); \\ \text{分离的样本}: \nu_\infty = \bar{\nu}(r)\end{cases} \tag{4.5.1}$$

可预报距离由下式给出

$$r_{ph} = \text{常数} \times \nu_\infty^{-1} \tag{4.5.2}$$

式中:常数远大于1(Smith及其合作者将式中的常数设为5)。

利用图4.10中的结果,可以得到如表4.3所列的大大简化了的总结。表中的中间一行对应于ΔC = 5m/s(1℃)的扰动振幅,这是温带纬度带的典型值。射线$\theta_0 = 12°$是受海表面限制的射线(SLR)。正如预期的那样,r_{ph}随着扰动振幅的衰减而增加(左列)。表4.3还显示r_{ph}随着射线陡峭程度的增加而增加(底行)。表中其余的三个下界非常之低,以至于无法给出有用的界限。对包含扰动振幅(左列)和射线陡度的实测的变化趋势进行外推,那么合适的预报距离也许可用括号中的数值给出。我们期望,对于多变的中尺度气候态而言,在兆米的距离上,中等程度陡峭的射线(通常情况下是可预报的)将会出现间歇的不可预报现象,而中等程度平坦的射线(通常情况下是不可预报的)将会出现间歇的可预报现象。陡峭射线在微弱的中尺度场中具有很大的可预报距离,甚至在对跖距离上(antipodal range)也是可预报的。

表4.3 温带海洋的可预报距离:斜压Rossby波扰动ΔC在1km深度处,射线的轴向倾角为θ_0

1km处的 rms ΔC	θ_0		
	0°(轴向)	6°	12°(SLR)
2.5m/s	10Mm	> 2.5Mm [13Mm]①	>1.5Mm [17Mm]
5m/s	2Mm	2.5Mm [2.5Mm]	>1.5Mm [3.3Mm]
10m/s	1.2Mm	1.5Mm	2Mm

①括号中的值是基于表中第一列和第三行外推的猜值。

上述结果对于射线层析来说究竟具有何种意义,我们并不清楚(Collins和

Kuperman,1994)。关于模态我们注意到,根据定义射线混沌是渐近理论(用来定义射线方程)的一种表现形式。作为模态理论基础的声场方程,并不承认有混沌解的存在。

4.6 声速廓线依赖距离时的模态

我们需要把 2.10 节中的 RI 推导进行推广。由波动方程式(2.3.1),即

$$\left(\nabla^2 - S^2(z;r)\frac{\partial^2}{\partial t^2}\right)p = 0 \tag{4.6.1}$$

有可分离的解①

$$p(r,z,t) = \sum_m Q_m(r) P_m(z;r) \mathrm{e}^{\mathrm{i}\omega t} \tag{4.6.2}$$

式中 $r = r(x,y)$。

把标量波数及其水平投影(前面用 k_{H} 表示)写为

$$k(z;r) = \omega S(z;r),\ \kappa_m(r) = \omega s_{p,m}(r) \tag{4.6.3}$$

则波动方程可分离为

$$\left[\frac{\partial^2}{\partial z^2} + k^2(z;r)\right] P_m(z;r) = \kappa_m^2(r) P_m(z;r) \tag{4.6.4}$$

$$\left[\frac{\partial^2}{\partial r^2} + \kappa_n^2(r)\right] Q_n(r) = \sum_m \left[A_{mn} Q_n + B_{mn} \frac{\partial}{\partial r} Q_n\right] \tag{4.6.5}$$

式中

$$A_{mn} = \int \mathrm{d}z P_n \frac{\partial^2}{\partial r^2} P_m,\ B_{mn} = 2\int \mathrm{d}z P_n \frac{\partial}{\partial r} P_m \tag{4.6.6}$$

积分范围是整个水柱。

对于 RI 情形,式(4.6.5)右边项为零,我们又回到在第 2 章中讨论过的解。对于尺度大于双循环尺度的 RD 变化②,式(4.6.5)右边可再次设为零,从而得到绝热模态方程。在绝热条件下,在声源产生的模态独立于其他模态传播,并将能量维持到任意距离 r 处(Milder,1969;Desaubies 等, 1986;Brekhovskikh 和 Lysanov,1991)。模态的波函数沿着传播路径发生了改变,这种改变与**局地的**声速廓线相一致。在没有强烈锋区和强烈中尺度活动的海域,这个近似对于兆米尺度的传播是有效的(见 8.4 节)。

---

① 记号$(z;r)$表示对 r 具有相对弱的依赖性。

② 双循环尺度可以用阶数相邻的模态的干涉来解释(Brekhovskikh 和 Lysanov,1991,137 页)。

在式(4.6.5)的右边项不能被忽略的情形,具有同样频率 ω 的模态将发生相互作用。每个模态以其自身的群速度传播。因为各模态都是从声源向外传播的,它们将在空间中分离开来。这就是标准模的频散,它发生在不考虑模态耦合的条件下。当确实发生耦合时,任意一模态 n 将成为另一模态 m 的源,并且,既然模态在空间中是频散的,这将导致模态 m 在到达时间上的分离①。因此,实测的离差是海洋扰动的一个度量,可用作为层析的一个可观测量。

精确绝热(Exact Adiabatic,EA)传播时间扰动由下式给出:

$$\tau_m - \tau_m(-) = \int_0^r \mathrm{d}r[s_{g,m} - s_{g,m}(-)] \tag{4.6.7}$$

式中:$s_{g,m}$ 和 $s_{g,m}(-)$ 为模态 m 的受到扰动和未受扰动的 RD 群慢度,是按照 RI 公式(2.10.7)和式(2.10.8)计算得到的局地值。

类似地,经线性化绝热(LA)扰动处理,可得

$$\Delta\tau_m = \int_0^r \mathrm{d}r \Delta s_{g,m} \tag{4.6.8}$$

式中:$\Delta s_{g,m}$ 见式(2.14.8)。

对于接近于水平方向的波传播情形,Brekhovskikh 和 Lysanov(1991,7.4 节)按照 Tappert(1977)的思路给出了一种极为有效的解 RD 波动方程的方法。这一方法称为抛物波动方程(PE)方法,并已在水声学研究中得到广泛应用。在强烈依赖于距离的环境中(在此环境中有强的模态耦合发生),PE 解是适用的。

1. 中尺度涡

表 4.4 给出的是 LA、EA 和 PE 理论的计算结果,这些扰动是由相嵌在温带声道中的、位于中间距离和中等深度处的单个中尺度涡所引起的(Shang 和 Wang, 1993 a,b;Taroudakis 和 Papadakis,1993)。表中的数值是按精度增加的次序排列的。以下结果值得关注。

(1) 对于典型的涡旋强度(5m/s),PE 和 EA 扰动的差异在 1ms 范围以内;但是对于极强的涡旋(12.5m/s),这种差异可达数十毫秒之多(强的暖性涡旋可将声道分裂为双声道)。

(2) 对于典型的涡旋,LA 扰动下降了几十毫秒,但是对于强涡旋 LA 扰动下降了数百毫秒。

(3) 冷性涡旋的扰动量值比暖性涡旋的大,表明非线性性(nonlinearity)是波函数变形的结果。

---

① 它超过了宽带源产生的任一模态的频率频散范围。

表 4.4 利用线性绝热理论 LA(式(4.6.8))、精确绝热理论 EA(式(4.6.7))和抛物方程 PE 计算得到的对于弱涡旋、强暖涡旋和强冷涡旋的传播时间扰动(ms)

涡旋强度		+5m/s	+ 12.5m/s	−12.5m/s
模态 1	LA	−392	−980	980
	EA	−385.7	−717	990
	PE	−386.3	−680	—
模态 5	LA	−340	−849	849
	EA	−316.1	−714	925
	PE	−315.9	−699	—
模态 10	LA	−246	−616	616
	EA	−237.1	−582.4	722
	PE	−236.7	−582.1	—

注:涡旋水平尺度 100km、垂直尺度 0.5km,涡旋中心在 300km 以外的 1km 深度处,总距离 r= 600km,频率为 50Hz。

表 4.5 在接收机处的 PE 振幅,单模态信号由声源产生,接收机位于距离 600km 处

m	ΔC =5m/s					ΔC =10m/s				
	1	2	3	4	5	1	2	3	4	5
1	0.95	0.25	0	0	0	0.58	0.64	0.43	0.17	0.03
2	0.25	0.95	0.01	0	0	0.64	0.22	0.64	0.30	0.05
3	0	0.01	0.98	0	0	0.43	0.64	0.42	0.44	0.09
4	0	0	0	0.98	0	0.17	0.30	0.44	0.72	0.35
5	0	0	0	0	0.98	0.03	0.05	0.09	0.35	0.67

表 4.5 显示的是模态耦合的结果,模型参数的选取同表 4.4。单位振幅的单模态在声源处产生,表中给出的是在接收机处的模态振幅的分布。对于绝热情形,结果是一个单位对角矩阵。弱的涡旋往往导致低阶模态产生最临近的耦合(nearest-neighbor coupling);对于强的涡旋,各处的耦合都是重要的。在初始时刻仅有模态 2 生成的情况下,接收机接收能量的 80%是与模态 1 和模态 3 有关的。当然,其中的细节情况是高度依赖于模型的。

以上结果对于兆米级的层析传输而言具有重要意义(表中的计算距离为 600km)。图 4.11 显示了在没有发生模态耦合的情况下,在 1Mm 处的模态到达

结构。对温带廓线中的低阶模态(小的 $\widetilde{\Phi}$),分别由式(2.11.8m)和式(2.5.14),可得

$$\tau_m = rs_{g,m} = rS_A\left[1 - \frac{1}{48}\gamma_a h\tilde{\phi}_m^4\right],\ \tilde{\phi}_m^2 = 6\left(m - \frac{1}{2}\right)/(f/F_T),\ \tilde{z}_m^{\pm} = z_A \pm 2^{-\frac{1}{2}}h\tilde{\phi}_m \tag{4.6.9}$$

消去式(4.6.9)中的 $\tilde{\phi}$,得到如下 $\tau - \tilde{z}$ 楔形(wedge)表达式,即

$$\tilde{z}_m^{\pm} = z_A \pm K(\tau_A - \tau_m)^{\frac{1}{4}},\ K^4 = 12h^3/(\gamma_a\tau_A) \tag{4.6.10}$$

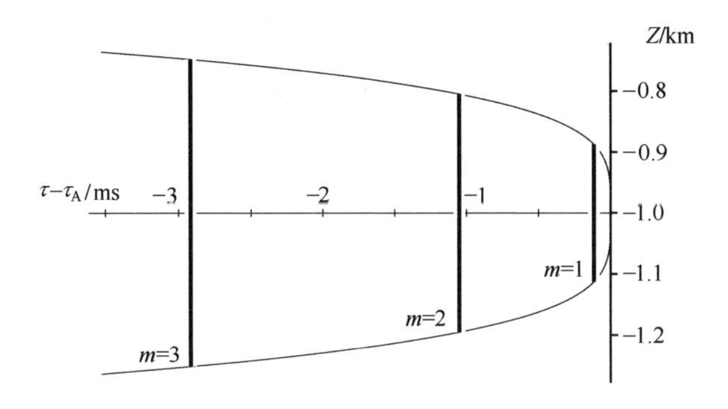

图 4.11　在温带廓线情形下,在 1 Mm 距离处 250Hz 模态的到达时间 τ_m,图中的模态由 $\tilde{z}_m^{\pm}$ 之间的垂直线表示。

式中:$\tau_A = rS_A$。

小的指数 $\frac{1}{4}$ 与楔形的钝度(bluntness)有关。对于只有最临近的模态发生耦合的分散式涡旋系统,非散射的(unscattered)模态 1 在 $\tau_1 = s_{g,1}r$ 到达。模态 2 以散射方式进入模态 1,其过程全都发生在此路径上。对于靠近声源的散射,到达时间接近于 τ_2;对于靠近接收机的散射,到达时间接近于 τ_1。因此,到达时间分布在 τ_2 和 τ_1 之间,并且平均到达是提前的。模态 2 最早的到达在 τ_3,最晚的到达在 τ_1。因此,散射可能使迟的、间距小的模态到达(以及相关的射线到达)变得模糊起来,并进一步加大最终到达楔形的钝度(图 4.8)。

2. 内波

Dozier 和 Tappert(1978a,b)计算了与温带海洋中 CM 内波扰动有关的声学模态耦合的强度。这种耦合主要是最邻近模态的耦合,对模态数量 m 仅有弱的依赖性(图 4.12)。

模态耦合的强度非常之强。以 70Hz 传输 1Mm 和以 250Hz 传输 100km,在

距离 r 内的转移概率 σr 的量级都是 1。假定所有初始的能量都在模态 1 中，则在模态 1 到模态 M 中，分配此能量的松弛距离（relaxation range）分别是 2000M km（70Hz）和 30M km（250Hz）（由于 Dozier 和 Tappert 论文中给出的分析和数值计算程序极为复杂，因此我们希望能用一种独立的分析方法确认这些结果）。

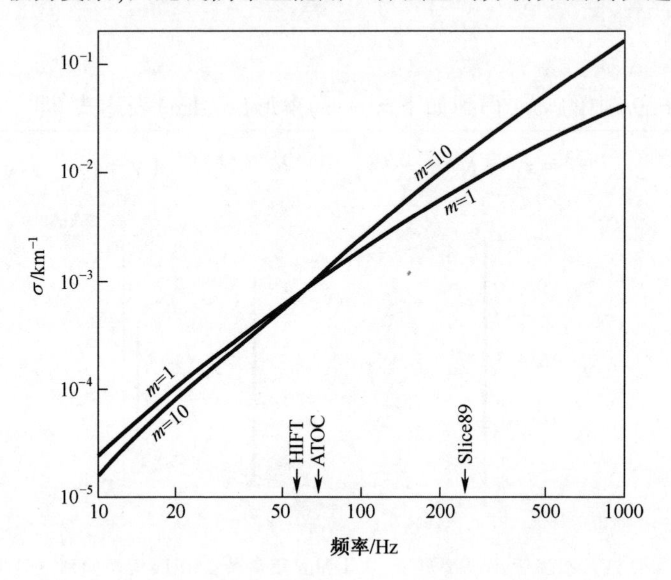

图 4.12　温带海洋中的内波散射：在模态 m 和 $m\pm1$ 之间每千米能量转换的转移概率 σ_m（引自 Dozier 和 Tappert，1978b）

考虑如下情形，即邻近模态间的散射具有相同的能量 E。取足够短的距离，以减少发生多次散射的概率。对于 x 和 $x+\delta x$ 之间的某个距离区间，一部分能量 $\sigma E\delta x$，从 $m+1$ 散射到 m，给出的传播时间为

$$xs_{g,m+1}+(r-x)s_{g,m}$$

对于 $m-1$ 散射到 m 的情况，结果类似。模态 m 失去能量 $\sigma E\delta x$，分别到达 $m+1$ 和 $m-1$，因此，$E(1-2\sigma r)$ 在传播时间 $rs_{g,m}$ 之后到达 $x=r$。对所有这样的距离区间 δx 积分，得到能量加权的平均群慢度为

$$\begin{aligned}\overline{s_{g,m}}&=\frac{\sigma}{r}\int_0^r \mathrm{d}x\left[xs_{g,m+1}+xs_{g,m-1}+2(r-x)s_{g,m}\right]+(1-2\sigma r)s_{g,m}\\&=s_{g,m}-\sigma r\left[s_{g,m}-\frac{1}{2}(s_{g,m+1}+s_{g,m-1})\right]\end{aligned}\tag{4.6.11}$$

此结果与传播时间的概率分布是一致的：

$$
\begin{cases}
p_m(\tau) = (1 - 2\sigma r)\delta(\tau - \tau_m) + \dfrac{\Delta_m \sigma r}{\tau_m - \tau_{m+1}} + \dfrac{\Delta_{m-1}\sigma r}{\tau_{m-1} - \tau_m}, \ m \geqslant 2 \\
p_1(\tau) = (1 - \sigma r)\delta(\tau - \tau_m) + \dfrac{\Delta_1 \sigma r}{\tau_1 - \tau_2}
\end{cases}
\tag{4.6.12}
$$

式中：$\delta(x)$ 是 δ 函数。

对于 $\tau_{m+1} \leqslant \tau \leqslant \tau_m$，有 $\Delta_m = 1$；对于其他值，有 $\Delta_m = 0$。因此，散射能量平均的（scattered energy-averaged）传播时间为

$$
\begin{cases}
\overline{\tau_m} = \displaystyle\int_{\tau_{m+1}}^{\tau_{m-1}} \mathrm{d}\tau \tau p_m(\tau) = \tau_m - \sigma r\left[\tau_m - \frac{1}{2}(\tau_{m+1} + \tau_{m-1})\right] \\
\overline{\tau_1} = \tau_1 - \dfrac{1}{2}\sigma r(\tau_1 - \tau_2)
\end{cases}
\tag{4.6.13}
$$

这与式（4.6.11）一致。在模态到达时间，由内波引起的的模糊现象可能与观测过程中后期射线到达的分辨率的丧失有关（图 4.8）。

下面，我们就温带廓线计算式（4.6.13）的值。根据式（4.6.9），对所有的 m（包括特例 $m=1$），有

$$
\overline{\tau_m} = \tau_m - L\sigma r^2 S_A, L = \frac{3\gamma_a h}{4\,(f/F_T)^2}
$$

因此，对所有相似的模态，其传播时间的减少是相同的，而且到达结构都提前了 $L(\sigma r)(rS_A)$。作为参考，最后两个模态之间的时间间隔为 $2LrS_A$，在 $f = 250\mathrm{Hz}$ 和距离 $r = 1\mathrm{Mm}$ 的情形，它的值等于 1ms（图 4.11）。与图 4.12 一致，取 $\sigma = 10^{-3}$ 到 $10^{-2}\mathrm{km}^{-1}$，产生的偏差 $\Delta\tau = -12 \sim -10\mathrm{ms}$，此估算值大大超出单次散射假定的范围。因此，前面的结果仅适用于极为特殊的假设：①没有多次散射；②最邻近模态的散射；③所有模态都具有相同的激励；④温带廓线。缺少这些假设条件中的任何一个，都有可能导致最终到达的楔形变钝。

我们认为，这些影响可以看作为是时间不变的，因而对依赖于时间的反问题没有影响。

4.7 水平折射

在前面的讨论中我们假设，传播路径保持在声源与接收机之间的垂直平面内。然而，众所周知，声速水平梯度可引起射线路径的水平转向。在这个问题

上,中尺度涡及类似的大型环流,如墨西哥湾流,可能是最为明显的特征。我们将证明,在一般情况下,这类射线路径的转向角度是不大的,至多在几度范围以内。但是,在远距离传播中,由于涡旋的存在,在水平方向上产生多路径的现象,可能对声传播产生重要影响。在已有的层析工作中,尚未考虑水平多路径问题。

在远距离层析实验中,必须考虑海底山脉和其他海底特征的影响。一般来说,海底特征的折射影响超过水文特征的影响,因此在声传播研究中考虑海底特征的作用至关重要。在本章的最后一节,我们将对海底折射问题作一简要的讨论。本书的讨论重点是海洋的时间扰动问题,而对海底影响的讨论已经超出本书的范围。

1. 中尺度涡

在此我们考虑一个混合模型,即模态在垂直平面上,射线在水平面上(Dysthe,1991)。相速度 c_p 由符合绝热近似的**局地**廓线决定,并且等于局地转向深度 $\tilde{z}$ (见式(2.10.4))处的声速 $\tilde{C}$ 。对于轴向射线和模态,我们近似地有 $c_p = C_A$ 。一般地,模态相速度依赖于模态数量和频率。因此,对于一个给定的模态数量,存在一束水平的射线,它确定了一个依赖于频率带宽 Δf 的波束宽度;而且,对不同的模态 m,存在分离的射线束。通常,相对于直线路径的偏向角度是很小的,但是,这个偏向角是可测量的。对于全球传输,这种效应是极为重要的。

圆柱坐标中的 Snell(折射)定律可表示为

$$rs(r)\cos\gamma(r) = as_0\cos\gamma_0, a = r_0 \tag{4.7.1}$$

式中:$s(r) = 1/c_p$ 为相位慢度;下标“0”是指在入口点 A(图 4.13)的条件。
总体偏向角度为(Munk,1980)

$$\beta = 2\int_0^{\gamma_0} \mathrm{d}\gamma \frac{1}{\tan\gamma} \frac{1}{s} \frac{\mathrm{d}s}{\mathrm{d}\gamma} \tag{4.7.2}$$

考虑一个简单模型,取

$$\frac{s}{s_0} = 1 + \nu \frac{a^2 - r^2}{a^2} \tag{4.7.3}$$

使得 $s = s_0(1 + \nu)$ 为位于涡旋中心的分层声速偏差(defect)。因此,$\nu = + 10^{-2}$ 指的是位于涡旋中心的相对于周围水体的-15m/s (-3℃)。由式(4.7.1),有

$$\frac{1}{s} \frac{\mathrm{d}s}{\mathrm{d}\gamma} = - 2\nu \cos^2\gamma_0 \sec^2\gamma\tan\gamma + O(\nu^2)$$

将上式代入式(4.7.2),无论涡旋的大小,我们都有如下的简单关系,即

$$|\beta| = 2\nu\sin2\gamma_0 \tag{4.7.4}$$

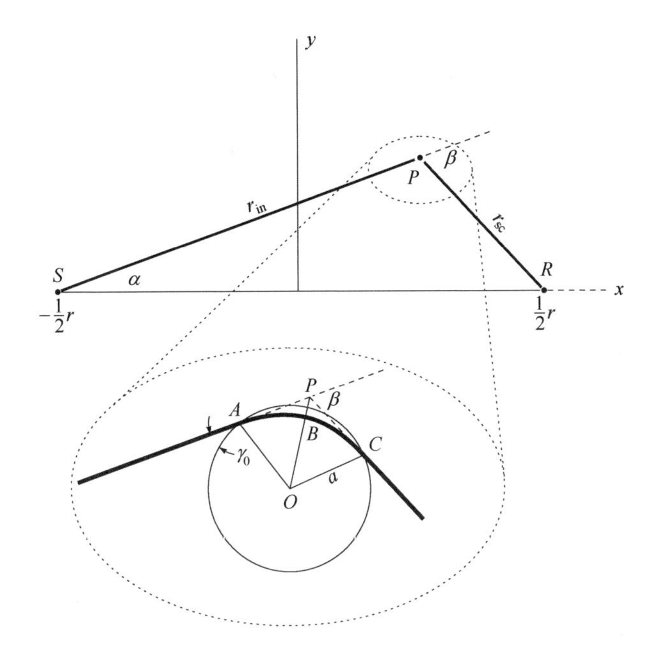

图 4.13 通过位于 P 点的冷涡的射线路径 S-A-B-C-R。射线与局地的圆形等值线 s=常数构成一个角度 γ。γ 从 γ_0（A 点）变化到 $\gamma = 0$（"天顶"，B 点）。

通过涡旋中心的射线 $\gamma_0 = 90°$ 不会发生偏向，切向射线 $\gamma_0 = 0$ 也不会发生偏向。最大偏向角度

$$|\beta_{\max}| = 2\nu \tag{4.7.5}$$

出现在 $\gamma_0 = 45°$，对应于 $OB = a/\sqrt{2}$。

对于各种各样的涡旋模型，式(4.7.5)都可以近似成立，我们将用模型式(4.7.3)做进一步的参考。

一个重要的参数为

$$\rho = \nu r/a \tag{4.7.6}$$

式中：a/ν 可以看作是涡旋的焦距(focal length)，因此 ρ 是距离与焦距的比值。

为了说明这一点，我们考虑一个特例，即涡旋与声源和接收机的距离相等，涡旋中心与发射机和接收机连线的距离为 Y。接收机处的相对声强为(Munk，1980)

$$I = \left|\frac{\sin\gamma_0}{\sin\gamma_0 + \rho\cos2\gamma_0}\right|,\quad \frac{Y}{a} = (\rho\sin\gamma_0 - 1)\cos\gamma_0 \tag{4.7.7a, b}$$

对于 $\gamma_0 = 90°$，$Y = 0$，有 $I = |1 - \rho|^{-1}$：冷涡在 $r = a/\nu$ 处有一个聚焦点。一般情

况下,冷涡的强度增强,暖涡的强度减弱。

对于固定的 Y 和给定的涡旋参数,特征射线必须满足式(4.7.7b)。可能有一个或若干个根 γ_0,或者一个也没有。图 4.14 说明了这一点。考虑一个弱的冷涡情形(实线),其中 $\nu=+0.01$, $r=1\text{Mm}$, $a=100\text{km}$,因而 $\rho=+0.01$。当向北移动的涡旋首先进入视线时,射线向南偏向(离开涡旋中心),并迅速达到最大偏向角 $\beta_{\max}$。当涡旋移至中心位置时,射线朝未受扰动的方向回移,如此循环往复。当 $\rho<1$ 时,只有一条射线路径。

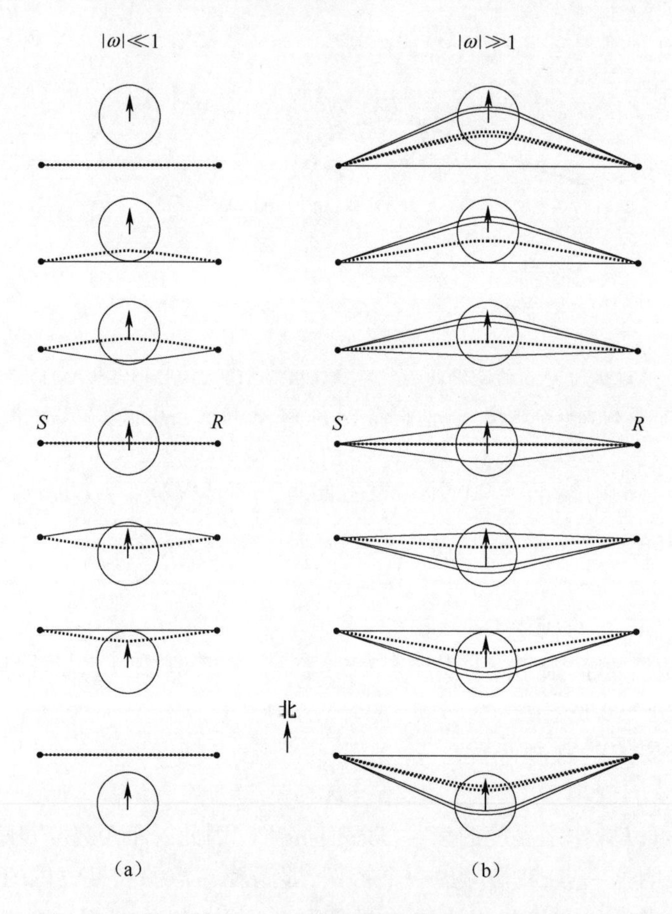

图 4.14 由冷涡(实线)和暖涡(点画线),或两者(点画线)共同导致的路径偏转。涡旋从 $Y=-\frac{3}{2}r_0$ 到 $+\frac{3}{2}r_0$ 向北移动。图(a)的 7 个小图指的是短距离 $r \ll r_0/|\nu|$,而图(b)的小图指的是长距离 $r \gg r_0/|\nu|$(对固定的涡旋半径 r_0 和速度偏差 $|\nu|$)。对于短距离(这是通常的情形),声源对着接收机的指向明显朝着涡旋中心偏转(对暖涡),对冷涡则是远离涡旋中心。仅存在单一路径,而且一旦涡旋超出视线范围,其影响就会消失。对于长距离(或小的强烈的涡旋),存在多路径,且这些路径能在视线之外持续一段距离(可在图(b)的小图中看到)。

对于极为强烈的小型涡旋,我们取 $\nu = 0.1$,$a = 50\text{km}$,对应的焦距 $a/\nu = 500\text{km}$。那么,对于 $r = 1\text{Mm}$,我们有 $\rho > 1$ 的情形,并且可能有一条或三条分离的路径,具体的情况,取决于涡旋的位置。即使当涡旋刚越过视线(但未走远),也有多路径现象的出现①。

剩余传播时间(excess in travel time)可由下式给出(Munk,1980):

$$\Delta\tau = \tau - rs_0 = 2(\nu as_0)\ \sin^2\gamma_0\left(\frac{2}{3}\sin\gamma_0 + \rho\cos^2\gamma_0\right) \tag{4.7.8}$$

因此,$\Delta\tau$ 的量级为 $\nu as_0 = O(1\text{s})$。

若 $\nu = 0$,或 $a = 0$,或切线入射角(掠射角)$\gamma_0 = 0$,那么,$\Delta\tau$ 为零。当涡旋路径长度的增加刚好被暖涡的增速相抵消时,有 $\rho = -\frac{2}{3}\sin\gamma_0\ \sec^2\gamma_0$,则有 $\Delta\tau$ 为零。对于冷涡,$\Delta\tau$ 总是正的。当 ρ 很小时,对于正面的入射,$\Delta\tau$ 的极值为 $\frac{4}{3}\nu as_0$;而当 ρ 很大时,对于 $\gamma = 45°$,$\Delta\tau$ 的极值为 $\frac{1}{2}\nu as_0$。

2. 海底折射

Brekhovskikh 和 Lysanov(1991),Doolittle 等(1988)采用绝热处理方法分别讨论了(海岸)"楔问题(wedge problem)"。他们所考虑的是一个沿倾斜海滩传播的声模态,深度为 $H(x)$。模态函数在垂直方向上受到压缩,其影响直至到达深度 H^* 为止,在此处垂直波长等于声波长。给定自由面($p = 0$)和刚性底边界($\mathrm{d}p/\mathrm{d}z = 0$),则

$$H^* = \frac{m - \frac{1}{2}}{2fs_0} \tag{4.7.9}$$

在该点,相位慢度为零,且波动无法穿透这个"障碍深度"。若采用射线理论的术语,以上的假设可表述为,每次与倾斜底边界的"碰撞"都会使射线进一步变陡,直至在深度 H^* 处射线达到垂直(图 4.15)。在这个边界条件下,可忽略声速廓线 $C(z)$ 的作用,而且不妨将声速看作常数,即相速度的变化完全是海表面与海底边界趋于互相靠拢的结果。但是,在另外的深水边界条件下,可以忽略边界的影响,波导完全由声道 $C(z)$ 决定。当向岸传播的模态首次遇到倾斜的底边界时,模态相速度出现小幅度减少的现象。

因此,沿海大陆架起到一种阻挡屏障的作用。一个重要的结果是,靠近倾斜

---

① 也可见 Itzikowitz 等(1982a,b)。类似的工作已经利用充满液体的球形和圆柱形声透镜做过(Boyles,1965;Sternberg,1987)。

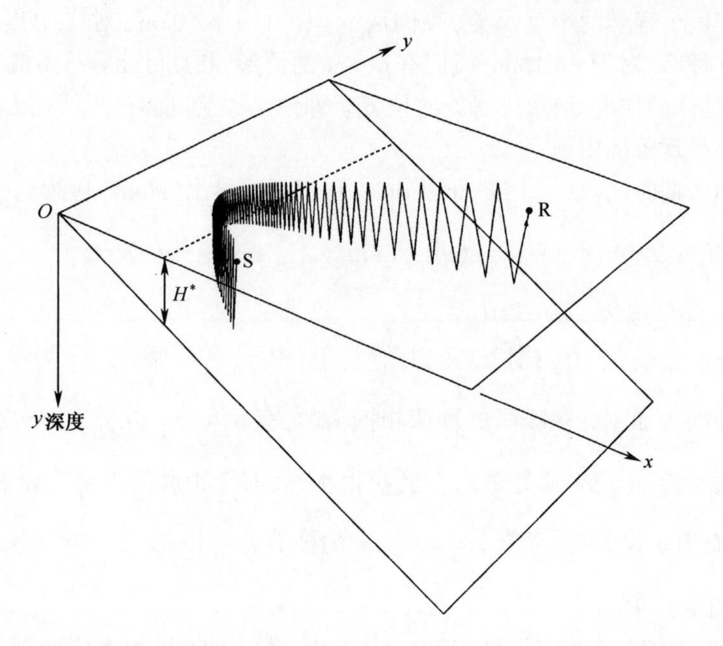

图 4.15　在海岸楔形区域中海表面和海底面反射的射线。图中显示了海岸反射的传播过程（从近岸声源到远岸的接收机）。另外，还有一个从声源 S 到接收机 R 的直接的传播过程（图中没有显示）。y 轴沿着岸线方向，x 轴指向海（改编自 Doolittle 等，1988）。

底部的近岸声源将向一个固定的近岸接收机发射两条射线：一条稍有折射的直接射线和一条在近岸受阻的间接射线（图 4.15）。Doolittle 等（1988）已经观测到这种双射线到达的现象。

图 4.16 比较了两种波折射的模型：①海底倾斜上升的海岸楔，但是声轴固定；②声轴上升，但海底固定，常在（北半球和南半球）高纬度海域出现（图 4.1）。穿越任意主要海流系统的声传输都与轴向深度的过渡有关（与声轴的露出海面无关）。由于浅水中的上升流将改变声轴的深度，因而我们把这两种模型结合起来讨论。

刚性底边界的假设并不符合实际情况，特别是对于低阶模态。关于流体底边界的一个更符合实际的描述是所谓的 Pekeris 模型，该模型假定，流体底边界位于水柱下方，其密度和声速是海水密度和声速的 2~3 倍。这种情形高度依赖于细节，且需要针对每一实验情况，考虑底边界的刚性程度和陡峭程度作单独计算。研究发现，一般地，对于切线入射，在 H^* 处能量将全部被反射回去，即朝向大海方向（seaward）反射；而对于垂直入射，能量将穿过水体进入海底边界，在传输中几乎不会出现反射现象；位于以上两种极端情形之间，能量传输的变化存在

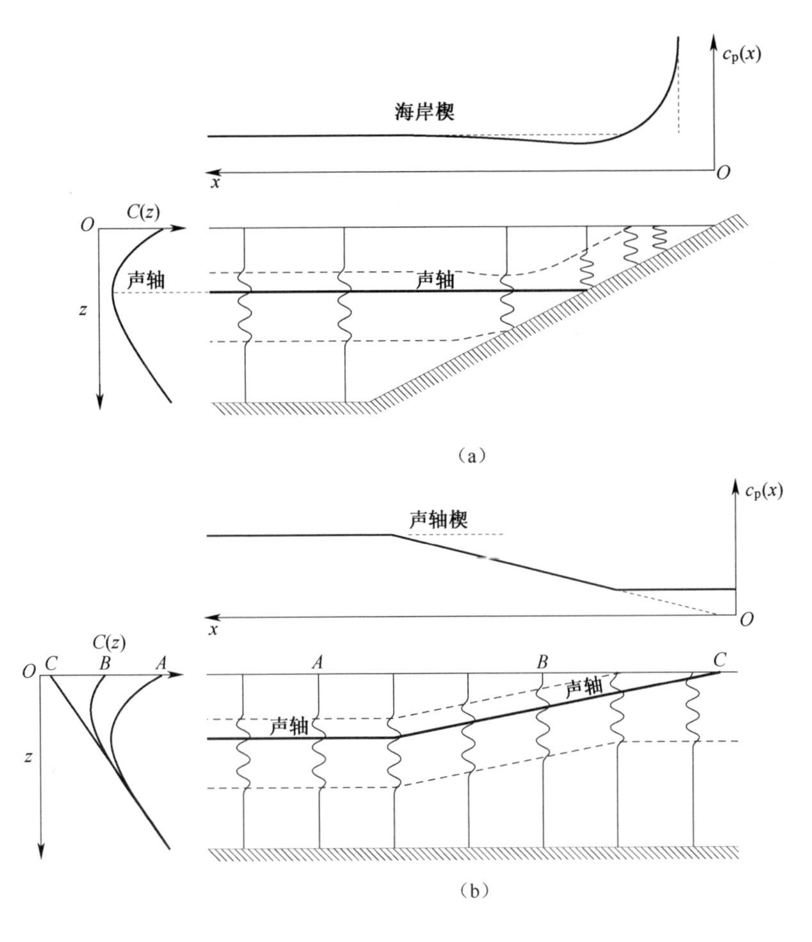

图 4.16　模态的相速度示意图(引自 Munk,1991)

(a)海底深度发生变化的情形;(b)声轴深度发生变化的情形。

一个明显的过渡带(Chapman 等,1989;Brekhovskikh 和 Lysanov,1991,第 4 章)。

图 4.17 显示了圆形岛屿和海底山①的折射情况(Munk 和 Zachariasen,1991)。由图可见,显著的折射差异不在于岛屿与海底山之间的差异性,而在于障碍深度 H^* 之上的海底山与 H^* 之下的海底山之间的差异性。对于海底山位于 H^* 以下的情形,通常是可以忽略折射效应的。对于低阶模态,临界深度是很小的:在 $f = 70\text{Hz}$ 时,对 $m = 1 \sim 10$,有 $H^* = 5 \sim 101\text{m}$;如果频率更高,临界深度将更小。因此,低阶模态在通过普通海底山时不会发生明显的折射现象。

① 绝热近似不适用于陡峭海底山。

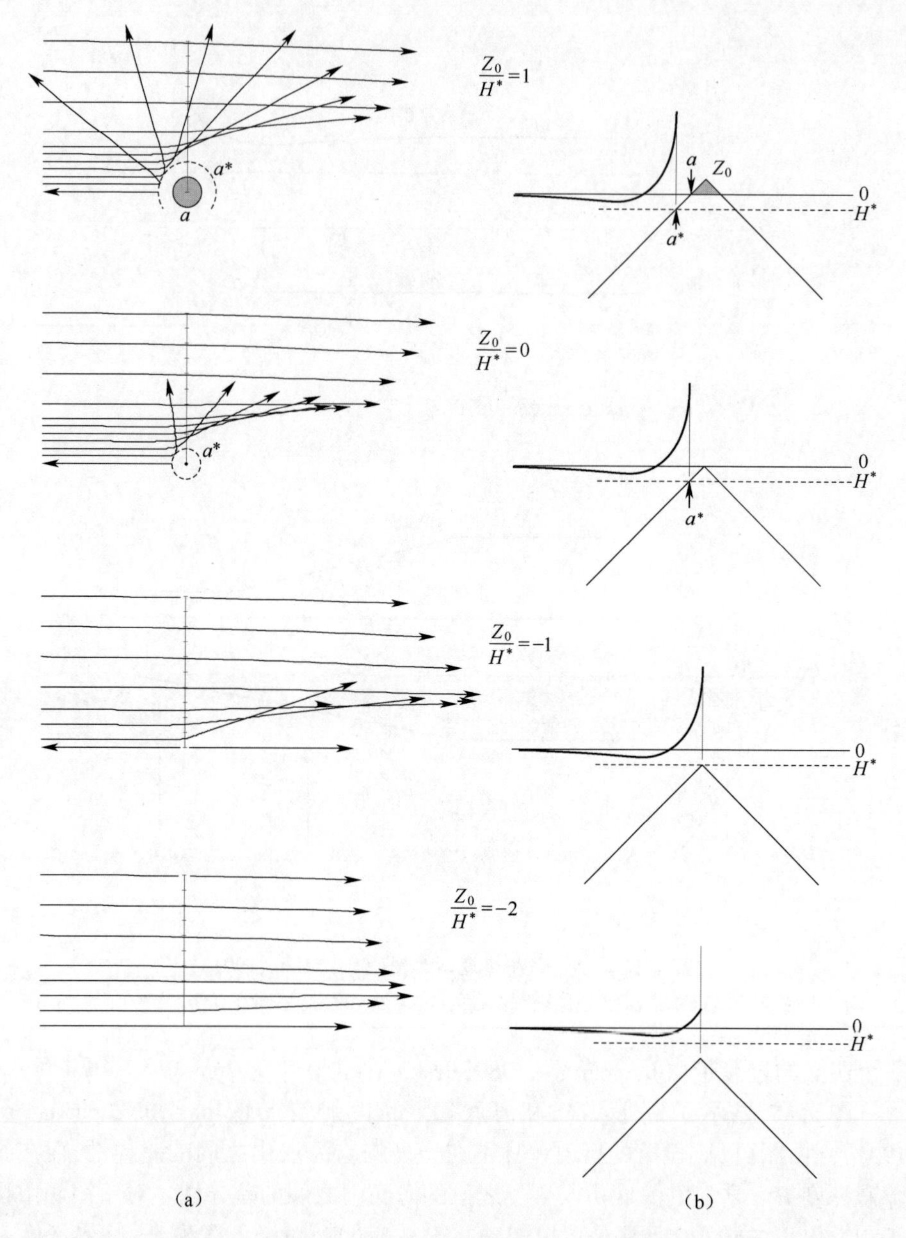

图 4.17 上视图和侧视图，其中 H^* = 100m，海底的坡度 = 0.05，海底山的山顶分别在 z_0 = 100m, 0, -100m, -200m。相速度经历如下的变化过程，即从障碍深度 H^* 处的无穷大，经过一个弱的极小值，再变为一近岸的渐近线，如图(b)所示(改编自 Munk 和 Zachariasen,1991)
(a)上视图；(b)侧视图。

图 4.18 比较了海底特征产生的散射角和涡旋产生的散射角。岛屿、海底山和暖涡都具有折射作用。但是,与岛屿和浅层海底山相比起来,即便是极为强烈的暖涡,其折射影响也是很小的。

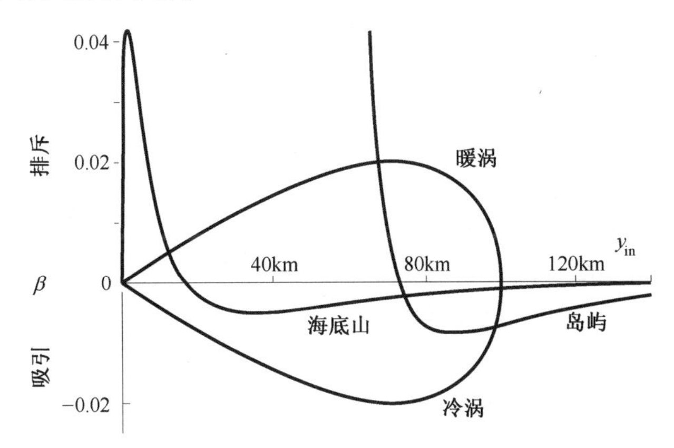

图 4.18 散射角 β(定义见图 4.13,单位为 rad)随着入射距离 y_{in}(非折射射线到涡旋或岛屿中心的最近距离)的变化情况。对于岛屿(半径 50km,海拔 2.5km)和海底山(海拔−0.3km),我们取 $H^* = 0.1$km。对于涡旋,取半径为 100km;对暖涡和冷涡,声速扰动分别取为 $\Delta C = \pm 15$m/s。

第5章　观 测 方 法

对海洋中的声传播进行精确的测量是海洋声层析的基本实验要求。任何声传播特性都有可能提供关于海洋的有用信息(声波通过海洋传播),其前提是对正问题有完全的了解。测量系统的任务是,提供具有有效精度(precision)的任何所需参数的估计,以及观测误差的估计。

本章主要讨论利用宽带声信号测量海洋的脉冲响应问题,这种脉冲响应具有足够高的时间和/或垂直角度的分辨率,以分离单个的射线到达。对单个射线到达的传播时间和其他参数的估计,其精度受限于海洋环境声学噪声。另外,在大多数情况下更为重要的是,小尺度海洋变化可引起射线振幅、传播时间、相位和到达角度的脉动(fluctuations)。传播时间是稳健的(robust)可观测量,也是本书讨论的重点。第1章对基于传播时间数据反演海洋声速场和流场信息进行了概述。因为传播时间扰动的预期量值是 O(100ms),所以传播时间需要有毫秒量级的测量精度,这相当于1Mm距离的百万分之几。

从概念上讲,最简单的测量海洋脉冲响应的方法是,发射一个强声的短时脉冲,在接收机处将由脉冲产生的到达结构记录下来。我们曾在第2章中证明,解析(resolve)多路径结构,需要约10ms的时间分辨率(与距离无关);我们将在本章中证明,这意味着这个信号需要约100Hz的带宽。但是,现有声源的功率水平不足以产生如此短时并能在远距离传输中超过环境噪声水平的脉冲(声源功率水平在浅水处主要受高功率水平的空蚀(cavitation)限制,在深水处则主要受非线性传播的影响,但其他实际问题往往使低频声源限制在更低的功率水平上)。

要达到足够的信噪比(SNR)无需牺牲传播时间的分辨率,可以在不减少带宽情况下通过发射调制信号以延长信号的持续时间来实现。接收信号与发射波形的副本是相关的(匹配滤波)。通过这种调制方式,发射信号的自相关会明显短于发射信号本身(脉冲压缩)。通过匹配滤波器处理获得的信噪比与总的发射能量成正比。后面我们将证明,要使测量的传播时间精度达到1ms量级,需要20dB的后处理信噪比。达到这个要求所需的声源功率水平取决于信号的持续时间,但是内波诱生的相位脉动限制了接收信号可被相干处理的持续时间。

例如,对应于 1Mm 距离和 250Hz 频率,内波施加的去相关时间(decorrelation time)为几分钟。考虑到由于几何扩展和体积衰减所导致的传播损耗,产生 20dB 信噪比所需的最小声源功率水平可以证明是 192dB(相对 1m 处的 1μ Pa)(声功率 132W)。

第 4 章中已讨论过,内波也可引起传播时间的脉动。一般来说,内波诱生的脉动大于环境噪声产生的传播时间的不确定性。在 1Mm 距离处,内波导致的传播时间脉动的量级为 10ms(均方根)。因为内波产生的脉动在时间上是去相关的(decorrelate),因此可通过对诸多独立的传输作平均来减少内波产生的误差。

除去受到环境噪声和高频海洋变化的基本限制外,传播时间的测量精度还受限于许多实际问题。这些问题的准确性取决于层析实验中测量仪器部署的几何结构。对于自主式锚定系统(autonomous moored systems),观测的传播时间脉动受到计时误差和(与锚定的声源和接收机的运动有关的)传播时间信号的影响。目前,已经开发出自主式低功率的计时装置,其精度可达几毫秒每年。利用长基线声学导航系统(其底部安装有声学应答器)可测量锚定仪器的相对运动,所需修正量的量级通常为 100ms,对应于 150m 的相对锚定位移,这与预期的信号是相当的。

声波传输的数量(对其平均可减少内波产生的传播时间噪声)受到存储在自主式仪器中的声源能量数量的限制。我们可以将这个问题归因为现有低频宽带声源(它能够在声轴深度处运行)的低效率。同样也可以把这个问题看作为锚碇仪器仅能储存数量有限的能量。

船舶悬挂仪器不受能量储存的限制,且计时容易实现。但相对位置必须达到 10m 的精度,这需要将船舶的卫星定位和高频声学导航相结合来确定悬挂仪器的位置(相对于船舶)。如果仅使用两条船悬挂的仪器,产生可对大范围水平区域充分采样的射线路径是困难的。但是,部分原因是因为测量必须在海洋显著变化前完成。因此,利用移动船层析达到中尺度分辨率,只有与一些固定的声源或接收机协同实施时,才似乎是可行的。

对于由电缆连接到海岸的收发机,计时和能量储备不再成为问题,但这种优势的获得是以丧失适应性为代价的,因为这类收发机必须在靠近陆地的岸边布放。对于次海盆尺度(sub-basin-scale)的实验,决策往往是支持自主式锚碇系统(有时与船舶悬挂仪器协同)的灵活性。对于海盆和全球实验,由于其高功率、长持续时间的需求,我们主要从其他方面去考虑决策问题。当然,将自主式、船舶悬挂式和电缆连接式的仪器联合起来使用也是可能的。

本章的 5.1 节将讨论“声呐方程”,该方程可用于实验设计时对预期的信噪比作出粗略但有效的估计。5.2 节将概要阐述脉冲压缩技术,利用这些技术可从峰值功率有限的声源中获得足够的信噪比。5.3节和5.4节讨论在环境噪声和内波产生的脉动存在时,传播时间和到达角的估计精度。无论测量仪器是锚定的还是船舶悬挂的,声源和接收机的移动速度对信号处理都有影响。5.5节将说明,通常(虽然并非总是如此)多普勒频移(Doppler shift)是一个冗余参数(nuisance parameter):它的值必须要给出估计,即使它几乎不含有什么有用的信息。5.6节和5.7节将讨论一些实际问题,这些问题与精确计时、锚碇系统或船舶悬挂系统的定位有关。在某些情况下,计时和/或定位的误差基本上抵消了。5.8节将总结从原始声学数据转换成反演程序使用的传播时间序列数据所需的处理步骤。Spindel(1985)已预先对本章的大部分内容作过审查。

5.1 声呐方程

声呐方程是估计远处接收机的信噪比期望值的一个系统性方法,它考虑了声源特性、随距离的几何扩展、衰减、边界效应、环境噪声和接收机特性。通常,我们采用简单的公式来估计几何扩展,虽然我们应该最终使用一个合适的传播模型来作更准确的估计。由于接收的信号水平在远距离上是多变的,实验设计应是相当保守的,所以简单的估计方法往往是可以满足实验需要的。在后面的讨论中我们将发现,就参数的实际值而言,接收信号的振幅是远低于噪声水平的。在5.2节,我们将讨论克服这一困难的信号处理技术。

定义声波强度I为垂直于传播方向的单位面积的功率。对于平面波,有

$$I = p^2/\rho C \tag{5.1.1}$$

式中:p为声压;ρ为密度,ρC为介质的比声阻抗(specific acoustic impedance)。习惯上,水下声强常用对数单位表示(dB),参考声强$I_{\text{reference}}$取均方根声压为10^{-6}N/m^2,或$1\mu\text{Pa}$的平面波的声强。例如,声源水平(acoustic source level)定义为

$$\text{SL} \equiv 10\log(I_s/I_{\text{reference}}) = 20\log(p_s/p_{\text{reference}}) \tag{5.1.2}$$

式中:I_s为声轴方向上离声源1m处的均方根声源强度。(声源水平必须在远场测量,对于大型的低频声源,距离要超过1m;球面扩展被用于计算1m处的等效声源水平)。如果采用压力方式表达,声源水平的单位通常表达为在1m处相对于1μ Pa的分贝数。

声呐(利用水下声信息导航和测距)方程表示的是,声波从声源传播到接收机处的预期的信噪比:

$$\text{SNR} = \text{SL} - \text{TL} - (\text{NL} - \text{AG})(\text{dB}) \tag{5.1.3}$$

式中:TL 为传播损失;NL 为接收机处的噪声水平;AG 为接收阵列增益,各项的单位均为 dB。

Urick(1983)详细讨论了式(5.1.3)中的各项。下面作一简要的讨论。

1. 传播损失

传播损失包括衰减和几何扩展两部分,$TL=TL_a+TL_g$,单位为 dB。衰减与距离成正比,$TL_a = \alpha r$。Francois 和 Garrison(1982a,b)以及 Garrison 等(1983)对海洋中的声波吸收问题作了全面的总结。对低频(约小于 8 kHz)和声轴深度处成立的衰减系数 α 的近似表达式为

$$\alpha(f) = 0.79A\frac{f^2}{(0.8)^2 + f^2} + \frac{36f^2}{5000 + f^2}(\text{dB/km}) \tag{5.1.4}$$

式中:f 的单位为 kHz(Fisher 和 Simmons, 1977;Lovett,1980)。第一项为硼酸松弛项(boric acid relaxation),通过系数 A 与海洋 pH 值建立联系;第二项为硫酸镁松弛项(magnesium sulfate relaxation),与 pH 值无关。当频率低于 1 kHz 时,第一项占主导。Lovett(1980)分别给出了大西洋、印度洋和太平洋的系数 A 的分布图,A 在北太平洋($A=0.055$)和北大西洋($A=0.11$)之间的取值相差 2 倍之多。

几何扩展损失的情况更为复杂。在海洋声层析中,我们需要知道单个射线到达的强度。正确的方法是,利用传播模型计算出所要研究的几何结构和声速场的预期的射线到达结构。更常用的是利用简单的经验法则。一种保守的方法是,假设每条射线呈球形状扩展(如在均匀、无界和无损耗的介质中),那么通过任何围绕声源的球面的总功率必为常数,即

$$P = 4\pi r_0^2 I(r_0) = 4\pi r^2 I(r) \tag{5.1.5}$$

其几何扩展损失为

$$TL_g = 10\log[I(r_0)/I(r)] = 20\log(r/r_0) \quad (\text{dB}) \tag{5.1.6}$$

式中:$r_0 = 1\text{m}$,声源水平 SL 根据离源 1m 处的强度定义。

另一种方法是假设:①沿所有声射线路径传播的总功率以球面方式向外扩展至具有水深量级的距离 r_1(如 10km)处,然后以柱面方式扩展(因为声波信号被限制在海洋顶部与底部之间);②声信号在 n 个射线到达中被分配(因而减少了每个射线到达的强度)。对于超出几个声会聚区的距离,有

$$TL_g = 20\log(r_1/r_0) + 10\log(r/r_1) + 10\log(n)(\text{dB}) \tag{5.1.7}$$

当 $n=r/r_1= 0.1r$(r 单位为 km)时,式(5.1.6)和式(5.1.7)的结果是相同的。2.6 节中曾证明,射线到达的数量随距离以线性方式增长。但是,这种增长率未必足够快,以产生球面扩展。对温带声速廓线,$n = 0.02r$(r 单位为 km)。在 1Mm 距离处,由球面扩展(5.1.6)式可得,$TL_g = 120\text{dB}$;当 $n = 0.02r$ 时,由式(5.1.7)可得,$TL_g = 113\text{dB}$。当然,单个射线到达的强度并非相同。在实验设计

中作球面扩展的假设,可确保较弱的折射路径是有用的。

2. 环境噪声

环境噪声水平 NL 定义为,1Hz 带宽内的噪声强度的期望值与前面定义的参考声强之比,即

$$\mathrm{NL} \approx 10\log\left(\frac{\langle I_{\text{noise}}\rangle}{I_{\text{reference}}}\right) \tag{5.1.8}$$

如果采用噪声压力术语定义,噪声水平的单位为 1Hz 带宽内相对于 1μPa 的分贝数,通常记为"dB,相对 1μPa/$\sqrt{\mathrm{Hz}}$"(此处看起来相当奇怪的 $\sqrt{\mathrm{Hz}}$ 用来表明,若使用频谱术语,则合适的单位是 $(\mu\mathrm{Pa})^2/\mathrm{Hz}$)。

在几百赫兹的频段上,远距离船舶产生的噪声和海表面产生的噪声都对海洋环境噪声做出重要贡献(图 5.1)。海表面产生的噪声随风速的增加而增加,并随局地波动的尺度的增加而增加(两者之间是强相关的)。破碎波比非破碎波产生更多的噪声。对于不同的海况(波的大小)和不同的航运密度,噪声水平的变化范围为 20~30dB;3 级海况,对应的风速约为 5.5~7.9m/s(11~16 节)(Bowditch,1984),这是一个常用的设计标准。因为当衰减损失随频率增加而增加时,环境噪声水平随之降低。因此,对应每一个距离都存在一个最优频率,在此频率上(TL+NL)达到最小且信噪比达到最大。在 1Mm 距离处,最优频率接近于 100~150Hz,但是最小值较为平缓(图 5.2)。由于随着频率的增加声源变得更小而且一般地更为有效,因此通常采用的频率略高于理论上的最优频率。

假设环境噪声近似地独立于接收机带宽内的频率(一个局地白噪声谱),则对接收机等效带宽 BW(单位:Hz)中的总噪声,有

$$\mathrm{NL}_{\text{total}} = \mathrm{NL} + 10\log \mathrm{BW}\ (\text{dB 相对 } 1\mu\mathrm{Pa}) \tag{5.1.9}$$

(等效带宽定义为一个矩形滤波器的带宽,其可通过与实际接收机滤波器相同的噪声功率)。

3. 阵列增益

将一个水平(或垂直)的水听器阵列接收到的信号联合起来使用比使用单个水听器信号更能改善信噪比,其前提条件是,水听器阵列内的信号是相干的,而噪声是不相干的。如果一个信号在一个具有 n 个阵元的阵列内是恒定的,那么将阵元输出相加,可使信号量值增大到 n 倍,信号功率增大到 n^2 倍。假设阵元之间的噪声是不相关的,若将 n 个阵元输出相加,可使噪声功率增大到 n 倍。因此,信噪比可改善 $n^2/n = n$ 倍。一般来说,当所有阵元的信号不相同且阵元之间的噪声相关时,接收机阵列的增益 AG 定义为

$$\mathrm{AG} \equiv 10\log\frac{(S/N)_{\text{阵列}}}{(S/N)_{\text{阵元}}}\ \mathrm{dB} \tag{5.1.10}$$

设 $S(\theta,\phi)$ 和 $N(\theta,\phi)$ 分别为从极角 θ 和 ϕ 入射到接收机阵列上的单位立体角的信号功率和噪声功率。类似地，设 $b(\theta,\phi)$ 为阵列对从极角 θ 和 ϕ 到达的平面波的响应(这是阵列的波束方向图(beam pattern))。则

$$\mathrm{AG} = 10\log\frac{\int_{4\pi} S(\theta,\phi)b(\theta,\phi)\mathrm{d}\Omega \Big/ \int_{4\pi} N(\theta,\phi)b(\theta,\phi)\mathrm{d}\Omega}{\int_{4\pi} S(\theta,\phi)\mathrm{d}\Omega \Big/ \int_{4\pi} N(\theta,\phi)\mathrm{d}\Omega}(\mathrm{dB}) \tag{5.1.11}$$

对于单个无指向(nondirectional)水听器阵元，$b(\theta,\phi)=1$，因而有，$\mathrm{AG}=0\mathrm{dB}$。对于各向同性噪声下 ($N(\theta,\phi)=1$) 的平面波信号的特例，阵列增益变为

$$\mathrm{AG} = 10\log\frac{\int_{4\pi} S(\theta,\phi)b(\theta,\phi)\mathrm{d}\Omega \Big/ \int_{4\pi} b(\theta,\phi)\mathrm{d}\Omega}{\int_{4\pi} S(\theta,\phi)\mathrm{d}\Omega \Big/ \int_{4\pi} \mathrm{d}\Omega}(\mathrm{dB}) \tag{5.1.12}$$

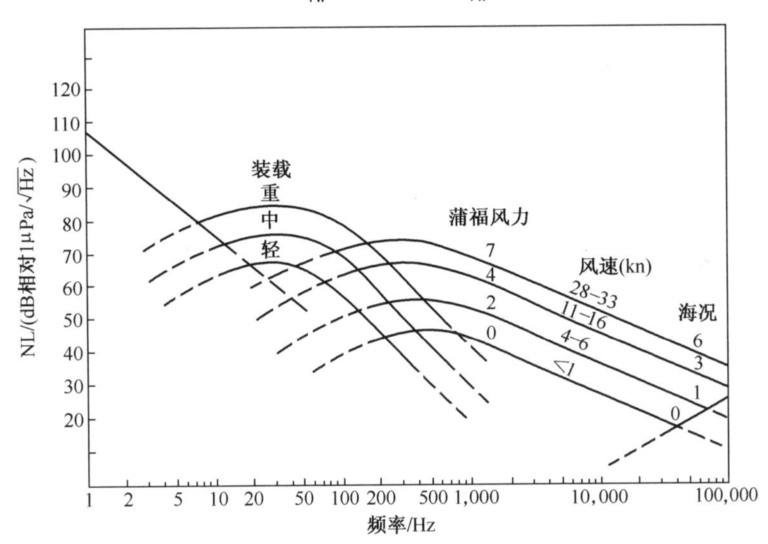

图 5.1 平均的深水环境噪声谱(引自 Urick,1983)。

如果通过电子方式控制这个阵列(对每一个阵元调整时间或相位延迟①)，使得

① 相位延迟的波束形成(phase-delay beam-forming)对于 CW 信号是合适的，但是层析中常用的宽带信号需要真实的时间延迟的波束形成(time-delay beam-forming)。

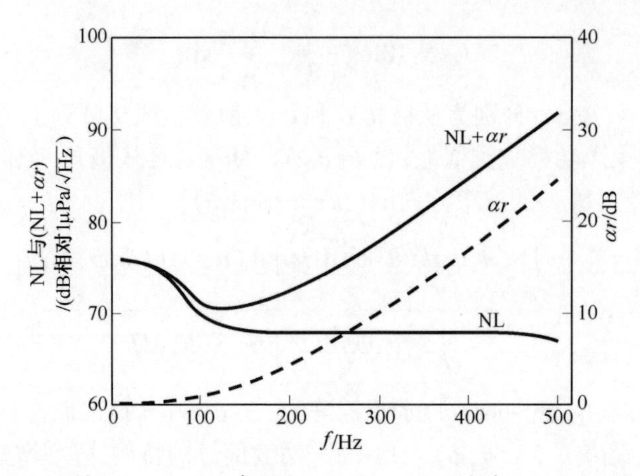

图 5.2　北大西洋($A = 0.11$)在距离 $r = 1\text{Mm}$ 处的衰减 αr(dB),噪声水平 NL (dB,相对 $1\mu\text{Pa}/\sqrt{\text{Hz}}$),以及两者之和 $\alpha r + \text{NL}$。100~150Hz 的频率给出最大的信噪比。

从 θ,ϕ 方向到达的平面波的传感器输出同步增加,式(5.1.12)可简化为

$$\text{AG} = 10\log \frac{\int_{4\pi} \mathrm{d}\Omega}{\int_{4\pi} b(\theta,\phi)\,\mathrm{d}\Omega} = 10\log \frac{4\pi}{\int_{4\pi} b(\theta,\phi)\,\mathrm{d}\Omega}\text{dB} \tag{5.1.13}$$

因为,在 $S(\theta,\phi)$ 为非零的方向上,有 $b(\theta,\phi) = 1$。在这些条件下,我们称阵列增益为方向指数(Directivity Index,DI)。对于波长 λ 的窄带声波,一个含有 n 个阵元、等间距 d 的线阵为(Urick,1983)

$$b(\theta,\phi) = \left[\frac{\sin[(n\pi d/\lambda)\ \sin\theta]}{n\sin[(\pi d/\lambda)\sin\theta]}\right]^2 \tag{5.1.14}$$

$$\text{DI} = 10\log \frac{n}{1 + \dfrac{2}{n}\sum_{\rho=1}^{n-1} \dfrac{(n-\rho)\sin(2\rho\pi d/\lambda)}{2\rho\pi d/\lambda}}(\text{dB}) \tag{5.1.15}$$

当 d 是 $\lambda/2$ 的整数倍时,式(5.1.15)可简化为 $\text{DI} = 10\log n$ 。此结果与阵元之间噪声不相关的特例结果相同,这多少有些令人奇怪。

为了防止误解,作以下两点说明。第一,在前面的计算中我们隐含地给出了连续的单频(CW)信号的假设。该假设并不适合于宽带信号,但如果相对带宽(fractional bandwidth)不是太大时,以上公式仍具指导意义。第二,各向同性噪声这一假设,不能精确地模拟几百赫兹以下频率的垂直噪声分布情况。在这些频率范围内,大部分的噪声由远处的船舶产生,而不是由局地的海表过程产生。

因此,可以预期,噪声能量将局限于表面限制的(surface-limited)射线中,在中纬度海区,以约±12°~±15°的角度(相对水平方向)穿过声轴。然而,图5.3表明,观测噪声分布常常不是双峰的,而是均匀地分布在(相对水平方向)±15°的角度内(Wales 和 Diachok,1981;Dashen 和 Munk,1984)(来自大陆架斜坡的散射作用使噪声能量以低角度传播)。由于这些角度对应于低损耗射线,而这些射线并不与海洋表面和底部相互作用,因此,信号被集中在完全相同的角度范围之内。因此,在低频范围内通过垂直阵列实现的阵列增益将明显低于各向同性的噪声期望值。

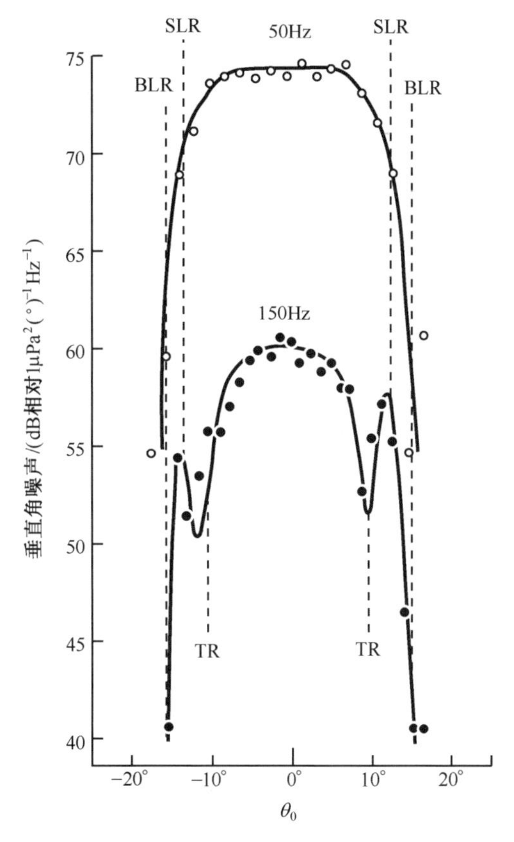

图 5.3 圣地亚哥(San Diego)以西 563 千米处 650 米深度(在声轴附近)的垂直角噪声谱随倾角 θ_0 的变化,该图取自 Fisher 和 Williams。频率为 150Hz 的噪声谱比 50Hz 的噪声谱具有更低的噪声水平,而且在 $\theta_0 = \pm 9°$ 附近出现空缺,在 50Hz 频率的谱中未出现空缺。垂直虚线对应于受表面限制的射线($\theta_0 = \pm 13°$)、受海底面限制的射线($\theta_0 = \pm 15°$)以及"温跃层射线"($\theta_0 = \pm 10°$),在陡峭的温跃层中部 80m 处存在一个上转向点(引自 Dashen 和 Munk,1984)。

水平噪声分布往往更接近于各向同性，而且对各向同性噪声来说预期的水平阵列增益值及其附近值可以达到(但是，当主要噪声来自于几艘船舶时，噪声谱远非平坦，且角度分布图(angular pattern)也远非各向同性。在此情况下，**自适应**波束形成(adaptive beam-forming)(其中的阵元权重调整到在主要噪声源方向上为零)或许能将来自几条离散船舶的噪声几乎消除掉，而仅留下低水平的真实的背景噪声。)。

与内波垂直位移有关的声速扰动，使得到达(散布于垂直和/或水平方向的)接收机的射线变为去相关(decorrelated)，这限制了可用于波束形成的最大孔径。5.4 节将对此进行深入讨论。

4. 样本信噪比的计算

在海洋声层析实验中所用的一个声源具有声源水平 SL = 192dB(相对 1m 处的 1μPa)，中心频率为 250Hz，且(全)带宽为 83.3Hz($Q = f/\Delta f = 3$)[①]。这个声源可以发射持续时间 $\Delta t \approx 1/\Delta f$(或 12ms)的短脉冲。选择的接收机带宽应与信号带宽相匹配。因此，在 1Mm 距离处，用单个水听器接收可分辨的到达信号，其预测信噪比远低于 0dB(表 5.1)。解决问题的方案是，发射宽带编码信号，并使接收信号与发射信号副本相关，具体问题将在 5.2 节中讨论。要实现 19dB 的信噪比，需要超过 40dB 的处理增益。

表 5.1 球形扩展假设下，北大西洋中(A=0.11)
频率为 250Hz 及 1Mm 距离处的信噪比

声源水平	192dB(相对 1m 处的 1μPa)
扩展损失(球形)	-120dB
衰减	-8dB
接收信号强度	64dB，相对 1μPa
噪声，SS3	68dB，相对 $1\mu Pa/\sqrt{Hz}$
带宽，Q=3(83.3Hz)	19dB
接收机噪声水平	87dB，相对 1μPa
信噪比(单个水听器)	-23dB
关于周期的平均值(16 个周期)	12dB
序列去除(1023 个码元)	30dB
总处理增益	42dB
信噪比(单个水听器)	19dB

① 一个液压驱动 HLF-5 声源，由 New York 州 Rochester 市的 Hydroacoustics, Inc. 制造(Bouyoucos，1975；Spindel 和 Worcester，1986)。

5.2 脉 冲 压 缩

利用脉冲压缩技术可从峰值功率有限的声源中获得足够的信噪比,而不降低信号的分辨率。在本节,我们首先给出信号复包络(complex envelope)的定义,以便在下面的讨论中应用这一概念。接着,我们证明,任何信号的时宽-带宽积(Time-Bandwidth Product, TBW)(信号的持续时间与其带宽的乘积)必须超过某一个最小值。这一点很重要,因为它指定了为获得时域中所需的分辨率而需要的信号带宽。在此基础上,我们描述信号编码与处理方法,利用它获得的信噪比要优于利用简单的短脉冲实现的信噪比。

1. 复包络

对于具有带通谱的信号,可方便地从理论上和实验上定义信号的复包络。一个具有载波频率 $\omega_0 = 2\pi f_0$ 的已调制信号可写为

$$p(t) = a(t)\cos\left[\omega_0 t + \theta(t)\right] \tag{5.2.1}$$

式中:$a(t)$ 为**振幅调制**;$\theta(t)$ 为**相位调制**;$\mathrm{d}\theta/\mathrm{d}t$ 为**频率调制**。

展开式(5.2.1)中的 cos,有

$$\begin{aligned} p(t) &= a(t)\left[\cos\theta(t)\cos\omega_0 t - \sin\theta(t)\sin\omega_0 t\right] \\ &\equiv 2p_x(t)\cos\omega_0 t - 2p_y(t)\sin\omega_0 t \end{aligned} \tag{5.2.2}$$

式中:$p_x(t)$ 和 $p_y(t)$ 分别为信号的同相分量和正交分量。

将 p_x 和 p_y 组合成一个复数,得到复包络为

$$p_z(t) \equiv p_x(t) + \mathrm{i}p_y(t) = \frac{1}{2}a(t)\exp\left[\mathrm{i}\theta(t)\right] \tag{5.2.3}$$

那么,信号 $p(t)$ 可写为

$$p(t) = p_z(t)\mathrm{e}^{\mathrm{i}\omega_0 t} + p_z^*(t)\mathrm{e}^{-\mathrm{i}\omega_0 t} \tag{5.2.4}$$

式中:$p_z^*(t)$ 为 $p_z(t)$ 的复共轭。

在实验中,复包络通过信号 $p(t)$ 乘以 $\exp(-\mathrm{i}\omega_0 t)$ 得到:

$$\begin{aligned} p(t)\mathrm{e}^{-\mathrm{i}\omega_0 t} &= \left[p_z(t)\mathrm{e}^{\mathrm{i}\omega_0 t} + p_z^*(t)\mathrm{e}^{-\mathrm{i}\omega_0 t}\right]\mathrm{e}^{-\mathrm{i}\omega_0 t} \\ &= p_z(t) + p_z^*(t)\mathrm{e}^{-\mathrm{i}2\omega_0 t} \\ &\to p_z(t) \end{aligned} \tag{5.2.5}$$

式中:最后一行表明信号已被低通滤波,以去除双频分量。

在解调频率的选择上,存在着一定的自由度;对载波负载的信号来说,载波频率的选择将简化分析的过程。

由式(5.2.4),$p(t)$ 的频率谱为

$$P(\omega) = \int_{-\infty}^{\infty} p(t)\,\mathrm{e}^{-\mathrm{i}\omega t}\mathrm{d}t = P_z(\omega - \omega_0) + P_z^*(-\omega - \omega_0) \quad (5.2.6)$$

其中

$$P_z(\omega) = \int_{-\infty}^{\infty} p_z(t)\,\mathrm{e}^{-\mathrm{i}\omega t}\mathrm{d}t \quad (5.2.7)$$

在推导中使用了 Fourier 变换移位定理。如果 $|P_z(\omega)|$ 仅在远小于载波频率的频带范围内是重要的,那么式(5.2.6)等号右边的两个分量是不重叠的,且此信号为窄带信号。对于宽带信号,有必要适当地考虑由于上述两个分量的重叠所引起的谱失真问题(Metzger,1983)。

人们常常采用多种方法来实现复解调式(5.2.5)(Grace 和 Pitt,1970;Pridham 和 Mucci,1979;Horvat 等,1992;Menemenlis 和 Farmer,1992)。如果选取输入采样率为 $4f_0$(每个载波周期有 4 个样本),那么采用数字技术是有可能开发出一种概念性的、计算简便的方法的。对于整数 k,用

$$\exp(-\mathrm{i}\omega_0 t_k) = \exp\left(-\mathrm{i}2\pi f_0 \frac{k}{4f_0}\right) = \exp(-\mathrm{i}\frac{\pi}{2}k) = (-\mathrm{i})^k \quad (5.2.8)$$

相乘对应于以 $\{1,-\mathrm{i},-1,\mathrm{i}\}$ 相乘。用于消除双频分量的低通滤波,可以通过对 N 个值的块平均(block average)方法实现。利用非重叠的块平均值,可使采样率从每秒 $4f_0$ 个实数降低到每秒 $4f_0/N$ 个复数。当从实数变成复数(数据存储量加倍)时,利用滑动块平均(sliding block average)方法可保持此采样率,而不必考虑后续的插值问题。选择 $N=4$,可在每个载波周期产生 1 个解调,其优点是把低通滤波器的转移函数的零点放在 $-\omega_0$ 和 $-2\omega_0$。这将消除模数转换器中的任何零频率(DC)偏移,因为频移运算将其移至 $-\omega_0$。这样的选择也把在负频率分量波段中心的一个零点从 $-\omega_0$ 移到 $-2\omega_0$。其他的参数选择是合理的,详细讨论参见 Metzger(1983)。

2. 最小时宽-带宽积

在众多的实验参数中有一个重要的参数是声源带宽,用于发射足够短的脉冲以解析单个射线到达。通常,共振、高 Q 声源是极为高效的,但是根据带宽 f_0/Q 的定义,这些声源是窄带声源。一般地,宽带、低 Q 声源的设计和制造更为困难,而且效率也不高(Decarpigny 等,1991)。前面我们曾利用如下关系:

$$\Delta f \approx 1/\Delta t \quad (5.2.9)$$

将简单脉冲的带宽 Δf 与时宽 Δt 联系起来,尽管在 Δf 和 Δt 的定义中有点故意模糊其词。简单的量纲分析表明,必定有形如上式的关系式存在。如果信号 $p(t)$ 的傅里叶变换为 $P(\omega)$,则傅里叶变换的尺度变换定理

$$ap(at) \leftrightarrow P\left(\frac{\omega}{a}\right) \tag{5.2.10}$$

表明,如果波形的时间尺度发生变化,那么它的谱的频率尺度也将相应变化。一个信号不能同时具有任意短的时宽和任意窄的带宽。

最常用的经验法则是式(5.2.9),可写为

$$\Delta t \Delta f \geqslant 1 \tag{5.2.11}$$

但是,时宽-带宽积的实际最小值取决于时宽和带宽的定义。

在经典的最小时宽-带宽积的推导中,使用的是均方根信号时宽和带宽(Helstrom,1968;Papoulis,1977)。均方根信号带宽 $\Delta\omega_{\text{rms}}$ 为

$$(\Delta\omega_{\text{rms}})^2 \equiv \overline{(\omega - \overline{\omega})^2} = \overline{\omega^2} - \overline{\omega}^2 \tag{5.2.12}$$

式中:根据复包络谱,均值和均方频率偏差分别定义为

$$\overline{\omega} \equiv \int \omega \ |P_z(\omega)|^2 \mathrm{d}\omega / \int \ |P_z(\omega)|^2 \mathrm{d}\omega \tag{5.2.13}$$

$$\overline{\omega^2} \equiv \int \omega^2 \ |P_z(\omega)|^2 \mathrm{d}\omega / \int \ |P_z(\omega)|^2 \mathrm{d}\omega \tag{5.2.14}$$

式(5.2.13)和式(5.2.14)的所有积分都从 $-\infty$ 到 ∞。

类似地,均方根信号时宽定义为

$$(\Delta t_{\text{rms}})^2 \equiv \overline{(t - \overline{t})^2} = \overline{t^2} - \overline{t}^2 \tag{5.2.15}$$

式中:

$$\overline{t} \equiv \int t \ |p_z(t)|^2 \mathrm{d}t / \int \ |p_z(t)|^2 \mathrm{d}t \tag{5.2.16}$$

$$\overline{t^2} \equiv \int t^2 \ |p_z(t)|^2 \mathrm{d}t / \int \ |p_z(t)|^2 \mathrm{d}t \tag{5.2.17}$$

利用 Schwarz 不等式,可得

$$\overline{\omega^2} \cdot \overline{t^2} - \overline{\omega t}^2 \geqslant \frac{1}{4}, \quad \overline{\omega} = 0, \quad \overline{t} = 0 \tag{5.2.18}$$

这里,我们通过选择时间原点使 $\overline{t} = 0$,并通过选择解调频率使 $\overline{\omega} = 0$。这等价于

$$\Delta t_{\text{rms}} \cdot \Delta\omega_{\text{rms}} \geqslant \frac{1}{2} \quad 或 \quad \Delta t_{\text{rms}} \cdot \Delta f_{\text{rms}} \geqslant \frac{1}{4\pi} \tag{5.2.19}$$

上式中的等式对具有如下形式的复包络的高斯信号成立:

$$p_z(t) = a\exp(-bt^2/2), \qquad \mathrm{Re}(b) > 0 \tag{5.2.20}$$

利用均方根时宽和均方根带宽得到的最小时宽-带宽积,远小于通常的经验值 1。究其原因是因为,均方根时宽和均方根带宽远小于更具物理意义的时宽和带宽的测量值,如在一个脉冲的两个半振幅点之间的时间(分辨率宽度)以

及在两个-3dB 点之间的带宽(半功率带宽)。这并不奇怪,因为一个标准差是一个相当小的带宽单元。例如,一个标准差仅包含正态分布中的39%部分。作为确定传播时间(多普勒频移)估计精度的合适定义,我们将在后续的讨论中再次用到均方根带宽(时宽)的概念。

针对信号时宽和带宽的其他定义,Papoulis(1977)推导了最小时宽-带宽积。例如,假设时宽 Δt 和带宽 $\Delta\omega$ 定义如下:

$$\alpha = \int_{-\Delta t/2}^{\Delta t/2} |p_z(t)|^2 \mathrm{d}t \Big/ \int_{-\infty}^{\infty} |p_z(t)|^2 \mathrm{d}t \tag{5.2.21}$$

$$\beta = \int_{-\Delta\omega/2}^{\Delta\omega/2} |P_z(\omega)|^2 \mathrm{d}\omega \Big/ \int_{-\infty}^{\infty} |P_z(\omega)|^2 \mathrm{d}\omega \tag{5.2.22}$$

式中:α 和 β 是两个**给定常数**。Δt 和 $\Delta\omega$ 对应于时宽和带宽,它们包括全部信号能量中的特定份额。

Papoulis(1977)推导出最小时宽-带宽积的一般表达式,它是 α 和 β 的函数。当 $\alpha = \beta = 0.9$ 时,有

$$\Delta t\Delta\omega \geqslant 4.8 \quad 或 \quad \Delta t\Delta f \geqslant \frac{2.4}{\pi} \tag{5.2.23}$$

式(5.2.23)比式(5.2.19)更接近于常用的经验法则式(5.2.11)。

半峰值振幅分辨率宽度(half-peak-amplitude resolution width)和半功率带宽(half-power bandwidth)可能是两个最具物理意义的定义,但是利用这两个定义难以推导出最小时宽-带宽积的一般关系式。然而,一些简单脉冲的计算结果表明,利用这两个定义计算得到的最小时宽-带宽积,总是 $O(1)$ 阶的。

式(5.2.11)的重要结果之一在于,它指定了为达到给定的传播时间分辨率所需的最小声源带宽。因为根据射线理论近似(见第2章),在两个射线到达之间的时间间隔是独立于中心频率的,所以在处理较低频率的问题时需要较低的 Q 值。

3. 匹配滤波处理

下面,我们描述信号编码和处理技术。利用这些技术,我们就可以通过使用峰值功率有限的声源来获取足够的信噪比。假定海洋声道可以用一个线性、时不变系统(time-invariant system)模拟,对于该系统,可定义一个转移函数及相关的脉冲响应(对于一个传输时宽而言)。由射线近似自然引出另外的假设,即接收信号 $x(t)$ 是发射信号 $p(t)$ 的延迟副本之和,即

$$x(t) = \sum_i a_i p(t - \tau_i) \tag{5.2.24}$$

式中:a_i 为振幅;τ_i 为射线 i 的传播时间。因此,沿着每条射线路径的传播同时

具有线性和非频散的特征。在这些条件下,并假设声道加入了高斯白噪声,匹配滤波处理将使信噪比最大化,同时对于估计信号振幅和时间延迟也将是最优的。

为简单起见,假设接收信号由嵌入在加性高斯白噪声(均值为 0,谱密度为 N_0)中的单个射线到达 $x(t) = a_0 p(t - \tau_0)$ 组成(噪声不必是真正的白噪声,而仅需在所要讨论的波段中噪声谱密度是平坦的)。图 5.1 所示为噪声密度-频率图。这是被限制在正频率部分的单边(或单侧)谱密度。定义在正频率和负频率两部分的相应的谱密度为 $N_0/2$。把任意一个线性滤波器(其脉冲响应为 $h(\tau)$)应用于接收到的信号进行滤波,得到

$$y_s(T) = \int_0^T h(\tau) p(T - \tau) \mathrm{d}\tau \tag{5.2.25}$$

这是 T 时刻仅由信号产生的输出结果(振幅因子 a_0 已被略去)。选择输出时间 T,以包含所有的(时间有限的)信号,即当 $t < 0$ 和 $t > T$ 时, $p(t) = 0$。通过寻找脉冲响应 $h(\tau)$ 导出匹配滤波器,要求该脉冲响应 $h(\tau)$ 能使峰值输出信号功率 $[y_s(T)]^2$ 与噪声方差的比率达到最大化,结果为(如 Turin,1960;Helstrom,1968)

$$h(\tau) = p(T - \tau), \qquad 0 < \tau < T \tag{5.2.26}$$

更一般地,对于复信号, $h(\tau) = p^*(T - \tau)$ 。因为脉冲响应仅是发射信号的时间反转形式(time-reversed version of the transmitted signal),匹配滤波处理相当于把接收信号与发射信号的副本进行相关分析。匹配滤波器的输出结果正比于发射信号的自相关函数。当发射信号副本恰好与接收信号对齐时,输出结果为最大值。因而信噪比可表示为

$$\mathrm{SNR} \equiv \frac{[y_s(T)]^2}{\langle y_n^2 \rangle} = \frac{2}{N_0} \int_0^T [p(T - \tau)]^2 \mathrm{d}\tau = \frac{2E}{N_0} \tag{5.2.27}$$

式中: $\langle y_n^2 \rangle$ 仅为噪声的输出方差。

这里采用了惯例,即如果信号 $p(t)$ 为穿过电阻器的电压,则 E 为 1 Ω 电阻器在观测时间内所耗散的能量。信噪比与发射信号能量成正比。由于声源的峰值功率有限,在匹配滤波处理之后(匹配滤波处理的本来目的就是给出最大可能的信噪比)提高输出信噪比的唯一方式是,通过增加信号持续时间来发射更多的能量,这是因为 E=平均功率×信号时宽。其一个含义是,发射信号应该有一个恒定的包络(即恒定的功率水平)以使获得给定信噪比所需的信号时宽最小化;另一个含义是,对于实际的声源水平,需要长时宽信号以获得足够的信噪比,这正如在 5.1 节结尾部分所证明的那样,对于单个短脉冲的预测信噪比远小

于 0dB。以上结果可极为容易地推广到有色噪声的情形(Turin,1960)。

式(5.2.27)给出了另一个计算表 5.1 中样本信噪比的思路。我们不是计算与发射信号带宽匹配的接收机所允许的附加噪声 10logBW,而是计算持续 1s 的信号的信噪比(1Hz 带宽),然后加上 $10\log(\Delta t/(1\text{s}))$(其中,$\Delta t$ 是以 s 为单位的总的信号时宽,而不是均方根时宽),以适应信号能量与持续 1s 信号的能量的数量差异(适应信号能量与信号功率的数量差异)。对于在 5.1 节结尾部分描述的那种单个短脉冲,因接收机带宽超过 1Hz 而导致的信噪比减少值 $-10\log\text{BW}$(当接收机带宽匹配发射信号的带宽时,$\text{BW}=f/Q$),恰好等于由于脉冲时宽小于 1s 而导致的信噪比减少值 $10\log\Delta t$(其中 $\Delta t=1/\Delta f=Q/f$)。我们重新得到了前面给定的信噪比。

对于 5.3 节将要描述的已调制信号,与匹配滤波处理有关的信噪比的增加大于因接收机带宽超过 1Hz 而导致的信噪比的减少。因此,匹配滤波的增益 $10\lg(\Delta t/(1\text{s}))$,将表 5.1 中的带宽和总处理增益两项合并在一起。

在频域中,匹配滤波器的转移函数为

$$
\begin{aligned}
H(\omega) &= \int_{-\infty}^{\infty} h(\tau)\mathrm{e}^{-\mathrm{i}\omega\tau}\mathrm{d}\tau = \int_{0}^{T} p(T-\tau)\mathrm{e}^{-\mathrm{i}\omega\tau}\mathrm{d}\tau \\
&= \int_{0}^{T} p(u)\mathrm{e}^{-\mathrm{i}\omega(T-u)}\mathrm{d}u = \mathrm{e}^{-\mathrm{i}\omega T}P^{*}(\omega)
\end{aligned}
\tag{5.2.28}
$$

式中:$\mathrm{e}^{\mathrm{i}\omega T}$ 对应于滤波器输出中 T 秒的延迟,称为可实现延迟(realizability delay),因为物理滤波器只有在信号到达后才能够响应(对输入信号的采样记录进行数字滤波则没有这种限制,我们可以设计 $T=0$ 的滤波器)。

可以证明,匹配滤波处理对于谱已知的高斯噪声条件下的信号振幅和时间延迟的估计也是最优的(Turin,1960;Helstrom,1968)。

4. 逆因子匹配滤波

图 5.4(a)是一种利用匹配滤波处理进行海洋声传播观测的理想示意图。探测信号 $P(\omega)$ 通过海洋传播,其频率响应为 $O(\omega)$。接收信号被加性噪声 $N(\omega)$ 污染。在频域,通过用 $P^{*}(\omega)$ 乘以接收信号的傅里叶变换实现匹配滤波处理。因为已经假设海洋声道是线性且时不变的,我们可以从概念上交换运算的先后次序(图 5.4(b))。因此,容易看出,观测值就是海洋对于谱为 $P(\omega)P^{*}(\omega)$ 信号的响应,而该谱在时域上是发射信号的自相关函数。当利用匹配滤波处理测量多路径声道时,目标是选择探测信号 $p(t)$ 使其自相关函数尽可能地狭窄。最简单的此类信号为矩形脉冲,它包含载波频率为 ω_0 的 n 个周期。一个包络为矩形的脉冲的自相关函数是一个具有三角形包络的脉冲,该三

角形包络脉冲的底是原矩形脉冲宽的两倍。

图 5.4 略去了接收信号的复解调。一个更加详细的典型接收机结构图将表明,接收信号要进行带通滤波(去除感兴趣频带之外的噪声并防止出现频率混淆)、数字化、复解调,然后进行处理。所有的处理都针对中心频率为 0Hz 的解调(基带)信号进行。可以认为,图 5.4 代表了真实信号和滤波(中心频率为载波频率)或代表了基带信号和滤波(中心频率为 0Hz)。本章下面的章节将主要从信号的基带表示和滤波的角度进行讨论,因为这将简化符号和讨论。

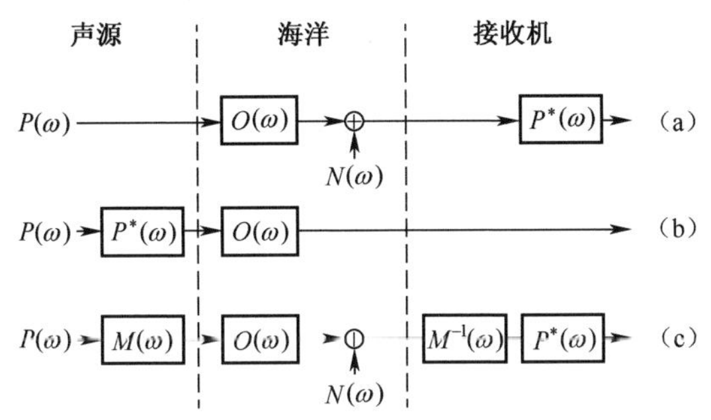

图 5.4　频域中的声道观测系统概述。通过海洋传播的信号被一传递函数为 $O(\omega)$ 的线性滤波器改变,且被加性噪声 $N(\omega)$ 污染(Birdsall 和 Metzger,1986)。
(a)对谱为 $P(\omega)$ 的发射信号作匹配滤波处理将产生自相关;(b)忽略噪声(和声源限制),对于线性系统。我们可从概念上认为接收机处理发生在传输之前,对于匹配滤波处理,本质上是利用发射信号的自相关函数波形探测声道;(c)逆因子匹配滤波通过乘以调制滤波器 $M(\omega)$ 的逆,明显地消除了它的影响,因此 $P(\omega)$ 是一个未调制的探测信号(通常是短脉冲)的谱。

我们已经证明,对于实际的声源水平,要使信号具有充足的能量 E 以在远距离处达到充分的信噪比、具有足够的带宽 Δf 以达到单个射线到达的分辨率,那么该信号必须要有一个大的时宽带宽积, $\Delta f\Delta t \gg 1$。简单的矩形脉冲具有 $\Delta f\Delta t \approx 1$。这意味着发射信号必须是调制的。使用调制信号,可延长信号时宽,但却有可能在匹配滤波后在时间响应中引入不需要的脉动,通常称为自干扰(self-clutter)。与强声射线到达有关的时域脉动有可能掩盖弱的到达。

人们在声呐和雷达中使用了许多不同的调制信号,并以极大的努力寻求低的自干扰信号。这些信号的设计主要应用于单站发射接收系统中,即信号源和接收机位于同一个地点。典型的应用情形是,发射一个探测脉冲,然后接收机接收延时的回波信号。这一方面意味着发射信号必须是相对短促的,因为该仪器是不能同时发射和接收信号的。然而,海洋声学层析是收发分置的,即具有独立的声源和接收机。因此,发射更长的信号是可能的。本节的其余部分将介绍一种由 T. Birdsall 和 K. Metzger 提出的独特的信号设计和处理方法,这是一项水声学中的开创性工作。Birdsall - Metzger 方法采用周期信号消除自干扰,这些信号可通过采用数字技术的方式极为方便地产生和处理。以上方法已被应用于迄今为止所有的海洋声层析实验中。

考虑一类具有谱 $P(\omega)M(\omega)$ 的周期信号,其中 $P(\omega)$ 为一个周期脉冲的谱,$M(\omega)$ 为时间分离调制(time-spreading modulation)谱。那么,发射信号是一个依赖于调制的基本波形的周期重复。这种形式的信号具有极为实际的优势,即信号处理可以**分层次**完成。在第一层次,我们可以用与发射信号相同的周期生成输入信号的周期平均。这样做并不需要知道精确的波形,而仅需知道其在一个周期内的信息。现在,这一步的输出仅有一个周期的长度,极大地减少了所需的存储容量(与存储整个入射波形所需的容量相比),同时极大地减少了后续处理的计算量(整个发射信号的副本进行相关分析所需的计算量相比于用一个直接的匹配滤波器整个接收信号的计算量)。这种形式的信号具有的第二个大的优势是可利用滤波器消除调制,该滤波器是调制滤波器的逆,即滤波器形式为 $M^{-1}(\omega)$,假设选择的调制使得 $|M(\omega)|\neq 0$(图 5.4(c))。因此,我们可以精确地恢复信号——该信号会被接收到,如果我们发射未调制的原始信号 $P(\omega)$。如果 $P(\omega)$ 被选择为一个时间有限的周期脉冲的谱,那么我们可得到信号——该信号会被接收到,如果我们发射一个(强得多的)周期脉冲列。处理过的信号在时域内没有旁瓣(即没有自干扰掩盖弱的到达)。

如果按照图 5.4(c)的做法,最终乘以 $P^*(\omega)$ 以完成未调制的原始信号的匹配滤波,我们称之为逆因子匹配滤波(Factor-Inverse Matched Filtering,FIMF)。如果略去通过 $P^*(\omega)$ 的最终匹配滤波,我们称之为逆因子滤波(Factor-Inverse Filtering,FIF)(Birdsall,1976;Metzger,1983; Birdsall 和 Metzger,1986)。FIMF 产生一个与原始信号自相关函数成正比的输出,而 FIF 产生一个与原始信号本身成正比的输出。采用以上方法而不是采用简单匹配滤波处理方法,所付出的代价是信噪比变低;其好处是能够得到所需要的输出波形,甚至在有必要使用能量增加的调制时。也可修改 FIMF 和 FIF,以修正由声源和接收机传递函数引起的失真,虽然这在图 5.4 中并没有明确地显示出来(Worcester,1977b)。

与利用匹配滤波处理相比(可给出最大的可能的信噪比),可以通过选择合适的调制使得信噪比的减少达到最小化。如果 $|M(\omega)|$ 不依赖于频率,那么 $M^{-1}(\omega)$ 与 $M^*(\omega)$ 成正比。因此,FIMF 完全等同于匹配滤波,而没有信噪比的损失。构建具有这种性质的信号将在后面叙述。

当使用数字技术产生和处理信号时,采用数字调制是极为方便的,其中发射信号由多个码元(digit)组成,每个码元包含载波频率的整数个周期而且被恰当地调制。对于给定的 $Q=f/\Delta f$ 的声脉冲发生器,码元长度的可能最小值受到信号时宽和带宽相互关系的约束;每个码元的周期数量通常选择为 Q。一个实际声脉冲发生器的带宽常常限制发射短脉冲的能力。

虽然调制可以有多种选择,但这里仅考虑相位调制(其每个码元具有 $\cos(\omega_0 t \pm \theta_0)$ 的形式)。相位调制信号具有恒定的功率水平,满足之前已经阐述过的要求,即发射信号应该有一个恒定的功率水平以最小化信号时宽,这是峰值功率有限的声源要获得给定的信噪比所需的信号时宽。

发射信号 $g(t)$ 通过如下方式构造,即重复原始信号 $p(t)$ L 次,时间步长(码元长度)为 T,并由序列 $\{m_l\}$ 调制,即

$$g(t) = \sum_{l=0}^{L-1} m_l p(t - lT) \tag{5.2.29}$$

原始信号 $p(t)$ 选为单个码元的周期重复(一个周期为 LT 的周期性脉冲列),因此 $g(t)$ 是一个周期为 LT 的连续性周期信号。完成这个步骤后,信号谱分解成因子 $P(\omega)M(\omega)$ 的形式(5.9 节),并可应用 FIMF 和 FIF 作滤波处理。相位调制可通过选择调制序列 $\{m_l\}$ 为 $m_l = \exp(\mathrm{i}s_l\theta_0)$ 实现,其中 s_l 取值±1(互补的相位调制)。至关重要的步骤是用一个二进制有限域代数编码赋值 s_l(Golomb,1982;Lidl 和 Niederreiter,1986)。如果选择正确的相位角 θ_0,使得 FIMF 完全匹配到发射信号,那么,$|M(\omega)|$ 与频率无关。5.9 节将证明,这样的调制选择在时域里是不会引入自干扰的,甚至对于匹配滤波处理,情况也是如此。

二进制有限域代数编码常称为二进制 m-序列(binary m-sequence),这是对二进制最大长度序列的缩写,也可称为二进制线性最大移位寄存器序列(LMSRS),这是因为利用硬件产生它们时需要应用移位寄存器。$\{s_l\}$ 从一个二进制 m-序列获得,该序列中的 1 用 -1 代替,0 用+1 代替。如果序列 $\{m_l\}$ 满足下面的线性递推关系,即

$$m_l = \sum_{i=1}^{n} c_i m_{l-i} \quad (\text{以 2 为模}) \tag{5.2.30}$$

而且周期 $L = 2^n - 1$,则称其是一个 n 阶的二进制 m-序列(Golomb,1982)。

一个直接的含义是,当采用二进制 m-序列来控制信号调制时,只有周期(1,3,7,15,31,…)的离散集的成员才有可能完成调制。信号的周期 $T_{\text{period}} = LT$,必须要满足一个要求,即比预期的传输到达时间离差(arrival-time spread)要长。如果所选周期比到达时间离差短(5.9 节),那么当对入射信号进行周期平均时,早的到达和晚的到达将发生缠绕和重叠现象,因而难以分辨出这些到达。要选择尽可能短的码元长度 T,使分辨邻近到达的能力最大化,那么 m-序列周期 L 必须选得足够长,使得 T_{period} 仍将超过预期的到达时间离差。在不需要辅助设备的测量仪器中,为了减少所需的内存量和数据存储量,需要最小化序

列长度 L,以符合 LT 比声道的脉冲响应时间长的约束条件。下面继续讨论 5.1 节末尾给出的示例,一个 $Q=3$ 的 250Hz 声源可发送码元,这些码元恰好由三个周期(频率为 250Hz)组成,且持续 12ms。虽然本应使用传播模型来预测预期的到达时间离差(附录 B),但根据一个粗略的经验法则可知,离差是传播时间的 1%。在 1Mm 距离处,这给出 6~7s 的离差。选择 $L=1023$($n=10$ 阶),给出 $T_{\text{period}}=12.276\text{s}$,明显大于预期的到达时间离差。如果选择 $L=511$,T_{period} 将与预期的到达时间离差相当。选择 $L=2047$ 将使 T_{period} 大于所需要的合适值,这增加了不必要的内存和数据存储的需求。

在以上讨论中我们已经隐含地作了如下的假设:传输信号是一个永远连续的周期性序列。当处理有限的传输信号时,有必要避免与传输开始和结束有关的边缘影响(end effects)。因此,发射的信号必须要比待处理的信号包含更多的序列周期。部分的发射能量被丢弃,且信噪比要低于用一个接收机(它匹配到整个发射信号)所能达到的信噪比。必须丢弃的能量数量取决于这样的精度,即利用这个精度我们能够预测信号从最慢路径首先到达的时间以及信号从最快路径最终结束的时间(包括测量仪器位置误差所引起的不确定性)。如果处理窗口(processing window)位于以上两个时间之间,则在整个窗口期间所有路径都将有声波通过。一般来说,发射的信号比要处理的信号多出 1~2 个周期,具体情况取决于预测处理窗口所要用到的精度,且处理开始于信号被预期首次到达后的 0.5 个或 1 个周期。如果发射许多个周期,信噪比损耗将是小的。例如,发射 10 个周期的信号并处理 9 个周期,那么信噪比将减少 $10\lg(9/10)=0.5\text{dB}$。正如前面所讨论的那样,在一个给定长度的信号中,可被发射的最大周期数受到如下事实的限制,即序列周期 LT 必须超过声道的脉冲响应的时宽。

尽管这里并不详细讨论用于处理接收信号的计算技术,但值得注意的是,对于消除 m-序列调制存在着非常有效的算法,即基于快速 Hadamard 变换的方法(Cohn 和 Lempel,1977;Borish 和 Angell,1983)。利用该方法,对于任何时间带宽乘积相当的信号,m 序列的交叉相关处理是已知的最快速的方法,仅需要 $2SL\log_2(L)$ 个加/减整数算术运算,其中 S 是每个码元的样本数。复解调的实部和虚部是平行处理的。

5. 最小信噪比

测量系统设计达到的信噪比由两个条件设定:一是信噪比能以一个可接受的低虚警率(false-alarm rate)探测单个射线到达;二是信噪比能以毫秒级的精度测量射线到达的时间。这两个条件要求信噪比的设计目标至少达到 20dB。对于给定的信噪比,关于传播时间的测量精度问题将在下一节讨论。虚警率的计算可以这样来考虑,即到达仅仅是已处理信号的包络的峰值,这些峰值超出由

噪声本身产生的峰值。复数高斯噪声的包络平方(即强度)的分布函数为

$$F(x) = 1 - \exp(-x/x_0), x \geqslant 0, E(x) = x_0 \tag{5.2.31}$$

式中:x 为强度。给定一个序列,包含 M 个独立同分布的这样的变量,其中之一超过阈值 x 的概率为

$$P = 1 - F^M(x) \tag{5.2.32}$$

反过来,给定所需的虚警率 P,则阈值为

$$x/x_0 \approx \ln(M/P) \tag{5.2.33}$$

例如,如果序列周期长度 $L=1023$,且保留 6 个解调/码元,则有 $M=6138$。选择 $P=10^{-4}$,得 $10\lg(x/x_0)=12.5\text{dB}$ 。大于 12.5dB 且大于平均强度的峰值可被认为是可能的信号峰值。然而,周围环境的声学噪声并不完全是高斯噪声,经验表明,一般需要 14~17dB 的阈值才能达到低的虚警率。与这些阈值水平相匹配,所需的信噪比约为 20dB。

但是,我们不能为了达到 20dB 的信噪比而任意增加信号时宽。能够达到的总的信号长度和处理增益受到如下的约束:信号的开始和结束应该是相位相干的(phase coherent)。可以将基于相位调制码元构建的信号的相关性处理看作是对发射信号中所有码元的简单求和,为消除此相位调制,其中的相位是经过适当调整的。当这样考虑时,如果一些处理使最后一个码元的相位改变超过约 $\pi/2$ 弧度(相对于第一个码元相位),那么这些码元将不再相长增加(add constructively),并且处理增益将减少(码元相位变化 πrad 弧度,那么码元恰好反相并将抵消)。一般地,峰值信号累积增益(integration gain)减少 $\text{sinc}^2(\Delta\theta/2\pi)$,其中 $\Delta\theta$ 是端对端(end-to-end)的相位变化,且 $\text{sinc}(x) \approx \sin(\pi x)/\pi x$ 。相位变化 $\Delta\theta = \pi/2$rad 将导致 0.9dB 的损失;相位变化 $\Delta\theta = \pi$ rad 将导致 3.9dB 的损失。

例如,如果在传输期间,声源和接收机以足够的速度接近或远离对方所引起的距离变化达 $\lambda/4$,那么相位将会发生 $\pi/2$ 的变化(有关恒定相对速度情形下的处理技术问题,将在 5.5 节中讨论)。由内波引起的声速扰动也会引起不同时刻的到达信号变成去相关,即使在声源和接收机固定的情形下,由此限制了作相干处理所需的最大信号时宽。例如,对于 250Hz 和 1 Mm 距离,相干累积时间(coherent integration times)被限制为几分钟(Flatté 和 Stoughton,1988)。5.5 节将对此问题作深入的讨论。

利用脉冲压缩改善信噪比

在 1Mm 距离处,对于实际的声源参数(表 5.1),一个 12ms 脉冲(在 250Hz 时恰好是三个周期)被预测为具有 SNR=-23dB。为了达到 SNR=+19dB,要求发射能量增加 42dB。因此,发射信号需要包含大约 16000 个码元,每个时宽 12ms,总计持续 200s。为此,我们可以采用前述类型的信号,发射 17 个周期的 1023-

码元的 m-序列(阶为 10),并处理其中的 16 个(196.416 s)。放弃 17 个周期中的 1 个可减少信噪比 0.26dB。每个周期持续 12.276s,这足以超过在 1 Mm 距离处的脉冲响应。在不需要辅助设备的测量仪器中,应设置在最慢射线预期到达之后的大约 0.5 个周期(即 6s)开始处理。传播时间预测的精度很容易达到优于 6s(在实际观测中,通常将锚定浮标部署在离预设位置 2~3km 范围以内,因此由距离误差引起的传播时间误差可控制在 1~2s 内)。5.9 节表明,如果调制角选为 $\theta_0 = \arctan(L^{1/2}) = \arctan(1023^{1/2}) = 88.209°$,那么,就不会产生自干扰,且 FIMF 处理完全匹配于发射信号。

5.3 传播时间

传播时间是海洋声层析中最常用的数据。从根本上来说,声射线到达时间的测量精度受到如下因素的限制:①周围环境噪声;②内波散射;③不可解析的(unresolved)射线路径之间的干涉。下面将逐一讨论这些限制因素。此外,还有一些非根本但重要的限制因素,包括时钟误差(钟差)、声源和(或)接收机位置的测量精度,对这些问题的讨论将在 5.6 节和 5.7 节中给出。

1. 环境噪声

根据射线近似理论,接收信号是发射信号的延迟副本的总和(式(5.2.24)。可以证明,匹配滤波处理对于估计含有高斯噪声的单个解析的(resolved)射线到达的到达时间是最优的(Helstrom,1968)。利用包络达到最大值的时间,我们得到均方根误差为

$$\sigma_\tau = \left[(\Delta\omega)_{\mathrm{rms}} \sqrt{2E/N_0} \right]^{-1} \tag{5.3.1}$$

式中:$(\Delta\omega)_{\mathrm{rms}}$ 为均方根带宽(式(5.2.12)),$2E/N_0$ 是用匹配滤波器(式(5.2.27))得到的信噪比。

根据第 4 章中给出的定义,如果传播是不饱和的,则信号载波相位仅是 $\omega_0\tau$,且可利用相位给出改进后的传播时间估计,其均方根误差为

$$\sigma_\tau = \left[\omega_0 \sqrt{2E/N_0} \right]^{-1} \tag{5.3.2}$$

式中:ω_0 为载波频率。

注意,在此我们只是将式(5.3.1)中的复包络的均方根带宽替换为在 0 频率附近的未解调信号的均方根带宽;而对窄带信号,0 频率近似等于载波频率。利用这个相位所减少的误差为 $(\Delta\omega)_{\mathrm{rms}}/\omega_0$。但是,利用这个相位所做的估计是模糊的,相差整数个周期。这种模糊性可通过采用复包络的估计方法加以解决,条件是这种估计方法的均方根误差要小于载波相位变化 1rad 所需的时间。因此,根

据包络可确定合适的周期,且相位可提供这个周期内的游标尺度。然而,遗憾的是,一般来说载波相位不单是 $\omega_0\tau$,而是还包括与散焦、边界相互作用有关的相位变化。由于内波对海洋中的声传播的影响,对载波相位的解释进一步复杂化。正如第 4 章所讨论的,对实际的声学频率和发射、接收系统布放的几何结构,由内波导致的声速扰动有将每条射线分解为微多路径的倾向,因此,测量的相位是来自于多条射线路径的相位的总和。可见,利用射线的传播时间是无法解释测量的相位的,而且由式(5.3.2)计算得到的传播时间的精度也是没有意义的。

即使利用式(5.3.1)计算得到的误差,在实际中也是很少能达到的,这是因为由内波导致的传播时间脉动会造成更大的传播时间不确定性,对这个问题我们将在后面进行讨论。

例如,考虑一个脉冲 $p_z(t)\exp(\mathrm{i}\,\omega_0 t)$,它具有时宽 Δt 的矩形包络,即

$$p_z(t)=\begin{cases}1, & -\Delta t/2 \leqslant t \leqslant \Delta t/2\\ 0, & \text{其他}\end{cases} \tag{5.3.3}$$

傅里叶变换为

$$P_z(\omega)=\Delta t\ \mathrm{sinc}(\omega\Delta t/2\pi) \tag{5.3.4}$$

如果谱在 sinc 函数的最先的几个零点处是明显地带限的(如根据声源和接收机的转移函数),那么,式(5.2.13)给出了平均频率,即

$$\bar{\omega}=\int_{-2\pi/\Delta t}^{2\pi/\Delta t}\omega\,|P_z(\omega)|^2\mathrm{d}\omega\Big/\int_{-2\pi/\Delta t}^{2\pi/\Delta t}|P_z(\omega)|^2\mathrm{d}\omega \tag{5.3.5}$$

式(5.3.5)等于 0,因为式中分子项为 0(一个奇函数在偶区间积分)。经过一些代数运算后,式(5.2.14)给出均方根带宽为

$$(\Delta)_{\mathrm{rms}}=\left(\frac{2\pi}{\Delta t}\right)\frac{1}{\sqrt{2\pi\mathrm{Si}(2\pi)}}\approx\left(\frac{2\pi}{\Delta t}\right)\frac{1}{\pi},$$

$$\mathrm{Si}(x)\equiv\int_0^x\frac{\sin(u)}{u}\mathrm{d}u \tag{5.3.6}$$

式中:当 $x\to\infty$ 时, $\mathrm{Si}(2\pi)$ 近似为它的渐近值 $\pi/2$,该结果可以写成 $\Delta f_{\mathrm{rms}}\approx 1/(\pi\Delta t)$。

注意,这不能直接与时间-带宽关系式(5.2.19)相比较,因为 Δt 不是均方根信号时宽。在前一节结尾处给出的例子中,信噪比为 19dB,码元时宽 $\Delta t=0.012\mathrm{s}$,且载波频率 $f_0=250\mathrm{Hz}$。因此,均方根带宽 $(\Delta f)_{\mathrm{rms}}$ 近似为 27Hz(注意,27Hz 的均方根带宽远小于根据常用经验法则得到的带宽 $\Delta f=1/\Delta t\approx 83\mathrm{Hz}$,因

为之前曾讨论过,相对于整个带宽,均方根带宽是一个相当小的测量单位)。利用复包络的量值,均方根误差为 $\sigma_\tau = 0.6\ \text{ms}$,其在 250Hz 时相当于 1rad。假设传播是不饱和的,那么可利用相位将均方根误差减少至 $\sigma_\tau = 64\mu\text{s}$,尽管这种情况通常只有在短距离传输时才可能发生。

2. 内波散射

在第 4 章中我们曾讨论过,当频率大于每天一周时,传播时间的脉动主要由与内波垂直位移有关的声速扰动引起(虽然内波流对来自互易传输的差分传播时间的高频脉动具有显著的贡献)。对于中尺度观测或远距离集成观测,由内波产生的传播时间的漂移(wander)是测量噪声。这种漂移的量级为 $10\sqrt{r}\,\text{ms}$ (r 的单位是 Mm),这通常超过折射路径周围的环境噪声导致的方差。通过使脉冲形状变形,脉冲分离也限制了脉冲传播时间的测量精度。发射比脉冲离差更短的码元没有意义。

对于固定的发射、接收系统的几何结构,时间平均常被用来减少由内波引起的传播时间噪声。常用的一种策略是,在 24h 的周期内,发射多个脉冲,而脉冲间隔时间大于内波导致的脉动的去相关时间。对 n 个独立脉冲的传播时间进行平均,可减少 $\sqrt{n}$ 倍的均方根传播时间噪声。这种平均应在大于惯性周期或与之相当的时间间隔内进行,即

$$T_{\text{inertial}} = 12(\text{小时})/\sin(\text{纬度}) \tag{5.3.7}$$

惯性周期是频率最低、能量最大的内波的周期。例如,对一天内逐时发射的脉冲进行平均,可使 1 Mm 距离上的传播时间漂移从 10ms 减至 2ms。在无法作时间平均的情况下,可以采用如下方法以获得等价的平均效果,即将接收机处接收的信号作垂直方向上的分离处理,垂直分离的长度要大于由内波产生的垂直去相关长度。通过计算日平均或采用等价的低通滤波运算方法,可以减少由内波产生的传播时间方差,但由内波产生的传播时间偏差(bias)是无法通过平均的方法来减少的。如果能将这种偏差精确地计算出来,则应该在反演之前从测量的传播时间中将这种偏差减去。如果偏差是未知的,则有必要在反演过程中明确地对它加以考虑。

在差分传播时间的计算结果中我们发现,在能够获得数据的最远距离上(约为 1Mm),由内波产生的声速脉动所引起的传播时间脉动基本上是相互抵消的(表 3.2),因此,与单向传播时间相比较,差分传播时间具有明显偏低的高频方差。这种由内波产生的噪声的抵消作用之所以重要,是因为与大尺度流动有关的差分信号要比与声速扰动有关的单向信号小一个量级。抵消程度的减少是通过下列两种因素实现的,即:由大尺度流场的切变引起的射线路径的非互易性

(也就是,反向传播信号不遵循相同射线路径的程度)和传播时间间隔内内波场的变化(因为反向传播的脉冲穿过给定地点的时间是不同的,在两个时间点之间内波场将发生变化)。尽管一个实际的300km实验(在百慕大群岛西部)的计算结果给出了一对互易的反向传播路径之间具有10m量级的垂直分离距离,这远小于内波垂直去相关尺度(其量级为100m)(Stoughton等,1986),但是声速切变小、流速切变大的情形(如西北大西洋18°C的水域),却能产生大的非互易性(Sanford,1974)。由有限传播时间导致的非互易性,其程度随距离的增加而增加。在300km距离处,传播时间近似为200s,与典型的内波周期相比,这个传播时间很短。在1Mm距离处,传播时间为670s,这与高频内波的周期是相当的,但比最强的波的周期短。

由内波流引起的传播时间脉动存在于差分传播时间中,并且在(由内波产生的声速脉动引起的)传播时间脉动基本抵消的情况下,可能是重要的部分。即使由内波流产生的单向传播时间方差仅有内波位移产生的方差的1%(因为由内波产生的$u/\Delta C$约为0.1)。但是,在之前提到的300km实验中我们发现,内波流是差分传播时间方差中的最大贡献者(Stoughton等,1986)。

3. 射线干涉

在(重叠但形式上可解析的)射线到达之间的干涉会降低任意到达的传播时间的测量精度(Cornuelle等,1985)。根据式(5.3.1),当脉冲传播时间的测量误差显著小于脉冲宽度时,应采用高信噪比对脉冲峰值进行精确定位。若相邻的脉冲在-6dB(半振幅)点重叠,则将它们定义为形式上是可解析的。在此情形下,通常能看到两个到达峰值。然而,这些脉冲仍然重叠,将引起明显的干涉,导致两个到达峰值的精确位置出现移位,而这种移位取决于脉冲的相对相位。因为对于不同的信号传输,这种相对相位或多或少是随机的,所以干涉实际上增加了确定传播时间的不确定性。理想的解决办法是发射足够短的码元以便相邻的射线到达能清晰地分离。但是,采用任何实际的脉冲长度,总还是会出现由于到达的时间太接近而无法解析的情况。射线到达结构的退化导致不同的射线具有相同的传播时间。例如,对于轴向的声源和接收机而言,具有相同数量的上、下循环和相反声源角的射线,它们的传播时间是相同的。随着这些射线变得越来越接近于轴向,到达时间的分离间隔也随之稳步地变小;但是,由于内波产生的脉冲变宽,用于解析射线到达的码元长度是不能任意减小的(垂直接收阵列通过增加空间分辨率会增加可解析的到达的数量)。一种可行的方法是,在信号处理中明确地考虑重叠的到达(Ehrenberg等,1978;Ewart等,1978):将接收信号模拟为形如式(5.2.24)的(不可解析的)到达之和,并且通过同时调整所有的振幅和传播时间,将数据与模型之间的平均平方偏差最小化。应当指出的是,在采用上述方法时,用一个好的模型模拟接收的脉冲波形十分重要,这些波形包括各种失真,如声源和接收机产生的失真,穿过信号带宽时的差分衰减(differential attenuation)产生的失真(Jin 和 Worcester,1989),以及内波产生的分离所引起的失真。

5.4 垂直到达角

虽然由单个水听器构成的接收阵列的结构最简单,但是复杂性稍有增加的小型垂直接收阵列能显著提高信号的接收水平(Worcester,1981;Worcester 等,1985b)。5.1 节已经指出,垂直接收阵列可改善信噪比(就总的系统代价而言,采用接收阵列比采用大功率声源改善信噪比往往更划算)。垂直阵列可测出射线到达的垂直角度,由此能将一些在时域上无法解析的到达分离开来。测得的到达角有助于射线的识别(图 5.5)。追踪算法(tracking algorithm)的目标是,对于可解析的射线路径,利用原始声学信号数据生成传播时间的时间序列;同时利用传播时间和到达角的追踪算法,比只利用传播时间的追踪算法表现更好。结合传播时间和到达角的联合反演也许是可行的,尽管还没有人在这个领域做过相关的研究工作。

一般来说,海洋声层析中的信号带宽太宽以至于无法采用简单的相移波束形成(phase-shift beam-forming)方法。因此,必须使用真实的时延波束形成(time-delay beam-forming)方法,将各水听器的输出在求和之前给予适当的时延(时间上的移位)。这可以在复解调之前或之后进行(Pridham 和 Mucci,1979;Metzger,1983;Horvat 等,1992)。

与传播时间的情形一样,我们必须把可解析的到达垂直分辨率与垂直到达角度的测量精度区分开来。垂直分辨率定义为用角度将两个(传播时间几乎相等的)到达分离开来的能力,它依赖于接收阵列的波束宽度。鉴于式(5.1.14)给出的均匀线阵波束图的公式,类似于时域中的 $\Delta t \approx 1/\Delta f$,则有经验法则为

$$\Delta\theta \approx \frac{1}{(nd/\lambda)}(\mathrm{rad}) \tag{5.4.1}$$

式中:θ 为垂直到达角;n 为阵元的个数;d 为阵元之间的间距。

对于一个四元阵列,其中 $d/\lambda = 1.5$,那么 $\Delta\theta \approx 0.17\ \mathrm{rad} = 9.5°$。虽然这个数值(分辨率)对于分离向上和向下传播的射线是足够的,但却几乎不能再提高了。对于一个小型的阵列,分辨率的范围必须要出现在时域内。

对于可解析的路径到达角,其测量精度具有与传播时间相同的限制因素:

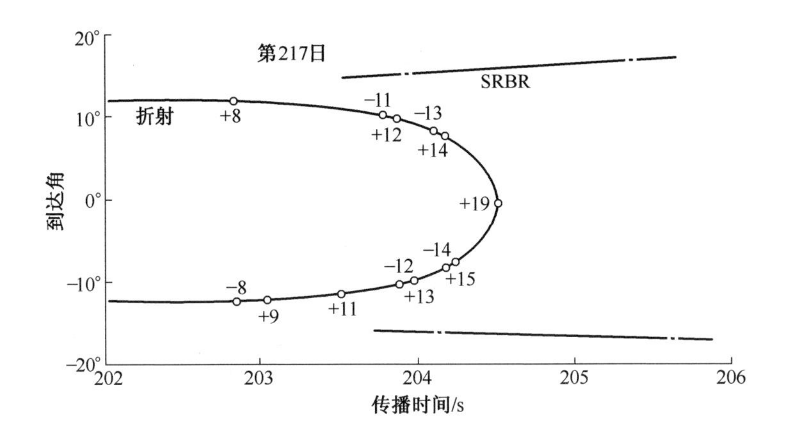

图 5.5 在 300km 距离处,实测的和预测的射线到达与传播时间、垂直到达角的关系。预测的到达用圆圈表示,通过光滑的实线连接。在 1983 年第 217 天,10 次接收中测量的单向到达用点表示,点的大小与信噪比成正比。几何上的到达记为 $\pm n$,其中 n 为射线转向点的总数。SRBR 指的是海表面反射、海底面反射的射线(引自 Howe 等,1987)。

①环境噪声;②内波散射;③不可解析的射线路径之间的干涉(在垂直方向上)。

1. 环境噪声

测量一个孤立到达的到达角,其均方根误差可由与式(5.3.1)类似的公式给出,即

$$\sigma_\theta = \left[\beta_x \sqrt{2E/N_0}\right]^{-1} \tag{5.4.2}$$

式中:

$$\beta_x = 2\pi\left[\int_{-\infty}^{\infty} x^2 I(x)\,\mathrm{d}x\right]^{-1/2} \tag{5.4.3}$$

是天线照度函数 $I(x)$ 的均方根长度,x 为波长(Rihaczek,1969;Worcester 等,1985b)。例如,若有四个离散布设的水听器,它们之间的间隔距离为 d/λ,则有 $\beta_x = \sqrt{5}\pi(d/\lambda)$。对于 $d/\lambda = 1.5$ 和 SNR = 20dB,则均方根到达角脉动为 $\sigma_\theta = 0.01\text{rad} = 0.6°$。与时域情形相同,利用高信噪比可精确定位相对宽的脉冲的峰值。

2. 内波散射

与内波垂直位移有关的声速扰动不但能产生传播时间的脉动,而且还能产生到达角的脉动。Flatté 等(1979)引入了垂直相干长度 z_0,因此到达接收机阵

列（由垂直方向上间隔为 z_0 的接收机组成）的射线的相位差（由内波产生），具有的方差为 1rad^2。因此，可以解释为均方根到达角的脉动，即

$$\sigma_\theta \equiv \left(\frac{2\pi}{\lambda}z_0\right)^{-1} \tag{5.4.4}$$

式中：σ_θ 几乎与频率无关。

根据对 1Mm 距离的数值计算，得到的 σ_θ 约为 $1^\circ \sim 10^\circ$，分别对应于 250Hz 时 55m 和 5.5m 的垂直相干尺度（图 4.6）。正如内波产生的相位脉动（关于时间）限制了信号可以被相干处理的最大范围一样，内波产生的垂直方向上的相位脉动限制了信号可以被相干处理的最大垂直范围。虽然，每个射线管的聚焦和散焦使得随距离的快速变化是叠加的，但是脉动与 $\sqrt{r}$ 成正比。σ_θ 的最大值与终止于焦散面附近的射线有关。即使对于一个小型的由四个水听器组成的阵列（频率为 250Hz），若取 $d/\lambda = 1.5$，总长度为 4.5λ。那么，在 1 Mm 距离处，内波产生的脉动与环境噪声产生的脉动相当或者超过它。

5.5 多 普 勒

通常，多普勒效应是作为传播时间的变化率来定义的。产生多普勒效应的原因有：声源和接收机之间的相对运动，以及海洋声速和流场的快速变化（因而改变了声波的传播时间）。对于声源和接收机之间的相对速度为恒定的情形，多普勒效应就是均匀地压缩或者扩张接收信号的时间轴。对于窄带信号，主要结果是为人熟知的频移关系式：

$$\frac{\Delta f}{f} = \frac{v}{C} \tag{5.5.1}$$

式中：v 为声源和接收机相互靠近的速度。

对于海洋声层析中采用的宽带信号类型，其包络也显著地受到压缩，压缩因子为 $(1 + v/C)^{-1}$。通常情况下（当然也有例外），多普勒是一个在信号设计和处理中需要给予适当考虑的冗余参数，但是，对于这个问题的讨论已经超出了本书的范围。

正如 5.2 节结尾所指出的那样，多普勒限制了信号可以被相干处理的时间，除非信号处理明确地考虑了它。为了对多普勒效应的量值有一感性认识，我们考虑如下的声源和接收机，即它们之间具有恒定的相对速度 v。利用如下准则：对于相干处理，接收信号结束时与开始时的相位差不大于 $\pi/2$，那么最大的信号时宽 T_{signal} 可由下式得到，即

$$\left(\frac{2\pi}{\lambda}\right) v\ T_{\text{signal}} = \frac{\pi}{2} \tag{5.5.2}$$

这就是说，T_{signal} 是距离变化 $\lambda/4$ 所需要的时间。在主要的海流范围以外，绷紧的锚定仪器的最大速度观测值约为 1cm/s。因此，T_{signal} = 150s（工作频率为250Hz）。这与5.2节结尾处给出的例子中196s的累积时间计算结果十分接近，因此多普勒基本上可以忽略掉（尽管更为保守的做法是用较短的累积时间）。然而，对于悬挂于海面浮标或其他漂浮物的声源或接收机，典型的速度为10cm/s，在没有多普勒订正的情况下，累积时间减少至15 s。若将声源或接收机直接悬挂于航船舷侧，则典型的速度可能达到100cm/s（2kn），对于250Hz的频率，累积时间将进一步减少至1.5s。尽管使用较低的频率可能会有效果，但是有一点是明确的，即在实际应用中（如移动船层析，其中声源和/或接收机悬挂于船舶或海表漂浮物），必须设计信号处理来补偿多普勒的影响。

对于恒定的多普勒（如声源和接收机之间具有恒定的相对速度），解决办法是对一系列可能的多普勒进行处理，并选取具有最大值的输出。继而通过选择一个具有均匀的多普勒压缩比（相对速度）的网格进行处理。对每个设定的速度，对数据作插值处理并重新采样以获取没有多普勒效应时的样本，这可以直接通过复解调完成。对于在5.2节中描述过的那种类型的周期性信号，重新采样必须在周期平均之前进行。最后，处理与每一个多普勒压缩比对应的重采样信号，且选取其中具有最大峰值的采样信号（若相对速度是非恒定的，但是相对加速度是恒定的，则可扩大搜索的空间，即针对每个速度，使搜索空间能将一个具有均匀分布的加速度的网格包括在其中（如 Rihaczek，1969））。

正如对于传播时间和垂直到达角那样，我们必须对可解析的到达区分多普勒分辨率和多普勒的测量精度。多普勒分辨率之所以重要，并不是因为我们希望接收到具有明显不同的多普勒的信号，而是因为多普率分辨率能确定可用的最大网格间距。根据一个粗略的经验法则，多普勒分辨率为

$$\Delta f_{\text{Doppler}} = 1/T_{\text{signal}} \tag{5.5.3}$$

式中：$\Delta f_{\text{Doppler}}$ 为一个具有时宽 T_{signal}、简单的未调制脉冲的带宽，甚至对已调制信号也是这样。

对于可解析的路径，其多普勒频移的测量精度受两个因素影响：环境噪声和内波散射。

1. 环境噪声

在测量一个孤立的射线到达的多普勒频移时，其固有的均方根误差可由类似于式（5.3.1）和式（5.4.2）的公式给出：

$$\sigma_f = \left[\Delta t_{\text{rms}} \sqrt{2E/N_0}\right]^{-1} \tag{5.5.4}$$

式中：Δt_{rms} 为均方根信号时宽。

式(5.5.4)适用于简单脉冲以及在5.2节中描述过的那种相位调制型的信号。但是这个关系式不适用于频率调制信号。对于频率调制信号，到达时间的估计与多普勒频移的估计是相关的，这引入了一个基本的模糊性关系（如 Helstrom, 1968）。

2. 内波散射

如同5.2节结尾部分所指出的那样，依赖于时间的内波垂直位移将使在不同时间到达的信号成为去相关的，因而限制了可用作相干处理的最大信号时宽。时间去相关对应于频率的增宽，通常称为多普勒增宽（Doppler broadening）。由连续波（CW）发射的由单一频率组成的信号，在通过时变的内波场传播之后，在接收处将被加宽为有限的带宽信号。在1Mm距离处，Flatté 和 Stoughton（1988）给出了量值的阶的估计，即

$$\Phi t_0 \approx 1\text{h} \tag{5.5.5}$$

式中：t_0 为退相干时间（decoherence time）。

对于250Hz，$\Phi \approx 16$（见4.4节），得到退相干时间 $t_0 \approx 225\text{s}$。因此，相应的多普勒增宽约为

$$\nu = t_0^{-1} \approx 0.004\ \text{s}^{-1} \tag{5.5.6}$$

在1Mm距离处和250Hz的中心频率，由内波产生的多普勒增宽恰好接近于常用信号的多普勒分辨率。

5.6 计　　时

对于一年或更长的时间段来说，测量具有ms级精度的传播时间需要高精度的时钟。频率误差

$$\Delta f/f = 3 \times 10^{-11} \tag{5.6.1}$$

将导致1年后的时间误差为1ms。对于连接至岸上的仪器、海面浮标，或其他具有卫星时间代码接收机的装置，要保持时间精度优于1ms是没有问题的。例如，NAVSTAR 全球定位系统（Global Positioning System, GPS）在世界范围内提供的授时精度优于1μs。我们还可以应用其他的授时系统。在具备充足电力供应可连续地运行原子频率标准的情况下，要保持精度优于1ms的授时也不成问题。例如，铯原子频率标准具有长期的相对频率（fractional frequency）稳定性，精度可达到 $10^{-14} \sim 10^{-13}$，它们是主频率标准。铷原子频率标准是需要校正的二级标准，但是一旦经过校正，其相对频率稳定性通常可达到 10^{-11}/月。

对于低功率的自主系统（如由电池供电的锚定层析收发机），计时就成为一

个问题。然而，即使在这种情况下，对于传播时间求和以及涡度观测，钟差可以抵消（Munk 和 Wunsch，1982a）。若将钟差明确显示出来，那么，从锚定浮标 i 到锚定浮标 j 的传播时间可写成为

$$\tau_{ij} = (t_j + \delta t_j) - (t_i + \delta t_i) \tag{5.6.2}$$

式中：t_i 为锚定浮标 i 处发射机的时钟时间；δt_i 为钟差；t_j 和 δt_j 分别指锚定浮标 j 处接收机的时钟时间和钟差。真实的时间为 $t + \delta t$。

同样地，对于在锚定浮标 j 处发射机和在锚定浮标 i 处接收机，有

$$\tau_{ji} = (t'_i + \delta t_i) - (t'_j + \delta t_j) \tag{5.6.3}$$

将传播时间相加，消去钟差，即

$$\tau_{ij} + \tau_{ji} = (t'_i - t_i) - (t'_j - t_j) \tag{5.6.4}$$

我们可以将锚定浮标 j 看作为一个具有已知的时间延迟 $t'_j - t_j$ 的应答器（在接收时间 t_j 和发射时间 t'_j 之间）。需要从锚定浮标 i 的观测时间间隔（从发射时间 t_i 到响应时间 t'_i）减去时间延迟。

对某区域周围的 n 个锚定浮标之间的传播时间求和也可消去钟差，即

$$\tau_{ijk\cdots ni} = \tau_{ij} + \tau_{jk} + \cdots + \tau_{ni} = t'_i - t_i \tag{5.6.5}$$

这里，为简化起见，应答器时间延迟 $t'_j - t_j, t'_k - t_k, \cdots$ 已经设为零。因此，在该区域周围，沿着相反方向的传播时间差，即

$$\tau_{ijk\cdots ni} - \tau_{in\cdots kji} \tag{5.6.6}$$

不含钟差。该差值与该区域周围的环流有关，因而与闭合区域内的面积平均的相对涡旋有关。

差分传播时间

$$\tau_{ij} - \tau_{ji} \tag{5.6.7}$$

并不能消除钟差。由海流产生的差分传播时间比由声速扰动产生的传播时间之和大体上小一个量级，因此精确的计时特别重要。

在低功率的自主仪器中，可采用两种基本方案以达到足够的计时精度。

第一种方案采用的是双振荡器系统（Spindel 等，1982；Worcester 等，1985a，b）。第一个低功率振荡器连续运行以驱动时钟链和其他需要稳定频率输入的电路，如声学接收机。但是，这个低功率振荡器的稳定性是无法满足在长达一年的时间内提供毫秒级精度的计时要求的。周期性地打开第二个振荡器（其稳定性要高得多、但消耗的功率也要高得多），测量并记录低功率振荡器与高稳定性振荡器之间的频率差异。在实验结束时，对这些频率偏差进行累加，得到一个时钟订正量（它是时间的一个函数）。紧凑型铷频率标准在加电后 10min 之内将恢复到其之前的频率，精度优于 2×10^{-10}，且消耗大约 13W 的功率，因此可采用紧凑型铷频率标准作为参考标准。根据通常的实施情况分析，采用这种方案

无法保证在1年之后还能提供1ms精度的计时。因此,对时钟运行前、后的检查结果可用于作最终的校正。

第二种方案采用的是低功率晶体振荡器,晶体振荡器的输出频率通过数字技术实施了温度补偿(历史上,人们利用类似技术所作的温度补偿是相当粗糙的)。方法是通过测量晶体的输出频率随温度的变化而对晶体进行校正。然后,微处理器将该校正信息与现场的晶体温度(它是利用热敏电阻或其他温度传感器测得的)结合起来,以确定所需的频率订正值。这个频率订正值可以这样来应用,即通过调整(振荡器频率对应的)周期的数量来给出预定的时间间隔(如1s);或者,振荡器电路的频率用数字技术进行调整。该数字技术比常规的类似技术能给出更好的温度补偿。然而,要求达到的长期稳定性依赖于晶体所固有的稳定性特征。虽然已使用了异常稳定的晶体片。但是,目前该方法的精确程度尚不如利用铷频率标准作为基准的双振荡器方案。

利用高频声学技术可对锚定仪器的时钟性能进行现场检查(Worcester等,1985a)。为此,置于次表层的收发机在预定时间发送询问脉冲(如每小时一次)。这些脉冲被附近的船载仪器接收、记录下精确的接收时间,并发射回复脉冲。接着,次表层仪器测得此回复信号并记录下接收时间。在收回仪器后,将船载仪器记录的时间与次表层仪器所发射和接收时间之间的中点进行比较。对仪器延迟作适当的订正后,上述两个时间应该是相同的;上述两个时间上的差异将给出次表层时钟相对船舶时钟的偏差(船舶时钟通常是利用卫星时间代码或其他精确技术进行设置的)。利用这项技术测定的钟差,其精度能优于1ms。

在计时无法达到所需精度的情况下,无论是由于仪器故障还是其他原因,钟差都可极为容易地作为未知数包含在反演程序中,因为它们对涉及某个给定仪器的所有传播时间都有相同的影响(Comuelle,1983,1985)。如果这样做,声传播时间中的部分信息可被用于确定钟差,而不是获取有关海洋的信息。

5.7 定　　位

要使计算的传播时间具有几个ms精度,则需要声源和接收机间的距离测量达到几米的精度,因为1.5m的距离变化将产生1ms的计算传播时间的变化。这似乎表明,对层析仪器的位置测量必须要达到相当高的精度。虽然在某些情况下这一点是对的,但是这个问题极为复杂。我们需要区分两种不同的实验,即绝对传播时间为基本观测量的实验,以及只需测量传播时间在一段时间内的变化值的实验。我们也必须区分两种不同的误差,即对不同的观测由于锚定浮标位置不同而产生的误差,以及在同一个观测中由于锚定浮标运动而产生的误差。

1. 固定的系统

最简单的层析观测几何结构是将声源和接收机置于固定的位置。在海洋中实现这样部署的唯一方式是，将仪器安装在海底或接近海底的位置，但是，这样的部署有可能出现如下情况，即海底相互作用使对接收信号的解释复杂化。为了测量海洋中的物理量随时间的变化（这往往是有意义的情形），我们不必精确地定位声源和接收机。

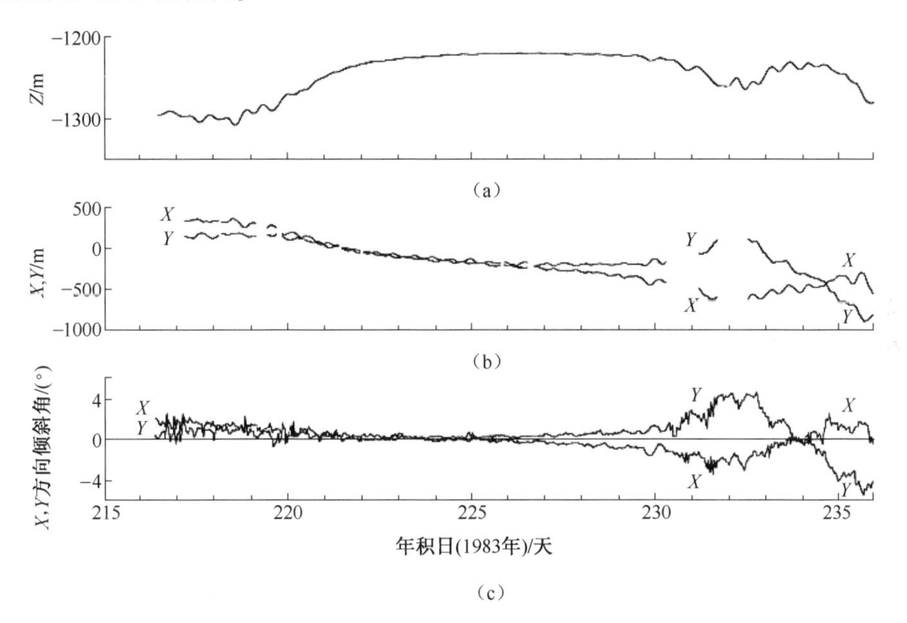

图 5.6 1983 年互易传输实验期间位于北部的锚定浮标（约位于 32°41′ N,68°57.8′ W）的声学收发机位置和锚定浮标的倾斜程度。

(a)表示压力传感器测量的收发机深度；(b)表示声导航系统测量的收发机相对于任意原点的东向(x)和北向(y)偏移，空白处表示缺失数据；(c)表示在收发机深度处锚定浮标的东向(x)和北向(y)倾斜角。

2. 锚定的系统

锚定的系统的情况更为复杂。即使是拉紧的锚定浮标，仪器也会因为响应正压潮流以及与海洋涡旋场有关的流动而出现移动。对于大约为 2000 磅(8.9kN)的锚定张力，可以观测到高达 1cm/s 的锚定速度。如图 5.6 所示，百慕大群岛附近的锚定浮标，能产生水平方向几百米的位移和垂直方向几十米的位移（Spindel 等，1982；Worcester 等，1985b）。为评估锚定浮标运动的影响，考虑 t 时刻水平位置 $x_1(t)$ 和 $x_2(t)$ 的两个收发机，其中 x 轴穿过两个收发机并从收发机 1 指向收发机 2（Worcester，1977b；Munk 和 Wunsch，1982a）。声速记为 $C = C_0 + \Delta C(x)$，流速在 x 正向的分量记为 $u(x)$，则射线平均的声速扰动和射线平均

的流速分别为

$$\overline{\Delta C_{12}} = \frac{1}{x_2 - x_1}\int_{x_1}^{x_2}\Delta C(x)\,\mathrm{d}x \tag{5.7.1}$$

和

$$\overline{u_{12}} = \frac{1}{x_2 - x_1}\int_{x_1}^{x_2}u(x)\,\mathrm{d}x \tag{5.7.2}$$

这里,为简单起见,假设声波的传播沿着 x 轴方向。近似到一阶马赫数(u/C),计算从收发机 i 到收发机 j 的传播时间得到

$$\tau_{12} = [R(t)/C_0][1 - (\overline{\Delta C_{12}} - u_2 + \overline{u_{12}})/C_0] \tag{5.7.3}$$

和

$$\tau_{21} = [R(t)/C_0][1 - (\overline{\Delta C_{12}} + u_1 - \overline{u_{12}})/C_0] \tag{5.7.4}$$

式中:$R(t) = |x_2(t) - x_1(t)|$,且 u_1, u_2 为仪器的速度。

那么,传播时间之和与传播时间之差分别为

$$\tau_{12} + \tau_{21} = \frac{2R(t)}{C_0}\left[1 - (\overline{\Delta C_{12}} - \frac{1}{2}(u_2 - u_1))/C_0\right] \tag{5.7.5}$$

和

$$\tau_{12} - \tau_{21} = -\frac{2R(t)}{C_0}\left[(\overline{u_{12}} - \frac{1}{2}(u_1 + u_2))/C_0\right] \tag{5.7.6}$$

传播时间之和依赖于锚定浮标的运动,即与收发机间的绝对距离 $R(t)$ 及其相对速度 $u_2 - u_1$ 有关,而传播时间之差依赖于锚定浮标的运动,则与绝对距离及平均速度 $(u_1 + u_2)/2$ 有关。重写式(5.7.5)和式(5.7.8),可得

$$\overline{\Delta C_{12}} - \frac{1}{2}(u_2 - u_1) = \frac{C_0^2}{R(t)}\left[\frac{R(t)}{C_0} - \frac{1}{2}(\tau_{12} + \tau_{21})\right] \tag{5.7.7}$$

和

$$\overline{u_{12}} - \frac{1}{2}(u_1 + u_2) = -\frac{C_0^2}{R(t)}\left[\frac{1}{2}(\tau_{12} - \tau_{21})\right] \tag{5.7.8}$$

式中:声速扰动 $\overline{\Delta C_{12}}$ 与两个仪器的速度差有关。

通常,这是一个小的影响,可以忽略,因为典型的情况是声速扰动超过锚定浮标速度 1~2 个量级(m/s 对 cm/s)。流速 $\overline{u_{12}}$ 与两个仪器的平均速度有关。就这一点而言,海流的层析观测与锚定海流计的观测并无不同。通常(但并非总是)这种影响不大,因为典型的流速为 10cm/s,而锚定浮标的最大速度约为 1cm/s。当测量正压潮流(量级为 1cm/s)时,为达到最大准确度,我们必须对锚

定浮标速度进行订正(正如利用海流计时也应该进行订正一样)。

为了考察绝对距离误差的影响,记 $R(t)=R_0+\delta R$,其中 δR 可以看作为设定距离的误差或者是从某个观测点到离得最近的另一个观测点的距离的变化,即

$$\overline{\Delta C_{12}}-\frac{1}{2}(u_2-u_1)=\frac{C_0^2}{R_0}\left(1-\frac{\delta R}{R_0}+\cdots\right)\left[\frac{R_0}{C_0}+\frac{\delta R}{C_0}-\frac{1}{2}(\tau_{12}+\tau_{21})\right] \tag{5.7.9}$$

则

$$\overline{u_{12}}-\frac{1}{2}(u_1+u_2)=-\frac{C_0^2}{R_0}\left(1-\frac{\delta R}{R_0}+\cdots\right)\left[\frac{1}{2}(\tau_{12}-\tau_{21})\right] \tag{5.7.10}$$

与 $\delta R/R_0$ 成正比的项代表小的误差。由于 $\delta R/R_0$ 项的作用,即使在 300km 距离外具有 1km 的大误差也仅改变 $\overline{\Delta C_{12}}$ 和 $\overline{u_{12}}$ 的 0.3%。这是对 $\overline{u_{12}}$ 仅有的影响,因此当利用差分传播时间测量流场时,距离误差并不重要。式(5.7.9)中的 $\delta R/C_0$ 项与如下的差值具有相同的量级,即

$$R_0/C_0-\frac{1}{2}(\tau_{12}+\tau_{21}) \tag{5.7.11}$$

例如,改变 150m 的距离将改变大约 100ms 的传播时间。因此,当利用传播时间之和确定声速时,距离误差是重要的。

总之,传播时间之和对距离误差是敏感的,但是观测期间锚定浮标的移动速度并不是特别的敏感。差分传播时间对锚定浮标移动速度是敏感的(但不超过用标准锚定流速计测量的流速),但是距离误差并不敏感。然而,与固定的声源和接收机的情形一样,如果我们只对随时间的变化量感兴趣,就无须知道仪器间的绝对距离,而只需知道不同观测实验之间的距离变化(即相对的锚定位移)。声学长基线导航系统能以大约 1m 的精度测量相对的锚定位移,这对订正传播时间而言是足够的(Spindel 等,1982;Creager 和 Dorman,1982;Milne,1983;Worcester 等,1985b)。在典型的层析系统中,高频声学询问器被置于靠近声波收发机的锚定浮标上。该询问器定期地向安装在锚定浮标底部的海底声学应答器发射一个脉冲。从锚定浮标到应答器的距离与从声波收发机到海底的距离大致相等。应答器探测到询问脉冲并发射不同频率的应答脉冲,这些应答脉冲将依次被询问器探测到。通常采用 10kHz 左右的频率,因为这些频率在几千米距离处接近于最优。询问器测量往返传播时间,该时间可被转换为倾斜距离。然后,通过三角测量法确定仪器的位置。在完成布放应答器之后,必须精确地确定其相对位置,但其绝对位置对于确定相对运动并不重要。为了定位应答器需要

进行一次勘测调查。为此,调查船应从各个位置询问海底应答器,并将往返传播时间记录下来,随后,传播时间记录用于确定调查船停留处和应答器的相对位置。通常,调查船在每一次停留时记录其位置,但是这并不需要米级的精度,除非需要应答器的绝对位置。

对于新的声源和接收机坐标,通过追踪射线,射线传播时间的订正值可以从实测的声源和接收机的锚定位移 $\Delta x_{s,r}(t)$、$\Delta y_{s,r}(t)$ 和 $\Delta z_{s,r}(t)$ 计算出来。然而,对于实际中常遇到的锚定位移来说,往往假设射线波前是局地平面波(垂直于射线路径),这是一个极好的近似(Cornuelle,1983)。通过定义固定的声源和接收机参考位置,可计算传播时间的订正值(例如,给定平均的仪器位置。精确的位置并非关键,只要这些平均位置接近于声源和接收机的位置即可)。通过计算波前到达接收机参考位置的时间与到达接收机的时间之差,就可以得到接收机的订正值。这需要射线到达是可确定的,因而其垂直到达角也是可知的。类似的计算可给出声源订正值,接着利用这些时间差订正测量的传播时间,可以给出声源和接收机在各自不同的参考位置的传播时间。

另外,还可采用如下方法直接测量锚定位移,即在反演过程中将仪器位置作为未知量考虑在内(Cornuelle,1983,1985;Gaillard,1985;Cornuelle 等,1989)(这与地震学问题中包含未知的地震位置类似)。数值模拟表明,在缺乏锚定位移信息的情况下,为了避免反问题解(即声速扰动)的显著退化,传播时间要有难以达到的高精度,并且/或者需要大量的冗余的射线路径。估计锚定参数的不确定性主要来源于海洋能量与锚定位移能量之间的互相泄漏。

3. 移动系统

最复杂的几何结构出现在移动船层析或者漂流仪器层析中。在这两种情形下,声波传输的几何结构处于连续变化之中。因此,不再可能利用一段时间内传播时间的变化来确定海洋中的参数分布。必须要反演绝对的传播时间,以给出绝对的 $\overline{\Delta C_{12}}$。因此,为使传播时间达到毫秒级精度,绝对的仪器位置(距离)需要达到米级的精度。这是一项困难但并非不能完成的工作。当采用差分模式(differential mode)时,NAVSTAR GPS 可给出米级的绝对天线位置精度。这需要在船舶或漂流仪器附近足够近的地方运行一台参考 GPS 接收机,并记录来自相同卫星的信号,以供在后处理船舶或漂流仪器记录的信号时使用。这种做法对于 1~2Mm 的距离间隔都是可行的,尽管对于较长的距离电离层的影响将降低定位的准确度(除非采用双频接收机)。海表面天线的精密卫星定位必须与次表层声源或接收机的精密定位(相对于该天线)结合起来。对于下面悬挂着接收水听器的海面浮标来说,综合其倾斜、前进以及沿电缆线分布的压力传感器等信息,可给出接收机相对于海表面天线的位置(精度达到米级),尽管这一点尚未被实验所证实。在移动船层析实验中,接收阵列每几小时从船上放下一次以接收来自锚碇声源的信号(或者等价地把声源放下以发射信号到锚碇接收机),利用声学技术可定位次表层仪器相对于船舶的位置。超短基线声学导航系统测量自船载接收阵列(宽度为 12~15cm)至次表层仪器上的声波发射器的传播时间和方向。要在 1000m 的距离处达到 1m 的精度,则角度的测量需要精确到 1mrad。这意味着对超短基线阵列的方位(纵摇、横摇和航向)的测量也必须达到约为 1mrad 的精度。这其中最大的困难在于对航向的测量,因为典型的陀螺仪的精度仅为 1°左右;但是,使用包含多个 GPS 天线的系统,却可以使方位的测量精度达到要求。一个可行的方法可以避免必须高精度确定船舶航向,这就是采用移动声学卫星追踪系统(Floating Acoustic Satellite Tracking,FAST)(Howe 等,1989a,b)。这种方法本质上是一长基线声学导航系统,类似于追踪锚定浮标运动的系统,其应答器(或精确定时的声波发射器)系于海面浮标上,而浮标的位置由 GPS 确定。在每个层析测量位置上部署 2~3 个浮标,然后在进入下一个位置开展测量工作之前将这些浮标回收上来。

当声源和接收机的位置作为未知量也包含在反演过程中时,Cornuelle 等(1989)对移动船层析实验进行了数值模拟,以确定绝对位置的测量精度引起的解的退化。他们的研究发现,当距离的不确定性大于由内波产生的传播时间脉动引起的传播时间不确定性时(当距离的不确定性约为±10m 时),反演的解开始出现退化现象。

5.8 数据处理

5.2 节描述的信号处理仅仅是产生传播时间的时间序列的第一步,这样的时间序列将应用在第 6 章和第 7 章描述的反演方法中。本节我们将简要地概述其余的步骤。

第一步是通过构造点阵图(dot plot)来解析单个(声射线)到达。定位每一个超过预设信噪比的到达峰值,并且画出其传播时间随接收时间的变化关系(图 5.7)。在每一到达时间,所画的点的大小通常与信噪比成正比,以强调最大峰值。正如 5.2 节所讨论的那样,通过考虑虚警率来选择信噪比阈值。为保证绘图效果,我们将阈值设置得低一些,因此图上会出现一些(由噪声峰值引起的)额外的小点,但可确保所有的射线路径都将显现在图上。根据传播时间关于接收时间的连续性可知,此点阵图上的射线路径是显而易见的,而噪声峰值却是随机分布的。在假设所有的射线都是水平的条件下,对点阵图分别作钟差订正(它对所有的射线到达具有相同的影响)和锚定浮标运动订正(订正到一阶近似),这会使得射线路径有时更容易识别,因为在海洋变化的时间尺度上传播时间的变化是极为缓慢的(在利用单个水听器的数据时,只有那些在时间上可解析的射线到达才是显著的,如图 5.7 所示的那样。如果可利用垂直接收阵列计算到达角,那么利用这些点的特征对到达角进行编码,有时可揭示出一些额外的路径,这些路径在传播时间-到达角空间上是可解析的,但是仅利用传播时间是不可解析的)。

第二步是用特定的射线路径识别点阵图上显著的射线到达。为了预测预期的射线到达结构,我们需要利用历史数据或者同步观测数据对声源和接收机之间的声速场作出估计。一般来说,在传播时间空间中比较观测的和预测的到达结构能足以识别观测的到达(图 5.7),尽管在传播时间-到达角空间进行比较的做法更具有鲁棒性(图 5.5)。几何射线到达标记为 $\pm n$,其中 n 为射线转向点的总数,"+(-)"指的是射线在声源处向上(向下)出发。经常可观测到一个或多个非几何到达,它们通常与焦散有关(如 Worcester,1981;Brown,1981)。在高信噪比的情形下,从焦散线阴影区的边缘直到数百米处,衍射能量都可能直接探测到。在识别射线到达中产生的误差会在反演时变得明显起来。不正确的识别会导致出现大的传播时间残差,因为假设的射线路径对海洋的采样是不同于实际的射线路径的。

最困难的工作是,从前后相邻的一次次接收中**追踪**已识别的路径并由此生成所需的时间序列。完成这种功能的追踪程序本质上是模式识别算法(pattern-recognition algorithms)。如果只有传播时间信息可用,则定义一些小的传播时间窗口,这些窗口以第一次接收时的到达时间为中心。然后,该算法在随后的各次接收中选择相应的峰值,方法是使这些窗口作为整体进行平移(由于锚定浮标运动或钟差的影响),并且窗口在相互间作少量的移动。质量判据,如峰值宽度可用来剔除这样的峰值,即它对应的到达结构不够清晰。如果同时有传播时间和垂直到达角的信息可用。那么,除了传播时间-到达角空间中的窗口是长方形的以外,其他的步骤是类似的。如果存在大的钟差或锚定浮标运动,通常的做法是在追踪之前,对数据作钟差订正和锚定浮标运动订正(订正到一阶近似)(假设所有射线是水平的)。因此,锚定浮标运动的一阶订正值从追踪的路径中扣除了,然后,正如 5.7 节所描述的那样,利用合适的垂直到达角数据,采用完全三维的订正方案(图 5.8)(如果钟差订正没有在追踪之前完成,那么,它也将被应用于路径的追踪中)。现在已经发展了这个基本方法的不同版本(如 Hippenstiel 等,1992;Send,出版中)。

至此,经过订正的传播时间的时间序列就为反演应用做好了准备。在反演

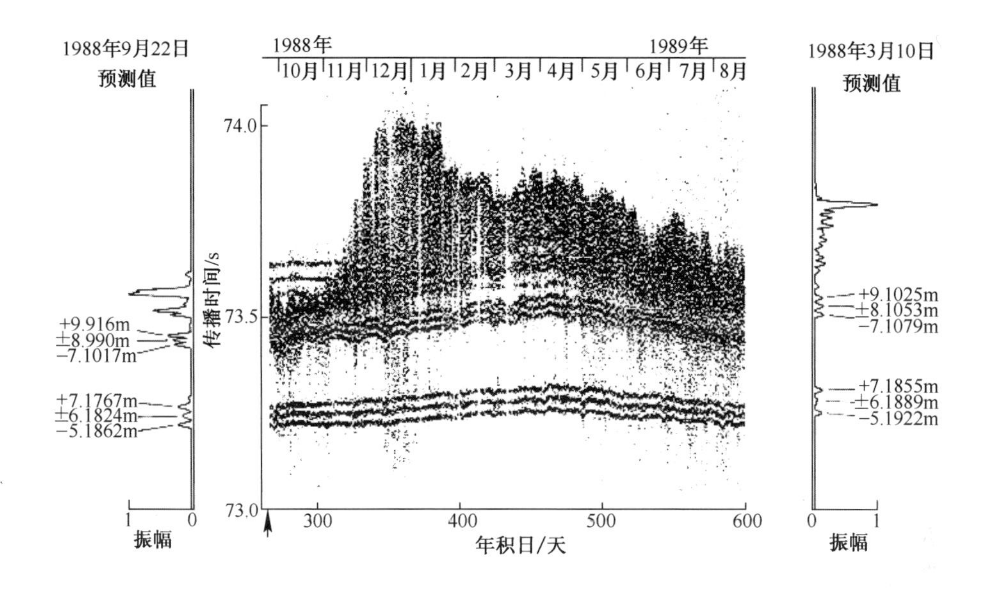

图 5.7　对于从锚定浮标 1(位于格陵兰海层析阵列的北部边缘)到锚定浮标 6(位于中间)之间的声波传播(两浮标间的距离大约为 105 km),绝对传播时间随年积日的变化图。每一个到达峰值用一个点表示,点的大小与信噪比成正比。图中对传播时间分别作了仪器钟差订正和锚定浮标运动订正(订正到一阶近似)(假设射线是水平的)。利用 1988 年 9 月 22 日(左)和 1989 年 3 月 10 日(右)收集到的环境数据,采用 WKBJ 传播算法,构建了预测的到达结构,该结构与箭头所指时间的测量结果极为一致。第一组和第二组射线分别在 1800m 和 1000m 附近具有较低的转向点。第三组射线(在 73.55s 和 73.65s 之间到达)是海底反射的路径(改编自 Worcester 等,1993)。

中需要用到的其他数据是对实测的传播时间的精度估计(见 5.3 节)。实测的传播时间的高频方差可给出传播时间精度的直接估计,它综合了环境声学噪声、内波散射和射线干涉的影响。要获得实测的传播时间的高频方差,可以采用一个在惯性周期附近截断的滤波器对时间序列作低通滤波处理,以消除内波产生的脉动。如果在潮汐频率范围存在显著的变率,则应在低通滤波之前对其作拟合处理并将其去除掉。高频残差序列的方差是对观测噪声的一个直接估计。这样,经过低通滤波的时间序列可用于反演得到低频的海洋结构,其中传播时间精度由高频方差除以 $\sqrt{n}$ 给出,n 为有效的独立观测(它包含在每次的低通滤波输出中)的数量。

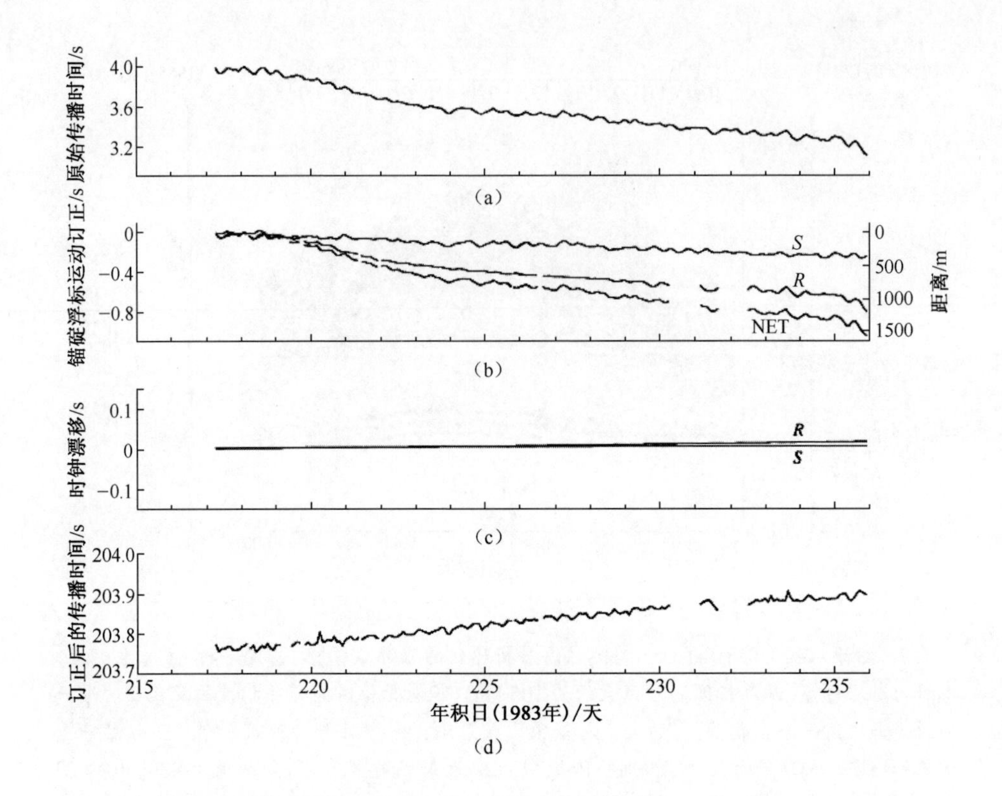

图 5.8　传播时间订正应用于 1983 年的互易传输实验的第 11 条路径

(距离大约为 300km;射线的上转向点深度大约为 739m)。

(a)原始的峰值时间序列,其传播时间相对于时间序列的起点;(b)对声源运动 S、接收机运动 R 和两者的净运动的订正,图(b)右边的垂直轴表示等价的沿射线路径的位移;(c)声源和接收机的时钟订正;(d)最终的订正后的传播时间序列。图(d)等于原始传播时间减去图(b)和图(c)中的订正值以及一个常数时间偏差(它给出序列时间区间起点处的传播时间)。图(c)和图(d)的垂直尺度比图(a)和图(b)的扩大了 4 倍(引自 Worcester 等,1985b)。

5.9　二进制 m-序列

如果序列 $\{m_l\}$ 满足一个线性递推关系:

$$m_l = \sum_{i=1}^{n} c_i m_{l-i} \qquad (\text{以 2 为模}) \tag{5.9.1}$$

而且具有周期 $L = 2^n - 1$,则该序列是一个 n 阶的(二进制)m-序列(Golomb,

1982)。二进制 m-序列通常采用系数 c_i (它按照 i 降序排列写成一个二进制数)的八进制表示命名。例如,阶为 $n=7$ 的序列的系数

$$\{c_7,c_6,\cdots,c_0\equiv 1\}=\{1,0,0,1,1,1,0,1\} \tag{5.9.2}$$

记为 235_8。我们可以利用系数的排序表产生不同阶的 m-序列(Metzger 和 Bowens,1972)。初始化所需的 n 的值除了不能都等于 0 以外,可以是任意值。一个 n 阶的 m-序列包括长度为 n 的 0 和 1 的所有可能组合(n 个 0 除外)。因此,初始化选择只决定周期序列开始的位置,它不改变序列。

我们将利用 m-序列的两个关键性质:①一个 n 阶的 m-序列包含 2^{n-1} 个 1 和 $2^{n-1}-1$ 个 0;②如果 $\{s_i\}$ 是通过如下方式获得的序列:选取一个二进制的线性最大序列,并且用-1 代替二进制 1,用+1 代替二进制 0,那么 $\{s_i\}$ 的非归一化、周期的相关函数为

$$r_k=\sum_{i=0}^{L-1}S_iS_{i-k}=\begin{cases}L,k=0\\-1,k\neq 0\end{cases} \tag{5.9.3}$$

(如果二进制的 1 由+1 代替,二进制 0 由-1 代替,可得同样的结果)。$\{s_i\}$ 的二值自相关函数(two-level autocorrelation function)是它作为调制序列的关键。

我们现在可以考察特殊的信号选择式(5.2.29)的意义,主要采用 Metzger(1983)的方式。因为信号是周期性的,合适的谱表示是一个傅里叶级数,即

$$G_k=\frac{1}{LT}\int_{-LT/2}^{LT/2}\left[\sum_{l=0}^{L-1}\exp(\mathrm{i}s_l\theta_0)p(t-lT)\right]\exp\left(-\mathrm{i}\,2\pi\frac{kt}{LT}\right)\mathrm{d}t \tag{5.9.4}$$

式中:G_k 是频率为 k/LT 的谱线的复振幅。

通过一些代数处理,有

$$G_k=\left\{\sum_{l=0}^{L-1}\exp(\mathrm{i}s_l\theta_0)\exp\left(-\mathrm{i}2\pi\frac{kl}{L}\right)\right\}\cdot\left\{\frac{1}{LT}\int_{-LT/2}^{LT/2}p(t)\exp\left(-\mathrm{i}\,2\pi\frac{kt}{LT}\right)\mathrm{d}t\right\} \tag{5.9.5}$$

谱分解成 L 乘以系数 $\{m_l\}$ 的数字傅里叶变换(digital Fourier transform)和波形 $p(t)$ 的傅里叶级数。因为谱已经分解成 $P(\omega)M(\omega)$ 的形式,因此 FIMF 和 FIF 是可应用的。

我们通过首先计算 m_l 的归一化的周期的自相关函数来得到功率谱 $|M(\omega)|^2$,即

$$R_k=\frac{1}{L}\sum_{l=0}^{L-1}m_lm_{l-k}^*$$

$$= \frac{1}{L}\sum_{l=0}^{L-1}(\cos\theta_0 + \mathrm{i}s_l\sin\theta_0)(\cos\theta_0 - \mathrm{i}s_{l-k}\sin\theta_0)。 \tag{5.9.6}$$

利用式(5.9.3),并基于序列 $\{s_i\}$ 的 -1 比+1 多 1 个的事实,可得

$$R_0 = 1,\ R_{k\neq 0} = \frac{L\cos^2\theta_0 - \sin^2\theta_0}{L} \tag{5.9.7}$$

如果 $\tan^2\theta_0 = L$,那么 $R_{k\neq 0} = 0$。调制序列的自相关函数在所有的非零延迟(nonzero lags)恒等于零。对式(5.9.5)的平方进行变换,可以看到,式(5.2.29)的自相关函数由序列的自相关函数和原始脉冲自相关函数的卷积构成(因为乘积的傅里叶变换等于傅里叶变换的卷积)。那么,当 $\tan^2\theta_0 = L$ 时,式(5.2.29)的自相关函数就是 L 乘以原始脉冲的自相关函数。即使对于匹配滤波,在时域的调制也没有引入自干扰。

这个结果也可以在频域进行验证。式(5.9.7)的数字傅里叶变换给出 $\{m_l\}$ 的功率谱为

$$|M_k|^2 = \begin{cases} \dfrac{R_0 + (L-1)R_{k\neq 0}}{L}, & k = 0 \\ \dfrac{R_0 - R_{k\neq 0}}{L}, & k \neq 0 \end{cases} \tag{5.9.8}$$

对于 $\tan^2\theta_0 = L$,式(5.9.8)给出 $|M_k|^2 = 1/L$(对所有的 k)。因为 $|M_k|$ 与频率无关,FIMF 和普通匹配滤波是完全相同的。对于这种情形,图 5.3(c)中的逆滤波器 $M^{-1}(\omega)$ 有时也称为"仅对相位的滤波器(phase-only filter)",因为其量值与频率无关。调制滤波器 $M(\omega)$ 改变了原始信号 $P(\omega)$ 的频率分量的相位,但不改变它们的振幅。然后,逆滤波器简单地将相位调整回原始信号的相位(FIF 仍然产生低的信噪比。因此,输出与原始信号成正比,而不是与原始信号的自相关函数成正比,这正是 FIMF 处理的情形。这通常给出更好的时域分辨率)。

对于调制角(modulation angle)的其他选择,除 0 频率的(载波)线外,功率谱仍然是白的。因此,FIMF 和 FIF 不再是"仅对相位的滤波器",因为 0 频率处的增益不同于其他频率处的增益,并且相对用匹配滤波处理可达到的数值,信噪比是减少的。该减少被称为**非平坦损耗**(Nonflatness Loss, NFL)(Metzger, 1983; Birdsall 和 Metzger, 1986)。但是,输出波形仍与原始脉冲的自相关函数或原始脉冲本身成正比。有时,有意地增加载波线的功率数量(相对于利用"理想"调制角获得的功率)是值得的。例如,对于 $\theta_0 = 45°$,1/2 的功率存在于载波中,我们可以有效地同时实施连续波(CW)和脉冲实验。然而,因为逆滤波必须基本

上去除载波线上全部的剩余功率，因此相对于利用理想相位调制角获得的SNR，脉冲实验的信噪比要减少3dB。也可以证明，如果$\theta_0 = 90°$，信噪比将减少3dB。对于接近90°的理想调制角，非平坦损耗关于角度的非对称性意味着，当构造发射信号时，使用的任何近似会导致相位角比理想的调制角略小而非更大，这一点非常重要。

第 6 章　反问题:面向数据的情形

6.1　引　　言

前面的章节已经证明,许多实测的声学特征量都是海洋声速场的积分函数,这些量包括:声射线的传播时间、振幅和倾角,模态的群速度以及载波相位。正如前面章节所讨论的那样,声速场和海水密度场密切相关,而海水密度场是一个动力学变量,又与海洋流场密切相关。在大多数情况下,仅利用密度场信息就可以计算得到较高精度的海洋流场。互易的层析观测量是发射源和接收机平面内的流场的直接加权平均。因此,对于海洋环流的研究来说,确定 C 和 u 的意义是不言而喻的,它必须要符合已知的物理规律。

正问题可以具体表述为:给定 C (或 S)和 u ,以及声源的特性,计算接收机接收到的信号的详细结构(接收机的特性已知)。将这个问题称为正问题,主要是因为它与求解波动方程这个经典问题有关。

反问题是:给定到达信号的观测性质,计算海洋性质参数 C 和/或 u 。当前,这个问题引起了海洋学界的浓厚兴趣。

海洋学家对单点的数据非常熟悉(如流速计读数或温度计观测值)。相反,层析数据是对海洋要素场的加权积分。正是这个积分属性才使得这些资料具有独特的价值,对这些资料的分析具有重要的意义。对于某些问题,层析积分可以精确表示所需要的量;更一般地,我们除了需要声场产生的平均值以外(射线和模态的轨迹产生复杂的垂直/水平权重),还需要不同的平均值。对于其他情形,我们寻求物理量沿射线路径的空间变化的估计值。

在上述两种情形下,我们都面临这样的问题:从沿着指定路径 $\Gamma(x,y,z)$ 的一组积分值来确定三维场 $C(x,y,z)$ 或 $u(x,y,z)$ 。这个问题可能会使读者想到与积分变换有关,在第 2 章中,我们利用 Abel 变换详细阐述了这种联系。

本章讨论利用层析积分方法推断海洋要素场结构的问题。由于海洋要素场的时空变化相对于背景场来说是非常小的,因此这里的讨论集中在所谓的线性反演方法上。像通常那样,当对一个问题进行线性化处理时,我们必须对可能出现的失败有所警惕。

本章从简单且常用的最小二乘法开始引入逆方法(inverse methods),然后通过逐步修改基本公式来考虑关于海洋状态的先验知识。这种方法极为有效,但是所得到的解却存在着一些模糊之处,如哪一部分数据控制解的哪些分量,为什么有些分量是十分的不确定,为什么得到的解表现出任意性特征。因此,我们引入奇异值分解(SVD),它作为最小二乘方法的一种形式非常实用,为我们深刻理解解的结构提供了一个独特的途径。

与最小二乘法相比,我们推荐一种被称为 Gauss-Markov(高斯-马尔可夫)方法的统计学方法,作为首选的分析工具。但是,对该方法的介绍将放在本章的最后,因为我们在实践中发现,在学习了最小二乘法之后,读者最易理解解的性质。对那些熟悉最小二乘法的读者而言,他们可能希望跳过 6.3 节和 6.4 节。但是,我们还是建议读者至少能浏览一下这部分内容,因为这中间出现了一些新的特征,一些相关的概念和定义在这里被首次提出。

对于专业的统计工作者来说,本章讨论的内容并没有什么特别之处。但是,要请读者谅解的是,本章的讨论方式略显松散,原因是我们未能找到一种清晰的、适合海洋声层析领域研究人员的思路来阐述这部分内容。与第 5 章讨论观测技术时的做法一致,我们将层析观测中的噪声视为解的一部分进行估计,因此所有涉及真实观测数据的反问题都应被看作为是欠定的①。

6.2 问题的表述

第 2 章已经证明,最有用的海洋声学特征量(如射线或模态的传播时间等)可以表示为

$$y_i = \int_{\text{source}}^{\text{receiver}} \mathrm{d}s \; w_i(\boldsymbol{r}) S(\boldsymbol{r}) \tag{6.2.1}$$

式中:w_i 为权重函数;$S(\boldsymbol{r})$ 为空间坐标的连续函数。

观测 y_i,无论其性质如何,都只能是有限个离散的值。数学上的反问题(它并不是我们主要关心的部分,但应对其有所了解),就是利用观测 y_i(i 至多是可数无穷的)来推断连续函数 $S(\boldsymbol{r})$(它包含不可数的无穷自由度,可能具有任意快速的空间变率)。我们所关注的海洋学问题,主要在两个方面不同于上述理想化问题:①正如在第 5 章中所描述的那样,观测数据的数量是有限的,并且

① 对于涉及到利用观测的边界或初始条件进行正向积分的反问题,结论也是这样。

总是含有噪声①;②利用已掌握的物理海洋学知识,我们在反问题中无需再推断已经知道的海洋结构。

1. 线性化

一个最基本的独立的先验信息是,海洋中的实际声速廓线可以表示为 $S(\boldsymbol{r}) = S(\boldsymbol{r},-) + \Delta S(\boldsymbol{r})$,其中 $|\Delta S| \ll S(\boldsymbol{r},-)$ 。$S(\boldsymbol{r},-)$ 的值可以从气候数据集得到,或由部署的阵列仪器观测数据得到,或从实际的海洋模型计算得到,或从以前的层析观测数据集得到。

在第 2 章中可以看到,对正问题进行线性化(如式(2.8.4)),可将射线传播时间用 ΔS 显式地表示出来。如果我们将 ΔS 表示为一组离散参数 ℓ 的函数,并取出不同的步长,那么正问题可表示为式(2.15.1)的形式,即

$$\boldsymbol{E}\boldsymbol{l} = \Delta\boldsymbol{\tau} \tag{6.2.2}$$

或者

$$\boldsymbol{E}\boldsymbol{x} = \boldsymbol{y} \tag{6.2.3}$$

即为一组离散的观测值($\Delta\tau_i$ 或 y_i)与有限个离散参数($\boldsymbol{l}$ 或 $\boldsymbol{x}$)的关系式②。前面几章已经证明,可采用多种方法表示先验的慢度廓线的扰动,如分层、动力学模态、经验正交函数或者小波分析。任一表示方法都可适用,而理想的情形是,应选择最有效的扰动表示方法,以体现我们对其物理基础的深刻理解,能最大限度地利用先验信息,并使得所需要估计的参量的数量最少。然而,表示方法的有效性并不是关键的,我们能找到一些方法对所有的选择(除去最错误的选择以外)作出补偿。甚至分层表示和模态函数表示之间表面上的差别比实际情形更为显著:Hadamard 变换或 Walsh 函数(取值为 ±1 的周期函数(Huang,1979)),或 Haar 小波(Daubechies,1992)都可以得到分层或块状(block-like)表示。

一个比较合理的表示是将水平分量和垂直分量分离,即

$$\boldsymbol{x} = \sum_n F_n(z) G_n(x,y)$$

式中:F_n 和 G_n 选取的原则是"方便"和"高效"。

在水平均匀分层条件下,一个实用、有效的表达式为

---

① 许多数学理论的目标是利用无穷多个完美的观测数据进行推断。这些假设使得一些非常有效的反演方法并不一定适用于实际观测资料。

② 我们主要关注这类离散数据/离散解的问题。如果希望 ΔS 为离散数据/连续解的形式,则可以应用基于泛函分析的反问题理论,它们是 Backus 和 Gilbert (1967,1968,1970)以及 Parker (1977,1994)首先提出来的。关于这部分内容,我们还可以参考 Bennett (1992)的专著。Eisler 等(1982)、Eisler 和 Stevenson (1986)已经将这些方法应用到海洋声层析问题。我们也可以关注 Tarantola (1987) 提出的一般的贝叶斯方法,它包括了我们所讨论的许多方法,虽然它是以略为形式的方式讨论的。

$$\begin{cases}F_n(z)=1,\ z_n \leqslant z \leqslant z_{n+1}\\ F_n(z)=0, \quad 其他\end{cases}$$

而 $G_n = \alpha_n =$ 常数。若海洋环境要素随距离而变化，则可记 $G_n(x,y) = \sum_{i,j}\alpha_{ij}g_i(x)h_j(y)$ ，其中 $g_i(x)$ 和 $h_j(y)$ 由水平网格点上的值给出。从概念上来说，水平网格就是对利用一组矩形区域单元(box)进行表示的一个限制(当矩形区域单元的尺寸变得任意小而矩形区域单元的数量任意大时)。因此，垂直分层和水平网格与 Munk 和 Wunsch(1979)所用的一组三维长方体结构是一致的，可以很容易地与借助模态或其他函数的垂直表达式结合起来使用。均匀分层上的变化值很容易处理(利用线性函数或三次样条函数等)，它们在声学计算中具有优势(通过控制分层边界上的不连续性的阶)。我们将证明，大量的表示形式既是可能的也是有用的。

为了继续讨论，我们对式(6.2.3)作必要的修正，把它写为

$$\boldsymbol{Ex} + \boldsymbol{n} = \boldsymbol{y} \tag{6.2.4}$$

式中：$\boldsymbol{n}$ 为误差项，包括 $\boldsymbol{y}$ 的噪声误差、线性化产生的误差以及式(6.2.3)中包含的其他误差。

由于式(6.2.4)是一个关于观测量的模型，通常将式(6.2.3)中除观测误差外的其他误差统称为模型误差。含有噪声的线性联立方程组的解有非常广泛的应用，下面介绍的方法可以应用于许多科学问题的求解。有时，$\boldsymbol{E}$ 称为设计矩阵，这里称其为观测矩阵。

下面的问题是估计 $\boldsymbol{x}$ ，在第 2 章至第 4 章中 $\boldsymbol{x}$ 表示参数扰动(即声慢度或海水流速或模态振幅的分层扰动)。若存在随机噪声，那么问题就变成一个估计问题，必须对估计结果的统计不确定性进行讨论。

式(6.2.4)表示了一个可能很复杂的海洋结构模型以及它与任意实测的海洋声学特性之间的关系。在某些情况下，还可以给 $\boldsymbol{x}$ 加上一些复杂的约束条件，用公式表示为 $\boldsymbol{L}(\boldsymbol{x}) = \boldsymbol{d}_m$ ，其中，$\boldsymbol{d}_m$ 为已知量，算子 $\boldsymbol{L}$ 不必是线性的，并且关系式中不出现观测量 $\boldsymbol{y}$ 。这些关系式通常由描述海洋物理过程的动力学模型生成，而这些海洋物理过程不易包含在 $\boldsymbol{E}$ 中。如果 $\boldsymbol{L}(\cdot)$ 是线性的(如矩阵 $\boldsymbol{A}$)，那么，我们可以将这些关系式直接添加到式(6.2.4)中而无需改变其结构，一个例子是速度场和密度场之间的地转关系式(6.8 节)。但是，一般来说，海洋物理学问题是非常复杂的，这些附加的约束条件在数量上可能远远超过式(6.2.4)中的观测方程。为了方便，可以将反问题划分为相互独立但又重叠的两类："面向数据的"反问题和"面向模型的"反问题。"面向数据的"反问题，主要基于形如式(6.2.4)给出的方程组，观测数据在其中显式出现，而附加的限制条件很

少。相反,“面向模型的”反问题,包含的附加条件的数量要远远超过式(6.2.4)中方程的数量,这会使问题的求解变得极为困难。后一种反问题将在第 7 章中介绍。读者需要注意这两种反问题的求解方法并没有明显的差别:观测资料对两种方法都很重要,而两种方法也都离不开具体的海洋模型。

下面我们一般性地讨论线性方程组的求解问题,并探讨一些可用于理解解的性质的工具。这里,需要对几个明显的问题作出说明。因为观测含有噪声,因此 $\boldsymbol{y}$ 的分量中包含误差。如果 E 为方阵,对 E 求逆,可得

$$\hat{\boldsymbol{x}} = \boldsymbol{E}^{-1}\boldsymbol{y} \tag{6.2.5}$$

这个解是不正确的①,因其默认了 $\boldsymbol{E}\hat{\boldsymbol{x}} = \boldsymbol{y}$,即噪声 $\hat{\boldsymbol{n}} = \boldsymbol{0}$,这显然是不可接受的。

更一般地,方程的个数多于未知参数的个数,或正好相反。第一种情形的一个简单例子是 2.8 节给出的垂直截面问题,在那里,极地廓线参数 γ 被改为扰动量 $\Delta\gamma$ 。如果观测到若干条射线或若干个模态的到达时间,那么就可利用这些观测值来估计 $\Delta\gamma$ 。相反,如果海洋扰动通过分层表示,即 ΔS 划分为 j 层($1 \leqslant j \leqslant N$),每一层中的扰动量 ΔS_j 为常数,或者海洋扰动通过振幅 α_j 未知的 N 个垂直模态表示,并且我们只有 $M < N$ 个声学射线或模态(或两者)的传播时间,那么,方程的数量就小于未知参数的数量。

我们将探讨估计 $\boldsymbol{x}$ 的几种不同但密切相关的方法。特别地,我们寻找这样的一些方法,即无论方程和未知参数的数量是多少,这些方法都是适用的,并能给出所得结果的准确度(这些方法不同于通常的求解确定(just-determined)问题的方法,以及经典的求解超定问题的最小二乘法)。我们将这些技术称为逆方法——这是一个常规的术语,但是可能会与“逆问题(或反问题)”混淆起来。对于任何一个可简化为形如式(6.2.4)那样的、含有噪声的联立方程的问题,不管是来自正问题还是来自反问题,线性逆方法都可用来求解。

需要提醒读者的是,6.3 节和 6.4 节主要讨论最小二乘法,随后讨论的是 Gauss-Markov 方法。虽然 Gauss-Markov 估计的推导与最小二乘法的推导具有相当大的差异,但两者的结果常常是完全相同的,这既令人感到混淆(可从已经发表的文献中作出判断),又非常有用。随后,将简要介绍用于寻求解的极值(线性规划)的其他方法,以及适合于非线性条件的方法。本章的结尾部分将讨论逆方法在实际声层析数据中的若干应用,这些成果已经公开发表。

---

① 不太为人熟悉的一点是,如果噪声具有零均值,则式(6.2.5)为 $\boldsymbol{x}$ 的无偏估计。在这里,它被拒绝了是因为它产生了不可接受的噪声偏差。

2. 矩阵记号及恒等式

在下面的讨论中,我们假设读者对矩阵和向量已有基本的了解。除非另外声明,所有的向量为列向量并采用黑体小写拉丁或希腊字母表示(如$\boldsymbol{f}$或$\boldsymbol{\alpha}$)。矩阵通常采用黑体大写字母表示(如$\boldsymbol{A},\boldsymbol{\Gamma}$)。$\boldsymbol{A}^{\mathrm{T}}$为$\boldsymbol{A}$的转置矩阵,$\boldsymbol{A}^{-1}$为$\boldsymbol{A}$的逆矩阵(此时$\boldsymbol{A}$为方阵)。$\boldsymbol{I}$为单位矩阵,$\boldsymbol{I}_K$表示单位矩阵的维数为$K \times K$。记住下列关系式是有用的:$(\boldsymbol{AB})^{\mathrm{T}} = \boldsymbol{B}^{\mathrm{T}}\boldsymbol{A}^{\mathrm{T}}$,$(\boldsymbol{AB})^{-1} = \boldsymbol{B}^{-1}\boldsymbol{A}^{-1}$(假设逆矩阵存在),以及

$$\frac{\partial}{\partial \boldsymbol{q}}(\boldsymbol{q}^{\mathrm{T}}\boldsymbol{r}) = \frac{\partial}{\partial \boldsymbol{q}}(\boldsymbol{r}^{\mathrm{T}}\boldsymbol{q}) = \boldsymbol{r},\ \frac{\partial}{\partial \boldsymbol{q}}(\boldsymbol{q}^{\mathrm{T}}\boldsymbol{A}\boldsymbol{q}) = 2\boldsymbol{A}\boldsymbol{q} \qquad (6.2.6\mathrm{a,b})$$

6.3 最小二乘法

考虑图2.13中的极地廓线,其中,50条射线通过12个扰动层,射线的传播时间异常值和$\boldsymbol{E}$矩阵已在2.15节中给出。这是一个从$M = 50$个观测方程来估计$N = 12$个未知变量x_i的问题,因此,可以采用传统的最小二乘法来求解。最小二乘法试图使残差的平方和达到极小:

$$J = \sum_{i}^{M}\left(y_i - \sum_{j}^{N} E_{ij}x_j\right)^2 = (\boldsymbol{y} - \boldsymbol{Ex})^{\mathrm{T}}(\boldsymbol{y} - \boldsymbol{Ex}) = \sum_{i}^{M} n_i^2 = \boldsymbol{n}^{\mathrm{T}}\boldsymbol{n} \quad (6.3.1)$$

求J关于x_i的导数,并令其等于零,可以得到一组正规方程,其解为

$$\hat{\boldsymbol{x}} = (\boldsymbol{E}^{\mathrm{T}}\boldsymbol{E})^{-1}\boldsymbol{E}^{\mathrm{T}}\boldsymbol{y} \qquad (6.3.2)$$

为了区别于真实解$\boldsymbol{x}$,我们将式(6.3.2)中的估计值记为$\hat{\boldsymbol{x}}$。对噪声的估计为

$$\hat{\boldsymbol{n}} = \boldsymbol{y} - \boldsymbol{E}\hat{\boldsymbol{x}} = \boldsymbol{y} - \boldsymbol{E}(\boldsymbol{E}^{\mathrm{T}}\boldsymbol{E})^{-1}\boldsymbol{E}^{\mathrm{T}}y = (I - \boldsymbol{E}(\boldsymbol{E}^{\mathrm{T}}\boldsymbol{E})^{-1}\boldsymbol{E}^{\mathrm{T}})\boldsymbol{y} \qquad (6.3.3)$$

在习惯上,我们将这个问题描述为求解由M个方程组成的方程组,其中未知变量的个数为N。但是在以下的讨论中有必要注意到,我们不仅需要估计$\boldsymbol{x}$中的N个元素,而且也需要估计$\boldsymbol{n}$中的M个元素,也就是说需要求解的M个方程中含有$M + N$个未知变量,这个问题是欠定的。

图2.13所描述的正问题考虑了这样的情形,即扰动在6~8层为常数-6.6667×10^{-4}s/km,而在其他层全部为零,相应的射线传播时间为$\Delta\tau_i \equiv y_i$。已有50个完美的观测值,因此除非$\boldsymbol{E}^{\mathrm{T}}\boldsymbol{E}$的逆不存在(这里确实是存在的),否则,我们不必关心无噪声的情形。不难证明,利用式(6.3.2)可完美地重构扰动量。

为了考虑一个更为有趣一点的例子,我们在传播时间$\Delta\tau_i$中加上了伪随机数n_i,即$y_i = \Delta\tau_i + n_i$,如图6.1所示。假设n_i的均值为零,均方根值为10ms,这与预期的内波噪声相一致(第4章和第5章)。采用式(6.3.2)和式(6.3.3),

确定 $\hat{\boldsymbol{x}}$ 和 $\hat{\boldsymbol{n}}$，计算结果显示在图 6.2 中：$\hat{\boldsymbol{n}}$ 的值是可以接受的，但是 $\hat{\boldsymbol{x}}$ 的值比较差。尽管第 6 层~8 层的扰动被合理地估计出来（虽然图中并没有显示出来），但是靠近海表面的值太大，这是错误的。即使只有很小的噪声，且方法为我们所熟悉，我们还是有必要对这个解作更多的分析。

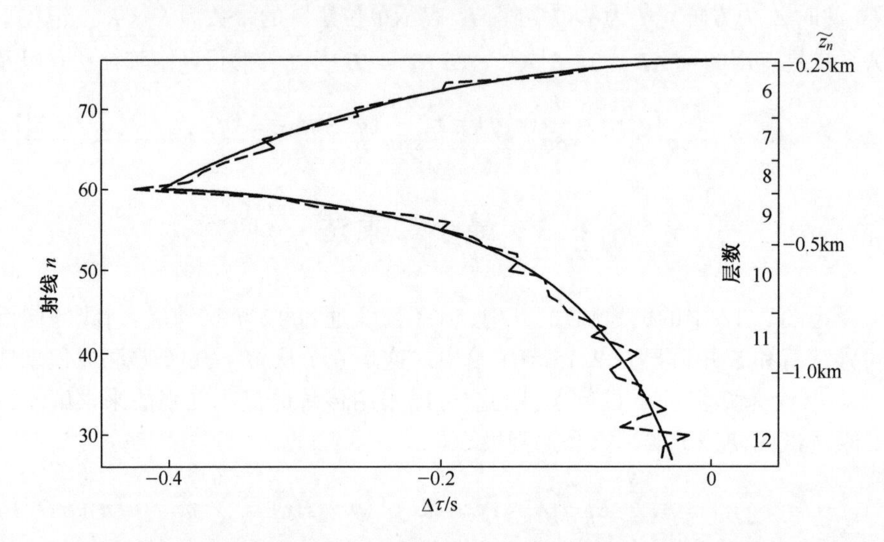

图 6.1　极地廓线条件下射线传播时间的扰动，其中廓线分为 12 层，射线的数量为 50（图 2.13(a)），第 6 层~第 8 层的扰动量为 $\Delta C/C_0 = +10^{-3}$。理想的传播时间扰动（实线）中已被叠加了随机噪声（虚线），含有噪声的曲线用于反演计算。

读者将会逐步明白上述最小二乘解为什么不好。但是，正如对于任何这样的问题，我们需要对所得到的结果给出预期的不确定性。在实际问题中，我们往往并不知道正确的答案，将图 6.2 中的结果作为“真”解可能是一个陷阱，任何一个谨慎的科研工作者都害怕掉入这个陷阱。幸运的是，最小二乘法可帮助我们对解的优劣性做出判断，可以避免盲目性。定义 $\langle q\rangle$ 为变量 q 的均值（集合平均）。假设 $(\boldsymbol{E}^{\mathrm{T}}\boldsymbol{E})^{-1}$ 存在，$\langle \boldsymbol{n}\rangle = 0$，因而 $\boldsymbol{y}_0$ 是完美的传播时间，则

$$\langle \hat{\boldsymbol{x}} - \boldsymbol{x}\rangle = \langle (\boldsymbol{E}^{\mathrm{T}}\boldsymbol{E})^{-1}\boldsymbol{E}^{\mathrm{T}}(\boldsymbol{y}_0 + \boldsymbol{n}) - (\boldsymbol{E}^{\mathrm{T}}\boldsymbol{E})^{-1}\boldsymbol{E}^{\mathrm{T}}\boldsymbol{y}_0\rangle = (\boldsymbol{E}^{\mathrm{T}}\boldsymbol{E})^{-1}\boldsymbol{E}^{\mathrm{T}}\langle \boldsymbol{n}\rangle = 0$$

在这种噪声条件下，式(6.3.2)给出了**平均意义上的**正确解，因而将这个解称为“无偏(unbiased)”解。关于真解的协方差，称为“不确定性”，可容易地表示为

$$\boldsymbol{P} = \langle (\hat{\boldsymbol{x}} - \boldsymbol{x})(\hat{\boldsymbol{x}} - \boldsymbol{x})^{\mathrm{T}}\rangle = (\boldsymbol{E}^{\mathrm{T}}\boldsymbol{E})^{-1}\boldsymbol{E}^{\mathrm{T}}\langle \boldsymbol{n}\boldsymbol{n}^{\mathrm{T}}\rangle\boldsymbol{E}(\boldsymbol{E}^{\mathrm{T}}\boldsymbol{E})^{-1} = \sigma_n^2(\boldsymbol{E}^{\mathrm{T}}\boldsymbol{E})^{-1} \tag{6.3.4}$$

最后一步依赖于所谓的白噪声假设 $\langle n_i n_j\rangle = \sigma_n^2\delta_{ij}$（也可写为 $\langle \boldsymbol{n}\boldsymbol{n}^{\mathrm{T}}\rangle = \sigma_n^2\boldsymbol{I}$）；也

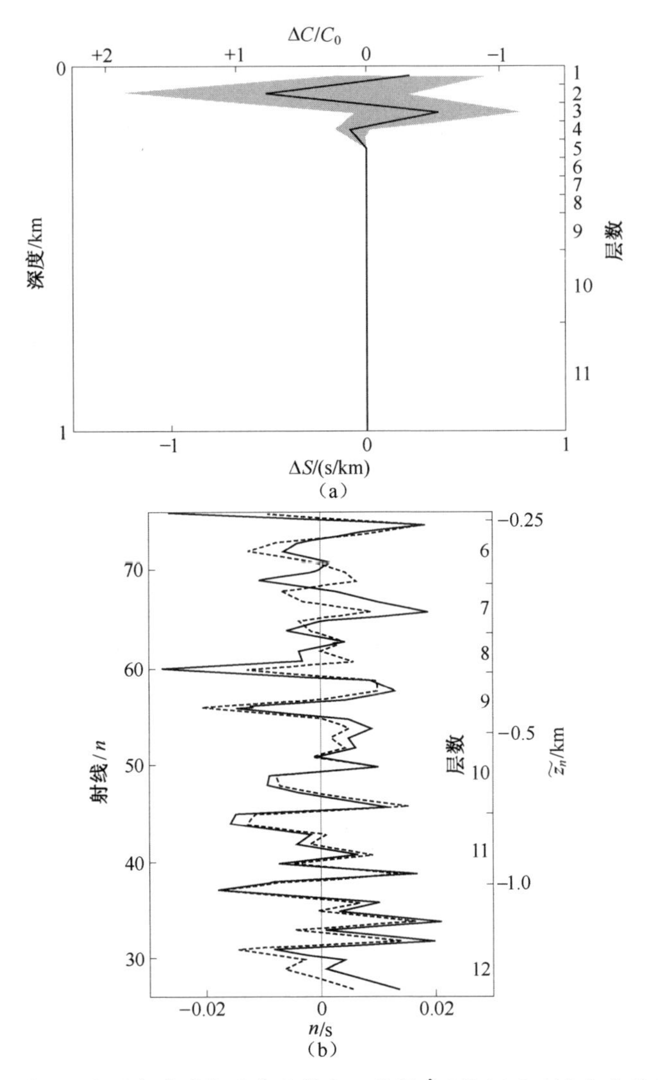

图 6.2　图(a):分层极地廓线的普通最小二乘解 $\hat{\boldsymbol{x}}$(式(6.3.2))和它的标准误差(灰色)。在近表面处,解是 1 阶的,其数值为真解(在第 6 层~第 8 层中为 $\Delta C/C_0 = 10^{-3}$(值太小了,在图中看不到),其余地方为 0)的 1000 倍。标准误差也非常大;尽管这个解不理想,但是它与真解在两个标准差的范围内却是一致的。解的不理想主要与对 $\boldsymbol{y}$ 中噪声的极端敏感有关。图(b):由式(6.3.3)得到的射线传播时间扰动的噪声估计 $\hat{\boldsymbol{n}}$(虚线)不亚于真实的噪声 $\boldsymbol{n}$(实线)。

就是说,方程中的噪声之间是不相关的,而在所有的方程中,噪声的方差都是相等的。如果 $(\boldsymbol{E}^{\mathrm{T}}\boldsymbol{E})^{-1}$ 在某种意义上是"大"的,则解的不确定性也会是大的。σ_n^2

的值可以从 $\Delta\tau_i$ 的先验估计得到(均方根为10ms),或从 $\hat{n}$ 的方差估计得到(这里与先验估计值是一致的)。在此情形下,P 的对角元素的平方根由图6.2(a)中的灰色条纹给出。显然,由于噪声的存在,使海洋上层的解的可靠性变差,但是,估计结果还是全部落在真值的标准差范围以内。在某些地方具有很大的不确定性的解是否有用,只能在具体的背景下才能判断;它很可能被认为是太不确定的,因而是无用的。

如果噪声水平足够小,我们可以反演出足够精确的解。但是,至少解的某些部分对噪声是极为敏感的。作为对比,考虑以下情形的解:将最上面的三层略去,原问题中的 E 矩阵将会从 50×12 维降为 50×9 维。在这种情形下(图略),问题将会变得对噪声极不敏感,此时即使观测噪声很大,也可得到较为准确的解。读者可能想知道我们是如何做出去掉上面三层这个决定的,有两个提示可供参考:①在这几层中解的不确定性最大;②从物理上讲,在这三层中,观测到的50条射线中没有一条射线具有转向深度。

最有效的逆方法应该是这样的,它能够使我们充分理解并预期这种行为,如有必要,还能够对其进行有效的控制。显然,采用简单的最小二乘法是难以做到这些的。后面将要介绍的一种方法与最小二乘法稍有不同,通过该方法我们能够对解的结构有一个全面的理解。但是,暂且我们仍然采用简单的最小二乘法。

式(6.3.1)中的函数 J 通常称为目标函数或代价函数。显然,解(式(6.3.2)和式(6.3.3))及其不确定性(式(6.3.4))是相当特别的,它使得 J(也就是 $\sum_i \hat{n}_i^2$)尽可能小。通常,研究人员可得到一些额外的信息,即在某个或某些方程中的噪声要比其他方程中的噪声大或者小。假设有一个方程的噪声方差是任何其他方程的噪声方差的一千分之一。此时,采用式(6.3.1)是不合适的,我们希望得到这样的解 $\hat{x}$,它使得那个特殊方程对应的残差要远小于其他方程中的残差。如果每一个方程除以一个合适的权重,以便消除方差的不均匀性,那么,目标函数式(6.3.1)将会变得更为合理一点。这等价于以下的目标函数:

$$J=(\boldsymbol{y}-\boldsymbol{E}\boldsymbol{x})^{\mathrm{T}}\boldsymbol{R}^{-1}(\boldsymbol{y}-\boldsymbol{E}\boldsymbol{x})=\sum_i n_i R_{ii}^{-1} n_i \tag{6.3.5}$$

式中:权重矩阵 $\boldsymbol{R}^{-1}$ 为对角阵,它包含合适的平方权重值。

求目标函数 J 关于 $\boldsymbol{x}$ 的导数,并令其等于0,可得

$$\hat{\boldsymbol{x}}=(\boldsymbol{E}^{\mathrm{T}}\boldsymbol{R}^{-1}\boldsymbol{E})^{-1}\boldsymbol{E}^{\mathrm{T}}\boldsymbol{R}^{-1}\boldsymbol{y} \tag{6.3.6a}$$

$$\hat{\boldsymbol{n}}=\boldsymbol{y}-\boldsymbol{E}(\boldsymbol{E}^{T}\boldsymbol{R}^{-1}\boldsymbol{E})^{-1}\boldsymbol{E}^{\mathrm{T}}\boldsymbol{R}^{-1}\boldsymbol{y}=(\boldsymbol{I}-\boldsymbol{E}(\boldsymbol{E}^{\mathrm{T}}\boldsymbol{R}^{-1}\boldsymbol{E})^{-1}\boldsymbol{E}^{\mathrm{T}}\boldsymbol{R}^{-1})\boldsymbol{y} \tag{6.3.6b}$$

$$\boldsymbol{P}=(\boldsymbol{E}^{\mathrm{T}}\boldsymbol{R}^{-1}\boldsymbol{E})^{-1}\boldsymbol{E}^{\mathrm{T}}\boldsymbol{R}^{-1}\langle\boldsymbol{n}\boldsymbol{n}^{\mathrm{T}}\rangle\boldsymbol{R}^{-1}\boldsymbol{E}(\boldsymbol{E}^{\mathrm{T}}\boldsymbol{R}^{-1}\boldsymbol{E})^{-1} \tag{6.3.6c}$$

当 $\boldsymbol{R}=\boldsymbol{I}$ 时,上述各式与式(6.3.2)~式(6.3.4)相同。

目标函数中的权重矩阵可以任意选取;通常,我们将其取为 $\boldsymbol{R}=\langle \boldsymbol{n}\boldsymbol{n}^{\mathrm{T}}\rangle$,则

$$\boldsymbol{P}=(\boldsymbol{E}^{\mathrm{T}}\boldsymbol{R}^{-1}\boldsymbol{E})^{-1} \tag{6.3.6d}$$

在利用 Gauss-Markov 估计之后,我们会更好地理解为什么将噪声分量的方差作为权重。

$\hat{\boldsymbol{x}}$、$\hat{\boldsymbol{n}}$ 和 $\boldsymbol{P}$ 的值由 $(\boldsymbol{E}^{\mathrm{T}}\boldsymbol{E})^{-1}$ 或 $(\boldsymbol{E}^{\mathrm{T}}\boldsymbol{R}^{-1}\boldsymbol{E})^{-1}$ 的性质确定,而不受其他量的控制。通常,我们还希望能将 $\hat{\boldsymbol{x}}$ 和 $\hat{\boldsymbol{n}}$ 的相对大小信息包含到目标函数之中,为此,可在目标函数中再增加一项,即

$$J=(\boldsymbol{y}-\boldsymbol{E}\boldsymbol{x})^{\mathrm{T}}\boldsymbol{R}^{-1}(\boldsymbol{y}-\boldsymbol{E}\boldsymbol{x})+\alpha^2\boldsymbol{x}^{\mathrm{T}}\boldsymbol{x} \tag{6.3.7}$$

式中:α^2 为一个固定的正常数。

如前所述,对式(6.3.7)求极小值,可以得到一个新的解,即

$$\hat{\boldsymbol{x}}=(\boldsymbol{E}^{\mathrm{T}}\boldsymbol{R}^{-1}\boldsymbol{E}+\alpha^2\boldsymbol{I})^{-1}\boldsymbol{E}^{\mathrm{T}}\boldsymbol{R}^{-1}\boldsymbol{y} \tag{6.3.8a}$$

$$\hat{\boldsymbol{n}}=(\boldsymbol{I}-\boldsymbol{E}(\boldsymbol{E}^{\mathrm{T}}\boldsymbol{R}^{-1}\boldsymbol{E}+\alpha^2\boldsymbol{I})^{-1}\boldsymbol{E}^{\mathrm{T}}\boldsymbol{R}^{-1})\boldsymbol{y} \tag{6.3.8b}$$

$$\boldsymbol{P}_n=(\boldsymbol{E}^{\mathrm{T}}\boldsymbol{R}^{-1}\boldsymbol{E}+\alpha^2\boldsymbol{I})^{-1}\boldsymbol{E}^{\mathrm{T}}\boldsymbol{R}^{-1}\langle\boldsymbol{n}\boldsymbol{n}^{\mathrm{T}}\rangle\boldsymbol{R}^{-1}\boldsymbol{E}(\boldsymbol{E}^{\mathrm{T}}\boldsymbol{R}^{-1}\boldsymbol{E}+\alpha^2\boldsymbol{I})^{-1} \tag{6.3.8c}$$

式中:$\boldsymbol{P}_n=\langle(\hat{\boldsymbol{x}}-\langle\hat{\boldsymbol{x}}\rangle)(\hat{\boldsymbol{x}}-\langle\hat{\boldsymbol{x}}\rangle)^{\mathrm{T}}\rangle$。

显然,当 $\alpha^2\to 0$,式(6.3.8)退化为式(6.3.6);当 $\alpha^2\to\infty$,则 $\hat{\boldsymbol{x}}\to 0$,$\hat{\boldsymbol{n}}\to\boldsymbol{y}$。通过调整 α^2 的值,我们可以控制 $\hat{x}_i$ 和 $\hat{n}_i$ 的平方和的相对大小。

式(6.3.7)实际上是以下方程组的自然目标函数:

$$\boldsymbol{E}\boldsymbol{x}+\boldsymbol{n}=\boldsymbol{y},\ \boldsymbol{x}+\boldsymbol{n}_1=\boldsymbol{0}$$

或

$$\boldsymbol{E}_2\boldsymbol{x}+\boldsymbol{n}_2=\boldsymbol{y}_2$$

$$\boldsymbol{E}_2=\{\boldsymbol{E}\ \boldsymbol{I}_N\},\ \boldsymbol{n}_2=\begin{bmatrix}\boldsymbol{n}\\ \boldsymbol{n}_1\end{bmatrix},\ \boldsymbol{y}=\begin{bmatrix}\boldsymbol{y}\\ \boldsymbol{0}\end{bmatrix}$$

因为,由上式得到的目标函数

$$J=(\boldsymbol{y}_2-\boldsymbol{E}_2\boldsymbol{x})^{\mathrm{T}}\boldsymbol{R}_2^{-1}(\boldsymbol{y}_2-\boldsymbol{E}_2\boldsymbol{x}),\ \boldsymbol{R}_2=\begin{Bmatrix}\boldsymbol{R} & \boldsymbol{0}\\ \boldsymbol{0} & \alpha^2\boldsymbol{I}\end{Bmatrix}$$

与式(6.3.7)完全相同。在式(6.3.7)中引入 $\alpha^2\boldsymbol{x}^{\mathrm{T}}\boldsymbol{x}$ 项等价于增加 N 个方程,以表示某个先验值 $\boldsymbol{x}=\boldsymbol{0}$,其确信程度由 α^2 的大小(相对于矩阵 $\boldsymbol{R}$ 的元素值)来确定。当然,我们也可以加入其他先验值,如 $\boldsymbol{x}=\boldsymbol{x}_0$。

如果已知 $\hat{\boldsymbol{x}}$ 中单个元素大小的信息,我们可以采用类似于控制 $\hat{\boldsymbol{n}}$ 大小的方法,即通过引入对角权重矩阵 $\boldsymbol{S}$,则目标函数变为

$$J=(\boldsymbol{y}-\boldsymbol{E}\boldsymbol{x})^{\mathrm{T}}\boldsymbol{R}^{-1}(\boldsymbol{y}-\boldsymbol{E}\boldsymbol{x})+\alpha^2\boldsymbol{x}^{\mathrm{T}}\boldsymbol{S}^{-1}\boldsymbol{x} \tag{6.3.9}$$

现在,极小值的解为

$$\hat{\boldsymbol{x}} = (\boldsymbol{E}^{\mathrm{T}}\boldsymbol{R}^{-1}\boldsymbol{E} + \boldsymbol{S}^{-1})^{-1}\boldsymbol{E}^{\mathrm{T}}\boldsymbol{R}^{-1}\boldsymbol{y} \tag{6.3.10a}$$

$$\hat{\boldsymbol{n}} = (\boldsymbol{I} - \boldsymbol{E}(\boldsymbol{E}^{\mathrm{T}}\boldsymbol{R}^{-1}\boldsymbol{E} + \boldsymbol{S}^{-1})^{-1}\boldsymbol{E}^{\mathrm{T}}\boldsymbol{R}^{-1})\boldsymbol{y} \tag{6.3.10b}$$

$$\boldsymbol{P}_n = (\boldsymbol{E}^{\mathrm{T}}\boldsymbol{R}^{-1}\boldsymbol{E} + \boldsymbol{S}^{-1})^{-1}\boldsymbol{E}^{\mathrm{T}}\boldsymbol{R}^{-1}\langle \boldsymbol{n}\boldsymbol{n}^{\mathrm{T}}\rangle \boldsymbol{R}^{-1}\boldsymbol{E}(\boldsymbol{E}^{\mathrm{T}}\boldsymbol{R}^{-1}\boldsymbol{E} + \boldsymbol{S}^{-1})^{-1} \tag{6.3.10c}$$

式中:S_{ii},R_{ii} 的比值可部分地决定 $\hat{x}_i$,$\hat{n}_i$ 的大小。之所以是部分确定,是因为这些值还必须满足方程组。

定义

$$\boldsymbol{E}' = \boldsymbol{R}^{-\mathrm{T}/2}\boldsymbol{E}\boldsymbol{S}^{\mathrm{T}/2},\ \boldsymbol{y}' = \boldsymbol{R}^{-\mathrm{T}/2}\boldsymbol{y},\ \boldsymbol{x}' = \boldsymbol{S}^{-\mathrm{T}/2}\boldsymbol{x},\ \boldsymbol{n}' = \boldsymbol{R}^{-\mathrm{T}/2}\boldsymbol{n} \tag{6.3.11a}$$

这里,对于对角矩阵,矩阵的平方根可以通过对每一个对角元素求平方根得到。若 $\boldsymbol{R}$ 为对角矩阵,则 $\boldsymbol{R}^{\mathrm{T}/2} = \boldsymbol{R}^{1/2}$ 。这里,标示转置符号的目的是在后面的讨论中将会用到它。由这些定义,式(6.3.9)变为

$$J = (\boldsymbol{y}' - \boldsymbol{E}'\boldsymbol{x}')^{\mathrm{T}}(\boldsymbol{y}' - \boldsymbol{E}'\boldsymbol{x}') + \alpha^2\boldsymbol{x}'^{\mathrm{T}}\boldsymbol{x}' \tag{6.3.11b}$$

以上这些处理,实际上是对这个问题进行了尺度变换,因此就不需要权重项了。严格意义上,α^2 其实是可以省略的,其作用可以放到 $\boldsymbol{R}$ 或 $\boldsymbol{S}$ 中,但是保留它对于单独控制某个量还是有用的。有时,把除以 $R_{ii}^{\mathrm{T}/2}$ 称为"行尺度变换(row scaling)",把乘以 $S_{ii}^{\mathrm{T}/2}$ 称为"列尺度变换(column scaling)"。经过尺度变换,这些方程有以下的解(去掉撇号"′"):

$$\hat{\boldsymbol{x}} = (\boldsymbol{E}^{\mathrm{T}}\boldsymbol{E} + \alpha^2\boldsymbol{I})^{-1}\boldsymbol{E}^{\mathrm{T}}\boldsymbol{y} \tag{6.3.12a}$$

$$\hat{\boldsymbol{n}} = (\boldsymbol{I} - \boldsymbol{E}(\boldsymbol{E}^{\mathrm{T}}\boldsymbol{E} + \alpha^2\boldsymbol{I})^{-1}\boldsymbol{E}^{\mathrm{T}})\boldsymbol{y} \tag{6.3.12b}$$

$$\boldsymbol{P}_n = (\boldsymbol{E}^{\mathrm{T}}\boldsymbol{E} + \alpha^2\boldsymbol{I})^{-1}\boldsymbol{E}^{\mathrm{T}}\langle \boldsymbol{n}\boldsymbol{n}^{\mathrm{T}}\rangle \boldsymbol{E}(\boldsymbol{E}^{\mathrm{T}}\boldsymbol{E} + \boldsymbol{\alpha}^2\boldsymbol{I})^{-1} \tag{6.3.12c}$$

如果采用一个列尺度变换矩阵 $\boldsymbol{S}^{1/2}$,则最初的、没有经过尺度变换的解的方差为 $\boldsymbol{S}^{1/2}\boldsymbol{P}_n\boldsymbol{S}^{\mathrm{T}/2}$ 。

我们回到极地廓线扰动的问题,这个问题对噪声非常敏感。可能有人认为,图 6.2(a)描述的求解的实际困难不在于近海表层的解具有大的不确定性,而是那里的数值特别大。图 6.3 给出了当 $\alpha^2 = 1000$ 时目标函数($\boldsymbol{S} = \boldsymbol{I}, \boldsymbol{R} = \boldsymbol{I}$)的解,其中 $\hat{\boldsymbol{x}}$ 和 $\hat{\boldsymbol{n}}$ 的变化都是可以接受的。选取 $\alpha^2 = 1000$,残差的方差与先验估计的结果一致。我们可以肯定,选取不同的 α^2 值将会产生不同的残差方差或/和解的方差,基于先验信息,我们可以把那些不可接受的结果剔除掉。图 6.4 给出 $\alpha^2 = 100$ 和 $\alpha^2 = 1000$ 的解。当取 $\alpha^2 = 100$ 时,海洋上层的解的误差明显"偏大(overshoot)"。

对于任一具体的问题,如何最优地选取 α^2 属于岭回归的范畴。这是一个重要的问题,已有多位学者讨论过这个问题,如 Hoerl 和 Kennard(1970a,b),

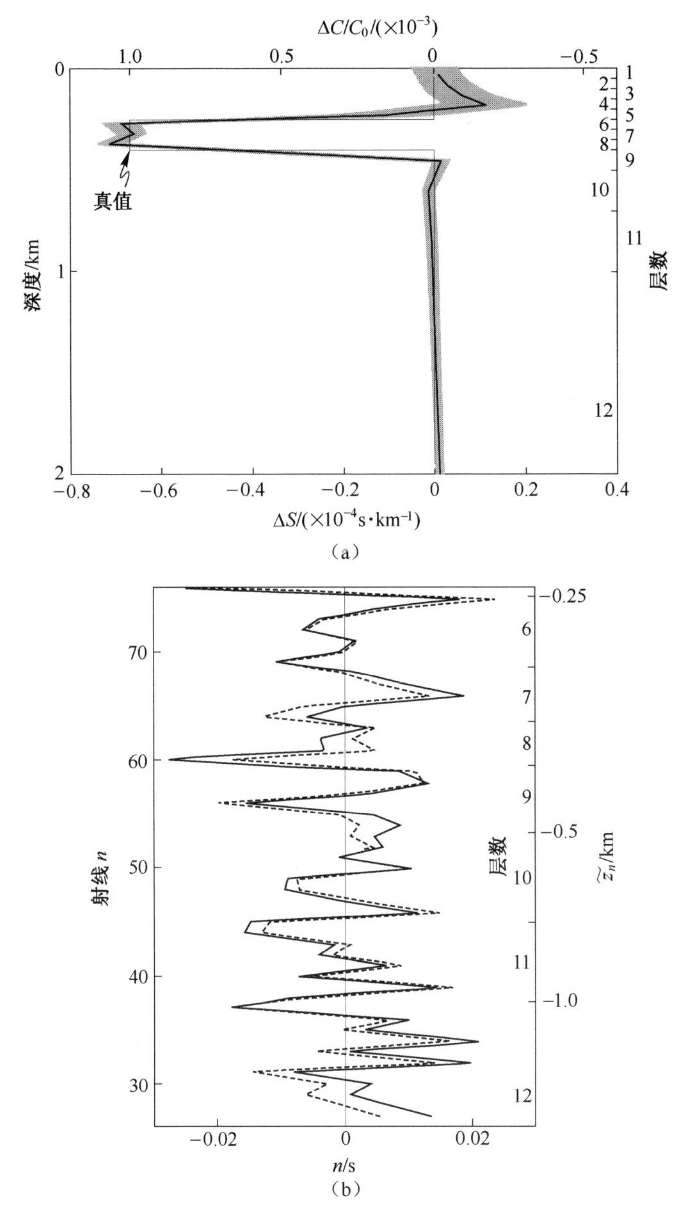

图 6.3　与图 6.2 相同,但是解由式(6.3.12)计算得到,
取 α^2 = 1000,估计结果与真解吻合程度较好。

Lawson 和 Hanson(1974)。通常的做法是,选取一组值进行试验,检查噪声和解的方差是否是可接受的,并且两者要同时通过检验。在更为深入理解

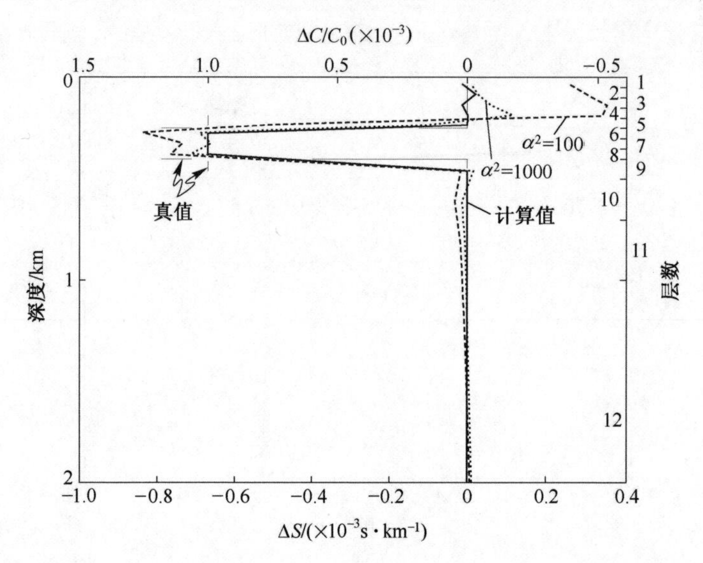

图 6.4　根据式(6.3.12)计算的最小二乘解,取 $\alpha^2=1000$(同图 6.3)和 $\alpha^2=100$。图中给出"真"解(在第 6 层~第 8 层 $\Delta C/C_0=10^{-3}$,在其余地方为 0)和"计算真解"(对无噪声的 $\Delta\tau$ (图 6.1)的反演,$\Delta\tau$ 取自每一层的中心点,其中上层存在舍入误差)。在计算得到的不确定性范围内(为了清楚起见,图中没有给出),这些解是一致的。对于 $\alpha^2=100$ 或更小的值,上层中较大的数值和不确定性使得我们可能会拒绝这个解。计算真解在近表面处的细微结构来自计算过程中的舍入误差以及接近 0 的小奇异值的存在。

式(6.3.8)和式(6.3.12)中参数 α^2 的作用的基础上,我们将对这个问题作进一步的讨论。

对于以上描述过的形式上超定的问题,我们不仅要估计 $N=12$ 层慢度扰动量,而且还需要估计 $M=50$ 条射线的噪声分量,总共有 $M+N=62$ 个变量。需要检验问题的残差,以确保它们与先验估计的一致性。将噪声估计值视为解的一部分很有用,特别是对于层析问题,其中观测数据的噪声是复杂的分析处理的关键。

形式上欠定的系统

考虑形式上欠定的方程组,$M<N$(如精确地描述海洋结构需要的分层或动力学模态的数量要多于到达射线的条数)。图 2.15 给出了这种情形,其中采用 10 个动力学模态来描述 5 条到达射线的扰动。通过减少动力学模态的数量可以消除形式上的欠定性,但是这样的处理有可能得到不好的结果,而且也是不必要的。

求解欠定方程组的一个经典方法是引入以下的目标函数,该目标函数使解极小,而不是使残差极小。对经过行和列尺度变换的方程组,考虑(去掉撇号“′”)

$$J = \boldsymbol{x}^{\mathrm{T}}\boldsymbol{x} - 2\boldsymbol{\mu}^{\mathrm{T}}(\boldsymbol{Ex} - \boldsymbol{y}) \tag{6.3.13}$$

式中:$\boldsymbol{\mu}$ 为拉格朗日乘子向量(“2”的引入纯粹是为了记号的简洁),它作为一个新的、未知的独立参数。

利用式(6.3.13)关于 $\boldsymbol{x}$ 和 $\boldsymbol{\mu}$ 的平稳性(stationarity),可得

$$\hat{\boldsymbol{x}} = \boldsymbol{E}^{\mathrm{T}}(\boldsymbol{EE}^{\mathrm{T}})^{-1}\boldsymbol{y} \tag{6.3.14a}$$

$$\hat{\boldsymbol{\mu}} = (\boldsymbol{EE}^{\mathrm{T}})^{-1}\boldsymbol{y} \tag{6.3.14b}$$

$$\hat{\boldsymbol{n}} = \boldsymbol{0} \tag{6.3.14c}$$

$$\begin{aligned}\boldsymbol{P}_n &= \boldsymbol{E}^{\mathrm{T}}(\boldsymbol{EE}^{\mathrm{T}})^{-1}\langle \boldsymbol{nn}^{\mathrm{T}}\rangle(\boldsymbol{EE}^{\mathrm{T}})^{-1}\boldsymbol{E} \\ &= \boldsymbol{E}^{\mathrm{T}}(\boldsymbol{EE}^{\mathrm{T}})^{-2}\boldsymbol{E}, \langle \boldsymbol{nn}^{\mathrm{T}}\rangle = \boldsymbol{I}\end{aligned} \tag{6.3.14d}$$

在上述各式中,假设矩阵的逆是存在的。这可能是一个有效的解,但它有一个严重的缺陷,即残差要求为0。在实际情况下,这是不可接受的,因此需要将这样的解剔除掉。此外,我们无法控制 $\hat{\boldsymbol{x}}$ 的大小。对残差条件 $\hat{\boldsymbol{n}} = \boldsymbol{0}$ 的一个处理办法是,采用式(6.3.11b)给出的目标函数,无论 M 和 N 的相对大小如何,相应的解式(6.3.12)总是存在的,这一点即将在下面介绍。在解式(6.3.14)(利用 Lagrange 乘子完美拟合数据)与解式(6.3.12)(数据存在残差)之间的“桥梁”是,在残差上施加形如式(6.2.4)的观测约束条件,并加入惩罚项,即

$$J = \alpha^2\boldsymbol{x}^{\mathrm{T}}\boldsymbol{x} + \boldsymbol{n}^{\mathrm{T}}\boldsymbol{n} - 2\boldsymbol{\mu}^{\mathrm{T}}(\boldsymbol{Ex} + \boldsymbol{n} - \boldsymbol{y}) \tag{6.3.15}$$

现在分别求目标函数关于 $\boldsymbol{x}$,$\boldsymbol{n}$ 和 $\boldsymbol{\mu}$ 的导数,并令导数等于0,可得

$$\hat{\boldsymbol{x}} = \boldsymbol{E}^{\mathrm{T}}(\boldsymbol{EE}^{\mathrm{T}} + \alpha^{-2}\boldsymbol{I})^{-1}\boldsymbol{y} \tag{6.3.16a}$$

$$\hat{\boldsymbol{n}} = \{\boldsymbol{I} - \boldsymbol{EE}^{\mathrm{T}}(\boldsymbol{EE}^{\mathrm{T}} + \alpha^{-2}\boldsymbol{I})^{-1}\}\boldsymbol{y} \tag{6.3.16b}$$

$$\boldsymbol{P}_n = \boldsymbol{E}^{\mathrm{T}}(\boldsymbol{EE}^{\mathrm{T}} + \alpha^{-2}\boldsymbol{I})^{-1}\langle \boldsymbol{nn}^{\mathrm{T}}\rangle(\boldsymbol{EE}^{\mathrm{T}} + \alpha^{-2}\boldsymbol{I})^{-1}\boldsymbol{E} \tag{6.3.16c}$$

通过选取 α^2 的值,可以对上述估计结果进行调节①。采用式(6.3.15),我们可更为清楚地看出,$\boldsymbol{x}$ 和 $\boldsymbol{n}$ 之间的解分量是可以任意分开的。特别地,我们将观测重新写为

$$\boldsymbol{E}_1\boldsymbol{\xi} = \boldsymbol{y},\ \boldsymbol{E}_1 = \{\boldsymbol{E}\ \boldsymbol{I}_M\},\ \boldsymbol{\xi}^{\mathrm{T}} = [\alpha\boldsymbol{x}^{\mathrm{T}}\ \boldsymbol{n}^{\mathrm{T}}] \tag{6.3.17}$$

因此,目标函数式(6.3.15)变为

$$J = \boldsymbol{\xi}^{\mathrm{T}}\boldsymbol{\xi} - 2\boldsymbol{\mu}^{\mathrm{T}}(\boldsymbol{E}_1\boldsymbol{\xi} - \boldsymbol{y}) \tag{6.3.18}$$

---

① 气象学家 Sasaki(1970)将施加的精确关系式称为"强"约束,将在均方意义上施加的关系式称为"弱"约束。这种差别在数学上是有意义的,在物理上的意义并不大;尽管式(6.2.4)作为精确的约束加入式(6.3.15)中,然而其中含有噪声项,约束项的"精确"性就不可靠了。

并且可以改写式(6.3.16)的形式,使其与式(6.3.12)的关系更加清晰。由矩阵求逆定理(Liebelt,1967),可得

$$\{\boldsymbol{C}-\boldsymbol{B}^{\mathrm{T}}\boldsymbol{A}^{-1}\boldsymbol{B}\}^{-1}=\{\boldsymbol{I}-\boldsymbol{C}^{-1}\boldsymbol{B}^{\mathrm{T}}\boldsymbol{A}^{-1}\boldsymbol{B}\}^{-1}\boldsymbol{C}^{-1}=\boldsymbol{C}^{-1}-\boldsymbol{C}^{-1}\boldsymbol{B}^{\mathrm{T}}(\boldsymbol{B}\boldsymbol{C}^{-1}\boldsymbol{B}^{\mathrm{T}}-\boldsymbol{A}^{-1})\boldsymbol{B}\boldsymbol{C}^{-1} \tag{6.3.19}$$

假设矩阵的乘积和矩阵的逆都存在。将上式应用到式(6.3.16),可以看出,这两个解其实是相等的。在式(6.3.12)中需要求逆的矩阵大小为 $N \times N$,而在式(6.3.16)中则为 $M \times M$。

6.4 奇异值解及奇异值分解

最小二乘法的优点在于我们大家都比较熟悉且使用方便。其缺点之一是,方程的解(如式(6.3.10))到底受哪一部分控制,令人难解。特别是,除非我们打算选择一个合适的 α^2 或者一个完整的权重矩阵 $\boldsymbol{S}$(如何选取权重矩阵 $\boldsymbol{S}$ 呢?),否则似乎无法控制解或残差的分量的大小。解的性质被湮没在有点模糊的算子 $(\boldsymbol{E}^{\mathrm{T}}\boldsymbol{E})^{-1}\boldsymbol{E}^{\mathrm{T}}$ 或式(6.3.12)中。在任一复杂的观测系统中,层析技术的实施都不简单,研究者担心不能充分了解单个观测与最优估计解之间的关系。但是可采用一些方法对方程的解(如式(6.3.10))进行"剖析",以厘清其中的关系。

为了更好地理解下面的内容,我们回顾一下一个基本问题,即利用特征向量求解一个确定的方程组,这个方程组的系数矩阵 $\boldsymbol{E}$ 为对称矩阵。一个更为基本的问题是利用一个不完备的正交向量组将任意一个向量展开,它将引出分辨率和解的方差等核心概念,以及一些有用的符号。作为学习 SVD 的知识准备,我们建议读者至少浏览下面几页的内容。尽管这部分内容对大家来说比较熟悉,但它们是一些行之有效的一般方法的基础。

考虑以下问题,即用一组完备正交向量 $\boldsymbol{g}_i(i=1,2,\cdots,L)$,$\boldsymbol{g}_i^{\mathrm{T}}\boldsymbol{g}_j=\delta_{ij}$(称为一个生成正交集(spanning orthonormal set)),表示一个 L 维向量 f。在没有误差的情况下,有

$$\boldsymbol{f}=\sum_{j=1}^{L}a_j\boldsymbol{g}_j,\ a_j=\boldsymbol{g}_j^{\mathrm{T}}\boldsymbol{f},\ \boldsymbol{f}=\boldsymbol{G}(\boldsymbol{G}^{\mathrm{T}}\boldsymbol{f}) \tag{6.4.1}$$

式中:矩阵 $\boldsymbol{G}$ 的列向量为 $\boldsymbol{g}_j$。

如果由于某些原因,我们只能得到前 K 个系数 a_j,则可以采用前 K 项对 $\boldsymbol{f}$ 作近似,即

$$\hat{\boldsymbol{f}}=\sum_{j=1}^{K}a_j\boldsymbol{g}_j=\boldsymbol{f}+\delta\boldsymbol{f}_1 \tag{6.4.2}$$

式中：$\delta \boldsymbol{f}_1$ 为误差项。定义向量 $\boldsymbol{q}$ 的“范数(norm)”为“ℓ_2 范数”，或长度，即

$$\| \boldsymbol{q} \| = (\boldsymbol{q}^{\mathrm{T}}\boldsymbol{q})^{\frac{1}{2}} = (\sum_{j=1}^{L} q_j^2)^{\frac{1}{2}} \tag{6.4.3}$$

根据 $\boldsymbol{g}_i$ 的正交性，对于固定的 K，当且仅当 $\delta \boldsymbol{f}_1$ 与式(6.4.2)中的 K 个向量正交，且 a_j 由式(6.4.1)给出时，$\delta \boldsymbol{f}_1$ 的范数最小。采用这种范数定义，减小表示误差的唯一方式就是增大 K。记 $\boldsymbol{\alpha}_Q$ 为由缺失系数组成的向量，矩阵 $\boldsymbol{Q}_K$ 的列向量由缺失向量 $\boldsymbol{g}_i$ 组成，$K+1 \leqslant i \leqslant L$。由于省略掉的项，$\hat{\boldsymbol{f}}$ 的不确定性可表示为

$$\boldsymbol{P}_0 = \langle (\hat{\boldsymbol{f}} - \boldsymbol{f})(\hat{\boldsymbol{f}} - \boldsymbol{f})^{\mathrm{T}} \rangle = \boldsymbol{Q}_K \langle \boldsymbol{\alpha}_Q \boldsymbol{\alpha}_Q^{\mathrm{T}} \rangle \boldsymbol{Q}_K^{\mathrm{T}}$$

定义 $L \times K$ 矩阵 $\boldsymbol{G}_K$，其列向量由 $\boldsymbol{g}_j$ 的前 K 个向量组成。则 $\boldsymbol{G}_K^{\mathrm{T}}\boldsymbol{f}$ 为由系数构成的向量 $\boldsymbol{a} = [a_j] = [\boldsymbol{g}_j^{\mathrm{T}}\boldsymbol{f}]$，$(j = 1,2,\cdots,K)$，并且式(6.4.2)可以写为

$$\hat{\boldsymbol{f}} = \boldsymbol{G}_K\boldsymbol{a} = \boldsymbol{G}_K(\boldsymbol{G}_K^{\mathrm{T}}\boldsymbol{f}) = (\boldsymbol{G}_K\boldsymbol{G}_K^{\mathrm{T}})\boldsymbol{f} \tag{6.4.4}$$

式(6.4.4)中最后一个等式用到了矩阵乘法的结合律。式(6.4.4)表明，用不完备的正交集表示一个向量，其结果近似为正确向量分量的一个简单线性组合(即加权平均或滤波变形)。$\boldsymbol{G}_K\boldsymbol{G}_K^{\mathrm{T}}$ 通常称为“分辨率矩阵”，因其描述的是，正确的 $\boldsymbol{f}$ 与由截断的向量组计算的值之间的关系。因为 $\boldsymbol{G}_K$ 的列向量是正交的，所以有 $\boldsymbol{G}_K^{\mathrm{T}}\boldsymbol{G}_K = \boldsymbol{I}_K$。但是 $\boldsymbol{G}_K\boldsymbol{G}_K^{\mathrm{T}} \neq \boldsymbol{I}_L$，除非 $K = L$ (参阅任何线性代数方面的参考书)。如果 $K < L$，$\boldsymbol{G}_K$ 是“半正交的”；如果 $K = L$，$\boldsymbol{G}_K$ 是“正交的”。

假设系数 a_j 中含有噪声 δa_j，于是 $\boldsymbol{a} = \boldsymbol{a}_0 + \delta\boldsymbol{a}$，$\boldsymbol{a}_0$ 为真值。则由式(6.4.2)或式(6.4.4)表示的 $\boldsymbol{f}$ 含有额外的误差项，即

$$\hat{\boldsymbol{f}} = \boldsymbol{f} + \delta\boldsymbol{f}_1 + \delta\boldsymbol{f}_2 \tag{6.4.5}$$

式中：$\boldsymbol{f}$ 中的两类误差是截然不同的。第一类误差来源于没有一组完备的展开系数，第二类误差来源于已知的系数中含有误差。

如果噪声项的均值为0，$\langle \delta\boldsymbol{a} \rangle = 0$，而且协方差矩阵为

$$\langle \delta\boldsymbol{a}\delta\boldsymbol{a}^{\mathrm{T}} \rangle = \boldsymbol{R}_{aa} \tag{6.4.6}$$

则 $\boldsymbol{f}$ 表达式中的第二个噪声项的均值和协方差为

$$\begin{cases} \langle \delta\boldsymbol{f}_2 \rangle = \langle \hat{\boldsymbol{f}} - \boldsymbol{f} - \sum\limits_{K+1}^{L} a_j\boldsymbol{g}_j \rangle = \langle \boldsymbol{G}_K\delta\boldsymbol{a} \rangle = \boldsymbol{G}_K\langle \delta\boldsymbol{a} \rangle = 0 \\ \boldsymbol{P}_n = \langle \delta\boldsymbol{f}_2\delta\boldsymbol{f}_2^{\mathrm{T}} \rangle = \langle (\hat{\boldsymbol{f}} - \boldsymbol{f} - \sum\limits_{K+1}^{L} a_j\boldsymbol{g}_j)(\hat{\boldsymbol{f}} - \boldsymbol{f} - \sum\limits_{K+1}^{L} a_j\boldsymbol{g}_j)^{\mathrm{T}} \rangle \\ \quad = \langle \boldsymbol{G}_K\delta\boldsymbol{a}(\boldsymbol{G}_K\delta\boldsymbol{a})^{\mathrm{T}} \rangle = \boldsymbol{G}_K\boldsymbol{R}_{aa}\boldsymbol{G}_K^{\mathrm{T}} \end{cases} \tag{6.4.7}$$

于是，$\boldsymbol{f}$ 表达式的总的不确定性为

$$\boldsymbol{P} \equiv \langle (\hat{\boldsymbol{f}} - \boldsymbol{f})(\hat{\boldsymbol{f}} - \boldsymbol{f})^{\mathrm{T}} \rangle = \boldsymbol{P}_0 + \boldsymbol{P}_n \tag{6.4.8}$$

式中：$\boldsymbol{P}$ 由两部分组成：第一部分来源于缺失的系数，第二部分来源于已知系数中存在的误差。

现在考虑一类特殊的线性联立方程组，即

$$\boldsymbol{E}\boldsymbol{x} + \boldsymbol{n} = \boldsymbol{y} \tag{6.4.9}$$

式中：$M = N$，$\boldsymbol{E}$ 为对称矩阵。

对于对称矩阵 $\boldsymbol{E}$，特征值问题

$$\boldsymbol{E}\boldsymbol{g}_i = \lambda_i \boldsymbol{g}_i \tag{6.4.10}$$

具有以下特性：①特征向量 $\boldsymbol{g}_i$，$1 \leqslant i \leqslant N$，为一生成正交集；②特征值 λ_i 为实数。回顾如式(6.4.9)这样的方程组在这些特殊情形下的解，便可容易地理解这个问题了。由于 $\boldsymbol{x}$、$\boldsymbol{n}$ 和 $\boldsymbol{y}$ 具有相同的维数，它们都可以表示为

$$\boldsymbol{x} = \sum_i^N \alpha_i \boldsymbol{g}_i,\ \boldsymbol{n} = \sum_i^N \gamma_i \boldsymbol{g}_i,\ \boldsymbol{y} = \sum_i^N \beta_i \boldsymbol{g}_i,\ \beta_i = \boldsymbol{g}_i^{\mathrm{T}} \boldsymbol{y} \tag{6.4.11a}$$

这等价于

$$\boldsymbol{x} = \boldsymbol{G}\boldsymbol{\alpha},\boldsymbol{n} = \boldsymbol{G}\boldsymbol{\gamma},\boldsymbol{y} = \boldsymbol{G}\boldsymbol{\beta},\boldsymbol{\beta} = \boldsymbol{G}^{\mathrm{T}}\boldsymbol{y} \tag{6.4.11b}$$

式中：β_i 为已知量。

将式(6.4.11a,b)代入式(6.4.9)，并利用特征向量的正交性，可得到以下的必要条件，即

$$\lambda_i \alpha_i + \gamma_i = \beta_i\ ,\ 1 \leqslant i \leqslant N \tag{6.4.12}$$

如果 $\lambda_i \neq 0$，则

$$\alpha_i = \beta_i / \lambda_i - \gamma_i / \lambda_i \tag{6.4.13}$$

β_i 已知，但是 γ_i 未知。我们可任意选择 γ_i 的值，如 $\gamma_i = 0$，则此时也可以确定 α_i 的值。但是，假设对 $K + 1 \leqslant i \leqslant N$，有一个或多个 $\lambda_i = 0$。此时，要使式(6.4.12)成立，唯一可行的办法就是，选择相应的 $\gamma_i = \beta_i$，这时 α_i 未知，其值可以任意选择。我们将非零的 λ_i 的数量 K 称为矩阵 $\boldsymbol{E}$ 的秩(rank)。

如果 $K = N$，则系统称为是“满秩”的，相应的解为

$$\boldsymbol{x} = \sum_{i=1}^N \frac{\beta_i}{\lambda_i} \boldsymbol{g}_i = \sum_{i=1}^N ((\boldsymbol{g}_i^{\mathrm{T}} y)/\lambda_i) \boldsymbol{g}_i = \boldsymbol{G}^{\mathrm{T}} \boldsymbol{y} \boldsymbol{\Lambda}^{-1} \boldsymbol{G} \tag{6.4.14a}$$

$$\boldsymbol{n} = 0 \tag{6.4.14b}$$

式中：Λ 为对角矩阵，其对角元素为 λ_i，通常 λ_i 以降序排列，这同时也固定了 $\boldsymbol{g}_i$ 的顺序。

如果 $K < N$，则解可以写为

$$\hat{\boldsymbol{x}} = \sum_i^K \frac{\boldsymbol{g}_i^{\mathrm{T}} \boldsymbol{y}}{\lambda_i} \boldsymbol{g}_i + \sum_{i=K+1}^N \alpha_i \boldsymbol{g}_i = \boldsymbol{G}_K^{\mathrm{T}} \boldsymbol{y} \boldsymbol{\Lambda}_K^{-1} \boldsymbol{G}_K + \boldsymbol{Q}_K \boldsymbol{\alpha}_Q \tag{6.4.14c}$$

$$\hat{\boldsymbol{n}} = \sum_{i=K+1}^{N} (\boldsymbol{g}_i^{\mathrm{T}}\boldsymbol{y})\boldsymbol{g}_i = \boldsymbol{Q}_K\boldsymbol{Q}_K^{\mathrm{T}}\boldsymbol{y} \tag{6.4.14d}$$

式中：$\boldsymbol{\alpha}_K$ 定义为 $\boldsymbol{g}_i$ 的系数，$\boldsymbol{g}_i$ 满足 $\boldsymbol{E}\boldsymbol{g}_i = 0$。

此时有无穷多个“解”，因为 $\alpha_i(K+1 \leqslant i \leqslant N)$ 可以取任意值。我们将解打上引号，并且在式(6.4.14c)的 $\boldsymbol{x}$ 上加上脱字符号“^”，因为，除去一个相当特殊的情况以外，即 $\boldsymbol{g}_i^{\mathrm{T}}\boldsymbol{y} = 0(K+1 \leqslant i \leqslant N)$，一定有一个残差 $\hat{\boldsymbol{n}}$。这个关系式称为是可解性条件。对应于0特征值的 $\boldsymbol{g}_i$ 称为矩阵 $\boldsymbol{E}$ 的零空间(nullspace)，其余的称为矩阵 $\boldsymbol{E}$ 的值域(range)。如果存在零空间，无论是否满足可解性条件，此时的解都是不唯一的。

声层析反问题较上面介绍的内容更为复杂，在返回讨论该问题之前，我们对式(6.4.13)做个小结。如果 y_i 包含噪声，那么在式(6.4.14)中任意地令 $\gamma_i = 0(1 \leqslant i \leqslant K)$ 可能会引起质疑。只有当 $\boldsymbol{y}$ 中的噪声分量严格满足

$$\boldsymbol{g}_i^{\mathrm{T}}\boldsymbol{n} = 0 \ , \ 1 \leqslant i \leqslant K \tag{6.4.15}$$

即在 $\boldsymbol{E}$ 的值域内没有结构，式(6.4.14)才是合理的解。如果对这一个条件存有任何怀疑，那么就会对利用方程的解(如式(6.4.14))提出质疑。我们将在后面继续讨论这个问题。同时，注意到应用式(6.4.15)相当于求式(6.4.9)的解，使得 $\sum_i n_i^2 = \boldsymbol{n}^{\mathrm{T}}\boldsymbol{n}$ 尽可能小(利用 $\boldsymbol{g}_i$ 的正交性)，因此当 $K = N$ 时，其就是最小二乘解。

式(6.4.9)“最小”或“最简单”的解，可能就是令式(6.4.14c)中的零空间系数为零得到的解，因为对它们的存在没有任何要求。而且，任何的非零值可能会增加 $\hat{\boldsymbol{x}}$ 的范数。如果采用这种形式的解，则式(6.4.14c)中 $\hat{\boldsymbol{x}}$ 表达式的最后一项将会消失，其不确定性将由式(6.4.8)中给出的两部分组成，一部分来源于缺失的零空间分量，另一部分来源于值域向量系数中的噪声。由零空间引起的不确定性仍然为

$$\boldsymbol{P}_0 = \sum_{i=K+1}^{N}\sum_{j=K+1}^{N} \boldsymbol{g}_i \langle \boldsymbol{\alpha}_Q \boldsymbol{\alpha}_Q^{\mathrm{T}} \rangle \boldsymbol{g}_j^{\mathrm{T}} = \boldsymbol{Q}_K \langle \boldsymbol{\alpha}_Q \boldsymbol{\alpha}_Q^{\mathrm{T}} \rangle \boldsymbol{Q}_K^{\mathrm{T}} \tag{6.4.16a}$$

由系数噪声引起的不确定性可由下式计算得到。令 $\boldsymbol{y} = \boldsymbol{y}_0 + \boldsymbol{n}$，$\boldsymbol{y}_0$ 为真实值，则

$$\boldsymbol{P}_n = \left\langle \left(\frac{\sum_i \boldsymbol{g}_i^{\mathrm{T}}\boldsymbol{n}}{\lambda_i} \boldsymbol{g}_i \right) \left(\frac{\sum_j \boldsymbol{g}_j^{\mathrm{T}}\boldsymbol{n}}{\lambda_j} \boldsymbol{g}_j \right)^{\mathrm{T}} \right\rangle = \sum_i^K \sum_j^K \boldsymbol{g}_i \boldsymbol{g}_i^{\mathrm{T}} \frac{\langle \boldsymbol{n}\boldsymbol{n}^{\mathrm{T}} \rangle}{\lambda_i \lambda_j} \boldsymbol{g}_j \boldsymbol{g}_j^{\mathrm{T}}$$

$$= \sigma_n^2 \sum_i^K \frac{\boldsymbol{g}_i \boldsymbol{g}_i^{\mathrm{T}}}{\lambda_i^2} = \sigma_n^2 \boldsymbol{G}_K \boldsymbol{\Lambda}_K^{-2} \boldsymbol{G}_K^{\mathrm{T}} \tag{6.4.16b}$$

其中，最后一步要求 $\langle \boldsymbol{n}_i \boldsymbol{n}_j \rangle = \sigma_n^2 \delta_{ij}$。

以上讨论主要基于关于对称矩阵 $\boldsymbol{E}$ 的特征向量的定理，这些特征向量构成完备正交基。层析观测矩阵并不具有这种形式。但是，我们可利用任意一个

$M \times N$ 矩阵 $\boldsymbol{E}$ 来构造一个这样的矩阵。定义 $(M+N) \times (M+N)$ 的对称方阵：

$$\boldsymbol{D} = \begin{bmatrix} \boldsymbol{0} & \boldsymbol{E}^{\mathrm{T}} \\ \boldsymbol{E} & \boldsymbol{0} \end{bmatrix}$$

因此，$\boldsymbol{D}$ 满足上面所提到的定理条件，其特征值问题

$$\boldsymbol{D}\boldsymbol{q}_i = \lambda_i \boldsymbol{q}_i \tag{6.4.17}$$

产生 $M+N$ 个完备正交基 $\boldsymbol{q}_i$，而不管 λ_i 的值是各不相同的还是非零。

把特征向量关系式(6.4.17)全部写出，则

$$\begin{bmatrix} \boldsymbol{0} & \boldsymbol{E}^{\mathrm{T}} \\ \boldsymbol{E} & \boldsymbol{0} \end{bmatrix} \begin{bmatrix} q_{1,i} \\ \vdots \\ q_{N,i} \\ q_{N+1,i} \\ \vdots \\ q_{N+M,i} \end{bmatrix} = \lambda_i \begin{bmatrix} q_{1,i} \\ \vdots \\ q_{N,i} \\ q_{N+1,i} \\ \vdots \\ q_{N+M,i} \end{bmatrix} \tag{6.4.18}$$

式中：$q_{p,i}$ 为向量 $\boldsymbol{q}_i$ 的第 p 个分量。

注意到零矩阵，则式(6.4.18)可以改写为

$$\boldsymbol{E}^{\mathrm{T}} \begin{bmatrix} q_{N+1,i} \\ \vdots \\ q_{N+M,i} \end{bmatrix} = \lambda_i \begin{bmatrix} q_{1,i} \\ \vdots \\ q_{N,i} \end{bmatrix} \tag{6.4.19a}$$

$$\boldsymbol{E} \begin{bmatrix} q_{1,i} \\ \vdots \\ q_{N,i} \end{bmatrix} = \lambda_i \begin{bmatrix} q_{N+1,i} \\ \vdots \\ q_{N+M,i} \end{bmatrix} \tag{6.4.19b}$$

定义

$$\boldsymbol{u}_i = \begin{bmatrix} q_{N+1,i} \\ \vdots \\ q_{N+M,i} \end{bmatrix}, \boldsymbol{v}_i = \begin{bmatrix} q_{1,i} \\ \vdots \\ q_{N,i} \end{bmatrix}$$

或者

$$\boldsymbol{q}_i = \begin{bmatrix} \boldsymbol{v}_i \\ \boldsymbol{u}_i \end{bmatrix} \tag{6.4.20}$$

也是说，将 $\boldsymbol{q}_i$ 中前 N 个元素记为 $\boldsymbol{v}_i$，后 M 个元素记为 $\boldsymbol{u}_i$。于是式(6.4.19)可以写为

$$\boldsymbol{E}\boldsymbol{v}_i = \lambda_i \boldsymbol{u}_i \tag{6.4.21a}$$

$$\boldsymbol{E}^{\mathrm{T}}\boldsymbol{u}_i = \lambda_i \boldsymbol{v}_i \tag{6.4.21b}$$

如果将式(6.4.21a)左乘 $\boldsymbol{E}^{\mathrm{T}}$,利用式(6.4.21b),可得

$$\boldsymbol{E}^{\mathrm{T}}\boldsymbol{E}\boldsymbol{v}_i = \lambda_i^2 \boldsymbol{v}_i \tag{6.4.22a}$$

同理,将式(6.4.21b)左乘 $\boldsymbol{E}$,利用式(6.4.21a),可以得到

$$\boldsymbol{E}\boldsymbol{E}^{\mathrm{T}}\boldsymbol{u}_i = \lambda_i^2 \boldsymbol{u}_i \tag{6.4.22b}$$

上面两式表明, $\boldsymbol{u}_i$ 满足方阵 $\boldsymbol{E}\boldsymbol{E}^{\mathrm{T}}$ 的特征向量/特征值问题, $\boldsymbol{v}_i$ 满足方阵 $\boldsymbol{E}^{\mathrm{T}}\boldsymbol{E}$ 的特征向量/特征值问题。如果 M 和 N 中的一个比另一个小很多,我们只需要利用式(6.4.22a,b)求解那个维数较小的特征值问题($\boldsymbol{u}_i$ 或者 $\boldsymbol{v}_i$),另一组的值就可以由式(6.4.21a)或式(6.4.21b)计算得到。

$\boldsymbol{u}_i$ 和 $\boldsymbol{v}_i$ 称为奇异向量, λ_i 称为奇异值。习惯上, λ_i 按数值的大小降序排列。同样根据习惯, λ_i 取为非负数(若 λ_i 为负数,其对应的奇异向量与正数对应的奇异向量仅差一个符号,它们并不是独立向量)。式(6.4.21)和式(6.4.22)给出了每个 $\boldsymbol{u}_i$ 和 $\boldsymbol{v}_i$ 之间的关系。通常,因为 $M \neq N$, $\{\boldsymbol{u}_i\}$ 和 $\{\boldsymbol{v}_i\}$ 的个数并不相等。两个方程保持一致的唯一方法是,当 $i > \min(M,N)$ 时, $\lambda_i = 0$。

假设存在 K 个非零 λ_i ,则

$$\boldsymbol{E}\boldsymbol{v}_i \neq 0, 1 \leqslant i \leqslant K \tag{6.4.23a}$$

这些 $\boldsymbol{v}_i$ 称为"$\boldsymbol{E}$ 的值域"或"解的值域向量(solution range vectors)"。其余的向量满足

$$\boldsymbol{E}\boldsymbol{v}_i = 0, K+1 \leqslant i \leqslant N \tag{6.4.23b}$$

式中: $\boldsymbol{v}_i$ 称为" $\boldsymbol{E}$ 的零空间向量"(或"解的零空间")。

如果 $K < M$,则 $\boldsymbol{u}_i$ 中有 K 个满足

$$\boldsymbol{E}^{\mathrm{T}}\boldsymbol{u}_i = \boldsymbol{u}_i^{\mathrm{T}}\boldsymbol{E} \neq 0, 1 \leqslant i \leqslant K \tag{6.4.24a}$$

它们为"$\boldsymbol{E}^{\mathrm{T}}$ 的值域向量",而其余 $M-K$ 个满足

$$\boldsymbol{E}^{\mathrm{T}}\boldsymbol{u}_i = \boldsymbol{u}_i^{\mathrm{T}}\boldsymbol{E} = 0, K+1 \leqslant i \leqslant M \tag{6.4.24b}$$

它们为"$\boldsymbol{E}^{\mathrm{T}}$ 的零空间向量"或"观测数据零空间"。

由于 $\boldsymbol{u}_i$ 和 $\boldsymbol{v}_i$ 在各自对应的空间中均为完备正交基,可以将 $\boldsymbol{x}$,$\boldsymbol{y}$ 和 $\boldsymbol{n}$ 精确展开为

$$\boldsymbol{x} = \sum_{i=1}^{N} \alpha_i \boldsymbol{v}_i, \ \boldsymbol{y} = \sum_{i=1}^{M} \beta_i \boldsymbol{u}_i, \ \boldsymbol{n} = \sum_{i=1}^{M} \gamma_i \boldsymbol{u}_i \tag{6.4.25}$$

式中: $\boldsymbol{y}$ 为已知观测量,于是 $\beta_i = \boldsymbol{u}_i^{\mathrm{T}} y$ 已知。

如果需要得到方程的解,需要知道 α_i; 如果需要得到噪声,需要知道 γ_i 。

将式(6.4.25)代入方程(6.4.9),并利用式(6.4.21a),有

$$\sum_{i=1}^{N}\alpha_i \boldsymbol{E}\boldsymbol{v}_i + \sum_{i=1}^{M}\gamma_i \boldsymbol{u}_i = \sum_{i=1}^{K}\alpha_i\lambda_i\boldsymbol{u}_i + \sum_{i=1}^{M}\gamma_i\boldsymbol{u}_i = \sum_{i=1}^{M}\beta_i\boldsymbol{u}_i \tag{6.4.26}$$

注意求和中的不同的上限。利用奇异向量的正交性,式(6.4.26)能被求解得到

$$\alpha_i\lambda_i + \gamma_i = \beta_i\ ,\ 1 \leqslant i \leqslant M \tag{6.4.27a}$$

或

$$\alpha_i = \boldsymbol{u}_i^{\mathrm{T}}\boldsymbol{y}/\lambda_i - \gamma_i/\lambda_i\ ,\ \lambda_i \neq 0\ ,\ 1 \leqslant i \leqslant K \tag{6.4.27b}$$

在这些公式中,如果 $\lambda_i \neq 0$,那么就可以设 $\gamma_i = 0$,也就是说

$$\gamma_i = \boldsymbol{u}_i^{\mathrm{T}}\boldsymbol{n} = 0\ ,\ 1 \leqslant i \leqslant K \tag{6.4.27c}$$

这可以使得噪声的范数尽量小。由式(6.4.27b)可得

$$\alpha_i = \boldsymbol{u}_i^{\mathrm{T}}\boldsymbol{y}/\lambda_i\ ,\ 1 \leqslant i \leqslant K \tag{6.4.28}$$

但是,当 $i \geqslant K+1$ 时,$\lambda_i = 0$,在这个范围内,式(6.4.27a)的唯一解为 $\gamma_i = \boldsymbol{u}_i^{\mathrm{T}}\boldsymbol{y}$,$\alpha_i$ 的值未定。这些 γ_i 不等于零,意味着总是存在噪声的影响,除非(实测资料中不太可能出现这种情况)

$$\boldsymbol{u}_i^{\mathrm{T}}\boldsymbol{y} = 0\ ,\ K \leqslant i \leqslant M \tag{6.4.29}$$

这个最后的方程是新的可解性条件。

采用这种方式得到的解,可以表示为

$$\hat{\boldsymbol{x}} = \sum_{i=1}^{K}\frac{\boldsymbol{u}_i^{\mathrm{T}}\boldsymbol{y}}{\lambda_i}\boldsymbol{v}_i + \sum_{i=K+1}^{N}\alpha_i\boldsymbol{v}_i \tag{6.4.30a}$$

$$\hat{\boldsymbol{y}} = \boldsymbol{E}\hat{\boldsymbol{x}} = \sum_{i=1}^{K}(\boldsymbol{u}_i^{\mathrm{T}}\boldsymbol{y})\boldsymbol{u}_i \tag{6.4.30b}$$

$$\hat{\boldsymbol{n}} = \sum_{i=K+1}^{M}(\boldsymbol{u}_i^{\mathrm{T}}\boldsymbol{y})\boldsymbol{u}_i \tag{6.4.30c}$$

在式(6.4.30a)中,最后 $N-K$ 个向量 $\boldsymbol{v}_i$(解的零空间向量)对应的系数是任意的。

零空间向量描绘了解的结构,从中可以看出有些方程提供的信息是无用的,因此 $\hat{\boldsymbol{x}}$ 不是唯一的。最简单的解是将所有的零空间系数都设为零,即

$$\hat{\boldsymbol{x}} = \sum_{i=1}^{K}\frac{\boldsymbol{u}_i^{\mathrm{T}}\boldsymbol{y}}{\lambda_i}\boldsymbol{v}_i \tag{6.4.31}$$

形式与式(6.4.30c)相同。这个特殊的 SVD 解(我们将在后续的讨论中用到它),同时满足残差和解的范数最小。

有必要研究一下式(6.4.27c)。对于一些其他选择,解的范数将会减小,但

是残差的范数将会增加。要想在这两者之间取得平衡,有必要了解噪声结构,特别地,式(6.4.27c)对残差的结构施加了严格的限制。

1. 奇异值分解

奇异向量和奇异值一直被用于提供一对方便的正交生成集,以求解任意一个联立方程组。然而,它们还有另外一个用途,即用于对矩阵 $\boldsymbol{E}$ 进行分解。

定义 $\boldsymbol{U}$ 为一个 $M \times M$ 的矩阵,其列向量为 $\boldsymbol{u}_i$;$\boldsymbol{V}$ 为一个 $N \times N$ 的矩阵,其列向量为 $\boldsymbol{v}_i$;$\boldsymbol{\Lambda}$ 为一个 $M \times N$ 的矩阵,其对角元素为 λ_i,降序排列,其余元素为零。作为一个例子,假设 $M = 3$, $N = 4$,则

$$\boldsymbol{\Lambda} = \begin{bmatrix} \lambda_1 & 0 & 0 & 0 \\ 0 & \lambda_2 & 0 & 0 \\ 0 & 0 & \lambda_3 & 0 \end{bmatrix}$$

或者,如果 $M = 4$, $N = 3$,则

$$\boldsymbol{\Lambda} = \begin{bmatrix} \lambda_1 & 0 & 0 \\ 0 & \lambda_2 & 0 \\ 0 & 0 & \lambda_3 \\ 0 & 0 & 0 \end{bmatrix}$$

这里将对角矩阵的定义扩展到非方阵的情形。

和前面讨论过的矩阵 $\boldsymbol{G}$ 一样,$\boldsymbol{U}$ 和 $\boldsymbol{V}$ 列向量的正交性意味着这些矩阵也是正交的,即

$$\boldsymbol{U}\boldsymbol{U}^{\mathrm{T}} = \boldsymbol{I}_M, \ \boldsymbol{U}^{\mathrm{T}}\boldsymbol{U} = \boldsymbol{I}_M, \ \boldsymbol{V}\boldsymbol{V}^{\mathrm{T}} = \boldsymbol{I}_N, \ \boldsymbol{V}^{\mathrm{T}}\boldsymbol{V} = \boldsymbol{I}_N \tag{6.4.32a,b,c,d}$$

因此有 $\boldsymbol{U}^{-1} = \boldsymbol{U}^{\mathrm{T}}$ 等。与矩阵 $\boldsymbol{G}$ 一样,如果删除掉矩阵 $\boldsymbol{U}$ 和 $\boldsymbol{V}$ 的一个或几个列向量,那么矩阵将会变为半正交的。

式(6.4.21)和式(6.4.22)可以采用更简洁的形式表示为

$$\boldsymbol{E}\boldsymbol{V} = \boldsymbol{U}\boldsymbol{\Lambda}, \ \boldsymbol{E}^{\mathrm{T}}\boldsymbol{U} = \boldsymbol{V}\boldsymbol{\Lambda}^{\mathrm{T}} \tag{6.4.33a,b}$$

$$\boldsymbol{E}^{\mathrm{T}}\boldsymbol{E}\boldsymbol{V} = \boldsymbol{V}\boldsymbol{\Lambda}^{\mathrm{T}}\boldsymbol{\Lambda}, \ \boldsymbol{E}\boldsymbol{E}^{\mathrm{T}}\boldsymbol{U} = \boldsymbol{U}\boldsymbol{\Lambda}\boldsymbol{\Lambda}^{\mathrm{T}} \tag{6.4.33c,d}$$

用 $\boldsymbol{U}^{\mathrm{T}}$ 左乘 $\boldsymbol{E}$,再用 $\boldsymbol{V}$ 右乘 $\boldsymbol{E}$,并利用式(6.4.33a),有

$$\boldsymbol{U}^{\mathrm{T}}\boldsymbol{E}\boldsymbol{V} = \boldsymbol{U}^{\mathrm{T}}\boldsymbol{U}\boldsymbol{\Lambda} = \boldsymbol{\Lambda} \tag{6.4.34}$$

因此,采用矩阵 $\boldsymbol{U}$ 和 $\boldsymbol{V}$ 可将矩阵 $\boldsymbol{E}$ 对角化(和前面的定义一样,这里将对角矩阵的含义拓展到长方形矩阵)。

用 $\boldsymbol{V}^{\mathrm{T}}$ 右乘式(6.4.33a),并利用式(6.4.32c),有

$$\boldsymbol{E} = \boldsymbol{U}\boldsymbol{\Lambda}\boldsymbol{V}^{\mathrm{T}} \tag{6.4.35}$$

这个关系式称为矩阵 $\boldsymbol{E}$ 的奇异值分解(SVD),即把 $\boldsymbol{E}$ 分解为两个正交矩阵和一

个对角矩阵的乘积。

下面做进一步的讨论。如前面例子所述，当矩阵 $\boldsymbol{\Lambda}$ 为长方形矩阵时，根据矩阵的大小，有一些行或列向量必须为零。另外，如果存在 $\lambda_i = 0$, $i < \min(M, N)$，则相应的行或列向量也必须为零。令非零奇异值的个数为 K（矩阵 $\boldsymbol{E}$ 的秩）。通过检查（作矩阵乘法），我们发现 $\boldsymbol{V}$ 矩阵的最后 $N-K$ 列和 $\boldsymbol{U}$ 矩阵的最后 $M-K$ 列仅与零相乘。如果将这些列从 $\boldsymbol{U}$ 和 $\boldsymbol{V}$ 中剔除，则 $\boldsymbol{U}$ 变为 $M\times K$ 矩阵，$\boldsymbol{V}$ 变为 $N\times K$ 矩阵，$\boldsymbol{\Lambda}$ 变为 $K\times K$ 方阵，则式(6.4.35)将变为

$$\boldsymbol{E} = \boldsymbol{U}_K\boldsymbol{\Lambda}_K\boldsymbol{V}_K^{\mathrm{T}} \tag{6.4.36}$$

式中：下标"K"表示矩阵含有的列向量的数量。$\boldsymbol{U}_K$ 和 $\boldsymbol{V}_K$ 不是方阵，因此它们只是半正交矩阵。

对于这些简化的矩阵，式(6.4.33)仍然全部有效，且满足 $\boldsymbol{\Lambda}_K^{\mathrm{T}}\boldsymbol{\Lambda}_K = \boldsymbol{\Lambda}_K\boldsymbol{\Lambda}_K^{\mathrm{T}} = \Lambda_K^2$。在了解了这部分内容之后，可以略去下标。

式(6.4.35)和式(6.4.36)都是 SVD 分解，对于非正方形矩阵情形，它们是 Carl Eckart 首先提出的（Eckart 和 Young, 1939）。在 Lanczos(1961), Noble 和 Daniel(1977), Strang(1986)，或从最近出版的应用线性代数书籍中可以找到对这部分内容的更好的解释。

式(6.4.30)给出的解可写成简洁形式：

$$\hat{\boldsymbol{x}} = \boldsymbol{V}_K\boldsymbol{U}_K^{\mathrm{T}}\boldsymbol{y}\boldsymbol{\Lambda}_K^{-1} + \boldsymbol{Q}_v\boldsymbol{\alpha}_Q \tag{6.4.37a}$$

$$\hat{\boldsymbol{y}} = \boldsymbol{U}_K(\boldsymbol{U}_K^{\mathrm{T}}\boldsymbol{y}) \tag{6.4.37b}$$

$$\hat{\boldsymbol{n}} = \boldsymbol{Q}_u(\boldsymbol{Q}_u^{\mathrm{T}}\boldsymbol{y}) \tag{6.4.37c}$$

这里，我们定义了两个零空间矩阵，即

$$\boldsymbol{Q}_u = \{\boldsymbol{u}_i\},\ K+1 \leqslant i \leqslant M;\ \boldsymbol{Q}_v = \{\boldsymbol{v}_i\},\ K+1 \leqslant i \leqslant N$$

当令 $\boldsymbol{\alpha}_Q = 0$ 时，可以得到一个特殊的 SVD 解。

采用 SVD 求解联立方程组具有几个重要的优点。无论系统是欠定的、超定的，或者是确定的，均可采用相同的代数公式。不同于任意（非对称或 Hermitian）方阵系统的特征值/特征向量解，奇异值（特征值）总是非负实数，奇异向量（特征向量）总是能组成一个完备正交集。而对于传统的特征值问题，这些结论是不正确的。而且，关系式(6.4.21)或式(6.4.33)具体、定量地描述了数据空间中的一组正交向量和解空间中相应的一组正交向量之间的联系。这些关系式为我们精确地理解方程的解所呈现出的形式提供了一个强有力的诊断方法。

2. 分辨率

因为 SVD 解表示为一组不完备的正交向量的求和形式，因此，从式(6.4.4)可以得到基本的 SVD 解 $\hat{\boldsymbol{x}}$ 和真实解 $\boldsymbol{x}$ 之间的关系式：

$$\hat{\boldsymbol{x}} = \boldsymbol{V}_K \boldsymbol{V}_K^{\mathrm{T}} \boldsymbol{x} \tag{6.4.38}$$

也就是说,$\hat{\boldsymbol{x}}$ 为真实解的加权平均。$\boldsymbol{T}_V = \boldsymbol{V}_K \boldsymbol{V}_K^{\mathrm{T}}$ 称为“解分辨率矩阵”。如果真实解的第 j_0 个分量为 1,而其他为 0,则从式(6.4.38)可以看出,解仅是 $\boldsymbol{T}_V$ 的第 j_0 列。当然,如果 $K = N$,则 $\boldsymbol{V}\boldsymbol{V}^{\mathrm{T}} = \boldsymbol{I}_N$,那么解称为是“完全解析的(fully resolved)”。更一般地,如果分辨率矩阵的第 q 列在对角元素 $(\boldsymbol{V}_K \boldsymbol{V}_K^{\mathrm{T}})_{qq}$ 上的值为 1,而其他值为 0,则 x_q 是完全解析的。单个解分量可以是完全解析的,而其他的分量却根本不能解析。

将 SVD 解回代入原方程组,不能得到 $\boldsymbol{y}$,此时会有残差 $\hat{\boldsymbol{n}}$。我们仅能得到 $\boldsymbol{y}$ 的估计解,即

$$\hat{\boldsymbol{y}} = \boldsymbol{U}_K \boldsymbol{U}_K^{\mathrm{T}} \boldsymbol{y} \tag{6.4.39}$$

式中:$\boldsymbol{T}_U = \boldsymbol{U}_K \boldsymbol{U}_K^{\mathrm{T}}$ 称为数据分辨率矩阵。

为了解释这个矩阵,记

$$\boldsymbol{E}\hat{\boldsymbol{x}} = \boldsymbol{U}_K \boldsymbol{U}_K^{\mathrm{T}} \boldsymbol{y} \tag{6.4.40}$$

假设 $\boldsymbol{y}$ 的第 j_0 个分量是完全解析的,也就是说,矩阵 $\boldsymbol{U}_K \boldsymbol{U}_K^{\mathrm{T}}$ 的第 j_0 列除了对角线上的第 j_0 个元素为 1 外,其余元素都为 0。y_{j_0} 的一个单位变化将会引起 $\hat{\boldsymbol{x}}$ 的变化,而 $\hat{\boldsymbol{x}}$ 的变化不会引起 $\hat{\boldsymbol{y}}$ 中所有其他元素的改变。如果第 j_0 个分量不是完全解析的,则观测 y_{j_0} 的一个单位变化将会产生一个新解,这个新解会使 $\hat{\boldsymbol{y}}$ 中的其他分量发生改变。用一种略为不同的方式叙述就是,如果 y_i 不是完全解析的,则系统缺乏足够的信息从对一个或多个其他方程的线性依赖关系中区分出第 i 个方程。我们可以采用这些思想来定量描述哪些观测是最重要的(数据重要性排序)。

从式(6.4.33a)中观测数据结构和解的结构之间的明确关系可以看出,分辨率矩阵是理解该系统行为的非常有用的工具。尽管可以采用任何一种解法构建分辨率矩阵,但是只有 SVD 才有可能根据观测资料和解的正交结构来理解它们的形式。有关分辨率矩阵和奇异向量结构的详细情况,读者可参阅 Wiggins(1972),Wunsch(1978)或 Menke(1989)。

3. 解的方差

采用 SVD 方法求解需要计算展开系数(见式(6.4.28));但是由于 $\boldsymbol{y}$ 包含噪声,这些数值必须被看作是部分地不确定的。特别地,式(6.4.28)可以写为

$$\alpha_i = \frac{\boldsymbol{u}_i^{\mathrm{T}}(\boldsymbol{n} + \boldsymbol{y}_0)}{\lambda_i},\ i = 1,2,\cdots,K \tag{6.4.41}$$

式中:$\boldsymbol{y}_0$ 为 $\boldsymbol{y}$ 中剔除掉噪声的那部分值。

如果噪声的均值为零,并且噪声中的分量不相关,即

$$\langle \boldsymbol{n} \rangle = 0, \langle \boldsymbol{n}\boldsymbol{n}^{\mathrm{T}} \rangle = \sigma_n^2 \boldsymbol{I}_M \tag{6.4.42}$$

参照式(6.4.16b),有

$$\begin{aligned}
\boldsymbol{P}_n &\equiv \langle (\hat{\boldsymbol{x}} - \langle \hat{\boldsymbol{x}} \rangle)(\hat{\boldsymbol{x}} - \langle \hat{\boldsymbol{x}} \rangle)^{\mathrm{T}} \rangle \\
&= \langle (\sum_i (\boldsymbol{u}_i^{\mathrm{T}} \boldsymbol{n} / \lambda_i) \boldsymbol{v}_i)(\sum_j (\boldsymbol{u}_j^{\mathrm{T}} \boldsymbol{n} / \lambda_j) \boldsymbol{v}_j)^{\mathrm{T}} \rangle \\
&= \sum_{i=1}^{K} \sum_{j=1}^{K} v_i \langle \boldsymbol{u}_i^{\mathrm{T}} \boldsymbol{n}\boldsymbol{n}^{\mathrm{T}} \boldsymbol{u}_j \rangle / (\lambda_i \lambda_j) \boldsymbol{v}_j^{\mathrm{T}} \\
&= \sum_{i=1}^{K} \sigma_n^2 \boldsymbol{v}_i \lambda_i^{-2} \boldsymbol{v}_i^{\mathrm{T}} \\
&= \sigma_n^2 \boldsymbol{V}_K \boldsymbol{\Lambda}_K^{-2} \boldsymbol{V}_K^{\mathrm{T}}
\end{aligned} \tag{6.4.43}$$

注意,因为零空间向量这一部分缺失,方差是由解的期望(而不是真值)计算得到的。$\sigma_n^2 \boldsymbol{V}_K \boldsymbol{\Lambda}_K^{-2} \boldsymbol{V}_K^{\mathrm{T}}$ 为解的协方差矩阵。σ_n^2 通常由残差的均方值、样本方差 s^2 计算得到。在统计学意义上,s^2 证明是与其先验估计一致,这一点极为重要。$\boldsymbol{P}_n$ 对角元素的平方根为解的标准误差。

由于解析能力的不足,我们可以把这些未知的、需要抑制的零空间分量看成是额外的不确定性。有时,我们能够得到解的方差估计 $\langle \boldsymbol{x}^{\mathrm{T}} \boldsymbol{x} \rangle$。有时,$1 - (1/N) \hat{\boldsymbol{x}}^{\mathrm{T}} \hat{\boldsymbol{x}} / \langle \boldsymbol{x}^{\mathrm{T}} \boldsymbol{x} \rangle$ 这个量被用来度量多少解能量(solution"energy")存在于零空间中,因此可以勉强地作为误差。如果 $\langle x_i^2 \rangle$ 已知,就可以逐个分量计算 $1 - \hat{x}_i^2 / \langle x_i^2 \rangle$ 的值。

4. 秩的确定

从解的方差矩阵可以看出,如果有一些 λ_i 的值非常小,则 σ_n^2 / λ_i^2 的值可以变得任意大,并完全淹没方程的解。从数学上讲,任何非零奇异值都是应该被保留的:数学问题通常假设 $\boldsymbol{y}$ 是精确已知的。然而在实际观测中,这种理想的情况是不可能出现的[①]。式(6.4.43)的结果启发我们定义一个"有效的秩" K',$K' < K$,K' 可能比数学上的秩 K 小许多,它将那些过小而不能看作为有用的奇异值剔除。当 K' 减小时,矩阵 $\boldsymbol{U}$ 和 $\boldsymbol{V}$ 中所包含的列将越来越少,分辨率矩阵与预期的理想分辨率矩阵的差别越来越大。减小解的方差将相应地降低分辨率,这是估计问题中的一个为人熟知的平衡规则:零空间增长,噪声的范数将增加。确定有效的秩是一个极为重要的问题,需要研究解的范数(它随着 K' 的增加而增加)和残差的范数(它随着 K' 的增加而减小)的性状,还要考虑研究人员对分辨率和解的稳定性的需求。从现在开始,我们将 K 理解为有效的秩,而不是数学

① 除非给解加上一些精确的限制条件,如动力学条件,但是即使这样,这些关系式仍然会包含模型误差。

意义上的秩。

现在,可以对含有噪声的联立方程组的求解做一个简单的小结。方程的解不依赖于系统是形式上超定的、欠定的或是确定的(方阵并且满秩)。在许多实际问题中,K 同时小于 M 和 N,因此会同时出现解和数据的零空间。如果 $K = M < N$,即“满秩欠定情形”,则不会出现数据的零空间(没有残差,通常是一个非物理的结果),但是会出现一个解的零空间。如果 $K = N < M$,即“满秩超定情形”,则不会出现解的零空间,但是会出现数据的零空间(残差)。由于解、噪声、观测和控制方程组都可以由两组正交向量来描述,因此,我们可以利用一个完整的、强有力的工具来很好地理解这个系统。

5. 与最小二乘法的关系

可以采用 SVD 对最小二乘解作一完整的描述。假设所有的相关的行和列尺度变换已首先完成。首先考虑式(6.3.2),并把 SVD 代入。利用 $\boldsymbol{U}_k$ 的半正交性质,有

$$\hat{\boldsymbol{x}} = (\boldsymbol{V}_K\boldsymbol{\Lambda}_K^2\boldsymbol{V}_K^{\mathrm{T}})^{-1}\boldsymbol{V}_K\boldsymbol{\Lambda}_K\boldsymbol{U}_K^{\mathrm{T}}\boldsymbol{y}$$

如果 $K = N$,满秩,那么利用 V_N 的正交性,上式矩阵求逆运算可以表示为

$$(\boldsymbol{V}_N\boldsymbol{\Lambda}_N^2\boldsymbol{V}_N^{\mathrm{T}})^{-1} = \boldsymbol{V}_N\boldsymbol{\Lambda}_N^{-2}\boldsymbol{V}_N^{\mathrm{T}}$$

最小二乘解可以表示为

$$\hat{\boldsymbol{x}} = \boldsymbol{V}_N\boldsymbol{\Lambda}_N^{-1}\boldsymbol{U}_N^{\mathrm{T}}\boldsymbol{y}$$

当 $K = N$ 时,上式与 SVD 解式(6.4.37a)相同。通过直接代入容易验证,不确定性式(6.3.4)与式(6.4.43)相同。

然后,考虑一个简单的欠定形式的解(6.3.14a),其中 $\boldsymbol{S} = \boldsymbol{I}$。把 SVD 代入可以得到

$$\hat{\boldsymbol{x}} = \boldsymbol{V}_K\boldsymbol{\Lambda}_K\boldsymbol{U}_K^{\mathrm{T}}(\boldsymbol{U}_K\boldsymbol{\Lambda}_K^2\boldsymbol{U}_K^{\mathrm{T}})^{-1}\boldsymbol{y}$$

如果 $K = M$,则矩阵的逆为

$$(\boldsymbol{U}_M\boldsymbol{\Lambda}_M^2\boldsymbol{U}_M^{\mathrm{T}})^{-1} = \boldsymbol{U}_M\boldsymbol{\Lambda}_M^{-2}\boldsymbol{U}_M^{\mathrm{T}}$$

则解为

$$\hat{\boldsymbol{x}} = \boldsymbol{V}_M\boldsymbol{\Lambda}_M^{-1}\boldsymbol{U}_M^{\mathrm{T}}\boldsymbol{y}$$

它等同于特殊的 SVD 解,并且 $\hat{\boldsymbol{x}}$ 可以加上零空间向量的任意的和。因此,SVD 解可以对应于形式上超定($K = N$)和形式上欠定($K = M$)的最小二乘解。

现在可以很容易地得到许多其他有用的结果。尤其是,我们知道要使得逆矩阵 $(\boldsymbol{E}^{\mathrm{T}}\boldsymbol{E})^{-1}$ 存在,必须满足 $K = N$。如果有任意一个奇异值为 0,普通的最小二乘解将不存在。但是 SVD 解却总是存在的。

我们也可以解释解式(6.3.12)或式(6.3.16)。式(6.3.12)由修正的目标

函数式(6.3.11)得到,而式(6.3.16)由修正的目标函数式(6.3.15)得到。代入满秩时的 SVD,并利用逆矩阵引理,我们可以得到

$$\hat{\boldsymbol{x}} = \sum_{i=1}^{N} \frac{\lambda_i \boldsymbol{u}_i^{\mathrm{T}} \boldsymbol{y}}{\lambda_i^2 + \alpha^2} \boldsymbol{v}_i = \boldsymbol{V}_N \boldsymbol{\Lambda}^{\mathrm{T}} (\boldsymbol{\Lambda}\boldsymbol{\Lambda}^{\mathrm{T}} + \alpha^2 \boldsymbol{I}_M)^{-1} \boldsymbol{U}_M^{\mathrm{T}} \boldsymbol{y} \tag{6.4.44a}$$

$$\hat{\boldsymbol{n}} = \sum_{i=1}^{M} \boldsymbol{u}_i^{\mathrm{T}} \boldsymbol{y} \left(\frac{\alpha^2}{\lambda_i^2 + \alpha^2} \right) \boldsymbol{u}_i = \alpha^2 \boldsymbol{U}_M (\boldsymbol{\Lambda}\boldsymbol{\Lambda}^{\mathrm{T}} + \alpha^2 \boldsymbol{I}_M)^{-1} \boldsymbol{U}_M^{\mathrm{T}} \boldsymbol{y} \tag{6.4.44b}$$

$$\begin{aligned} \boldsymbol{P}_n &= \sigma_n^2 \sum_{i=1}^{N} \frac{\lambda_i^2}{(\lambda_i^2 + \alpha^2)^2} \boldsymbol{v}_i \boldsymbol{v}_i^{\mathrm{T}} \\ &= \sigma_n^2 \boldsymbol{\Lambda}^{\mathrm{T}} (\boldsymbol{\Lambda}^{\mathrm{T}}\boldsymbol{\Lambda} + \alpha^2 \boldsymbol{I}_N)^{-1} \boldsymbol{V}_N \boldsymbol{V}_N^{\mathrm{T}} (\boldsymbol{\Lambda}^{\mathrm{T}}\boldsymbol{\Lambda} + \alpha^2 \boldsymbol{I}_N)^{-1} \boldsymbol{\Lambda} \end{aligned} \tag{6.4.44c}$$

式中:假设 $\langle \boldsymbol{n}\boldsymbol{n}^{\mathrm{T}} \rangle = \sigma_n^2 \boldsymbol{I}_N$, $\boldsymbol{\Lambda}$ 为满秩时的矩形矩阵。

α^2 的存在可以抑制由一个或多个接近于零的奇异值引起的任意奇异性。引入 α^2 可以“逐渐减小”小的及接近于 0 的 λ_i 的影响(因此,式(6.3.12)和式(6.3.16)称为递减的最小二乘解)。有时采用式(6.4.44),而不对特殊的 SVD 解进行截断,式(6.4.44a)~式(6.4.44c)称为递减的 SVD 解,与递减的最小二乘解相同。因此,在式(6.3.8)、式(6.3.12)和式(6.3.16)中,矩阵的逆总是存在的。对前面提到的两个分辨率矩阵,我们容易构建递减的 SVD 解所对应的分辨率矩阵。

最小二乘解和 SVD 解的等价性允许我们更为完整地描述普通的最小二乘解(6.3.2)。特别是,可以通过条件(6.4.27c)得到式(6.3.1)中残差的极小值。若式(6.4.27c)满足,则残差在值域向量 $\boldsymbol{u}_i$ 上没有投影。换句话说,残差必须满足 $\boldsymbol{u}_i^{\mathrm{T}} \boldsymbol{y} = 0, 1 \leqslant i \leqslant K$ (这依赖于残差的物理含义),这有可能被认为是一个过分严格的条件。相反,式(6.4.44b)确实将部分残差投影到值域向量 $\boldsymbol{u}_i$ 上。

6. 举例:极地廓线

我们把 SVD 方法应用到前面采用最小二乘法求解的极地廓线反问题上。矩阵 $\boldsymbol{E}$ 的奇异值为

$$\lambda_i = [2186.3,\ 1751.0,\ 1353.8,\ 979.3,\ 794.4,\ 630.3,\ 466.4,\ 420.0,\ 22.1,\ 2.1,\ 0.2,\ 0.01]$$

具体情况如图 6.5 所示,对应的部分奇异向量由图 6.6 给出。从图中可以看到,λ_i 的离差(spread)非常大,但是没有一个值为零。在形式上这是一个“满秩”系统,$K = N$, $\boldsymbol{T}_V = \boldsymbol{I}$,因此存在满秩最小二乘解(图 6.2)是合理的。

如果 y_i 中含有 1%方差的噪声,并且 SVD 的秩为 $K = 12$,得到的解和普通的最小二乘解是相同的(图 6.2),这一结果无法令人满意,因为它在海表层的数值

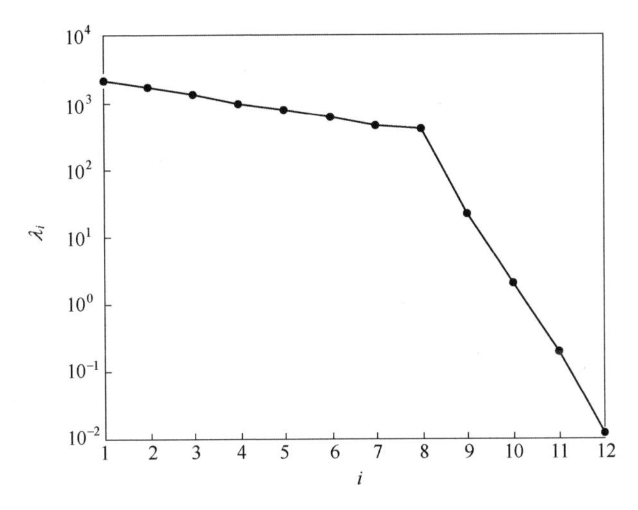

图 6.5　对于分层的极地廓线，观测矩阵 $\boldsymbol{E}$ 的奇异值 λ_i。在 $i = 8$ 之后奇异值出现快速下降，表明可以取系统的秩为 $K = 8$。

达到实际值的 1000 倍，差异太大。

采用 SVD 方法，我们可以直接解释结果错在何处。奇异值在第 8 个数值之后出现快速的下降(图 6.5)，这强烈表明将秩取为 8 时，由 SVD 所得到的解是合适的。因为，式(6.4.4)中最后四项引起的不确定性将会被剔除。图 6.7 给出相应的秩为 8 的解及其标准差。被归入零空间的四个向量 $\boldsymbol{v}_i$(图 6.6)在海洋上层中的值都比较大，而保留的 8 个值域向量的值都比较小。$\boldsymbol{T}_V$ 不再是单位矩阵：其对角元素由图 6.8(a)给出，在 300m 以上分辨率很差。

很明显 K 值的选取在很大程度上依赖于噪声方差的值——对于更大的噪声，我们可能会去掉更多的项。去掉一些项意味着 $\boldsymbol{T}_V$ 与单位矩阵的差异将会变大。或者，我们也可以这样理解，秩的减少意味着减少特殊 SVD 解的不确定性，但是会增加零空间分量的不确定性。

图 6.8(b)给出秩为 8 时 $\boldsymbol{T}_U$ 的对角元素。图中存在着一个明显的分布结构，即解主要由某些射线(观测)决定。起支配作用的值往往对应于矩阵 $\boldsymbol{E}$ 的行范数最大的那些射线。这个分布的振荡特征与射线穿过(分层之间的)边界有关(i 的值越小则穿透越深)。但事实并非如此简单，因为很多射线相互之间存在着极强的相关性。数据零空间向量 $\boldsymbol{u}_i$ 满足关系 $\boldsymbol{u}_i^{\mathrm{T}}\boldsymbol{E} = 0, K' + 1 \leqslant i \leqslant M$，这意味着 $\boldsymbol{u}_i^{\mathrm{T}}\boldsymbol{y} = \boldsymbol{0}(K' + 1 \leqslant i \leqslant M)$，这是观测完美时必须要保持的一致性关系。这两个结果完整地描述了极地廓线条件下射线之间的线性依赖关系(数据冗余)。

通过 SVD 分解方法，我们可以全面地理解观测数据与最小二乘解之间的关

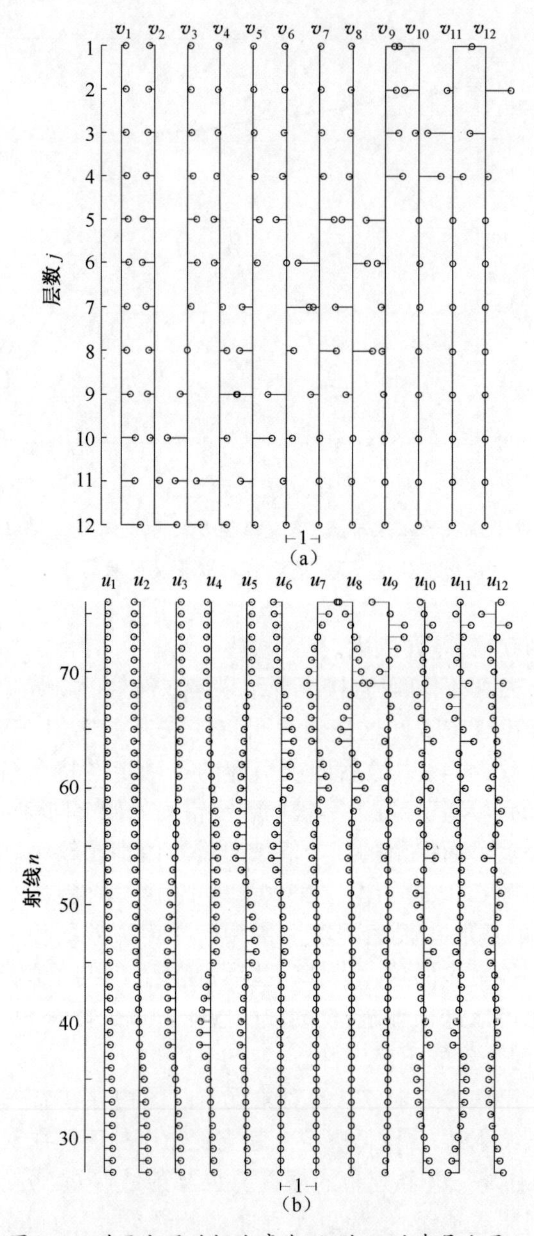

图 6.6　对于分层的极地廓线，矩阵 $\boldsymbol{E}$ 的奇异向量。

(a)分层的极地廓线对应的 12 个向量 $\boldsymbol{v}_i$ 。当秩 K = 12 时，没有零空间。当秩 K = 8 时，有四个零空间向量；这些向量的值在海洋上层比较大，在下层比较小，而 8 个值域向量具有互补的结构。(b)前 12 个向量 $\boldsymbol{u}_i$ ，其余的 50−12=38 个向量 $\boldsymbol{u}_i$ 包含在 $\boldsymbol{E}^{\mathrm{T}}$ 的零空间中。

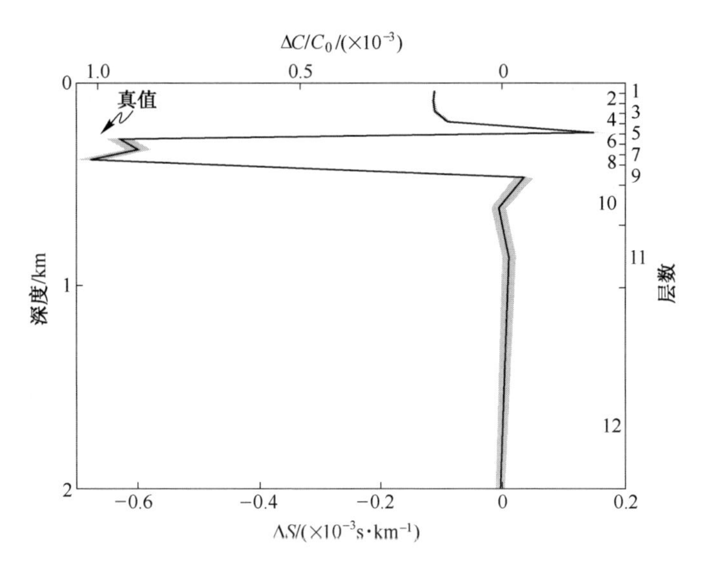

图 6.7 分层的极地廓线在秩 $K = 8$ 时的特殊 SVD 解式(6.4.37),其标准误差(灰色)不包含零空间方差。除了第 5 层解析能力不足之外,解在其他各层都极为精确。$\hat{\boldsymbol{n}}$(图中没有给出)也是可接受的。

系。例如,考虑图 6.6 中的向量 $\boldsymbol{u}_1$ 和 $\boldsymbol{v}_1$: $\boldsymbol{u}_1$ 分布相当均匀且对所有的射线符号相同,因此,$\boldsymbol{u}_1^{\mathrm{T}}\boldsymbol{y}$ 代表了传播时间的几乎均匀的平均。类似地,$\boldsymbol{v}_1$ 随着深度的变化近似为常数,其物理解释如下:如果存在一个平均的传播时间偏移,则可预期声慢度会出现一个几乎均匀分布的扰动,以与它对应。在最深的两层中 $\boldsymbol{v}_2$ 的符号变号;$\boldsymbol{u}_2$ 的结构表示了陡峭射线与浅薄射线在到达时间上的差异——这同样地在物理上是合理的,因为它确定了(由最陡峭射线和浅薄射线抽样得到的)分层扰动之间的差异(Munk 和 Wunsch(1982b)进一步讨论了这种类型的例子)。

这个简单的例子包含了能体现逆方法有效性的若干个特征。尽管解的一部分是不确定的,但其他部分还是非常确定的。不确定部分的结构是显式已知的(4 个零空间向量)。通过 T_U 可以知道每个观测对解的贡献大小,冗余的观测可以通过零空间向量 $\boldsymbol{u}_i$ 表示。在 $K' < K$ 处将 SVD 分解截断,具有同时减小解的范数及其不确定性的效果。递减的最小二乘解式(6.3.8)和式(6.3.12)具有类似的效果,如图 6.3 和图 6.4 所示。

5. 举例:温带廓线

图 2.13(b)所示的温带廓线的扰动与极地廓线的扰动形成了有趣的对比。除了廓线特征上的变化以外,只有 5 条射线可用,而要恰当描述预期的扰动则需将其分为 12 层。这些可用的射线之中没有一条能穿透顶层。Munk 和 Wunsch

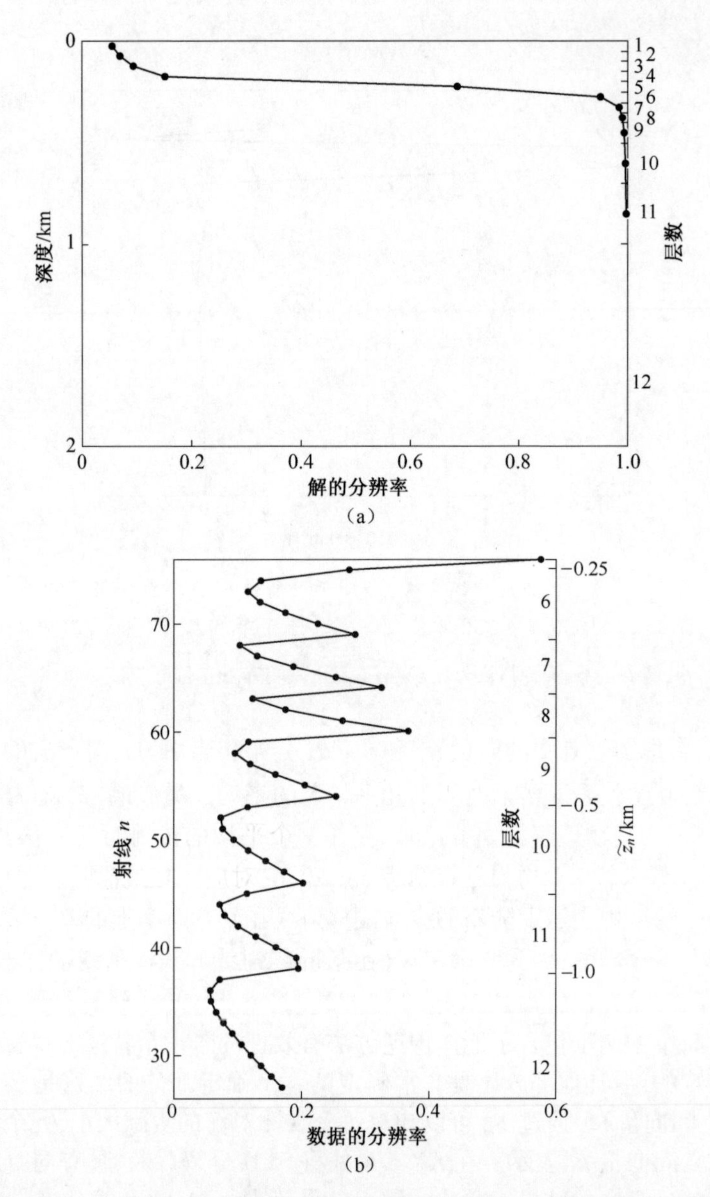

图 6.8　秩 $K = 8$ 时的特殊 SVD 解。射线在最上层的 300m 没有转向点,因此 T_V 的对角元素给出很少的分辨率信息,或者根本没有(图(a))。在 300m 以下,分辨率几乎完美,图 6.7 中的解可以很好地确定(尽管在秩 $K = 8$ 时,存在形式上的不确定性)。T_U 的对角元素给出了射线 j 对图 6.7 中解的相对贡献图(图(b)),分布的振荡特征与射线穿过(分层之间的)边界有关(n 的值越小则穿透越深)。

(1982b)已对这条廓线做了详细的分析,但是有必要在此做一个简要回顾。如图 2.13 所示,真实的扰动与极地廓线的扰动是相同的,即在第 6 层到第 8 层,$\Delta S = -6.667 \times 10^{-4}\mathrm{s/km}$,而在其他层全部为零。观测矩阵的奇异值为

$$\lambda_i = 10^3[1.52, 0.19, 0.10, 0.06, 0.05]$$

奇异值的离差比极地廓线情形的稍小一些,这会使我们产生这样的预期,即对噪声的敏感性减小。如果观测中不含任何噪声,那么秩为 5 的特殊 SVD 解和最小二乘解式(6.3.14)两者都得到图 6.9 中的解。这个解相当的差,这是预料之中的事。图 6.9 同样给出了秩为 5 时 T_V 的对角元素。由于没有射线进入顶层,所以顶层的分辨率为零。通常,低层的分辨率最大。正如 Munk 和 Wunsch (1982b)所指出的那样,深层的分辨率是由于射线具有以下倾向的结果,即射线的传播时间大部分花费在深水中,这导致了第 2 章中所描述的上-下模糊性问题。

当观测中含有均方根为 10ms 的白噪声时,SVD 解几乎不受影响(图 6.9)。其对噪声的不敏感性与极地廓线正好相反,这主要是由于奇异值的变化范围较小的缘故。如果在传播时间中加入一个很大的噪声,则秩必须减小,所得到的解的结构变得更差。读者可能对这一结果相当失望,但是利用 SVD 分解和最小二乘解可以得到许多有用的信息。在讨论这个问题之前,我们将再介绍一些反演工具,以简化问题的讨论。

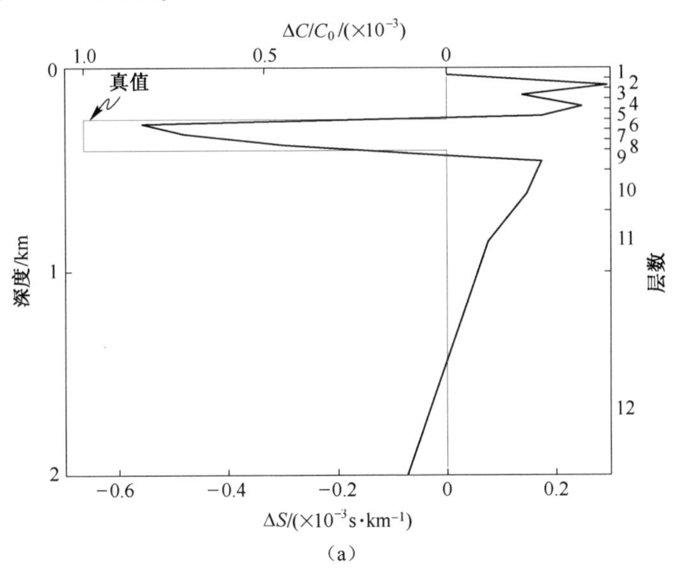

(a)

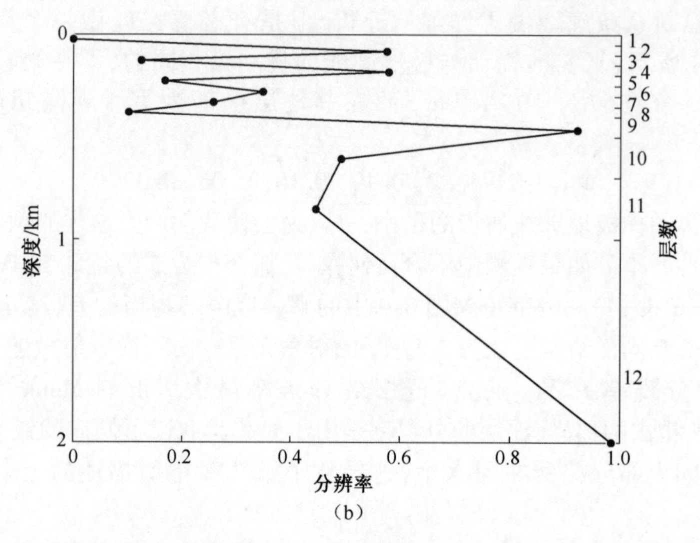

图 6.9　在分层的温带廓线条件下，对于满秩、完美的观测数据所得到的特殊的 SVD 解(图(a))和对角分辨率矩阵图(图(b))。由于射线采样结构的原因，主要分辨率出现在 500m 和 2000m 周围。计算结果与"真实"扰动相差较远。在观测中加入 10ms 的噪声对结果几乎没有影响。

6.5　Gauss-Markov 估计

统计学家通常将最小二乘解，包括基本的 SVD 解，视为一种近似(或曲线拟合)(如，Magnus 和 Neudecker，1988)。迄今为止，统计量仅被用于研究 $\hat{\boldsymbol{x}}$ 的不确定性(它为 $\boldsymbol{n}$ 的协方差的函数)。对角权重矩阵 $\boldsymbol{S}$、$\boldsymbol{R}$，无论是用于目标函数还是用于对观测矩阵 $\boldsymbol{E}$ 进行行和列的尺度变换，它们都可以是我们感兴趣的任何形式；选取 $\boldsymbol{R}$ 为噪声方差是合理的，但它是任意的。

我们可以换一种思路，即基于估计理论来求解层析反演问题。有些让人不解的是，采用估计理论得到的解通常与最小二乘法和 SVD 得到的解是相同的。但是，它们的求解过程和思路是不同的，而且一般来说，基于估计理论的解释也更为令人满意。

我们的讨论从极小化不确定性(真值 x_j 与估计值 $\hat{x}_j$ 的差的均值)开始：

$$\text{对角元素极小：} \boldsymbol{P} \equiv \langle (\hat{\boldsymbol{x}} - \boldsymbol{x}) (\hat{\boldsymbol{x}} - \boldsymbol{x})^{\mathrm{T}} \rangle \tag{6.5.1}$$

重要的是，在这里我们寻求的是矩阵 $\boldsymbol{P}$ 的单个对角元素极小，而不是它们的平方和极小。这里，要求估计解和真解之间的平均平方误差极小，这与最简单形式的最小二乘的目标函数式(6.3.1)是不同的,在那里要求平方残差 $\sum_i n_i^2$ 尽量小。稍微复杂一点的最小二乘目标函数式(6.3.9),试图令 x_i 和 n_i 的加权平方和极小,这也与式(6.5.1)没有什么相同之处。看不出最小二乘解和由式(6.5.1)计算的结果之间存在什么简单的关系。

令 $\hat{\boldsymbol{x}}$ 为观测数据的加权平均,即

$$\hat{\boldsymbol{x}} = \boldsymbol{B}\boldsymbol{y} \tag{6.5.2}$$

式中:每一个 $\hat{x}_i$ 为数据的不同的线性组合,由 $\boldsymbol{B}$ 的第 i 行与 $\boldsymbol{y}$ 点乘得到。

我们可以采用多种方法理解由数据的线性组合给出的估计。可以证明,如果统计量服从高斯分布,那么不存在由非线性组合给出的最优估计(Deutsch,1965)。此外,将 $\boldsymbol{B}$ 作用于式(6.2.4)中的 $\boldsymbol{y}$,得到

$$\boldsymbol{B}\boldsymbol{y} = \boldsymbol{B}\boldsymbol{E}\boldsymbol{x} + \boldsymbol{B}\boldsymbol{n} \tag{6.5.3}$$

如果 $\boldsymbol{B}$ 为 $\boldsymbol{E}$ 的逆矩阵,而且 $n = 0$,则可以计算得到 $\boldsymbol{x}$。

将式(6.5.2)代入式(6.5.1)得到平均平方误差为

$$\begin{aligned} P &\equiv \langle(\hat{\boldsymbol{x}} - \boldsymbol{x})(\hat{\boldsymbol{x}} - \boldsymbol{x})^{\mathrm{T}}\rangle \\ &= \langle(\boldsymbol{B}\boldsymbol{y} - \boldsymbol{x})(\boldsymbol{B}\boldsymbol{y} - \boldsymbol{x})^{\mathrm{T}}\rangle \\ &= \boldsymbol{B}\boldsymbol{\Phi}_{yy}\boldsymbol{B}^{\mathrm{T}} - \boldsymbol{\Phi}_{xy}\boldsymbol{B}^{\mathrm{T}} - \boldsymbol{B}\boldsymbol{\Phi}_{yx} + \boldsymbol{\Phi}_{xx} \end{aligned} \tag{6.5.4}$$

式中

$$\boldsymbol{\Phi}_{xx} = \langle\boldsymbol{x}\boldsymbol{x}^{\mathrm{T}}\rangle,\ \boldsymbol{\Phi}_{yx} = \langle\boldsymbol{y}\boldsymbol{x}^{\mathrm{T}}\rangle,\ \boldsymbol{\Phi}_{yy} = \langle\boldsymbol{y}\boldsymbol{y}^{\mathrm{T}}\rangle$$

注意

$$\boldsymbol{\Phi}_{yx} = \boldsymbol{\Phi}_{xy}^{\mathrm{T}}, \boldsymbol{\Phi}_{xx} = \boldsymbol{\Phi}_{xx}^{\mathrm{T}}, \cdots$$

容易证明,使式(6.5.4)的对角元素极小的矩阵 $\boldsymbol{B}$ 为(Liebelt,1967)

$$\boldsymbol{B} = \boldsymbol{\Phi}_{xy}\boldsymbol{\Phi}_{yy}^{-1} \tag{6.5.5}$$

这个结果就是 Gauss-Markov 定理,由 $\boldsymbol{B}$ 得到的估计是"Gauss-Markov 估计",有时也被称为"随机逆"估计(Aki 和 Richards,1980)或"最小误差方差"估计。在我们考虑的特例中,$\boldsymbol{y} = \boldsymbol{E}\boldsymbol{x} + \boldsymbol{n}$,则

$$\boldsymbol{\Phi}_{xy} = \langle\boldsymbol{x}\boldsymbol{x}^{\mathrm{T}}\boldsymbol{E}^{\mathrm{T}}\rangle = \boldsymbol{\Phi}_{xx}\boldsymbol{E}^{\mathrm{T}} \tag{6.5.6}$$

这里,我们假设 $\boldsymbol{x}$ 和 $\boldsymbol{n}$ 之间的协方差为零(这个假设并非必须,但可使结果变得简单)。同理,有

$$\boldsymbol{\Phi}_{yy} \equiv \langle\boldsymbol{y}\boldsymbol{y}^{\mathrm{T}}\rangle = \langle(\boldsymbol{E}\boldsymbol{x} + \boldsymbol{n})(\boldsymbol{E}\boldsymbol{x} + \boldsymbol{n})^{\mathrm{T}}\rangle = \boldsymbol{E}\boldsymbol{\Phi}_{xx}\boldsymbol{E}^{\mathrm{T}} + \boldsymbol{\Phi}_{nn} \tag{6.5.7}$$

引入定义 $\boldsymbol{S} = \boldsymbol{\Phi}_{xx}, \boldsymbol{R} = \boldsymbol{\Phi}_{nn}$,式(6.5.5)和式(6.5.2)可简化为

$$\boldsymbol{B} = \boldsymbol{\Phi}_{xx}\boldsymbol{E}^{\mathrm{T}}(\boldsymbol{E}\boldsymbol{\Phi}_{xx}\boldsymbol{E}^{\mathrm{T}} + \boldsymbol{\Phi}_{nn})^{-1} = \boldsymbol{S}\boldsymbol{E}^{\mathrm{T}}(\boldsymbol{E}\boldsymbol{S}\boldsymbol{E}^{\mathrm{T}} + \boldsymbol{R})^{-1} \tag{6.5.8a}$$

$$\hat{\boldsymbol{x}} = \boldsymbol{\Phi}_{xx}\boldsymbol{E}^{\mathrm{T}}(\boldsymbol{E}\boldsymbol{\Phi}_{xx}\boldsymbol{E}^{\mathrm{T}} + \boldsymbol{\Phi}_{nn})^{-1}\boldsymbol{y} = \boldsymbol{S}\boldsymbol{E}^{\mathrm{T}}(\boldsymbol{E}\boldsymbol{S}\boldsymbol{E}^{\mathrm{T}} + \boldsymbol{R})^{-1}\boldsymbol{y} \tag{6.5.8b}$$

解的不确定性为

$$P = \boldsymbol{\Phi}_{xx} - (\boldsymbol{\Phi}_{xx}\boldsymbol{E}^{\mathrm{T}})(\boldsymbol{E}\boldsymbol{\Phi}_{xx}\boldsymbol{E}^{\mathrm{T}} + \boldsymbol{\Phi}_{nn})^{-1}\boldsymbol{E}\boldsymbol{\Phi}_{xx}$$
$$= \boldsymbol{S} - \boldsymbol{S}\boldsymbol{E}^{\mathrm{T}}(\boldsymbol{E}\boldsymbol{S}\boldsymbol{E}^{\mathrm{T}} + \boldsymbol{R})^{-1}\boldsymbol{E}\boldsymbol{S} \tag{6.5.9}$$

利用逆矩阵引理,式(6.5.8)和式(6.5.9)可改写为等价形式,即

$$\hat{\boldsymbol{x}} = (\boldsymbol{S}^{-1} + \boldsymbol{E}^{\mathrm{T}}\boldsymbol{R}^{-1}\boldsymbol{E})^{-1}\boldsymbol{E}^{\mathrm{T}}\boldsymbol{R}^{-1}\boldsymbol{y} \tag{6.5.10}$$

$$\boldsymbol{P} = (\boldsymbol{S}^{-1} + \boldsymbol{E}^{\mathrm{T}}\boldsymbol{R}^{-1}\boldsymbol{E})^{-1} \tag{6.5.11}$$

根据相对计算量的大小,我们选择式(6.5.8)和式(6.5.9),或式(6.5.10)和式(6.5.11)来计算。

采用式(6.5.8a)计算 $\boldsymbol{B}$ 是最优的,若采用其他形式,误差将大于这个极小值。我们可构造观测数据的任意线性组合来估计 $\boldsymbol{x}$,将 $\boldsymbol{B}$ 的等价值代入式(6.5.4),然后可计算出平均平方误差,其值将超过式(6.5.9)计算的结果。

读者可以比较式(6.5.8)、式(6.5.9)与式(6.3.16),比较式(6.5.10)、式(6.5.11)与式(6.3.10)。可以证明,如果最小二乘目标函数中的权重矩阵选为 $\boldsymbol{x}$ 和 $\boldsymbol{n}$ 的二阶矩矩阵,则 Gauss-Markov 估计等同于递减的加权最小二乘估计。通常,尤其是在层析问题中,这些矩阵往往不是对角阵。如果能够将平方根推广到非对角矩阵情形,则 6.3 节中关于行和列尺度变换与目标函数中权重矩阵选取的等价性的讨论在非对角矩阵情形仍然有效。为此,我们介绍所谓的 Cholesky 分解(Golub 和 Van Loan,1989)。令 $\boldsymbol{M}$ 为任意对称正定矩阵(所有特征值为正),则存在一个新的上三角矩阵 $\boldsymbol{M}^{1/2}$ 满足 $\boldsymbol{M}^{T/2}\boldsymbol{M}^{1/2} = \boldsymbol{M}$,且 $\boldsymbol{M}^{-1/2}$ 存在。所有的二阶矩阵至少都是半正定矩阵;如果有特征值为零,此时矩阵的逆是不存在的,但可采用某些方法弥补这一点。因此,在式(6.3.11a)中引入的行和列尺度变换有一个简单的物理解释,将 $\boldsymbol{x}$ 和 $\boldsymbol{n}$ 旋转到一个新的坐标系统,在这个新坐标系统中,经过尺度变换后的变量互不相关,且具有单位二阶矩($\langle \boldsymbol{n}'\boldsymbol{n}'^{\mathrm{T}} \rangle = I$ 等)。如果认识到在递减最小二乘目标函数或行/列尺度变换中使用协方差矩阵会产生与估计理论相同的结果,我们可以很容易地在这两个观点之间进行转换。

先验地给定 $\boldsymbol{n}$ 的协方差的能力至关重要。其他问题还包括,(第 5 章描述的)钟差和声源/接收机位置误差会导致声学观测误差的强相关。例如,若一个声源的时钟存在偏差或者其位置在变化,那么来自该声源的所有射线或模态的到达时间观测值将显示出可预测的协变误差(covarying errors)。确定这些协方差能大大减小解的不确定性(Gaillard,1985;Cornuelle 等,1989)。一些研究人员更愿意将 $\boldsymbol{n}$ 分解成独立的分量。例如,对观测到的第 i 个传播时间进行分解,即

$$n_i = n_{sc} + n_{sp} + \cdots + n_{ri} \tag{6.5.12}$$

总误差包含声源的钟差、声源的位置误差等,加上任意剩余的噪声成分 n_{ri} 。诸如 n_{sc} 项将会出现在与同一个声源有关的所有传播时间方程中。对于单独的噪声项可以指定单独的协方差。可以任意将 n_{sc} 看作是 $\boldsymbol{x}$ 的分量或是 $\boldsymbol{n}$ 的分量。

1. 解的判别(solution acceptance)

初次接触 Gauss-Markov 方法,有人可能认为由该方法得到的解存在很大的任意性,部分原因是因为无法精确地知道协方差矩阵。但是,与任何其他估计方法一样,当得到一个解之后,必须认真分析这个解的可接受性。最基本的检验是基于对解的统计量(包含噪声估计的统计量)的分析。特别是,Gauss-Markov 解基于这样一个认知,即认为联立方程(6.2.4)和包含在 $\boldsymbol{\Phi}_{xx}$ 和 $\boldsymbol{\Phi}_{nn}$ 中的统计量是有效的。如果解没有通过与先验估计一致的检验(有关检验问题的讨论,读者可参阅统计学和回归分析方面的参考书),则必须弄清楚其中的原因。此时,我们必须对是否拒绝这个解做出判断,拒绝的原因可能是因为解与已知的海洋信息($\boldsymbol{\Phi}_{xx}$)不一致,也有可能是因为解与海洋和观测系统的综合信息 $\boldsymbol{\Phi}_{nn}$ 不一致。如果施加的统计量约束与观测约束(6.2.4)相矛盾,则观测约束通常起主导作用;在此情况下,有必要对统计量具有明显误差的原因做出分析。

海洋工作者通常所称的客观映射(objective mapping)或客观插值(objective interpolation,OI)问题是我们当前所讨论问题的一种特殊情形(Bretherton 等,1976)。典型的情形是,观测到的 x_i 不规则地分布在一个一维或二维空间上,我们希望估计得到规则网格点上的 $\hat{x}_i$ 。为此,定义向量 $\boldsymbol{x}$ 由所有位置上的值组成,包括观测值和规则网格点上的值。矩阵 $\boldsymbol{E}$ 的行向量要么全为 0(表示第 i 个分量没有观测值),要么在位置 i 处为 1、其余位置为 0(表示 x_i 有一个直接观测)。$\boldsymbol{S}$ 和 $\boldsymbol{R}$ 通常被指定为这样的函数,即这些函数仅依赖于 $\boldsymbol{x}$ 分量的物理分离性(因而意味着空间平稳性),并且可能与它们的方位无关(意味着各向同性)。矩阵 $\boldsymbol{E}$ 中大多数元素为 0,加上给出了 $\boldsymbol{S}$ 和 $\boldsymbol{R}$ 的解析形式,这将简化式(6.5.8)和式(6.5.9)程序代码的编写,避免构建和存储大的矩阵。

与层析问题一样,客观映射需要确定与扰动有关的基本状态。实际上,这样的基本状态包括:①水文气候态(如从历史观测中得到的给定深度处的平均温度);②相对某个平均值(从观测数据估计得到)的扰动;③技术上更为复杂的背景场,如数值模型的预报值。方法②相当于应用两次 Gauss-Markov 定理,第一次估计平均值(其在空间上可能是变化的),第二次估计相对平均值的偏差。这种方法通常称为“克里金(Kriging)”方法(Ripley,1981;Armstrong,1989)。

客观映射的一个重要变化在于通过它的特征向量来确定协方差矩阵 $\boldsymbol{\Phi}_{xx}$ 或 $\boldsymbol{S}$,而不是直接给定,并且使用特征向量表示场变量 $\boldsymbol{x}$ 。考虑映射(即估计)时变的海洋的垂直结构这个问题。构造一个 $M \times N$ 的矩阵 $\boldsymbol{M}$,其列向量为同一个位置不同时刻的温度(为深度的函数)。Eckart-Young-Mirsky 定理(Van Huffel 和 Vandewalle,1991)认为,对于固定的 $L < \min(M,N)$,如果 a_i、$\boldsymbol{b}_i$ 和 η_i 为 $\boldsymbol{M}$ 的奇异向量和奇异值,则 $\boldsymbol{M}$ 的最优形式为

$$M \approx a_1 \eta_1 b_1^{\mathrm{T}} + a_2 \eta_2 b_2^{\mathrm{T}} + \cdots + a_L \eta_L b_L^{\mathrm{T}} \tag{6.5.13}$$

也就是说,需要选择 $\boldsymbol{a}_i$ 为 $\boldsymbol{MM}^{\mathrm{T}}$(行向量的协方差矩阵)的特征向量,$\boldsymbol{b}_i$ 为 $\boldsymbol{M}^{\mathrm{T}}\boldsymbol{M}$(列向量的协方差矩阵)的特征向量。特别是,$\boldsymbol{MM}^{\mathrm{T}}$ 为一个样本协方差,它可以用来估计温度(为深度的函数)的协方差矩阵 $\boldsymbol{S}$。因此,待估计的垂直场可以写为未知系数与 $\boldsymbol{a}_i$ 乘积的和,这里 $\boldsymbol{a}_i$ 称为"经验正交函数"(EOFs)①。EOFs 可以非常有效地描述垂直结构,但是在这里它仅被看作是施加一个已知的先验协方差约束的另外一个方法——定义矩阵的特征函数和特征值等同于定义矩阵本身($\boldsymbol{b}_i$ 没有用到)。

2. 温带分层扰动问题的再考虑

我们回到温带廓线扰动问题,考虑以下情形,扰动分为 12 层,只能得到五条射线的传播时间信息。采用 Gauss-Markov 估计,可以任意(实际上是被要求)指定噪声和声慢度扰动的二阶矩。暂且继续假设噪声的均值为 0,二阶矩由 $\sigma_n^2 \boldsymbol{I}_5$ 给定。这里,将 4.1 节中讨论过的(由于二次非线性而产生的)偏差订正项包含在噪声 $\boldsymbol{n}$ 中。这种处理方式与假设 $\langle \boldsymbol{n} \rangle = \boldsymbol{0}$ 不完全一致②。

慢度扰动 $\boldsymbol{x}$ 的情况如何?我们对海洋密度的垂直廓线已有足够的了解,因此对声慢度扰动的垂直分布也有所了解(Richman 等,1977;Fu 等,1982;Mercier 和 Colin de Verdière,1985)。对此,可简要概括为,对于中尺度扰动(它主要影响时间尺度为几周到几个月的层析观测),$\Delta S(z_i) \propto N(z_i)$(Munk 和 Wunsch,1982b)。比例常数的选择需要能够反映 x 实际的预期的变化。下面,我们利用"先验统计量"(它包含在协方差矩阵 $\boldsymbol{S},\boldsymbol{R}$ 中)估计 $\boldsymbol{x}$ 和 $\boldsymbol{n}$。

图 6.9 中的极小模解无法令人满意。正如预期的那样,运用正确的统计量(即 $\boldsymbol{S}$ 为对角阵,其对角线上的元素(即方差)除了第 6 层~第 9 层之外都非常小;$\boldsymbol{R}$ 为对角阵,其对角元素的值与假设的噪声一致)得到极好的解③(图 6.10)。

假设采用更为符合实际情况的统计量,其中,$\boldsymbol{S}$ 表示振幅从海表到 500m 深度范围内呈指数衰减,其在海表的值为 $(0.667 \times 10^{-3}\mathrm{s/km})^2$,其结果如图 6.11

---

① 统计学中有关于该方法的完整的讨论(Jolliffe, 1986)。在其他文献中,该方法称为 Karhunen-Loève 定理或主成份分析方法。

② 通过使用由初始反演得到的依赖距离的估计场计算对传播时间的偏差贡献就可以得到一个一致的结果。如果偏差和总的噪声水平相比过大,我们可以采用一个简单的迭代方法来解决,即利用计算得到的偏差来修正传播时间,这样一次新的反演就完成了。一致性检验需要 $\hat{\boldsymbol{n}}$ 的均值和零相当。我们可以进行进一步的迭代计算,但是在实践中我们发现这样的修正不是必须的。

③ 这个例子不太符合实际情况,因为第 6 层~第 9 层(深度 200~400m)的扰动不同于实际海洋环境中的任何观测值。对于这个例子,从以前的观测场得到的统计信息对先验方差将会给出不正确的描述。

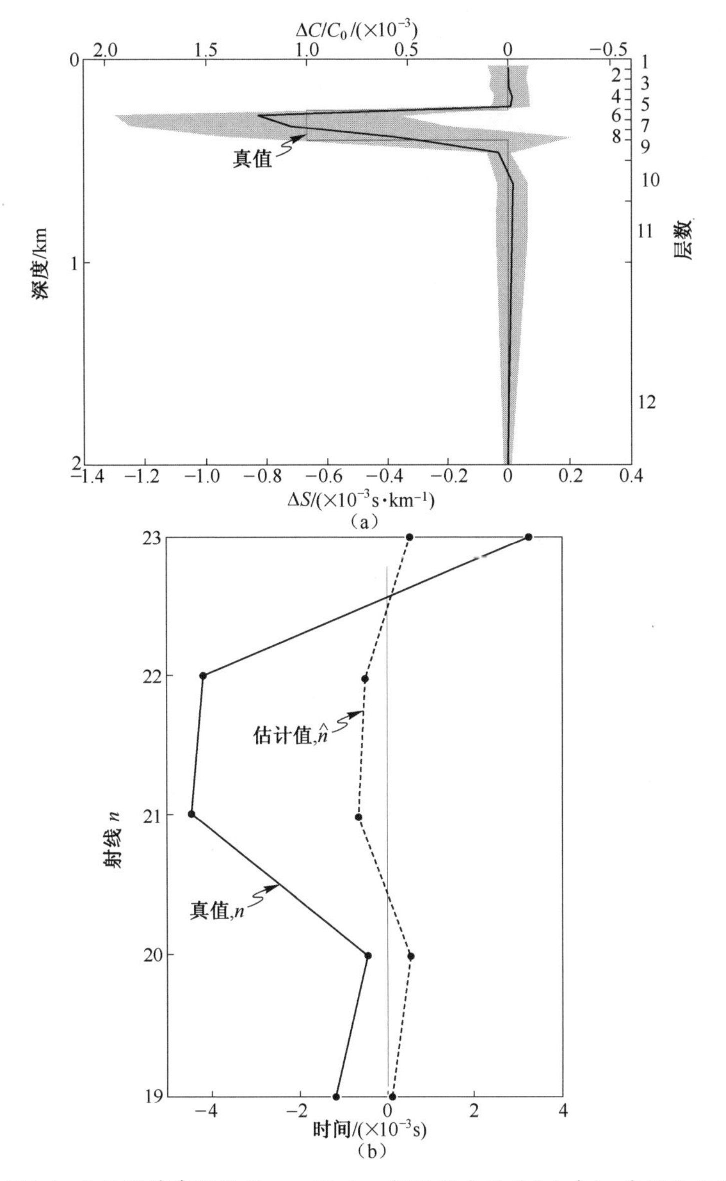

图 6.10 图(a):分层温带廓线的 Gauss-Markov 解及标准误差(灰色),采用的 $\boldsymbol{S}$ 和 $\boldsymbol{R}$ 与已知的正问题解一致。声慢度扰动位于一个标准误差范围内(相对真值)。图(b):噪声估计 $\hat{\boldsymbol{n}}$(虚线)小于实际噪声 $\boldsymbol{n}$(实线),但是这些值的数量太少而不能进行统计检验。

所示。尽管 $\boldsymbol{S}$ 是不正确的,但是反演的结果极好,因为在这个假设中考虑了重要的信息(即深层的扰动非常小)。这个信息结合传播时间足以获得精确的解(残差很小,但被估计的元素太少,以至于无法进行合适的统计检验)。

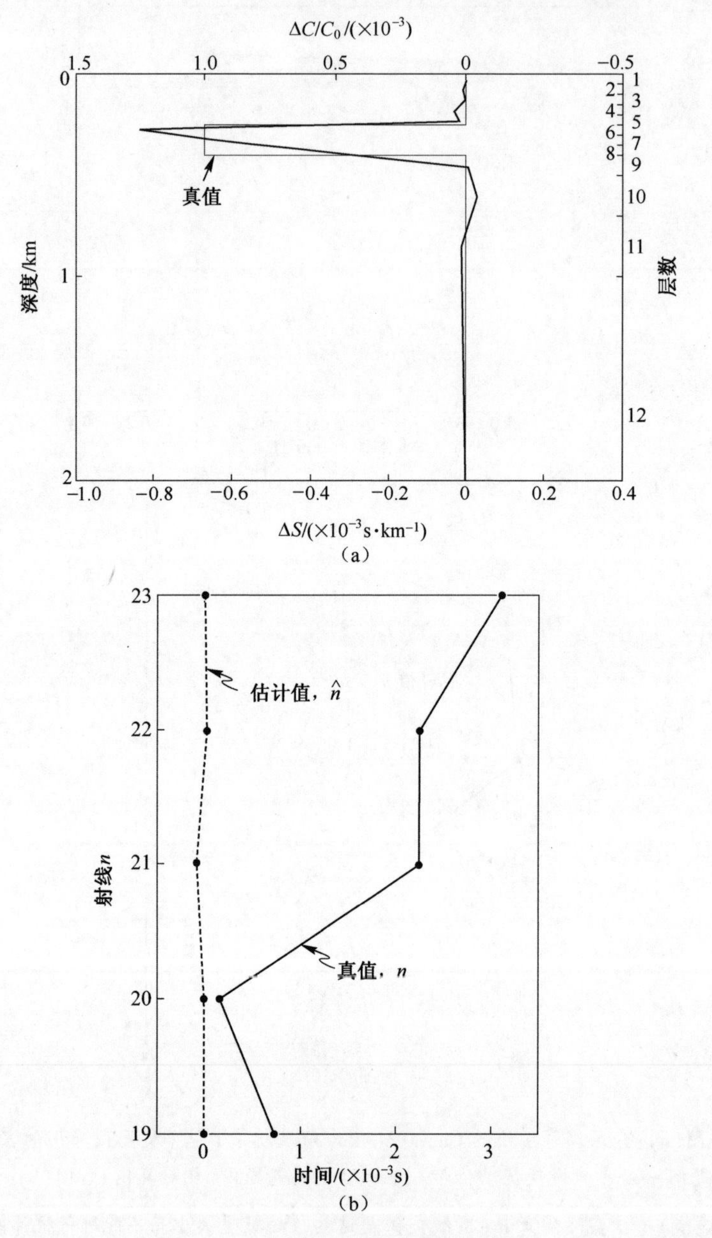

图 6.11　和图 6.10 一样,不同的是 $\boldsymbol{S}$ 的选取更适合于实际海洋,而上一幅图中 $\boldsymbol{S}$ 的选取适合于已知的正问题。但是即使 $\boldsymbol{S}$“不正确”且传播时间中含有噪声,Gauss-Markov 估计还是得到较好的估计解。

3. 动力学约束和模型

当 $y_i = s_i$（射线或模态传播时间的和），反演过程将给出声速扰动参数的估计。或者，当 $y_i = d_i$（传播时间的差值）时，我们可得到水流速度的估计。我们可任意对 ΔS_i 和 u_i 作单独的反演。令 $\boldsymbol{E}_S$ 和 $\boldsymbol{E}_u$ 分别为声速和水流速度的观测矩阵，那么同时考虑声速和水流速度的联合反演问题可表示为

$$\boldsymbol{y} = \boldsymbol{E}\boldsymbol{x} + \boldsymbol{n},\ \boldsymbol{y}^{\mathrm{T}} = [\boldsymbol{y}_S^{\mathrm{T}} \quad \boldsymbol{y}_u^{\mathrm{T}}],\ \boldsymbol{E} = \begin{bmatrix} \boldsymbol{E}_S & \boldsymbol{0} \\ \boldsymbol{0} & \boldsymbol{E}_u \end{bmatrix},\ \boldsymbol{x}^{\mathrm{T}} = [\boldsymbol{x}_S^{\mathrm{T}} \quad \boldsymbol{x}_u^{\mathrm{T}}],\ \boldsymbol{n}^{\mathrm{T}} = [\boldsymbol{n}_S^{\mathrm{T}} \quad \boldsymbol{n}_u^{\mathrm{T}}] \tag{6.5.14}$$

式中：$\boldsymbol{0}$ 为合适维数的零矩阵。除非能够提供一些信息将 $\boldsymbol{x}_S$ 和 $\boldsymbol{x}_u$ 联系起来，否则采用式(6.5.14)联合反演 $\boldsymbol{x}_S$ 和 $\boldsymbol{x}_u$ 相当于分别反演 $\boldsymbol{x}_S$ 和 $\boldsymbol{x}_u$，并且由于矩阵 $\boldsymbol{E}$ 的分块对角性质，联合反演计算的效率将比单独反演计算的效率低。如果能建立起声速场和水流速度场之间的联系，这些信息就可用于改进方程的解（更高的分辨率和/或更小的不确定性）。可以认为扰动场是满足地转平衡关系的，且声速场（相当于密度）和水流速度场之间存在着动力学关系。Munk 和 Wunsch (1982b)讨论了这个问题。他们通过假设水平速度的垂直导数与密度的水平导数成正比（在与水平速度分量垂直的平面内），给出以下关系式

$$\boldsymbol{x}_u = \boldsymbol{A}_1\boldsymbol{x}_S \tag{6.5.15a}$$

式中：$\boldsymbol{A}_1$ 为一个常数矩阵。式(6.5.15a)可以换一种形式表示为

$$\boldsymbol{A}\boldsymbol{x} = \boldsymbol{0},\ \boldsymbol{A} = [-\boldsymbol{A}_1 \quad \boldsymbol{I}] \tag{6.5.15b}$$

或者，更为一般地表示为

$$\boldsymbol{A}\boldsymbol{x} = \boldsymbol{d}_m \tag{6.5.15c}$$

我们面临的第一个问题是，确定这些关系式是否正确。在这种并非十分明显的假设条件下，一种方法是将式(6.5.15c)加入式(6.2.4)，并用相对于 E 来说非常大的数值对计算结果作"行加权"处理，这实际上保证了存在任意小的误差。这个方法称为"屏障法(barrier method)"。对权重唯一的限制来自数值计算的误差，当系统奇异值相差多个数量级时，将会遇到这种情况。但实际上，通常可以将式(6.5.15)应用于足够准确的求解。

另一种方法可能更具启发性，即通过拉格朗日乘子在目标函数中施加约束条件(6.5.15c)式

$$\boldsymbol{J} = (\boldsymbol{y} - \boldsymbol{E}\boldsymbol{x})^{\mathrm{T}}\boldsymbol{R}^{-1}(\boldsymbol{y} - \boldsymbol{E}\boldsymbol{x}) - 2\boldsymbol{\mu}^{\mathrm{T}}(\boldsymbol{A}\boldsymbol{x} - \boldsymbol{d}_m) \tag{6.5.16}$$

这实际是承认，假设 $\boldsymbol{R}$ 描述 $\boldsymbol{n}$ 的二阶矩，并设 $\boldsymbol{S}$ 的范数无穷大①，问题的结果等

---

① 若包含 $\boldsymbol{x}^{\mathrm{T}}\boldsymbol{S}^{-1}\boldsymbol{x}$ 项，解看起来会稍微复杂一点。

价于采用式(6.5.15)对 Gauss-Markov 估计进行约束。正规方程组的解可以写成几种等价形式,其中一种形式为(Seber,1977)

$$\hat{\boldsymbol{x}} = \hat{\boldsymbol{x}}(-) + (\boldsymbol{E}^{\mathrm{T}}\boldsymbol{E})^{-1}\boldsymbol{A}^{\mathrm{T}}[\boldsymbol{A}(\boldsymbol{E}^{\mathrm{T}}\boldsymbol{E})^{-1}\boldsymbol{A}^{\mathrm{T}}]^{-1}(\boldsymbol{d}_m - \boldsymbol{A}\hat{\boldsymbol{x}}(-)),$$

$$\boldsymbol{P} = \boldsymbol{P}(-) - \sigma_n^2(\boldsymbol{E}^{\mathrm{T}}\boldsymbol{E})^{-1}\boldsymbol{A}^{\mathrm{T}}[\boldsymbol{A}(\boldsymbol{E}^{\mathrm{T}}\boldsymbol{E})^{-1}\boldsymbol{A}^{\mathrm{T}}]^{-1}\boldsymbol{A}(\boldsymbol{E}^{\mathrm{T}}\boldsymbol{E})^{-1} \tag{6.5.17a,b}$$

式中:$\hat{\boldsymbol{x}}(-)$ 为没有使用式(6.5.15c)时的最小二乘/SVD 解;$\boldsymbol{P}(-)$ 为其不确定性。式(6.5.17)表明完美的约束条件能够减小 $\hat{\boldsymbol{x}}(-)$ 的不确定性。如果将式(6.5.17)写为 $\boldsymbol{E}$ 和 $\boldsymbol{A}$ 的 SVD 分解的形式,不难看到,向量 $\boldsymbol{x}$ 的某些结构(对应于 $\boldsymbol{E}$ 的值域向量)将会被新的(完美的)信息(由式(6.5.15c)得到)所取代。

式(6.5.17a)乘积项中包含 $\boldsymbol{A}^{-1}$ 和实际观测数据,这致使式(6.5.17a)对矩阵 $\boldsymbol{A}$ 的小奇异值极为敏感。此时,我们必须认真考虑是否需要精确满足诸如式(6.5.15)的问题。例如,虽然地转关系式是非常好的近似关系式,但它并非完美无缺,因为对于物理海洋学而言,小的偏差是至关重要的(Pedlosky,1987)。如果引入噪声 $\boldsymbol{n}_A$,式(6.5.15)变为

$$\boldsymbol{A}\boldsymbol{x} + \boldsymbol{n}_A = \boldsymbol{d}_m,\ \langle \boldsymbol{n}_A \rangle = 0,\ \langle \boldsymbol{n}_A\boldsymbol{n}_A^{\mathrm{T}} \rangle = \boldsymbol{Q} \tag{6.5.18}$$

任何一个将式(6.5.18)引入目标函数或 Gauss-Markov 估计的权重都可反映这个“模型噪声”的方差。当然,我们也可通过拉格朗日乘子法将噪声 $\boldsymbol{n}_A$ 引入目标函数,即

$$J = (\boldsymbol{y} - Ex)^{\mathrm{T}}\boldsymbol{R}^{-1}(\boldsymbol{y} - \boldsymbol{E}\boldsymbol{x}) + \boldsymbol{n}_A^{\mathrm{T}}\boldsymbol{Q}^{-1}\boldsymbol{n}_A - 2\mu^{\mathrm{T}}(\boldsymbol{A}\boldsymbol{x} + \boldsymbol{n}_A - \boldsymbol{d}) \tag{6.5.19}$$

在模型约束(它施加在 $\boldsymbol{x}$ 和 $\boldsymbol{n}$ 上)的使用方面,没有任何的限制条件。Schröter 和 Wunsch(1986)要求(模拟的)反演与定常、非线性、斜压的海洋环流模型(General Circulation Model,GCM)一致。他们采用“数学规划”方法,将约束条件写为不等式形式。Malanotte-Rizzoli 和 Holland(1986)将一个类似于层析的约束条件施加到一个定常的 GCM 上,但其中并不包含观测误差。有了这些复杂的模型,通过矩阵 $\boldsymbol{A}$ (或其等价形式)表示的动力学约束,其数量可能大大超过直接从观测数据中得到的约束的数量(以矩阵 $\boldsymbol{E}$ 的形式表达)。

以上这些评注的中心意思是,复杂的 GCM 代表着先验信息的大量储备。在寻求密度或速度场分布图这个意义上,模型约束和直接观测数据的结合代表着已有知识与来自层析的新信息的融合。由模型和数据的结合得到的密度分布图要比单独使用模型或数据所得到的分布图更为精确,或许可极大提高精确程度。在这种情形下,我们一直以来所称的“反演问题”便成为在许多领域中广为人知

的“状态估计问题”①。对模型添加合适的约束条件能估计出几乎所有感兴趣的物理场量，如位势涡度或热通量、波数谱等。这种面向模型的层析方法将在第 7 章中作重点讨论，问题的讨论将推广到包含时间演变模型的情形。

4. 一个动力学示例

模型中的物理规律可作为约束条件施加在估计上，或者是显式地通过诸如式(6.5.15)的形式，或者是隐式地通过选择合理的基函数。作为后者的一个示例子，考虑 4.2 节中描述的循环共振问题，其中仅有一对沿着子午线方向的声源和接收机，并且只有 5 条射线可以识别出来。假设数据是在充分长的时间段内采集的，对每一条射线的传播时间进行傅里叶分析或滤波，于是我们可将所有存在的波的频率视为 1/3 周/年。频散关系要求所有的波数位于图 4.3 中的圆上。式(4.2.15)给出了合适的正弦和余弦基函数，其中 $\kappa_y = (2\pi/1000)k$ 为波数的北向分量，单位为 rad/km，(k 为 0，±1，±2，…，±47)。频散关系式将每个正的和负的 κ_y 与 κ_x 的两个值联系起来(即除了 $\kappa_y = 0$ 以外，对于任何一个 $|\kappa_y|$，有四个 κ_x 与其对应；若 $\kappa_y = 0$，则只有两个 κ_x 的值与其对应)。因此，有 190 个波存在。$\boldsymbol{x}$ 的元素为每个对应的波数分量的系数，这意味着有 190 个未知振幅。每个波存在一个同相分量和一个异相分量，于是总共有 380 个未知系数(或者是 190 个振幅和 190 个相位)。如果仅在某一个时刻有观测，则没有关于异相分量的直接的信息，因此，我们可以将其省略。

第 4 章的分析表明，5 条射线仅对已有波的一个受限制的子集敏感：在 y 方向的平均值(有两个波，其中 $\kappa_y = 0$)；对每个 $|\kappa_y|$(它对应 5 条射线中的每一条的循环周期)的 4 个波；以及对射线循环周期的第一谐波中的每个来说对应于 $|\kappa_y|$ 的 4 个波。射线的更高的谐波对应的 $|\kappa_y|$ 太大，以至于无法满足频率为 1/3 周/年的频散关系，因此可在一开始的时候就将这些值剔除。

面对这个问题，研究者可能会感到沮丧：仅有 5 条含噪声的信息，但是有 380 个未知的振幅和 5 个噪声未知数。尽管如此，这些观测中仍然存在一些有用的信息，问题是如何将它们提取出来。

考虑这个完全不明确的情形，在没有外部给定的先验协方差的条件下，采用 SVD 分解来分析矩阵 $\boldsymbol{E}$ 的结构。因为有 5 个近似相等的奇异值，所以，取 $K = 5$ 似乎是合理的。$\boldsymbol{T}_V$ 的对角元素的值如图 6.12(a)所示。这些值中的绝大部分为零，对应于与射线结构垂直的波数(这一点根据物理学知识可以预期)。图 6.12(b)给出 $\boldsymbol{T}_V$ 的第一行(或第一列)元素，两个大的峰值对应于 $\kappa_y = 0$ 的波。

---

① 气象学家将它称为同化问题，我们更愿意将它称为状态估计问题，因为它在工程和数学领域具有广泛的应用背景。

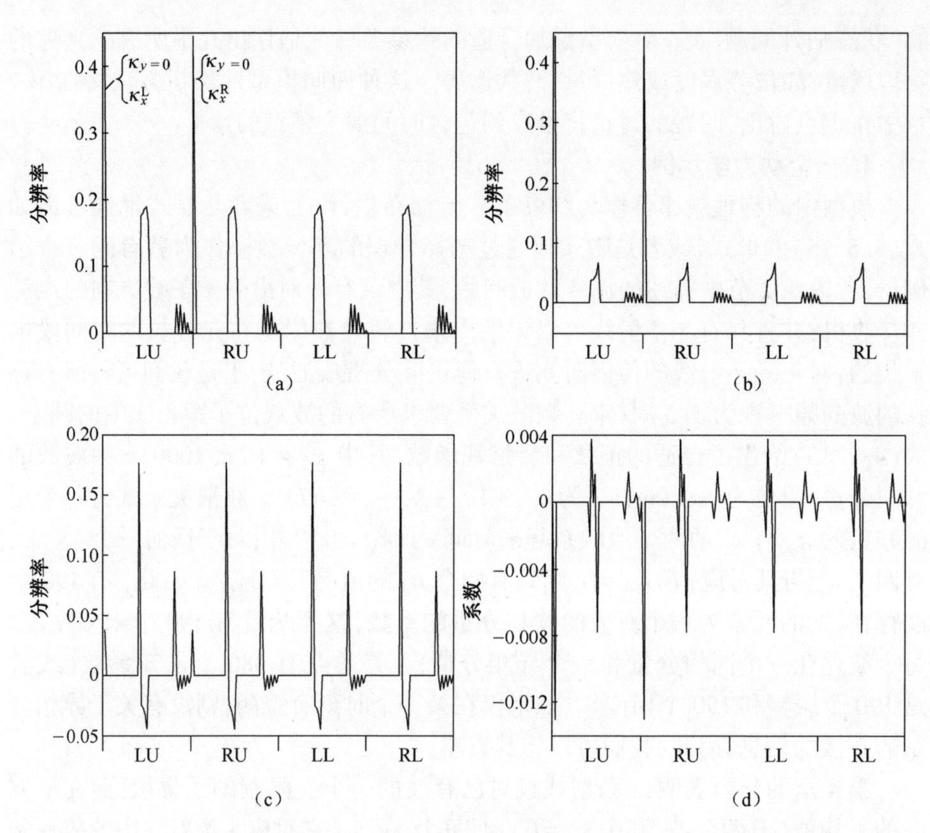

图 6.12 图(a):对于 Rossby 波场,在仅给定单个经向数据集(其中包含 5 条射线的传播时间)的条件下,分辨率矩阵的对角元素,其中没有加入先验的协方差信息。所有的对传播时间扰动没有贡献的波数,分辨率都为零;对 $\kappa_y = 0$ 的两个波,分辨率最大,因为在平均意义下,所有的 5 条射线对扰动都极为敏感。κ_x^L 和 κ_x^R 表示频散圆($\kappa_y = 0$)的左侧和右侧的短波和长波。象限(Quadrants)指的是频散圆。图(b):秩等于 5 时,矩阵 $\boldsymbol{T}_V$ 的第一列。向量 $\boldsymbol{x}$ 的第一个分量对应波数 $\kappa_y = 0$,而 $\kappa_x = \kappa_L$(κ_x 达到其在图 4.3 中频散圆左边的最大的可能的值)。对于第 49 个分量,同样大小的峰值对应的波也有 $\kappa_y = 0$,但是 $\kappa_x = \kappa_R$(在频散圆右边的最小的可能的 x 波数)。分辨率矩阵表明,这两个波的振幅仅在相互线性组合时才能被确定,而且除非给定某些先验方差信息,否则它们在解中会被给予相等的权重。小的峰值对应于循环的基波和第一谐波,SVD 或最小二乘解将给它们分配小的值(权重),除非给定先验的方差信息。图(c):T_V 的第 20 列(对应于图 4.3 左上方的波数)等于积分距离的第 19 个谐波。4 个相等的峰值对应于 4 个波,它们全部具有相同的 $|\kappa_y|$ 值。若没有给定先验的方差,最简单的解将在它们中均匀地分隔开解的振幅,这些波中的第一个谐波将被分配小的值。图(d):$K = 5$ 时的 SVD 解(没有先验的方差信息)。振幅的值精确反映了 $\boldsymbol{T}_V$ 中的明显结构。

没有单个经圈截面的信息可以区分两个向正西方向传播的波的贡献大小，它们的振幅仅在线性组合时才是可确定的。作为分辨率矩阵剩余结构的一个例子，图 6.12(c) 显示了 $\boldsymbol{T}_V$ 的第 20 行（或列），其对应于 y 方向基波的第 19 个谐波。射线循环长度(ray-loop length)对应于这个波的尺度。这里有 4 个峰值，每一峰值分别对应于图 4.3 中圆上的 4 个波中的一个。没有沿着单个经线方向积分的信息可用来区分这 4 个波对 y 方向上第 19 个谐波的贡献。如果没有更多的信息，这个解仅能确定这 4 个振幅的和。利用表 4.2 给出的传播时间（对 $t=0$），特殊的 SVD 解显示在图 6.12(d) 中，其中解在 4 个波中（每个 $\boldsymbol{\kappa}_y$ 对应 4 个波，$\boldsymbol{\kappa}_y=0$ 只对应两个波）被分割成相等的部分。SVD 分析确认了第 4 章中给出的物理解释。

进一步的讨论需要对先验信息的范围做出某些假定。假设已知波场具有均匀的振幅，即 $\ell(k)$ 为常数。我们可能会规定 $\boldsymbol{S}$ 相当于解的元素 $x_i \equiv \ell(\boldsymbol{\kappa}_i)$ 之间存在很强的相关性。不难证明（证明略），5 条可用的信息足以确定所有波的系数（相当于只有一条信息，即共同的振幅）。相反，考虑一个更为实际的随机问题。假设波场在空间上是定常的，相当于对 $k \neq k'$ 和 $i \neq j$，有 $\langle \ell(k)\ell(k') \rangle \equiv \langle x_i x_j \rangle = 0$。任意一个特殊的系数不包含其他系数的信息。此时的难度可想而知：未知变量 x_i 有 190 个，且分量之间的先验相关性不能提供帮助。此时，我们能做什么？首先，不失一般性，我们通过对问题结构的分析来减小问题的规模。我们不妨这么处理，即

$$\begin{cases} x_i = \ell^L(k) + \ell^L(-k) + \ell^R(k) + \ell^R(-k), & k > 0 \\ x_i = \ell^L(k) + \ell^R(k), & k = 0 \end{cases}$$

那么，先验方差 S_{ii} 就是单个分量的方差的和。

图 6.13 给出了获得的 Gauss-Markov 解 $\hat{\boldsymbol{x}}$ 及其不确定性。对那些不影响传播时间的波数，解的不确定性仍然为 $\pm S_{ii}$，而在对射线传播时间扰动有贡献的波数频段，从这些先验值开始，不确定性有所减小。真解处处落在估计解的两个标准误差范围之内。我们可以在限制的波数范围 $k=0$ 及 k 为 19, 20, …, 23（在那里，循环共振发生，并且解的不确定性较小）构建二维场。但是，仅根据 5 条信息要想得到水平场的分布图不太合理。就许多目的而言，我们对如此详细的描述并不感兴趣，而更想了解的是对海洋变率的统计性描述。假设 $\boldsymbol{S}$ 的对角元素可给出波数谱的有效的先验估计，并且层析积分可用来检验这个先验估计与实际观测数据的一致性。可以得到时间 $t=0$, 0.5, 1.0, 1.5 年时的观测数据（表 4.2）。因为物理场根据式(4.2.15)描述的物理规律演变，同相和异相分量的不同组合将对传播时间做出贡献。每个观测几乎为一个独立的实现（realiza-

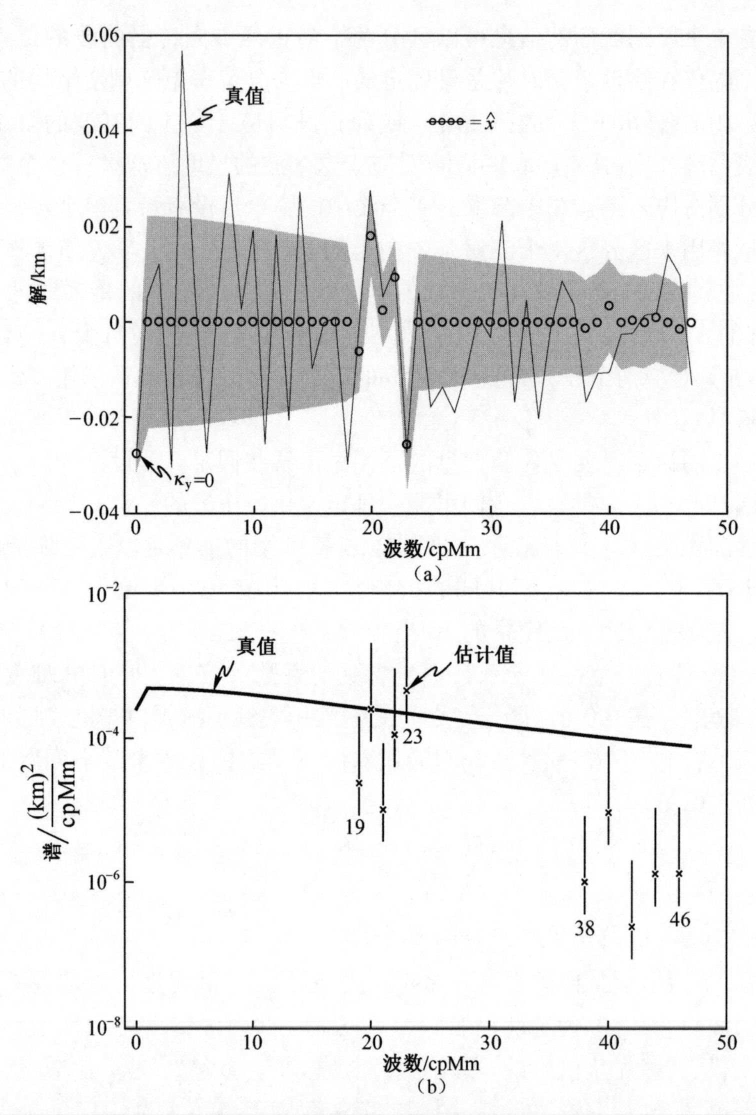

图 6.13　图(a):罗斯贝波(作为波数(周/Mm)的函数)场的 Gauss-Markov 估计解。这个解是针对 5 条含有噪声的射线的传播时间扰动而得到的,选取 $\boldsymbol{S}$ 为纯对角矩阵以反映随机场的空间均匀性,先验方差根据式(4.2.13)给出。这里,为了方便,用 x_i 表示 4 个波($\kappa_y=0$ 时只有两个波)的振幅之和,否则无法对它们进行区分。灰色区域表示不确定性的一个标准差,随机量 ℓ(由式(4.2.16)定义,用于生成传播时间)的实际值也显示在图中。这些是"真实值"。图(b):x_i 的真实谱,即 $\boldsymbol{S}$ 的对角元素及其估计 $\hat{S}_{ii}$,是基于下面的假设而构建的:$\hat{x}_i^2$ 的均值服从自由度为 4、方差为 $\hat{S}_{ii}$ 的 χ^2 分布。

tion)。图 6.13 给出了 Gauss-Markov 估计 $\hat{x}_i(t)$ 的平方(t 为 0, 0.5 年,1.0 年,1.5 年),同时给出了 $\hat{x}_i^2(t)$ 的均值和均值的不确定性估计①。这个结果通过了与先验谱的一致性检验,这里的先验谱是属于观测数据对海洋状态敏感的波数范围内的。因此,我们可以得到以下结论:先验的谱估计与观测一致,不需要修改。通过选取一个与观测数据不一致的先验 S ,可以构造一个更有趣的例子。这个例子在第 7 章中将再作讨论,以更为充分地利用模型方程式(4.2.15)中蕴含的关于观测资料的时间演变信息。

6.6 线性方法的其他形式

我们所描述的方法存在许多不同的变化形式。每一种变化形式都有自己的优势和方便之处,但是许多变化形式只是简单地将扰动从一种表示形式转换到另一种表示形式。例如,假设有一个分层的扰动表示,但是我们选择把 $\hat{\boldsymbol{x}}$ 展开为

$$\hat{\boldsymbol{x}} = \sum_{q=1}^{Q} \gamma_q \boldsymbol{f}_q \tag{6.6.1}$$

式中:向量 $\boldsymbol{f}_q$ 为通过解析方式给定的函数,甚至还可以选取为动力学模态。这些方法通常称为“通用克里金方法(universal kriging)”(Ripley,1981;Davis,1985)。Cornuelle 和 Malanotte-Rizzoli(1986)采用空间上不连续的函数 $\boldsymbol{f}_q$ 来表示墨西哥湾流锋面②。这样的表示使不同的表示方法之间可以进行简单的变换,也可以改变 M,N 的相对大小,这取决于用多少个函数来表示 $\boldsymbol{x}$ 。

在最小二乘法中,我们可通过选取权重矩阵 $\boldsymbol{S}$ 实现不同的目的。如,目标函数

$$J = \boldsymbol{x}^{\mathrm{T}} Z^{\mathrm{T}} Z \boldsymbol{x} + (\boldsymbol{y} - \boldsymbol{E}\boldsymbol{x})^{\mathrm{T}} \boldsymbol{R}^{-1} (\boldsymbol{y} - \boldsymbol{E}\boldsymbol{x}) \tag{6.6.2}$$

对于给定的观测数据,将会产生尽可能“平滑的”估计结果,其中

$$\boldsymbol{Z} = \begin{bmatrix} 1 & -1 & 0 & 0 & 0 & \cdots & 0 \\ 0 & 1 & -1 & 0 & 0 & \cdots & 0 \\ 0 & 0 & 1 & -1 & 0 & \cdots & 0 \\ \vdots & \vdots & \vdots & \vdots & \vdots & & \vdots \\ 0 & 0 & 0 & 0 & 0 & \cdots & -1 \end{bmatrix}$$

① 对于一个高斯概率密度 $\ell(k)$,则 $\ell^2(k)$ 的概率密度是 χ^2 。为了得到 $\hat{x}_i^2(t)$ 的均值的不确定性,利用由式(6.5.9)确定的每个 P_{ii} 的基本方差,它可被看作为具有 4 个自由度的 χ^2 变量。

② 实际上是采用一个非线性方法进行拟合。

$\boldsymbol{Zx}$ 为 $\boldsymbol{x}$ 的一阶导数的数值表示;不难写出带有二阶和更高阶导数的目标函数,这些目标函数倾向于使二阶和更高阶导数达到极小。这种"半范数"方法,Wahba(1990)和 Bennett(1992)讨论过,并且与 $\boldsymbol{x}$ 的样条函数表示密切相关。然而,我们预期,这样得到的估计可能非常接近于 Gauss-Markov 估计,解的方差主要限定在小的波数内,而噪声方差主要限定在大的波数内。

采用二次函数来度量偏差(misfit)显得多少有些随意,但却是广泛采用的方法,这是因为得到的解是简单的,并且与高斯统计量有着密切的联系(若物理场是高斯的,则 Gauss-Markov 解就是最大似然解(maximum-likelihood solution))。但是高斯假设可能不成立,尤其是当观测噪声中经常出现大的异常值时。可采用一个更为"鲁棒(robust)"的方法对偏差进行度量,如所谓的 ℓ_1 范数,即

$$J = \sum_{i=1}^{M} \left| y_i - \sum_{j}^{N} E_{ij} x_i \right| + \alpha^2 \sum_{j} |x_j| \tag{6.6.3}$$

这样会降低对异常值的敏感性(Arthnari 和 Dodge,1981)。

非二次目标函数具有其他用途。再次考虑温带廓线扰动问题(具有 12 层和 5 条射线);正如我们所看到的那样,分辨率不足将会导致解的不确定性过大或者解过分依赖于先验信息。在这样的情形下,相比于要得到详细的分布图来说,提一些不太苛刻的要求可能是明智的(如对感兴趣的海洋参数大小给出上、下界)(Parker,1972)。这些问题在物理海洋学中有过讨论,但采用的是非层析的方法(Wunsch 和 Minster,1982;Wunsch,1984)。假设我们对存储在水柱中的总的热量感兴趣,而不是详细的垂直结构,则可将目标函数写成:

$$J = \sum_{j} a_j x_j \tag{6.6.4}$$

式中:a_j 为从 ΔS_j 计算热含量(heat content)所需的数值(分层的厚度乘以海水热容量(heat capacity)再乘以声慢度到温度的转换的乘积)。

根据观测资料及允许的最大扰动,$|x_j| \leqslant b_j$,我们可计算目标函数 J 的最大值和最小值,这个变化范围对于变化的海洋来说是有用的上、下界限。

如同线性规划中的问题,形如式(6.6.3)和式(6.6.4)这种目标函数是极易求解的。在这种情况下,观测中噪声的大小通常被描述为"强"不等式,即

$$\boldsymbol{b}^- \leqslant \boldsymbol{Ex} - \boldsymbol{y} \leqslant \boldsymbol{b}^+ \tag{6.6.5}$$

而关于 $\boldsymbol{x}$ 的一般的强约束不等式为

$$\boldsymbol{x}^- \leqslant \boldsymbol{x} \leqslant \boldsymbol{x}^+ \tag{6.6.6}$$

目标函数是关于 $\boldsymbol{x}$ 的一个一般的线性函数,即

$$J = \boldsymbol{c}^{\mathrm{T}} \boldsymbol{x} \tag{6.6.7}$$

它既可以求最大值,也可以求最小值。例如,Wagner(1969)讨论了将不同的目标函数和约束条件转换为这样的标准形式(canonical form)问题。这种类型的问题通常采用所谓的单纯形法(simplex method)来求解(Luenberger,1984)。对于非常大的系统,可以采用较新的 Karmarkar 算法求解(Strang,1986)。

下面举例加以说明,我们使用 12 层、5 条射线的温带个例数据,数据中加入了 10ms 的噪声,并满足 $|\Delta S_j| \leqslant 10^{-3}$s/km 的一般要求,对于第 6 层~第 8 层中总的扰动,利用简单的目标函数,即

$$J = \Delta S_6 + \Delta S_7 + \Delta S_8$$

根据单纯形法可得到 $J_{\min} = -3 \times 10^{-3}$s/km,$J_{\max} = +1.2 \times 10^{-3}$s/km。相应的解如图 6.14 所示。当出现不符合要求的特征时,以添加式(6.6.5)或式(6.6.6)作为进一步的约束条件的方式,对这些特征加以控制或将其剔除,直到系统变得相互矛盾为止。这是线性规划的特征,即方程的求解使得某些约束条件增强以抵消解受到的限制。在强约束条件下,对解的全面分析通常涉及目标函数对扰动的敏感性研究。这种敏感性直接由与拉格朗日乘子紧密相关的"对偶"解给出(Luenberger,1984)。对于这个问题我们将不再做进一步的讨论,因为有许多教科书和文献对线性规划方法做了很好的描述,同时也因为在有关层析问题的文献中还没有具体的实际应用。这些方法具有灵活性和有效性,是应用研究的重要备选方法。

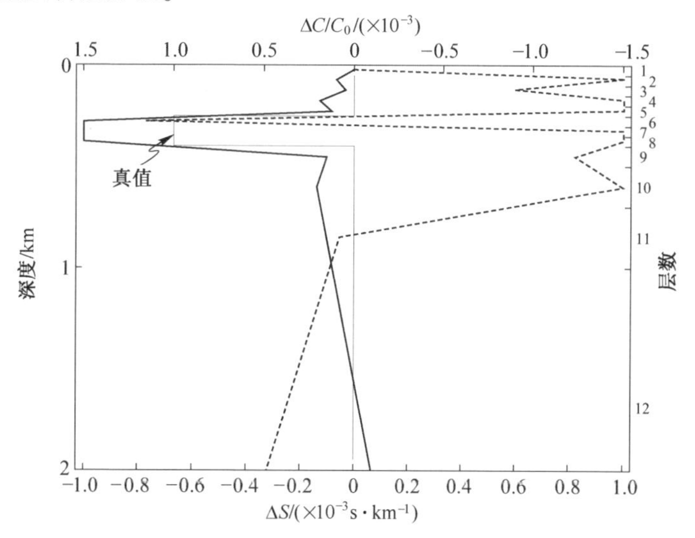

图 6.14 分层的温带廓线中的扰动,其中第 6 层~第 8 层中的扰动之和最小(实线)和最大(虚线)。每一层中的扰动都具有一致的界,受到噪声污染的射线传播时间的上、下界为离观测值 10ms 的数值。

6.7 递 归 解

如果用于估计 $\boldsymbol{x}$ 的数据不是同时获取的,则需要采用新近接收到的信息来修正 ΔS_j 或 u 的先验估计。或者,载入的数据量增加到计算机无法一次性处理的程度,这将导致需要采用某种形式的递归方法来处理这些问题。但最为重要的是,正如在第7章中将会看到的,在层析问题中运用随时间演变的动力学模型将导致递归解。

采用的第一组约束条件形如式(6.2.4),但在此,将其写为

$$\boldsymbol{E}(1)\boldsymbol{x}+\boldsymbol{n}(1)=\boldsymbol{y}(1) \tag{6.7.1}$$

式中:$\langle \boldsymbol{n}(1)\rangle=0$,$\boldsymbol{n}(1)$ 的协方差为 $\boldsymbol{R}(1)$ 。我们将式(6.7.1)的估计值记为 $\hat{\boldsymbol{x}}(1)$,不确定性记为 $\boldsymbol{P}(1)$ 。第二组条件是一组观测数据,可以表示为

$$\boldsymbol{E}(2)\boldsymbol{x}+\boldsymbol{n}(2)=\boldsymbol{y}(2) \tag{6.7.2}$$

其观测误差协方差矩阵为 $\boldsymbol{R}(2)$ 。这里,有两个重要的假设:式(6.7.1)中的 $\boldsymbol{x}$ 和式(6.7.2)中的 $\boldsymbol{x}$ 相同,且两组数据的噪声不相关,$\langle \boldsymbol{n}(1)\boldsymbol{n}(2)^{\mathrm{T}}\rangle=0$。从最小误差方差的角度考虑,可通过求解以下的联立系统来得到最优估计

$$\begin{Bmatrix}\boldsymbol{E}(1)\\ \boldsymbol{E}(2)\end{Bmatrix}\boldsymbol{x}+\begin{bmatrix}\boldsymbol{n}(1)\\ \boldsymbol{n}(2)\end{bmatrix}=\begin{bmatrix}\boldsymbol{y}(1)\\ \boldsymbol{y}(2)\end{bmatrix} \tag{6.7.3}$$

其噪声协方差矩阵为

$$\boldsymbol{R}=\begin{Bmatrix}\boldsymbol{R}(1) & \boldsymbol{0}\\ \boldsymbol{0} & \boldsymbol{R}(2)\end{Bmatrix} \tag{6.7.4}$$

在得到了前面的估计 $\hat{\boldsymbol{x}}(1)$ 及其不确定性之后,我们自然会问这样一个问题,即能否得到联立系统的最优估计,而无须从头开始求解式(6.7.3)。原始解,如同联立解一样,也可以被视为一个普通的加权最小二乘解。将式(6.7.3)分开,并进行一些基本的矩阵处理(Brogan,1985),我们可以将联立系统的解写为

$$\hat{\boldsymbol{x}}(2)=\hat{\boldsymbol{x}}(1)+\boldsymbol{K}(2)(\boldsymbol{y}(2)-\boldsymbol{E}(2)\hat{\boldsymbol{x}}(1)) \tag{6.7.5}$$

$$\boldsymbol{K}(2)=\boldsymbol{P}(1)\boldsymbol{E}^{\mathrm{T}}(2)\{\boldsymbol{E}(2)\boldsymbol{P}(1)\boldsymbol{E}^{\mathrm{T}}(2)+\boldsymbol{R}(2)\}^{-1} \tag{6.7.6}$$

$$\boldsymbol{P}(2)=\boldsymbol{P}(1)-\boldsymbol{K}(2)\boldsymbol{E}(2)\boldsymbol{P}(1) \tag{6.7.7}$$

新的估计 $\hat{\boldsymbol{x}}(2)$ 是老的估计值和“偏差”的一个简单的加权平均。“偏差”表示新的观测和通过老的估计得到的(对新的观测的)预报值之差。权重与老的估计的误差及新的观测的误差成反比。式(6.7.5)也是最小误差方差递归估计。注意,在式(6.7.5)~式(6.7.7)中,$\hat{\boldsymbol{x}}(1)$ 和 $\boldsymbol{P}(1)$ 的起源是不相干的,原始方程组

已经从系统中完全消失。对式(6.7.5)~式(6.7.7)进行适当推广就可得到Kalman 滤波器,这将是第7章的中心内容。

6.8 非线性问题和方法

描述传播时间和声慢度或水流速度廓线的关系式(2.4.3)或式(3.1.20)是非线性的。第2章~第4章致力于讨论对其进行有效的线性化的问题,因此反问题也是线性的,并且采用线性反演方法对其解进行了讨论。通常情况下,我们必须意识到有必要对这些近似加以检验,同时,也必须意识到上述方法存在着失败的可能性。但是,也存在以下的一些情况:即便反问题是线性的,非线性方法仍然有效。我们必须清楚地区分这类非线性反问题方法与非线性反问题。

1. 非线性方法应用于线性问题

例如,令

$$\Delta S(z,\boldsymbol{r},t)=\sum_{n=1}^{N}\alpha_n F_n(z)\cos(\boldsymbol{\kappa}_n\cdot\boldsymbol{r}-\omega_n t-\varphi_n) \tag{6.8.1}$$

并且从线性表达式(2.8.4)计算相应的传播时间扰动:

$$\Delta\tau_i=L_i(\Delta S) \tag{6.8.2}$$

式中:L_i 为一个线性算子。

目标函数定义为

$$J=\sum_i\left(y_i-L_i(\boldsymbol{x})\right)^2 \tag{6.8.3a}$$

对于固定的 $\boldsymbol{\kappa}_n$ 和 ω_n,只有 α_n 和 ϕ_n 是变量。对目标函数 J 求极小,可以得到一组熟悉的线性正规方程。但是,如果 $\boldsymbol{\kappa}_n$ 和 ω_n 是变量,那么 $\partial J/\partial\boldsymbol{\kappa}_n=0$, $\partial J/\partial\omega_n=0$ 将会得到一组非线性正规方程。

因此,线性反问题被转化为一个非线性最优化问题。这种变化类似于对一个时间序列进行傅里叶分析,在这个过程中来确定最合适的频率,而不是预先确定。这样的拟合,其潜在优势在于它能够对观测进行最佳的表示。如果仅采用少量的频率和波数(不必是谐波)来描述观测数据,我们可以了解大量的有关海洋结构的信息。

确定式(6.8.3a)的极小值可以归结为非线性回归(Seber 和 Wild,1989)和无约束最优化问题(Gill 等,1981;Luenberger,1984;Scales,1985)。在地球物理学领域,Tarantola 和 Valette(1982)将这类问题称为“全反演”问题。对于这类问题的求解,已有成熟的方法,通常采用迭代搜索方法,即从一个初猜值开始“下降(downhill)”搜索,采用的方法有拟牛顿法、最速下降法、共轭梯度法等。在非线性问题中,我们通常需要指定一个初始位置 $\hat{\boldsymbol{x}}_0$。如果把 $\hat{\boldsymbol{x}}_0$ 视为一个可接受的解,我们可能会在式(6.8.3a)中引入一个惩罚项(penalty term),即

$$J = \sum_i (y_i - L_i(\boldsymbol{x}))^2 + \alpha^2 \sum_i (x_i - \hat{x}_{0i})^2 \tag{6.8.3b}$$

通常,可以将协方差或其他的权重矩阵引入目标函数。对于大矩阵问题,其目标函数非常复杂,此时,我们可以转到采用组合(蒙特卡罗)方法来确定极小值。两个这样的方法是模拟退火(Kirkpatrick 等,1983)和遗传算法(Koza,1992)。

非线性方法的潜在优势在于其对问题的描述清晰,并能够将算法扩展到数据为 $\boldsymbol{x}$ 的非线性函数的情形。这种方法的潜在不足在于两个方面。首先,关于解的不确定性和分辨率的强有力的分析工具都是建立在解和数据之间呈线性关系这个基础之上的,如式(6.8.2);其次,其算法往往具有计算密集型的特点,难以确定是否得到了全局极小解、而不是局部极小解。随着计算机技术快速发展,计算上的许多困难已经减小不少(但是,以下事实总能得到证明,即提出最优化问题是能够战胜最先进的计算机的)。提出组合方法的原因之一是,我们常用局部极小值代替全局极小值。一般来说,组合方法的效果是不错的。

通常,对非线性最优化问题的解的分析所采用的方法是,在明显的最优解 $\hat{\boldsymbol{x}}_*$ 处对目标函数进行线性化处理(Tarantola 和 Valette,1982;Seber 和 Wild,1989)。在许多这类问题中,目标函数在局部为一个 N 维抛物面,并且可以展开为

$$J = \text{constant} + (\boldsymbol{x} - \hat{\boldsymbol{x}}_*)^{\mathrm{T}}\boldsymbol{H}(\boldsymbol{x} - \hat{\boldsymbol{x}}_*) + \cdots \tag{6.8.4}$$

关于不确定性和分辨率的分析需要基于 H^{-1}(Hessian 矩阵的逆),其在式(6.3.1)中定义为 $(\boldsymbol{E}^{\mathrm{T}}\boldsymbol{E})^{-1}$。

在射线传播时间方法中,最大的可能的线性化误差来源于冻结射线近似(frozen-ray approximation)。在此及其相关情况下,这样的误差存在于系数矩阵 $\boldsymbol{E}$ 中。该问题可表示为

$$(\boldsymbol{E} + \Delta\boldsymbol{E})\boldsymbol{x} + \boldsymbol{n} = \boldsymbol{y} \tag{6.8.5}$$

此时,除了需要估计 $\boldsymbol{x}$ 和 $\boldsymbol{n}$ 外(到目前为止,我们采用的方法是令 $\Delta\boldsymbol{E}=0$,除非其部分包含于 $\boldsymbol{n}$ 中),还需要给出 ΔE 的估计值。通常,这类问题被称为"总体最小二乘"(total least square,TLS)。$\boldsymbol{E}$ 的误差的存在,会导致线性解 $\hat{\boldsymbol{x}}$ 的显著的偏差。Van Huffel 和 Vandewalle(1991)提出了一个一般理论,并采用统计方法对 ΔE 的估计进行了讨论。这个方法有趣且具启发意义,但是研究人员很难给出 $\boldsymbol{E}$ 的噪

声分量的统计结构的先验信息。

在层析问题中我们可以得到更多的具体信息(精确的射线轨迹或模态结构等),它们可以作为简单迭代方法的基础。再次以射线追踪问题为例,线性解 $[\Delta\hat{S}(z_i)] = \hat{\boldsymbol{x}}$ 可以用来构造一条新的廓线 $\hat{S}(z) = \hat{S}(z, -) + \Delta\hat{S}$,然后可以计算新的射线轨迹或模态的振幅,产生新的传播时间估计值,并与观测进行比较。如果预报的时间和观测的时间之差大于误差估计,则进行一次新的线性反演。如果系统收敛,则至少可以得到一个相一致的解。这种数值迭代方法已经被应用于模拟数据(Spofford 和 Stokes,1984)和实际观测数据(Cornuelle 等,1993)。总的来说,对线性化的层析反演的修正非常小。但是,对于一些特殊的极端情况(如穿过墨西哥湾流环(Gulf Stream rings)的短距离层析),修正将会很大(Mercer 和 Booker,1983)。

对于互易层析中的非互易性问题,迭代是最简单的方法:在初次反演之后,采用新估计的声速和流速在各个方向上对射线进行重新跟踪。由于水流速度和产生的非互易轨迹的原因,时间上将会有差别。如果结果与观测一致,则停止迭代;如果不一致,则根据误差作下一步迭代。实际上,计算一个精确的二阶量(路径扰动)依赖于一阶模型的精度,其中包含合适的垂直模型结构(Cornuelle 等,1993)。和其他逐步线性化方法一样,如果解远离初始位置,也需要注意确保线性化假设有效(包括关于扰动的任何统计假设)。

2. 非线性方法和非线性问题

对目标函数方法作简单的推广就可以直接处理完全非线性反问题。通常,射线传播时间和声速及水流速度场之间的非线性关系式可以写为

$$\boldsymbol{\tau} = \boldsymbol{L}(S(\boldsymbol{x}), u(\boldsymbol{x})) + \boldsymbol{q} \tag{6.8.6a}$$

式(6.8.6a)很容易理解:在离散状态下,S 和 u 由参数向量 $\boldsymbol{x}$ 来描述和控制。在上述表达式中,采用 $\boldsymbol{q}$ 来表示任意的延迟误差(我们希望 $\langle \boldsymbol{q} \rangle = 0$,尽管这种情况并不总会发生)。将这个关系式转化为观测方程的形式,即

$$\boldsymbol{y} = \boldsymbol{E}(\boldsymbol{x}) + \boldsymbol{n} \tag{6.8.6b}$$

式中:$\boldsymbol{E}$ 为 $\boldsymbol{x}$ 的函数;$\boldsymbol{n}$ 既包含观测噪声,也包含表示噪声(representation noise)(或模型噪声)。

考虑以下目标函数:

$$J = (\boldsymbol{y} - \boldsymbol{E}(\boldsymbol{x}))^{\mathrm{T}} \boldsymbol{R}^{-1} (\boldsymbol{y} - \boldsymbol{E}(\boldsymbol{x})) + (\boldsymbol{x} - \hat{\boldsymbol{x}}_0)^{\mathrm{T}} \boldsymbol{P}_0^{-1} (\boldsymbol{x} - \hat{\boldsymbol{x}}_0) \tag{6.8.7}$$

式中:$\hat{\boldsymbol{x}}_0$ 为一个先验估计(有可能为 0)。

权重矩阵 $\boldsymbol{R}$ 和 $\boldsymbol{P}_0$ 可分别选择为噪声方差和 $\hat{\boldsymbol{x}}_0$ 的不确定性。Tarantola 和 Valette(1982)对这个目标函数做过研究,并提出了一个求目标函数极小值的方

法。但是与目标函数式(6.8.3)一样,我们更愿意将求目标函数 J 的极小值问题视为一般的非线性最优化和回归问题,以便能够使用已有的大量的专门知识(和软件)。通常的不确定性估计基于式(6.8.4)。

一般的数学规划方法允许把不等式约束(线性或非线性的)、拉格朗日乘子约束等与非线性目标函数结合起来。例如,模型不是在平均平方意义下施加约束条件(如式(6.8.7)),而是通过强不等式(如式(6.6.5)),或者利用拉格朗日乘子向量,来施加约束。原则上,已有的数学工具允许处理几乎任何类型的先验信息,或者关于解的关系式。最主要的问题是计算量问题(先前引用的文献为求解这些计算量极大且有趣的问题提供了合理的方法)。

3. 解析方法(Abel-Radon 变换)

两个精确的积分变换与层析紧密相关。一个是 Abel 变换式(2.5.9),描述不依赖于距离的声道中折射射线传播时间与声速廓线 $C(z)$ 之间的关系。另一个是 Radon 变换,它描述沿着直线(该直线穿过一个水平的 $x-y$ 截面)的传播时间与场 $C(x,y)$ 之间的关系。Munk 和 Wunsch(1983)讨论了 Abel 变换,Jones 等(1986a,1993)、Jones 和 Georges(1994)进一步讨论了 Abel 变换。在地震学文献中,一个相关的问题是以 Herglotz 和 Weichert 命名的(Aki 和 Richards,1980)。对于作用量,也有类似的变换对存在(Garmany,1979)。在不依赖于距离的情形,Abel 变换原则上可以进行完全的有限振幅的反演,无须做线性化处理。尽管这是一个强有力的、令人关注的理论工具,以至于人们可能会认为它在层析问题中将起到核心的作用,但是对于实际数据而言,其应用价值不大。线性理论允许使用重要的先验信息(利用来之不易的层析信息重构一个以已知气候值主导的廓线是不合常理的),线性理论具有递归形式的推广,线性理论通过完整的分辨率估计和方差估计有助于增加对解的理解。采用 SVD 分解等方法也能详细地了解解的哪些分量受到哪些数据的控制。而从式(2.5.9),我们无法做出这样的分析。目前来看,实施线性化,或许结合迭代步骤,对于全面理解解的性质,似乎是一个要付出的很小的代价。

4. 移动船层析与 CAT 扫描

在水平截面层析问题中,对反演的讨论可能仅局限于图 6.15 所示的射线系统(在(声波)发射源和接收机之间的射线为直线)。发射源为一个平行波束,发射直的平行的射线穿过截面 $S(x,y)$ 到达接收机屏幕。为了能够看清更多的射线,将发射源和接收机旋转一个角度 ϕ 。这与医学上的(计算机层析)CT 技术相类似(通过“计算机辅助层析”或“轴向计算层析”(CAT)扫描仪将 X 射线穿透病人身体),因此 Munk 和 Wunsch(1979)将海洋中的相关问题称为海洋声层析。但是,几乎在所有方面,海洋声层析问题都有别于医学中的 CT 问题,包括:

空间和时间尺度、技术手段、射线轨迹等,更不要说市场需求。也许两者最基本的差别在于数据的密度:医学 CT 过程(图 6.15)在穿透病人身体的截面上构建了一组高密度的积分数据集;对于海洋层析问题来说,高额的成本决定了海洋学家所用的观测阵列只能稀疏布设。由于这个原因,医学 CT 与海洋声层析的区别在于:前者不需要利用先验信息,而后者在很大程度上却要依赖先验信息。但是,海洋声层析的一个优势在于可利用动力学关系式(如 Navier-Stokes 方程组),将“病人”的某一部分与其他部分联系起来,而在人体内部,我们尚未找到类似的方程组。

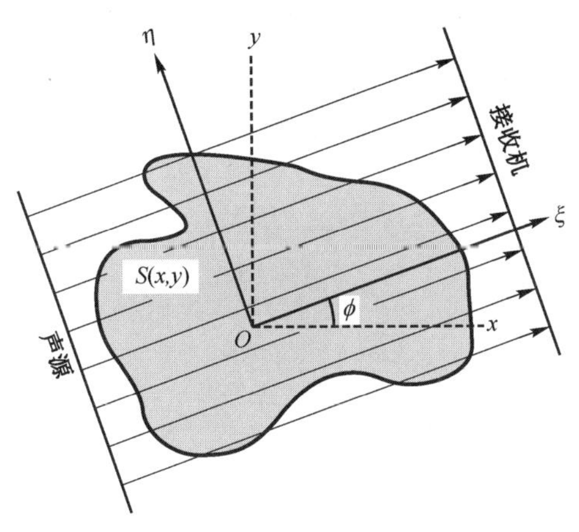

图 6.15 一个理论模型:在旋转角度为 ϕ 时,传播时间 $\tau(\eta,\phi)$ 通过沿平行线 η = 常数(它穿过截面)积分而得到。对于 $0 \leqslant \phi \leqslant \pi$,Radon 变换从完美已知的 $\tau(\eta,\phi)$ 得到 $S(x,y)$ 。在医学层析中, $S(x,y)$ 为吸收参数, $\tau(\eta,\phi)$ 为强度。一个平行的波束在 η 方向沿头盖骨截面积分。发射源和接收机围绕着病人旋转,在 $0 \leqslant \phi \leqslant \pi$ 范围内进行密集采样。

在图 1.6 所示的移动船层析问题中,所获取的数据密度开始接近医学层析的数据密度。考虑图 6.16,Cornuelle 等(1989)描述了一个接收机和不同数量的锚定声源的情形,接收机固定在船上,船沿着声源外围航行,其产生的声波传播路径在图中给出。声速扰动量表示为

$$\Delta C(x,y) = \sum_{n} \sum_{m} \alpha_{mn} \mathrm{e}^{\mathrm{i}(mx+ny)/L} \tag{6.8.8}$$

一个物理样本由图 6.16 右上角的方图给出,左边为 4 个锚定声源情形下的层析图,同时给出了物理空间和波数空间上的误差均值。在物理阵列中心处误差最大,当扰动的均方根为 7m/s 时,误差达到 2.8m/s。误差方差为扰动方差的 3.8%。在 5 个声源情形下,误差迅速减小到 1.1%。

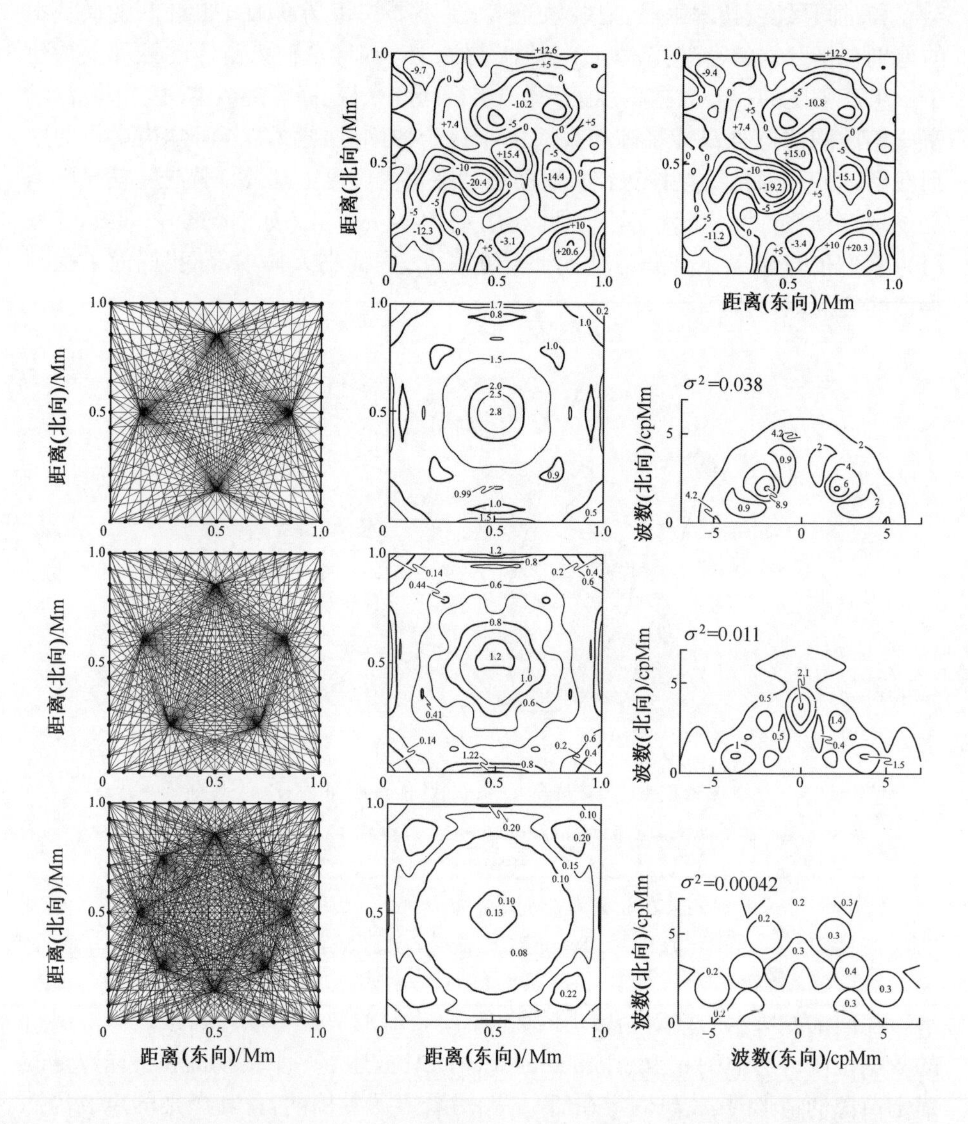

图 6.16 锚定声源和移动船载接收机之间的水平路径的覆盖范围比单独使用锚定浮标或船舶的覆盖范围更大。最上层右图给出了由式(6.8.8)生成的“真实” ΔC (m/s)等值线图的一个(冻结)样本,左图为在4个锚定声源情形下的层析重构图(将在下文中给出),以及物理空间中的均方根误差的Gauss-Markov估计和波数空间中的误差谱。误差谱的单位为 $100(\mathrm{m/s})^2/(\mathrm{cycles/Mm})^2$。误差方差由真实方差的3.8%(具有4个锚定声源)减小到1.1%(具有五个锚定声源)(改编自Cornuelle等,1989)。

Munk 和 Wunsch(1982a)以前讨论过这个系统的一个更粗糙的形式,其中既有船对船的传输,也有从船到一个或两个锚定接收机的传输。在任何一种情形下(但是,在 Cornuelle 等(1989)所考虑的情形中是最清楚的),路径密度比只有锚定系统的情形要高得多。假设在观测期间海洋状态保持不变,则我们得到的射线路径的几何结构接近医学或其他类型层析中的几何结构。因此,我们有必要对这些情形下的反演作一简要回顾。

我们仅考虑水平截面问题,并采用图 6.15 中的几何结构,那么,式(6.2.1)中的传播时间可以写为

$$\tau(\eta,\phi) = \int_{\text{source}}^{\text{receiver}} \mathrm{d}\xi\ S(\xi\cos\phi - \eta\sin\phi, \xi\sin\phi + \eta\cos\phi) \tag{6.8.9}$$

这就是说,对所有的角度 $\phi, 0 \leqslant \phi \leqslant \pi$,传播时间由沿平行线的积分计算得到(平行假设不是必须的,有时需采用“扇形波束”)。Radon(1917)提出 Radon 变换,通过对式(6.8.9)进行逆变换可以得到 $S(x,y)$ (Rowland,1979)。将 Radon 变换应用到医学问题,这一想法似乎最初源于 Bracewell(1956)将 Radon 变换应用在射电天文学问题上。随后出现的大量研究文献对逆变换问题做了数值评估,其中有大部分讨论的是有关医学问题中出现的计算量过大问题。这些方法中的许多方法在波数空间中得到了最佳的描述,由此产生了“后向投影”方法以及大型联立方程组的多种快速近似解法。由于这些方法在海洋学问题中的应用受到某种限制,在此,我们对相关细节问题不做详细讨论,感兴趣的读者可参阅 Herman(1979,1980)的文献。

这个理想化的移动船层析的几何结构提供了关于采样和零空间的一个具体的例子。对于与图 6.16 中的相同的扰动场,研究人员构造了图 1.5,但是,那里的声波传输是从船到船的(没有锚锭声源),船沿着边界行进。此时存在一个巨大的零空间(假设没有先验信息),这可以作为错误观测策略的一个极好例子。最上面的两幅图对应两条船沿东、西子午线边界航行。没有经向结构和纬向结构之间的协方差的信息,反演仅基于纬向积分;纬向结构完全包含在 $\boldsymbol{E}$ 的零空间中(图 6.15,这个结果对应于 $\phi = 0$ 时的单个“快照”,而在医学检查中却有数百个“快照”)。紧接其下的三幅图显示了当船仅给出经向积分时的类似情形,再接下来显示的是随着可获得更多的积分所对应的一个缓慢增长的情形。更为复杂的采样策略,包括更多的观测船,或假设海洋状态不变而观测船机动,或在区域内部使用锚定观测仪器(图 6.16),都可减小零空间。如何最优部署层析仪器来探测海洋结构,这是一个高度非线性的“试验设计”问题,Barth 和 Wunsch(1989)对该问题做过讨论。

6.9　实际反演试验

本节探讨由实验观测所提出的一些问题。在讨论假设的问题时,我们很少考虑真实数据所带来的一些实际困难。特别地,我们有必要考虑三维的反问题,此问题一直被含糊地认为是对二维情形的一个简单推广。在某些情形下,反演必须要考虑一些棘手的因素,如钟差、声源或接收机的位置误差。下面给出的例子并没有包含所有的层析观测实验,我们仅选取了部分个例来说明反演方法在实际应用中的一些不同特征。欲了解关于这些结果的更详细的讨论可以参考紧接着第 8 章的后记部分。

1. 1981 年层析观测实验

此次实验是研究者进行的验证海洋三维层析的首次尝试。图 6.18 所示为实验中仪器部署的几何分布示意图。由于当时声源制造的工艺水平不高,信号的带宽无法提供令人满意的分辨率。尽管如此,正如海洋声层析团队(1982)和 Cornuelle 等(1985)指出的那样,单独采用声学技术获取海洋三维结构图是可行的。

声速廓线的先验信息基于气候水文观测。相对于气候态的扰动可以表示为

$$\Delta C(x,y,z)=\sum_{n=1}^{N}F_n(z)G_n(x,y) \tag{6.9.1}$$

(不要混淆水平坐标 x 与状态向量 $\boldsymbol{x}$)。垂直结构 $F_n(z)$ 为该地区历史水文观测资料的经验正交函数(EOFs),在式(6.5.13)中记为向量 $\boldsymbol{a}_i$ 。图 6.17 给出前四个声速廓线的 EOF。通过 2.15 节中描述的尺度因子可将这些量与密度或垂直位移 EOF 联系起来。Richman 等(1977)估计了这些水文模态中的相对能量的比例为 1∶0.2∶0.1。这些比值提供了一部分先验统计量,可用以确定 $\boldsymbol{S}$(根据定义,EOF 是不相关的,这使得 $\boldsymbol{S}$ 为对角矩阵)。Cornuelle 等(1985)没有采用任意海表面反射的射线,而是仅选择使用 RR 射线。因此,模态Ⅱ(它在海表面是加强的)的解析效果不佳,Cornuelle 等(1985)干脆在表达式中将其舍去。

扰动 $\Delta C(x,y,z)$ 利用 Gauss-Markov 估计量(6.5.8b)(维数为 3)构造。其中,$\boldsymbol{x}$ 定义为一个二维水平网格上的系数 $G_n(x_i,y_i)$ (其时间间隔为 3 天)。$\boldsymbol{S}$ 是采用下式构造的:

$$\langle G_n(x_i,y_i)G_m(x_j,y_j)\rangle=\alpha_n^2\delta_{nm}\left(1+b_n^2\exp\left\{-\frac{1}{2}\frac{\sqrt{(x_i-x_j)^2+(y_i-y_j)^2}}{(100)^2}\right\}\right)$$

即每个 EOF 系数的水平协方差是各向同性且在空间上是平稳的。

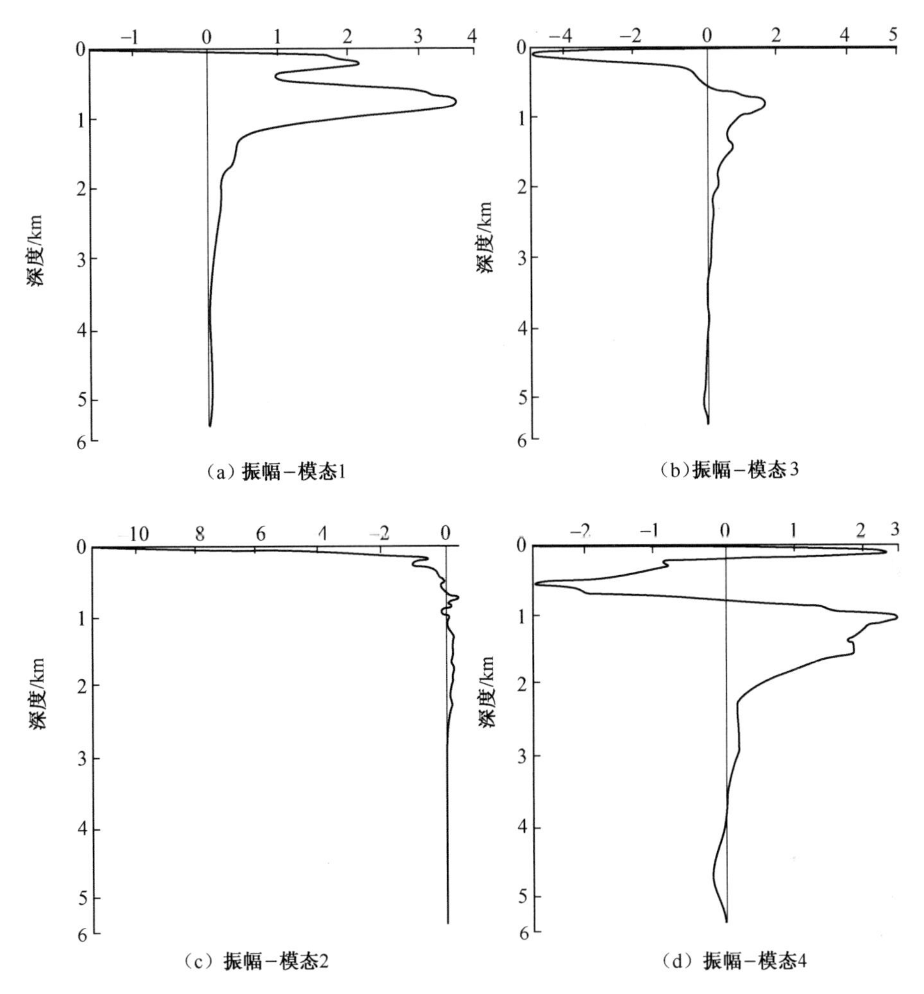

图 6.17 声速的经验正交函数(EOF),由 Cornuelle 等(1985)采用 Richman 等(1977)给出的水文模态计算得到。Cornuelle 等采用第 1、3、4 个 EOF 描述 1981 年实验中的声速扰动。

实测的传播时间的误差不仅包括锚定设备在侧向和垂直方向上的偏移,也包括钟差。这些以及其他误差源在每个传播时间的观测值中都用噪声项 n_i 表示。如同 6.5 节所描述的那样,误差的子分量(时钟、位置等)与它们的协方差一起单独表示。

Cornuelle 等(1985)构建了时间间隔为 3 天的独立的分布图,然后通过 7 天滑动平均将它们结合起来(图 6.18)。图中还显示了两个 CTD 观测,一个在层析观测实验的开始,一个在实验的结束,但是完成每个 CTD 观测大概需要 2 周的时间,在此期间,海洋的状态发生了改变。

图 6.18 采用 Gauss-Markov 估计,Cornuelle 等(1985)得到的 700m 深度处的声速扰动 ΔC(m/s)。估计每 3 天进行一次,然后进行滑动的 7 天平均,并且每 3 天显示一次(数字表示年积日,中部时间)。阴影区表示高度不确定的区域,锚定设备具有较大位移的图用"x"标记。第一幅和最后一幅图表示由两个船载 CTD 观测得到的温度估计。插图表示声源和接收机的位置。

为了与声层析结果作独立的比较,在反演中将常规海洋观测数据扣除掉,这包括 CTD 和 XBT 观测以及锚定浮标温度观测。可以明显地看出,对 $\boldsymbol{x}$ 施加这样的约束,即要求反演值也与常规观测一致,这样会得到一个更好的结果(在不确定性更小的意义下)。在联合反演中,一致性检验是通过以下方式进行的:由 $\hat{\boldsymbol{x}}$ 和 $\hat{\boldsymbol{n}}$ 得到的值是否与各种类型的观测中的已知误差一致,以及是否与 $\boldsymbol{x}$ 的任意先验统计量一致。后一种检验方法通常被认为过于勉强而难以让持怀疑态度的人信服,因此研究人员将部分数据扣除掉以便为新技术的应用提供具体的证据。

后来,Gaillard 和 Cornuelle(1987)对这个实验重新进行了反演计算,由于包含了 RSR 射线,垂直分辨率得到了改善。研究发现,海表面反射射线并不比 RR 射线含有更多的噪声,这与原先的理解是相反的。

2. 1981 年实验的非线性反演

Chiu 和 Desaubies(1987)使用动力学模态(而不是 EOFs)作为扰动基函数,重新分析了同样的实验数据,但他们仅保留了第一斜压模态。他们考虑了具有不同的水平波数的波的非线性相互作用,也考虑了包含一个最优拟合的平均流场的影响。其中的频率和波数,也像模态的振幅和相位一样被视为待优化的参数。考虑波动的非线性相互作用,同时将波数和频率作为反演参数,这两者的结合便提出了一个非线性最优化问题,这个非线性最优化问题兼具前面考虑过的两种情形,即非线性模型和非线性参数拟合。Chiu 和 Desaubies(1987)将方程中的位置修正值作为了显式参数。与 Cornuelle 等(1985)工作的另一个区别在于,拟合所施加的约束条件中包含了常规的现场观测资料。

他们的目标函数要求对整个观测时间段内的传播时间和温度作最小二乘拟合,这不同于 Cornuelle 等(1985)每 3 天拟合一次的做法。因此,控制随时间演变的物理场的参数本身是定常的,如振幅、频率和波数在整个时间段中保持不变。采用 Fletcher 和 Powell(1963)提出的搜索算法求解极小值。通过评估极小值对应的解的 Hessian 矩阵,Chiu 和 Desaubies 给出了一个令人信服的结果。图 6.19 给出了 9 天时间间隔内 700m 处声速廓线的最优估计值及估计误差,该结果与 Cornuelle 等(1985)给出的结果基本一致,尽管估计误差更小。Chiu 和 Desaubies 认为产生这一结果的原因是,由于采用了非层析数据,以及由于拟合的时间长度覆盖了整个数据的观测时间长度。与先验地认为存在多个(振幅和相位未知的)模态的情形相比,仅对一个垂直模态作限制将会极大地降低估计的不确定性。观测与估计值的残差表明该模型是合适的。

3. 依赖于距离的反演

正如在 4.2 节中所讨论过的那样,单个垂直截面的层析观测包含小尺度的、依赖于距离的特征的信息。图 6.20 为 Cornuelle 等(1993)给出的一个 Gauss-Markov 反演结果,采用的射线传播时间数据取自夏威夷北部地区,发射源与垂直接收阵列约间隔 1Mm。扰动声速写为

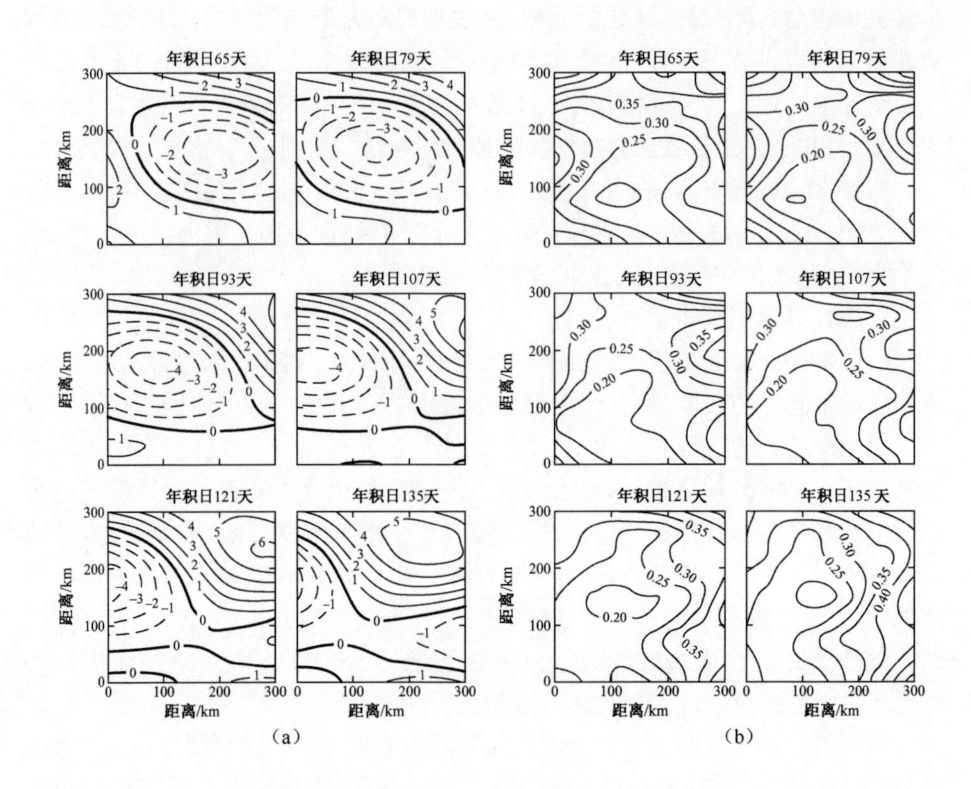

图 6.19 Chiu 和 Desaubies(1987)计算得到的 700m 深度处的声速扰动 ΔC (m/s)(a)和相应的不确定性(b),所采用的数据和图 6.18 中 Cornuelle 等(1985)采用的数据相同。除了现场的 CTD 测量数据,Chiu 和 Desaubies 的结果还基于第一斜压模态的最优拟合平面波以及它们的非线性相互作用(不同于 Cornuelle 等所采用的线性 EOFs)。

$$\Delta C(x,z) = \sum_i \sum_j \alpha_{ij} X_i(x) Z_j(z)$$

式中:x 为距离坐标。

5 个基函数 $Z_j(z)$ 作为可能的(但部分是猜测的)先验垂直相关矩阵的特征向量。在水平方向上,采用一个截断的傅里叶表达式(正弦和余弦函数形式),包含 0~ 2π/17km 之间的所有波数。振幅的先验协方差基于先验垂直协方差矩阵的特征值。假设水平方向的正弦信号在波数 k ($0 \leqslant k \leqslant 2\pi/500$km)范围内具有平坦的频谱,对于较高的波数,其衰减率为 k^{-2} ,并且对于所有的垂直模态在 17km 处截断。观测数据包含可以识别的到达射线的数据,加上一组 XBT 和

CTDs 现场观测数据。假设参考廓线不随距离变化①。唯一需要特别考虑的误差结构是平均传播时间的偏差，其原因可能是由于发射源/接收机距离存在着一个常数误差的缘故，但是该误差被平均声速的误差所淹没。

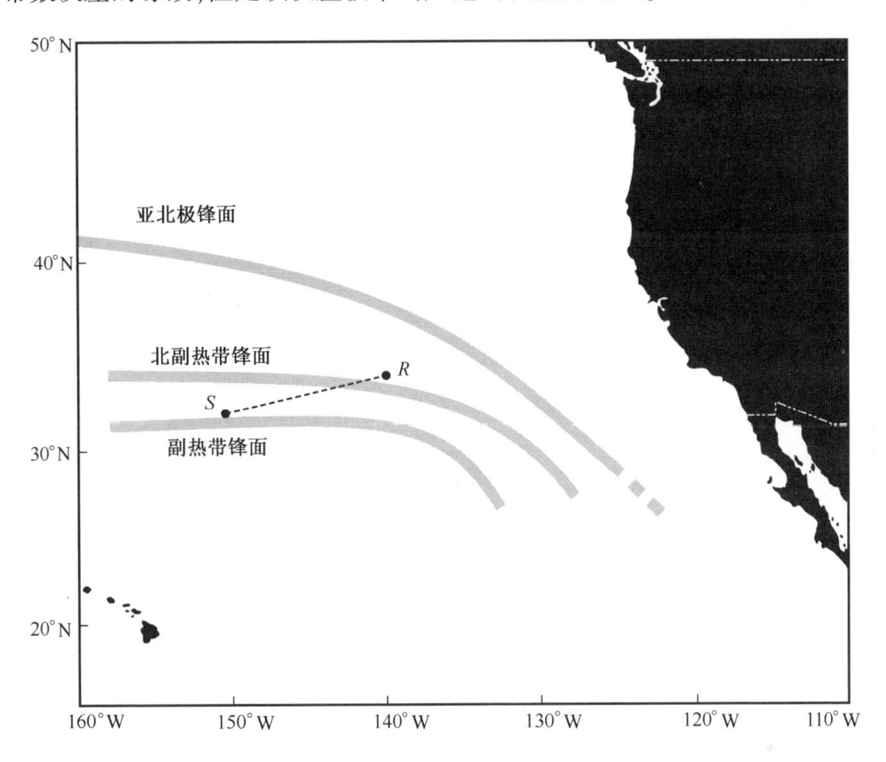

图 6.20 Cornuelle 等(1993)所讨论的垂直截面实验的几何关系。该区域一些重要的锋面用它们气候上的位置来表示。

由于实验的核心问题在于确定沿轨迹的海洋状态的能力，Cornuelle 等(1993)计算了解的不确定性，它为(第一垂直模态的)水平波数的函数，图 6.21 给出的结果为总方差的一部分。作为反演是否成功的度量，他们从矩阵 $\boldsymbol{P}$ 和 $\boldsymbol{S}$ 计算了 $1-P_{jj}/S_{jj}$，其中 j 对应于第 j 个波数分量。也就是说，如果 $P_{jj}=S_{jj}$，则反演后所得到的不确定性与先验方差相等，即反演是不成功的。另一个极端情况是，如果 $P_{jj}=0$，则没有不确定性。考虑下列三种情形：只有现场观测数据，只有层析数据，两种数据都有。在仅有声学数据的情形下，对于平均值(不依赖于距

① 这篇论文中也讨论了相对于一个随距离变化的参考廓线的反演结果，该参考廓线由初步的观测结果构造得到。

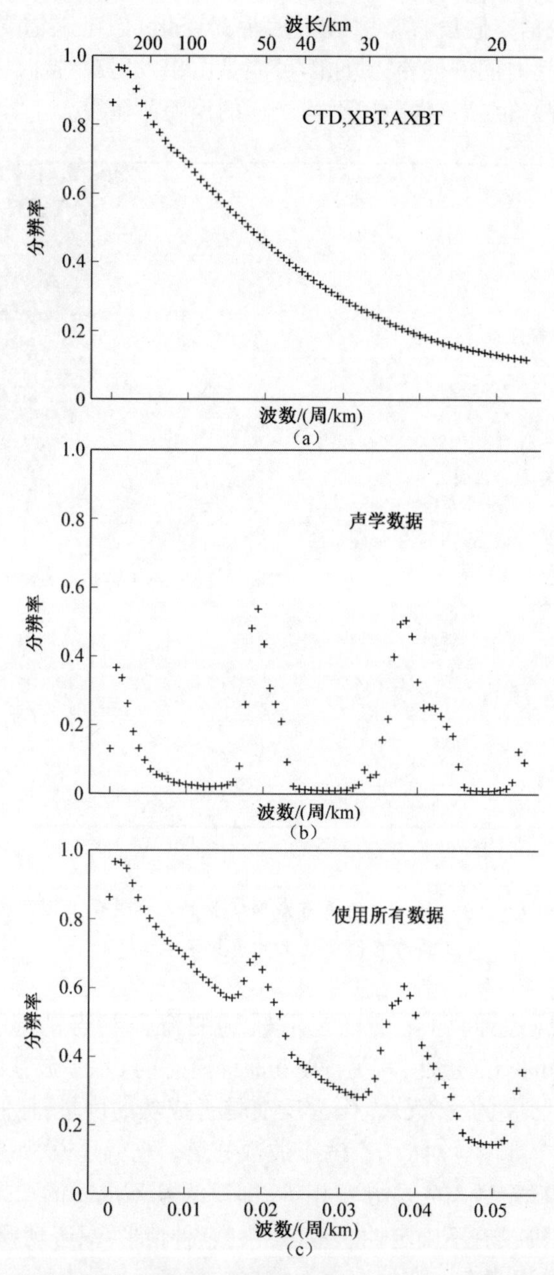

图 6.21 模态 1 的先验声速方差的一部分随水平方向海洋波数的变化(根据 Cornuelle 等(1993)的反演结果):图(a)的结果仅使用了 CTD、XBT 和 AXBT 数据,图(b)的结果仅使用了海洋声学数据,图(c)的结果使用了所有可得到的数据。

离的分量)和两个波段(对应的波长为25km和50km,这是第4章中讨论过的与声学循环长度有关的数值)而言,存在有用的分辨率。毫无疑问,两种数据联合起来使用得到的估计结果最好。图6.22给出了单独采用所有的层析数据重构得到的垂直截面。

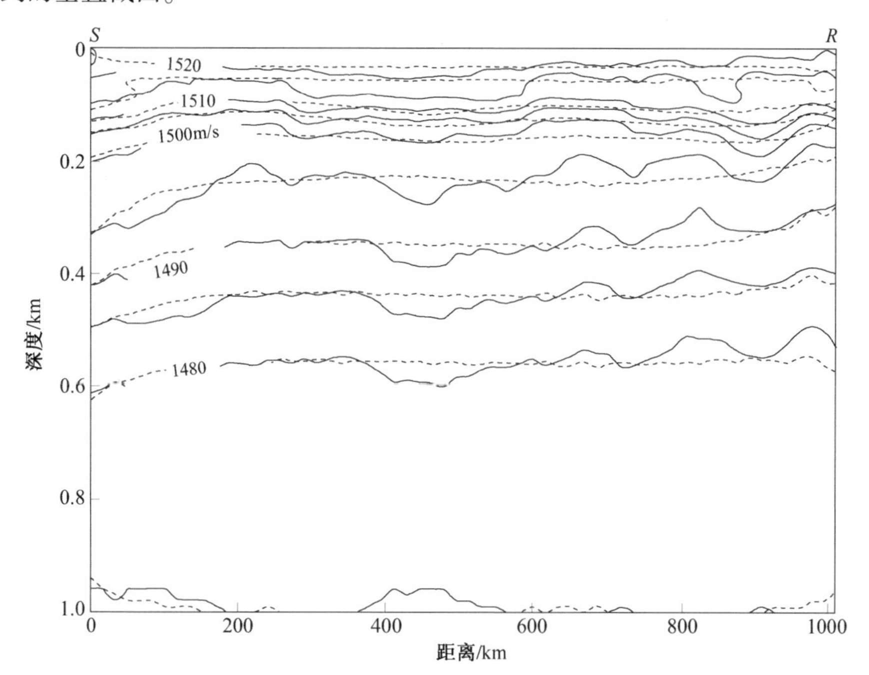

图6.22 通过客观映射(客观插值)得到的声速场:虚线为仅使用层析数据的结果,实线为同时使用层析数据和现场观测数据的结果。纯粹的层析可以捕获大尺度结构,但是并不能反映所有的随距离变化的细节。

4. 利用声学模态的反演

一般的反演方法适用于几乎任何(物理上合理的)解的形式和对 $\boldsymbol{x}$ 敏感的任何数据类型。Sutton等(1994)利用(根据射线和声学模态的)传播时间反演了取自格陵兰海的层析数据(图6.23)。扰动采用一组不依赖于距离的EOF表示。反演方法采用最小二乘法,利用估计得到的对角线噪声和解的方差作为权重。结果发现,海表面温度场存在于观测的零空间中,所以采用通行的做法,施加一个额外的约束,使得它的值接近基于气候态数据的预期值。由此得到的随时间变化的垂直温度场结构处处与保留的常规观测数据相一致。

5. 热含量反演

层析技术的自然积分属性使其成为确定大尺度平均性质(如海洋上层的热含量)的一个强有力的工具。出于某些目的,如在确定反映季节变化的海洋上

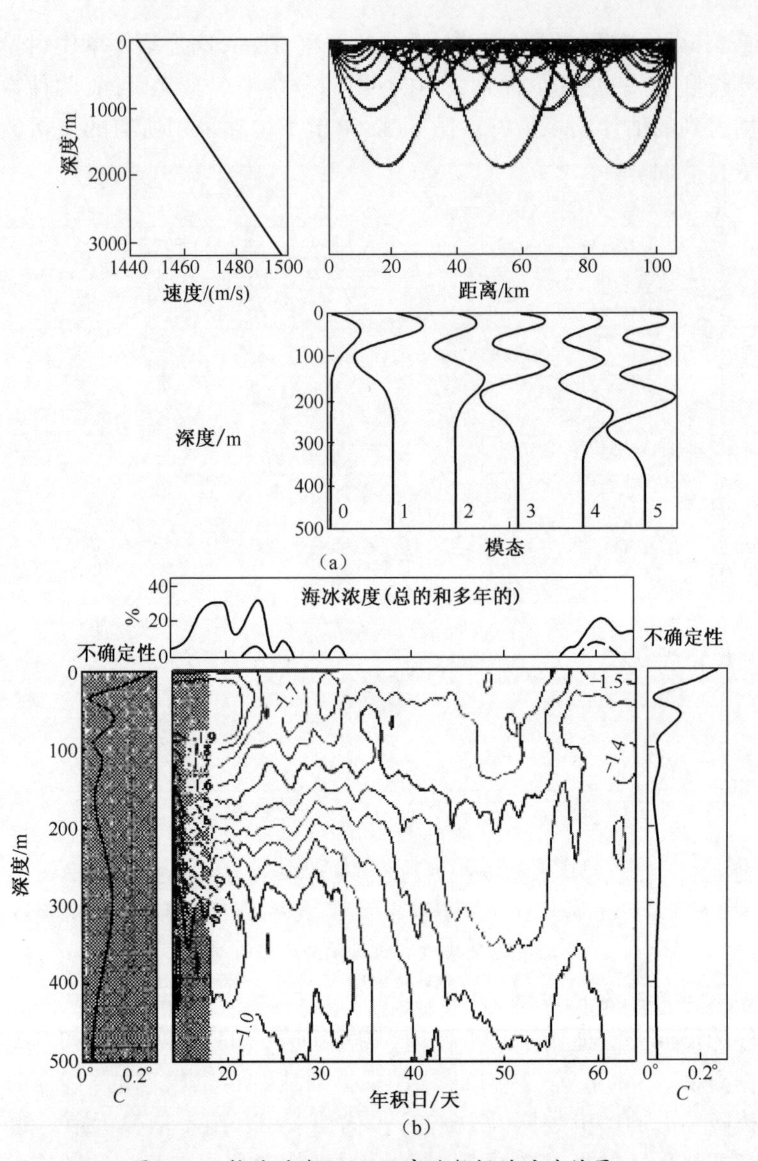

图 6.23　格林兰海 1988-9 实验数据的反演结果。

左边阴影区的不确定性对应于距离平均温度的阴影区,右边非阴影区的不确定性对应于距离平均温度的非阴影区(修改自 Sutton,1993)。图(a)为极地廓线和有关的射线与声学模态;图(b)为距离平均的温度剖面(利用射线和模态两种方法得到)随时间的演变。

层所存贮热量的多寡时,我们关心的并不是温度在具体的某一水层中的变化,而是关心诸多水层中温度的总体变化(参见第 1 章中的简单例子)。如果逐层反演 $\boldsymbol{x}$,根据 Gauss-Markov 理论,解的任意加权之和的最优估计为 $\boldsymbol{a}^{\mathrm{T}}\boldsymbol{x}$,其不确定

性为 $\boldsymbol{a}^{\mathrm{T}}\boldsymbol{P}\boldsymbol{a}$，该值通常要远远小于 $\boldsymbol{x}$ 的单个分量的不确定性。这里 $\boldsymbol{a}$ 为权重，在本问题的情形下，由水层厚度乘以热容量计算得到。Dushaw 等（1993c）采用该方法计算了夏威夷北部海区的热容量（图 6.24）。

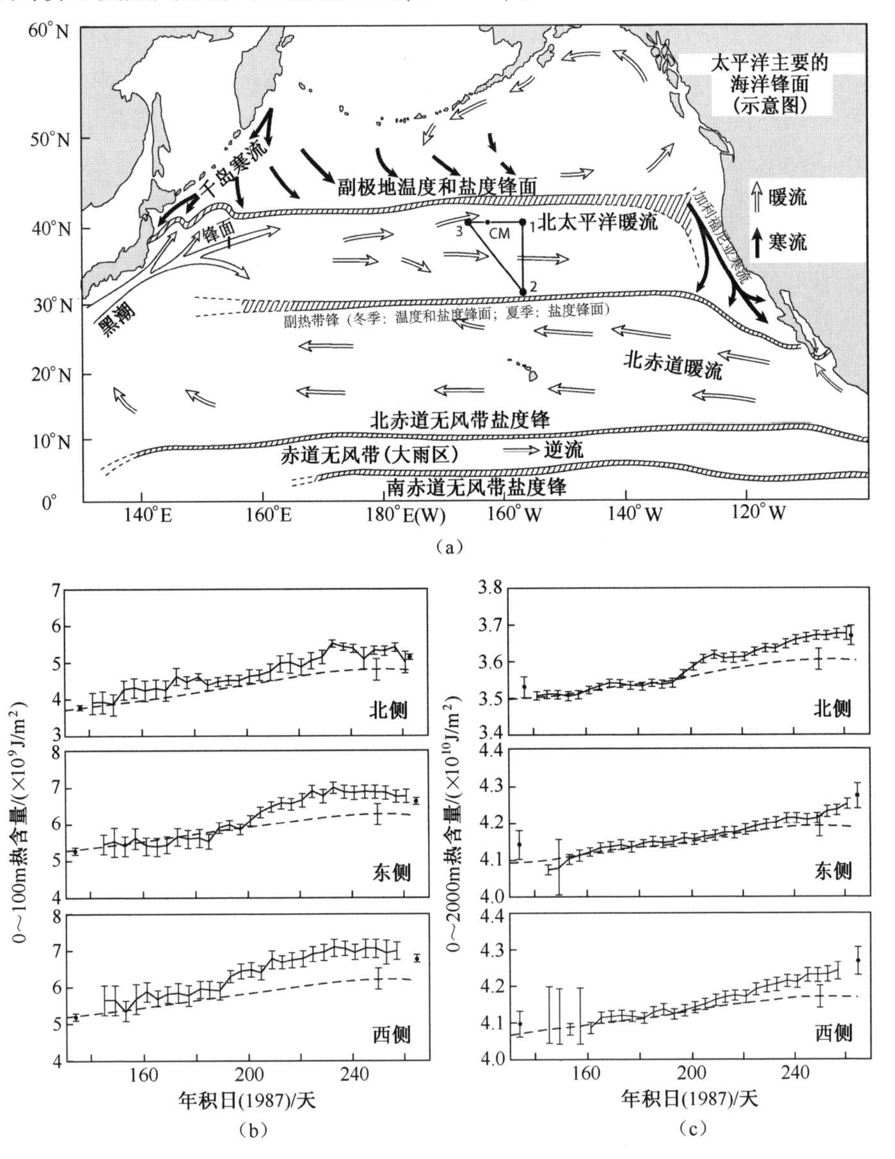

图 6.24 图（b）、（c）为沿层析三角北侧、东侧和西侧（位置见图（a））的平均热含量。图（b）给出 0～100m 的层析结果，图（c）给出 0～2000m 的层析结果。虚线是由海气交换数据估计得到的热含量（从层析时间序列的起始时刻开始）。在层析时间序列前面和后面的点是根据 XBT/CTD 观测数据得到的（Dushaw 等，1993c）。

6.10 小结与评述

前面的章节力图强调诸多不同的反演方法在本质上是一致和等价的。这些方法适用于广泛的不同类型的反问题,并不局限于层析技术,虽然层析技术具有一些特殊的性质。在准备讨论依赖于时间的反问题之前,我们有必要对先前讨论过的问题做一小结和评注。

表示和采样。关于海洋垂直扰动结构,我们采用了多种不同的表示方法,其中包括:均匀及线性样条分层,垂直动力学模态和经验正交函数。当然,也可以采用其他的方法表示,如三次样条和小波。选择的依据是考虑处理的方便,而不是从基本问题出发。例如,描述海洋结构需要足够多的分层以便能够捕捉到实际扰动的本质特性(分层的指定与使用垂直映射网格一致)。如果只观测到少量的声学射线或模态,那么由此导致的形式上的欠定性可能会非常严重。但是,由于相邻层的扰动存在着很强的相关性,采用协方差矩阵 $\boldsymbol{S}$, 可有效地消除许多(即便不是所有的)这种形式上的欠定性。

在这种情形下,某些研究人员可能会采用 $\boldsymbol{S}$ 的特征向量(EOFs)作为展开函数,其特征值给出每个 EOF 系数的预期的方差。给定矩阵的特征值和特征向量等价于给定该矩阵本身,由此得到的结果理应是等同的。EOF 方法之所以引人入胜,是因为其可提供比数值网格更为有效的表示手段,但是以现代计算机所具有的计算能力,很难下结论说这种处理方法是更好的。

可采用多种方法施加先验约束。例如,考虑温带廓线中存在分层扰动时射线传播时间(2.15 节)。Munk 和 Wunsch(1982b)将该问题视为“上-下模糊性”的一个例子(图 6.25)。分层的选择要使几乎所有的结构都位于海洋上层,即只有一层位于声轴的下方。这种分层选择并不是任意的,每条射线赋予某一层的权重与该射线在该层中的传播时间或距离成正比。在声轴下面的水层中,射线传播需要花费更多的时间,因此,声轴下面的水层比浅的水层拥有更大的权重。在缺乏先验信息的条件下(即设 $\boldsymbol{S} \propto \boldsymbol{I}$),声轴以下具有多个分层时的反演结果倾向于将扰动优先置于深海中。在不知道先验的相反的信息时,这个解是可以接受的。如果知道相反的信息就可以利用 $\boldsymbol{S}$ 的结构,或者可以把声轴下面的分层合并起来以消除相应的零空间。在不依赖于距离的环境中,另一种可能性就是识别并使用另外的射线到达,这些到达具有一个附加的上或下循环。总之,当扰动主要出现在海洋上层,至少可以有三种方法提供相应的信息:引入正确的矩阵 $\boldsymbol{S}$;引入一个采用 $\boldsymbol{S}$ 矩阵特征向量的表示(EOF),或通过减少深层的数目来抑制零空间矩阵。

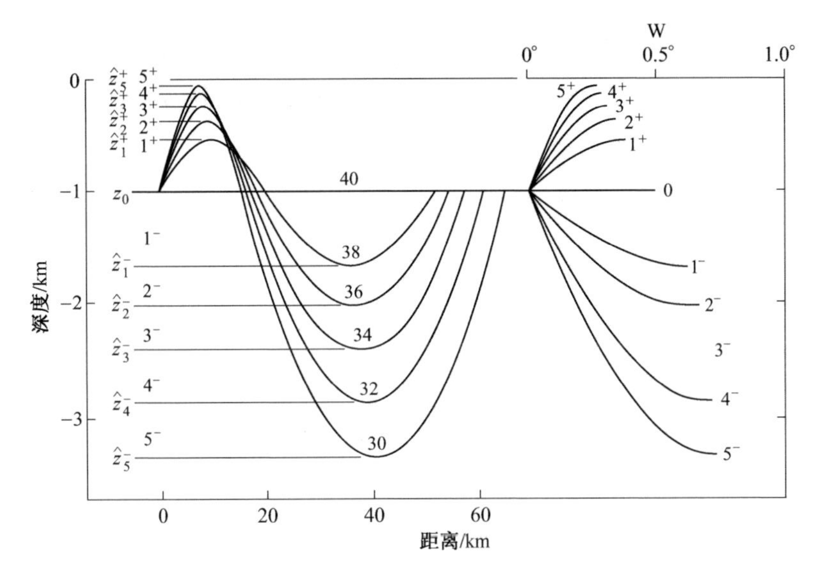

图 6.25 垂直截面层析中的上-下模糊性的起源(Munk 和 Wunsch,1982b)。z_0 表示声轴,同时给出 z_0 上方和下方的分层示意图,以及不依赖于距离情形下的典型的射线。射线的权重 w_i 与经过每一层所需的时间或距离成正比。对每条射线来说,w 的积分(记为 W)显示在右边。

同样的考虑可应用于水平方向的表示:声场倾向于集成某些结构和空间尺度,它们最终存在于零空间,除非通过引入正确的 $\mathbf{S}$ 或合适的表示来提供附加的信息。在 4.2 节循环谐波分析中,大部分水平波数对射线传播时间的扰动没有贡献。如果水平方向的表示是通过正弦和余弦函数实现的,则我们可以(i)只是忽略未观测到的波数,或(ii)通过 S 给定观测到的波数和未观测到的波数之间的关系。如果表示是通过水平网格/方块进行的,那么在波数空间中指定波数将是非常困难的,但是不难指定空间结构的预期的协方差。

1. 估计方法

研究人员可以自由权衡对某个特定问题处理上的便捷和需要实现的目标。我们通常建议,最好首先尝试 Gauss-Markov 估计方法,因为该方法的最直接的目标是,求估计解与"真值"之间的极小的偏差,而且该方法要求使用者对先验的统计假设要非常清楚;其缺点是,采用一些不太容易理解的运算来构建数据与最终估计之间的关系。如果需要了解解的性质及其与数据之间的关系,建议采用最小二乘的 SVD 形式,它能够提供零空间的清晰结构,构建观测空间的正交结构和解空间的正交结构之间的联系,并允许在高分辨率和小的不确定性之间做出简单的权衡;其主要缺点是,可用的信息可能非常之多,并且在形式上需要对矩阵 $\boldsymbol{S}$ 和 $\boldsymbol{R}$ 进行 Cholesky 分解。但重要的是,应认识到 Gauss-Markov 方法的计算量本身可能成为极大的负担。理想情况下,如果我们能够利用完整的协方差矩阵(即非对角阵)求解,那么大量的估计运算将产生维数巨大的空间协方差矩阵。通常不建议采用传统的最小二乘方法,因为其结果可能会与 Gauss-Markov 估计得到的结果混淆起来,但是有经验的研究人员发现,这种解的一致性具有相当大的便利性。在某些情况下,即当寻求添加非统计性结构信息,如"最平滑"的解或某些元素足够大的解,最小二乘法就是合适的方法。最小二乘法很容易添加不等式约束项(Lawson 和 Hanson,1974),如解中的某些元素大于或小于某个特定的值。

其他的反问题方法,如线性规划,可能是更为可取的方法。读者将会注意到,所有的方法都包含一个优化步骤,即确定目标函数的平稳点。由于优化过程的计算量极大(尤其是采用非线性模型和约束条件时),这就促使研究者探索更新颖的方法,如称为模拟退火和遗传算法的组合方法。这些方法以及其他一些方法看来是很有应用前景的,但是,我们在此不做讨论,读者可参阅相关参考文献(Ripley,1981;Press 等,1992a,b;Koza,1992)。

2. 不确定性

不确定性,无论在反演之前还是反演之后,通常被认为是棘手的问题。但是不确定性问题十分重要,它通常比解包含更多的重要信息。先验的不确定性(用协方差矩阵 $\boldsymbol{S}$ 和 $\boldsymbol{R}$ 表示)提供了关于解和海洋结构的大量信息。如果方差(对角元素)取得过大或过小,则意味着对海洋或数据的描述不正确,并将歪曲问题的解。另一方面,过分拘泥于获得 $\boldsymbol{S}$ 和 $\boldsymbol{R}$ 的精确估计也是不可取的;随着观测数据量的增加,不确定性估计的直接影响也将减小。而且,残差对先验统计量极为敏感;在连续的数据流情形下,残差特别适合于"适应性"方法(通过修改 $\boldsymbol{S}$ 和 $\boldsymbol{R}$)。

同样,$\hat{\boldsymbol{x}}$ 的不确定性 $\boldsymbol{P}$ 定量说明了解的不同分量的精度如何,它们的相关性如何。$\boldsymbol{P}$ 包含的信息非常重要,对于不同的目的(如对其求导或作预报),根据 $\boldsymbol{P}$ 可确定解中哪些结构是可以放心使用的,哪些结构还需进一步关注。今后的实验主要关注那些尚未很好确定的分量。

3. 其他声学数据

这里给出的例子主要是将声波传播时间作为观测数据,无论是采用射线表示,还是采用模态表示。然而,反演方法并不仅局限于这些特定的数据,虽然到目前为止,无论是理论研究还是实际应用都采用这些数据。其实,任一声学信号的可测量属性都可用于反演海洋结构,只要能够构造出观测数据和海洋某些属性之间的函数关系式(声学信号能通过它被传递)。最明显的例子是射线的角度或强度。

这种方法的最一般的形式通常称为“全波形反演(full-waveform inversion)”(Brown,1984)或匹配场处理(matched-field processing)(Tolstoy 等,1991;Baggeroer 和 Kuperman,1993),即完整的到达信号,在强度和相位的所有细节方面都匹配到基于理论构建的形式。以后发展起来的各种方法直接来源于阵列处理算法,其中的传统问题是找出声源或反射体的确切位置。通过不断调整这些位置参数,以完全再现到达的信号。在层析问题中,把可调整的参数扩充到包括海洋状态参数,通过匹配所有接收到的波形求得目标函数的极小值。这些计算的成功成为“求解”正问题的最终的检验,这意味着可以对声源和接收机特性有一个全面的了解,并且对声波通过的海洋的结构也有一定的了解。因此,迄今为止正演计算及数据不足所带来的困难阻碍了这些方法在实际层析数据中的全面应用。

Brown 等(1980)将一个近似的全波形解与到达信号做比较,但是并未作实际的反演。Goncharov 和 Voronovich(1993)将一个极为简单的匹配场处理方法应用于在挪威海收集到的连续波(CW)信号。

4. 最后的步骤

作为最后的步骤,我们需要将估计得到的扰动添加到原始的基本状态上,重新计算传播时间或其他所用的声学数据的估计值,然后将它们与实际观测进行比较,其中考虑了不确定性的影响。这一步骤类似于工程师们常说的“合理性检查(sanity check)”:它除了检验其他的近似以外,还对线性化近似进行了检验。如果所有这些都没有问题,那么新的状态估计与观测数据就是一致的。

第 7 章　反问题:面向模型的情形

7.1　引言:模型的使用

第 6 章集中讨论了以观测资料为主要信息的反问题方法。虽然这些方法通过显式约束式(6.5.15)或先验协方差矩阵 $\boldsymbol{S}$,再或者通过基的表示,可以很容易地得到 $\boldsymbol{x}$ 的结构信息,但是这些考虑对于寻求与观测资料一致的解来说是次要的。因为利用的主要是式(6.2.4),所以可以将这些方法称为“面向数据的”方法。

其实还存在着另外一种可能性,即利用包含在运动方程和大气强迫估计中的海洋状态的丰富信息。假设 Navier-Stokes 方程包含大气风场和浮力强迫,通过解析或数值方法求解,可得到海洋状态估计 $\hat{\boldsymbol{x}}(-)$,其中,“-”号表示这是没有利用层析数据的解。对于海洋环流模型(GCM),不论是全球模型还是区域模型,$\hat{\boldsymbol{x}}(-)$ 的维数都非常之大(10^8 或者更大,如图 7.1 所示)。依赖于模型的复杂性和边界条件的准确度与精度(accuracy and precision),实际上,$\hat{\boldsymbol{x}}(-)$ 可以是一个极好的估计,隐含着包含了大量的海洋状态信息。模型中包含了以前由解的协方差矩阵 $\boldsymbol{S}$ 提供的所有信息。在这种情形下,层析观测式(6.2.4)可能仅直接涉及 $\boldsymbol{x}$ 分量中的极少一部分,此时可以寻求通过最优融合模型方程和层析观测或者其他类型的观测来估计状态变量 $\boldsymbol{x}$。这里称为“面向模型的”层析,但是要认识到这个方法实际上代表了这两种问题之间的连续统一。

第 6 章中提到了使用定常 GCM 和模拟的层析观测(包含误差)的问题。Schroter 和 Wunsch(1986)讨论了如何将任意维(关于 $\boldsymbol{x}$)的定常 GCM 强迫到与层析观测(带有噪声的相对稀疏的数据集)相一致的状态,其本质就是应用已经讨论过的面向数据的方法。

当应用依赖于时间的 GCM 时,必须采用面向模型的方法。如果假设海洋状态随着时间 t 演变,则必须扩展 $\boldsymbol{x}$ 的定义。定义 $\boldsymbol{x}(t)$ 为 t 时刻的海洋状态,时间间隔 $\Delta t = 1$。那么,$\boldsymbol{x}$ 包含所有时刻的状态,即

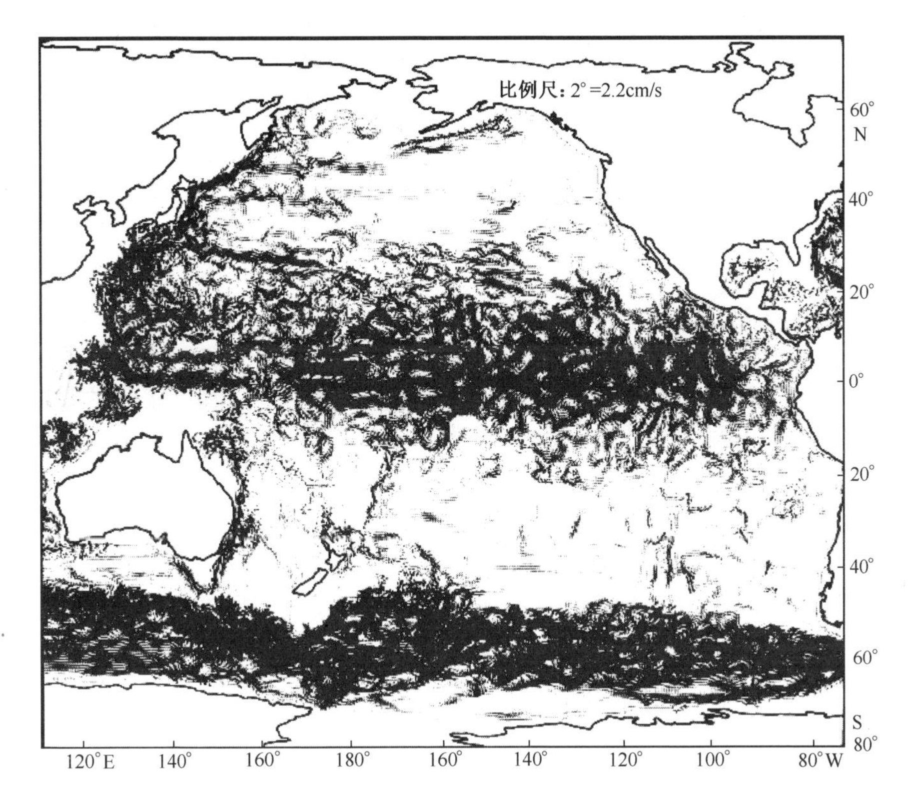

图 7.1 包含季节强迫的全球 GCM(Semtner 和 Chervin,1992)得到的太平洋深海瞬时流场。速度是从 1000~3300m 的深度平均。该模型包含了在所有时空尺度上的各种现象。利用层析数据或其他数据所做的推断都必须与流体的物理学原理相一致;但是,需要说明的是,该模型以及其他现有的模型,都比实际的海洋要简单很多。

$$\boldsymbol{x} = \begin{bmatrix} \boldsymbol{x}(0) \\ \boldsymbol{x}(1) \\ \vdots \\ \boldsymbol{x}(t = N) \end{bmatrix} \tag{7.1.1}$$

t 时刻的层析观测为

$$y_i(t) = \sum_j E_{ij}(t) x_j(t) + n_i(t) \tag{7.1.2}$$

即使 $\boldsymbol{x}(t)$ 的维数刚刚大于观测资料数量,随着时间的推移,$\boldsymbol{x}$ 的未知分量的累积数量最终将远远大于观测资料的数量。因此,我们必须利用 $\boldsymbol{x}(t)$ 的动力演变知识以帮助获得 $\boldsymbol{x}$ 的估计。换一个角度而言,如果状态变量随时间演变的模型已知,则 t 时刻的海洋状态变量信息中同时包含有未来和过去状态的信息。例如,适合于模型的初始场条件可以利用过去一段时间内的海洋状态的观测资料加以确定。

海洋运动的复杂性,可从 Semtner 和 Chervin 的模型(Semtner 和 Chervin,1992)给出的深海流场(图 7.1)以窥一斑。这样的模型称为涡旋解析的环流模型(EGCM),代表了当前海洋模拟的发展水平。这些模型处于快速发展中,面临的困难不少,并且对计算时间的要求极高,因此,它们只能在有限的时间长度内运行。

随着计算能力的迅速增长以及数值技术的快速发展,有理由相信,EGCM 模型的后续研发将越来越接近海洋实际,终将适用于海洋应用的问题。伴随模拟技术的不断提升,必然要求我们能够增加观测资料的数量。图 7.1 中的某些海流特征有可能出现在实际的海洋中,但是依靠目前的海流探测技术,几乎无法实现对上述现象的观测。层析是少数几种技术中的一种,它可提供与上述海洋特征相一致的时空范围内的数据。其前提是,必须在融合观测数据与海洋模型方面取得快速进步,以便能用观测资料同时对模型做出检验和约束。

直到最近,海洋学家对融合观测资料与四维模型的问题仍然没有给予足够的关注,部分原因在于可获得的观测资料极少。这种情形与气象学形成明显的反差。在气象学中,由于世界天气观测网(the World Weather Watch)的建立以及对精确天气预报的需求,气象学家能获得极为丰富的观测资料,让海洋学家很是嫉妒①。海洋学中这种资料缺乏的状况正在发生快速的变化,许多新型观测系统(如卫星、浮标、船舶、示踪物和声学层析)投入应用。但是,海洋学中将观测资料与模型融合的实践尚处于初级的阶段。

天气预报所涉及的经济效益促使气象学家采用复杂的方法以融合观测资料与大气模型,这种方法称为同化(assimilation)(Bengtsson 等,1981;Lorenc,1986;Ghil 和 Malanotte Rizzoli,1991;Daley,1991)。这是一个恰当的术语,气象学家在资料同化方面所取得的经验可为海洋学研究提供重要的指导,因为海洋学家已开始认真处理将观测资料与 EGCMs 模型融合的问题。但是,由于气象学关注的重点问题是短期预报,以及大气数据所具有的特殊性质,因此,气象学家对资料同化问题本身尤为关注。在海洋学中预报问题也是一个具有一定研究意义的问题(用于制定短期巡航的计划、军事活动,以及用于著名的厄尔尼诺问题的研究),但是目前的中心问题是,要更好地描述海洋状态以加深人们对海洋的了解。从(形式上的)将来时间到估计时刻之间的数据包含了许多有用的信息,并且它把气象学和海洋学区分开来,这至少在数值天气预报中是这样的。就气候

① 这并不意味着气象学家对他们的数据库很满意,他们只是比海洋学家的状况要好一点。

预测目的而言,最为迫切的问题之一就是“初始化”,即确定当前的海洋状态,且要求其具有足够的准确度,以使经过长时间计算后的最终结果不会被初始条件中的误差所淹没。因此,我们避免使用“同化”这个用语,而是采用从数学统计学和工程学中借用过来的更为一般的术语“状态估计”,而将预报问题中的同化看作为状态估计的一种特殊情形而已。

本章将要讨论的诸多问题代表着未来的发展方向,而不是现在所用的方法。通过讨论,我们将阐明层析与模型结合所具有的强大功能,讨论中给出的计算步骤对于第 8 章将要描述的海盆和全球问题而言是必不可少的。

7.2 状态估计和模型识别

借助时间演变模型使用层析数据的问题与使用任何其他数据的问题并没有什么本质上的不同。下面给出一个简略的一般性的讨论,其目的是指出今后的研究方向所在。

假设海洋模型具有三维空间和一维时间,且可能为非线性模型。该模型通过 Navier-Stokes 方程近似表示为(采用简略的记号)

$$\boldsymbol{x}(t+1)=\boldsymbol{L}(\boldsymbol{x}(t),\boldsymbol{r},t,\boldsymbol{q}(\boldsymbol{r},t),\boldsymbol{w}(\boldsymbol{r},t)) \tag{7.2.1}$$

不失一般性,$\boldsymbol{q}$ 为所有已知的边界和初始条件,以及作用在流体上的强迫项;$\boldsymbol{x}(t)$称为状态向量,为 t 时刻的海洋状态(时间 t 均为整数)。取决于所考虑的模型,$\boldsymbol{x}(t)$始终表示每个网格点处的三维速度场,或者是由有限元表示的密度场,或者是通过模态展开表示的气压场,或者是上述物理量场的任意组合或全部组合。根据定义,状态向量可提供恰好适量的信息,使得模型可计算一个时间步的值进入到下一时刻,也就是说 $\boldsymbol{x}(t+1)$是利用 $\boldsymbol{x}(t)$,以及必须的边界条件和外部给定的能量和动量的源和汇计算得到的。式(7.1.1)定义 $\boldsymbol{x}(t)$为 $\boldsymbol{x}$ 的子向量,如第 6 章中所使用的那样。

$\boldsymbol{w}(t)$ 表示任意的模型参数,在某些情况下可以看作为未知量,如动量或热量的涡旋混合系数。我们暂时把这些参数与状态变量区分开来,但这种区分在很大程度上是人为的。常用 $\boldsymbol{w}(t)$ 表示 $\boldsymbol{q}(t)$中的未知部分。需要注意的是边界条件的不确定性,不论是海表面边界还是侧边界,尤其是“开边界(open-ocean)”的流入和流出。我们可以对式(7.2.1)增加关于模型不确定性的任何信息。例如,如果强迫项包含风应力旋度,$\boldsymbol{f}\equiv\hat{\boldsymbol{k}}\cdot\nabla\times\boldsymbol{\tau}$,此时设

$$\boldsymbol{f}=\boldsymbol{f}_0\pm\delta\boldsymbol{f} \tag{7.2.2}$$

式中,$\boldsymbol{q}=\boldsymbol{f}_0$,$\boldsymbol{w}=\delta\boldsymbol{f}$,同时设

$$\langle \boldsymbol{w}(t) \rangle = 0, \langle \boldsymbol{w}(t) \boldsymbol{w}(t)^{\mathrm{T}} \rangle = \boldsymbol{Q}(t) \tag{7.2.3}$$

对模型的其他方面,包括初始条件、边界条件和内部参数等,也往往考虑类似的不确定性。考虑不确定性的原因是因为对于模型并没有完全确定的部分,一般的方法应该允许模型的任何方面可以随着经验而改变。在最为一般的意义上,$\boldsymbol{w}(t)$ 也可表示所有的模型缺陷,包括缺少或者错误给定的物理过程。通常称 $\boldsymbol{w}(t)$ 项为"控制项"。

最后,具体讨论层析问题。这里有一组穿过海洋的积分,由式(6.2.1)或式(6.2.4)表示。虽然在任意固定时刻的层析观测仍然为关于状态向量的加权平均,如同式(6.2.4)中的那样,我们还是必须要区分有限时间间隔内($t_1 \leqslant t \leqslant t_f$)不同时刻 t 时所作的观测。同时,也必须考虑以下的可能性,即观测矩阵和海洋状态一样是随时间演变的①。将式(6.2.4)或者式(7.1.2)写成矩阵形式,即

$$\boldsymbol{E}(t)\boldsymbol{x}(t) + \boldsymbol{n}(t) = \boldsymbol{y}(t) \tag{7.2.4}$$

式中:$\boldsymbol{E}(t)$中的许多元素(如果不是最多)将为零。

假设将模型定义在网格点上(图 7.2),同时假设状态变量由气压场和三维速度场组成。如果 t 时刻的层析观测是沿着图中所示直线上的速度场,则 $\boldsymbol{E}(t)$ 中的所有元素(除去那些对应于与路径相交或靠近路径的格点②元素)均为零。

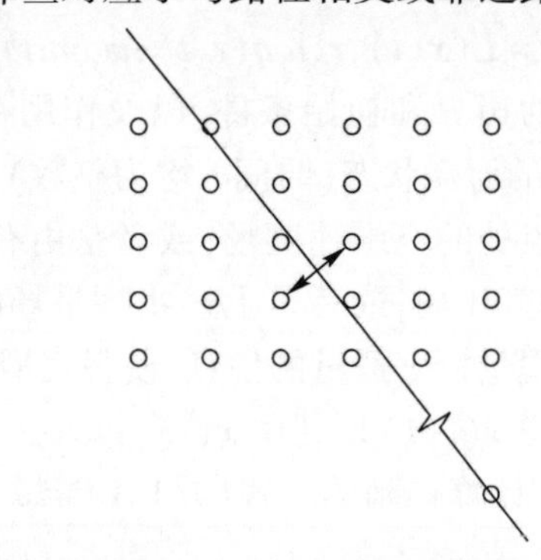

图 7.2 平面上的模型网格和穿过其中的射线。$x_j(t)$ 表示第 j 个格点处的声速或者速度分量。如果射线轨迹(它可以弯曲的)直接穿过一个格点,则 $\boldsymbol{E}$ 的对应的行在第 j 列具有非零元素。对于射线不穿过但是接近的格点,可以利用 $\boldsymbol{E}$ 的行构建一个将 $x_j(t)$ 插值到射线经过的点处的插值方案。

① 例如,增加了一个声源、一个接收机发生故障、使用了移动的船只、基本的海洋状态改变很大等情况。

② 第 2 章~第 4 章中描述的射线和模态传播时间计算需要给定 $S(z,x)$ 的详细结构,而许多 GCMs 只有很少的自由度,如垂直方向 10 层或很粗的水平侧边分辨率。从模型的网格到声学计算所需的更密的网格的合适插值似乎足以计算 $\boldsymbol{E}(t)$,如样条插值或其他插值。

对于固定的 t,可用第 6 章中讨论的逆方法直接求解式(7.2.4),而无须应用式(7.2.1)(此方程将不同时刻的估计值联系在一起)。现在,我们提出以下的状态估计问题:给定式(7.2.1)和式(7.2.4),$\boldsymbol{x}(t)$ 的最优估计是什么?其不确定性是多少?对于 $t > t_f$,这是一个预报问题;我们关注的是更具海洋学意义的问题,即 $0 \leqslant t \leqslant t_f$。

依据最小二乘及与之相关的最小误差方差估计的一般思路,可以最小化以下的目标函数(在观测资料的时间范围内)

$$
\begin{aligned}
J' = & \sum_{t=1}^{t_f} (\boldsymbol{E}(t)\boldsymbol{x}(t) - \boldsymbol{y}(t))^{\mathrm{T}}\boldsymbol{R}(t)^{-1}(\boldsymbol{E}(t)\boldsymbol{x}(t) - \boldsymbol{y}(t)) \\
& + \sum_{t=0}^{t_f-1} \boldsymbol{w}(t)^{\mathrm{T}}\boldsymbol{Q}(t)^{-1}\boldsymbol{w}(t)
\end{aligned}
\tag{7.2.5}
$$

求解 $\boldsymbol{x}(t)$ 和 $\boldsymbol{w}(t)$ 的估计值,其中,约束条件为 $\hat{\boldsymbol{x}}(t)$ 是演变模型式(7.2.1)的解。通常,观测误差和模型误差的协方差矩阵 $\boldsymbol{R}(t)$ 和 $\boldsymbol{Q}(t)$ 分别被选作为式(7.2.5)中的权重矩阵,因此,最小二乘估计也是最小方差估计;其他的非统计学的权重也是可能的。典型情况是,存在初始条件的估计值 $\hat{\boldsymbol{x}}(0)$,其不确定性为 $\boldsymbol{P}(0) \equiv \langle(\hat{\boldsymbol{x}}(0) - \boldsymbol{x}(0))(\hat{\boldsymbol{x}}(0) - \boldsymbol{x}(0))^{\mathrm{T}}\rangle$,并且,通常用另一形如 $(\hat{\boldsymbol{x}}(0) - \boldsymbol{x}(0))^{\mathrm{T}}\boldsymbol{P}(0)^{-1}(\hat{\boldsymbol{x}}(0) - \boldsymbol{x}(0))$ 的项对式(7.2.5)作加强处理。由此得到的状态向量估计可产生最优的估计场,可作为其他物理量(如涡度、频率或波数谱等)的最优估计的基础。式(7.2.5)中并未包含任何涉及 $\boldsymbol{x}(t)$ 协方差的项,因为模型和 $\boldsymbol{P}(0)$ 中应该包括状态向量的所有先验统计信息。在进行这些计算的过程中将出现一些极为棘手的实际问题,对此读者是会理解的。在前面提到过的 Chiu 和 Desaubies 的工作(1987)中,包含有这个问题的特别简化的形式,其中 $\boldsymbol{x}(t)$ 随时间保持不变,为常数。

以上所提问题的许多不同形式具有重要的研究意义。例如,在"模型识别"问题中①,我们寻求象涡动系数(eddy coefficient)一样的模型参数的估计(它可最优拟合观测资料);"初始化(initialization)"问题寻求的是通过利用后面的观测资料和模型动力学方程,来获得初始条件改进的估计。在层析问题中,建模的形式并不局限于 $\boldsymbol{x}(t)$ 的分量。就解的误差项 $\boldsymbol{n}(t)$ 受已知的动力学演变方程的约束而言,误差项也是可以建模的。例如,锚定仪器随时间的移动由控制锚定运动的物理规律所决定(见第 5 章),在通常情况下潮汐流起到主导的作用。某些噪声分量(如锚定位置的不变的误差)满足特别简单的演变方程,$n_{\mathrm{anc}}(t+1) =$

① 第 5 章提到了"射线或模态识别",这是一个与模型中的参数估计不同的用法。

$n_{\mathrm{anc}}(t)$。

从纯数学的角度而言，在模型约束下确定式(7.2.5)的极小值问题与第6章中已讨论的问题是一样的，即引入的时间只是追踪 $\boldsymbol{x}$ 和 $\boldsymbol{y}$ 的子向量的记录索引。可以用拉格朗日乘子法，或者在最小二乘的意义上(类似于式(6.3.7))，引入模型约束，以构建并求解合适的正规方程。在实践中，运行 GCMs 时所需要的大量的时间步使得问题的维数如此之大，以至于常规的联立方程的解法失效。本章接下来的大部分内容可以看成是针对一个方法的技术方面的讨论，这个方法主要涉及：时间演变模型将完整的状态向量(full statevector) $\boldsymbol{x}$ 的子向量 $\boldsymbol{x}(t)$ 和 $\boldsymbol{x}(t+1)$ 联系起来，并且所得到的解的结构如何被用来获得有效的算法，以确定式(7.2.5)的极小值。

7.3 状态估计：实际应用

作为初步的讨论，假设模型式(7.2.1)是线性的或者是可线性化的，具体形式为

$$\boldsymbol{x}(t+1)=\boldsymbol{A}(t)\boldsymbol{x}(t)+\boldsymbol{B}(t)\boldsymbol{q}(t)+\boldsymbol{\Gamma}(t)\boldsymbol{w}(t) \tag{7.3.1}$$

式中：$\boldsymbol{A}(t)$ 为 $N\times N$ 矩阵，可能依赖于时间；乘积 $\boldsymbol{B}(t)\boldsymbol{q}(t)$ 为强迫(或源、汇、边界条件)的一般形式(Brogan，1985)。

典型的情况是，$\boldsymbol{q}(t)$ 代表边界条件和外源的独立自由度，而 $\boldsymbol{B}(t)$ 将 $\boldsymbol{q}(t)$ 分散到模型网格上。例如，如果 $\boldsymbol{x}(t)$ 在模型网格北侧边界的值为 $q_1(t)$，在南侧边界的值为 $q_2(t)$，则

$$\boldsymbol{B}(t)\boldsymbol{q}(t)=\begin{bmatrix}0&0\\0&0\\\vdots&0\\1&0\\\vdots&\vdots\\0&1\\0&1\\1&\vdots\\\vdots&0\\0&0\end{bmatrix}\begin{bmatrix}q_1(t)\\q_2(t)\end{bmatrix}$$

式中：第一列中的非零分量与北侧边界的网格点一致；第二列中的非零分量与南侧边界的网格点一致。

当然，这些表示并不是唯一的。依赖于时间的矩阵 $\boldsymbol{B}$ 可以表示冰盖范围变

化的区域,其中风应力的影响(根据需要)通过重置 $\boldsymbol{B}(t)$ 的元素为 0 或 1 间歇地表示。

同样地,$\boldsymbol{\Gamma}(t)\boldsymbol{w}(t)$ 表示强迫或边界条件中未知的分量,其中 $\boldsymbol{\Gamma}(t)$ 是已知的,$\boldsymbol{w}(t)$ 的协方差矩阵 $\boldsymbol{Q}(t)$ 是给定的。如果 $\boldsymbol{Q}(t)$ 是有限的,则说明未知分量的量值的某个方面是已知的。

预报问题

所研究的模型(带有最优的强迫估计等),从 $t=0$ 时刻某些初始条件的估计值开始运行,直到具有观测资料的时刻 t。定义 $\hat{\boldsymbol{x}}(t,-)$ 为模型估计值,但并未使用过观测资料。假设已经知道这个"状态估计"的不确定性的估计(后面将讨论此问题),记为 $\boldsymbol{P}(t,-)$。同时,具有误差协方差矩阵 $\boldsymbol{R}(t)$ 的观测资料 $\boldsymbol{y}(t)$ 是可得到的。那么问题是,这些观测资料如何使用才可以改进模型预报值 $\hat{\boldsymbol{x}}(t,-)$?

这个问题是"现报(nowcasting)"问题中的一种,或者用控制论的术语,是"滤波"问题的一种。首先考虑一个简单的问题:这些观测资料与模型一致吗?为了回答这个问题,将 $\hat{\boldsymbol{x}}(t,-)$ 代入式(7.2.4)中,并比较观测资料和模型估计值的差异,即

$$\boldsymbol{y}(t)-\boldsymbol{E}(t)\hat{\boldsymbol{x}}(t,-) \tag{7.3.2}$$

如果差异等于零,则没有理由要改变,$\hat{\boldsymbol{x}}(t)=\hat{\boldsymbol{x}}(t,-)$,但是模型与观测资料之间的一致性会使不确定性的估计值减小。其实这种完美的一致性并不存在,因此我们利用差异式(7.3.2)进行订正。递归解式(6.7.5)~式(6.7.7)显示了如何进行订正:对两个不同的估计进行加权平均,具体为

$$\hat{\boldsymbol{x}}(t)=\hat{\boldsymbol{x}}(t,-)+\boldsymbol{K}(t)(\boldsymbol{y}(t)-\boldsymbol{E}(t)\hat{\boldsymbol{x}}(t,-)) \tag{7.3.3a}$$

式中

$$\boldsymbol{K}(t)=\boldsymbol{P}(t,-)\boldsymbol{E}^{\mathrm{T}}(t)\left[\boldsymbol{E}(t)\boldsymbol{P}(t,-)\boldsymbol{E}^{\mathrm{T}}(t)+\boldsymbol{R}(t)\right]^{-1} \tag{7.3.3b}$$

并且,新的不确定性为

$$\boldsymbol{P}(t)=\boldsymbol{P}(t,-)-\boldsymbol{K}(t)\boldsymbol{E}(t)\boldsymbol{P}(t,-) \tag{7.3.4}$$

这样,我们得到了通常所说的"Kalman 滤波器"(可以得到与式(7.3.3)和式(7.3.4)等价的不同的表达式)。现在,预报问题可以通过利用模型式(7.3.1)(其中,设置 $w(t)=0$)计算 $\hat{x}(\mathrm{t}+1,-)$ 来实现,这是利用模型动力学和直到 t 时刻的观测资料得到的最优估计。

利用式(7.3.3)估计 $\hat{\boldsymbol{x}}(t)$ 需要知道 $\boldsymbol{P}(t,-)$。假设 $\hat{\boldsymbol{x}}(t-1)=\boldsymbol{x}(\mathrm{t}-1)+\boldsymbol{\gamma}(t-1)$,其中 $\langle\boldsymbol{\gamma}(t-1)\boldsymbol{\gamma}^{\mathrm{T}}(t-1)\rangle=\boldsymbol{P}(t-1)$。对于一个线性模型:

$$\boldsymbol{\gamma}(t)=\boldsymbol{A}(t-1)\boldsymbol{\gamma}(t-1)+\boldsymbol{\Gamma}(t-1)\boldsymbol{w}(t-1) \tag{7.3.5}$$

即状态误差以与状态向量完全相同的方式进行传播,只是增加了一个由未知的

强迫(或源、控制项)产生的分量。这个新误差的协方差为

$$
\begin{aligned}
\boldsymbol{P}(t,-) &= \langle [\boldsymbol{A}(t-1)\boldsymbol{\gamma}(t-1) + \boldsymbol{\Gamma}(t-1)\boldsymbol{w}(t-1)][\boldsymbol{A}(t-1)\boldsymbol{\gamma}(t-1) \\
&\quad + \boldsymbol{\Gamma}(t-1)\boldsymbol{w}(t-1)]^{\mathrm{T}} \rangle \\
&= \boldsymbol{A}(t-1)\boldsymbol{P}(t-1)\boldsymbol{A}^{\mathrm{T}}(t-1) + \boldsymbol{\Gamma}(t-1)\boldsymbol{Q}(t-1)\boldsymbol{\Gamma}^{\mathrm{T}}(t-1)。
\end{aligned} \tag{7.3.6}
$$

在 t 时刻存在的任何误差结构随着时间可能增长、衰减或者维持有界,主要取决于模型的细节。

至此,式(7.3.3)、式(7.3.4)和式(7.3.6)构成了一个明显的递归公式:当数据进入时,利用它们预报下一观测时刻的状态向量,然后如式(7.3.3a)那样进行比较和融合。当预报步骤进行的时候,借助模型和协方差矩阵使用了全部现有的数据以及所有的动力学和统计学理论知识。递归公式和时间序列数据的结合产生了许多实时的应用(如飞机着陆控制)。关于 Kalman 滤波的理论和实践,存在着大量的文献(Sorenson,1985)。根据 Ghil 和 Malanotte Rizzoli 的文献回顾(Ghil and Malanotte Rizzoli,1991),Kalman 滤波方法在海洋学中一直有一些实际应用,但这种应用也仅是尝试性的应用于层析数据的研究中。Howe 等(1987)采用扰动状态向量在 10 天之内衰减到 0 这一规则代替动力学模型,这实际上是预设海洋状态随着时间趋近于气候态;而模型的不确定性即协方差矩阵 $Q(t)$ 被指定为随着时间增长到中尺度涡旋的协方差的估计值,且在 10 天之后达到最大值。仅有的较为简单的"动力学过程"是单纯持续性的过程,它要求 $\boldsymbol{x}(t+1)=\boldsymbol{x}(t)$,在此情况下,Kalman 滤波器简化为递归最小二乘。对于大的模型不确定性,式(7.3.3)简化为式(6.5.10),其中$\boldsymbol{S}^{-1}=0$。即如果模型误差很大,那么最优估计就基于 t 时刻观测资料的静态求逆,因为先验估计并未包含当前的信息。按照这样的方法,取决于模型和观测资料的相对不确定性①,面向模型的结果便简化为面向数据的结果。

1. 平滑

显然,到目前为止尚未解决目标函数(7.2.5)的最优化问题:到将来时刻 t 的观测资料(可能被存储起来),并未被用于计算 $\hat{\boldsymbol{x}}(t)$,同样也未被用于估计控制变量 $\boldsymbol{w}(t)$。处理这些问题的算法称为"平滑器"。假设在整个时间范围 $0 \leqslant t \leqslant t_f$ 上实施 Kalman 滤波,并将状态估计 $\hat{\boldsymbol{x}}(t)$ 及其不确定性 $\boldsymbol{P}(t)$ 保存下来。接着,我们希望从 t_f 时刻向后反算,以便对之前的估计做出系统性的改善。使平均

① "大的"不确定性可利用若干种矩阵范数中的任何一个来度量。得到静态求逆的极限(obtaining static inversion limit)依赖于 $\boldsymbol{E}(t)$ 没有零空间。如果有一个零空间存在,那么,这个模型,不管它的不确定性有多大,总是包含状态向量的信息,并且不能达到静态极限。

平方误差最小的估计是(Bryson 和 Ho,1975)

$$\hat{\boldsymbol{x}}(t,+)=\hat{\boldsymbol{x}}(t)+\boldsymbol{L}(t)[\hat{\boldsymbol{x}}(t+1)-\boldsymbol{A}(t)\hat{\boldsymbol{x}}(t)-\boldsymbol{B}(t)\boldsymbol{q}(t)] \tag{7.3.7}$$

新的不确定性为

$$\boldsymbol{P}(t,+)=\boldsymbol{P}(t)+\boldsymbol{L}(t)[\boldsymbol{P}(t+1,+)-\boldsymbol{P}(t+1,-)]\boldsymbol{L}^{\mathrm{T}}(t) \tag{7.3.8a}$$

式中

$$\boldsymbol{L}(t)=\boldsymbol{P}(t)\boldsymbol{A}^{\mathrm{T}}(t)\boldsymbol{P}^{-1}(t+1,-) \tag{7.3.8b}$$

现在,$\hat{\boldsymbol{x}}(t,+)$是 t 时刻的状态的第三个估计值,之前已有 $\hat{\boldsymbol{x}}(t,-)$和 $\hat{\boldsymbol{x}}(t)$。需注意,式(7.3.7)仍然为两个量的加权平均。对于我们目前考虑的情形,这两个量分别为先验最优估计 $\hat{x}(t)$ 以及模型预报的新的最优估计 $\hat{x}(t+1)$ 与它实际上的原来值的差异。

利用系统在将来随时间演变的信息,也可得到关于未知的控制项的估计。未知控制项的最优估计为

$$\hat{\boldsymbol{w}}(t-1,+)=\boldsymbol{M}(t-1)\{\hat{\boldsymbol{x}}(t,+)-\hat{\boldsymbol{x}}(t,-)\} \tag{7.3.9}$$

其不确定性为

$$\boldsymbol{Q}(t-1,+)=\boldsymbol{Q}(t-1)+\boldsymbol{M}(t-1)\{\boldsymbol{P}(t,+)-\boldsymbol{P}(t,-)\}\boldsymbol{M}^{\mathrm{T}}(t-1) \tag{7.3.10}$$

式中:$\boldsymbol{M}(t-1)=\boldsymbol{Q}(t-1)\boldsymbol{\Gamma}^{\mathrm{T}}\boldsymbol{P}^{-1}(t,-)$ 。对 $\hat{\boldsymbol{x}}(t)$和 $\hat{\boldsymbol{w}}(t-1)$ 的订正分别与它们各自的不确定性 $\boldsymbol{P}(t)$和 $\boldsymbol{Q}(t-1)$ 成正比。

观测资料仅在前向的滤波步骤式(7.3.3a)中使用;后向的递归方程式(7.3.7)~式(7.3.10)仅与模型以及前期的计算值有关。如同 Kalman 滤波器那样,当模型不确定性远大于观测噪声时(如果 $\boldsymbol{R}(t)$没有零空间),平滑器就简化为静态的、面向数据的估计。

递归方程式(7.3.7)~式(7.3.10)是 Rauch,Tung 和 Streibel(1965)提出的,通常称为“RTS 平滑器”。虽然也有一些其他等价的平滑器,它们对计算机的存储要求低于 RTS 平滑器,但是,RTS 平滑器更容易理解。对这个问题的完整的讨论可以参阅许多教科书。Gaspar 和 Wunsch(1989)、Fukumori 等(1992)将平滑算法应用到高度计数据的研究中。上述 Fukumori 等(1992)的工作具体解决减少计算量的问题,他们采用的方法是近似求解最优化问题方法,而非精确求解。目前,尚未见到将平滑算法应用到实际层析数据中的文献报道①。

---

① Spiesberger 和 Metzger(1991c),以及其他人使用了一种客观映射,其中时间维是像空间维一样处理的——使用一个时间协方差函数,而不是动力学模型(它出现在基于类似 Kalman 滤波的序列估计量中)。这样的客观映射方案是所谓的 Wiener 滤波和平滑算法的特殊形式。

2. 非线性模型问题

实际计算中存在两种明显不同的非线性性，即模型非线性性和观测方程式(7.2.4)中的非线性性。观测方程的非线性性问题，已在第6章的静态反问题中出现过（传播时间等，关于S和u是非线性的）。解决此类问题的一般方法是，在某参考态上对观测方程进行线性化处理。

下面考虑模型的非线性性问题。利用模型和观测数据来估计真实状态轨迹$\boldsymbol{x}(t), 0 \leqslant t \leqslant t_f$。如果存在一个适度准确的先验估计$\hat{\boldsymbol{x}}_0(t), 0 \leqslant t \leqslant t_f$，则依照以前的做法，在这个状态上对模型进行线性化，即

$$\boldsymbol{x}(t) = \hat{\boldsymbol{x}}_0(t) + \Delta\boldsymbol{x}(t), \boldsymbol{f} = \boldsymbol{f}_0(t) + \Delta\boldsymbol{f}(t)$$

式(7.2.1)中的模型线性化为

$$\begin{aligned}\boldsymbol{x}_0(t+1) + \Delta\boldsymbol{x}(t+1) &= \boldsymbol{L}(\hat{z}_0(t), \boldsymbol{f}_0(t), t) \\ &+ \frac{\partial\boldsymbol{L}(\hat{z}_0(t), \boldsymbol{f}_0(t), t)}{\partial\hat{z}_0(t)}\Delta\boldsymbol{x}(t) + \frac{\partial\boldsymbol{L}(\hat{z}_0(t), \boldsymbol{f}_0(t), t)}{\partial\boldsymbol{f}_0(t)}\Delta\boldsymbol{f}(t)\end{aligned}$$

或

$$\Delta\boldsymbol{x}(t+1) = \frac{\partial\boldsymbol{L}}{\partial\hat{z}_0(t)}\Delta\boldsymbol{x}(t) + \boldsymbol{B}_1(t)\boldsymbol{q}_1(t), \quad \boldsymbol{B}_1(t)\boldsymbol{q}_1(t) = \frac{\partial\boldsymbol{L}}{\partial\boldsymbol{f}_0(t)}\Delta\boldsymbol{f}(t)$$

使用线性化的模型就定义了“线性化的 Kalman 滤波器(LKF)”。利用同样的方式，平滑器也可以是线性化的。

线性化的另一种方法是把最新的状态估计作为参考场，即$\hat{z}_0(t) \equiv \hat{\boldsymbol{x}}(t)$，相应的系统计算步骤称为“扩展的 Kalman 滤波器(EKF)”；同样地，对于平滑问题也有等价的应用。相比于 LKF，EKF 也许是一个更好的选择，但无论是在数值方面还是在统计方面，EKF 都存在着稳定性这个实际问题。对此问题有兴趣的读者，可参阅大量的相关文献(Gelb, 1974; Sorenson, 1985)。

3. 举例：海洋 Rossby 波

回到单个经向截面（它穿过存在 Rossby 波的海洋）中的面向模型的反演问题上来（图4.4），这个问题曾作为静态反演的示例在6.5节中讨论过。这里，利用已有的物理规律对所要讨论的问题的时间演变加以约束。

假设声慢度场可由演变方程式(4.2.15)很好地描述，其中仅有一个垂直模态。为了简单，进一步假设观测的射线传播时间的时间序列已做过傅里叶分析处理，并且这里将要处理的问题是单个的频率，即1/3周/年。有必要将这个时间演变模型转换成标准形式式(7.3.1)。注意，在此问题的讨论中对单个频率使用了多个波数，因此，可以依照 Gaspar 和 Wunsch(1989)采用的方法。状态向量由同相和异相的系数组成，由式(4.2.17)给出。对于时间$t = \Delta t$，我们有

$\boldsymbol{x}(\Delta t)=\boldsymbol{A}\boldsymbol{x}(0)$，其中

$$\boldsymbol{A}=\begin{bmatrix}\boldsymbol{A}_0 & 0 & 0 & \cdots & 0 & \cdots \\ 0 & \boldsymbol{A}_0 & 0 & \vdots & \vdots & 0 \\ \vdots & \vdots & \vdots & & \vdots & \vdots \\ 0 & 0 & \cdots & \cdots & 0 & \boldsymbol{A}_0\end{bmatrix}$$

而

$$\boldsymbol{A}_0=\begin{bmatrix}\cos(\omega\Delta t) & -\sin(\omega\Delta t) \\ \sin(\omega\Delta t) & \cos(\omega\Delta t)\end{bmatrix}$$

由此可见,$\boldsymbol{A}$ 为块对角阵。令 $\Delta t=1$,得到一般形式为

$$\boldsymbol{x}(t+1)=A\boldsymbol{x}(t) \tag{7.3.11}$$

对于没有强迫的模型来说,式(7.3.11)具有必须的标准形式。传播时间观测数据由标准形式式(4.2.7)给出(l 由状态向量分量式(4.2.6b)定义),并包括噪声项。

例如,假设有一个初始状态的估计 $\hat{\boldsymbol{x}}(0)$,它对于所有的波数具有均匀的100m(均方根)大的不确定性。观测资料给出了在3年周期内的传播时间变化的同相和异相的振幅。模型的时间步长取为1/6年,但是仅在不规则时间点 $t=0.5$, 1.2, 1.8 和 2.5 年处有观测资料。假设模型是完美的(在式(7.3.1)中,$w(t)=0$),那么,这个问题可以简化(知道控制项 $\boldsymbol{q}(t)$,肯定便于求解问题,但可能无法提供额外的信息)。

我们已经计算了状态向量及其不确定性的 Kalman 滤波的估计和平滑的估计。在静态问题的讨论中(6.5节),曾提及从5条有噪声的信息中估计380个未知数的困难性,那时没有关于异相分量的信息。现在的情况是,虽然有一些信息可用,但是所要讨论的问题仍然是严重欠定的,因此可作为针对依赖时间情形方法的例子。

图7.3(a)所示为 $x_1(t)$ 的估计值,它是图4.3中点 A 处的波数所对应的振幅。滤波的估计是在没有观测数据的条件下模型直到 $t=0.5$ 年的预报值;由于模型物理规律的影响,在预报初期滤波估计的量值是减小的(在 $t=0.5$ 年的预报值与真值达到几乎完美的一致性,且发生在使用数据之前,这是一个巧合)。随着时间的推移,间隙可用的数据将引起 $\hat{x}_1(t)$ 的调整,使得估计值更趋近于真值,估计值与真值在一个标准误差内是几乎处处一致的。平滑的估计 $\hat{x}_1(t,+)$,正如其名字所意指的那样,是更加的“平滑”;它将“未来的”观测信息在时间上向后传递,从而从根本上改善了质量很差的初始条件。在观测时间段的后期,平滑估计与滤波估计之间几乎不存在差异,这是因为足够多的观测信

息累积起来去除了大的初始误差的影响;但是,对于含有较大噪声的观测数据,新的有用信息累积缓慢,我们认为这是合理的。

图 7.3(b)显示了图 7.3(a)中的 $\hat{x}_1(t)$ 和 $\hat{x}_1(t, +)$ 的不确定性随时间的演变情况。不确定性是渐进的,即随着观测数据数量的增多,这种不确定性在计算的最后阶段缓慢地改进。在没有观测数据的情况下,不确定性呈现出自然的周期性,其周期为波周期的一半,这是因为式(7.3.6)是 $\boldsymbol{A}$ 的二次式。这种周期性与不规则的时间间隔(为获得观测数据而假设的)是相抵触的。使用平滑器(亦即使用将来的观测数据)可减少早期的不确定性。这种不确定性及其解的结构与状态向量的其他分量的相应结构是极为相似的(图 7.3(c))。

$\boldsymbol{P}(0, +)$ 的对角元素如图 7.3(d)所示。由于所有分量的初始不确定性为 $10^{-2}\ \mathrm{km}^2 = 10^4\mathrm{m}^2$。尽管涉及所有的物理规律和观测数据,但是大多数分量仍然保持着上述的不确定性。下列情况并不令人为奇,即不确定性的减小仅发生在零波数($i = 1, 2, 189, 190$)、与射线循环共振的那些波数($i = 39,40,41,42,\cdots,47,48$ 等)以及第一个射线谐波($i = 77,78,81,82,\cdots,93,94$ 等)上。有关详细讨论情况,读者可参阅第 4 章和第 6 章。

在利用动力学模型之后,情况会有什么改观?我们获得了有关异相分量的信息,而这种信息在静态反演中是无法看到的。而且,每一新的时间步都可以改善所有时间(过去和将来)的状态估计。可以容易地将这种方法应用到如图 6.16 所示的多船覆盖的情形中,由此可充分解释由于船舶的运动而导致的状态向量的演变情况。最后,模型的线性使正在讨论的反问题变得更为困难。这个说法可能听起来有些自相矛盾。但是,$\boldsymbol{E}(t)$ 的零空间中的波数分量对于单个截面的观测并未产生显著的影响。波数分量间的非线性相互作用可产生明显的影响,据此可对波的振幅做出推断。这种推断可将我们引入"可观测性"和"可控制性"理论这样一个广阔而有趣的领域中去。有关这方面的详细情况,读者可参阅 Fukumori 等(1992)以及该文中所列的参考文献。

4. 伴随方法

以上介绍的一类方法统称为序列估计。序列估计涉及的关键点包括线性化和数值精度的确定,它们可用来求解数据与模型融合的约束最优化问题,并给出明确的不确定性估计。如果已知未知的控制项和观测噪声的协方差,那么在精度意义上,所得到的状态变量估计是"最优的",由此可以认为该问题已得到解决。

唯一的困难在于计算量。对于每个模型时间步,我们不但要计算模型状态变量的预报,还要计算预报的状态变量的不确定性,式(7.3.6)和式(7.3.8),即需要计算 $N \times N$ 个矩阵元素(如果状态向量有 $N = 10^8$ 个元素,那么这几乎是不

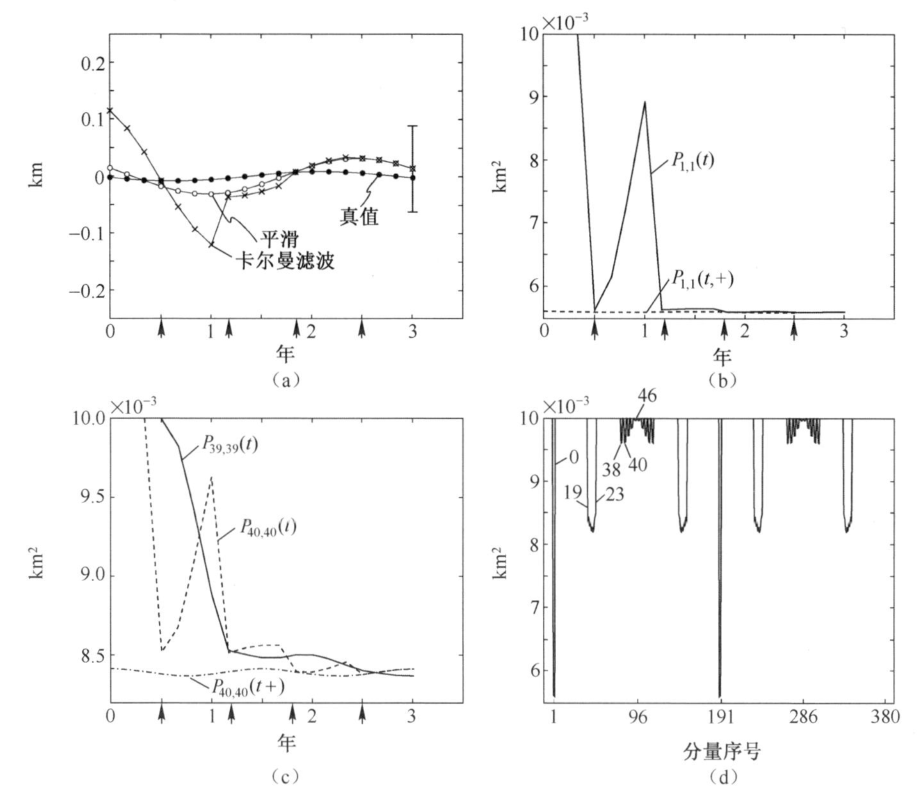

图 7.3 (a)基于 Rossby 波的模型中状态向量的分量 $x_1(t)$ 随时间的演变。Kalman 滤波的估计 $\hat{x}_1(t)$ (十字记号)从 $t=0$ 时的大误差开始,但在有观测资料的情况下,趋近"真"值(点记号)。平滑的估计 $\hat{x}_1(t,+)$ (圆圈记号)在初始阶段结果更好。观测的时间也显示在图中。(b)滤波的估计 $\hat{x}_1(t)$ 的不确定性 $P_{1,1}(t)$ 和平滑的估计 $\hat{x}_1(t,+)$ 的不确定性 $P_{1,1}(t,+)$ 。(c) $P_{39,39}(t)$ 和 $P_{40,40}(t)$ 分别是滤波的同相分量和异相分量的不确定性, $P_{40,40}(t,+)$ 为平滑的异相分量的不确定性。(d)平滑的估计 $\hat{x}(t,+)$ 在 $t=0$ 时的不确定性 $P_{i,i}(0,+)$,为分量数量 i 的函数。

可能完成的计算量)。序列估计涉及估计的状态向量(具有不同的精度)的加权平均,因此不确定性的重新计算是关键步骤。

序列估计的计算量巨大、令人生畏,因此近年来人们一直在关注一种不同的方法(Talagrand 和 Courtier,1987;Thacker 和 Long,1988;Wunsch,1988;Tziperman 和 Thacker,1989)。在海洋学和气象学的文献中,这个方法被称为"伴随方法"。

在控制和估计理论中,伴随方法已有很长的研究历史,通常称为庞特里亚金原理(Pontryagin principle)。

这个问题与前面已经讨论过的问题相同,即利用最小二乘方法,求式(7.2.5)中 J' 的极小值,约束条件为动力学模型式(7.2.1),其中包含部分已知和未知的源项、边界条件和控制项。但是,确定极小值的算法有所不同。不同于按时间连续地求解,该方法通过使用拉格朗日乘子向量 $\boldsymbol{\mu}(t)$,明确地把模型引入目标函数(7.2.5)式中,如式(6.3.13)中的那样,即

$$J'' = J' - 2\sum_{t=0}^{t_f-1} \boldsymbol{\mu}^{\mathrm{T}}(t+1)[\boldsymbol{x}(t+1) - \boldsymbol{L}(\boldsymbol{x}(t),\boldsymbol{r},t,\boldsymbol{q}(t),\boldsymbol{w}(t))] \tag{7.3.12}$$

对式(7.3.12)关于 $\boldsymbol{x}(t)$、$\boldsymbol{w}(t)$ 和 $\boldsymbol{\mu}(t)$ 求微分,可以得到关于未知量的一组正规方程。这个(大型的)方程组的解就是待求解的估计。未知量的数量增加了 $\boldsymbol{\mu}(t)$ 的维数与时间步数量的乘积。上述方程可参见诸多参考文献(如 Wunsch),这些方程可完全确定所有的未知量,包括 $\boldsymbol{x}(t)$、$\boldsymbol{\mu}(t)$ 和 $\boldsymbol{w}(t)$。拉格朗日乘子随时间的演变由 $(\partial \boldsymbol{L}(t)/\partial \boldsymbol{x}(t))^{\mathrm{T}}$ 确定,因而可得到通常所称的伴随模型;$\boldsymbol{\mu}(t)$ 为伴随解。在线性模型中,$(\partial \boldsymbol{L}(t)/\partial \boldsymbol{x}(t))^{\mathrm{T}} = \boldsymbol{A}^{\mathrm{T}}$。对于线性模型,求出正规方程的精确解是可能的(Brogan,1985;Wunsch,1988)。更为一般的情况是(Thacker 和 Long,1988;Ghil 和 Malanotte-Rizzoli,1991),这些方程的求解是利用拉格朗日乘子与状态向量和未知控制项之间的特殊关系,通过迭代的方式进行的。

有别于滤波器或平滑器方法的连续性方式,庞特里亚金原理通过迭代方式,一次性地寻求在整个时间范围内的解。由于这种方式同时使用所有的方程,因此不需进行加权平均,并且也不需计算解的协方差,因而可省去巨大的计算量。求得的解没有不确定性估计,这个解是否有用,取决于研究者本人。不管情况如何,从形式上可以证明,对于线性问题,如果目标函数和模型都是相同的,那么由伴随方法和平滑方法得到的状态估计也是相同的(Bryson 和 Ho,1975;Thacker,1986)。将上述方法应用于如图 7.3(a)所描述的问题中,可得到 $\hat{\boldsymbol{x}}(t,+)$。目前,普遍采用的都是序列方法,迄今为止,我们尚不了解有无将伴随方法直接应用于层析数据的研究工作,我们认为作为一个重要的工具,伴随方法无疑将位居今后的层析实验的中心地位。

7.4 问题的延伸:控制、识别及适应性方法

大多数模型都包含物理过程的参数化,用来表示并未被我们完全理解的物

理过程。常见的例子是混合系数,用以将复杂的小尺度过程简化为几个简单的参数。“模型识别(model-identification)”问题指的是确定这些模型参数的具体数值,以给出对观测资料的最优拟合(需记住的是,存在这样的一种可能性,即没有一组这样的参数值能给出合适的拟合)。因此,从本质上来说,模型识别问题与前面章节介绍的反问题是相同的。

一个略有不同的模型识别问题是,单独将模型要素(如源、汇和边界条件)作为系统形式上的未知量。考虑一个开边界海洋区域(至少有部分边界位于敞开的海洋内)的线性罗斯贝波方程式(2.18.27)。作为一个实际应用问题,动力学变量在这些开边界处的数值是极不确定的。如果层析可提供区域内部物理场的丰富信息,那么就可计算出边界条件(从它出发,我们又可得到观测场)。或者,海洋风场也可能是部分或全部不确定的。同样地,如果在区域内部具有足够的层析或其他观测资料,则可能通过计算获取风场的估计值。Schroter 和 Wunsch(1986)曾对这样的计算给出了清晰的描述,他们考虑的是一个定常的非线性环流模型(图 7.4)。通常将所有这些问题及其相关问题称为控制问题,有时也称为“边界控制”问题①。人们会提出这样的问题,即从本质上来说,需要什么样的边界条件才能驱动系统使其达到观测的状态或状态序列?

区分这些问题具有一定的任意性。如果将风场的旋度看作模型参数的一部分,那么在这个意义上这里所讨论的问题是识别(identification)问题;否则,它就是一个边界控制变量(boundary-control variable)问题。实际上,解决上述问题的方法是相同的,差异仅在于边界控制问题可以是线性的,而识别问题通常是非线性的。

处理模型识别问题的一般方法为“扩展的状态向量(state vector augmentation)”方法。考虑均匀流体的线性正压 Rossby 波方程(2.18.27),写成压力 p 的形式,并且包括附加的摩擦项为

$$\frac{\partial\, \nabla^2 p}{\partial t} + \beta \frac{\partial p}{\partial x} - \varepsilon p = \hat{\boldsymbol{k}} \cdot \nabla \times \boldsymbol{\tau} \tag{7.4.1}$$

式中:$\boldsymbol{\tau}$ 为风应力;ε 为未知的底部摩擦系数。

层析观测资料与式(7.2.4)中的相同。对式(7.4.1)作离散化处理,此时,用格点 j 处的 p 值表示的状态向量为

$$\boldsymbol{x}(t) = [\, p_j(t) \,] \tag{7.4.2}$$

它满足线性方程式(7.3.1)。现在,对状态向量进行扩大,即

---

① 严格地讲,因为这里使用的是一个偏微分方程系统,所以完整的术语是"分布系统的边界控制问题"。更常见的控制问题由常微分方程系统所描述,因而是低维的。

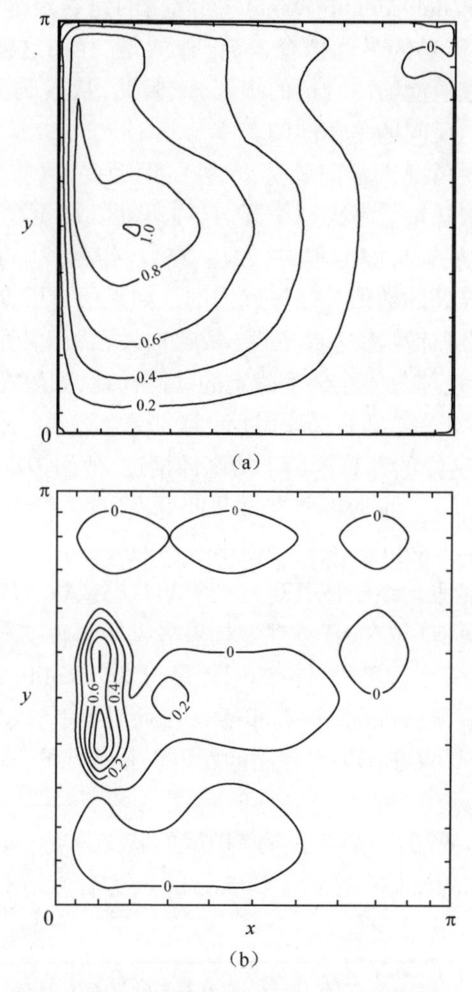

图 7.4 (a)利用定常的非线性 GCM(Schroter 和 Wunsch,1986)计算的归一化的流函数。在计算过程中,假设风场部分地具有不确定性,同时,假设有对内部环流(涡度)的层析观测资料(含有噪声)。另外,沿着海盆中心附近的一条纬线还存在海面高度数据,以模拟高度计观测资料。在动力学约束及含噪声的观测数据约束条件下,解是通过使西边界流的质量输送最大化而得到的。(b)图中解的最大输送对(层析估计的)环流的扰动的敏感性。这样的计算显示了约束模型中的数据流,并且在决定在何处部署观测仪器方面是极其重要的。该敏感性与目标函数中的拉格朗日乘子(即伴随解)成正比。

$$\boldsymbol{x}'(t)=\begin{bmatrix}\boldsymbol{x}(t)\\ \varepsilon\end{bmatrix}$$

那么,状态演变方程变为

$$\boldsymbol{x}'(t+1)=\boldsymbol{A}_L(\boldsymbol{x}'(t))+\boldsymbol{B}_1\boldsymbol{q}(t)$$

并且,上式是非线性的,这是因为存在 ε 和 $\boldsymbol{x}(t)$ 的乘积。对问题的求解,可以通过任何一种处理非线性状态估计的方法,包括在某个初始估计 ε_0 附近进行线性化。与本章中所讨论的大部分方法一样,求解的困难在于计算量以及实际模型的复杂性。

在上述这些方法中,最没把握的量是 $\boldsymbol{w}(t)$ 的协方差 $\boldsymbol{Q}(t)$,可以认为它不但可表示诸如错定的边界条件等物理量,也可表示模型未能包含或未能准确再现的所有的物理过程。一般来说,模型开发者是无法定量给出 $\boldsymbol{Q}(t)$ 的有用的估计值的,因此模型使用者在确定模型误差场时可能面临极为严重的困难。但是可以预期,即将到来的新的观测数据,以及 $\hat{\boldsymbol{n}}(t)$ 和 $\hat{\boldsymbol{w}}(t)$ 两者的统计特征与先验的期望值之间的差异,它们中应该包含可改善 $\boldsymbol{Q}(t)$(及 $\boldsymbol{R}(t)$)的有用信息。这种所谓的适应性方法已得到极大的发展(Anderson 和 Moore,1979;Goodwin 和 Sin,1984;Haykin,1986),但是尚未应用于层析问题的研究中。

可以预期,层析技术的未来发展在很大程度上将与海洋环流模拟的进展密切相关,同时,也将与在处理海洋状态估计、模型识别及相关的反问题上的进展密切相关。在第 8 章中,我们将讨论全球尺度问题中最具研究意义的,同时也是最为困难的一个问题,即气候变化的观测及其认识问题。对于这个问题的求解,所需要的数值模型应具有更高的分辨率、更完备的物理过程,以及更快的计算速度。反过来,更好的模型需要种类更多、质量更佳的资料,而这些资料只能通过层析技术和其他一些已知的技术提供。

第8章　海盆尺度的声层析问题

本章讨论甚长距离的海洋声波传输(very long range ocean acoustic transmissions),即从亚盆尺度(几兆米)到对跖距离的传输(antipodal transmissions)(20Mm)中所特有的问题。在海盆尺度上,空间平均值是研究海洋气候所需要的。传统的方法并没有给出在此尺度上理解海洋变率所需的数据,在很大程度上,这是受强烈的中尺度变率的影响。例如,在1km深度的局地测量结果显示了逐月的量级为1℃的中尺度变率,它抑制了气候变化的任何证据。典型的中尺度特征的相干距离(mesoscale coherence distance)是100km。在5~10Mm范围内进行水平平均,可减少中尺度特征的噪声方差达两个数量级。图8.1给出了在10Mm量级的距离上轴向传播时间的模拟结果,气候趋势被当作为0.2s/年,并且在经过几年之后在中尺度特征的振荡中仍然可以识别出来。

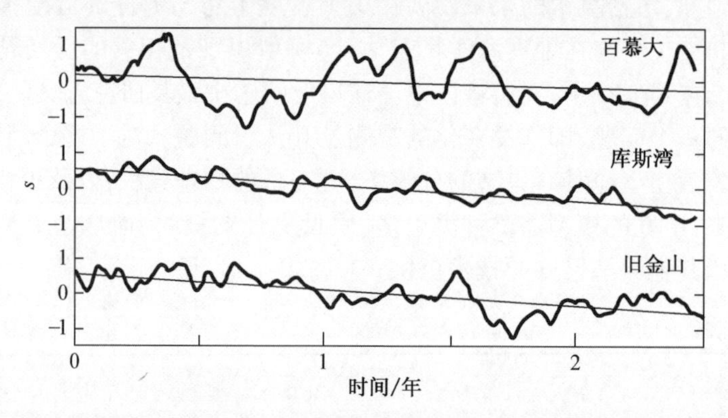

图8.1　从Heard岛到指定区域(图8.7)沿着三条射线路径的传播时间变化的计算机模拟结果。由中尺度特征产生的振荡(基于Semtner和Chervin1988年的模型)叠加在温室效应产生的1990年的趋势上(根据Bryan等1988年的模型)。由于经过阿古拉斯海流回流区域中的强涡旋区,沿百慕大路径上的振荡比其他两条东向路径上的要多。

因此,5~10Mm是分辨涡旋和抑制中尺度特征的距离,也是海洋气候中声学测温的首选距离尺度。3000kn(1kn≈1.852km/h)的声速使得测量对气候研究来说就像一瞬间,而海洋气候所固有的时间尺度是年代际的,这就对观测系统提出了极为苛刻的要求。

任何可能的全球声学观测系统必然是粗网格化的。我们的观点是,层析观测不能是也不应该是孤立的①。本书的重点是将层析及其他数据和海洋环流模型结合起来,这不同于早期的海洋声层析应用,即对一个相对密集的声学网络进行反演,以建立 $C(x,y,z,t)$ 场和 $u(x,y,z,t)$ 场。前面的章节对反问题进行了分类:面向数据的反问题和面向模型的反问题,并指出它们又是连续统一的,即从处理数据密集型的实验问题(有一些动力学约束)到处理数据稀疏型的实验问题(有大量的模型约束),本章针对后者展开分析讨论。

8.1 气候变率

图 8.2 显示了在 35 年中沿通过大西洋副热带涡旋区的一个东西向剖面、位于声道深度处、量级为 0.2°C 的增温情况(Roemmich 和 Wunsch,1984;Parrilla 等,1994)。相关的声波传播时间的变化大致为-4s。其结论是,海洋的年代际变率可产生容易观测到的声波传播时间的变化。

科学家已在三次海洋试验中用到这个纬向剖面,第一次是在 1957 年的国际地球物理年,其次在 1981 年,再次在 1992 年。虽然现在还没有来自其他地方的可做对比之用的测量结果,但是也没有理由认为沿这个纬向剖面的温度变化只出现在特定的地点和时间。海盆尺度层析测量的目的在于,以优于年代际采样的质量,在几十个这样的剖面上测量热含量的变化。

这里还没有对 35 年增温的原因做出说明。海洋模拟过程表明,观测到的变化是周围环境海洋变率的体现。巧合的是,这种观测到的变化也与一些用于模拟温室增温的模式的模拟结果一致(Mikolajewicz 等,1990;Manabe 和 Stouffer,1993)。但是尚不清楚周围海洋环境和温室效应过程对副热带北大西洋增温的相对贡献大小。

接下来考虑温室增温的一些参数。自从 1860 年世界工业革命以来,大气中的 CO_2 含量已经从 280ppm 上升到 355ppm。其结果是,地表热通量增加了 $2W/m^2$。为了说明问题,我们假设,在地表取 0.02°C/年的增温量(这与平均的全球地表温度变化的观测值一致),并以指数方式递减到 1km 深度处的 0.005°C/年。在这种情况下,需要约 $2W/m^2$ 的额外热量输入,并且由于热膨胀而导致海平面以 1.8mm/年的速度上升。以上这些都是被认可的数据。以下参考 Munk(1990)

① 在 1990 年代关于海洋观测的一篇论文中,Munk 和 Wunsch(1982a)发展了这样的思想,即声学观测是对卫星高度计观测的良好补充。

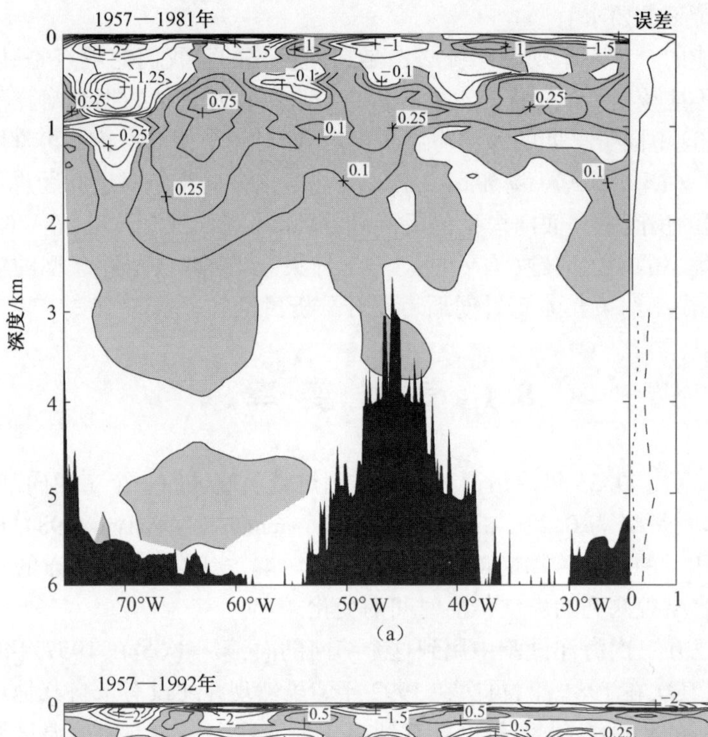

(a)

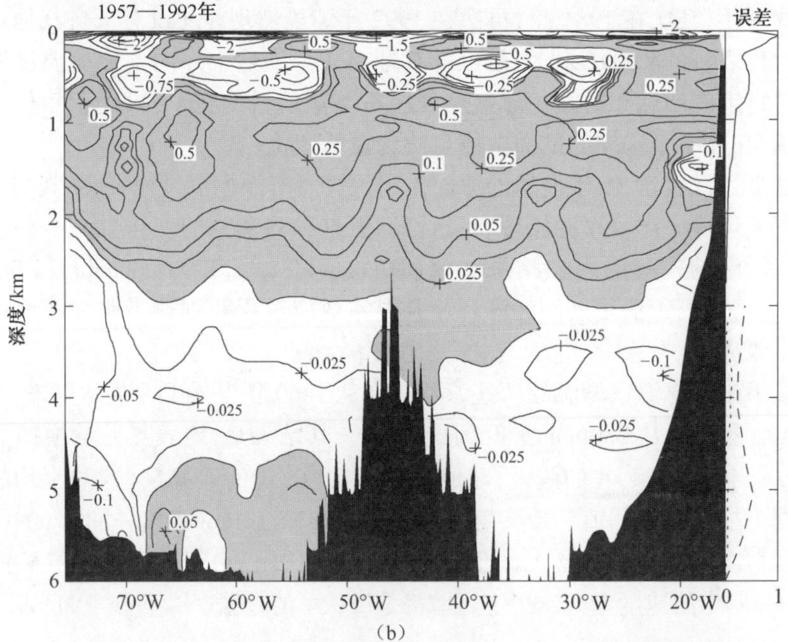

(b)

图 8.2　相对于1957年国际地球物理年剖面的温度变化(单位:℃)
(Roemmich 和 Wunsch,1984;Parrilla 等,1994)。这个剖面沿24°N穿过北大西洋。

做进一步的讨论。

我们不能将海洋温室增温看作是一个均匀的全球过程。海洋内部的增温并不是向下热通量扩散的结果;相反地,热量被有选择地向下输送到和水平流辐合有关的下沉区域。数值模拟结果清楚地反映出,在一些区域具有两倍的平均增温率,而在其他一些区域的温度几乎不变甚至有冷却现象出现。这些模拟结果显示,海洋温室增温变率的尺度大体上与海洋涡旋的尺度相当,为5~10Mm。

以上的讨论强调了与温室效应有关的气候变化。周围海洋环境的气候变率问题具有重要的意义。Lawson 和 Palmer(1984)的工作证明,1982—1983 年的厄尔尼诺事件原本是可以容易地用声学方法探测出来的,因为在浅处转向射线的传播时间具有 100ms 的脉动。周围海洋环境的变率和温室效应的变率都具有涡旋尺度,因而不能用简单的空间滤波方法将它们分离开来。对海盆尺度的层析阵列观测数据的解读是一个面向模型的反问题。

在5~10Mm 的尺度上,由气候因素引起的传播时间脉动的时间序列将受到季节性和潮汐性"噪声"的影响。季节性温度变化主要发生在海洋上层几百米范围内。对陡峭射线和高阶模态而言,可有传播时间的季节性变化出现,特别是高纬度地区的声波传播,因为那里的声道浅薄。M. Dzieciuch(个人交流)针对从加利福尼亚到日本的声波传输所做的估计为 $\tau_{\text{winter}} - \tau_{\text{summer}} = 3\text{s}$。

正压潮汐流在几兆米范围内是前后一致的,因而导致在1~10Mm 的距离内传播时间有10~100ms 的脉动出现(参见第3章)。在分析信号的气候变化之前,可用下列三种方法之一减去潮汐分量(D. Cartwright,个人交流):①如果信号以等于或小于6h 的规则性间隔发射,我们便可以设计一个简单的数字滤波器,在潮汐频段对能量进行区分,无须考虑信号的细节情况;②如果这样的一个规则性的传输序列能够维持超过29天,或理想的情况是一年,我们就可以应用经典分析方法提取出该路径上的潮汐常数,随后减去预测的潮汐分量;③沿声波传播路径的潮汐常数可以从现有的全球模式中先验地估计出。

8.2 实验考虑

早期的实验唯一依赖于爆炸源。依照要求,典型的情况是极低频率、大带宽和高强度。频率由气泡脉冲决定,并随强度的增加和深度的减小而减小。不论在爆炸阶段还是在随后的气泡脉冲阶段,爆炸源往往都是非线性的,而且一般情况下是无法重复的。我们难以给出一个可产生足够时间分辨率的相位相干分析方法,最近的工作及将来的研究计划仍有赖于采用编码的电子驱动型爆炸源。对年代际时间序列的研究工作,强制性地要求这些声源通过电缆连接到岸边,这样就会产生一些由于声源附近的底部相互作用而造成传输信号改变的问题。至于接收机,它们可以用电缆连接到岸边,或者独立地锚定于深水区,间歇性地受到监控,在不影响观测序列连续性的前提下,偶尔也可以替换。

有关非爆炸源的一般性观测要求问题,已在第5章中做过讨论。在此可以对甚长距离传输所特有的几个需要考虑的问题做一回顾。现在,衰减是一个需要考虑的主要问题。工作频率的设定,要在分辨率和SNR这两个完全相反的需求之间取得平衡。前者要求大的带宽(式(5.2.9)),因此需要高的中心频率;而后者要求低的衰减,因而需要低的中心频率(式(5.1.4))。成本倾向于高频率。

表8.1给出了一些参数的参考值,给出这些值的方法与表5.1相同。表中所用的大西洋衰减值取约为太平洋的两倍,并将扁平地球上的扩展损耗当作为球形地球上的扩展损耗,SNR为单个水听器的SNR。对于这些参数中的每一个,我们都可以考虑能使整体性能得到改善的情形。但是,想要同时获得有利的分辨率和有利的SNR,这是一件难以做到的事情!

在5Mm范围内的内波可产生量级皆为100ms的偏差和离差(式(4.4.3))。这个偏差具有年际气候变化的量级,并且如果内波的活动在统计意义下是平稳的,那么这个偏差就不会有影响。离差会干扰邻近的射线到达的分辨率,因此在讨论长距离的传输问题时,这是一个应考虑的因素。

表8.1 甚长距离传输的代表性参数

距离/Mm	1①	5	10
频率/Hz	250	100	70
声源水平/dB(相对1m处的1μPa)	192	195	195
衰减/dB	8	6	6
噪声水平/dB(相对1μPa/$\sqrt{\text{Hz}}$)	68	70	75
带宽/Hz	83	33	23
积分时间/s	196	1000	1200
单个水听器的SNR/dB	19	15	15

①第一列对应于表5.1中的值。

8.3 简要的历史回顾

本节,我们对仅有的几次海盆尺度声传输问题的科学实验活动做一总结。甚长距离声波传输的历史可追溯到40年前。最初,对这些传输问题的研究仅限于对若干单个爆炸事件的研究(除去两个明显的例外,即Gordon Hamilton的爆炸时间序列 SCAVE 1961~1963 和 Johnson(1969)在太平洋所做的类似工作)。首先就这些历史事件作一简要叙述,以便为本章中针对某些物理现象所做的讨论提供有益的参考。

令人惊奇的是,最早的一次实验也是声音最为响亮的一次实验。1955 年,为了测量不同环境下核爆炸的各种影响,人们在一段时间内组织实施了多次的核爆试验,这其中包括在加利福尼亚邻近海岸、水下深度为 650m 的深海引爆的一颗当量为 30kt 级的名为 WIGWAM 的核弹(Sheehy 和 Halley,1957)。此次核爆产生的声回波来自整个太平洋中的许多岛屿、海底山脉和其他地形特征物(图 8.3)(见 8.8 节)。就目前我们所知,世界上尚未进行过其他的深海核爆,因此 WIGWAM 核爆是独一无二的,当然,我们希望这种情况一直维持下去。

最早的对跖距离声传播(antipodal transmissions)(1960 年 3 月)实验其实是一个偶然的、附加在地球物理勘探实验上的子项目。R/V Vema 和 HMAS Diamantina 使用压力起爆装置给 300lb(1lb ≈ 0.454kg)的阿玛图炸药(amatol charges)点火,炸药置于澳大利亚的珀斯(Perth)沿岸的海洋声轴附近。此爆炸声被远在几乎是绕地球半周的百慕大附近海域的轴向水听器清晰地记录下来(图 8.4),实现了 Ewing 和 Worzel(1948)在 1944 年所做的预测(当时刚发现有 SOFAR 声道的存在),即将来要是能在 10000n mile① 以远的地方仍可探测到声传播,我们也不会感到惊奇。置于百慕大的水听器由哥伦比亚大学 Lamont 地质天文台的 Gordon Hamilton 管理。1961 年,即珀斯声传播实验的一年之后,Hamilton(1977)启动了从安提瓜岛到百慕大和伊柳塞拉岛(Eleuthera)的 SCAVE (Sound Channel Axis Velocity Experiment)传输实验(图 8.5),测试距离的量级为 2Mm。精确定位和精确计时的 SOFAR 炸药在安提瓜岛附近声轴深度处点火,传播信号由大西洋导弹靶场的水听器阵列进行记录。根据位于百慕大和伊柳塞拉岛的现场观测站接收信号的轴向截止信息,Hamilton 可以确定出传播时间,其精度优于 30ms。在长度为 27 个月的一个时间段内,传播时间变化值的均方根估计值为 200ms,其对应的时间尺度为数个月;在 3 个月内的最大改变值达到 500ms。安提瓜-百慕大和安提瓜-伊柳塞拉岛两条路径的脉动之间缺乏相关性(百慕大与伊柳塞拉岛两地之间的距离在 1Mm 以上),Hamilton 就此问题作了评论。位于伊柳塞拉岛的三个独立的水听器处(间隔 60km)的脉动具有明显的相关性,但即使这样,它们之间仍有明显的差异。以上这些结果都与已知的中尺度变率情况一致。在 1966~1967 年间进行了为期 17 个月的类似的观测实验,SOFAR 炸药在中途岛(太平洋)附近的声轴深度处点火(Johnson,1969), 位于中途

① 海里,1n mile≈1.852km。

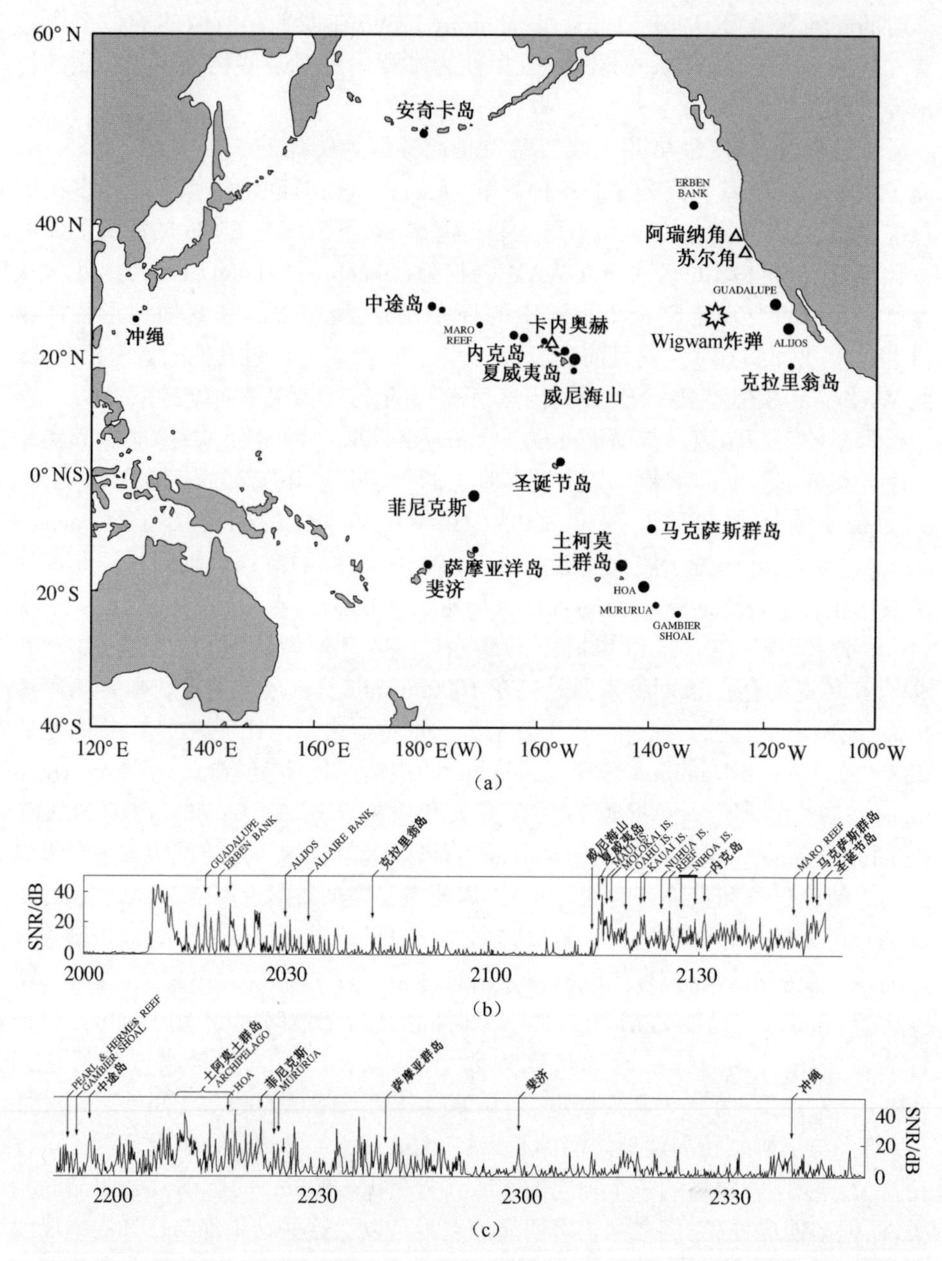

图 8.3 核弹 WIGWAM 于 1955 年 5 月 14 日 20 时(UTC)爆炸而产生的信号,记录地点位于苏尔角。同时,信号也在卡内奥赫和阿瑞纳角记录下来。识别出的散射体根据三个接收站构成的三角区域定位并用点标注,点的大小表示强度(相对于直接到达):-4~-14dB,-14~-24dB,小于-24dB。(改编自 Sheehy 和 Halley,1957)

岛附近的水听器阵列对此次爆炸作了精确定位和计时，在欧胡岛（Oahu）、威克岛（Wake）和埃尼威托克岛（Eniwetok）三处接收信号，实验结果与SCAVE的大体相似，但是传播时间脉动要小一些。现在看来，这个实验结果并不出人所料，因为北太平洋中部中尺度特征的变率比西北大西洋的要小。

在1964年4月的一次实验期间，沿开普敦到珀斯航线总共扔下了18个重量为50lb的SUS炸药，爆炸信号在距离达10000km以远的新西兰附近被记录下来（Kibblewhite等，1969）。一个恰好经过赫德岛（Heard）南部的传输过程被清晰地接收下来。爆炸点没有被精确定位，因而无法像珀斯实验那样重建事件的过程。在1966年实施的CHASE（Cut a Hole And Sink'Em）项目对实验后的废弃船上的剩余爆炸物作了销毁处理（Northrop，1968）①。

随后的声传输实验采用的全是非爆炸源。Spiesberger率先进行了从夏威夷到美国西海岸的长距离传输实验。放置于深度为183m海底的Kaneohe声源（中心频率为133Hz，带宽为17Hz），在1983~1989年，以间歇性的方式发射信号，其信号被位于3~4Mm距离上的很多观测站点接收到（Spiesberger等，1989a，b，1992；Headrick等，1993）。另外，在1987年实施的互易层析实验（RTE87）（Worcester等，1991b）期间，1987年5月~9月，在约3Mm距离处记录到一个锚定声源的信号（图8.6）。这是利用特定射线识别测量到的最长距离的声波到达（Spiesberger等，1994）。Spiesberger和Metzger（1991c）用距离平均的、深度积分的热含量在4个月内提高了$4.2\times10^{8}J/m^{2}$这个事实来解释减少的传播时间。（Dushaw等（1993c）估计在RTE87三角区域内的增温约为4倍）。

赫德岛可行性试验（8.7节）证明了由非爆炸的声源产生的声波传输可达到对跖的距离（antipodal ranges）（Munk和Forbes，1989；Baggeroer和Munk，1992；Munk等，1994）。赫德岛传输是从一个移动的船舶源开始的，且仅持续了5天，因而不能担负起观测演变的海洋气候的任务。

使用非爆炸声源具有一些固有的优点。利用编码源的相位相干处理方法所获得的传播时间估计值远比从爆炸源获得的估计值精确。而且，利用第5章中讨论的脉冲压缩技术，声波能量可在一个长的传输时间内传播（如非爆炸声源的功率水平远低于等效能量的爆炸源的功率水平）。这种能量的减少，可使声源对附近海洋生物的干扰达到最小，这一点是至关重要的。

---

① 我们这里提到另一个爆炸"实验"，它完成了长距离声学探测。1883年，喀拉喀托火山（位于苏门答腊岛和爪哇岛之间的巽他海峡）猛烈爆发，几乎摧毁了它自己。大气冲击波至少绕地球三周。压力信号被记录在煤气厂的墨水图（ink charts）和世界范围内的气压表上（Simkin and Fiske，1983）。

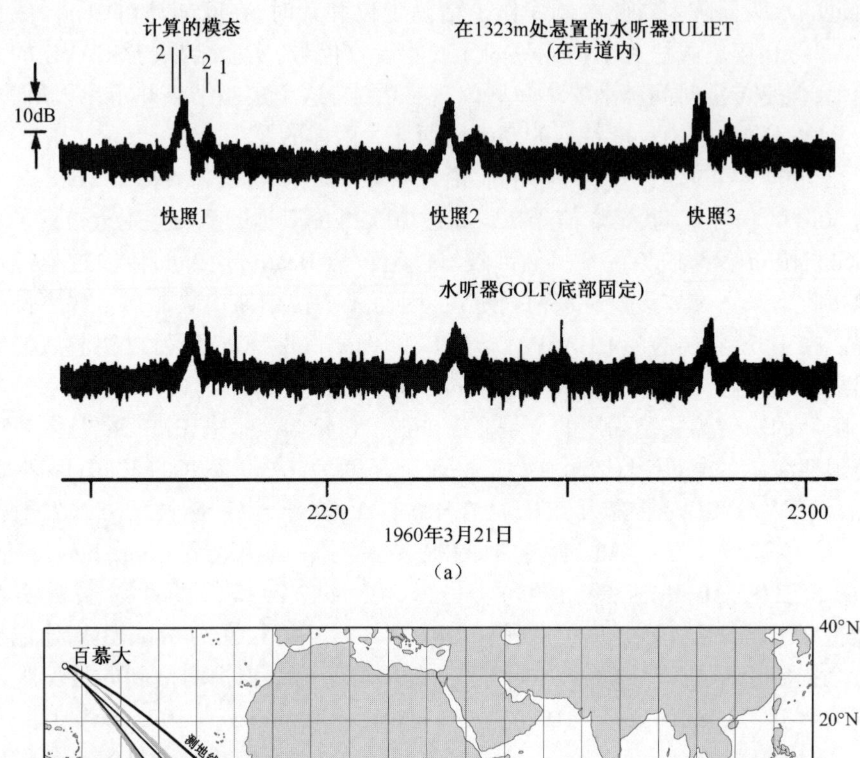

(a)

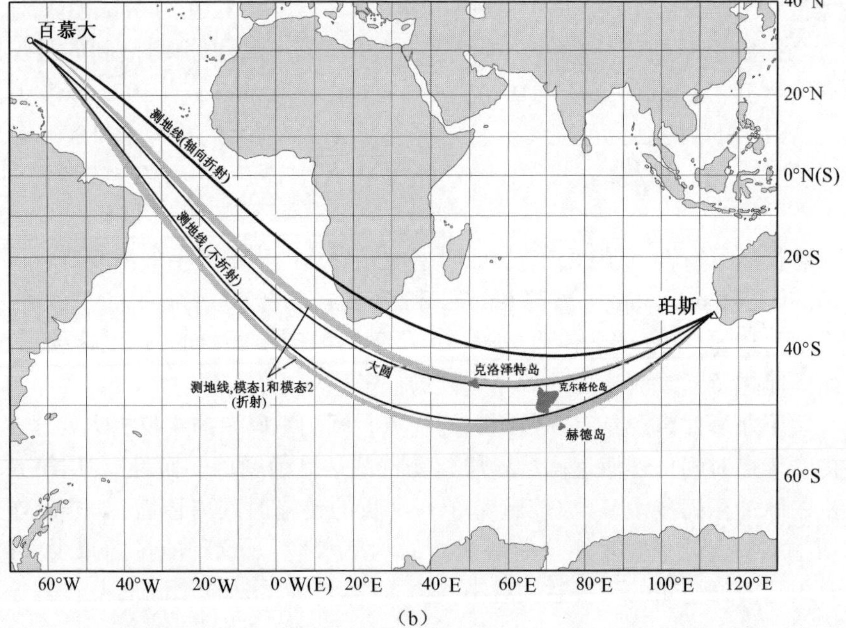

(b)

图 8.4　澳大利亚珀斯附近的三个间隔为 5min 的爆炸，都被远在半个地球以外的百慕大水听器记录下来。计算的模态 1 和模态 2 的到达时间显示在左上角。(取自 Shockley 等，1982)

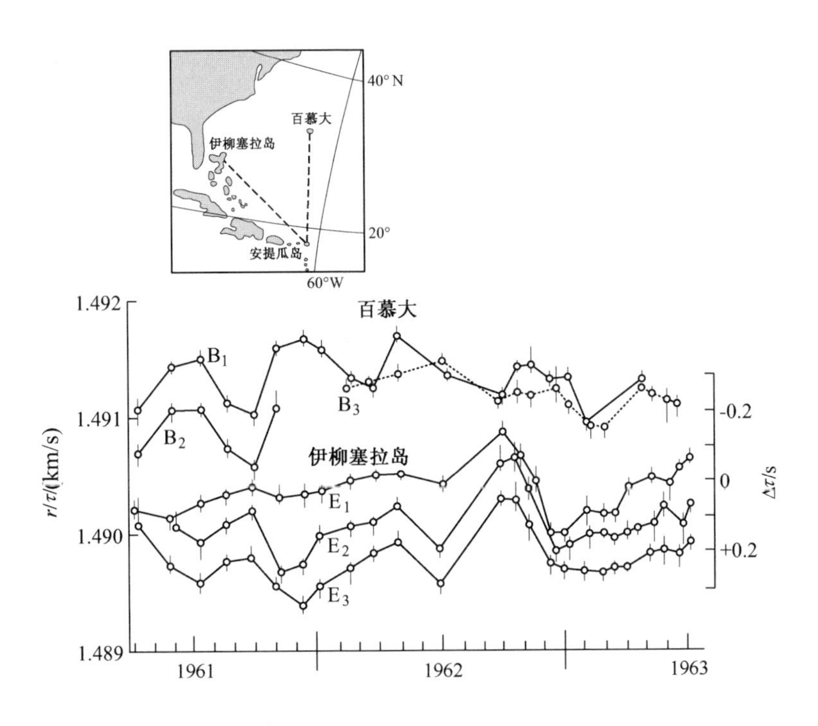

图 8.5　根据 Hamilton(1977),SCAVE 项目显示了平均的轴向声速的变化和对应的传播时间脉动(相对刻度)。误差棒给出了数据的全部分布情况。声源在安提瓜岛,接收机位于百慕大(B)和伊柳塞拉岛(E)。

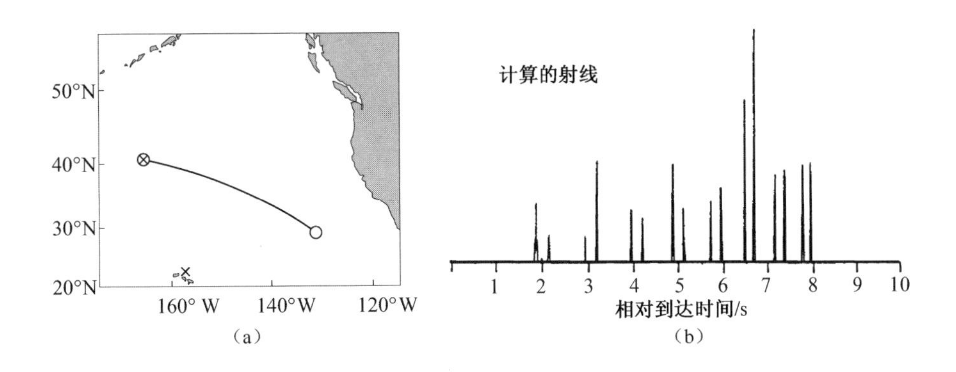

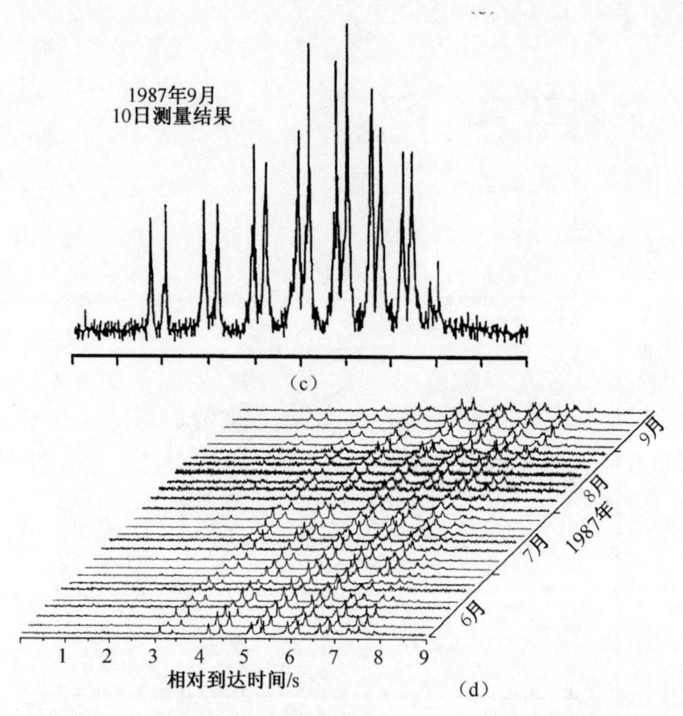

图 8.6 从 RTE87 收发机⊗(Worcester 等,1991b)到接收机○(位于约 3Mm 的距离处)的传输(Kaneohe 声源×也显示在图上)。RTE87 声源(250Hz,62.5Hz 带宽)锚定于水深 5.5km 的声轴上(深度为 860m)。传播时间轴上的零点大概表示 30min。9 月 10 日的日平均记录和计算的射线到达结构具有较好的一致性;更为详细的信息参见 Spiesberger 等(1994)的文献。下图(d)为从 1987 年 6 月 1 日到 9 月 10 日每三天的平均记录。(经过惠许,取自 Spiesberger 和 Metzger,1991c)

8.4 甚长距离的低频信号传播

通常,针对依赖于距离的情形的处理需要考虑垂直于传播方向的梯度(水平折射)。一些完全三维的射线追踪程序,如 HARPO(Jones 等,1986b)正在应用中。在水平绝热变化情况下,其可以简化为沿水平折射路径的二维问题(Dysthe,1991)。对低频模态传播而言,可行且合适的方法是,采用一个类似的混合处理的方法,这种混合处理包括:①应用绝热声学射线理论计算水平折射路径;②考虑模态耦合,计算沿折射路径的垂直截面上的传播(Keller,1958;Burridge 和 Weinberg,1977;Desaubies 等,1986)。这里,我们采用 McDonald 等(1994)和

Shang 等(1994)提出的处理方法,即把抛物型波动方程(PE)应用到垂直截面传播问题上(PE 近似(Tappert,1977)是处理非绝热效应的一种高效的数值方法)。在强烈的海洋锋面附近以及侵入声道的海底地形附近,模态耦合起着主要的作用。

讨论的出发点是式(4.6.4),其可以写成如下形式:

$$\left\{\frac{\partial^2}{\partial z^2}+\omega^2\left[S^2(z;x,y)-s_{p,m}^2(x,y)\right]\right\}P_m(z;x,y)=0 \qquad (8.4.1)$$

式中:$P_m(z;x,y)$ 为**局地**模态函数;$s_{p,m}$ 为模态 m 在点(x,y)的局地相位慢度。边界条件是 $P_m(0;x,y)=0$(压力释放表面,pressure-release surface)和 $P_m\to 0$(当 $z\to-\infty$ 时)。McDonald 等(1994)用均质"海底流体"表示海底(深度为 $z=-h(x,y)$)以下的地球,其密度是海水密度的 1.5 倍,其声速比海底海水的声速高 100m/s。通常,前面的 30 或 40 个模态被陷获在海洋声道里,更高的模态则显著地穿透进入下层的流体之中。McDonald 及其合作者以 0.1dB/波长的比例计算穿透海底的能量耗散量。Shang 等也按照类似的步骤处理,但海底流体的密度和声速的取值有所不同。根据式(8.4.1)的解,我们可将特征值 $s_{p,m}(x,y)$ 映射到地球表面上,并针对每个频率和每个模态,构建水平折射的射线路径。

令 $\tilde{x}$ 为沿水平折射路径的离开声源的距离。在垂直截面 $(\tilde{x},z)$ 上式(4.6.2)的解可写为

$$p(\tilde{x},z,t)=\sum_m Q_m(\tilde{x})P_m(z;\tilde{x})\mathrm{e}^{\mathrm{i}\omega t} \qquad (8.4.2)$$

在不依赖于距离的环境下,式(8.4.2)可以简化为

$$p(\tilde{x},z,t)=\sum_m P_m(z)\mathrm{e}^{-\mathrm{i}(k_m\tilde{x}-\omega t)} \qquad (8.4.3)$$

式中:常数 $k_m=\omega s_{p,m}$。

在绝热近似下,$P_m(z)\to P_m(z;\tilde{x})$,并且

$$k_m(\tilde{x})=\frac{\omega}{\tilde{x}}\int_0^{\tilde{x}}\mathrm{d}\tilde{x}\, s_{p,m}(\tilde{x}) \qquad (8.4.4)$$

为了定量描述模态散射,Shang 等以及 McDonald 等使用了 PE 解,即

$$p_{\mathrm{PE}}(\tilde{x},z,t)=\tilde{x}^{-\frac{1}{2}}\Psi(\tilde{x},z)\mathrm{e}^{-\mathrm{i}(k_0\tilde{x}-\omega t)} \qquad (8.4.5)$$

式中:$k_0=\omega S_0$ 为一个参考波数,Ψ 满足下列方程:

$$2\mathrm{i}k_0\frac{\partial\Psi}{\partial\tilde{x}}+\frac{\partial^2\Psi}{\partial z^2}+\omega^2\left[S^2(\tilde{x},z)-S_0^2\right]\Psi=0 \qquad (8.4.6)$$

令 $p(\widetilde{x},z,t)=p(\widetilde{x},z)\mathrm{e}^{\mathrm{i}\omega t}$，由于 $P_m(z;\widetilde{x})$ 是正交的，依赖于距离的模态振幅 $Q_m(\widetilde{x})$ 可根据下式计算得到：

$$Q_m(\widetilde{x})=\int \mathrm{d}z\; p_{\mathrm{PE}}(\widetilde{x},z)P_m(z;\widetilde{x}) \tag{8.4.7}$$

读者想要了解详细的讨论情况，可参考 Shang 等(1994)和 McDonald 等(1994)的工作。

8.5 折射的测地线

对椭球状的地球(赤道半径为 R_{EQ}，极地半径为 $R_{\mathrm{PO}}=R_{\mathrm{EQ}}\sqrt{1-e^2}$)而言，从珀斯到百慕大的传输距离是 19820.7km(Shockley 等，1982；Munk 等，1988)，而对标准球体状的地球(半径通过适当加权平均得到，取椭圆率为 $e^2=0.006694605$，或取“扁率” $f=\frac{1}{2}e^2=1/298.75$)而言，这个距离为 19822.1km。

由此可见，测地线(最短程路径)缩短了 1.4km。但是，重要的问题不是这种距离上的微小差异，而是测地线路径显著地位于大圆的南部这个事实(图 8.4)。这个偏移是最短路径偏向极地纬度带(那里的地球半径要小一些)的结果。因此，结论是，在长距离传输中，我们不能忽略地球扁率的影响，对于近乎为对跖距离的(near-antipodal ranges)传输问题，采用大圆方法将出现灾难性的失败。

在绝热条件下，无论是采用模态方法还是采用射线方法，声波在椭球状地球上的传播都可用以下方程表示(Munk 等，1988；Heaney 等，1991)，即

$$\begin{cases}\dfrac{\mathrm{d}\phi}{\mathrm{d}s}=\dfrac{\cos\alpha}{\mu(\phi)},\ \dfrac{\mathrm{d}\lambda}{\mathrm{d}s}=\dfrac{\sin\alpha}{\nu(\phi)\cos\phi},\\[2ex] \dfrac{\mathrm{d}\alpha}{\mathrm{d}s}=\dfrac{\sin\alpha\tan\phi}{\nu(\phi)}-\dfrac{1}{s_p}\left(\dfrac{\sin\alpha}{\mu(\phi)}\dfrac{\partial}{\partial\phi}-\dfrac{\cos\alpha}{\nu(\phi)\cos\phi}\dfrac{\partial}{\partial\lambda}\right)s_P\end{cases} \tag{8.5.1}$$

$$\mu(\phi)=\frac{R_{\mathrm{EQ}}(1-e^2)}{(1-e^2\sin^2\phi)^{\frac{3}{2}}},\ \nu(\phi)=\frac{R_{\mathrm{EQ}}}{(1-e^2\sin^2\phi)^{\frac{1}{2}}} \tag{8.5.2}$$

式中：s 为沿射线的弧长；λ 为东经；ϕ 为北纬(局地的表面法向和赤道平面的夹角)；α 为从正北沿顺时针的局地射线方向；$s_p=\widetilde{S}$ 为与射线 n 或模态 m 有关的相位慢度，并且等于转向点处的声慢度式(2.10.7)。

正如之前讨论过的那样，s_p 由式(8.4.3)推出。表达式 $\mathrm{d}\alpha/\mathrm{d}s$ 中的第二项

实质上是与测地线正交的 s_p 的梯度,并由 Heaney 等(1991)将 s_p 的控制方程水平求导而计算得到;其解释是,如果表面是局地平坦的,射线将偏离直线,否则射线将以相同比率偏离局地的测地线。

当声速仅是纬度的函数时,关于 $d\alpha/ds$ 的方程等价于

$$H = \nu(\phi)S(\phi)\cos\phi\sin\alpha = 常数 \tag{8.5.3a}$$

这就是椭球上的 Snell 定律。当 S 是常数时,有

$$H = \nu(\phi)\cos\phi\sin\alpha = 常数 \tag{8.5.3b}$$

这就是测地线方程;对于(标准)球体,它简化为大圆方程,即

$$\cos\phi\sin\alpha = 常数 \tag{8.5.3c}$$

赫德岛可行性试验为对比分析计算的测地线与观测数据提供了机会。声源船尽可能沿直的和稳定的航线行进,必要时在每个一小时的传输中沿着盛行风和海流的方向。船的位置每隔 10s 由 GPS 进行监控定位。声波信号的测量点位于其西北方向约 10000km 的阿森松岛(Ascension island)(图 8.7)。如果船的航向直接沿测地线的发射方位角,我们可预期测得的多普勒与船的总速度是一致的;如果船的航向与发射方位角垂直,我们就无法测得多普勒。因此,比较

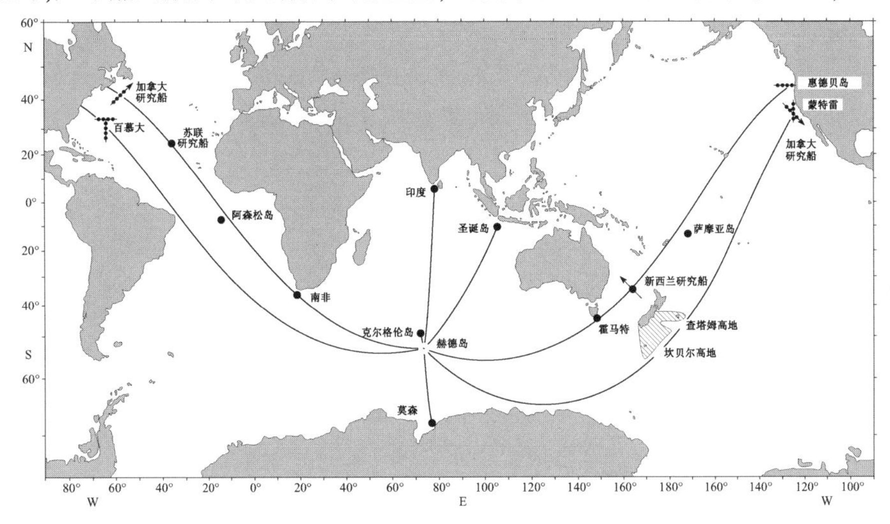

图 8.7　赫德岛可行性试验。声源从位于赫德岛东南 50km 的 R/V Cory Chouest 的中央井悬挂下来。黑色的圆表示接收机位置。水平线表示在美国西海岸和百慕大附近的水平接收机阵列。垂直线表示在蒙特雷(Monterey)和百慕大附近的垂直阵列。在加利福尼亚和纽芬兰(Newfoundland)附近的带箭头的线表示加拿大的拖曳阵列。从声源到接收机的射线路径是沿着折射的测地线的,要不是地球是非(标准)球体以及海洋水平声速梯度的存在,射线路径就是大圆。除了百慕大附近的沉没的垂直阵列和萨摩亚(Samoa)附近的日本站外,所有测量地点都接收信号。

GPS 定位与测得的多普勒，可用来估计声源处的声波发射角。Forbes 和 Munk(1994)推导出的从赫德岛到阿森松岛的发射方位角为(268.1±0.1)°，相比之下，模态 1(频率为 57Hz)的折射测地线的发射方位角为 268.05°。轴向折射的测地线的发射方位角度为 268.2°，非折射测地线的发射方位角度是 265.9°。

Forbes(1994)发现了两条从赫德岛到惠德比岛(Whidbey)的测地线路径(图 8.8)。由多普勒测量值得到的发射方位角为 130°，这与位于新西兰以东的一条路径相一致。在惠德比岛，通过读取许多水听器接收数据可获得水平波束形成的信号，由此给出的来自新西兰东部的到达方位角为 215°。因此，测得的发射方位角和到达方位角可排除穿过塔斯曼海(Tasman)的通道。位于新西兰北部到新喀里多尼亚(New Caledonia)以及斐济(Fiji)之间的一系列横向的海底山脊，似乎阻止了声波离开塔斯曼海。

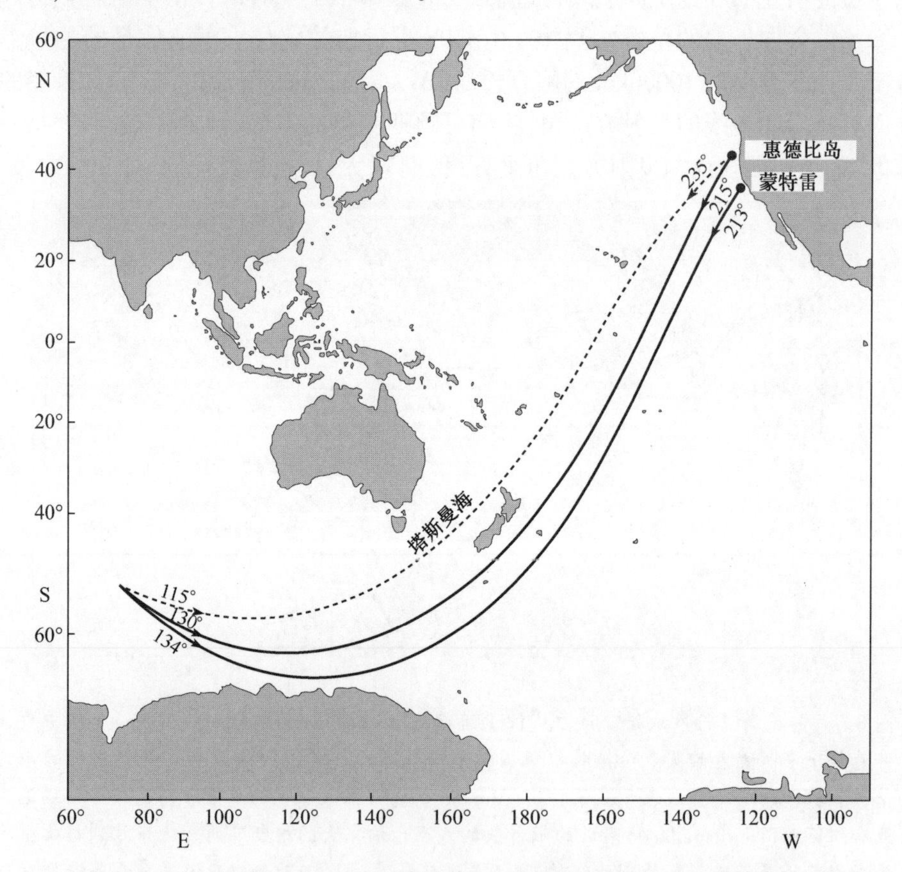

图 8.8 从赫德岛到美国西海岸的折射的测地线。虚线路径明显不成功，发射方位角为 130°、接收方位角为 215°的路径经过了艺术处理。

(选自 Forbes,1994,经过惠许)

在赫德岛可行性试验之前30年,炸药在澳大利亚珀斯附近的声道中起爆,其信号在百慕大被清晰地记录下来。这个事件首先由John Ewing(Maurice Ewing的兄弟)在"*Notes and personalia*"中报道(Ewing,1960),并引起了广泛的关注,原因是大圆受到克尔格伦群岛浅滩(Kerguelen Bank)和克罗泽群岛(Crozet Islands)的阻挡。有关海底障碍和偏离大圆的问题占据了本章的大部分篇幅。由最初的观测记录所引发的有关珀斯到百慕大传输问题的讨论持续了22年时间(Shockley等,1982)。Munk等(1988)再度聚焦这个问题,试图解释深海测量泄漏(bathymetric leakage)和发生在百慕大的不为人所知的双脉冲现象(图8.4)。在高频低模态的极限下($s_p \to S_{AX}$),应用测地线方程(8.5.1),他们发现,测地线相对于大圆向南的移位,可免受克尔格伦群岛浅滩和克罗泽群岛的阻挡,但是如果考虑折射,则折射的测地线显著地向北移位,并碰撞到南非最南端。百慕大位于好望角的(传播)阴影区,试图利用好望角附近的衍射和海底散射理论是无法解释百慕大的探测结果的。

对于从珀斯到百慕大传输中的爆炸源,其中心频率估计为15Hz,高频极限$s_p = S_{AX}$并不是一个有用的近似。考虑频率为15Hz(而不是$f \to \infty$)的水平模态折射,Heaney等(1991)建立了一条不受阻挡的传输路径(图8.4)。

此时尚未考虑海洋中的地形折射(4.7节)。一般来说,射线被排除在高温(高声速)、低深度和高纬度地区以外。所有这些影响都取决于模态数量和频率,或者取决于射线数量。Heaney等(1991)发现存在着两组从珀斯到百慕大的特征射线:A组恰好经过好望角南部;B组在好望角以南约1Mm的地方通过,并最终与巴西附近的海洋地形有微小的互相影响(图8.4)。传播时间如下:

A:(13364±5)s,观测值,(13354±5)s,计算值,　　B:(13394±5)s,观测值(13403±9)s,计算值

这就很好地解释了为什么在全部三次爆炸试验中两个百慕大水听器能够探测到双脉冲现象。而Munk等(1988)错误地将这种双脉冲现象归因于岛屿的东南侧(陡峭地形)到近海水听器的反射。

8.6 球面焦散线

前面数值模拟的射线路径考虑了体积的、海底地形的和球面的折射因素。球面效应问题可以用解析方式处理,并且用解析方式是否能解释观测到的双脉冲现象,也是一个有趣的问题。Longuet-Higgins(1990)研究了略微扁平的椭球体(其平均半径为R,扁率为f)对距点(antipode)附近的射线路径问题。射线的焦散线呈星形线或4-星形式,环绕在对距点S'(其纬度为ϕ)周围,星形线的

外半径为

$$r_{\text{outer}} = \pi f R \cos^2\phi$$

内半径为 $\frac{1}{2}r_{\text{outer}}$（图 8.9），焦散线将对跖点附近的区域与全球其他区域分开。在 4-星范围内的任意一点 P 有四条射线到达 A、B、C、D；在外部有两条射线到达。我们仅考虑小于地球半周长的距离。在这种情形下，射线的数量在 4-星内部减少为两条，在外部减少为一条。

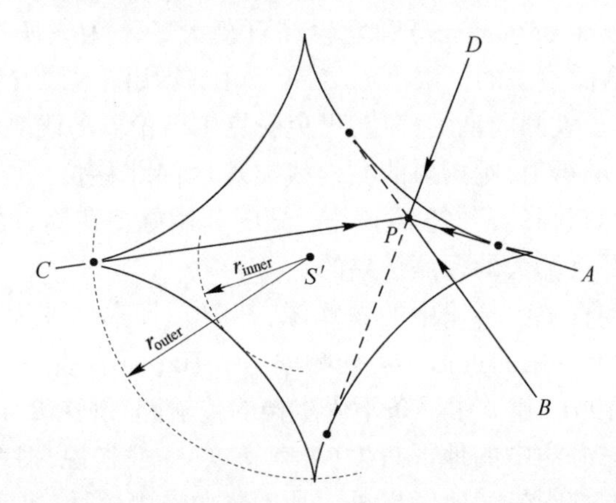

图 8.9　在椭球体地球上，声源对跖点 S' 附近的射线焦散线（Longuet-Higgins，1990）。在 4-星范围内的任意一点都有四条射线，每一条都与一条焦散线相切。在 4-星之外只有两条射线，当 P 向东北移动到最近的焦散线时，射线 A 与射线 B 之间的夹角减小。

对跖的传播时间（antipodal travel time）为 $\tau_{\text{AP}} = \pi RS \approx 13400\text{s}$；4-星内部的两条射线到达的偏差 $f\tau_{AP}$ 的量级为 45s（其中 $f \approx \frac{1}{300}$ 为地球的扁率），而从珀斯到百慕大传输的相应的（偏差）测量值为 30s（图 8.4）。然而，如果 $\phi = 32°$，则可得到 $r_{\text{outer}} = 50\text{km}$，而从百慕大到对跖点的距离为 180km。因此结论是，椭球的折射在确定双脉冲的到达上起着重要的作用，但也要考虑其他因素（如巴西附近的大陆排斥作用）。

前面的讨论中并没有涉及强度问题。可以认为沿焦散线的强度是高的，在任意尖点处的强度甚至更高，在突变理论中相当于渐增的奇异性。在真实的海洋中，内波和其他的不规则变化导致声波的波前变得更加振荡，并且在预期的饱和条件下，焦散性一定会变得更加扩散；Heaney 等（1991）从数值求解的角度解释了百慕大的两个到达峰值，它们或许和焦散线的尖点延伸到 4-星以外的区域有关。

随着扁率的减小，4-星焦散线坍陷到位于对跖点的一个单点上，这时的奇异性最高。关于在球面上传播的波汇聚到对跖点的思想可追溯到马可尼(Marconi)在1922年的工作。Gerson等(1969)在珀斯和百慕大之间进行了一项实验,以检验高频无线电波在对跖点汇聚的假设。他们发现,在对跖点接收的信号要优于在其他两个测站接收的信号,每个测站离发射机的距离都是1700km。目前尚无任何观测事实,可证明对跖点接收的声波信号的放大现象。

8.7 模态分离和重现

在任何海盆尺度的传输中,沿着传输路径必定会遇到显著的变化。这里分两种情形讨论:①拓扑变化,如声道分裂成两个通道,或者从极地(RSR)波导转换为温带(RR)声道;②中尺度变化和其他统计意义上的变化。拓扑变化情形可以通过选择路径来避免或最小化,但是,对于如何避免中尺度变化的问题,目前可用的方法不多。

长期以来我们一直确认,穿越锋面的CW传输可能与急剧的强度变化有关;事实上,这已成为反潜作战原则的一部分。Brekhovskikh和Lysanov(1991,图1.11)给出了穿越墨西哥湾流时有10dB强度变化的一个例子。Akulichev(1989)测量到了与穿越黑潮流有关的17dB的强度下降,接收机位于堪察加半岛近海100m深度处,爆炸源在100m深度处从副热带海域拖行至亚北极海域,并保持2100km的固定距离。这些结果并不令人奇怪,因为这样的情形大致符合绝热传播理论,但由此也说明了在这种极端条件下实施层析工作的难度。

McDonald等(1994)给出了57Hz PE解沿模态1的路径(从赫德岛到圣诞节岛)的演变过程(图8.10)。如图8.10(b)所示,声速最小值位于右侧,极地波导位于左侧。B点附近的过渡(箭头处)和南极绕极锋(the Antarctic Circumpolar Front, ACF)有关。在该点,由于初始的模态1的激发,能量被相继地散射到较高的模态中,直至显著地充满最前面的15个模态。在C点,声波的传输遇到了布罗肯海岭(Broken Ridge)的阻挡,出现强烈的海底地形散射并进入较高的模态中。在到达圣诞节岛之前,传输再也不会出现更为显著的,无论是体积的还是海底地形的相互作用。

如图8.11所示,到加利福尼亚的长距离传输,在以C点为中心的三个浅滩附近,以一个掠射角穿越ACF。因此,无法将体积散射和海底地形散射清晰地分离开来。模态1逐渐地过渡到邻近的高模态(图8.11(c)),与此同时,$m=10$以上的模态出现急剧的分离(图8.11(d))。一旦到达加利福尼亚,前面的8个模态被完全充满,与Baggeroer等(1994)的垂直阵列测量结果一致。

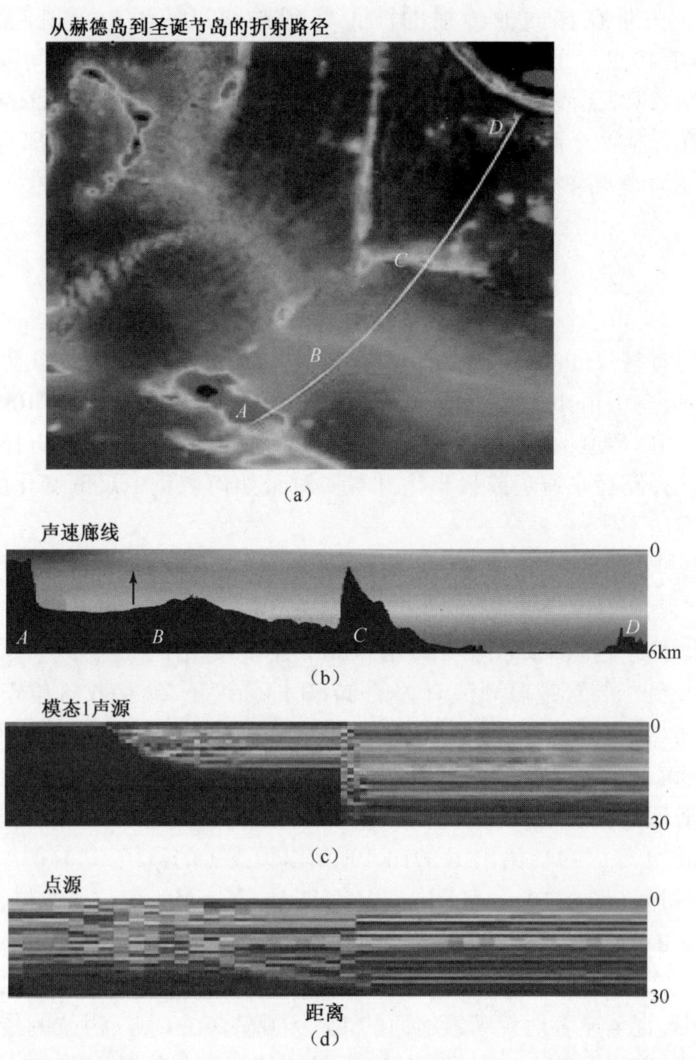

图 8.10　从赫德岛到圣诞节岛传输的计算的模态散射:(a)为模态 1 的折射的测地线,(b)为沿折射路径的海底地形和 Levitus 气候态声速场,从蓝色(1440m/s)到绿色再到黄色一直增加到红色(1550m/s)(见书后彩图),(c)为模态 1(上)到模态 30(下)的相对强度,对模态 1 的激发来说,从蓝色到红色增加了 10dB,(d)为 175m 深的点源的多模态激发。在声源和接收机处的水足够深,因而没有明显的海底地形的影响。传输路径穿过南极极地锋面(Antarctic Circumpolar Front,ACF)到达 *B* 点的左侧(箭头处),那里(指 *B* 点的左侧)的声速廓线从极地波导向内部声道变化。在 *C* 点,传输路径穿过布罗肯海岭(选自 McDonald 等,1994)。(见彩图)

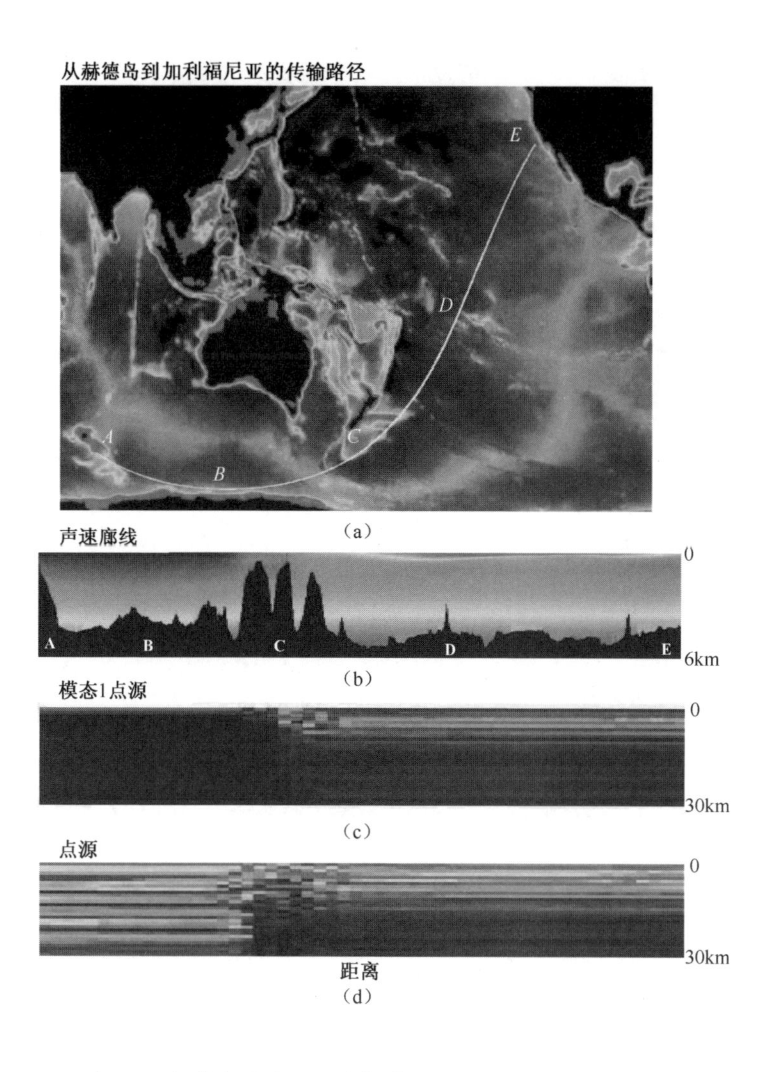

图 8.11　同图 8.10,但考虑的是从赫德岛到加利福尼亚的传输。传输路径穿过以 C(坎贝尔(Campbell)高原,查塔姆(Chatham)海岭)为中心的三个浅滩附近的 ACF。(见彩图)

如图 8.12 所示,到阿森松岛的大西洋路径,在 B 点附近穿越 ACF,导致模态 1 部分地散射到相邻的模态中。为便于后面讨论时参考,我们给出拟议中的从加利福尼亚的苏尔角到新西兰的传输路径(图 8.13),它位于温带剖面中,无浅滩,且在最低的 30 个模态中几乎没有散射。加利福尼亚点源(下面三张图的左侧)位于 600m 深的声轴上,而水深为 3000m(对于预期的实际情形,由于声源接近海底,因此预计存在相当大的海底相互作用)。

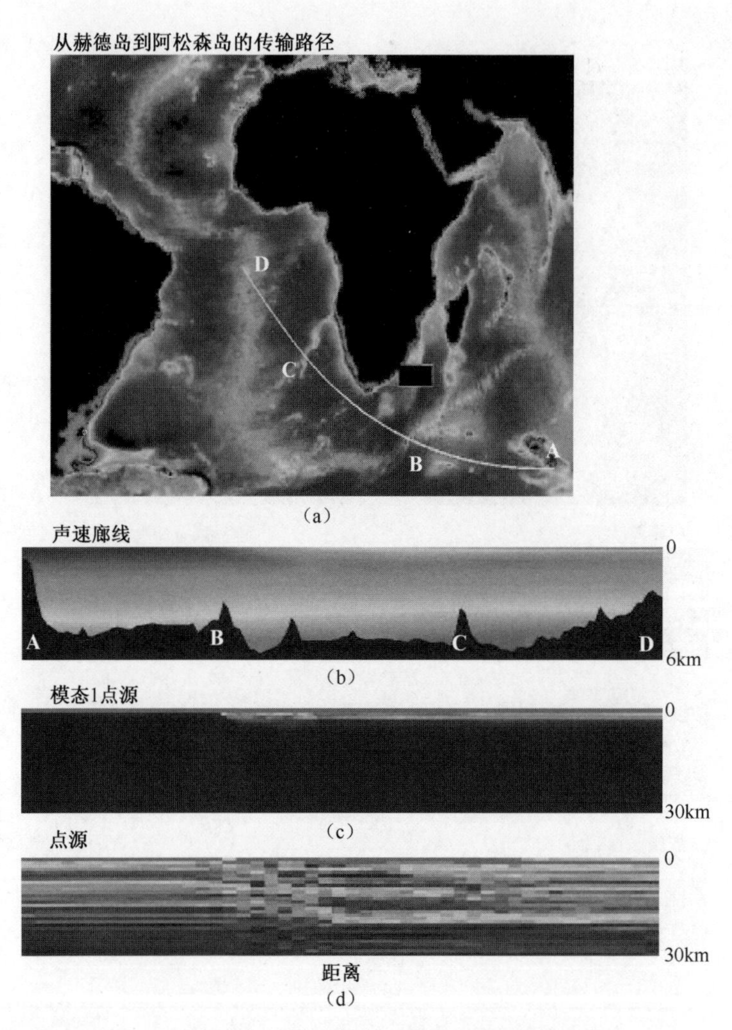

(a)

(b)

(c)

(d)

图 8.12　赫德岛到阿松森岛的传输。南极的极地辐合（Antarctic Circumpolar Convergence，ACC）在 B 点附近被穿过。（见彩图）

回到图 8.10 中的赫德岛到圣诞节岛的传输，McDonald 等（1994）在时域中计算了到达结构。在对 30 个受激发模态中的每一个进行路径积分后（在 21 个频率处，这些频率在 52～62Hz 之间等距分布），对接收机处的谱振幅进行相加，并且傅里叶变换到时域。有关这个方法的讨论，可以参考 McDonald 等的文献（1994）。图 8.14 给出了观测的和理论计算的到达结构的对比。这些结构显示了类似的分离和复杂性，以及整体结构上的模糊相似性，但没有达到很好的一致性。在计算中应用的 $C(z;x)$ 场是基于气候平均值，与传输时的实时场一定有显著的差别。事实上,在连续的传输中,观测的到达结构中的细节是不相关的。

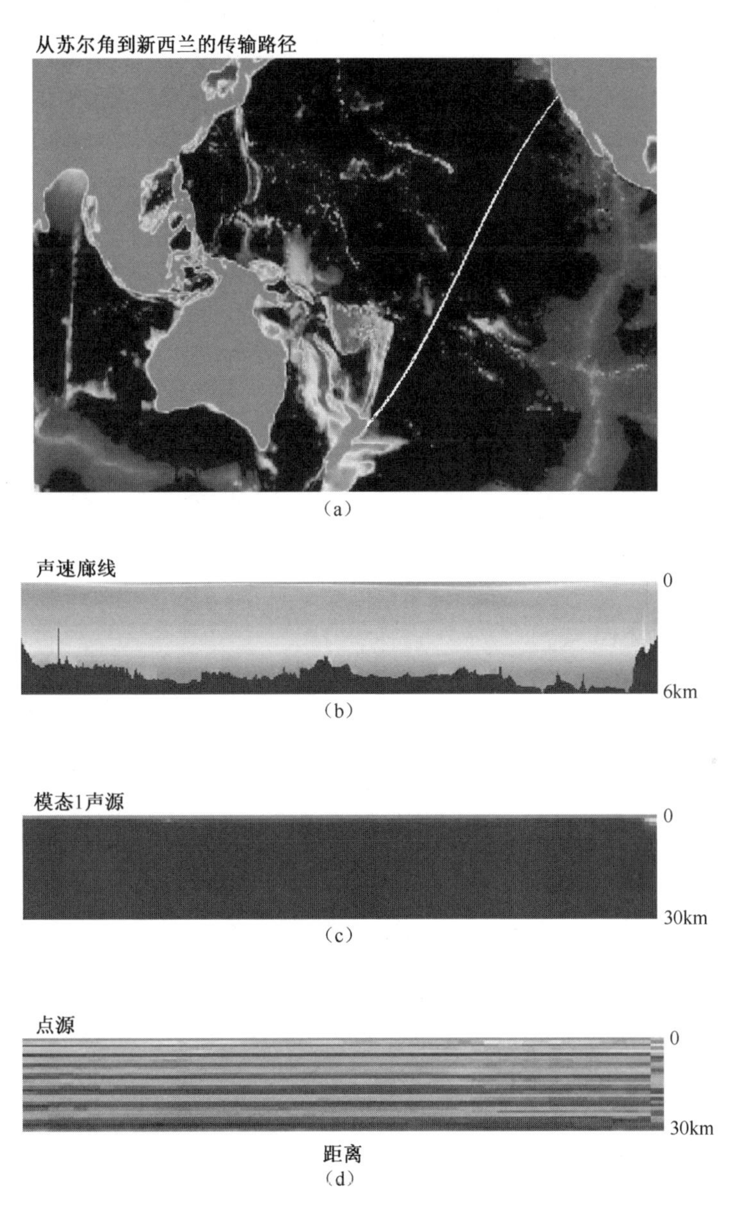

图 8.13 加利福尼亚的苏尔角到新西兰的传输。新西兰附近的声速场的不规则脉动是产生明显的末端模态散射的原因。(见彩图)

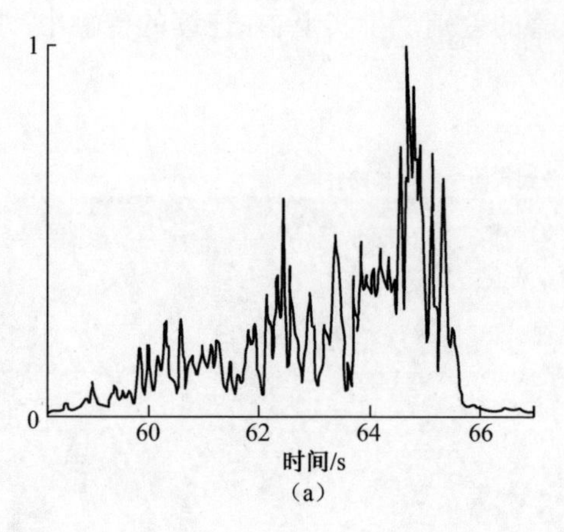

(a)

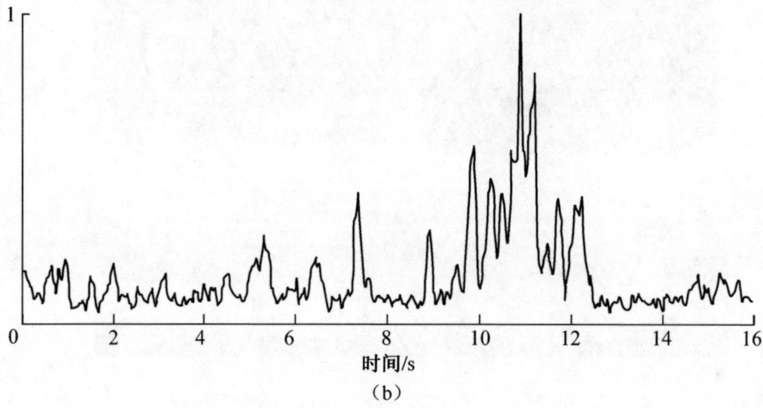

(b)

图 8.14　在圣诞节岛观测的到达结构(a)和计算的到达结构(b)。
(a)测量值;(b)计算值。

8.8　海盆中的混响

海盆尺度的实验通常在声波的直接到达之后还伴随有持续的混响(reverberation)。对于 WIGWAM(图 8.3)情形,爆炸 10min 之后声波直接到达苏尔角,之后记录到长达 1.5h、高于背景强度 10dB 的声信号。爆炸产生回声,这些回声来自遍布整个太平洋的岛屿、海底山脉和其他地形特征。如图 8.3 所示,所有回声信号中的峰值几乎都代表后向散射。

1966 年 5 月,CHASE V 在加利福尼亚的卡普门多西诺(Cape Mendocino)附近的海底起爆,起爆深度为 1125m,当量大概为 1 kton,其中包括销毁废弃船上多余的炸药。信号由夏威夷附近挂在 R/P FLIP 上的水听器记录。混响在声波直接到达之后持续了 2.5h。最早的回声来自大陆斜坡,相对于直接到达的信号,其强度为 -3dB;随后的回声来自夏威夷圆弧,强度更高,达到 -20dB。Northrop(1968)指出,夏威夷回声信号之所以具有更高的强度是由于更陡峭的斜坡并缺乏沉积盖层(sedimentary cover)。Munk 和 Zachariasen(1991)试图利用第 4 章末尾讨论的原则来解释这种散射强度。

对赫德岛可行性试验而言,在 1h 的编码传输之后存在一个明显的“余辉”(图 8.15)。我们特指的是 m 序列中的 57Hz 载波(它包含发射功率的一半)(在发射前后存在的 60Hz 线是由船舶电子噪声产生的)。

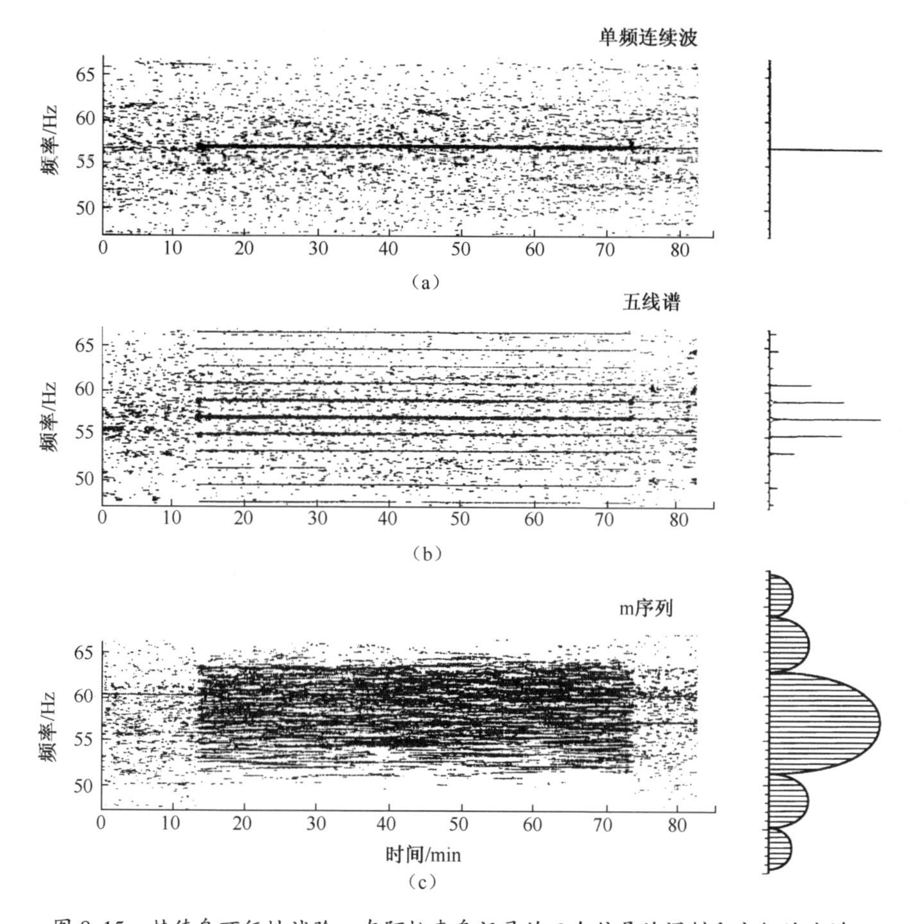

图 8.15 赫德岛可行性试验。在阿松森岛记录的三个信号的调制和它们的波谱。(a)57Hz 连续波音调;(b)五线谱编码;(c)m 序列伪随机编码。这些都是声谱图或时频图,在传输前、后都有明显的 60Hz 噪声。这些谱线在 1h 的传输之后还能持续存在几分钟,应归因于散射和多个水平的路径。

海盆中的混响使得长距离声学实验的分析复杂化,但是如果可以识别到达序列中的单个散射,那么这或许能提供沿散射路径的有用的层析信息。

8.9 海盆尺度层析的未来

显然,我们对有关海盆尺度层析问题知之甚少。此时,我们只能讨论一些基本原则,并报告一些观测现象。分析 SNR 可能需要考虑与信号有关的噪声(混响)。我们还必须知道在 5~10Mm 尺度上是否有可识别的、稳定的射线到达。也许,反演方法必须考虑体积的散射和海底地形的模态到模态的散射。

后　记

海洋声层析中的科学研究

在结束全书之际,我们简要地讨论过去 15 年中已经证明了的海洋声层析的科学能力及其产生的对相关海洋过程的深入理解。

本书成稿之时,正值海洋声层析技术快速发展的后期。研究重点无疑是在测量装置方面以使层析方法得以运用起来,而较少关注其中的科学问题本身。尽管读者可能会有这样一种印象,即海洋声层析已经过一个长时间的发展,取得的成果是极不寻常的,但是现在几乎每一项在海上得到广泛应用的技术都经历过一个类似的 15~20 年的发展过程(Wunsch,1989)①。

为方便起见,我们将已取得的研究成果划分为一些(可能有些重叠的)研究主题②。

中尺度特征的探测

海洋声层析思想的出现是由于在 20 世纪 70 年代初期和中期,海洋学家明确认识到海洋具有湍流的性质,充满着中尺度涡旋及其他的变化,其空间尺度为 O(100km),时间尺度为数个月。在 20 世纪 70 年代,为了描述和理解海洋中的中尺度现象,科学工作者组织实施了一些外场观测项目,这些项目的经验表明,仅依靠船舶和锚定技术并不足以对这样的外场进行取样。例如,中部海洋动力学实验(MODE Group,1978)等项目及其后续研究工作(Fu 等,1982;Mercier 和 Colin de Verdiere,1985;Hua 等,1986)给出的是失真的中尺度场的分布图,究其原因或者是因为船舶调查被用于探测快速演变的海洋场,或者是因为现场观测设备太少而不能反映控制海洋时空演变的详细结构。

最初的三维层析实验(Ocean Tomography Group, 1982)的主要目标是通过

① 回想起像锚定流速计这样、现在常见和可靠的技术也是经过 20 年的波折才发展起来的(Heinmiller,1983)。早期,锚定设备出现过失灵和丢失,磁带记录器不能操作;后来,出现过一些出人意料的事情,如发现测量的流速强烈地依赖于锚定设备的种类(Gould 和 Sambuco,1975),或者测量的海流方向受仪器深度的影响(Hendry 和 Hartling,1979)。

② 我们利用已经固定下来的首字母缩略词来识别不同的实验。表 A.1 提供了参考和概述。

锚定适量的声学仪器的方式获取三维的海洋时间演变分布图。这些分布图可直接与 MODE 项目获取的分布图进行对比分析,MODE 项目除了进行大量的船舶观测以外,还动用了大量的锚定仪器。海洋声层析被认为是与医学上的层析最为相似的。前面已经介绍过 1981 年的实验(图 6.17 和图 6.18),它在制作大尺度的海洋物理量分布图方面取得了成功,尽管当时能够利用的声源在现在看来多少有些简陋和旧式。10 年之后,AMODE 实验利用了改进的声源,并增加了船载接收机,证明了层析技术确实能够对绝大部分的水体进行详细而准确的探测(图 1.6)。然而,在 1981 年实验以后的一段时间内,加密的中尺度探测曾一度被物理海洋学界所忽视,而我们关于充分利用层析技术理解海洋中尺度结构的思想得到进一步的发展。特别地,正如我们在第 7 章和第 8 章中所讨论的那样,大洋环流模型(general circulation models)可用于解析海洋中尺度涡旋,基于这样的能力我们可以利用层析观测数据作为模型的积分约束,用模型来研究涡旋相互作用的详细情况。

一旦海洋声层析设备不再价格昂贵,科学工作者对特殊海域的精细化探测的兴趣将会重新激起,探测重点将是海洋的快速演变的特征。然而,这种特殊的应用,并不是利用层析技术的独特功能来提供积分(而不是微分)的信息。

1. 对流

层析技术的一个最为有趣的应用是用于研究控制海洋对流的机理。对流过程被认为是海洋的表层属性与深层属性联系在一起的主要机制,对海洋环流和气候学具有重要的影响。对流仅仅发生在极其有限的海洋区域。在这些区域内,在时间上对流是高度间歇性的,在空间上它是极其密集的,由此提出了一个要求极高的采样问题。

在最近实施的研究海洋深对流的两个外场观测项目中,层析测量仪器是作为核心要素进行部署的(图 E.1)。在 1988—1989 年的格陵兰海实验中(Worcester 等,1993;Sutton 等,1994;Pawlowicz 等,1994),研究人员布放了 6 个声学收发机,连同作为国际格陵兰海研究计划一部分的其他测量仪器,旨在研究深水形成和涡旋对不同风应力及冰盖的响应。从三维反演结果中提取出的一个环绕对流烟囱(convective chimney)的区域(图 E.2)(Morawitz 等,1994),其时间演化情况如图 E.1 中的上图所示。接近 2 月底,在中格陵兰海的大范围海域出现次表层温度最大值消失的现象。然而,在涡旋的大部分区域内水柱温度的改变深度约为 1000m,表层的水温仍然比深层的水温低一些,这与根据简单的对流更新(convective renewal)模型推得的结果是相反的。Sutton(1993)曾利用标准模数据改善近表层的分辨率,其研究结果与 Rudels(1990)提出的深层混合方案是一致的,在此方案中暖而含盐的次表层起到以下的关键作用:大气冷却自由表面，冰面形成，同时盐分注入冷的表层水体中，出现对流翻转。接着，对流运动将热量从下层带至表层，冰面融化，以上物理过程循环往复。Sutton 还指出，其研究结果与许多关于深层混合的理论并不一致。

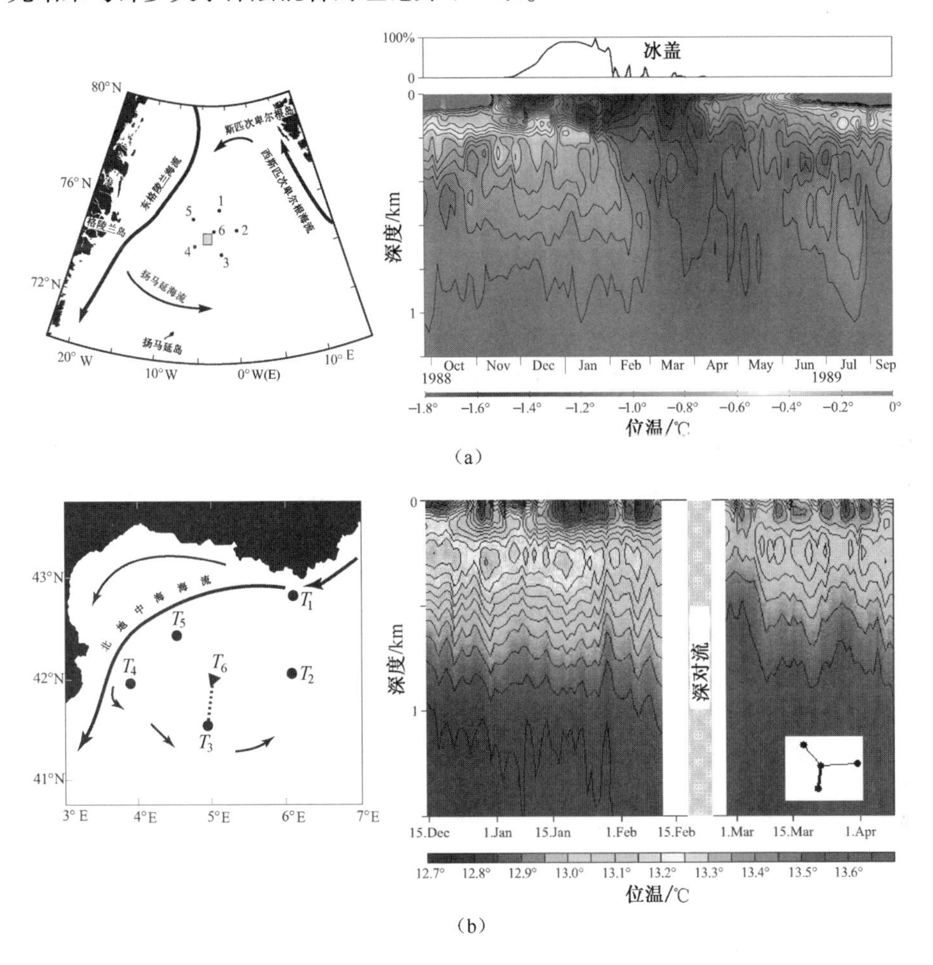

图 E.1 位势温度的时间−深度演变：格陵兰海的位势温度是所示区域（位于阵列中心）的平均值（Morawitz 等，1994）。地中海的位势温度（等值线间隔为 0.5℃）为锚定点 T3 和 T6 之间的距离平均值（THETIS Group，1994；Send 等，1995）。在深对流阶段地中海仪器不工作。(a)格陵兰海；(b)西地中海。（见彩图）

Gaillard（1994）和 Morawitz 等（1994）通过三维反演方法给出了 30～40km 空间尺度的对流烟囱结构（convective chimney structures）的形成和演变过程（图 E.2）。Morawitz 等（1994）估计的年平均海水质量更新率约为 0.1Sv，这与示踪

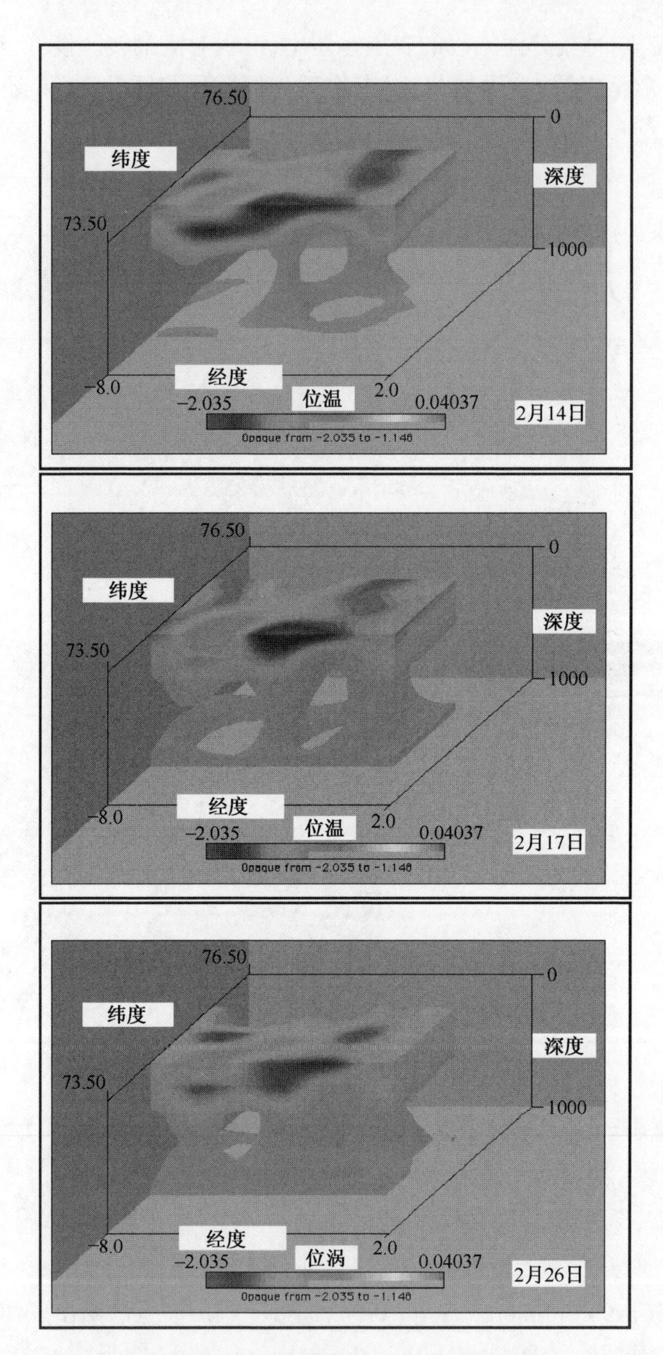

图 E.2　格陵兰海对流烟囱结构的形成和演变。位势温度低于-1.14℃的水包含在彩色水团中。在 1989 年 2 月 14 日—26 日这段时间内,次表层最大值几乎消失（摘自 Morawitz 等,1994,经过惠许）。（见彩图）

测量的结果一致。

在1991—1992年冬季实施的一个测量实验中,研究人员将(由6个锚定设备组成的)层析测量阵列布放在西地中海的里昂斯(Lions)湾(THETIS Group,1994;Send等,1995)。利用声学方法对近表层进行了充分的采样,其结果证实了来自下层的、温暖的地中海东部中间水体的冷却及随后发生的夹卷过程的存在,这与混合层的模拟结果一致。Send等(1995)发现总体热量损耗与模拟的海表热通量是大体一致的,这预示着局地环流对海水具有限制的作用,这应该成为设置深对流区域位置和范围的重要考虑因子①。深对流事件之后是近表层区域的快速"封顶(capping)"和随后的重新分层(restratification)。由这些作者所估计的年平均深水补充量为0.3Sv。

2. 涡度

正如第3章所讨论的那样,涡度 $\boldsymbol{\omega}=\nabla\times\boldsymbol{v}$ 可以看作是描述大尺度的、旋转分层流体的主要动力场。大多数海洋环流理论及其变化形式所讨论的问题是,在海表面层注入涡度的作用(直接通过风应力旋度,间接通过与大气的浮力交换)和随后在海洋内部发生的传播及转换。在旋转分层流体中常出现的一个导出量称为"Ertel位势涡度",它是一个最为有用的变量。它的一种形式为

$$\zeta_{\text{pot}}=\rho^{-1}(\omega+2\boldsymbol{\Omega})\cdot\nabla\rho \tag{E.1}$$

式中:$\boldsymbol{\Omega}$ 为地球的旋转向量;ρ 为流体密度。

沿着任一水平闭合路径的环流为

$$\hat{\boldsymbol{k}}\cdot\iint\omega\mathrm{d}A=\oint\boldsymbol{v}\cdot\mathrm{d}\boldsymbol{l}$$

采用层析技术可容易地对其进行测量,由此得到具有极高精度的面积平均的值 $\boldsymbol{\omega}\cdot\hat{\boldsymbol{k}}$。由于我们可以通过同样的设备测量密度场,因此不难获得位势涡度(E.1),通过这样的方式,便能直接地检验海洋学理论,若采用流速计或其他的单点观测方式来完成同样的工作则极为困难。

下面简要分析一下两个在极为不同的海洋环境下的层析实验情形:一是在夏威夷群岛北部部署的"RTE87"三角阵列,其空间尺度为1000km(Dushaw等,1994)(图E.3);二是在墨西哥湾流南部边界部署的"SYNOP"层析阵列,其空间尺度为100km(Chester等,1994)(图E.4)。可以注意到,测量到的相对涡度在预期的比率(1:1000)范围内,在开阔的太平洋上为 $10^{-8}\mathrm{s}^{-1}$,而在西边界流处为 $10^{-5}\mathrm{s}^{-1}$。

① 这不是格陵兰海的情形。对于格陵兰海,水平平流过程有时是重要的(Pawlowicz等,1995)。

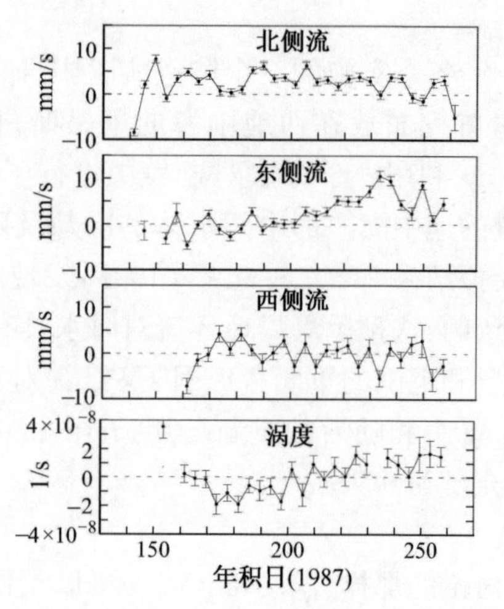

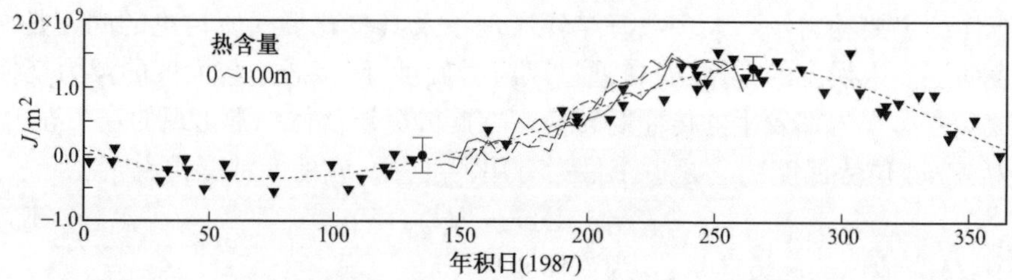

图 E.3　1987 年,沿着图 6.24 中的太平洋三角形的三条边的互易传输（Worcester 等,1990,1991b;Dushaw 等,1993c）。对于每条边,低频、深度平均的流速显示在图中。面积平均的涡度通过沿着三角形积分而得到。用声学方法导出的热含量（实线是北边,破折号线是东边,破折号–点线是西边）随时间增加,这与根据 XBT 数据（三角形）计算得到的年循环（点线）一致。垂直棒表示层析的不确定性。

Dushaw 等（1994）考虑的物理特征是正压涡度方程的低频极限（一个控制 ζ_{pot} 演变的特殊的极限情形）所描述的,它大致可以表示为①

$$H\boldsymbol{u} \cdot \nabla_h (f/H) = \hat{\boldsymbol{k}} \cdot \nabla \times (\boldsymbol{\tau}/\rho H) \tag{E.2}$$

式中:f 为科里奥利参数;$H(x,y)$ 为海底地形;$\boldsymbol{\tau}$ 为风应力;$\boldsymbol{u}=[u,v]$ 为深度平均的流速。此公式将流速 $\boldsymbol{u}(x,y)$ 和**局地**风应力 $\boldsymbol{\tau}(x,y)$ 联系起来。以上的近似表达式略去了相对涡度的时间导数,Dushaw 等（1994）根据涡度时间序列对该项作了估算,结果表明此项是可以忽略不计的。理论上认为,这个方程控制中纬

① 虽然习惯上把方程（E.2）称为“Sverdrup 平衡”,一个仅适用于分层流（其中含有静止的中间层）的关系式（频率为零）,但这是不恰当的。

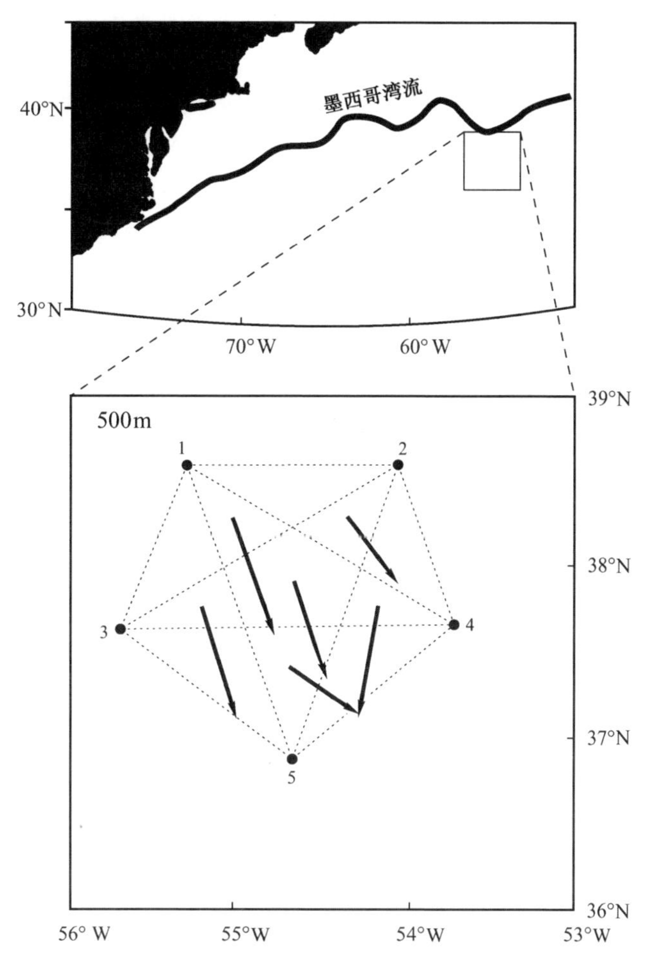

图 E.4 Chester 等(1994)描述的墨西哥湾流南部的层析阵列。
箭头表明 E-P 涡度通量离开墨西哥湾流。

度地区的海洋运动,运动的时间尺度为一年及以上,空间尺度为 1000km 及以上。利用由气象分析资料提供的风应力旋度的估计数据,Dushaw 等(1994)证明,观测到的兆米尺度的变率要比根据式(E.2)计算得到的变率大出一个数量级。这些作者推断,流场和涡度由非局地的强迫所决定,其结果严格等于三角形区域内的平均值(气象因素强迫的不确定性是其主要的误差源)。

Chester 等(1994)将层析阵列布放在墨西哥湾流南侧的再循环区域(图 E.4)。利用多个三角形区域,就能够定义涡度为一个(相对于流场的)位置的函数,并且原则上可以确定其梯度。实际上,利用 Plumb(1986)所称的广义 E-P

通量(Eliassen-Palm flux)可以证明能量如波动般地从弯曲的流场中辐射出去。

3. 状态方程

海水的状态方程是基本关系式$\rho(T,S_a,p)$，它应用于大多数的动力学计算中,对应的声速关系式$C(T,S_a,p)$则是其特例。夏威夷北部实验(Worcester 等,1991b;Spiesberger 和 Metzger,1991a,b;Spiesberger 1993;Dushaw 等,1993b)中的一个令人惊讶的结果是:Del Grosso(1974)的声速方程比后来经过改进的 Chen 和 Millero 的关系式(1977)更符合观测值①。之所以能证明 Del Grosso 的声速方程精确到约 0.05m/s(在 4000m 深度处),仅仅是因为应用了层析方法以及另一新近发展起来的仪器系统,即全球定位系统(GPS),GPS 使得锚定位置的确定能达到所需的精度要求。

4. 热含量

海洋声层析技术最主要的优点之一是,它可以提供对某一海洋体积内的积分性质的稳定的估计(robust esfimates),如涡度和热含量。前面已经提到过在格陵兰海和里昂斯湾的有限的对流区域内热含量的测量。如图 E.3 所示为东太平洋上部的热含量的季节变化情况(Dushaw 等,1993c)。在涡旋和海盆尺度上对热含量变化实施准确测量的能力是拟议中的海洋气候声学测温(ATOC)项目的基础。

5. 潮汐

层析技术在潮汐过程的研究中有两个明显不同的应用。互易的传播时间之差可以确定与正压(或表面)潮汐有关的流速。总的传播时间可以确定与斜压(或内部)潮汐有关的等温线的垂直位移。用单点测量仪器(如流速计)研究表面潮汐流是极为困难的,这是因为存在着与内波有关的背景变率。特别是,内部潮汐(它始终存在)给潮汐分析场施加了一个棘手的非确定性的分量(Wunsch,1975)。层析测量(由于其积分特性)可抑制小尺度的内波和内部潮汐,留下显著的开阔海洋潮汐流的信号。

这里引用在"RTE87"实验中太平洋三角形的北边测得的潮汐流向东分量的结果(Dushaw 等,1994,待出版)(见表 3.1)作为例子。对于 M2 分量,振幅和 Greenwich 相位分别是 1.31 ± 0.03cm/s 和 $223\pm1°$。Cartwright 等(1992)根据 Schwiderski 全球潮汐海拔高度数据计算得到的值为 1.42cm/s 和 218°,振幅和相位分别有 10%和 6°的不确定性。随着卫星测高精度的提高,基于海拔的潮汐常数的误差将会下降,究竟采用何种方法会得到更为精确的结果,还有待进一步观察。

---

① 在方程的标准误差范围内(用比容表示,其值为 5×10^{-6} cm^3/g),这个差别并不影响海水的状态方程。

高质量的观测使得分离斜压的 M2 分量成为可能,该分量被锁相到夏威夷海岭上方的表面潮汐中(在南方 2000km 处)。传播方向可用层析阵列的高的角分辨率确定(图 E.5)。Dushaw 等(1995)推测存在一个向北传播的内部潮汐,其通量约为 180W/m,它占全球潮汐损耗 3×10^{12}W 中的极小的一部分。

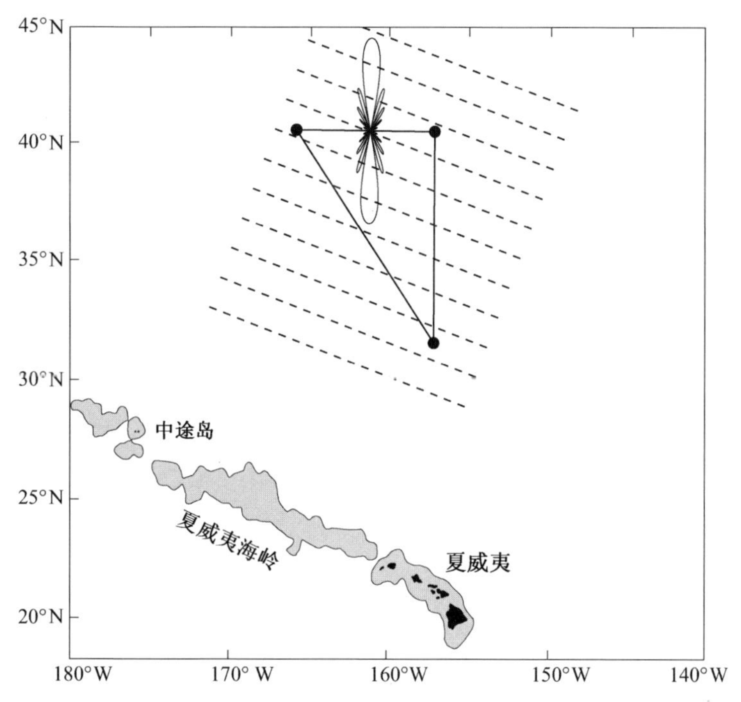

图 E.5　在入射波长为 160km 时,一个长度为 750km 的线阵列的波束方向图(单位:dB(相对最大值))。对于角度为直角的传播,天线有最大的响应。层析阵列由三个这样的线阵列组成,它们具有不同的方向(摘自 Dushaw 等,1995,经过惠许)。

6. 内波

在正问题中,我们一直是将海洋内波场的许多统计属性与声波信号中的统计属性联系在一起的。"RTE83"实验(Flatté 和 Stoughton,1986;Stoughton 等,1986)证明了反演的可行性,也就是说,根据类似射线(ray-like)的到达的漂移情况,可以在距离平均的内波强度上施加重要的限制条件。类似地,在"SLICE89"实验中(Duda 等,1992;Colosi 等,1994),类似射线的到达的漂移和离差,以及类似模态(mode-like)的到达楔形的变钝(4.4 节)都可以用 GM 内波模型进行定量的解释,如果使用略微不同于名义上的值、但似乎是合理的能量水平。这个结果开辟了研究内波场的时间和空间变率的新途径。

在一个互易的实验中,借助于与内波场有关的热通量和动量通量,传播时间之和 $s(t)$ 与传播时间之差 $d(t)$ 的交叉谱具有十分有意义的解释(3.2 节),但这些解释至今尚未得到充分的利用。

最后回到开始的地方:远距离海洋声层析中的许多问题(即使不是大多数)尚未得到解决。如果将一本书的目标确定为对某个研究主题给出一个明确解释,那么现在距离达到这个目标的要求还为时尚早;如果本书的编写出版可以起到分享已经了解到的知识(以及尚未了解的知识)并有助于读者进一步的研究工作,作者也就感到欣慰了。

附录 A

海洋声层析大事记

提出开展海洋声层析研究的想法略显偶然①。作为这项研究的参与者,也许以我们的视角简要概述海洋声层析概念的形成及其研究发展历程具有重要的意义。

利用声学方法监测海洋的想法是在(美国)海军研究办公室(ONR)创建十三周年纪念日上提出的(Munk 和 Worcester,1976)。Garwin,Munk 和 Wunsch 在 JASON② 夏季研究(JSN-77-8)期间准备了“海洋声学监测的初步报告”。该项工作被纳入“海洋声层析:大尺度监测计划”之中(Munk 和 Wunsch,1979)。该计划分析了为探测具有中尺度分辨率的海洋结构而对声学正问题和反问题的理论需求,并且得出结论声层析系统看来是既可行又有用。有意选择海洋声层析这个名称,其目的是激发读者对于声层析问题的研究兴趣。海洋学界对此名称的反应是多种多样的:那些具有反问题理论背景的研究者认为研究反问题没有意义,他们所感兴趣的是声学应用问题;而海洋声学家则对反问题的研究表现出极大的兴趣。

A.1 开端

某些研究领域所取得的进展构成了海洋声层析发展的前提条件,包括:对水

① 与其他领域一样,本领域也有一些先驱者。LaCasce 和 Beckerle(1975)建议研究 Rossby 波对声信号的影响。温度和声速的关系如此紧密以致于许多声学家想到过这种类型的可能性。例如,把职业生涯都花在反潜战问题的 H.N.Opland 在 1975 年建议 Athelton Spilhaus 关注有关“对人类有实际益处的全球地球物理计划”(与 Walter Munk 的私人交流,1985 年)。随后在 NOAA,Spilhaus 提醒 Opland 海水测温仪在 1937 年已经发明出来用于测量温度廓线,因此声传播路径是可预测的。约 20 年之后,Spilhaus 提出此过程也可逆向进行,他建议 Opland 把这个想法作为课题,目标是提供气候模式中的天气尺度信息的输入。Opland 在 1976 年搬迁到华盛顿开了一个公司(以挪威恶作剧之神命名,叫洛基联合公司),把 Spilhaus 的想法付诸实践。第二年 Opland 联系美国政府当局寻求支持未果,于是他回到私人企业。对于从声学观测推断海洋场,我们不知道任何以前公开出版的关于这方面的著作。

② JASON,由一批大学教授组成,自 1960 年起给美国政府在国防和其他问题上提供建议。

下声传播问题的认识,对诸多海洋过程(特别是内波和其他细微结构)的统计学描述,以及根据观测数据推断的反问题方法的有效性。本节简要介绍对层析至关重要的声学发展史,讨论中将涉及对反问题方法的描述。读者若有兴趣了解反问题方法在海洋科学研究中的应用发展情况,可参阅 Wunsch 的文章。以下诸事件值得关注:

1. SOFAR 声道

1944 年 Ewing 和 Worzel(1948)从 Woods Hole 登上 Saluda 号海洋调查船出海实施一项以检验海洋声波导理论的实验项目。Saluda 号船上悬挂有一部深水接收水听器。第二艘调查船在距离 900mi[①] 处放置了 4lb[②] 重的炸药。引爆装置和水听器都位于该声道中。Ewing 和 Worzel 第一次听见 SOFAR(sound fixing and ranging)传输的特征信号,这种信号的强度逐渐增强达到其峰值(图 A.1)。

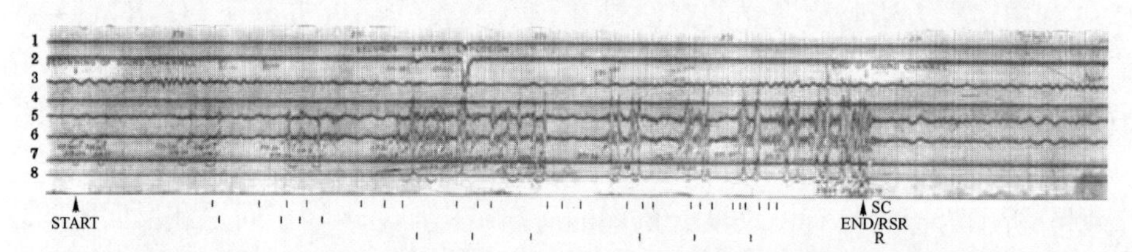

图 A.1 SOFAR 声道的发现:1944 年 4 月 3 日在 Saluda 船上记录的第 43 张快照。炸药在 4000ft[③] 深处和 320n mile[④] 距离处爆炸。爆炸之后的 370,371,…,374 秒做了标记。通道标识如下:①间隙时间;②校正后;③高频;④低频;⑤低频;⑥高频;⑦校正后;⑧校正后。(改编自 Ewing 和 Worzel,1948)

用上述作者的话来说,声道传输的末端信号是如此之尖锐,以至于一个最没专业经验的观测者也不可能将这种接收信号漏掉。更为重要的是,这是海洋学实验证实先前发展的理论的少数案例之一。同年晚些时候,Ewing 和 Worzel 还构建了一个连接到巴哈马群岛中的伊柳塞拉岛观测站的海底水听器。据他们报告,声传输的距离甚至可超过 10,000mi[⑤]。

之后不久,Brekhovskikh 和他的同事们独立发现了表面波导声道(Brekhovskikh, 1949; Rozenberg, 1949)。据 Brekhovskikh 所称(1989, 个人交流),在

---

① 英里,1mi = 1.61km。

② 磅,1lb = 0.454kg。

③ 英尺,1ft = 30.48cm。

④ 海里,1n mile = 1.852km。

⑤ 由压力梯度产生的向上折射应该与超长的声波监听距离有关,这种认识可追溯到第一次世界大战期间的德军 U 型潜艇的操作(Lichte,1919)。

1946 年就已经制定过一些在日本海开展研究工作的计划,但在当时尚未准备好实验所需的设备。与其在船上浪费时间,还不如先做一些自发性的声传播观测实验。与 Saluda 实验的做法一样,将炸药从船上扔下,并在 100m 深处引爆,一悬挂式水听器在 100m 深处作漂移运动。Brekhovskikh 写道:

在实验中观测到一些极为奇怪的东西。振幅峰值仅在前 30n mile 发生显著下降,而在更远的距离处几乎无法注意到振幅峰值的下降。在不同距离处,声信号形式也有明显的不同。在短距离处声信号形式类似于激波,而在远距离处,声信号在开始时极为微弱,然后随着时间的增长,声信号在最后阶段犹如雷鸣,随后声信号突然结束。我的工作是处理这些结果。似乎唯一能够对这些现象做出解释的是,有声波导的存在,且波导轴约在 150m 深处……。出现的情况与日本海的夏季水文条件十分匹配。因为此项工作具有军事应用价值,所以其研究结果的发表被延迟到了 1948 年……。由于国际学术交流减少的原因,我们直到后来才知道 Ewing 的论文。

令人惊奇的是,在实验学家 Ewing 通过海洋调查实验以检验一项理论之时,理论学家 Brekhovskikh 则通过对观测数据的研究有所发现。

在接下来几年中,我们见证了一系列的发现,包括:海水中声波的异常吸收,汇聚区聚焦,某些环境噪声的生物学起源。在美国海军的资助下,从事声学研究的科研人员队伍不断扩大,并开始利用声道为潜艇探测服务。由于其中的大部分工作具有保密性质,当 15 年之后在公开文献中报道这些工作时,极少或根本没有提及到那些当年曾经做出了开创性工作的科研人员的作者身份①。同时,声学界和海洋学界彼此之间被一层神秘的面纱所分隔,致使双方的学术研究与交流受到限制②。

2. 海洋的细微结构

到 1960 年,声学界已经对声信号穿过海洋时出现的极端变率这一现象产生了极大的研究兴趣。在远距离 CW 声传输中所发生的渐弱和相位跳跃是一种规律而不是特例,暗示存在一个小尺度和高频的海洋变率。为了解释这种变率,声学界构建了专用的海洋模型。有时,海洋是作为一种非理想的传输路线来建模

---

① 一份权威性回顾评论可在 1950 年"绿皮书"中找到,该书是在国家研究管委会(NRC)的支持下由水声学方面水下作战小组委员会编写。也可见于 Bell(1962),Wood(1965),Klein(1968)和 Lasky(1973,1974)。

② 保密和安全问题是海洋学领域的一部分,特别是在海洋声学中。在声层析的发展中,人们做出了非常慎重的努力以避免重蹈 20 世纪 50 年代早期所发生的覆辙。发展依赖于跟海军在两方面的合作:ONR 对研究的支持,和海军侦听设备的使用。海军接收机设备为扩大锚系层析接收机的稀疏矩阵服务。实时监测声源性能也比较慎重,有关此问题已在许多场合做过论证。大部分研究人员具有访问所需设备的许可,可按照个人情况安排实时监测事项,无需牵涉机构。这些相对非正式的工作安排机制至今仍十分有效。在写下本句话之时,已经对设备使用中的安全和研究(包括地震学和生物学等研究)问题做了认真的考虑。

的，其缺陷在于海洋的细微结构，即它具有惯性亚距离(subrange)内均匀各向同性湍流的-5/3波数谱的特征。我们现在知道海洋细微结构既不是均匀的也不是各向同性的，并且与通常意义上的湍流也没有什么关系。实际上，海洋细微结构是由始终存在的内波产生的多变的形变(straining)所支配的。内波的时间和空间尺度可用经验谱进行合理的拟合(Garrett 和 Munk，1972；Munk，1981)。

1973年，Clark 和 Kronengold(1974)沿着从伊柳塞拉岛到百慕大距离达1250km的路径连续数月发射声信号。这项工作是具有开创性意义的穿越佛罗里达海峡的MIMI传输实验(以迈阿密-密歇根协作命名)的继续(Steinberg 和 Birdsall，1966)。其基本的新特征是，在早期实验中所用的爆炸源已改用压电换能器。本质上，该项实验利用一个与406Hz发射机完全同步的振荡器，测量接收信号的相对相位及其强度(图A.2)。

长期的CW传输可提供接收信号的声相位 $\phi(t)$ 和相位变率 $\dot{\phi}(t)$ 的时间序列，它由许多声射线路径的叠加所组成。在穿越高强度的衰减区时相位的插值变得模糊起来，从而在一些周期内产生"扩展的相位"的随机游动(random walk)，它具有统计学意义上的而非地球物理学意义上的起源①。考虑到统计学意义上的随机游动，因此单一射线路径 i 的相位 $\phi_i(t)$ 和相位变率 $\dot{\phi}_i(t)$ 可从CW的相位和相位变率推断出来(Dyson 等，1976)。其结果为 $\langle \dot{\phi}_i^{\ 2} \rangle = 1.6 \times 10^{-5} s^{-2}$。这个参数依赖于传输路径上的声速脉动，可用GM内波谱计算出来，得出 $\langle \dot{\phi}_i^2 \rangle = 2.7 \times 10^{-5} s^{-2}$ (Munk 和 Zachariasen，1976)。这里并没有不精确的参数，而且数据集也是完全独立的：一个为声学数据集，另一个是基于传统方式的海洋测量的数据集。两者的一致性可对测得的几分钟的"去相关时间"给出海洋学解释。正是基于这个粗略的一致性，才使Munk确信声波脉动和内波之间具有某种关联性。JASON研究小组成员极大地扩展了这项工作。Dashen(1979)引入路径积分作为方便的形式，应用于计算随机介质中波动的传播，得出对饱和路径与非饱和路径之间所存在的重要差别的认识。随后，Flatté 等的专著得以出版(1979，可参见 Flatté，1983)，重点阐述由内波产生的声波脉动统计学特征。当然，还有其他因素可影响海洋的细微结构，如不同水团的交叉重叠，因此这个问题根本就没有得到解决(见4.4节)。

---

① 避免模糊性问题可通过发射一个宽带编码信号并且测量到达时间的方式来实现，而到达时间的确定是通过将接收信号与发射信号的副本进行相关分析来实现的，如第5章中讨论的那样。在第一次穿过佛罗里达海峡的MIMI传输中，宽带信号使用二进制m-序列编码传输(Birdsall，1965)，但由于没人知道如何处理全部数据，其结果被弃置。

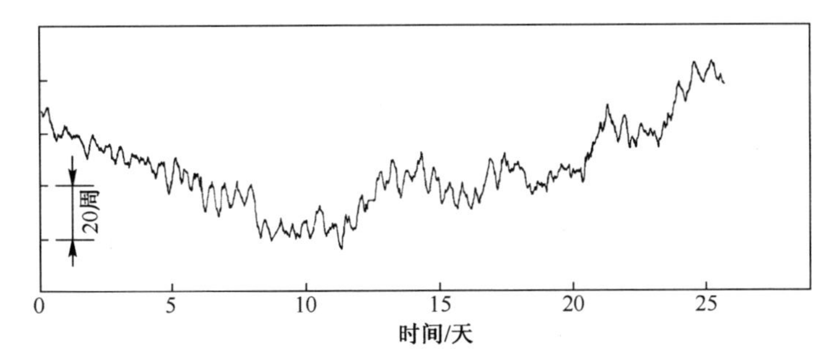

图 A.2 406Hz CW 传输(从伊柳塞拉岛到百慕大,1250km)的相位的时间序列。此首创性实验由 Birdsall,Clark,Kronengold 和 Steinberg 于 1973 年 9 月和 10 月期间组织实施(Dyson 等,1976)。

A.2 1976 年的互易传输实验

在 1976 年实施的互易传输实验期间,Worcester 和 Snodgrass 从位于加利福尼亚圣地亚哥西南方的两艘相隔 25km 的调查船上施放了位于声道中的悬挂式收发机(Worcester,1977a,b)(图 A.3)。据我们所知,这是第一次组织实施的双向传输外海实验。声学流速计根据互易传输的差分原理进行工作,所以此次实验可视为 25km 流速计的海洋试验。宽带声学发射机的中心频率是 2250Hz。选择合适的层析测量仪器的几何布局,以便产生两条仅有折射的射线路径,其传播时间相差大约 40ms。图 A.3 清晰表明了未饱和下层路径和部分饱和上层路径之

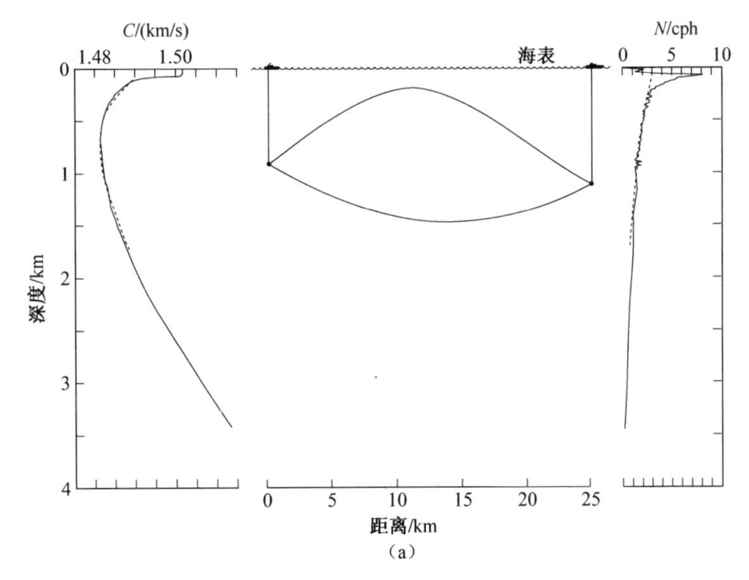

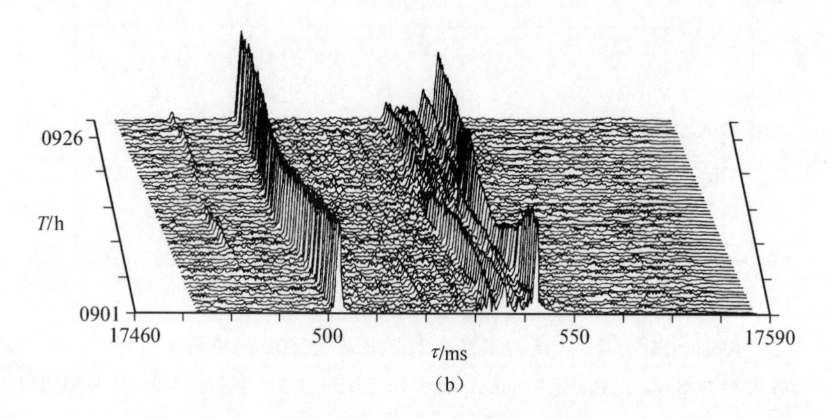

图 A.3 第一个互易传输实验,由 Worcester(1977a,b)于 1976 年 4 月在圣迭哥附近组织实施。(a)在 25km 范围内的两条射线路径;(b)在 30s 间隔内的到达结构清楚地将前面的下层路径与后面的且更为复杂的平缓的到达区分开来。

间的差别。相位编码信号产生了 20μs 的传播时间精度,它与随后的实验并不匹配,因为在更长的距离上频率和带宽必然更低,因此精度更低。这个实验被公认为是一次在垂直截面上的层析实验,第一篇有关层析问题的学位论文就是以这次实验为基础的(Worcester,1977a),由实验得到的有用的 3cm/s 的流速估计,是沿着上层路径的流速分量(相对于沿着下层路径的流速)。此次实验使我们相信,用声学传输测量海流是可行的。

A.3 分辨率、识别、稳定性(1977—1980)

1977 年,第一个研究层析的团队得以形成。团队成员中,来自 Woods Hole 的 Spinder 和 Porter 具有丰富的水声学、自主式测量仪器、布设固定深海声学锚定设备、精确声学定位方面的经验;来自 Woods Hole 的 Webb 已经为 SOFAR 浮船建立了声源;来自 MIT 的 Wunsch 负责层析数据分析方面的领导工作;来自密歇根大学的 Birdsall 和 Metzger 具有丰富的信号处理专业知识;来自 Scripps 的 Munk 和 Worcester 同时参与了理论和实验两方面的工作。ONR 则以"穿越海洋内部的声波传输的变率"项目形式提供了资助,该项目的特色在于检验预测的脉动的存在而不是层析技术本身。在 ONR 的 H. Bezdek 的极力劝说之下组成的层析研究团队,初期确实显得有点仓促,H. Bezdek 的本意是避免重复性工作。但是在撰写本书之时,许多初期加入的团队成员仍然在海洋气候声学测温(ATOC)项目中从事研究工作。

在 1978 年秋季实施的一项为期 48 天的实验中,从百慕大西南面一个锚定声源以 10min 的时间间隔向西部“一个距离约为 900km 的海底接收机①”连续发射相位编码信号(Spiesberger 等,1980)。结果证明,220±5Hz 的 Webb 声源的分辨率是可以在实验期间清楚地追踪 14 条多路径的(图 A.4)。将超过规定的 SNR 的每个到达峰值的位置标为一个圆点,且圆点的直径与 SNR 成正比。单凭肉眼就可将这些圆点作非连贯式的平均处理,从而极为自然地发现其中的一种结构。对于测量 900km 路径上的中尺度传播时间变率的问题,这个**分辨率**(resolution)、**识别**(identification)和**稳定性**(stability)是足够的。这个点聚图(dot plot)也显示出大约 8ms 振幅的半日摆动现象;这些现象可用 2cm/s 的正压潮汐流解释,与等潮图(co-tidal chart)一致(Munk 等,1981b)。

此项工作来得恰到好处,否则有关层析的研究工作可能早已无法继续开展下去了。此前有一项向美国国家科学基金会提交的关于支持业已存在的 ONR 研究的计划。其中有一位评审专家指出:“饱和环境下的沿射线路径的传播时间问题没有什么研究意义”,他认为单个射线到达是无法解析的,即使是可以解析的也是无法识别的,而且即使是可以识别的也是不稳定的。因此,上述研究计划在 1979 年 9 月被否决。对此,我们作出了回应,提交了如图 A.4 所示的点聚图,并且声明“我们已经解析、识别并追踪了 13 条射线,时间超过了两个月,参见附图。”最后,上述研究计划得以通过。

随即着手为在 1981 年实施的验证性实验作各项准备。1979 年 4 月,在百慕大以北海域进行的一项 300km 传输实验(属于 WHOI 设备的一项早期测试)表明,在 19 天的实验期内传播时间增加了 0.7s,伴随着振幅的大幅变化和射线到达的分离现象。这样的结果与墨西哥湾流南部的曲折蜿蜒有关(Spindel 和 Spiesberger,1981)。

1980 年 5 月在位于加利福尼亚沿海附件实施的一项 SIO 仪器测试期间,研究人员利用四元垂直阵列对垂直到达角进行了测量,阵元间距为 1.5 个波长。Worcester(1981)发现,就时间和角度而言,实测的和预测的到达结构极为一致。从那时起,垂直阵列成为 Scripps 接收装置的一部分。垂直阵列具有三个方面的作用:证实射线识别,分离几乎同时到达的向上射线和向下射线,增加 SNR。

总而言之,自 1977 年开始,我们用了 4 年的时间,开发各种用于中尺度层析探测的理论工具和实验工具。

---

① 此处指的是海军 SOSUS 阵列(声监视系统)。层析界极大地受惠于美国海军允许其自 1978 年使用这些先进设备。在之前的引用中,故意含糊其辞,以执行如下的协议,即美国海军给出的距离仅到最近的 100km,绝对传播时间仅到最近的 100s(相对传播时间没有限制)。《物理海洋学杂志》编辑起初是拒绝发表未标注精确坐标的论文的。我们认为对精确坐标的要求是没有必要的,因为在解释结果时并不需要考虑精确坐标。

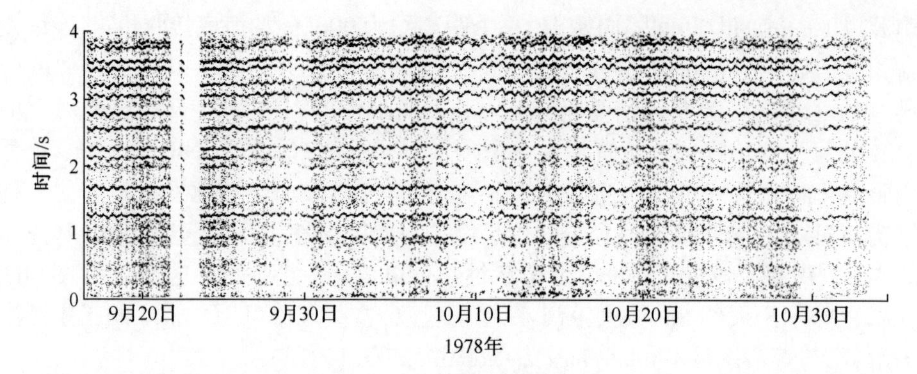

图 A.4　从百慕大西南部锚定的 Webb 声源(220Hz)开始的 900km 传输的到达结构(取相对单位)。在 48 天的时间内,到达每 10min 一次被记录下来。(取自 Spiesberger 等,1980,经过惠许)

A.4　1981 年验证实验

1981 年在百慕大西南海域组织实施了海洋声层析的第一个三维实验,实验面积为 300km×300km(图 6.18)。经过两年时间的研究,我们设计了一个相当奇特的锚定浮标部署几何结构,即将四个声源放置在实验区域的西侧,将五个接收机放置在实验区域的东侧。而且,特意将实验区位置和范围选为类似于 1976 年 MODE 实验的情形。MODE 实验的目的是利用流速计和 CTD 探测当时刚发现的中尺度变率。而此次实验的目的是验证利用声学技术能够解决一些什么问题。在边长为 300km 的正方形海域内开展实验可达到以下的效果,即仅用八九个锚定浮标便可满足中尺度分辨率的测量需求。这样的测量距离也是与现有的声源和接收机技术发展水平相匹配的(Spindel 等,1982)。声源系统是平衡浮力的 SOFAR 浮船所用技术的延伸扩展,由多个末端敞开的共振管所组成,共振管的长度大约为 1/4 波长,在其一端用压电换能器驱动。对声源的校准表明,发射电压的响应是极为复杂的(图 A.5)。尽管如此,这些声源还是可以(勉强地)发送相位编码的 m-序列①

---

① 第一个声源锚定装置于 2 月 3 日安装完毕,到 2 月 6 日四个声源全部安装到位。我们与美国海军约定,当声源安装完毕即开始监测 SOSUS 阵列上的声源。难以表达在预期时刻在远程地点处听到信号时的满足感;也难以表达在没有接收到声信号时的失望感,这甚至影响到了研究人员的生活情绪。在 2 月 21 日,没有接收到第 2 个声源的信号,这一情况在下一个传输日也被证实。当时,Spindel 和他的同事们刚刚调试完最后一个接收机锚定设备,正在回家的路上。于是,他们立即飞往 Nassau 重新连接 R/V Oceanus 设备,并修复出错的声源。补充有关细节情况的描述的目的是想给读者增添对早期及后来一些实验情况的了解。

的,其数位包含 14 个周期的 224Hz 载波(62.5ms 的数字时长)。

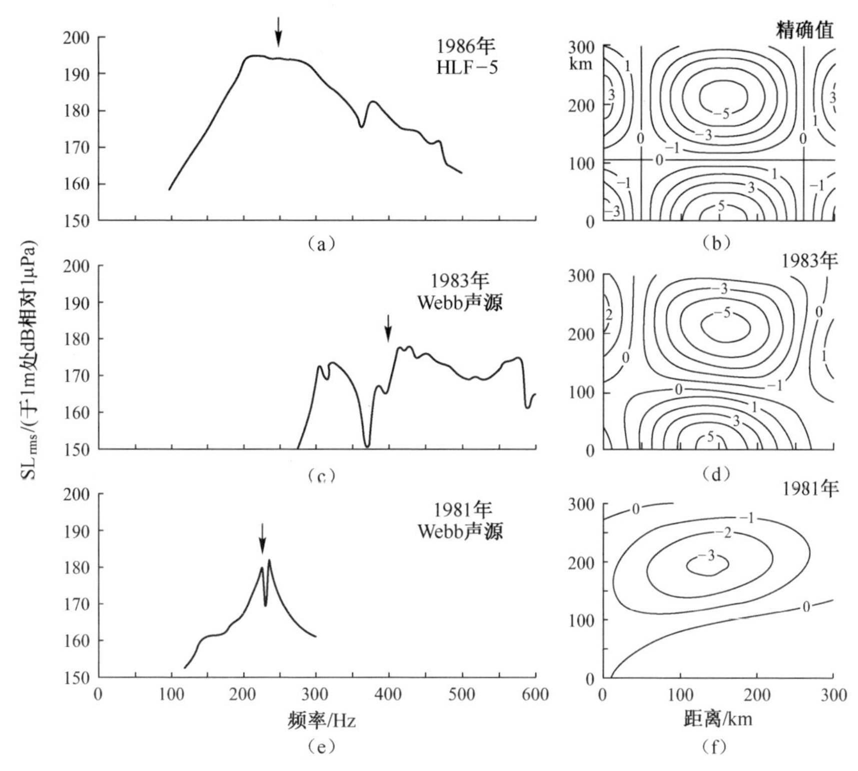

图 A.5 层析声源的发展。图(a)(c)(e)给出了均方根的声源水平,它是频率的函数,中心频率由箭头标出,显示出向更大的带宽、更简单的声源函数和更大的功率的演变情况。图(b)给出了一个假设的声速异常(m/s)。计算机模拟(图(d)和图(f))给出了一个显著的改进,改进的原因是用 1983 年的声源(2ms 均方根误差)替代了 1981 年的声源(5ms 均方根误差)(摘自 Cornuelle 等,1985,经过惠许)。

利用第 6 章中所描述的 Gauss-Markov 反演步骤可得到一个间隔 3 天的层析测量的时间序列;CTD 调查在开始和结束时进行(图 6.18)。在短至 6 天的时间之内海洋似乎经历了明显的变化(参见图中第 100 天和第 106 天的情形)。声学图显示了向西的运动,而根据 CTD 数据我们仅能推断它的存在。

即使考虑到 3 周时间内的物理场的演变(3 周时间是每次 CTD 观测所需时间),查看图 6.18 中的层析图与 CTD 图,比较的结果也是令人失望的。尽管存在着较大的误差,我们还是得到了平滑的但却是定性地正确的结构。后来,以下事实得以确认(Cornuelle 等,1985,附录 B),即传播时间的误差是 5ms(均方根),显著大于预计的 2ms(均方根),这是因为在密集分布的射线到达之间(尽管形式上是可分辨的)存在着干扰。以传播时间误差为 5ms 所进行的反演,其分辨率明显要比以 2ms 误差所做的反演的分辨率小(图 A.5)。通过增加声源带宽的方式可实际消除干扰的作用。因此,在开展实验工作的第一个 10 年之内,解决带宽问题是一项重要的工作任务。

利用 SOSUS 阵列可在远距离(1000~2000km)处监测声信号。图 A.6 显示了传播时间的一个 50 天的循环,对于向北穿越墨西哥湾流的传输,其总的变化范围大概为 1s(Spiesberger 等,1983)。NOAA-6 卫星的海表温度同步测量数据表明,在被声传输路径截断的海域存在墨西哥湾流的弯曲流动现象,湾流的北边界有 180km 的纬向移位。如同预测的那样,当移位达到最北时传播时间最短,沿着传播路径的大部分都是马尾藻海(Sargasso Sea)的暖海水,其估计的量级与实测的量级一致。

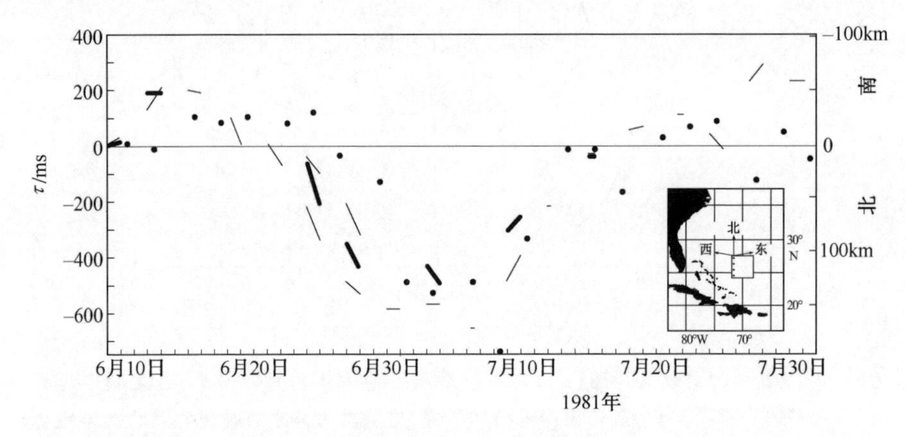

图 A.6 穿过墨西哥湾流的声波传播(声源位置显示在插图中)。线段表示间歇测量的传播时间的扰动(左侧的标尺)。点表示墨西哥湾流的北侧边界的位置,根据 NOAA-6 卫星观测的海表温度推断得到(右侧的标尺)。通过一个简单的墨西哥湾流模型将这两个标尺联系在一起(摘自 Spiesberger 等,1983,经过惠许)。

A.5 十年发展

尽管我们将 1981 年的实验称为"验证",但在 20 世纪 80 年代的大部分时间中我们的工作却集中在验证层析测量的有效性、开发适合于兆米距离级的自主仪器,以及了解层析技术的能力及其局限等方面,这多少有点令我们感到失望。利用不断改进的仪器设备,在逐步增加的测量距离上,我们组织实施了一系列的层析实验(表 A.1)。在 8.3 节中,我们总结了当时进行的海盆尺度测量的情况。

已经出版了多篇关于层析技术发展的评述类文献(Mercer, 1986; Knox, 1988; Munk 和 Worcester, 1988; Worcester, 1989; Spindel 和 Worcester, 1990; Desaubies, 1990; Worcester 等,1991a; Dushaw 等,1993a)。在层析技术发展的这个10年即将结束之时,我们也许才能做出以下的结论,即,我们的主要研究目标已经成为加深对海洋的理解,而不是发展层析技术。

1. 理论发展

20世纪80年代有一项当时正在进行的旨在阐明诸多理论问题的研究工作。大部分进展是从基本原理出发得到的,并且可能先于且独立于实验工作;但是,常见的情况是,观测研究往往可激发理论分析的展开。所有重要的研究结果已在本书前面的有关章节中作过讨论。本节的目的是强调某些更为重要的研究进展并简要介绍其形成的过程。

在1981年的实验之后,Munk 和 Wunsch 利用休假机会来到剑桥大学,在同一办公室内继续他们的合作研究。期间,他们完成了层析相关问题的系列论文,内容包括:卫星测高与层析的结合问题(Munk 和 Wunsch, 1982a),中纬度海区的上/下模糊性问题(Munk 和 Wunsch, 1982b),以及海洋环境中的射线/模态的二元性问题(Munk 和 Wunsch, 1983)。在20世纪80年代后期,一些研究人员通过理论研究和数值模拟方法,在诸多方面加深了原有的认识,内容包括:非线性偏差的效应问题,垂直截面中的可用海洋信息问题,在指定的精度内探测海洋中尺度场所需的水平几何结构问题,以及二维海流向量场层析重构的性质问题等。

令人惊讶的是,在理解声层析采样性质上的基本进展来自利用水平方向上的傅里叶基函数对海洋进行模拟,因此这些结果在波数空间中容易得到解释。利用傅里叶基函数,对在1983年互易传输实验中获取的传播时间之和的数据进行依赖于距离的反演,得到依赖于距离的温度场的估计,其结果与独立的XBT测量结果极为一致(Howe 等,1987)(图A.7)。即使物理场的依赖于距离的分量的不确定性较大,依赖于距离的分辨率的量值也促使 Cornuelle 和 Howe(1987)去研究垂直截面上的采样性质(见4.2节和6.9节)。Cornuelle 等(1989)使用二维傅里叶展开式对移动船层析几何结构的模拟提高了我们对水平采样特性的认识(见1.4节和6.8节)。我们本应更早地理解这样的水平采样性质,因为这些性质就是截面投影定理的应用而已,但是由于我们将关注的重点放到了仅采用少数几个锚定设备的部署问题上,而忽视了对水平采样性质问题的研究。

最后,20世纪80年代在诸多海域进行的层析实验促使我们更为全面地理解了垂直分辨率对局地声速廓线的敏感性。在第2章中深入讨论过的解析的温带和极地廓线有助于我们对基本原理的理解,但在制定详细的实验计划过程中,其实用性有限。

表 A.1 重要的海洋层析实验

年份/年	实验	机构	距离/位置/备注
1976	双向声传输实验（TWATE）	SIO	25km/圣迭哥近海/测量相对于移动的船舶的流速（Worcester，1977a,b,1979）
1978	900km 传播试验	WHOI/SIO/UM	900km/西北大西洋/验证多路径分辨率,稳定性,识别（Spiesberger,1980;Spiesberger 等,1980;Brown 等,1980;Munk 等,1981b;Spiesberger 和 Worcester,1981;Legters 等,1983）
1981	层析验证实验	WHOI/SIO/UM/MIT	300km×300km/西北大西洋/验证中尺度声速结构（海洋层析组，1982；Spindel，1982；Spindel 等，1982；Worcester 和 Cornuelle，1982；Cornuelle，1983；Metzger，1983；Spiesberger 等，1983；Spiesberger 和 Worcester，1983;Cornuelle 等,1985;Chiu,1985;Chiu 和 Desaubies，1987;Gaillard 和 Cornuelle,1987;Spiesberger,1989）
1983	RTE83	WHOI/SIO/UM	300km/西北大西洋/验证通过互易传输测量流速;验证单个截面层析（Worcester 等,1985b;Howe,1986;Flatté 和 Stoughton，1986；Stoughton 等，1986；Howe 等，1987）
1983	佛罗里达海峡	迈阿密大学	20km 和 45km 的三角形区域/佛罗里达海峡/验证面积平均的相对涡度的测量;监测佛罗里达海流的输送和弯曲（Palmers 等，1985；DeFerrari 和 Nguyen，1986；Monjo，1987；Ko，1987；Ko 等，1989；Chester，1989；Chester 等，1991）
1983 年 9 月	太平洋海盆，夏威夷到大陆	WHOI/UM	3000~4000km/北太平洋/发现在 4000km 处的到达结构中的可重复特征（Bushong，1987；Spiesberger 等，1989a,b，1992；Spiesberger 和 Metzger，1992；Headricke 等，1993）
1984	边缘冰区层析实验	WHOI	53km 和 161km/法拉姆海峡/验证边缘冰区层析的可行性；提出表面波层析的可行性（Lynch 等，1987，1989；Miller，1987；Romm，1987；Chiu 等，1987；Miller 等，1989）
1984	置于海底的仪器墨西哥湾流	WHOI/MIT	19~51km/西北大西洋/验证使用表面和海底反射射线路径的可行性（Malanotte-Rizzoli 等，1982，1985；Spiesberger 和 Spindel，1985；Spiesberger 等，1985；Cornuelle 和 Malanotte-Rizzoli，1986；Agnon 等，1989）

（续）

年份/年	实验	机构	距离/位置/备注
1987	RTE87	SIO/WHOI/UM	750km、1000km 和 1275km/北太平洋中部/测量热含量，潮汐流和涡度；证明正压流和涡度比从 Sverdrup 动力学估计的值大得多的事实（Worcester 等，1985a，1990，1991b；Spindel 和 Worcester，1986；Jin 和 Worcester，1989；Spiesberger 和 Metzger，1991a，b，c；Dushaw，1992；Dushaw 等，1993b，c，1994；Spiesberger，1993；Spiesberger 等，1994）
1988 年 9 月	GSP88	SIO/WHOI/UM/UW	200km 的五边形区域/格陵兰海/测量北极环境的温度，热含量，正压流和潮汐；测量冬季格陵兰海中深层混合的演变；进行移动船层析的工程验证（Jin 和 Wadhams，1989；格陵兰海项目组，1990；Peckham 等，1990；Worcester 等，1993；Sutton，1993；Sutton 等，1993，1994；Jin 等，1993；Lynch 等，1993a，b；Pawlowicz 1994；Pawlowicz 等，1994；Morawitz 等，1994）
1988 年 9 月	墨西哥湾流（SYNOP）	WHOI/MIT/IFREMER	200km 的五边形区域/墨西哥湾流/测量墨西哥湾流再循环区域中正压和斜压流的流速、涡度；估计涡旋统计量（Chester，1993；Chester 等，1994；Chester 和 Malanotte-Rizzoli，1994）
1988	Monterey 峡谷	WHOI/NPGS	54km/Monterey 峡谷/验证表面波层析（Hippenstiel 等，1992；Miller 等，1993；Westreich 等，1895）
1989	SLICE89	SIO/UW	1000km/东北太平洋/用 3000 米长垂直接收阵列验证单个截面层析的水平采样性质；内波散射比预期的更为显著（Howe 等，1991；Duda 等，1992；Cornuelle 等，1992，1993；Colosi，1993；Worcester 等，1994；Colosi 等，1994）
1990	ATE90	UW/SIO/UM	1000~2000km/西北大西洋/验证在数值海洋模式中融合层析数据用于现报和预报的实用性
1990	GASTOM	IFREMER/SHOM	300km 的五边形区域/Biscay 湾/研究 Biscay 湾中与地中海水体有关的中尺度变率（Piquet-Pellorce 等，1992）
1991	Heard 岛可行性验证（HIFT）	SIO/UW/UM/CSIRO	5~18Mm/印度洋，大西洋，太平洋/验证使用全球尺度的声传输测量海洋变暖的可行性（Munk 和 Forbes，1989；Munk，1990，1991；Semtner 和 Chervin，1990；Baggeroer 和 Munk，1992；Munk 等，1994；Birdsall 等，1994a，b；McDonald 等，1994；Shang 等，1994；Chiu 等，1994b；Heard 和 Chapman，1994；Dzieciuch 和 Munk，1994；Forbes 和 Munk，1994；Forbes，1994；Palmer 等，1994；Georges 等，1994；Fraser 和 Morash，1994；Burenkov 等，1994；Brundrit 和 Krige，1994；Bowles 等，1994）

(续)

年份/年	实验	机构	距离/位置/备注
1991 年 2 月	AMODE/MST	SIO/UW/UM	350~670km/ 西北大西洋/ 涡漩尺度的基本环流和热量输送的测量;验证层析数据在数值模式中的同化;验证移动船层析(Cornuelle 等, 1989; Howe 等, 1989a,b; AMODE-MST 团队, 1994)
1991 年 2 月	THETIS-1	IFREMER/ IFM/IACM	不规则的 200km 的五边形区域/ Lions 湾(地中海)/ 测量冬季深水形成和相关的环流(THETIS 团队, 1994; Send 等, 待出版; Gaillard, 1994)
1992	Barents 海层析实验	NPGS/WHOI	35km/Barents 海/使用混合的射线-模态反演研究浅水中极锋的动力学(Chiu 等,1994a)
1993	ATE-93	NIO	270km/阿拉伯海/验证层析技术在阿拉伯海的适用性
1993 年 4 月	THETIS-2	IFREMER/ IFM/IACM/ WHOI	221~605km/西地中海/监测西地中海热力结构和热含量的变率

注:CSIRO, 英联邦科学与工业研究组织(Hobart, Australia);IACM, 应用与计算数学研究所(Heraklion, Greece);IFM, 海洋研究所(University of Kiel, Kiel, Germany);IFREMER, 法国海洋开发研究所(Brest, France);MIT, 麻省理工学院(Cambridge, Massachusetts);NIO, 国家海洋研究所(Goa, India);NPGS, 美国海军研究生院(Monterey, California);SHOM, 法国海洋和水文服务组织(Brest, France);SIO, Scripps 海洋研究所(La Jolla, California);UM, 密歇根大学(Ann Arbor, Michigan);UMiami, 迈阿密大学(Miami, Florida);UW, 华盛顿大学(Seattle, Washington); WHOI, Woods Hole 海洋研究所(Woods Hole, Massachusetts)。

2. 观测

在 1981 年,层析团队面临过一个进退两难的困境,即为论证可行性需要知道宽带声源的分辨率,而要获得对宽带声源的支持则须论证可行性! 层析需求本身并无什么特别困难之处;碰巧的是,由于海军和其他应用部门没有需求,因而在仪器中无须兼顾低频、宽带和高压这些要求。

在对 1981 年实验中所获数据的分析工作仍在进行之时,对实验中所使用的仪器也在着手进行升级改造,其目的是测试在 300km 距离上使用互易传输方式测量海流流速和涡度的可行性(Worcester 等,1985b)。在 1981 年使用的 224Hz 的声源和接收机频带太窄,以至于无法提供为测量预期的 10ms 量级的差分传播时间信号所需的 1ms 量级的传播时间精度。在一次并非完全成功的增加带宽的实验中,我们尝试以类似的具有更大直径的 400Hz 声源来取代原来的 224Hz 声源(图 A.5)。SIO 和 WHOI 接收机电子设备基本上仍是 1981 年使用的那些,但做了一些改进以适应更高的采样率。

在 1983 年的实验中,我们采用由多部 400Hz 收发机组成的边长为 300km

的三角形阵列测量海流和涡度,获得了速度和温度的估计值。正如预计的那样,我们并没有获得围绕三角形阵列的环流估计值(Howe 等,1987)(图 A.7)。同时发现,反向传播信号的高频(>0.5cpd)传播时间脉动是高度相关的(3.6 节),这说明相反指向的射线路径在空间和时间上是足够接近的,因而可以看到几乎相同的内波场;同时也说明根据实测的差分传播时间可得到对大尺度流场的有意义估计①。

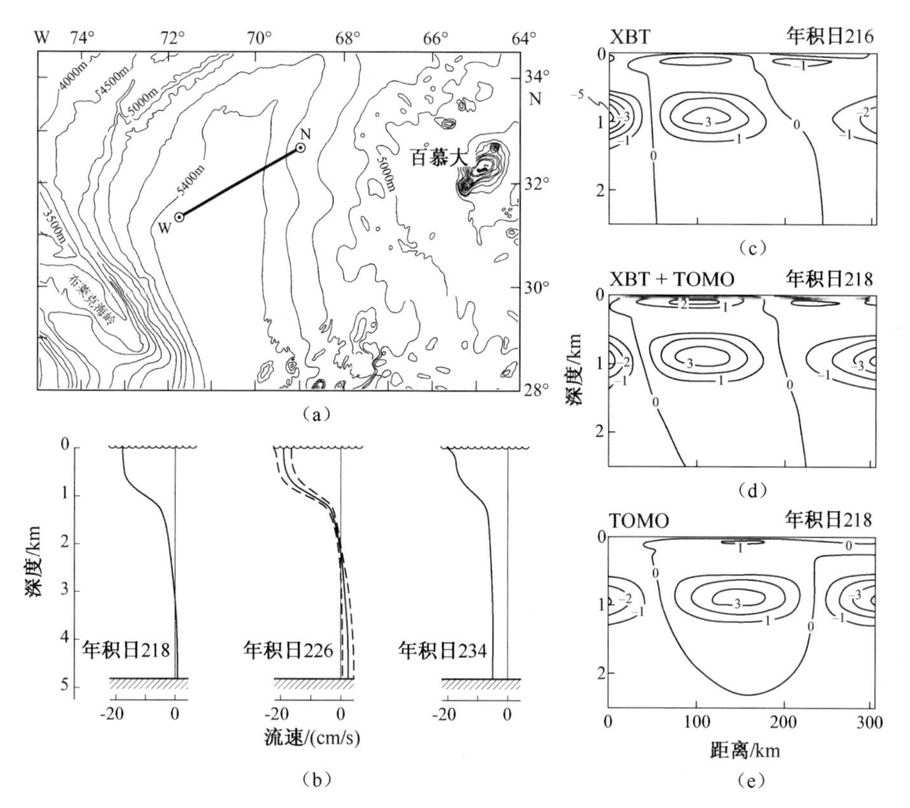

图 A.7 1983 年互易传输实验。(a)实验的平面图。层析收发机锚定于图中 N 和 W 两点的 1300m 深处。(b)在年积日 218 天、226 天和 234 天,距离平均的流速廓线及相应的不确定性。(c)(d)(e)声速扰动(m/s),它为距离的函数。(c)在年积日 216,是仅使用 XBT 数据的反演值。(c)(d)是同时使用 XBT 数据和层析数据的反演值。(e)是在年积日 218(紧接着 XBT 观测之后)的层析反演值。(改编自 Howe 等,1987)。

① 具有讽刺意味的是,由于安装在收发机锚定设备上的流速计出现故障,无法对层析结果与采用传统的单点测量方法得到的海流流速进行比较。

在 WHOI 和 SIO 于大洋中部实施 300km 互易传输测量的同时，DeFerrari 独立开发了 400Hz 层析设备，于 1983 年在佛罗里达海峡分别采用 20km 和 45km 的收发机三角阵列实施了互易测量(DeFerrari 和 Nguyen，1986；Ko 等，1989；Chester，1989；Chester 等，1991)。那个海域对海洋学而言具有极为重要的研究意义，但是情况十分复杂。在水平方向 50km 的距离上，深度的变化范围可达 100m 至差不多 800m，因此，实际上所有的射线都与迅速变化的海底相交。但是在一定条件下，我们是无法从与海底相交的射线路径中解析和识别出单个射线到达的(Palmer 等，1985)。替代的方法是，传播时间根据对多路径到达群(multipath arrival groups，通过对多个传输平均得到)的包络计算得出。平均流(墨西哥湾流)极强，并伴有明显的切变。在数天至数月的时间尺度上，急流轴可发生侧向的位移变化。尽管可将上述情况视为采用层析方法确定海洋场的一个不利因素，Ko 等(1989)和 Chester 等(1991)还是在若干个不依赖于距离的海水层中成功地对涡度场作了估计(图 A.8)。

到 1984 年初，情况已经十分明了，即开发新一代层析仪器的时机已经成熟。Woods Hole 数字浮标系统(DIBOS)使用的仪器是 Spindel 和 Porter 早期工作(1977；Spindel 等，1978；Spindel，1979)的一项成果，该仪器通过锚定的和自由漂浮的浮标测量相位脉动。将 Scripps 系统放置在由 Snodgrass(1968)于 20 世纪 60 年代后期开发的球形气压密闭舱内，以测量深海潮汐。其中的微处理器是原始的，程序是用汇编语言编写的。所用的收发电子设备，在计算机处理能力、内存和数据存储容量等方面已经达到极限。为适应实验需求的不断改变，必须及时更新应用软件，由于软件编程采用的是汇编语言，软件更新极为困难且容易出错。所用的声源也无法满足在更远距离上开展实验的需求。因此出现了第二代自主收发机的两个基本上并行的发展，其中一个旨在将应用技术延伸到 1000km 距离的互易层析上，第二个则旨在制造性价比高的商用测量仪器，使之能够进行数百千米距离的区域性层析实验。

实现远距离互易传输所需的关键工作是对声源进行改进，使其具有更低的频率、更大的带宽和更高的输出功率。对当时的液压驱动设计进行改造，以得到电池供电的声源，其中心频率为 250Hz，带宽为 100Hz，声压水平为 193dB(相对 1m 处的 1μPa)(图 A.5)。100Hz 的带宽能产生三个周期(12ms)的数位。

SIO 的科学家们在开发 HLF-5 声源的同时，也着手开展了新型收发电子设备的研发工作①。该套系统内配有一台控制多个单片机的强劲的中央处理器

① 新系统命名为 AVATAR(先进的垂直阵列声层析接收机)。在印度教中，avatar 是以肉体形式降临到地球上的神；而在法语中 avatar 的意思为“变迁、变化无常”，或许更加适用于层析的场合中。

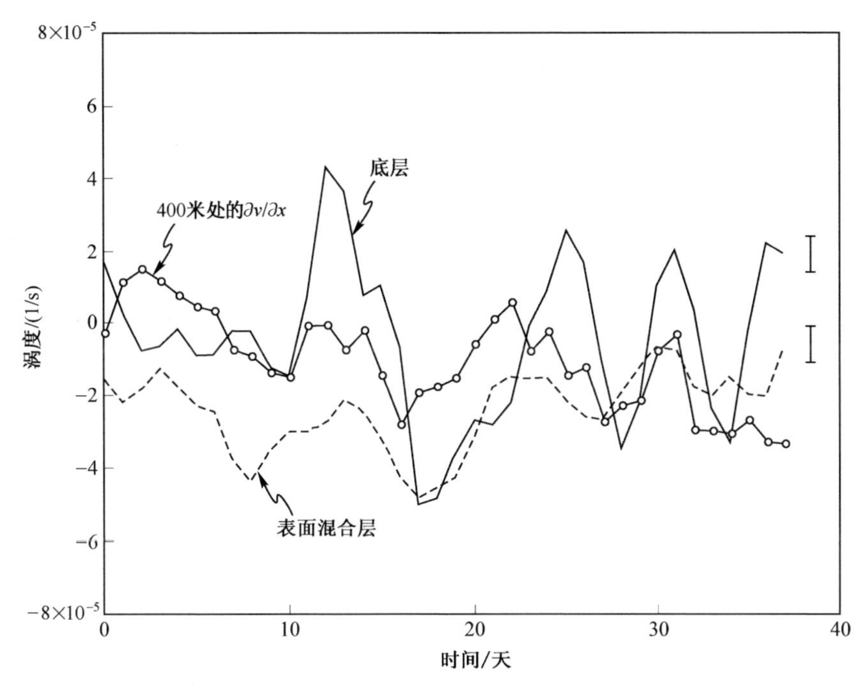

图 A.8　根据佛罗里达海流中互易层析观测数据计算得到的相对涡度垂直分量($\partial v/\partial x - \partial u/\partial y$)的面积平均的估计值。估计是对一个约 200m 厚的底部水层(底层深度范围为 600~750m)和一个约 100m 厚的表面混合水层进行的。由 400m 深处的两个流速计提供的 $\partial v/\partial x$ 的值(相对涡度的一部分)用于对层析结果的量值进行初步的检验(改编自 Chester 等,1991)。

(Worcester 等,1985a)。在接收机上装备有含有 4~8 个水听器的垂直阵列用于识别到达角。基于小硬盘技术,数据存储不再受到限制(Peckham 等,1990)。用于追踪浮标运动的声学长基线系统是接收机不可分割的组成部分,正如用于维持 1ms 时间精度的铷频率标准一样。新的收发系统,本来是为北太平洋中部 RTE87 实验中 1000km 三角形区域内的部署而研发的,却成为后续的 SIO 实验中的主要设备。

Webb 研究公司(WRC)与 WHOI 和 MIT 的科学家们紧密合作,几乎在同时研制出了适用于更短距离实验的商用型 400Hz 收发机。该系统使用了一个改进版的 400Hz 风琴管声源(相对 1m 处的 1μPa,其声源水平为 180dB)(Boutin 等,1989),一个由 P. Tillier 研发的计算机补偿时钟(以减少能量需求),以及一个单频道接收机。此型收发机的研发使更多的海洋学家能够利用层析技术,这在海洋科学的研究上迈出了极为重要的一步。

上述两种新型仪器满足了开展长期(如,持续长达一年)的实验的需求。因此,20 世纪 80 年代后期的重点从设计用于研发技术的实验转变为设计用于研究海洋的长期实验。这些实验包括,1987 年的互易层析实验,1988~1989 年的墨西哥湾流(SYNOP)层析实验,以及 1988~1989 年的格陵兰海层析实验。在本书的后记部分,对上述实验所取得的研究成果做了总结概括。

为了满足对更高水平分辨率的需求,在 21 世纪 90 年代末开展了移动船层析(MST)技术的研究工作。利用锚定的 AVATAR/HLF-5 自主型收发机向悬挂于移动船的垂直接收阵列(其阵元分布在不同的深度)发射信号。主要的新需求是对声源和接收机的精确定位,以便使测得的绝对距离的精度高于 5~10m(Cornuelle 等,1989)。这就需要将确定船舶位置的差分 GPS 定位技术与确定次表层水听器相对于船舶位置的声学技术结合起来,相关讨论参见 5.7 节(Howe 等,1989a,b)。1988 年和 1989 年夏季,在格陵兰海层析实验的仪器部署及巡航恢复的同时,研究人员完成了初步的设备测试(借助于位于斯匹次卑尔根岛(Spitzbergen)上 Ny Alesund 的一个 GPS 参照站)。在 1991~1992 年基于声学的中部海洋动力学实验(AMODE)期间获得的数据与位于百慕大和波多黎各之间一半距离处的米级的定位精度相一致。那次实验是迄今为止最有挑战性的层析探测实验(图 1.6)。

本节以上的讨论主要集中在**自主式**和**船舶悬挂式**仪器设备上,这两种仪器设备最适合于持续时间有限的观测。这些设备为次海盆尺度的传输实验提供了极大的灵活性。对于海盆尺度的和全球的实验,由于需要大的功率和长的持续时间,所以在决定采用何种类型的层析设备时,倾向于采用连接到海岸的设备。Spiesberger 和 Metzger 在东太平洋海盆传输实验中使用的是位于夏威夷的卡内奥赫沿海附近的连接到海岸的声源(它们属于美国海军)。至今为止所有进行过的海盆尺度的实验都完全依赖于美国海军现有的 SOSUS 接收机,它们都是通过电缆连接到海岸的。

A.6 检　　验

在 20 世纪 80 年代,研究者的主要工作是检验层析反演的精度。解决这个问题的难度在于,集成的声学测量数据和常规的单点测量数据两者之间具有极为不同的性质。显然,一种方法是,比较仅用声学数据反演的声速场和仅用传统的单点观测反演的声速场(如图 A.7 中的上图和下图)。第二种方法其实也是一种更好的方法(见 6.9 节),这种方法利用所有的观测数据进行反演(称为联合反演),然后检查数据的残差是否符合预期的残差(如图 A.7 的中间图),以检验声学观测与其他观测的一致性。在有观测数据的情况下,这种联合反演能提供对海洋状态的最优估计,因此应该成为标准的分析方法。在这种联合反演中,要想指出不同数据类型在多大程度上是冗余的因而提供了相互之间一致性的直接检验,这并不总是一件容易的事情;同样,要想指出它们在多大程度上是独立的,但它们相互之间一致,并且它们与海洋模型也一致,这也并不总是一件容易的事情。

从根本上来说,需要检验的是声学**正问题**,而不是反问题方法。认识到这一点是极为重要的。在第 6 章和第 7 章中所描述的线性反问题方法是众所周知的数学方法,可提供对未知的海洋模型参数的严格估计以及该估计的不确定性。对数据残差的研究可提供对以上方法步骤的内部验证(built-in checks)。假定正问题已被准确地建模,据此可直接得出模型的解及其不确定性。由此产生第三种(是最为直接的)方法,即从传统的单点观测数据集开始,采用标准的反问题方法,反演出声速场**以及相应的不确定性**;然后,采用反演场计算出传播时间**及其不确定性**,以便与测量的传播时间做比较。这种**有效性**检验与对层析**效用**的评估是有很大区别的,后者需要比较分辨率、准确度,而且与其他方法进行比较也并非易事。

在 20 世纪 80 年代进行的检验包括了上面提到的所有三种比较方法。结果表明,层析技术能提供尺度范围在数百千米至 1000km 的海洋热力结构、热含量以及流速的观测值,且在估计的不确定性范围内,层析测量的结果与独立观测的结果是一致的。

1. 声速

SLICE89 实验(见 2.16 节和 6.9 节)提供了迄今为止对声学正问题的最佳的检验(Howe 等,1991;Duda 等,1992;Cornuelle 等,1993;Worcester 等,1994;Colosi 等,1994)。实验由近声轴的 HLF-5 声源和距离 1000km 处的垂直接收阵列(悬吊在研究平台 R/P FLIP 上,其长度为 3000m)之间的传输组成,此外,在实验期间还在传输路径上抛投了近 300 个 XBT、AXBT 和 CTD 仪器。所有的 XBT、AXBT 和 CTD 观测数据都经过了客观映射(客观插值)处理,并且,所得到的依赖于距离的声速场被用来计算出 SLICE89 实验中的射线到达(ray-like arrivals)的预测的传播时间(图 2.21)。然后,从观测的传播时间的时间平均值中减去预测的传播时间可得到偏差(图 A.9)。图中的误差棒综合了传播时间的预测值不确定性和观测值不确定性这两种因素,其中传播时间预测值的不确定性(由来自直接观测的声速场估计值的不确定性所产生)是主要的①。对于上转向

① 对于上转向深度在表层和 350m 之间的射线,约为 100ms 的相对较大的传播时间异常极有可能是由于距离的估计值具有约为 150m 的误差所造成的(这个误差未在误差棒图中显示出来),虽然直接估计声速的偏差(0.2m/s)也有可能具有同样的效果。

深度在350m以上的早期到达,观测的传播时间是与预测值一致的;而对于靠近声轴的最终截止射线,观测的传播时间与预测值则勉强保持一致。

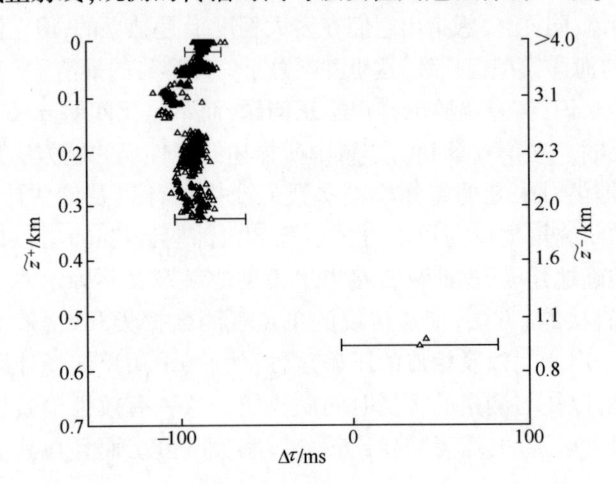

图 A.9 观测的传播时间与预测的传播时间之差随着射线转向深度的变化,数据取自SLICE89实验(改编自Worcester等,1994)。

虽然图A.9中关于预测的和观测的传播时间的对比提供了层析方法有效性的最直接的检验。反过来,在SLICE89实验中获得的传播时间数据也被用来反演得到依赖于距离的声速场(见6.9节),并与直接的观测进行了比较(图6.22)。Cornuelle等(1993)发现除了表层附近以外,由传播时间构造的声速场的距离平均与由XBT、AXBT和CTD数据单独构造的声速场的距离平均,两者之间的差异小于0.3m/s(约为0.07℃)(图A.10)。出现在500~1200m之间的负异常是由图A.9中后期到达的、靠近声轴的最终截止所造成的。在500~1200m之间的0.3m/s的差异与估计的不确定性,两者勉强一致,这是因为图A.9中轴向的传播时间扰动与由直接观测估计的传播时间是勉强一致的。由声学传播时间和直接观测联合反演产生的残差与它们的预期误差水平是一致的。

这种一致性曾被看作为海洋声层析发展中的一个基准,使研究人员有可能将未来的研究重点放在科学问题之上、而不是研究方法之上。

SLICE89实验仅持续了9天时间,由于在实验期间中尺度声速场几乎没有发生什么变化,所以实验得到的结果基本上就是一个时间点上的比较情况。相比之下,墨西哥湾流层析实验(SYNOP)持续了近300天,得到了锚定的温度场测量值和由层析技术确定的温度场之间的一个长期的比较结果(Chester, 1993; Chester等, 1994; Chester和Malannotte-Rizzoli, 1994)。利用203km路径上的声学传播时间数据计算得出1000~1400m水层内的距离平均的温度,并与位于

1000 m 深处的两个浮标上的热敏电阻测得的平均温度进行了比较(图 A.11)。总体而言,比较的结果还是不错的,但受限于距离平均的温度的准确度。

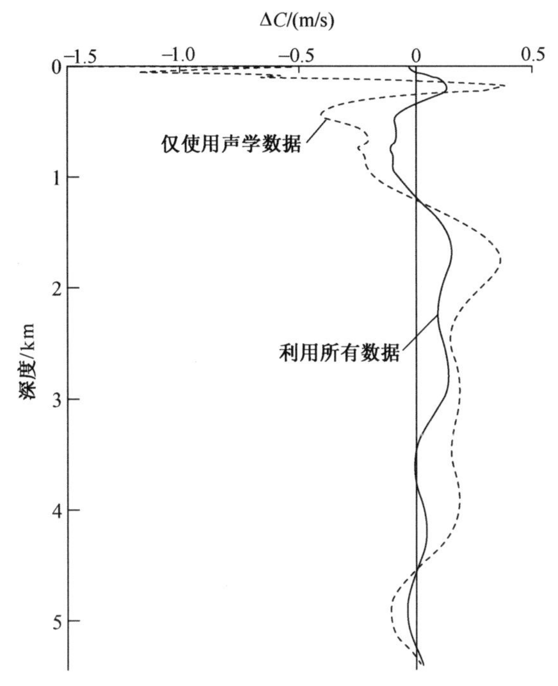

图 A.10 对由 SLICE89 实验得到的距离平均的声速廓线的检验。虚线是仅根据声学传播时间确定的廓线与根据 CTD、XBT 和 AXBT 数据确定的廓线之差。实线是根据所有的数据(声学的、CTD、XBT 和 AXBT)确定的廓线与根据 CTD、XBT 和 AXBT 数据确定的廓线之差(改编自 Cornuelle 等,1993)。

2. 流速

大部分验证层析反演的声速和热含量的工作都使用了 XBT、AXBT 和 CTD 廓线数据,以探测声源和接收机所在平面上的温度场和声速场。要获取足够密集的流速廓线以探测海洋流场,这个问题更为困难,这是因为并不存在一种技术,它可以利用悬挂于船只的设备测量绝对流速,因此,必须利用锚定流速计得到的稀疏的数据进行对比。Dushaw 等(1993a)已经给出了有效的证据。

对正压潮汐流所做的比较一直是最为令人信服的。潮汐提供了便利的大尺度信号,利用这个信号我们可以验证利用差分传播时间测量涡旋尺度的正压流的能力。在 1987 年的互易层析实验中,根据声学方法估计的正压流获得的潮汐谐波常数,与由流速计观测的和经验数值潮汐模式确定的结果是极为一致的,详

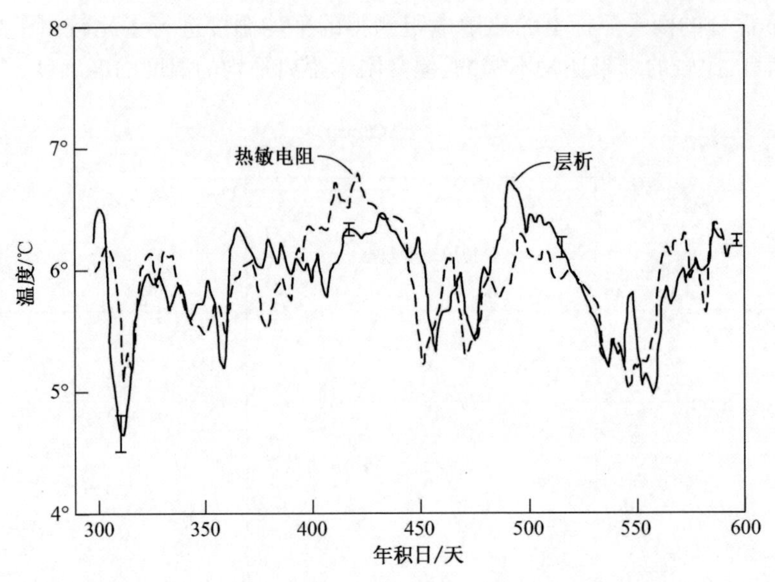

图 A.11 在 SYNOP 实验的第二和第三个浮标之间，由层析方法确定的 1000~1400m 的距离平均温度(实线)，以及在第二和第三个浮标处且在 1000m 深处，两个热敏电阻读数的平均(虚线)(改编自 Chester 和 Malanotte-Rizzoli，1994)。

细情况参见 3.6 节中的讨论(表 3.1)。

在墨西哥湾流(SYNOP)层析实验中，由于采用的是短距离传输(100~200km)与大规模锚定流速计观测相结合的方式，因此，我们对利用层析实验测量低频(<1cpd)海流的能力进行了最佳的检验。在 500m 深处，由声学方法确定的距离平均的流速可与在声学路径末端和中点的三个流速计测量值的平均值相媲美(Chester 等，1994)(图 A.12)。这里，纬向路径的距离约为 170km，因此各流速计相距 85km，这与量级为 100km 的相关尺度是相当的。海流流速谱表明，声学观测对周期少于 20 天的能量具有抑制的作用，这是由于距离平均使观测数据中所含的部分固有的物理性质的信息已被滤去。分别利用层析方法和流速计方法对上述高能量海区的统计特性进行估计，得到的结果也是一致的(Chester，1993)(表 A.2)。

表 A.2 500m 深处的涡旋统计量(取自 SYNOP 实验)

	层析	流速计
$\frac{1}{2}(\bar{u}^2+\bar{v}^2)/(\mathrm{cm}^2/\mathrm{s}^2)$	12.3±26.1	33.1±17.8
$\frac{1}{2}\overline{(u'^2+v'^2)}/(\mathrm{cm}^2/\mathrm{s}^2)$	225.4±123.4	382.4±54.9

续表

	层析	流速计
$\overline{T'^2}$/(℃^{2})	1.1±2.7	2.5±1.7
$\overline{u'v'}$/(cm^2/s^2)	5.0±76.1	−12.6±54.6
$\overline{u'T'}$/(℃·cm/s)	−2.3±4.5	−3.3±4.7
$\overline{v'T'}$/(℃·cm/s)	−4.6±6.2	−6.3±5.0
ζ/($10^{-6}\times s^{-1}$)	−2.1±4.3	−2.1±3.9
$\overline{\zeta'^2}$/($10^{-12}\times s^{-2}$)	0.25±1.2	

注：u 和 v 为流速的分量；T 为温度；ζ 为相对涡度。“-”表示时间平均，“′”表示相对平均值的扰动。
来源：Chester(1993)。

在1987年实施的互易层析实验(Dushaw等,1994)和1988~1989年实施的格陵兰海层析实验中,都分别采用层析方法确定低频正压流并将观测结果与独立的估计结果进行了对比分析(图A.12)。尽管传输路径长达数个中尺度相关长度之长,但在两次实验中都在某个单点作了独立的观测。层析估计的结果似乎与独立观测的结果是一致的,但考虑到有限的几个常规数据集,我们无法对上述一致性做出更为肯定的结论。在上述两次实验中层析估计结果对周期为10~20天变率的抑制程度比在墨西哥湾流实验中的抑制程度更为显著。

A.7 结 束 语

层析方法是目前物理海洋学家研究具有100~1000km空间尺度的开阔海洋物理过程的可用工具之一。美国、德国、法国、印度、日本的研究团队都已制定了开展区域尺度的层析计划。近来的研究表明,低频声波传输对海洋哺乳动物和其他海洋生物可能产生影响(Potter,1994),研究者对此问题的关注突显出层析技术的重要性,关乎利用声学技术监测海洋状态的未来发展。

或许,首要突出的问题是,能否将层析技术延伸应用到声波传播状况更为复杂的海洋环境中(如更远的距离、具有弱的(或两个)声速通道的区域、浅水区域)。我们仍然需要做更多的研究工作,用以评估(不同于射线传播时间或模态群延迟(modal group delays)的)声学可观测量的信息容量。当然,这些问题是相互关联的。要将层析技术扩展应用到新的海洋环境或不同的几何结构中,很可能需要使用不同于传播时间的声学可观测量。

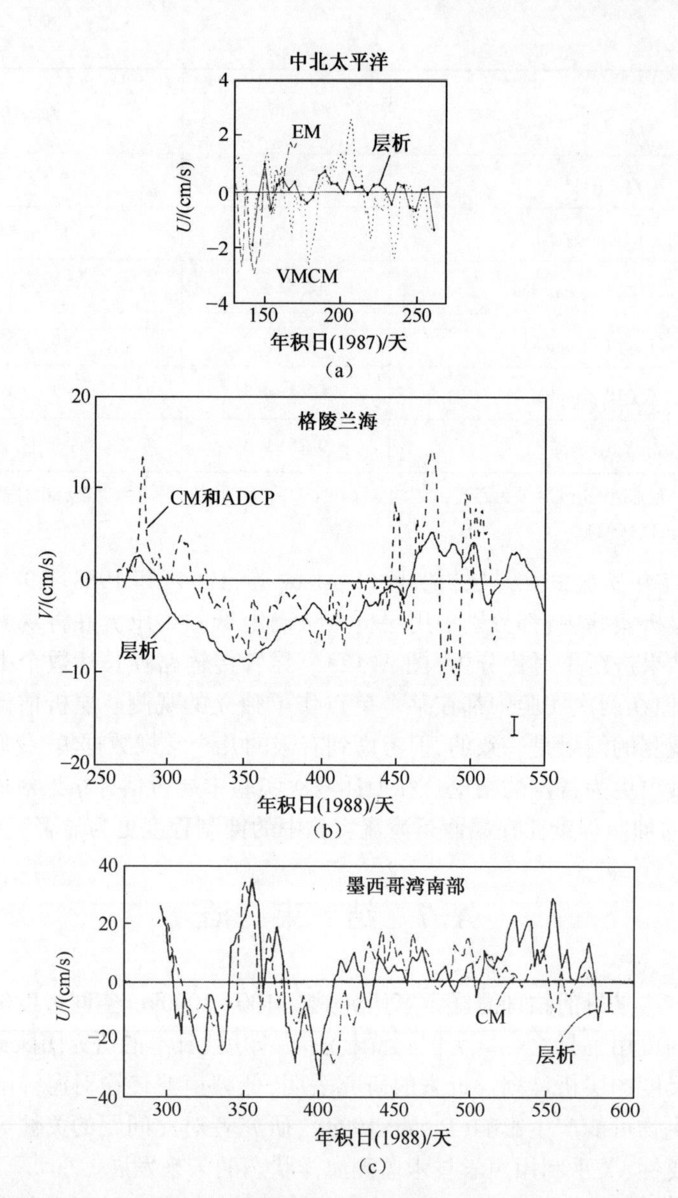

图 A.12 低频(小于 1cpd)、距离平均的层析流速(实线)与单点流速观测值(虚线)的比较。不确定性估计是针对层析反演的流速的。注意图中的不同的速度尺度。RTE87:纬向的正压流速和根据三个锚定的矢量观测流速计(VMCM)得到的正压流速的比较,以及与电磁场观测(EM)的比较,这后面的两个均位于声学路径的中部附近(改编自 Dushaw 等,1994)。格林兰海:经向的正压流速与根据流速计和声学多普勒流速廓线仪(ADCP)数据确定的流速的比较(W. Morawitz,个人交流)。SYNOP:在 500m 深处的纬向流速与三个流速计(位于声学路径上且在 500m 深处)平均观测值的比较(改编自 Chester 等,1994)。

附录 B

海洋声波传播图集

本附录所列图集显示的是全球范围内选定位置处(图 B.1)的气候态声速廓线和预测的声波到达结构。这些位置均选自一个规则的网格之中,网格间距分别为 15°(纬度)和 20°(经度)(Worcester 和 Ma 给出了所有深度超过 2000m 的网格位置的分布结果)。本图集按地理位置编排,从 75°N 开始依次向南排列。在同一个纬度上,图集按经度排列,从本初子午线开始向西依次排列。关于这些图集的解释性说明,请参阅 2.16 节中的详细讨论。本节中仅对每幅小图作简要描述(自第二行左图开始,并沿逆时针方向依次进行)。

利用 Levitus(1982)提供的年平均气候态温度和盐度数据以及 Dell Grosso(1974)声速方程,计算得到声速廓线(第二行左图)。Levitus 气候态是海洋水平平滑的结果,因此,图中显示的结果并不能恰当地表示预期的波前特征。

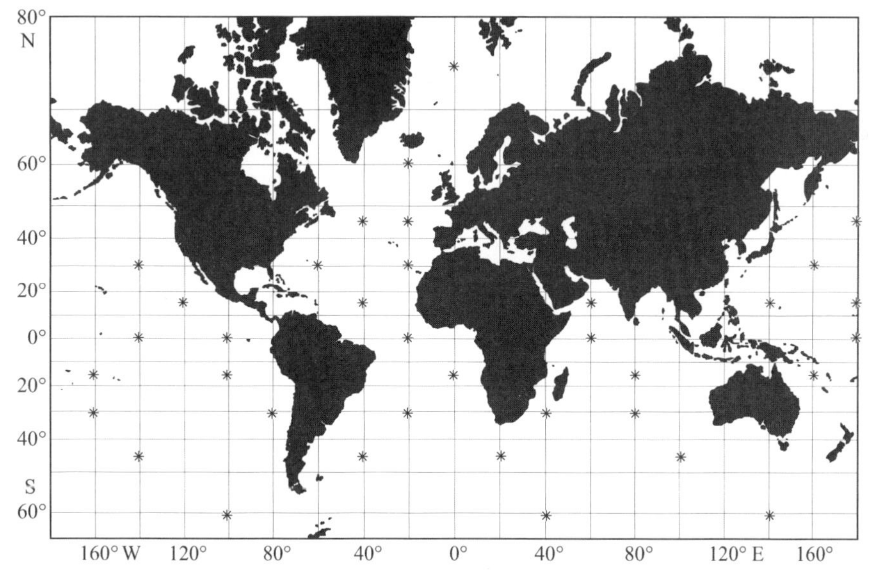

本图集中声速廓线和预测的声波到达结构所在的位置(标记为 *)。

最后一行中图给出的是针对 70Hz 计算得到的第 1 和第 7 个声学标准模函数。对振幅所做的归一化处理是任意的。每个模态的群速度标注在模态函数下方。

在固定的 500km 距离处在 $\tau - z$ 空间中的时间波前(第二行右图)显示的是位于声轴上的声源的到达结构(声轴的深度超过 100m 或声源位于 100m 深度处)。声源深度用小箭头标示在每幅图的左侧。之所以选取 100m 作为最小深度在一定程度上反映了实验的真实情况,也在一定程度上可给出更为简单的时间波前,因为放置在浅水表面波导中的声源将给出复杂的射线到达结构。标准模预测法更适合于浅水表面波导中的声传播。关于时间波前的解释,见 2.4 节中的讨论。

利用 WKBJ 近似方法(Brown,1981)预测中心频率为 250Hz、时长 0.012s(三个载波周期)的脉冲在 500km 距离处的到达结构(第一行右图)。预测的波形是复解调的,且图中仅显示了到达的振幅。由于时间波前图是用声源构建的,所以将声源和接收机选在同一深度处。因此,到达的间隔与从水平截面(它在声源深度穿过时间波前)预测的值相符合(箭头所示)。几何射线到达由标识符 $\pm p$ 作为标记,其中+(-)表示射线在声源处最初向上(向下)传播,并在声源和接收机之间总共有 p 个上转向点和下转向点。

最后,利用式(2.5.2)计算声速廓线的作用量 A(第一行左图)。

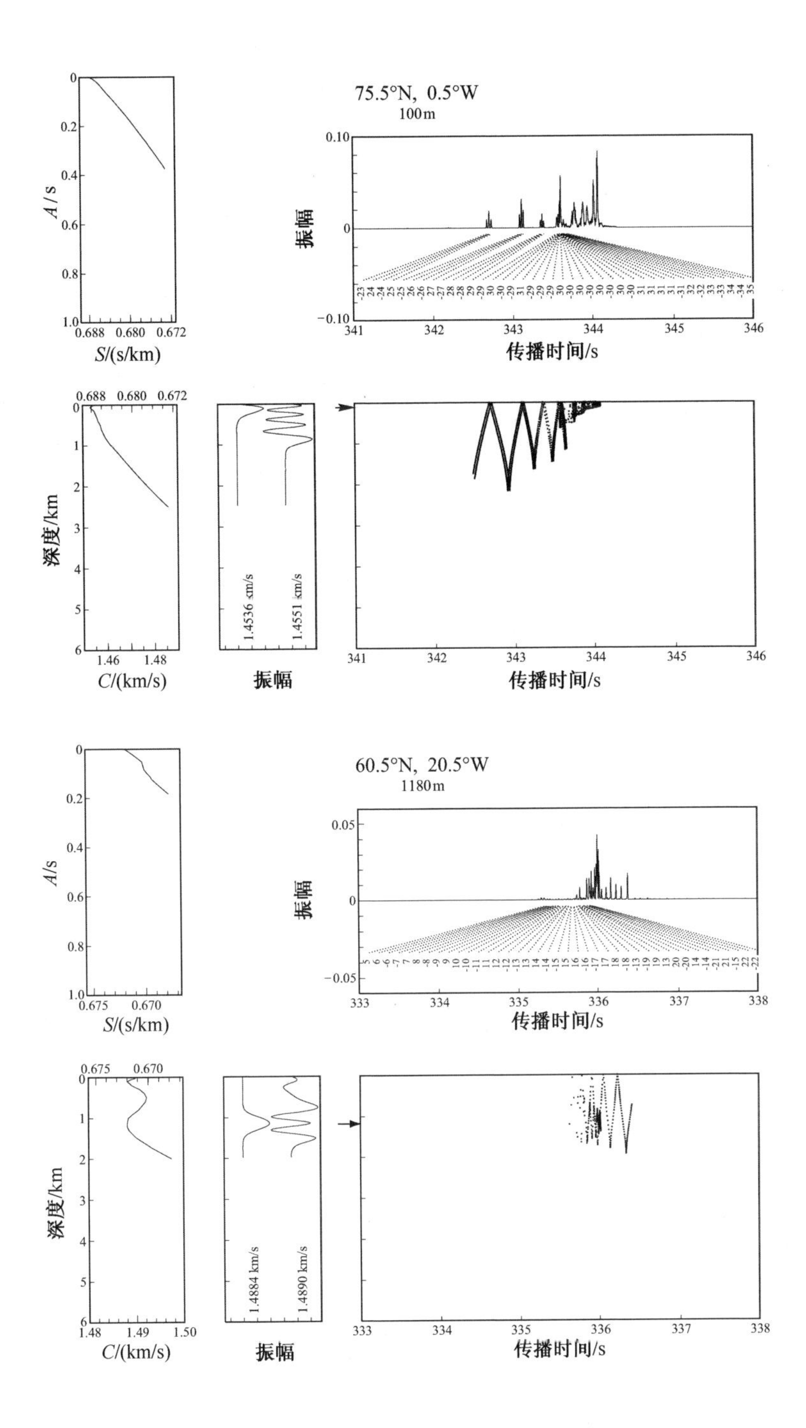
75.5°N, 0.5°W
100m
A/s
S/(s/km)
振幅
传播时间/s
深度/km
C/(km/s)
1.4536 km/s
1.4551 km/s
60.5°N, 20.5°W
1180m

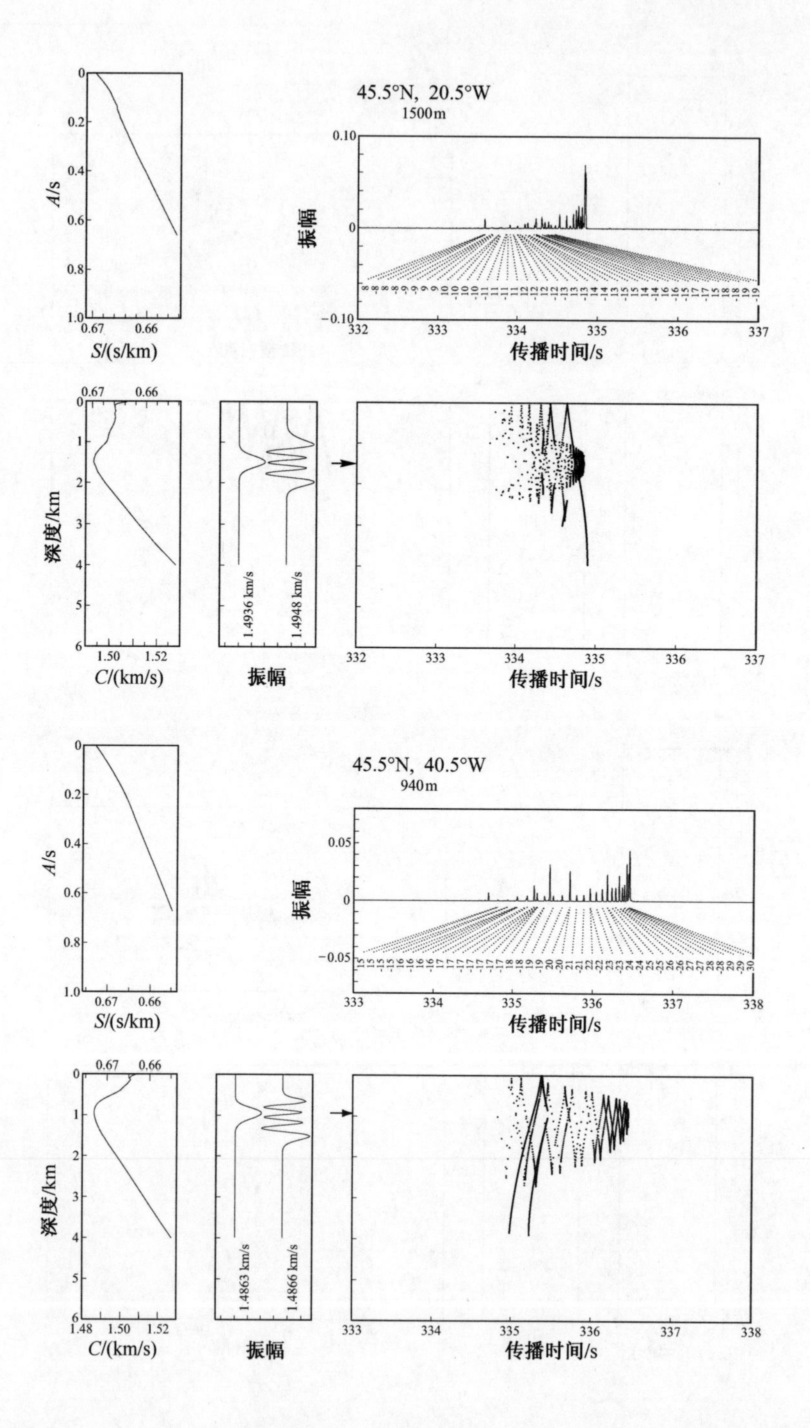
45.5°N, 20.5°W
1500m
A/s
S/(s/km)
振幅
传播时间/s
深度/km
C/(km/s)
1.4936 km/s
1.4948 km/s
45.5°N, 40.5°W
940m
1.4863 km/s
1.4866 km/s

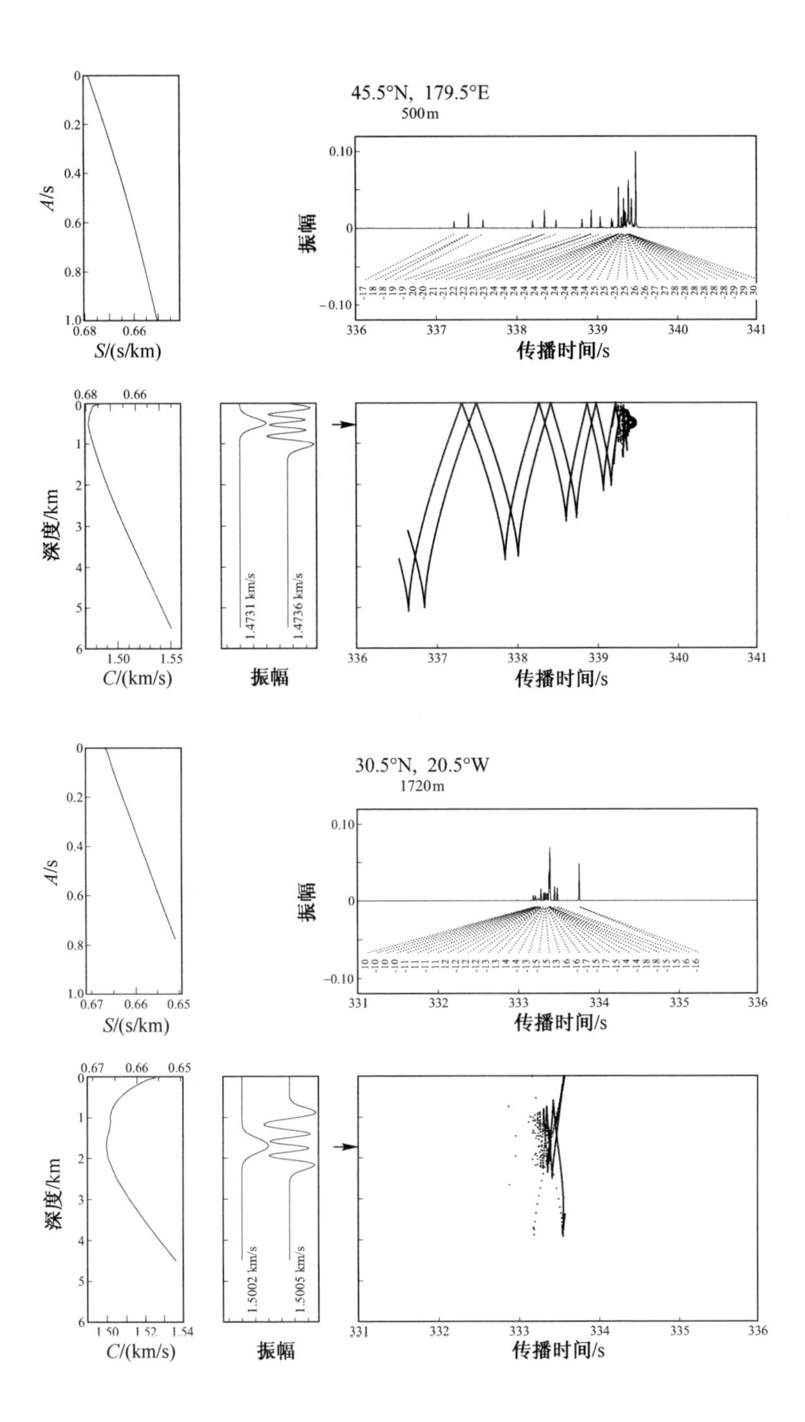
45.5°N, 179.5°E
500m
A/s
S/(s/km)
振幅
传播时间/s
深度/km
C/(km/s)
1.4731 km/s
1.4736 km/s
30.5°N, 20.5°W
1720m
1.5002 km/s
1.5005 km/s

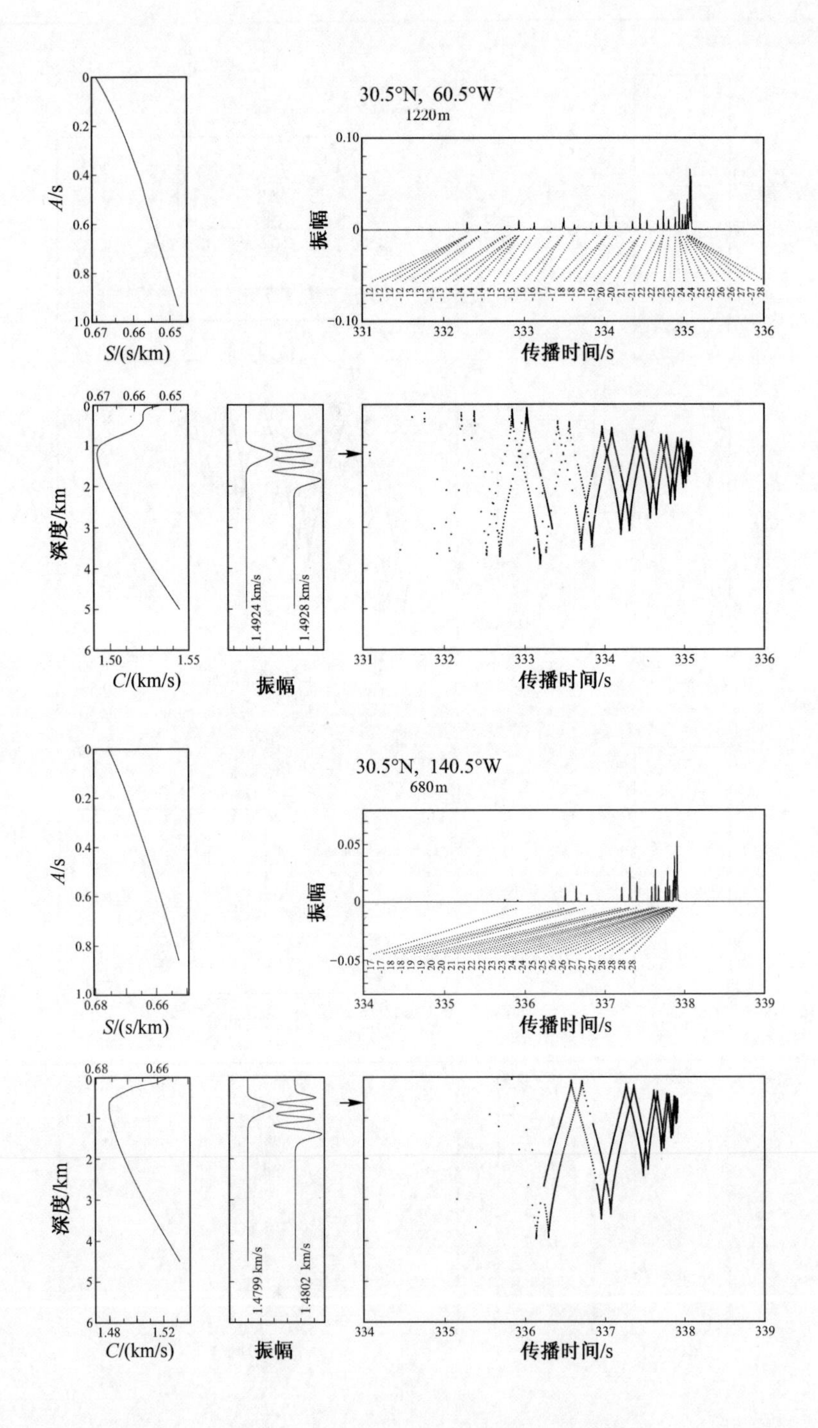

30.5°N, 60.5°W
1220m
振幅
传播时间/s
A/s
S/(s/km)
深度/km
C/(km/s)
振幅
1.4924 km/s
1.4928 km/s
传播时间/s
30.5°N, 140.5°W
680m
振幅
传播时间/s
A/s
S/(s/km)
深度/km
C/(km/s)
振幅
1.4799 km/s
1.4802 km/s
传播时间/s

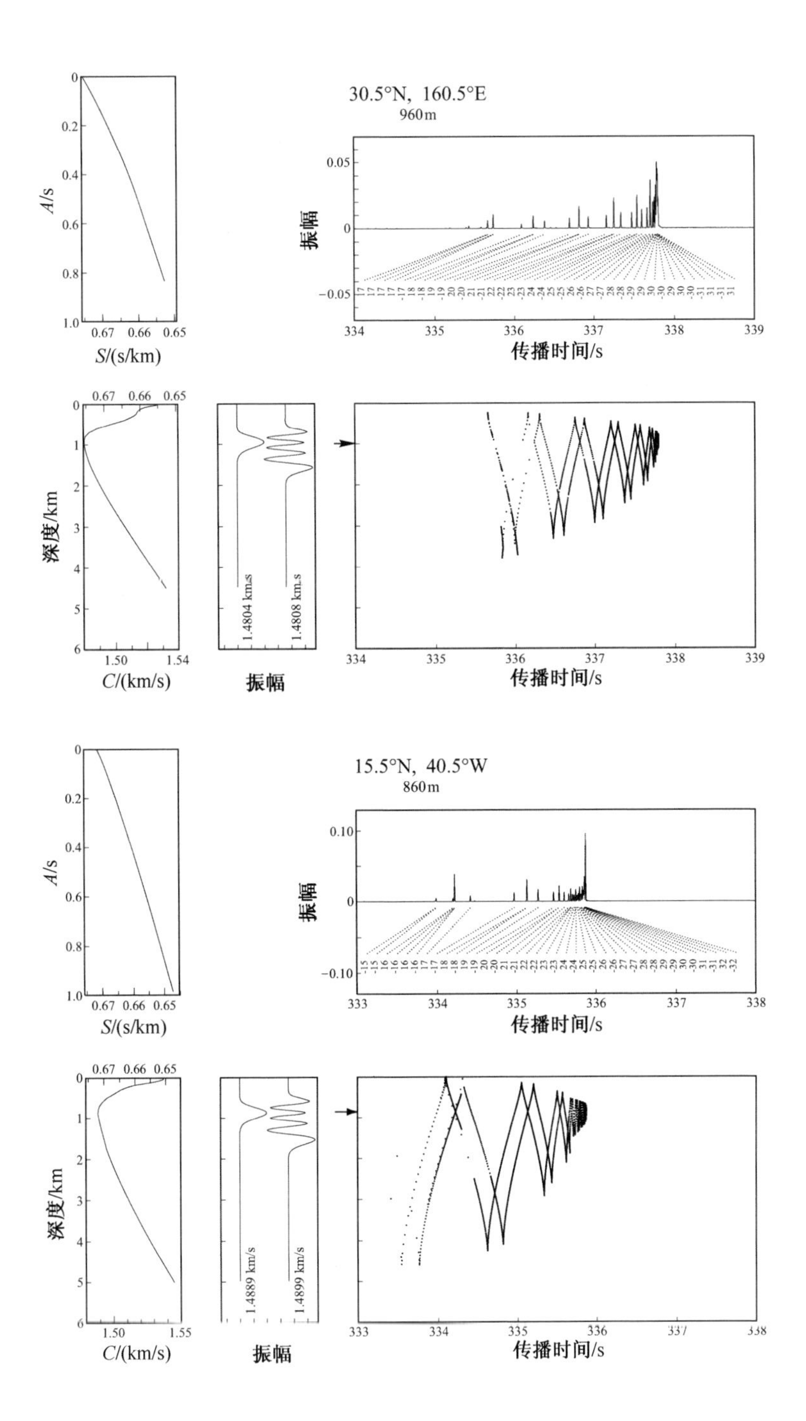
30.5°N, 160.5°E
960m
振幅
传播时间/s
A/s
S/(s/km)
深度/km
C/(km/s)
1.4804 km/s
1.4808 km/s
15.5°N, 40.5°W
860m
1.4889 km/s
1.4899 km/s

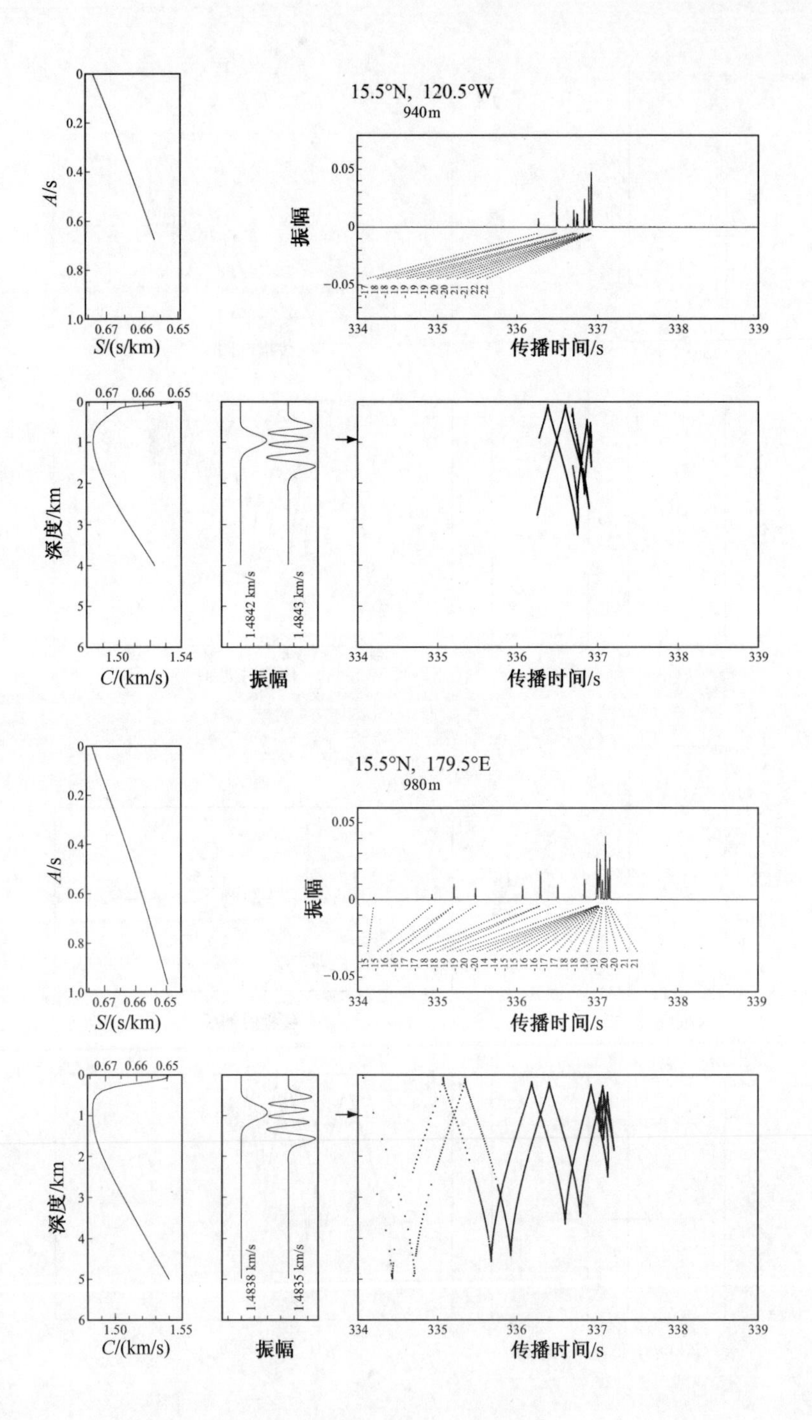
15.5°N, 120.5°W
940m
A/s
S/(s/km)
振幅
传播时间/s
深度/km
C/(km/s)
1.4842 km/s
1.4843 km/s
15.5°N, 179.5°E
980m
1.4838 km/s
1.4835 km/s

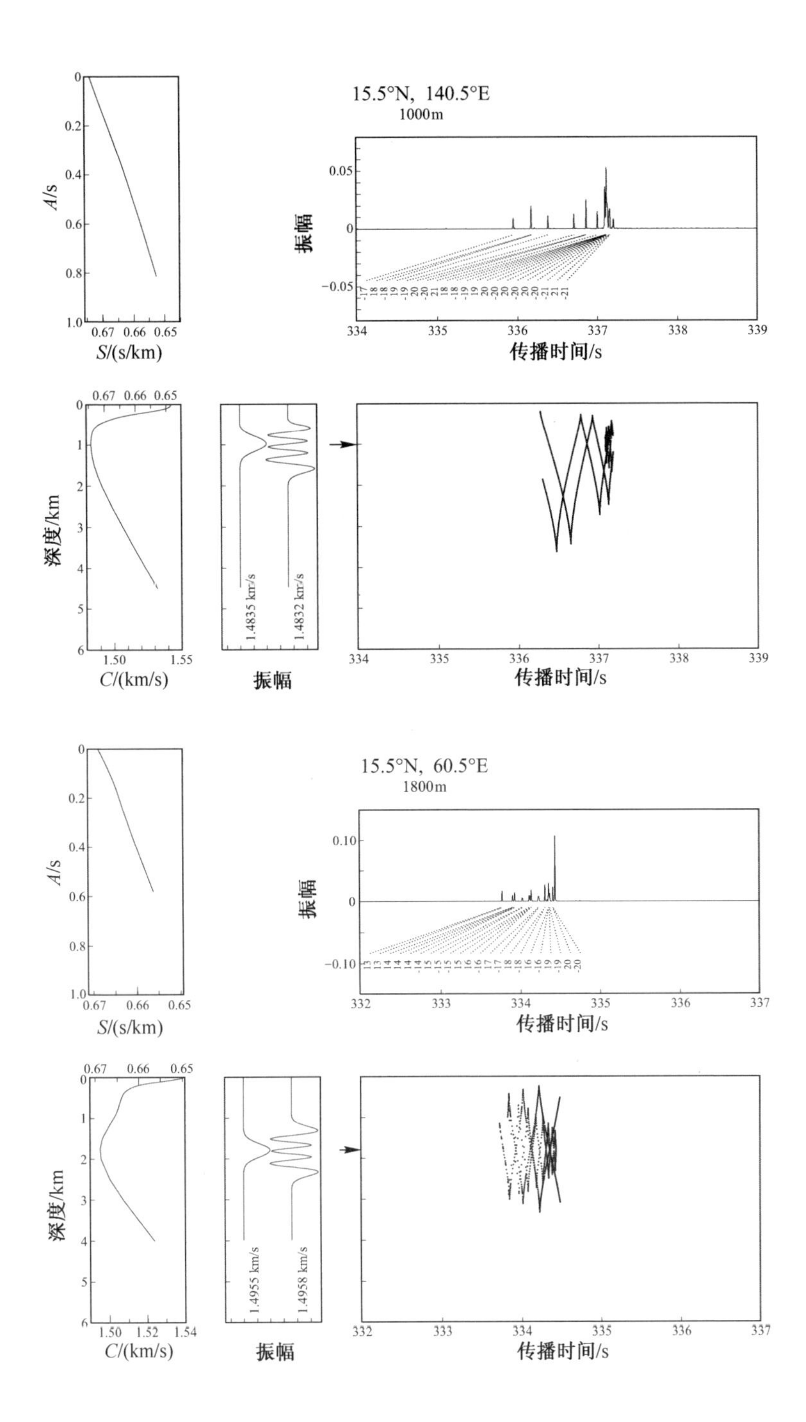
15.5°N，140.5°E
1000m
A/s
S/(s/km)
振幅
传播时间/s
深度/km
C/(km/s)
1.4835 km/s
1.4832 km/s
15.5°N，60.5°E
1800m
1.4955 km/s
1.4958 km/s

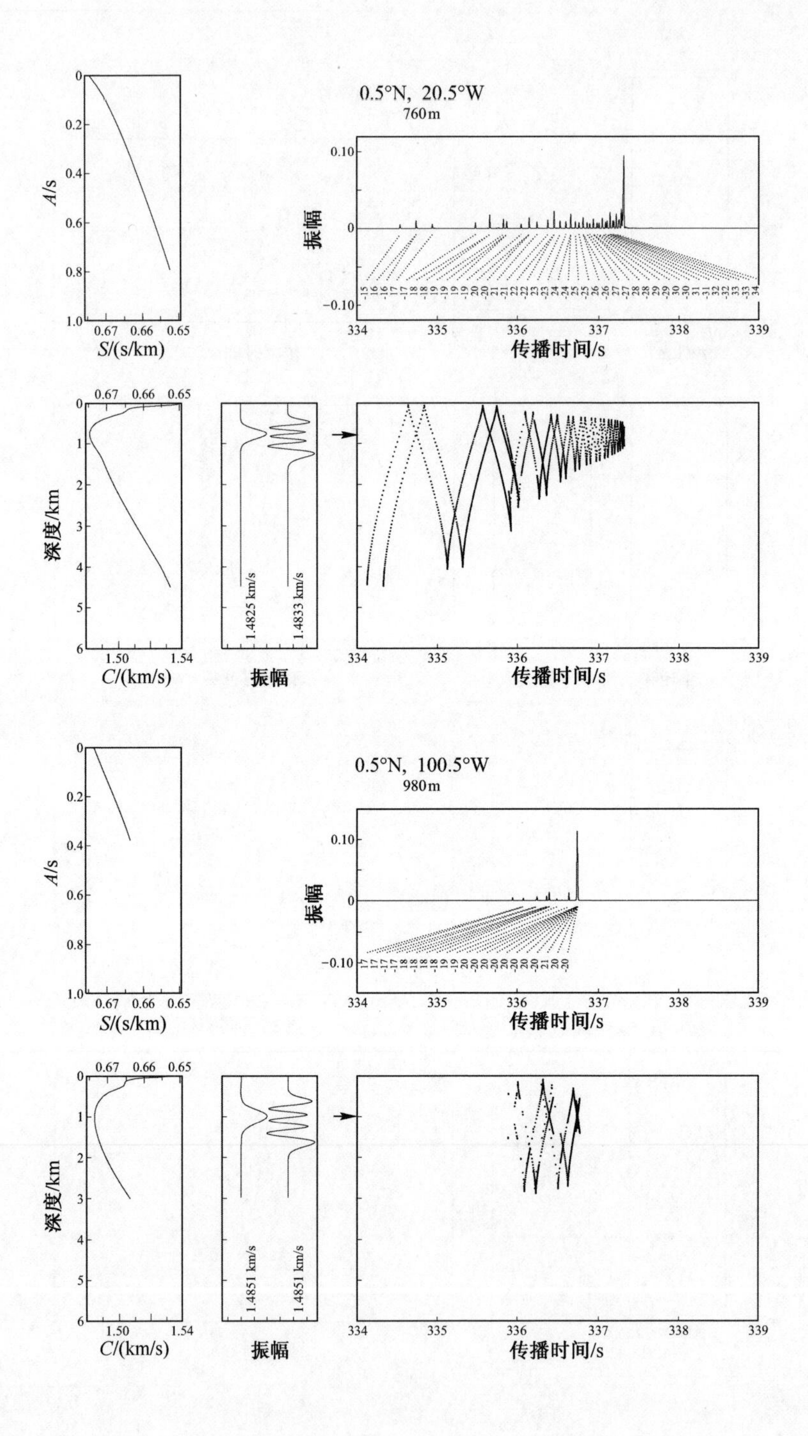
0.5°N, 20.5°W
760m
振幅
传播时间/s
A/s
S/(s/km)
深度/km
C/(km/s)
1.4825 km/s
1.4833 km/s
0.5°N, 100.5°W
980m
1.4851 km/s
1.4851 km/s

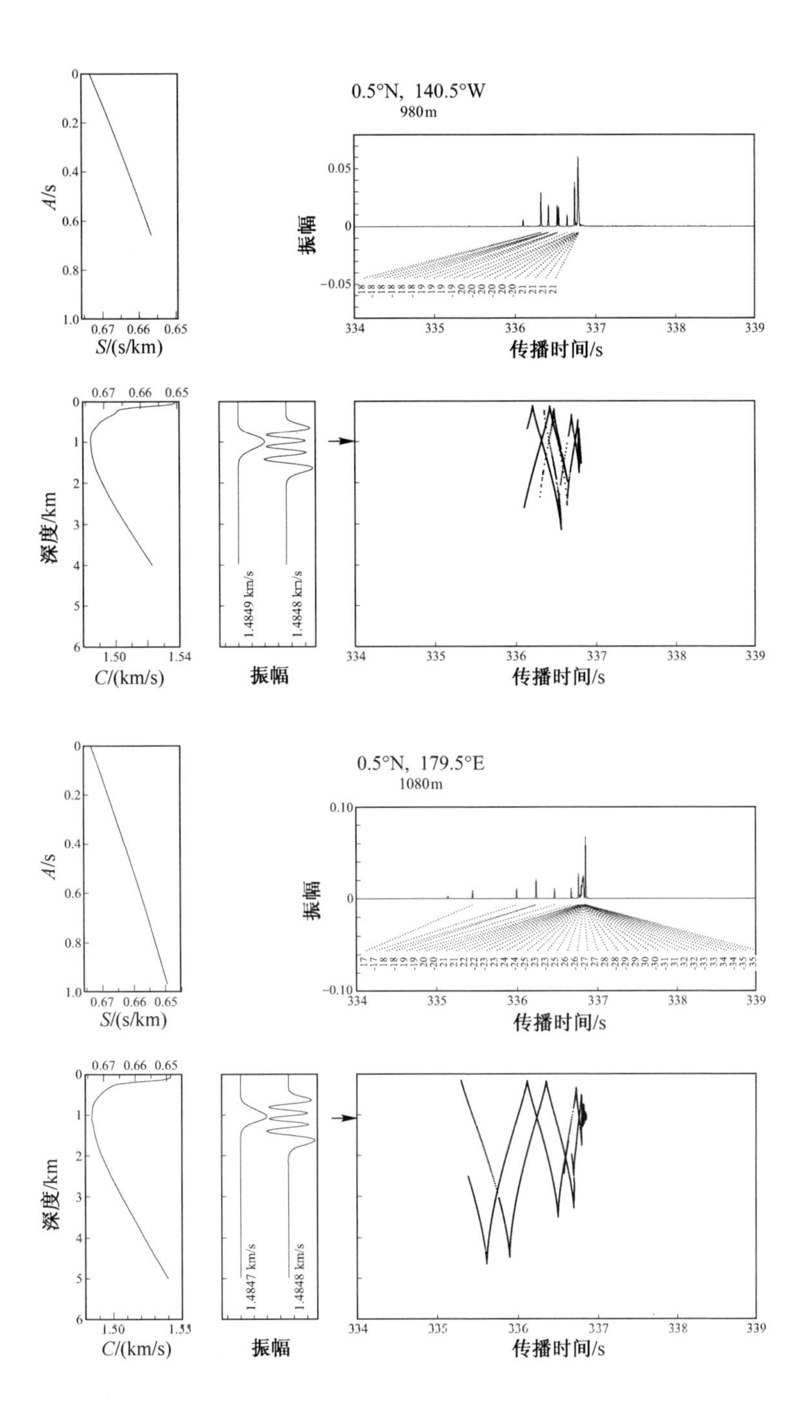

0.5°N, 140.5°W
980m
振幅
传播时间/s
A/s
S/(s/km)
深度/km
C/(km/s)
1.4849 km/s
1.4848 km/s
0.5°N, 179.5°E
1080m
1.4847 km/s
1.4848 km/s

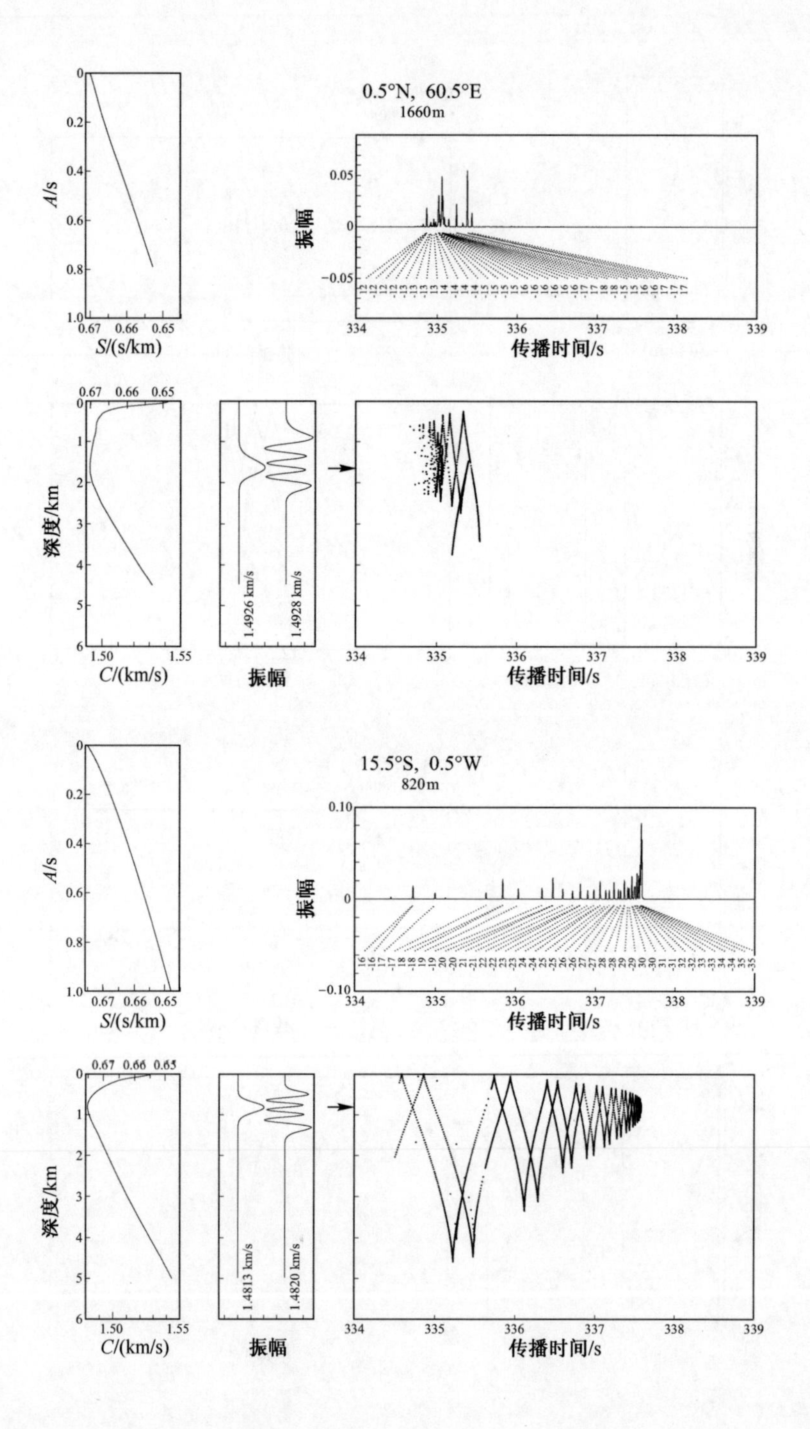

0.5°N，60.5°E
1660m
A/s
S/(s/km)
振幅
传播时间/s
深度/km
C/(km/s)
1.4926 km/s
1.4928 km/s
15.5°S，0.5°W
820m
1.4813 km/s
1.4820 km/s

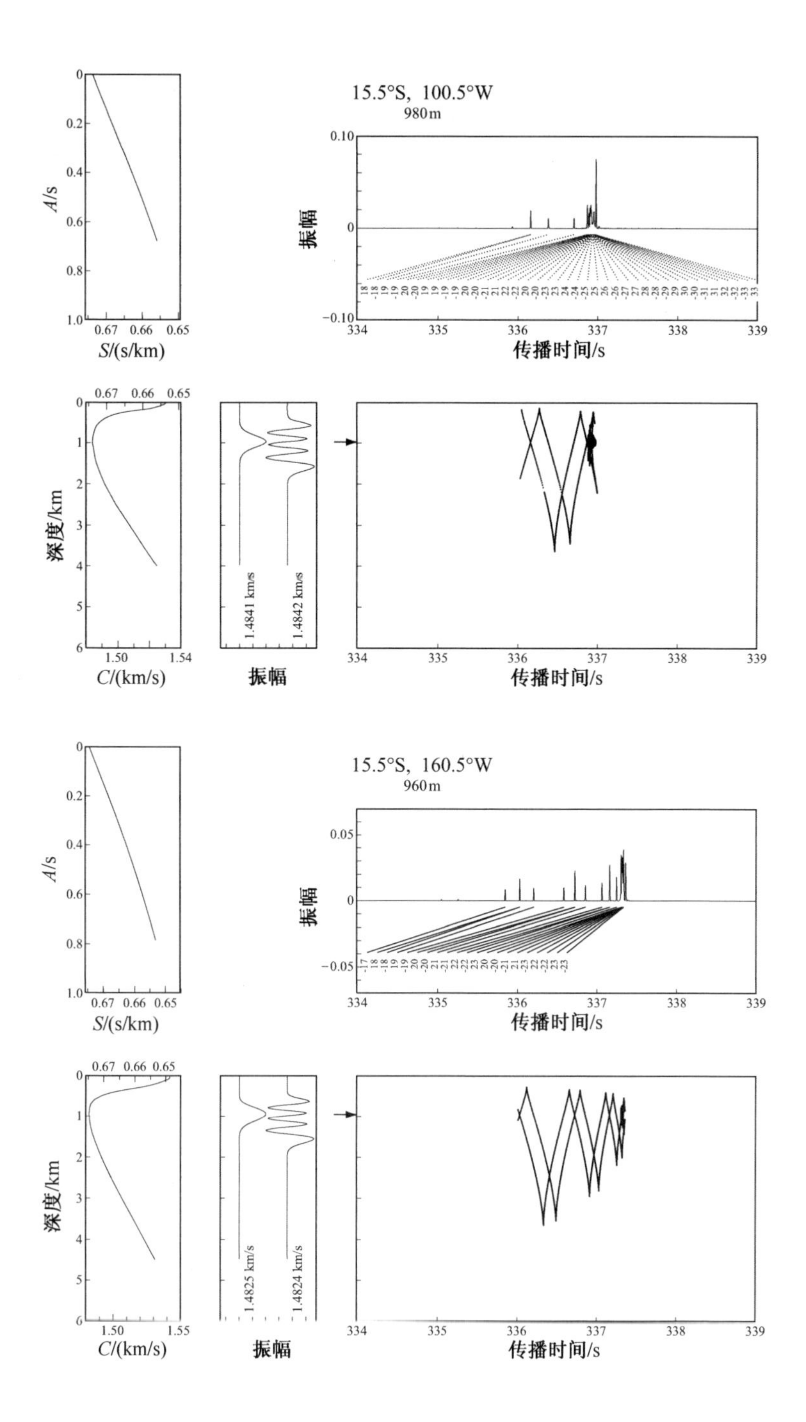

15.5°S, 100.5°W
980m
A/s
S/(s/km)
振幅
传播时间/s
深度/km
C/(km/s)
1.4841 km/s
1.4842 km/s
15.5°S, 160.5°W
960m
1.4825 km/s
1.4824 km/s

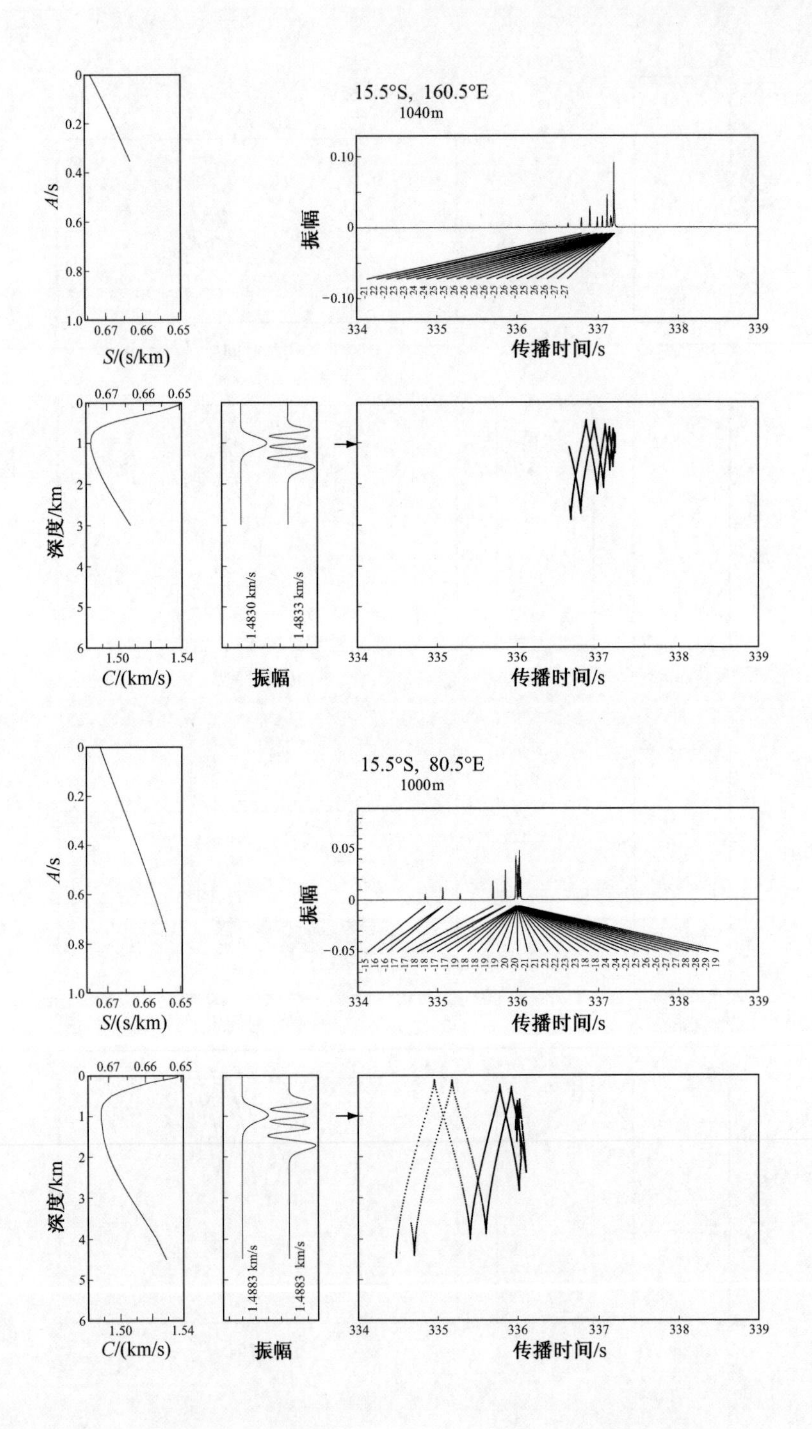
15.5°S, 160.5°E
1040m
A/s
S/(s/km)
振幅
传播时间/s
深度/km
C/(km/s)
1.4830 km/s
1.4833 km/s
15.5°S, 80.5°E
1000m
1.4883 km/s
1.4883 km/s

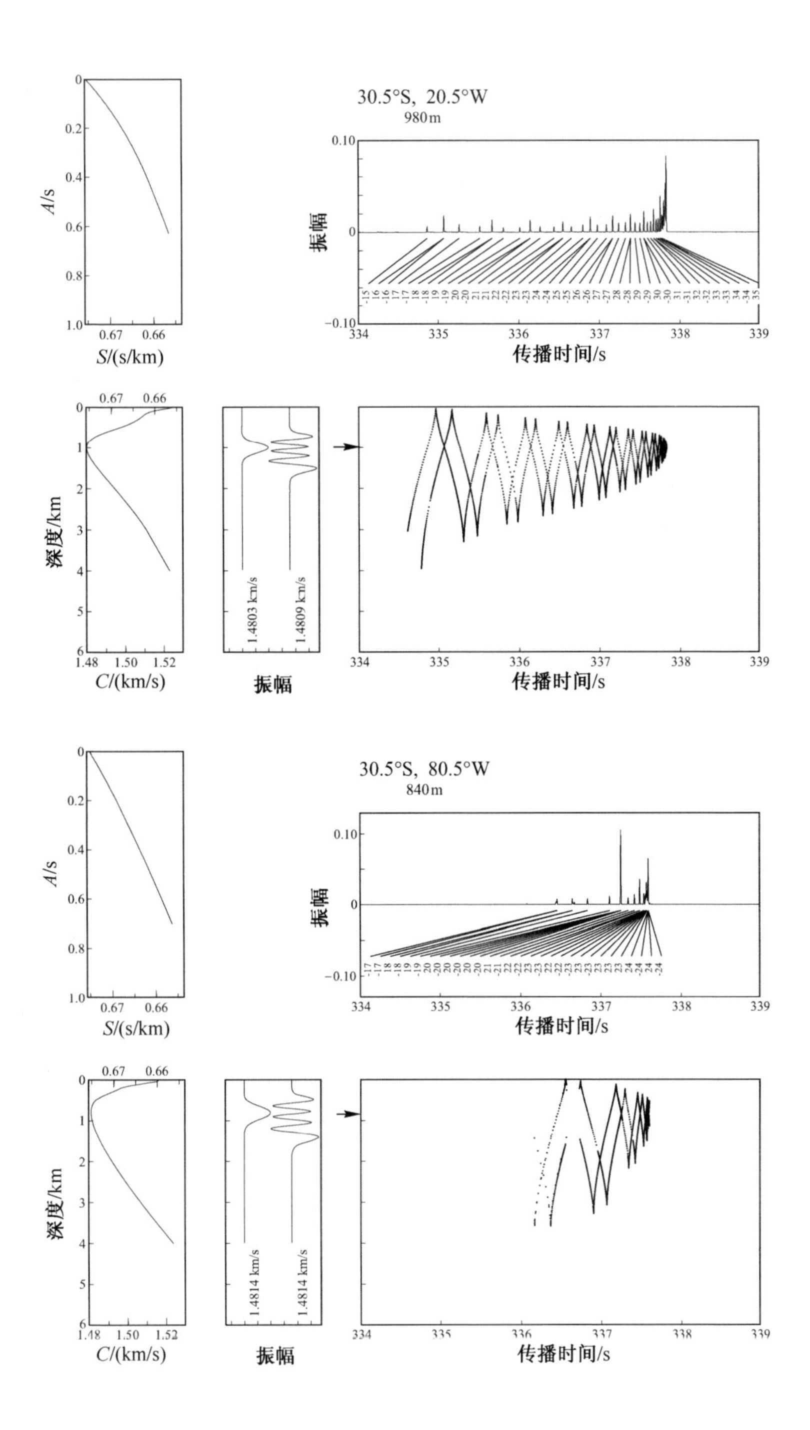
30.5°S, 20.5°W
980m
A/s
S/(s/km)
振幅
传播时间/s
深度/km
C/(km/s)
1.4803 km/s
1.4809 km/s
30.5°S, 80.5°W
840m
1.4814 km/s
1.4814 km/s

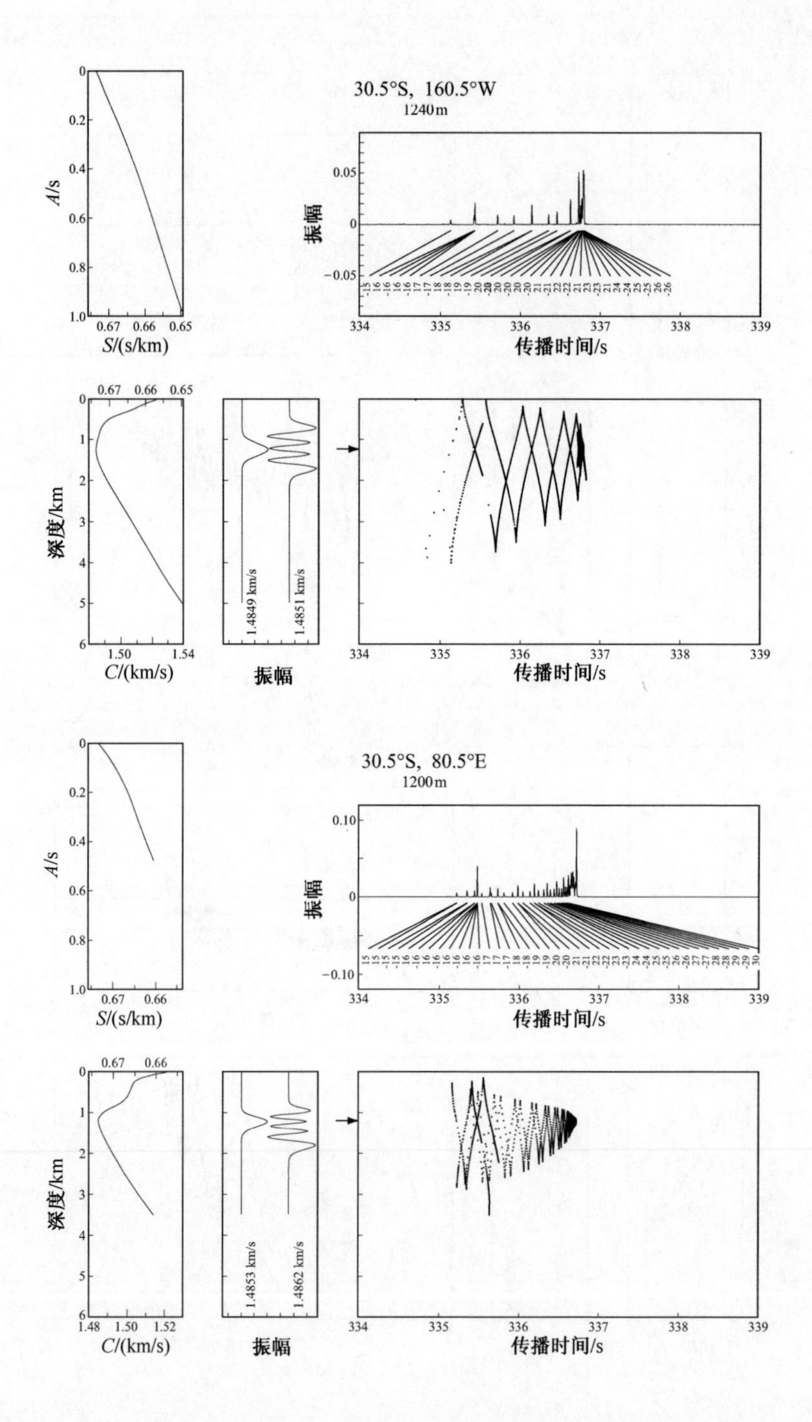
30.5°S, 160.5°W
1240m
A/s
S/(s/km)
振幅
传播时间/s
深度/km
C/(km/s)
1.4849 km/s
1.4851 km/s
30.5°S, 80.5°E
1200m
1.4853 km/s
1.4862 km/s

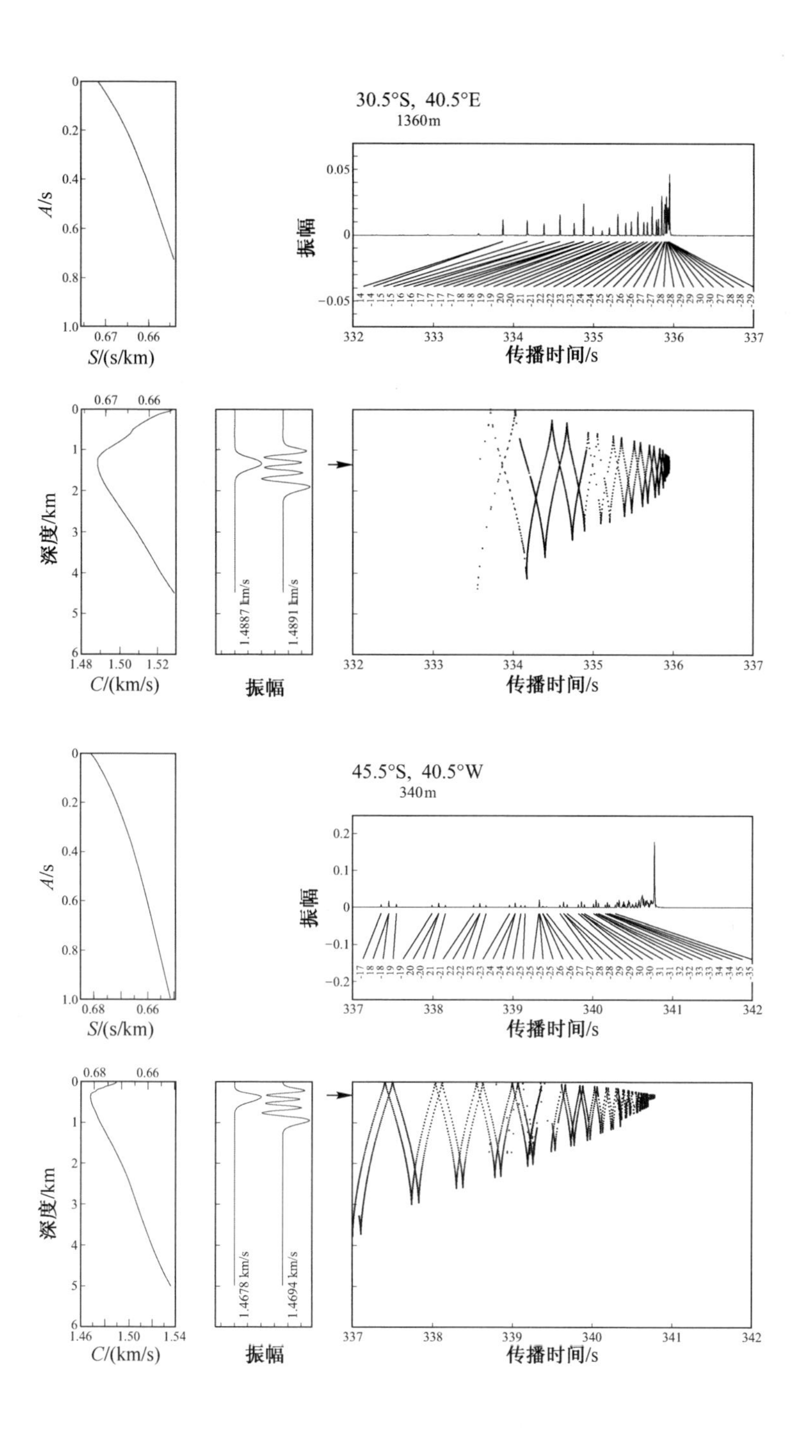
30.5°S, 40.5°E
1360m
振幅
传播时间/s
A/s
S/(s/km)
深度/km
C/(km/s)
1.4887 km/s
1.4891 km/s
45.5°S, 40.5°W
340m
1.4678 km/s
1.4694 km/s

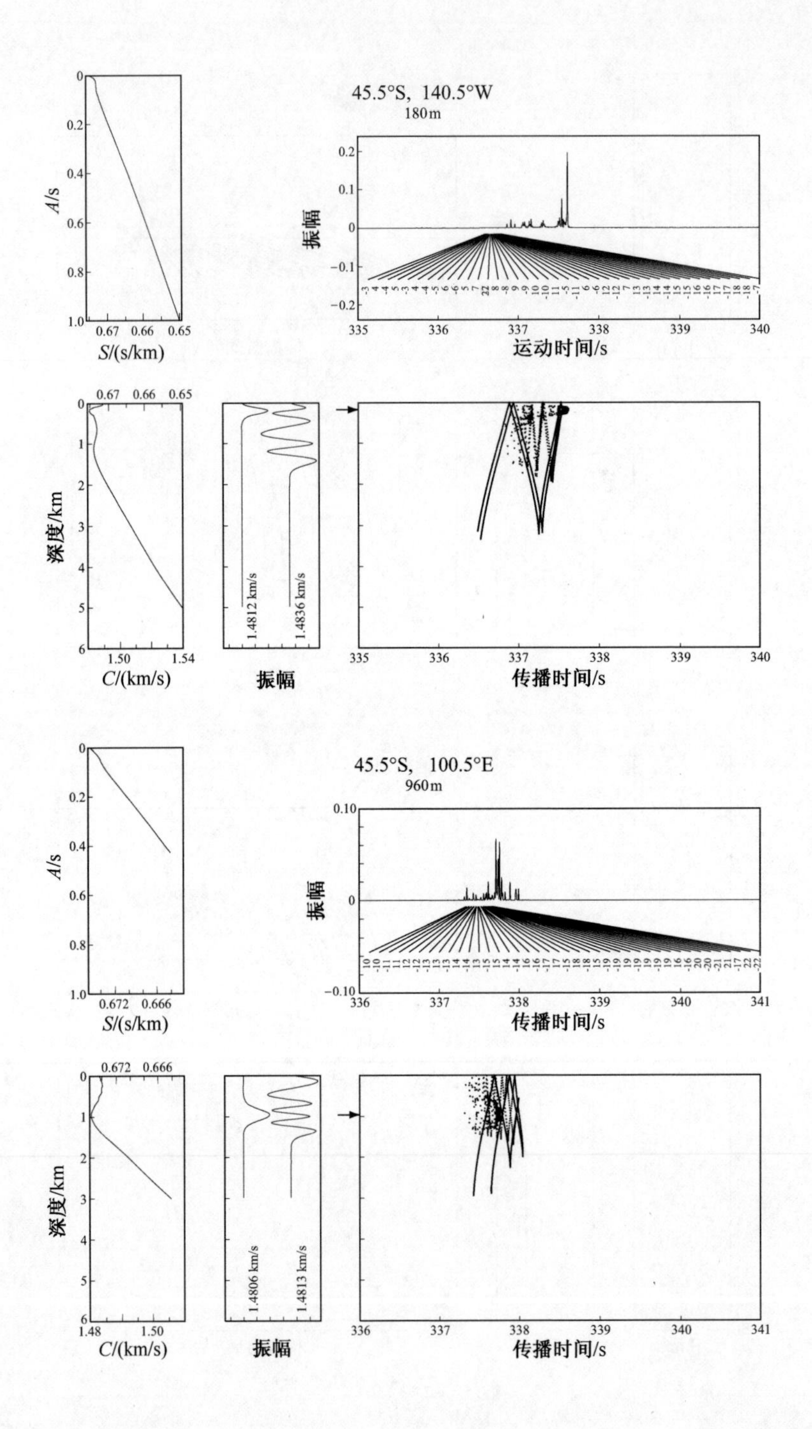

45.5°S, 140.5°W
180m
A/s
S/(s/km)
振幅
运动时间/s
深度/km
C/(km/s)
1.4812 km/s
1.4836 km/s
振幅
传播时间/s
45.5°S, 100.5°E
960m
A/s
S/(s/km)
振幅
传播时间/s
深度/km
C/(km/s)
1.4806 km/s
1.4813 km/s
振幅
传播时间/s

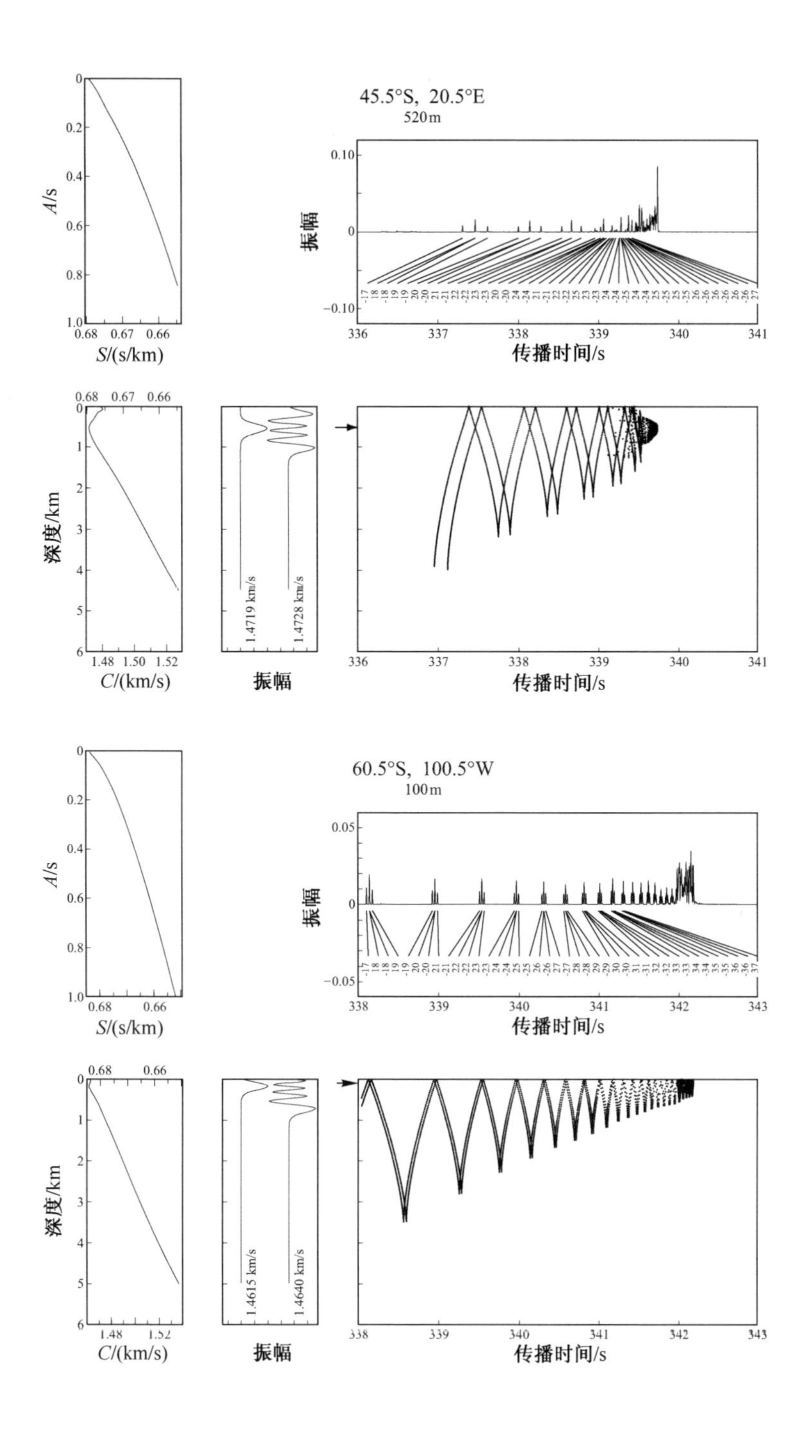
45.5°S, 20.5°E
520m
A/s
S/(s/km)
振幅
传播时间/s
深度/km
C/(km/s)
1.4719 km/s
1.4728 km/s
60.5°S, 100.5°W
100m
1.4615 km/s
1.4640 km/s

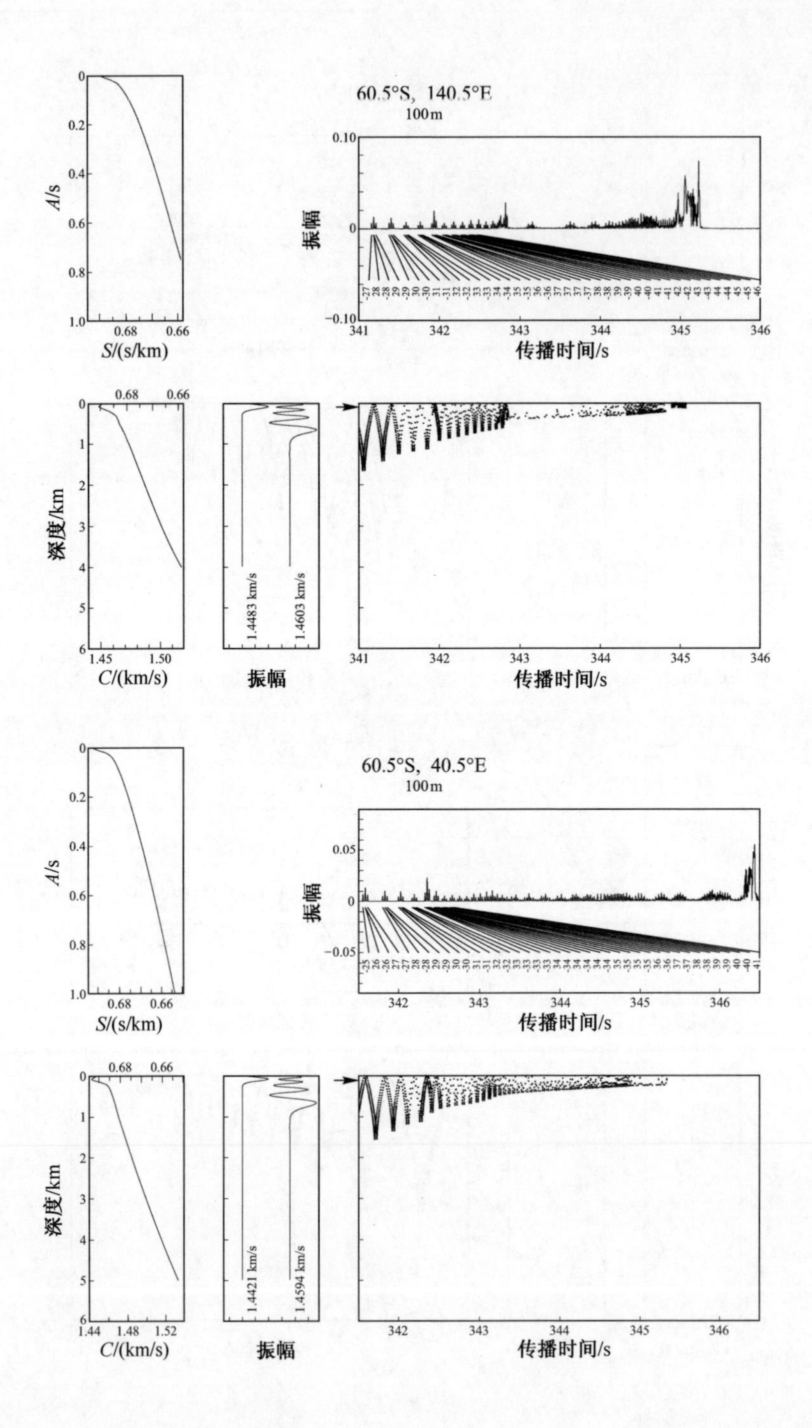
60.5°S, 140.5°E
100m
A/s
S/(s/km)
振幅
传播时间/s
深度/km
C/(km/s)
1.4483 km/s
1.4603 km/s
60.5°S, 40.5°E
100m
1.4421 km/s
1.4594 km/s

参 考 文 献

Agnon, Y., P. Malanotte-Rizzoli, B. D. Cornuelle, J. L. Spiesberger, and R. C. Spindel(1989). The 1984 bottom-mounted Gulf Stream tomographic experiment.J. *Acoust. Soc. Am.*, 85, 1958-66. [386]

Aki, K., and P. Richards (1980). *Quantitative Seismology*, *Theory and Methods*, 2 vols. San Francisco: Freeman. [40, 45, 260. 283]

Akulichev, V. A. (1989). The study of large-scale ocean water inhomogeneities by acoustic methods. In *13th International Congress on Acoustics*, pp. 117-28.Belgrade: Sava Center. [341]

AMODE-MST Group (1994). Moving ship tomography in the North Atlantic. *EOS*, *Trans. Am. Geophys. Union*, 75, 17, 21, 23. (Members of the Acoustic Mid-Ocean Dynamics Experiment-Moving Ship Tomography group are T. Birdsall, J. Boyd, B. Cornuelle, B. Howe, R. Knox, J. Mercer, K. Metzger, R. Spindel, and P. Worcester.) [26, 369]

Anderson, B. D. O., and J. B. Moore (1979). *Optimal Filtering*. Englewood Cliffs, NJ: Prentice-Hall. [322]

Armstrong, M. (1989). *Geostatistics*, 2 vols. Dordrecht: Kluwer. [263]

Arthnari, T. S., and Y. Dodge (1981). *Mathematical Programming in Statistics.* NewYork: Wiley. [276]

Backus, G. E., and J. F. Gilbert (1967). Numerical applications of a formalism for geophysical inverse theory. *Geophys. J. Roy. Astron. Soc*, 13, 247-76. [224]

Backus, G. E., and J. F. Gilbert (1968). The resolving power of gross earth data.*Geophys. J. Roy. Astron. Soc*, *16*, 169-205. [224]

Backus, G. E., and J. F. Gilbert (1970). Uniqueness in the inversion of inaccurate gross earth data. *Phil. Trans. Roy. Soc. London*, *A266*, 123-92. [224]

Baggeroer, A. B., and W. A. Kuperman (1993). Matched field processing in ocean acoustics. In *Acoustic Signal Processing for Ocean Exploration*, ed. J. M. F. Moura and I. M. G. Lourtie, pp. 79-114. Dordrecht: Kluwer. [302]

Baggeroer, A., B. Sperry, K. Lashkari, C.-S. Chiu, J. H. Miller, P. Mikhalevsky, and K. von der Heydt (1994). Vertical array receptions of the Heard Island transmissions. *J. Acoust. Soc. Am.*, *96*, 2395-413. [342]

Baggeroer, A., and W. Munk (1992). The Heard Island feasibility test. *Phys. Today*, *45*, 22-30. [332, 369]

Barth, N. H., and C. Wunsch (1989). Oceanographic experiment design by simulated annealing. *J. Phys. Oceanogr.*, 20, 1249-63. [287]

Bell, T. G. (1962). Sonar and submarine detection. USN Underwater Sound Laboratory Report 545. [357]

Bengtsson, L., M. Ghil, and E. Kallen (eds.) (1981). *Dynamic Meteorology Data Assimilation Methods.* Berlin: Springer-Verlag. [306]

Bennett, A. F. (1992). *Inverse Methods in Physical Oceanography*. Cambridge University Press. [224, 275]

Birdsall, T. G. (1965). MIMI multipath measurements. J. *Acoust. Soc. Am.*, 38, 919. [359]

Birdsall, T. G. (1976). On understanding the matched filter in the frequency domain.*IEEE Trans. Educ*, *19*, 168-9. [192]Birdsall, T. G., and K. Metzger (1986). Factor inverse matched filtering. *J. Acoust.Soc. Am.*,

79, 91-9. [191, 192, 221]

Birdsall, T. G., K. Metzger, and M. A. Dzieciuch (1994*a*). Signals, signal processing, and general results. *J. Acoust. Soc. Am.*, *96*, 2343-52. [369]

Birdsall, T. G., K. Metzger, M. A. Dzieciuch, and J. Spiesberger (1994*b*). Integrated autocorrelation phase at 1 period lag. *J. Acoust. Soc. Am.*, *96*, 2353-6. [369]

Blokhintsev, D. I. (1946). *The propagation of sound in an inhomogeneous and moving medium. I. J. Acoust. Soc. Am.*, *18*, 322-8. [117]

Blokhintsev, D. I. (1952). *The Acoustics of an Inhomogeneous Moving Medium* (trans. R. T. Beyer and D. Mintzer). Providence: Brown University Research Analysis Group. [117]

Blokhintsev, D. I. (1956). Acoustics of a nonhomogenous moving medium. National Advisory Committee on Aeronautics Technical Memorandum 1399. [117]

Boden, L., J. B. Bowlin, and J. L. Spiesberger (1991). Time domain analysis of normal mode, parabolic, and ray solutions of the wave equation. *J. Acoust.Soc. Am.*, *90*, 954-8. [38]

Bomford, G. (1980). *Geodesy*. Oxford University Press. [40]

Borish, J., and J. B. Angell (1983). An efficient algorithm for measuring the impulse response using pseudorandom noise. *J. Audio Eng. Soc*, *31*, 478-88.[195]

Boutin, P. B., J. Kemp, S. Liberatore, J. Lynch, N. Witzell, K. Metzger, and D. Webb (1989). Results of the Lake Seneca directivity, source level, and pulse response tests of the MIT 400 Hz Webb tomography sources. Woods Hole Oceanographic Institution Technical Memorandum WHOI-1-89. [373]

Bouyoucos, J. V. (1975). Hydroacoustic transduction. *J. Acoust. Soc. Am.*, *57*,1341-51. [182]

Bowditch, N. (1984). *American Practical Navigator*. Washington: Defense Mapping Agency Hydrographic Center, U.S. Government Printing Office, United States Hydrographic Office, publication no. 9. [178]

Bowles, A. E., M. Smultea, B. Wursig, D. P. DeMaster, and D. Palka (1994). Relative abundance and behavior of marine mammals exposed to transmissions from the Heard Island Feasibility Test. *J. Acoust. Soc. Am.*, *96*, 2469-84. [369]

Boyles, C. A. (1965). Theory of focusing plane waves by spherical, liquid lenses. *J. Acoust. Soc. Am.*, 38, 393-405. [166]

Bracewell, R. N. (1956). Strip integration in radio astronomy. *Aust. J. Phys.*, *9*,198-217. [285]

Brekhovskikh, L. M. (1949). Concerning the propagation of sound in an underwater acoustic channel. *Dokl. Akad. Nauk SSSR*, *69*, 157-60. [357]

Brekhovskikh, L. M., and Y. Lysanov (1991). *Fundamentals of Ocean Acoustics*, 2nd ed. Berlin: Springer-Verlag. [33, 51, 61, 62, 64, 66, 137, 158, 159, 168, 171, 341]

Bretherton, F. P., R. E. Davis, and C. Fandry (1976). A technique for objective analysis and design of oceanographic instruments applied to MODE-73. *Deep-Sea Res.*, *23*, 559-82. [262]

Brogan, W. L. (1985). *Modern Control Theory*, 2nd ed. Englewood Cliffs, NJ: Prentice-Hall/Quantum. [279, 310, 319]

Brown, M. G. (1981). Application of the WKBJ Green's function to acoustic propagation in horizontally stratified oceans. *J. Acoust. Soc. Am.*, *71*, 1427-32. [10, 42, 51, 96, 101, 216, 383]

Brown, M. G. (1982). Inverting for the ocean sound speed structure. Ph.D. thesis, University of California, San Diego. [42, 51, 96]

Brown, M. G. (1984). Linearized travel time, intensity, and waveform inversions in the ocean sound channel – a comparison. *J. Acoust. Soc. Am.*, *75*, 1451–61.[302]

Brown, M. G., and F. D. Tappert (1987). Catastrophe theory, caustics and traveltime diagrams in seismology. *Geophys. J. Roy. Astron. Soc*, *88*, 217–29. [51]

Brown, M. G., W. H. Munk, J. L. Spiesberger, and P. F. Worcester (1980). Longrange acoustics in the northwest Atlantic. *J. Geophys. Res.*, *85*, 2699–703.[302, 367]

Brundrit, G. B., and L. Krige (1994). Heard Island signals through the Agulhas retroflection region. *J. Acoust. Soc. Am.*, *96*, 2464–8. [369]

Bryan, K., S. Manabe, and M. J. Spelman (1988). Interhemispheric asymmetry in the transient response of a coupled ocean–atmosphere model to a CO_2 forcing.J. *Phys. Oceanogr.*, *18*, 851–67. [323] Bryson, A. E., and Y.-C. Ho (1975). *Applied Optimal Control*, rev. ed. New York: Hemisphere. [313, 319]

Budden, K. G. (1961). The *Wave-guide Mode Theory of Wave Propagation.* Englewood Cliffs, NJ: Prentice-Hall. [67]

Burenkov, S. V., A. N. Gavrilov, A. Y. Uporin, A. V. Furduev, and N. N. Andregev(1994). Long range sound transmission from Heard Island to Krylov Underwater Mountain. *J. Acoust. Soc. Am.*, 96, 2458–63. [369]

Burridge, R., and H. Weinberg (1977). Horizontal rays and vertical modes. In *Wave Propagation and Underwater Acoustics*, ed. J. B. Keller and J. S. Papadakis, pp. 86–152. Berlin: Springer-Verlag. [334]

Bushong, P. J. (1987). Tomographic measurements of barotropic motions. M.S. thesis, Massachusetts Institute of Technology–Woods Hole Oceanographic Institution Joint Program in Oceanography. [367]

Cartwright, D. E., R. D. Ray, and B. V. Sanchez (1992). A computer program for predicting oceanic tidal currents. NASA Technical Memorandum 104578, Goddard Space Flight Center, Greenbelt, MD. [131, 352]

Chapman, M. F, P. D. Ward, and D. D. Ellis (1989). The effective depth of a Pekeris ocean waveguide, including shear wave effects. *J. Acoust. Soc. Am.*, *85*, 648–53. [171] Chen, C.-T., and F. J. Millero (1977). Speed of sound in seawater at high pressures.*J. Acoust. Soc. Am.*, *62*, 1129–35. [352]

Chester, D. B. (1989). Acoustic tomography in the Straits of Florida. M.S. thesis, Massachusetts Institute of Technology–Woods Hole Oceanographic Institution Joint Program in Oceanography. [367, 371]

Chester, D. B. (1993). A tomographic view of the Gulf Stream Southern Recirculation Gyre at 38°N, 55°W Ph. D. thesis, Massachusetts Institute of Technology–Woods Hole Oceanographic Institution Joint Program in Oceanography, WHOI-93-28. [368, 378, 379, 381]

Chester, D. B., and P. Malanotte-Rizzoli (in press). A tomographic view of the Gulf Stream Southern Recirculation Gyre at 38°N, 55°W. *J. Geophys. Res.* [368, 378]

Chester, D. B., P. Malanotte-Rizzoli, and H. A. DeFerrari (1991). Acoustic tomography in the Straits of Florida. *J. Geophys. Res.*, *96*, 7023–48. [367, 371, 372]

Chester, D., P. Malanotte-Rizzoli, J. Lynch, and C. Wunsch (1994). The eddy radiation field of the Gulf Stream as measured by ocean acoustic tomography. *Geophys. Res. Lett.*, *21*, 181–4. [349, 350, 351, 368, 378, 379, 380]

Chiu, C.-S. (1985). Estimation of planetary wave parameters from the data of the 1981 Ocean Acoustic Tomography Experiment. Ph.D. thesis, Massachusetts Institute of Technology–Woods Hole Oceanographic Institution Joint Program in Oceanography. [367]

Chiu, C.-S., and Y. Desaubies (1987). A planetary wave analysis using the acoustic and conventional arrays in the 1981 Ocean Tomography Experiment. *J. Phys.Oceanogr.*, *17*, 1270-87. [291, 292, 309, 367]

Chiu, C.-S., J. F. Lynch, and O. M. Johannessen (1987). Tomographic resolution of mesoscale eddies in the marginal ice zone: a preliminary study. *J. Geophys.Res.*, *92*, 6886-902. [367]

Chiu, C.-S., J. H. Miller, R. H. Bourke, J. F. Lynch, and R. D. Muench (1994*a*).Acoustic images of the Barents Sea Polar Front. EOS, *Trans. Am. Geophys.Union*, *75*, 118. [369]

Chiu, C.-S., A. J. Semtner, C. M. Ort, J. H. Miller, and L. L. Ehret (1994*b*). A ray variability analysis of sound transmission from Heard Island to California.*J. Acoust. Soc. Am.*, *96*, 2380-8. [369]

Clark, J. G., and M. Kronengold (1974). Long-period fluctuations of CW signals in deep and shallow water. *J. Acoust. Soc. Am.*, 56, 1071-83. 148, 358]

Cohn, M., and A. Lempel (1977). On fast *m*-sequence transforms. *IEEE Trans. Inform.Theory*, *IT-23*, 135-7. [195]

Collins, M. D., and W. A. Kuperman (1994). Overcoming ray chaos. *J. Acoust. Soc.Am.*, *95*, 3167-70. [157]

Colosi, J. A. (1993). The nature of wavefront fluctuations induced by internal gravity waves in long-range oceanic acoustic pulse transmissions. Ph.D. thesis, University of California, Santa Cruz. [368]

Colosi, J. A., S. M. Flatte, and C. Bracher (1994). Internal-wave effects on 1000-km oceanic acoustic pulse propagation: simulation and comparison with experiment.*J. Acoust. Soc. Am.*, *96*, 452-68. [101, 148, 149, 153, 154, 354, 367,368, 375]

Cornuelle, B. D. (1983). Inverse methods and results from the 1981 Ocean Acoustic Tomography Experiment. Ph.D. thesis, Massachusetts Institute of Technology-Woods Hole Oceanographic Institution Joint Program in Oceanography. [209,213, 367]

Cornuelle, B. D. (1985). Simulations of acoustic tomography array performance with untracked or drifting sources and receivers. *J. Geophys. Res.*, *90*, 9079-88. [209, 213]Cornuelle, B. D., and B. M. Howe (1987). High spatial resolution in vertical slice ocean acoustic tomography. *J. Geophys. Res.*, *92*, 11680-92. [136, 139, 140,141, 142, 366]

Cornuelle, B. D., and P. Malanotte-Rizzoli (1986). A maximum-gradient inverse for the Gulf Stream system. *J. Geophys. Res.*, *91*, 10566-80. [275, 368]

Cornuelle, B. D, W. H. Munk, and P. F. Worcester (1989). Ocean acoustic tomography from ships. *J. Geophys. Res.*, *94*, 6232-50. [23, 24, 26, 89, 213, 215, 285,286, 366, 369, 374]

Cornuelle, B. D., C. Wunsch, D. Behringer, T. G. Birdsall, M. G. Brown, R. Heinmiller, R. A. Knox, K. Metzger, W. H. Munk, J. L. Spiesberger, R. C. Spindel, D. C. Webb, and P. F. Worcester (1985). Tomographic maps of the ocean mesoscale. 1: Pure acoustics. *J. Phys. Oceanogr.*, *15*, 133-52. [201, 288, 289, 290, 291, 292, 364, 367]

Cornuelle, B. D., P. F. Worcester, J. A. Hildebrand, W. S. Hodgkiss, Jr., T. F. Duda, B. M. Howe, J. A. Mercer, and R. C. Spindel (1992). Vertical slice ocean acoustic tomography at 1000-km range in the North Pacific Ocean. Scripps Institution of Oceanography Reference Series, 92-17, University of California, San Diego, La Jolla, CA. [99, 368]

Cornuelle, B. D., P. F. Worcester, J. A. Hildebrand, W S. Hodgkiss, Jr., T. F. Duda, J. Boyd, B. M. Howe, J. A. Mercer, and R. C. Spindel (1993). Ocean acoustic tomography at 1000-km range using wavefronts measured with a large-aperture vertical array. *J. Geophys. Res.*, *98*, 16365-77. [99, 281, 282, 292, 293, 294, 368, 375, 376, 377]

Crawford, G. B., R. J. Lataitis, and S. F. Clifford (1990). Remote sensing of ocean flows by spatial filtering of acoustic scintillations: theory. *J. Acoust. Soc. Am.*, *88*, 442-54. [125]

Creager, K. C, and L. M. Dorman (1982). Location of instruments on the seafloor by joint adjustment of instrument and ship positions. *J. Geophys. Res.*, *87*, 8379-88. [212]

Daley, R. (1991). *Atmospheric Data Analysis.* Cambridge University Press. [306]

Dashen, R. (1979). Path integrals for waves in random media. *J. Math. Phys.*, *20*, 894-920. [359]

Dashen, R., and W. Munk (1984). Three models of global ocean noise. *J. Acoust. Soc. Am.*, *76*, 540-54. [137, 181, 182]

Daubechies, I. (1992). *Ten Lectures on Wavelets.* Philadelpha: SIAM. [225]

Davis. R. E. (1985). Objective mapping by least squares fitting. *J. Geophys. Res.*, *90*, 4773-7. [275]

Decarpigny, J.-N., B. Hamonic, and O. B. Wilson, Jr. (1991). The design of lowfrequency underwater acoustic projectors: present status and future trends. *IEEE J. Oceanic Eng.*, *16*, 107-22. [185]

DeFerrari, H. A., and H. B. Nguyen (1986). Acoustic reciprocal transmission experiments, Florida Straits. *J. Acoust. Soc. Am.*, *79*, 299-315. [367, 371]

Del Grosso, V. A. (1974). New equation for the speed of sound in natural waters (with comparisons to other equations). *J. Acoust. Soc. Am.*, *56*, 1084-91. [34, 352, 382]

Desaubies, Y. (1990). Ocean acoustic tomography. In *Oceanographic and GeophysicalTomography: Proc. 50th Les Houches Ecole d'Ete de Physique Theorique and NATO ASI*, ed. Y. Desaubies, A. Tarantola, and J. Zinn-Justin, pp. 159-202. Amsterdam: Elsevier. [366]

Desaubies, Y, C.-S. Chiu, and J. H. Miller (1986). Acoustic mode propagation in a range-dependent ocean. *J. Acoust. Soc. Am.*, *80*, 1148-60. [158, 334]

Deutsch, R. (1965). *Estimation Theory.* Englewood Cliffs, NJ: Prentice-Hall. [259]

Doolittle, R., A. Tolstoy, and M. Buckingham (1988). Experimental confirmation of horizontal refraction of CW acoustic radiation from a point source in a wedgeshaped ocean environment. *J. Acoust. Soc. Am.*, *83*, 2117-25. [168, 169]

Dowling, A. P., and J. E. Ffowcs Williams (1983). *Sound and Sources of Sound.* Chichester: Ellis Horwood. [38]

Dozier, L. B., and F. D. Tappert (1978*a*). Statistics of normal mode amplitudes in a random ocean. I. Theory. *J. Acoust. Soc. Am.*, *63*, 353-65. [162]

Dozier, L. B., and F. D. Tappert (1978*b*). Statistics of normal mode amplitudes in a random ocean. II. Computations. *J. Acoust. Soc. Am.*, *64*, 533—47. [162]

Duda, T. F, S. M. Flatte, J. A. Colosi, B. D. Cornuelle, J. A. Hildebrand, W. S.Hodgkiss, Jr., P. F. Worcester, B. M. Howe, J. A. Mercer, and R. C. Spindel (1992). Measured wave-front fluctuations in 1000-km pulse propagation in the Pacific Ocean. *J. Acoust. Soc. Am.*, 92, 939-55. [98, 354, 368, 375]

Dushaw, B. D. (1992). The 1987 Gyre Scale Reciprocal Acoustic Tomography Experiment.Ph.D. thesis, Scripps Institution of Oceanography, University of California, San Diego, La Jolla, CA. [131, 368]

Dushaw, B. D., D. B. Chester, and P. F. Worcester (1993*a*). A review of ocean current and vorticity measurements using long-range reciprocal acoustic transmissions.In *OCEANS' 93: Engineering in Harmony with the Ocean, pp. 1-298 to 1-305.* New York: IEEE. [129, 134, 366, 378]

Dushaw, B. D., P. F. Worcester, B. D. Cornuelle, and B. M. Howe (1993*b*). On equations for the speed of sound in seawater. *J. Acoust. Soc. Am.*, *93*, 255–75.[34,351,368]

Dushaw, B. D., P. F. Worcester, B. D. Cornuelle, and B. M. Howe (1993*c*). Variability of heat content in the central North Pacific in summer 1987 determined from long-range acoustic transmissions. *J. Phys. Oceanogr.*, *23*, 2650–66. [297,298, 332, 350, 352, 368]

Dushaw, B. D., P. F. Worcester, B. D. Cornuelle, and B. M. Howe (1994). Barotropic currents and vorticity in the central North Pacific Ocean during summer 1987 determined from long-range reciprocal acoustic transmissions. *J. Geophys.Res.*, *99*, 3263–72. [129, 131, 133, 349, 350, 352, 368, 379, 380]

Dushaw, B. D., B. D. Cornuelle, P. F. Worcester, B. M. Howe, and D. S. Luther (in press). Barotropic and baroclinic tides in the central North Pacific Ocean determined from long – range reciprocal acoustic transmissions. *J. Phys. Oceanogr.*[131, 148,352,353,368]

Dyson, F, W. Munk, and B. Zetler (1976). Interpretation of multipath scintillations Eleuthera to Bermuda in terms of internal waves and tides. *J. Acoust. Soc.Am.*, *59*, 1121–33. [359]

Dysthe, K. B. (1991). Note on averaged horizontal refraction for long distance propagation in an ocean sound channel. *J. Acoust. Soc. Am.*, *91*, 1369–74.[164, 334]

Dzieciuch, M., and W. Munk (1994). Differential Doppler as a diagnostic. *J. Acoust.Soc. Am.*, *96*, 2414–24. [369]

Eckart, C, and G. Young (1939). A principal axis transformation for non–Hermitian matrices. *Bull. Am. Math. Soc*, *45*, 118–21. [247]

Ehrenberg, J. E., T. E. Ewart, and R. D. Morris (1978). Signal–processing techniques for resolving individual pulses in a multipath environment. *J. Acoust.Soc. Am.*, *63*, 1801–8. [201]

Eisler, T. J., R. New, and D. Calderone (1982). Resolution and variance in acoustic tomography. *J. Acoust. Soc. Am.*, 72, 1965–77. [224]

Eisler, T. J., and D. A. Stevenson (1986). Performance bounds for acoustic tomography in a vertical ocean slice. *IEEE J. Oceanic Eng.*, *OE–11*, 72–8. [224]

Ewart, T. E., J. E. Ehrenberg, and S. A. Reynolds (1978). Observations of the phase and amplitude of individual Fermat paths in a multipath environment. *J. Acoust.Soc. Am.*, *63*, 1801–8. [201]

Ewing, J. (1960). Notes and personalia. *Trans. Am. Geophys. Union*, *41*, 670. [339]

Ewing, M., and J. L. Worzel (1948). Long–range sound transmission. *Geol. Soc.Am. Memoir*, *27*, part III, 1–35. [328, 356]

Farmer, D. M., and S. F. Clifford (1986). Space – time acoustic scintillation analysis: a new technique for probing ocean flows. *IEEE J. Oceanic Eng.*, *OE–11*, 42–50. [125]

Farmer, D. M., and G. B. Crawford (1991). Remote sensing of ocean flows by spatial filtering of acoustic scintillations: observations. *J. Acoust. Soc. Am.*, *90*,1582–91. [125]

Fisher, F. H., and V. P. Simmons (1977). Sound absorption in sea water. *J. Acoust.Soc. Am.*, *62*, 558–64. [177]

Flatte, S. M. (1983). Wave propagation through random media: contributions from ocean acoustics. *Proc. IEEE*, 71, 1267–94. [133, 148, 149, 359]

Flatte, S. M., R. Dashen, W. Munk, K. Watson, and F. Zachariasen (1979). *Sound Transmission Through a Fluctuating Ocean.* Cambridge University Press. [12,32, 33, 36, 133, 136, 148, 149, 151, 203, 359]

Flatte, S. M., and R. B. Stoughton (1986). Theory of acoustic measurement of internal wave strength as a function of depth, horizontal position and time. *J. Geophys. Res.*, *91*, 7709–20. [133, 136, 149, 353, 367]

Flatte, S. M., and R. B. Stoughton (1988). Predictions of internal-wave effects on ocean acoustic coherence, travel-time variance, and intensity moments for very long-range propagation. *J. Acoust. Soc. Am.*, *84*, 1414–24. [133, 149, 150, 196, 206]

Fletcher, R., and M. J. D. Powell (1963). A rapidly convergent descent method for minimization. *Computer J.*, *6*, 163–8. [291]

Forbes, A. M. G. (1994). The Tasman Blockage – an acoustic sink for the Heard Island Feasibility Test? *J. Acoust. Soc. Am.*, *96*, 2428–31. [338, 369]

Forbes, A. M. G., and W. Munk (1994). Doppler-inferred launch angles of global acoustic ray paths. *J. Acoust. Soc. Am.*, *96*, 2425–7. [338, 369]

Franchi, E. R., and M. J. Jacobson (1972). Ray propagation in a channel with depth-variable sound speed and current. *J. Acoust. Soc. Am.*, *52*, 316–31. [119]

Franchi, E. R., and M. J. Jacobson (1973*a*). An environmental-acoustics model for sound propagation in a geostrophic flow. *J. Acoust. Soc. Am.*, 53, 835–47. [119]

Franchi, E. R., and M. J. Jacobson (1973*b*). Effect of hydrodynamic variations on sound transmission across a geostrophic flow. *J. Acoust. Soc. Am.*, 54, 1302–11. [119]

Francois, R. E., and G. R. Garrison (1982*a*). Sound absorption based on ocean measurements. Part I: Pure water and magnesium sulfate contributions. *J. Acoust. Soc. Am.*, *72*, 896–907. [177]

Francois, R. E., and G. R. Garrison (1982*b*). Sound absorption based on ocean measurements. Part II. Boric acid contribution and equation for total absorption. *J. Acoust. Soc. Am.*, *72*, 1879–90. [177]

Fraser, I. A., and P. D. Morash (1994). Observation of the Heard Island signals near the Gulf Stream. *J. Acoust. Soc. Am.*, *96*, 2448–57. [369]

Fu, L., T. Keffer, P. P. Niiler, and C. Wunsch (1982). Observations of mesoscale variability in the western North Atlantic: a comparative study. *J. Marine Res.*, *40*, 809–48. [264, 346]

Fukumori, I., J. Benveniste, C. Wunsch, and D. B. Haidvogel (1992). Assimilation of sea surface topography into an ocean circulation model using a steady-state smoother. *J. Phys. Oceanogn*, *23*, 1831–55. [314, 318]

Gaillard, F (1985). Ocean acoustic tomography with moving sources or receivers. *J. Geophys. Res.*, *90*, 11891–8. [213, 261]

Gaillard, F. (1994). Monitoring convection in the Gulf of Lion with tomography: a 3-D view. *EOS*, *Trans. Am. Geophys. Union*, *75*, 118. [348]

Gaillard, E, and B. D. Cornuelle (1987). Improvement of tomographic maps by using surface-reflected rays. *J. Phys. Oceanogr.*, *17*, 1458–67. [291, 367, 369]

Garmany, J. (1979). On the inversion of travel times. *Geophys. Res. Lett.*, 6, 277–9. [283]

Garrett, C, and W. Munk (1972). Space-time scales of internal waves. *Geoph. Fl. Dyn.*, *3*, 225–64. [148, 358]

Garrison, G. R., R. E. Francois, E. W. Early, and T. W. Wen (1983). Sound absorption measurements at 10–650kHz in arctic waters. *J. Acoust. Soc. Am.*, *73*, 492–501. [177]

Gaspar, R, and C. Wunsch (1989). Estimates from altimeter data of barotropic Rossby waves in the northwestern Atlantic ocean. *J. Phys. Oceanogr.*, 19, 1821–44. [314, 315]

Gelb, A. (ed.) (1974). *Applied Optimal Estimation. Cambridge*, MA: MIT Press. [315]

Georges, T. M., L. R. Boden, and D. R. Palmer (1994). Features of the Heard Island signals received at Ascension. *J. Acoust. Soc. Am.*, *96*, 2441-7. [369]

Gerson, N. C, J. G. Hengen, R. M. Pipp, and J. B. Webster (1969). Radio-wave propagation to the antipode. *Canadian J. Physics*, *47*, 2143-59. [341]

Ghil, M., and P. Malanotte-Rizzoli (1991). Data assimilation in meteorology and oceanography. *Adv. Geophys.*, *33*, 141-266. [306, 312, 319]

Gill, A. E. (1982). *Atmosphere-Ocean Dynamics*. New York: Academic Press. [3]

Gill, P. E., W. Murray, and M. H. Wright (1981). *Practical Optimization*. New York: Academic Press. [280]

Golomb, S. W (1982). *Shift Register Sequences*, rev. ed. Laguna Hills, CA: Aegean Park Press. [193, 194, 218]

Golub, G. H., and C. F. Van Loan (1989). *Matrix Computation*, 2nd ed. Baltimore: Johns Hopkins University Press. [261]

Goncharov, V. V., and A. G. Voronovich (1993). An experiment on matched-field acoustic tomography with continuous wave signals in the Norway Sea. *J. Acoust.Soc. Am.*, *93*, 1873-81. [302]

Goodwin, G. C, and K. S. Sin (1984). *Adaptive Filtering Prediction and Control.* Englewood CLiffs, NJ: Prentice-Hall. [322]

Gould, W. J., and E. Sambuco (1975). The effect of mooring type on measured values of ocean currents. *Deep-Sea Res.*, *22*, 55-62. [346]

Grace, O. D., and S. P. Pitt (1970). Sampling and interpolation of bandlimited signals by quadrature methods. *J. Acoust. Soc. Am.*, *48*, 1311-18. [185]

Greenland Sea Project Group (1990). Greenland Sea Project - a venture toward improved understanding of the oceans' role in climate. *EOS*, *Trans. Am. Geophys. Union*, *71*, 750-1, 754-5. [101, 368]

Hamilton, G. R. (1977). Time variations of sound speed over long paths in the ocean. In *International Workshop on Low-Frequency Propagation and Noise* (Woods Hole, MA, 14-19 October 1974), pp. 7-30. Washington, DC: Department of the Navy. [331]

Hamilton, K. G., W L. Siegmann, and M. J. Jacobson (1977). Combined influence of spatially uniform currents and tidally varying sound speed on acoustic propagation in the deep ocean. *J. Acoust. Soc. Am.*, *62*, 53-62. [119, 331]

Hamilton, K. C., W. L. Siegmann, and M. J. Jacobson (1980). Simplified calculation of ray - phase perturbations due to ocean-environmental variations. *J. Acoust. Soc. Am.*, *67*, 1193-206. [119] Haykin, S. (1986). *Adaptive Filter Theory*. Englewood Cliffs, NJ: Prentice-Hall. [322]

Hayre, H. S., and I. D. Tripathi (1967). Ray path in a linearly moving, inhomogeneous, layered ocean model. *J. Acoust. Soc. Am.*, *41*, 1373-4. [119]

Headrick, R. H., J. L. Spiesberger, and P. J. Bushong (1993). Tidal signals in basinscale acoustic transmissions. *J. Acoust. Soc. Am.*, *93*, 790-802. [332, 367]

Heaney, K. D., W. A. Kuperman, and B. E. McDonald (1991). Perth-Bermuda sound propagation 1960: adiabatic mode interpretation. *J. Acoust. Soc. Am.*, *90*, 2586-94. [336, 339, 341]

Heard, G. J., and N. R. Chapman (1994). Heard Island Feasibility Test: analysis of Pacific path data obtained with a horizontal line array. *J. Acoust. Soc. Am.*, 96, 2389-94. [369]

Heinmiller, R. D. (1983). Instruments and methods. In *Eddies in Marine Science*, ed. A. R. Robinson, pp. 542-

67. Berlin: Springer-Verlag. [346]

Heller, G. S. (1953). Propagation of acoustic discontinuities in an inhomogeneous moving liquid medium. *J. Acoust. Soc. Am.*, 25, 950-1. [117]

Helstrom, C. W. (1968). *Statistical Theory of Signal Detection*, 2nd ed. London: Pergamon Press. [186, 188, 190, 197, 206]

Hendry, R. M., and A. J. Harding (1979). A pressure-induced direction error in nickel-coated Aanderaa current meters. *Deep-Sea Res.*, *26*, 327-35. [346]

Herman, G. T. (ed.) (1979). *Image Reconstruction from Projections: Implementation and Applications*. Berlin: Springer-Verlag. [287]

Herman, G. T. (1980). *Image Reconstruction from Projections: The Fundamentals of Computerized Tomography*. New York: Academic Press. [287]

Hippenstiel, R., E. Chaulk, and J. H. Miller (1992). An adaptive tracker for partially resolved acoustic arrivals with application to ocean acoustic tomography. *J. Acoust. Soc. Am.*, *92*, 1759-62. [218, 368]

Hoerl, A. E., and R. W. Kennard (1970*a*). Ridge regression: biased estimation for non-orthogonal problems. *Technometrics*, *12*, 55-67. [234]

Hoerl, A. E., and R. W. Kennard (1910*b*). Ridge regression: applications to nonorthogonal problems. *Technometrics*, *12*, 69-82. [234]

Horvat, D. C. M., J. S. Bird, and M. M. Goulding (1992). True time-delay bandpass beamforming. *IEEE J. Oceanic Eng.*, *17*, 185-92. [185, 202]

Howe, B. M. (1986). Ocean acoustic tomography: mesoscale velocity. Ph.D. thesis, University of California, San Diego. [135, 367]

Howe, B. M. (1987). Multiple receivers in single vertical slice ocean acoustic tomography experiments. *J. Geophys. Res.*, *92*, 9479-86. [10]

Howe, B. M., P. F. Worcester, and R. C. Spindel (1987). Ocean acoustic tomography: mesoscale velocity. *J. Geophys. Res.*, *92*, 3785-805. [129, 131, 202, 312, 366, 367, 370, 371]

Howe, B. M., J. A. Mercer, and R. C. Spindel (1989*a*). A floating acoustic-satellite tracking (FAST) range. In *Proceedings of Marine Data Systems' 89* (New Orleans, LA, 26-28 April, 1989), pp. 225-30. Stennis Space Center, MS: Marine Technology Society, Gulf Coast Section. [214, 369, 374]

Howe, B. M, J. A. Mercer, R. C. Spindel, and P. F. Worcester (1989*b*). Accurate positioning for moving ship tomography. In *Oceans' 89* (18-21 Sept. 1989, Seattle, WA), pp. 880-6. New York: IEEE. [214, 369, 374]

Howe, B. M., J. A. Mercer, R. C. Spindel, P. F. Worcester, J. A. Hildebrand, W S. Hodgkiss, Jr., T. F. Duda, and S. M. Flatte (1991). SLICE89: a single slice tomography experiment. In *Ocean Variability and Acoustic Propagation*, ed. J. Potter and A. Warn-Varnas, pp. 81-6. Dordrecht: Kluwer. [98, 368, 375]

Hua, B. L., J. C. Me Williams, and W. B. Owens (1986). An objective analysis of the Polymode Local Dynamics Experiment. Part II: Streamfunction and potential vorticity fields during the intensive period. *J. Phys. Oceanogr.*, 16, 506-22. [346]

Huang, T. S. (ed.) (1979). *Picture Processing and Digital Filtering*, 2nd ed. Berlin: Springer-Verlag. [225]

Itzikowitz, S., M. J. Jacobson, and W. L. Siegmann (1982*a*). Short-range acoustic transmissions through cyclonic eddies between a submerged source and receiver. *J. Acoust. Soc. Am.*, *71*, 1131-44. [166]

Itzikowitz, S., M. J. Jacobson, and W. L. Siegmann (1982*b*). Modelling of longrange acoustic transmissions through cyclonic and anticyclonic eddies.*J. Acoust. Soc. Am.*, *73*, 1556-66. [166]

Jensen, F. B., W. A. Kuperman, M. B. Porter, and H. Schmidt (1994). *Computational Ocean Acoustics.* New York: AIP Press. [38]

Jin, G., and P. Wadhams (1989). Travel time changes in a tomography array caused by a sea ice cover. *Prog. Oceanogr.*, 22, 249-75. [368]

Jin, G., and P. F. Worcester (1989). The feasibility of measuring ocean pH by long range acoustics. *J. Geophys. Res.*, 94, 4749-56. [201, 368]

Jin, G., J. F. Lynch, R. Pawlowicz, and P. Wadhams (1993). Effects of sea ice cover on acoustic ray travel times, with applications to the Greenland Sea Tomography Experiment. *J. Acoust. Soc. Am.*, *94*, 1044-57. [368]

Jin, G., J. F. Lynch, R. Pawlowicz, and P. F. Worcester (in press). Acoustic scattering losses in the Greenland Sea marginal ice zone during the 1988-89 tomography experiment. *J. Acoust. Soc. Am.*, *96*. [368]

Johnson, R. H. (1969). Synthesis of point data and path data in estimating SOFAR speed. *J. Geophys. Res.*, *74*, 4559-70. [328, 332]

Jolliffe, I. T. (1986). *Principal Component Analysis.* Berlin: Springer-Verlag. [263]

Jones, R. M., and T. M. Georges (1994). Nonperturbative ocean acoustic tomography inversion. *J. Acoust. Soc. Am.*, *96*, 439-51. [283]

Jones, R. M., T. M. Georges, L. Nesbitt, R. Tallamraju, and A. Weickmann (1990).Vertical-slice ocean-acoustic tomography - extending the Abel inversion to non-axial sources and receivers. In *Premier Congres Frangais d'acoustique*(10-13 April 1990, Lyon), ed. P. Filippi and M. Zakharia, pp. 1013-16. LesUlis, France: Editions de physique. [46]

Jones, R. M., T. M. Georges, and J. P. Riley (1986*a*). Inverting vertical-slice tomography measurements for asymmetric ocean sound-speed profiles. *Deep-Sea Res.*, *33*, 601-19. [283]

Jones, R. M, J. P. Riley, and T. M. Georges (1986*b*). *HARPO*. NOAA, Wave Propagation Laboratory, Boulder, CO. [334]

Jones, R. M., E. C. Shang, and T. M. Georges (1993). Nonperturbative modal tomography inversion. Part I. Theory. *J. Acoust. Soc. Am.*, *94*, 2296-302. [283]

Kamel, A., and L. B. Felsen (1982). On the ray equivalent of a group of modes.*J. Acoust. Soc. Am.*, *71*, 1445 52. [59]Keller, J. B. (1954). Geometrical acoustics. I. The theory of weak shock waves.*J. Appl. Phys.*, *25*, 938-47. [117]

Keller, J. B. (1958). Surface waves on water of nonuniform depth. *J. Fluid. Mech.*,*4*, 607. [334]

Kibblewhite, A. C, R. N. Denham, and P. H. Barker (1966). Long-range sound propagation study in the Southern Ocean - Project Neptune. *J. Acous. Soc.Am.*, *38*, 629-43. [332]

Kirkpatrick, S., C. D. Gelatt, and M. P. Vecchi (1983). Optimization by simulated annealing. *Science*, *220*, 671-80. [280]

Klein, E. (1969). Underwater sound research and applications before 1939.*J. Acoust Soc Am.*, *43*, 931. [357]

Knox, R. A. (1988). Ocean acoustic tomography: a primer. In *Oceanic Circulation Models: Combining Data and Dynamics*, ed. D. L. T. Anderson and J. Willebrand,pp. 141-88. Dordrecht: Kluwer. [366]

Ko, D. S. (1987). Inversion methods and results from the 1983 Straits of Florida Acoustic Reciprocal Transmission Experiment. Ph.D. thesis, University of Miami, Miami, FL. [367]

Ko, D. S., H. A. DeFerrari, and P. Malanotte-Rizzoli (1989). Acoustic tomography in the Florida Strait: temperature, current and vorticity measurements. *J. Geophys. Res.*, *94*, 6197-211. [367, 371, 372]

Kornhauser, E. T. (1953). Ray theory for moving fluids. *J. Acoust. Soc. Am.*, *25*, 945-9. [117]

Koza, J. R. (1992). *Genetic Programming: On the Programming of Computers by Means of Natural Selection.* Cambridge, MA: MIT Press. [280, 301]

LaCasce, E. O., Jr., and J. C. Beckerle (1975). Preliminary experiment to measure periodicities and large-scale ocean movements with acoustic signals. *J. Acoust. Soc. Am.*, *57*, 966-7. [355]

Lanczos, C. (1961). *Linear Differential Operators.* New York: Van Nostrand. [247]

Lapwood, E. R. (1975). The effect of discontinuities in density and rigidity on torsional eigenfrequencies of the earth. *Geophys. J. Roy. Astron. Soc*, 40, 453-64. [88]

Lasky, M. (1973). Review of World War I acoustic technology USN. *J. Underwater Acoust.*, *24*, 363. [357]

Lasky, M. (1974). A historical review of underwater acoustic technology 1916—1939. *J. Underwater Acoust.*, *24*, 597. [357]

Lawson, C. L., and R. J. Hanson (1974). *Solving Least Squares Problems.* Englewood Cliffs, NJ: Prentice-Hall. [234, 301]

Lawson, L. M., and D. R. Palmer (1984). Acoustic ray-path fluctuations induced by El Niño. *J. Acoust. Soc. Am.*, *75*, 1343-5. [326]

Legters, G. R., N. L. Weinberg, and J. G. Clark (1983). Long-range Atlantic acoustic multipath identification. *J. Acoust. Soc. Am.*, *73*, 1571-80. [367]

Levitus, S. (1982). *Climatological Atlas of the World Ocean.* NOAA professional paper 13, U.S. Department of Commerce. [93, 382]

Lichte, H. (1919). On the influence of horizontal temperature layers in sea water on the range of underwater sound signals. *Physikalische Zeitschrift*, *17*, 385-9. [357]

Lidl, R., and H. Niederreiter (1986). *Introduction to Finite Fields and Their Applications.* Cambridge University Press. [193]

Liebelt, P. B. (1967). *An Introduction to Optimal Estimation.* Reading, MA: Addison-Wesley. [238, 260]

Longuet-Higgins, M. (1982). On triangular tomography. *Dynam. Atmos. Oceans*, 7, 33-46. [123]

Longuet-Higgins, M. (1990). Ray paths and caustics on a slightly oblate ellipsoid. *Proc. Roy. Soc. Lond.*, *A428*, 283-90. [340]

Lorenc, A. C. (1986). Analysis methods for numerical weather prediction. *Q. J. Roy. Met. Soc*, *112*, 1177-94. [306] Lovett, J R. (1980). Geographic variation of low-frequency sound absorption in the Atlantic, Indian, and Pacific Oceans. *J. Acoust. Soc Am.*, *67*, 338-40. [177]

Luenberger, D. G. (1984). *Linear and Non-Linear Programming*, 2nd ed. Reading, MA: Addison-Wesley. [277, 278, 280]

Luther, D. S., J. H. Filloux, and A. D. Chave (1991). Low-frequency, motionally induced electromagnetic fields in the ocean. 2. Electric field and Eulerian currentcomparison. *J. Geophys. Res.*, *96*, 12797-814. [131]

Lynch, J. F., J. H. Miller, and C.-S. Chiu (1989). Phase and travel-time variability of adiabatic acoustic normal modes due to scattering from a rough sea surface, with applications to propagation in shallow-water and high-latitude regions. *J. Acoust. Soc. Am.*, *85*, 83-9. [367]

Lynch, J. F, S. D. Rajan, and G. V. Frisk (1991). A comparison of broadband and narrow-band modal inversions for bottom geoacoustic properties at a site near Corpus Christi, Texas. *J. Acoust. Soc. Am.*, *89*, 648-65. [74, 75, 76, 78]

Lynch, J. F, R. C. Spindel, C.-S. Chiu, J. H. Miller, and T. G. Birdsall (1987). Results from the 1984 Marginal Ice Zone Experiment preliminary tomography transmissions: implications for marginal ice zone, Arctic, and surface wave tomography. *J. Geophys. Res.*, *92*, 6869-85. [367]

Lynch, J. F, H. X. Wu, P. Wadhams, and P. F. Worcester (1993*a*). Ice edge noise observations from the 1988-89 Greenland Sea Tomography Experiment. In *Proceedings of the European Conference on Underwater Acoustics*, ed.M. Weydert, pp. 611-19. Amsterdam: Elsevier. [368]

Lynch, J. F, H. X. Wu, R. Pawlowicz, P. F Worcester, R. E. Keenan, H. C. Graber, O. M. Johannessen, P. Wadhams, and R. A. Shuchman (1993/?). Ambient noise measurements in the 200-300-Hz band from the Greenland Sea Tomography Experiment. *J. Acoust. Soc. Am.*, 94, 1015-33. [368]

McDonald, B. E., M. D. Collins, W. A. Kuperman, and K. D. Heaney (1994). Comparison of data and model predictions for Heard Island acoustic transmissions. *J. Acoust. Soc. Am.*, *96*, 2357-70. [334, 335, 342, 369]

MacKenzie, K. V. (1981). Nine-term equation for sound speed in the oceans. *J. Acoust. Soc. Am.*, *70*, 807-12. [33]

Magnus, J. R., and H. Neudecker (1988). *Matrix Differential Calculus with Applicationsin Statistics and Econometrics.* New York: Wiley. [257]

Malanotte-Rizzoli, P., B. D. Cornuelle, and D. B. Haidvogel (1982). Gulf Stream acoustic tomography: modelling simulations. *Ocean Modelling*, *46*, 10-19. [368]

Malanotte-Rizzoli, P., and W. R. Holland (1986). Data constraints applied to models of the ocean general circulation. Part I: The steady case. *J. Phys. Oceanogr.*, *16*, 1665-87. [268]

Malanotte-Rizzoli, P., J. Spiesberger, and M. Chajes (1985). Gulf Stream variability for acoustic tomography. *Deep-Sea Res.*, *32*, 237-50. [368]

Manabe, S., and R. J. Stouffer (1993). Century scale effect of increased atmospheric CO_2 on the ocean-atmosphere system. *Nature*, *364*, 215-18. [324]

Menemenlis, D., and D. Farmer (1992). Acoustical measurement of current and vorticity beneath ice. *J. Atmos. Oceanic Tech.*, *9*, 827-49. [185]

Menke, W. (1989). *Geophysical Data Analysis: Discrete Inverse Theory*, 2nd ed.New York: Academic. [249]

Mercer, J. A. (1986). Acoustic oceanography by remote sensing. *IEEE J. Oceanic Eng.*, *OE-11*, 51-7. [366]

Mercer, J. A. (1988). Non-reciprocity of simulated long-range acoustic transmissions. *J. Acoust. Soc. Am.*, 84, 999-1006. [126]

Mercer, J. A., and J. R. Booker (1983). Long-range propagation of sound through oceanic mesoscale structures. *J. Geophys. Res.*, *88*, 689-99. [56, 282]

Mercier, H., and A. Colin de Verdiere (1985). Space and time scales of mesoscale motions in the eastern North Atlantic. *J. Phys. Oceanogr.*, *15*, 171-83. [264,346]

Metzger, K. M, Jr. (1983). Signal processing equipment and techniques for use in measuring ocean acoustic multipath structures. Ph.D. thesis, University of Michigan, Ann Arbor. [185, 192, 202, 219, 221, 367]

Metzger, K. M., Jr., and R. J. Bowens (1972). An ordered table of primitive polynomials over GF(2) of degrees

2 through 19 for use with linear maximal sequence generators. Cooley Electronics Laboratory Technical Memorandum no. 107, University of Michigan. [218]

Mikolajewicz, U., B. D. Santer, and E. Maier-Reimer (1990). Ocean response to greenhouse warming. *Nature*, *345*, 589-93. [324]

Milder, D. M. (1969). Ray and wave invariants for SOFAR channel propagation.*J. Acoust. Soc. Am.*, *46*, 1259-63. [137, 158]

Miller, J. C. (1982). Ocean acoustic rays in the deep six sound channel. *J. Acoust.Soc. Am.*, 71, 859-62. [45]

Miller, J. C. (1986). Hamiltonian perturbation theory for acoustic rays in a range dependent sound channel. *J. Acoust. Soc. Am.*, 79, 338-46. [44]

Miller, J. H. (1987). Estimation of sea surface wave spectra using acoustic tomography. Ph.D. thesis, Woods Hole Oceanographic Institution-Massachusetts Institute of Technology Joint Program in Oceanography. [367]

Miller, J. H., J. F. Lynch, and C.-S. Chiu (1989). Estimation of sea surface spectra using acoustic tomography. *J. Acoust. Soc. Am.*, *86*, 326-45. [367]

Miller, J. H., J. F. Lynch, C.-S. Chiu, E. L. Westreich, J. S. Gerber, R. Hippenstiel, and E. Chaulk (1993). Acoustic measurements of surface gravity wave spectrain Monterey Bay using mode travel time fluctuations. *J. Acoust. Soc. Am.*, *94*,954-74. [368]

Millero, F, and X. Li (1994). Comments on "On equations for the speed of sound in sea water." *J. Acoust. Soc. Am.*, 95, 2757-9. [352]

Milne, P. H. (1983). *Underwater Acoustic Positioning Systems.* New York: E & F. N. Spon. [212]

MODE Group (1978). The Mid-ocean Dynamics Experiment. *Deep-Sea Res.*, *25*,859-910. [346]

Monjo, C. L. (1987). Modeling of acoustic transmission in the Straits of Florida Acoustic Reciprocal Transmission Experiment. Ph.D. thesis, University of Miami, Miami, FL. [367]

Morawitz, W. M. L., P. Sutton, P. F. Worcester, B. D. Cornuelle, J. Lynch, and R. Pawlowicz (1994). Evolution of the 3-dimensional temperature structure and heat content in the Greenland Sea during 1988-89 from tomographic measurements.*EOS*, *Trans. Am. Geophys. Union*, *75*, 118. [348, 368]

Morse, P. M., and H. Feshbach (1953). *Methods of Theoretical Physics*, 2 vols. New York: McGraw-Hill. [62]

Munk, W. (1974). Sound channel in an exponentially stratified ocean, with application to SOFAR. *J. Acoust. Soc. Am.*, 55, 220-6. [36, 106, 107, 108, 109, 110, 111, 112, 113, 114]

Munk, W. (1980). Horizontal deflection of acoustic paths by mesoscale eddies.*J. Phys. Oceanogr.*, *10*, 596-604. [164, 165, 166, 167]

Munk, W. (1981). Internal waves and small scale processes. In *Evolution of Physical Oceanography-Scientific Surveys in Honor of Henry Stommel*, ed. B. A. Warren and C. Wunsch, pp. 264-91. Cambridge, MA: MIT Press. [148, 358]

Munk, W. (1986). Acoustic monitoring of ocean gyres. *J. Fluid Mech.*, *173*, 43-53. [121]

Munk, W (1990). The Heard Island Experiment. *Naval Research Reviews*, 42, 2-22. [326, 369]

Munk, W. (1991). Refraction of acoustic modes in very long-range transmissions. In *Ocean Variability and Acoustic Propagation*, ed. J. Potter and A. Warn-Varnas, pp. 539-43. Dordrecht: Kluwer. [169, 369]

Munk, W., and A. M. G. Forbes (1989). Global ocean warming: an acoustic measure? *J. Phys. Oceanogn*, *19*, 1765-78. [332, 369]

Munk, W., W. C. O'Reilly, and J. L. Reid (1988). Australia-Bermuda sound transmission experiment (1960) revisited. J. *Phys. Oceanogr.*, *18*, 1876-98. [336,339, 340]

Munk, W., R. Spindel, A. Baggeroer, and T. Birdsall (1994). The Heard Island feasibility test. *J. Acoust. Soc. Am.*, *96*, 2330^2. [332, 369]

Munk, W., and P. F. Worcester (1976). Monitoring the ocean acoustically. In *Science, Technology, and the Modern Navy, Thirtieth Anniversary, 1946-1976*, ed.E. I. Salkovitz, pp. 497-508. Office of Naval Research, Arlington, VA (ONR-37). Also appears as: (1977). Weather and climate under the sea - the navy's habitat. In *Science and the Future Navy - A Symposium, 30th Anniversary Volume ONR*, pp. 42-52. Washington, DC: National Academy of Sciences. [355]

Munk, W., and P. F. Worcester (1988). Ocean acoustic tomography. *Oceanography*, *I*, 8-10. [366]

Munk, W, P. F. Worcester, and F. Zachariasen (1981a). Scattering of sound by internal wave currents: the relation to vertical momentum flux. *J. Phys. Oceanogr.*, *II*, 442-54. [121]

Munk, W, and C. Wunsch (1979). Ocean acoustic tomography: a scheme for large scale monitoring. *Deep-Sea Res.*, 26, 123-61. [9, 28, 42, 107, 225, 284, 355]

Munk, W, and C. Wunsch (1982*a*). Observing the ocean in the 1990's. *Phil. Trans.Roy. Soc*, *A307*, 439-64. [28, 121, 124, 125, 207, 210, 285, 324, 366]

Munk, W, and C. Wunsch (1982*b*). Up/down resolution in ocean acoustic tomography.*Deep-Sea Res.*, *29*, 415-36. [15, 51, 86, 255, 257, 264, 267, 299, 366]

Munk, W, and C. Wunsch (1983). Ocean acoustic tomography: rays and modes.*Rev. Geophys. Space Phys.*, *21*, 777-93. [46, 61, 66, 74, 283, 366]

Munk, W., and C. Wunsch (1985). Biases and caustics in long-range acoustic tomography.*Deep-Sea Res.*, *32*, 1317-46. [56, 107]

Munk, W, and C. Wunsch (1987). Bias in acoustic travel time through an ocean with adiabatic range-dependence. *Geophys. Astrophys. Fluid Dyn.*, *39*, 1-24.[56, 107, 137]

Munk, W, and F. Zachariasen (1976). Sound propagation through a fluctuating stratified ocean: theory and observation. *J. Acoust. Soc. Am.*, *59*, 818-38. [148,359]

Munk, W., and F. Zachariasen (1991). Refraction of sound by islands and seamounts.*J. Atmos. Oceanic Technol*, *8*, 554-74. [170, 171, 345]

Munk, W, B. Zetler, J. G. Clark, D. Porter, J. Spiesberger, and R. Spindel (1981*b*).Tidal effects on long-range sound transmission. *J. Geophys. Res.*, *86*, 6399-410. [132, 362, 367]

Newhall, B. K., M. J. Jacobson, and W. L. Siegmann (1977). Effect of a random ocean current on acoustic transmission in an isospeed channel. *J. Acoust. Soc.Am.*, *62*, 1165-75. [119]

Noble, B., and J. W. Daniel (1977). *Applied Linear Algebra*, 2nd ed. Englewood Cliffs, NJ: Prentice-Hall. [247]

Northrop, J. (1968). Submarine topographic echoes from CHASE V. *J. Geophys.Res.*, *73*, 3909-16. [332, 344]

Norton, S. J. (1988). Tomographic reconstruction of two-dimensional vector fields: application to flow imaging. *Geophys. J. Roy. Astron. Soc*, *97*, 162-8. [125,126]

Ocean Tomography Group (1982). A demonstration of ocean acoustic tomography.*Nature*, *299*, 121-5. [151, 288, 347, 367] Officer, C. B. (1958). *Introduction to the Theory of Sound Transmission*. New York: McGraw-Hill. [61]

Palmer, D. R., T. M. Georges, J. J. Wilson, L. D. Weiner, J. A. Paisley, R. Mathiesen, R. R. Pleshek, and R. R. Mabe (1994). Reception at Ascension of the Heard Island Feasibility Test transmissions. *J. Acoust. Soc. Am.*, *96*, 2432-40. [369]

Palmer, D. R., L. M. Lawson, D. A. Seem, and Y. H. Daneshzadeh (1985). Ray path identification and acoustic tomography in the Straits of Florida. *J. Geophys. Res.*, *90*, 4977-89. [367, 371]

Papoulis, A. (1977). *Signal Analysis.* New York: McGraw-Hill. [186, 187]

Parker, R. L. (1972). Understanding inverse theory with grossly inadequate data. *Geophys. J. Roy. Astron. Soc*, *29*, 123-38. [276]

Parker, R. L. (1977). Understanding inverse theory. *Ann. Revs. Earth and Planet. Seism.*, *5*, 35-64. [224]

Parker, R. L. (1994). *Geophysical Inverse Theory.* Princeton University Press. [224]

Parrilla, G., A. Lavin, H. Bryden, M. Garcia, and R. Millard (1994). Rising temperatures in the subtropical North Atlantic Ocean over the past 35 years. *Nature*, *369*, 48-51. [324, 325]

Pawlowicz, R. (1994). Tomographic observations of deep convection and the thermal evolution of the Greenland Sea Gyre 1988-89. Ph.D. thesis, Massachusetts Institute of Technology-Woods Hole Oceanographic Institution Joint Program in Oceanography/Oceanographic Engineering. [368]

Pawlowicz, R., J. F. Lynch, W. B. Owens, P. F. Worcester, W. M. L. Morawitz, and P. J. Sutton (in press). Thermal evolution of the Greenland Sea Gyre in 1988—89. *J. Geophys. Res.* [347, 348, 368]

Peckham, D. A., D. Horwitt, and K. R. Hardy (1990). Application of SCSI hard disk drives in marine instrumentation. *In Marine Instrumentation '90* (27 Feb.-1 March 1990, San Diego), pp. 165-7. Spring Valley, CA: West Star Publications. [368, 373]

Pedlosky, J. (1987). *Geophysical Fluid Dynamics*, 2nd ed. Berlin: Springer-Verlag. [112, 122, 268]

Pierce, A. D. (1989). *Acoustics, An Introduction to Its Physical Principles and Applications.* Woodbury, NY: Acoustical Society of America/AIP. [12, 116, 117, 128]

Piquet-Pellorce, F, F. Martin-Lauzer, and F. Evennou (1992). Donnees de tomographie acoustique recueillies pendant la campagne GASTOM 90. *Report D'Etudes No. 9/92/CMO/EO*, Etablissement Principal du Service Hydrographique et Oceanographique de la Marine-CMO, Brest, France. [369]

Plumb, R. A. (1986). Three-dimensional propagation of transient quasi-geostrophic eddies and its relationship with the eddy forcing of the time-mean flow. J. Atmos. *Sci.*, *43*, 1657-78. [351]

Pond, S., and G. L. Pickard (1983). *Introductory Physical Oceanography*, 2nd ed. London: Pergamon Press. [35]

Porter, R. P. (1973). Dispersion of axial SOFAR propagation in the western Mediterranean. *J. Acoust. Soc. Am.*, 53, 181-91. [70]

Potter, J. R. (1994). ATOC: sound policy or enviro-vandalism? Aspects of a modern media-fueled policy issue. *J. Environ. Devel*, *3*, 47-62. [379]

Press, W H., S. A. Teukolsky, W. T. Vetterling, and B. P. Flannery (1992*a*). *Numerical Recipes in C*, 2nd ed. Cambridge University Press. [301]

Press, W. H., S. A. Teukolsky, W. T. Vetterling, and B. P. Flannery (1992*b*). *Numerical Recipes in Fortran*, 2nd ed. Cambridge University Press. [301]

Pridham, R. G., and R. A. Mucci (1979). Shifted sideband beamformer. *IEEE Trans. Acoust., Speech, Signal Processing*, *ASSP*-27, 713-22. [185, 202]

Radon, J. (1917). Ueber die Bestimmung von Funktionen durch ihre Integralwerte langs gewisser Mannigfaltigkeiten, *Ber. Saechs. Akademie der Wissenschaften, Leipzig*, *Mathematisch-Physikalische Klasse*, *69*, 262-77. [285]

Rauch, H. E., F. Tung, and C. T. Streibel (1965). Maximum likelihood estimates of linear dynamic systems. *AIAA Journal*, *3*, 1445-50 (reprinted in Sorenson, 1985). [314]

Richman, J. G., C. Wunsch, and N. G. Hogg (1977). Space and time scales of mesoscale motion in the western North Atlantic. *Rev. Geophys. Space Phys.*, *15*, 385-420. [264, 288, 289]

Rihaczek, A. (1969). *Principles of High-Resolution Radar*. New York: McGraw-Hill. [203, 205]

Ripley, B. D. (1981). *Spatial Statistics*. New York: Wiley. [263, 275, 301]

Rodi, W. L., P. Glover, T. M. C. Li, and S. S. Alexander (1975). A fast, accurate method for computing group-velocity partial derivatives for Rayleigh and Love modes. *Bull Seism. Soc. Am.*, *65*, 1105-14. [76]

Roemmich, D., and C. Wunsch (1984). Apparent changes in the climate state of the deep North Atlantic Ocean. *Nature*, *307*, 447-50. [324, 325]

Romm, J. J. (1987). Applications of normal mode analysis to ocean acoustic tomography. Ph.D. thesis, Massachusetts Institute of Technology. [74, 76, 367]

Rossby, T. (1975). An oceanic vorticity meter. *J. Marine Res.*, *33*, 213-22. [122]

Rowland, S. W. (1979). Computer implementation of image reconstruction formulas. In *Image Reconstruction from Projections. Implementation and Applications*, ed. G. T. Herman, pp. 9-80. Berlin: Springer-Verlag. [285]

Rozenberg, L. L. (1949). Concerning one new phenomenon in hydroacoustics. *Dokl. Akad. Nauk SSSR*, *69*, 175-6. [357]

Rudels, B. (1990). Haline convection in the Greenland Sea. *Deep-Sea Res.*, *36*, 1491-511. [348]

Sanford, T B. (1974). Observations of strong current shears in the deep ocean and some implications on sound rays. *J. Acoust. Soc. Am.*, *56*, 1118-21. [126, 127, 200]

Sasaki, Y. (1970). Some basic formalisms in numerical variational analysis. *Mon. Wea. Rev*, 98, 875-83. [234]

Scales, L. E. (1985). *Introduction to Non-Linear Optimization*. Berlin: Springer-Verlag. [280]

Schroter, J., and C. Wunsch (1986). Solution of nonlinear finite difference ocean models by optimization methods with sensitivity and observational strategy analysis. *J. Phys. Oceanogr.*, *16*, 1855-74. [268, 303, 320, 321]

Schwiderski, E. W. (1980). Ocean tides. *Mar. Geodesy*, *3*, 161-255. [131]

Seber, G. A. F. (1977). *Linear Regression Analysis*. New York: Wiley. [268]

Seber, G. A. F, and C. J. Wild (1989). *Nonlinear Regression*. New York: Wiley. [280, 281]

Semtner, A. J., and R. M. Chervin (1988). A simulation of the global ocean circulation with resolved eddies. *J. Geophys. Res.*, *93*, 15502-22. [323]

Semtner, A. J., and R. M. Chervin (1990). Environmental effects on acoustic measures of global ocean warming. *J. Geophys. Res.*, *95*, 12973-82. [369]

Semtner, A. J., and R. M. Chervin (1992). Ocean general circulation from a global eddy-resolving model. *J. Geophys. Res.*, *97*, 5493-550. [304, 305]

Send, U. (in press). Peak tracking by simultaneous inversion. *Geophys. Res. Lett.* [218, 369]

Send, U., F. Schott, F. Gaillard, and Y. Desaubies (in press). Observation of a deep convection regime with acoustic tomography. *J. Geophys. Res.* [348]

Shang, E. C. (1989). Ocean acoustic tomography based on adiabatic mode theory.*J. Acoust. Soc. Am.*, *85*, 1531-7. [75]

Shang, E. C, and Y. Y. Wang (1991). On the calculation of modal travel time perturbation.*Sov. Phys. Acoust.*, *37*, 411-13. [75]

Shang, E. C, and Y. Y. Wang (1992). On the possibilities of monitoring El Niño by using modal ocean acoustic tomography. *J. Acoust. Soc. Am.*, *91*, 136-40. [75]

Shang, E. C, and Y. Y. Wang (1993a). The nonlinearity of modal travel time perturbation.In *Computational Acoustics*, vol. 1, ed. R. Lau, D. Lee, and A. Robinson, pp. 385-97. Amsterdam: Elsevier. [159]

Shang, E. C, and Y. Y. Wang (1993*b*). Acoustic travel time computation based on PE solution. *J. Computational Acoust.*, *1*, 91-100. [159]

Shang, E. C, Y. Y. Wang, and T. M. Georges (1994). Dispersion and repopulation of Heard-Ascension modes. *J. Acoust. Soc. Am.*, *96*, 2371-9. [334, 335, 369]

Sheehy, M. J., and R. Halley (1957). Measurement of attenuation of low-frequency underwater sound. *J. Acoust. Soc. Am.*, 29, 464-9. [328, 329]

Shockley, R. C, J. Northrop, P. G. Hansen, and C. Hartdegen (1982). SOFAR propagation paths from Australia to Bermuda: comparison of signal speed algorithms and experiments. *J. Acoust. Soc. Am.*, 71, 51-60. [329, 336, 339]

Simkin, T., and R. Fiske (1983). *Krakatau 1883 - The Volcanic Eruption and Its Effects*. Washington, DC: Smithsonian Institution Press. [332]

SIZEX Group (1989). SIZEX experiment report. The Nansen Remote Sensing Center technical report 23. [101]

Slichter, L. B. (1932). The theory of the interpretation of seismic travel-time curves in horizontal structures. *Physics*, *3*, 273-95. [50]

Smith, K. B., M. G. Brown, and F. D. Tappert (1992*a*). Ray chaos in underwater acoustics. *J. Acoust. Soc. Am.*, *91*, 1939-49. [139, 155]

Smith, K. B., M. G. Brown, and F. D. Tappert (1992*b*). Acoustic ray chaos induced by mesoscale ocean structure. *J. Acoust. Soc. Am.*, *91*, 1950-9. [155, 156, 157]

Sneddon, I. N. (1972). *The Use of Integral Transforms.* New York: McGraw-Hill.[45]

Snodgrass, F. E. (1968). Deep sea instrument capsule. *Science*, *162*, 78-87. [373]

Sorenson, H. W. (ed.) (1985). *Kalman Filtering: Theory and Application.* New York: IEEE Press. [312, 315]

Spencer, C, and D. Gubbins (1980). Travel time inversion for simultaneous earthquake location and velocity structure determination in laterally varying media. *Geophys. J. Roy. Astron. Soc*, *63*, 95-116. [16]Spiesberger, J. L. (1980). Stability of long range ocean acoustic multipaths. Ph.D.thesis, Scripps Institution of Oceanography, University of California, San Diego, La Jolla, CA. [367]

Spiesberger, J. L. (1985*a*). Gyre-scale acoustic tomography: biases, iterated inversions, and numerical methods. *J. Geophys. Res.*, *90*, 11869-76. [56]

Spiesberger, J. L. (1985*b*). Ocean acoustic tomography: travel time biases.*J. Acoust. Soc. Am.*, *77*, 83-100. [56]

Spiesberger, J. L. (1989). Remote sensing of western boundary currents using acoustic tomography. *J. Acoust. Soc. Am.*, *86*, 346-51. [367]Spiesberger, J. L. (1993). Is Del Grosso's sound-speed algorithm correct? *J.*

Acoust.Soc. Am., *93*, 2235-7. [351, 368]

Spiesberger, J. L., T. G. Birdsall, K. Metzger, Jr., R. A. Knox, C. W. Spofford, and R. C. Spindel (1983). Measurements of Gulf Stream meandering and evidence of seasonal thermocline development using long range acoustic transmissions. *J. Phys. Oceanogr*, *13*, 1836-46. [365, 367]

Spiesberger, J. L., P. J. Bushong, K. Metzger, Jr., and T. G. Birdsall (1989*a*). Ocean acoustic tomography: estimating the acoustic travel time with phase. *IEEE J. Oceanic Eng.*, *14*, 108-19. [332, 367]

Spiesberger, J. L., P. J. Bushong, K. Metzger, Jr., and T. G. Birdsall (1989*b*). Basinscale tomography: synoptic measurements of a 4000-km length section in the Pacific. J. *Phys. Oceanogr*, *19*, 1073-90. [332, 367]

Spiesberger, J. L., P. Malanotte-Rizzoli, and E. B. Welsh (1985). Travel time and geometry of steep acoustic rays subject to Gulf Stream variability. J. Acoust.*Soc. Am.*, *78*, 260-3. [368]

Spiesberger, J. L., and K. Metzger, Jr. (1991*a*). New estimates of sound speed in water. *J. Acoust. Soc. Am.*, *89*, 1697-700. [351, 368]

Spiesberger, J. L., and K. Metzger, Jr. (1991*b*). A new algorithm for sound speed in seawater. *J. Acoust. Soc. Am.*, *89*, 2677-88. [351, 368]

Spiesberger, J. L., and K. Metzger, Jr. (1991*c*). Basin-scale tomography: a new tool for studying weather and climate. *J. Geophys. Res.*, *96*, 4869-89. [314, 332,333, 368]

Spiesberger, J. L., and K. Metzger, Jr. (1992). Basin-scale ocean monitoring with acoustic thermometers. *Oceanography*, *5*, 92-8. [367]

Spiesberger, J. L., K. Metzger, and J. A. Furgerson (1992). Listening for climatic temperature change in the northeast Pacific: 1983-1989. *J. Acoust. Soc. Am.*,92, 384-96. [367]

Spiesberger, J. L., and R. C. Spindel (1985). Gulf Stream tomography: preliminary results from an experiment. In *Proceedings of the Gulf Stream Workshop*, ed.R. Watts, pp. 479-94. Exeter: University of Rhode Island. [368]

Spiesberger, J. L., R. C. Spindel, and K. Metzger (1980). Stability and identification of ocean acoustic multipaths. *J. Acoust. Soc. Am.*, 67, 2011-17. [361, 362,367]

Spiesberger, J. L., E. Terray, and K. Prada (1994). Successful ray modeling of acoustic multipaths over a 3000 km section in the Pacific with rays. *J. Acoust.Soc. Am.*, *95*, 3654-7. [332, 333, 368]

Spiesberger, J. L., and P. F. Worcester (1981). Fluctuations of resolved acoustic multipaths at long range in the ocean. *J. Acoust. Soc. Am.*, *70*, 565-76. [367]

Spiesberger, J. L., and P. F. Worcester (1983). Perturbations in travel time and ray geometry due to mesoscale disturbances: a comparison of exact and approximate calculations. *J. Acoust. Soc. Am.*, *74*, 219-25. [56, 367]

Spindel, R. C. (1979). An underwater acoustic pulse compression system. *IEEE Trans. Acoust.*, *Speech*, *Signal Processing*, *ASSP-27*, 723-8. [372]

Spindel, R. C. (1982). Ocean acoustic tomography: a new measuring tool. *Oceanus*, Woods Hole Oceanographic Institution, 25, 12-21. [367]

Spindel, R. C. (1985), Signal processing in ocean tomography. In *Adaptive Methods in Underwater Acoustics*, ed. H. G. Urban, pp. 687-710. Dordrecht: Reidel. [175]

Spindel, R. C, and R. P. Porter (1977). A mobile coherent, low frequency acoustic range. *IEEE J. Oceanic Eng.*, *OE*-2, 331-7. [372]

Spindel, R. C, and J. L. Spiesberger (1981). Multipath variability due to the Gulf Stream. *J. Acoust. Soc. Am.*, *69*, 982-8. [362]

Spindel, R. C, and P. F. Worcester (1986). Technology in ocean acoustic tomography.*Mar. Tech. Soc. J.*, 20, 68-72. [182, 368]

Spindel, R. C, and P. F. Worcester (1990). Ocean acoustic tomography programs: accomplishments and plans. In *OCEANS'* 90 (24-26 *Sept.* 1990, *Washington, DC*), *pp.* 1-10. *New York*: *IEEE.* [366]

Spindel, R. C, K. R. Peal, and D. E. Koelsch (1978). *A microprocessor acoustic data buoy.* Proc. IEEE Oceans' *78*, 527-31. [372]

Spindel, R. C, P. F. Worcester, D. C. Webb, P. Boutin, K. Peal, and A. Bradley(1982). *Instrumentation for ocean acoustic tomography. In* OCEANS' *82* (20-22 Sept. 1982, Washington, DC), pp. 92-9. New York: IEEE. [208, 210, 212, 363, 367]

Spofford, C. W., and A. P. Stokes (1984). An iterative perturbation approach for ocean acoustic tomography. *J. Acoust. Soc. Am.*, *75*, 1443-50. [281]

Stallworth, L. A. (1973). A new method for measuring ocean and tidal currents. In *Oceans'* 73 (proceedings of the IEEE International Conference on Engineering in the Ocean Environment, 25-28 Sept. 1973, Seattle, WA), pp. 55-8. New York: IEEE. [121]

Stallworth, L. A., and M. J. Jacobson (1970). Acoustic propagation in an isospeed channel with uniform tidal current and depth change. *J. Acoust. Soc. Am.*, *48*, 382-91. [119]

Stallworth, L. A., and M. J. Jacobson (1972*a*). Sound transmission in an isospeed ocean channel with depth-dependent current. *J. Acoust. Soc. Am.*, *51*, 1738-50. [119]

Stallworth, L. A., and M. J. Jacobson (1972*b*). Acoustic propagation in a uniformly moving ocean channel with depth-dependent sound speed. *J. Acoust. Soc. Am.*, *52*, 344-55. [119]

Steinberg, J. C, and T. G. Birdsall (1966). Underwater sound propagation in the Straits of Florida. *J. Acoust. Soc. Am.*, *39*, 301-15. [148]

Sternberg, R. L. (1987). Beamforming with acoustic lenses and filter plates. In *Progress in Underwater Acoustics*, ed. H. M. Merklinger, pp. 651-5. New York: Plenum Press. [166]

Stoughton, R. B., S. M. Flatte, and B. M. Howe (1986). Acoustic measurements of internal wave rms displacement and rms horizontal current off Bermuda in late 1983. *J. Geophys. Res.*, *91*, 7721-32. [134, 135, 200, 201, 353, 367]

Strang, G. (1986). *Introduction to Applied Mathematics.* Wellesley, MA: Wellesley-Cambridge Press. [247, 277]

Sutton, P. J. (1993). The upper ocean in the Greenland Sea during 1988-89 from modal analyses of tomographic data. Ph.D. thesis, Scripps Institution of Oceanography, University of California, San Diego, La Jolla, CA. [296, 348, 368]

Sutton, P. J., W. M. L. Morawitz, B. D. Cornuelle, G. Masters, and P. F. Worcester(1994). Incorporation of acoustic normal mode data into tomographic inversions in the Greenland Sea. *J. Geophys. Res.*, *99*, 12487-502. [101, 297, 347, 368]

Sutton, P. J., P. F. Worcester, G. Masters, B. D. Cornuelle, and J. F. Lynch (1993). Ocean mixed layers and acoustic pulse propagation in the Greenland Sea. *J. Acoust. Soc. Am.*, *94*, 1517-26. [101, 368]

Talagrand, O., and P. Courtier (1987). Variational assimilation of meteorological observations with the adjoint vorticity equation. I: Theory. *Q. J. Roy. Meteorol. Soc*, *113*, 1311-28. [318]

Tappert, F. D. (1977). The parabolic approximation method. In *Wave Propagation and Underwater Acoustics*, ed. J. B. Keller, pp. 224-84. Berlin: Springer-Verlag. [159, 334]

Tarantola, A. (1987). *Inverse Problem Theory. Methods for Data Fitting and Model Parameter Estimation.* Amsterdam: Elsevier. [224]

Tarantola, A., and B. Valette (1982). Generalized nonlinear inverse problems solved using the least squares criterion. *Rev. Geophys. Space Phys.*, *20*, 219-32. [280,281,282]

Taroudakis, M., and J. S. Papadakis (1993). A modal inversion scheme for ocean acoustic tomography. *J. Computational Acoust.*, *1*, 395-421. [159]

Thacker, W. C. (1986). Relationships between statistical and deterministic methods of data assimilation. In *Variational Methods in Geosciences*, ed. Y. K. Sasaki, pp. 173-9. Amsterdam: Elsevier. [319]

Thacker, W. C, and R. B. Long (1988). Fitting dynamics to data. *J. Geophys. Res.*, *93*, 1227^0. [318,319]

THETIS Group (1994). Open-ocean deep convection explored in the Mediterranean. *EOS*, *Trans. Am. Geophys. Union*, *75*, 219-21. (Members of the THETIS Group are F. Schott, U. Send, G. Krahmann, C. Mertens, M. Rhein, M. Visbeck, Y. Desaubies, F. Gaillard, T. Terre, J. Papadakis, M. Taroudakis, G. Athanassoulis and E. Skarsoulis.) [348, 369]

Thompson, R. J. (1972). Ray theory for an inhomogeneous moving medium. *J. Acoust. Soc. Am.*, *51*, 1675-82. [117]

Tolstoy, I., and C. S. Clay (1966). *Ocean Acoustics.* New York: McGraw-Hill. [61]

Tolstoy, A., O. Diachok, and L. N. Frazer (1991). Acoustic tomography via matched field processing. *J. Acoust. Soc. Am.*, *89*, 1119-27. [302]

Turin, G. L. (1960). An introduction to matched filters. *I.R.E. Trans. Inform. Theory*, *IT-6*, 311-29. [188, 189, 190]

Turner, J. S. (1973). *Buoyancy Effects in Fluids.* Cambridge University Press. [3]

Tziperman, E., and W. C. Thacker (1989). An optimal control/adjoint equations approach to studying the oceanic general circulation. *J. Phys. Oceanogr.*, *19*, 1471-85. [318]

Ugincius, P. (1965). Acoustic-ray equations for a moving, inhomogeneous medium. *J. Acoust. Soc. Am.*, *37*, 476-9. [118]

Ugincius, P. (1972). Ray acoustics and Fermat's principle in a moving inhomogeneous medium. *J. Acoust. Soc. Am.*, *51*, 1759-63. [118, 119]

Urick, R. J. (1983). *Principles of Underwater Sound*, 3rd ed. New York: McGraw-Hill. [33, 176, 179, 180]

Van Huffel, S., and J. Vandewalle (1991). *The Total Least Squares Problem. Computational Aspects and Analysis.* Philadelphia: SIAM. [263, 281]

Wagner, H. M. (1969). *Principles of Operations Research. With Applications to Managerial Decisions.* Englewood Cliffs, NJ: Prentice-Hall. [277]

Wahba, G. (1990). *Spline Models for Observational Data.* Philadelphia: Society for Industrial and Applied Mathematics. [275]

Wales, S. C, and O. I. Diachok (1981). Ambient noise vertical directionality in the northwest Atlantic. *J. Acoust. Soc. Am.*, *70*, 577-82. [181]

Westreich, E. L., C.-S. Chiu, J. H. Miller, J. F. Lynch, and M. D. Collins (in press). Modeling pulse transmission in the Monterey Bay using parabolic equation methods. *J. Acoust. Soc. Am.*. [368]

Widfeldt, J. A., and M. J. Jacobson (1976). Acoustic phase and amplitude of a signal transmitted through a uniform flow in the deep ocean. *J. Acoust. Soc. Am.*, *59*, 852-60. [119]

Wiggins, R. A. (1972). The general linear inverse problem: implication of surface waves and free oscillations for earth structure. *Rev. Geophys. Space Phys.*, *10*, 251-85. [249]

Wood, A. B. (1965). From the Board of Invention and Research to the Royal Naval Scientific Service. *J. Roy. Nav. Sci. Serv.*, *20*, 16. [357]

Worcester, P. F. (1977*a*). Reciprocal acoustic transmission in a mid-ocean environment. Ph.D. thesis, Scripps Institution of Oceanography, University of California, San Diego, La Jolla, CA. [121, 127, 129, 360, 361, 367]

Worcester, P. F. (1917*b*). Reciprocal acoustic transmission in a midocean environment. *J. Acoust. Soc. Am.*, *62*, 895-905. [121, 126, 127, 129, 130, 193, 210, 360, 367]

Worcester, P. F. (1979). Reciprocal acoustic transmission in a midocean environment: fluctuations. *J. Acoust. Soc. Am.*, *66*, 1173-81. [367]

Worcester, P. F. (1981). An example of ocean acoustic multipath identification at long range using both travel time and vertical arrival angle. *J. Acoust. Soc. Am.*, *70*, 1743-7. [51, 101, 202, 216, 363]

Worcester, P. F. (1989). Remote sensing of the ocean using acoustic tomography. In *RSRM' 87: Advances in Remote Sensing Retrieval Methods*, ed. A. Deepak, H. E. Fleming, and J. S. Theon, pp. 1-11. Hampton, VA: A. Deepak Publishing. [366]

Worcester, P. F, and B. D. Cornuelle (1982). Ocean acoustic tomography: currents. In *Proceedings of the IEEE Second Working Conference on Current Measurements* (19-21 Jan. 1982, Hilton Head, SC), pp. 131-5. New York: IEEE. [367]

Worcester, P. F, B. D. Cornuelle, J. A. Hildebrand, W. S. Hodgkiss, Jr., T. F. Duda, J. Boyd, B. M. Howe, J. A. Mercer, and R. C. Spindel (1994). A comparison of measured and predicted broadband acoustic arrival patterns in travel timedepth coordinates at 1000-km range. *J. Acoust. Soc. Am.*, *95*, 3118-28. [10, 99, 368, 375, 376]

Worcester, P. F, B. D. Cornuelle, and R. C. Spindel (1991a). A review of ocean acoustic tomography: 1987-1990. In *Reviews of Geophysics, Supplement, U.S. National Report to the International Union of Geodesy and Geophysics, 1987-1990*, pp. 557-70. [366]

Worcester, P. F, B. D. Dushaw, and B. M. Howe (1991*b*). Gyre-scale reciprocal acoustic transmissions. In *Ocean Variability and Acoustic Propagation*, ed. J. Potter and A. Warn-Varnas, pp. 119-34. Dordrecht: Kluwer. [130, 131, 332, 333, 350, 351, 368]

Worcester, P. R, B. D. Dushaw, and B. M. Howe (1990). Gyre-scale current measurements using reciprocal acoustic transmissions. In *Proceedings of the IEEE Fourth Working Conference on Current Measurement* (3-5 Apr. 1990, Clinton, MD), pp. 65-70. New York: IEEE. [350, 368]

Worcester, P. F, J. F. Lynch, W. M. L. Morawitz, R. Pawlowicz, P. J. Sutton, B. D. Cornuelle, O. M. Johannessen, W. H. Munk, W. B. Owens, R. Shuchman, and R. C. Spindel (1993). Evolution of the large-scale temperature field in the Greenland Sea during 1988-1989 from tomographic measurements. *Geophys. Res. Lett.*, *20*, 2211-14. [78, 101, 216, 347, 368]

Worcester, P. F, and B. Ma (in press). Ocean acoustic propagation atlas. Scripps Institution of Oceanography

Reference Series. [382]

Worcester, P. F, D. A. Peckham, K. R. Hardy, and F. O. Dormer (1985*a*). AVATAR: second generation transceiver electronics for ocean acoustic tomography. In *Oceans' 85: Ocean Engineering and the Environment* (12-14 Nov. 1985, San Diego, CA), pp. 654-62. New York: IEEE. [208, 209, 368, 373]

Worcester, P. F, R. Spindel, and B. Howe (1985*b*). Reciprocal acoustic transmissions: instrumentation for mesoscale monitoring of ocean currents. *IEEE J. Ocean. Eng.*, *OE-10*, 123-37. [11, 130, 202, 203, 208, 210, 212, 217, 367, 371]

Worcester, P. F, G. O. Williams, and S. M. Flatté (1981). Fluctuations of resolved acoustic multipaths at short range in the ocean. *J. Acoust Soc. Am.*, *70*, 825-40. [129]

Wunsch, C. (1975). Internal tides in the ocean. *Rev. Geophys. Space Phys.*, *13*, 167-82. [131, 352]

Wunsch, C. (1978). The North Atlantic general circulation west of 50 W determined by inverse methods. *Rev. Geophys. Space Phys.*, *16*, 583-620. [249]

Wunsch, C. (1984). An eclectic Atlantic Ocean circulation model. Part I: The meridional flux of heat. *J. Phys. Oceanogn*, *14*, 1712-33. [276]

Wunsch, C. (1987). Acoustic tomography by Hamiltonian methods including the adiabatic approximation. *Rev. Geophys.* 25, 41-53. [44, 56, 137]

Wunsch, C. (1988). Transient tracers as a problem in control theory. *J. Geophys. Res.*, *93*, 8099-110. [318, 319]

Wunsch, C. (1989). Comments on oceanographic instrumentation development. *J. Oceanogr. Soc*, *2*, 26-7, 64. [346]

Wunsch, C. (in press). *The Ocean Circulation Inverse Problem.* Cambridge University Press. [249, 301, 319, 356]

Wunsch, C, and J.-F. Minster (1982). Methods for box models and ocean circulation tracers: mathematical programming and non-linear inverse theory. *J. Geophys. Res.*, *87*, 5647-62. [276]

译者补记:关于反问题的若干说明[①]

为了帮助读者更好地阅读《海洋声学层析》一书,我们增写了关于反问题的一个附录,以使读者能更好地理解反问题的各种特性。

众所周知,在地球物理、力学、医学、工程技术、大气海洋科学(变分同化、卫星资料反演、雷达资料反演、GPS 资料同化、雷达资料反演大气波导及海洋声学中层析技术)等与国民经济和社会发展密切相关的问题,在近几十年中得到飞速发展,其核心技术是与反问题(或称逆问题)、反演相关联。

1999 年第 113 次香山会议主题《逆问题研究关联科学创新》文章指出(科学时报,第 1494 期,1999 年 3 月 29 日):

"而重大理论的诞生,重大科学发展往往是从探讨、解决逆问题时得出的,具有重大科学创新意义。"

"用简单而便宜的设备,辅以先进的数学方法,可以获得与昂贵设备相媲美的结果,因此开展逆问题的研究,对我们这样一个发展中国家具有特殊的意义。"

由于反问题属于不适定问题,对于这类不适定问题由于数学理论的缺乏以及当时计算机的能力有限,该问题无法进一步被人们研究。直到 20 世纪 60 年代,随着 Tikhonov 正则化方法提出,才找到一条切实可行的解决反问题的方法。随着反问题的一般数学理论的日益完善与发展并在各个领域内得到广泛的应用,到目前为止,它已成为数学研究中一个新的领域。

反问题研究意味着科学创新,"创新是一个民族的灵魂",所以我们应该重视对反问题的研究,特别对大气海洋科学中反问题进行研究。

译者补记包含以下几方面内容。

1. 反问题及反问题若干说明

1.1 正问题、反问题与反演

1.2 反问题的若干说明

2. 解代数方程组及正则化方法引进

2.1 线性代数方程组回顾

---

① 译者补记为译者原创整理。

2.2 广义解的引进

2.3 A^+ 是什么样矩阵？x^+ 的表达式是什么？

2.4 误差分析

2.5 解代数方程组正则化由来

2.6 Tikhonov 正则化实现

3. Tikhonov 正则化

3.1 带有偏差和带有背景场的广义解引进

3.2 带有偏差的极小模解构造

3.3 Tikhonov 正则化解收敛性及收敛阶结果介绍

3.4 正则化参数的选择原则

参考文献

1　反问题及反问题若干说明

1.1　正问题、反问题与反演

对于一个系统而言,通常有三部分组成:输入信号 x(因),模型 K(关系)及输出信号 g(果),于是 x、K 和 g 之间的关系如图 1.1 所示,其数学形式为

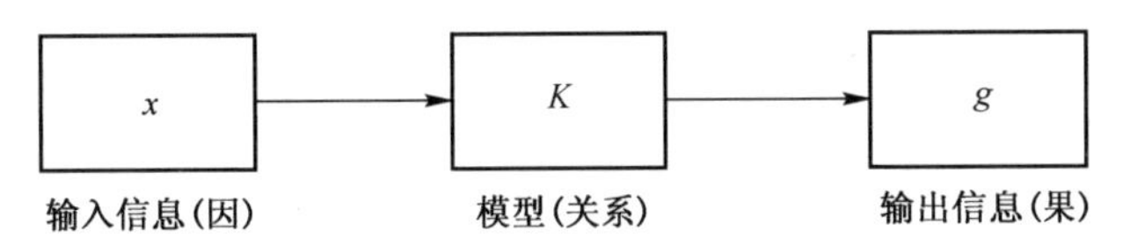

图 1.1　输入信息、模型和输出信息的关系

$$Kx = g, K: \boldsymbol{H}_1 \to \boldsymbol{H}_2 \tag{1.1}$$

式中:$\boldsymbol{H}_i(i = 1,2)$ 为具有某种度量的空间,通常取为 Hilbert 空间。

所谓正问题(direct problem)是指由因求果。而所谓反问题(inverse problem)往往由果求因。求解反问题被称为反演(inversion)。

可以从不同角度对反问题进行分类,总体来说分为两大类:

第一类:辨识问题(identification problem)。若 g 和 K 确定,求因 x,称为源的辨识;若 x 和 g 确定,求 K,称为系统的辨识。

第二类:若信号不是实测的,而是人们希望的,称为设计问题(design problem);若 K 与 x 中某些部分可以由人们控制变化,称为控制问题。

辨识、设计、控制问题都属于反问题范畴。

反问题有两个显著特征。

(1) 不适定性(ill-posedness)。解反问题往往是不适定的,即解不一定存在,即使解存在,亦不一定唯一。在解存在和唯一情况下,解不稳定(解不连续依赖于初始资料),所以经典解的定义往往不再适用,故解的概念必须延拓,在超定情况下,滤去噪声;在欠定情况下,补充解的必要信息。特别由于解不稳定,而观测资料总有一定误差,所以设计最优的稳定近似解,设计合理计算格式就显然十分重要。对不适定问题,以往人们认为没有深入研究的必要,自 Picard[1] 对

K 为紧算子(K 为线性算子,并且把 $\boldsymbol{H}_1$ 中有界集映成 $\boldsymbol{H}_2$ 中相对紧集,即闭包是紧的)给出式(1.1)可解的充分必要条件以来,人们一直没有找到真正可应用的方法。直至 20 世纪 60 年代,苏联科学院院士 Tikhonov 等人[2] 提出了著名的 Tikhonov 正则化方法,才使问题找到一个较好解决途径。

(2) 非线性性。反问题另一个显著特征就是非线性性,若正问题是线性,其反问题往往是非线性。

由于反问题的以上两个特征,使得求解反问题变得十分困难。

1.2　反问题的若干说明

说明 1　反问题往往是不适定的。

1923 年,Hadamard[3] 提出适定性的概念(well-posed or properly posed)。所谓问题式(1.1)的适定指系统满足三个条件:

(1) 存在性(existence):即 $\forall g \in \boldsymbol{H}_2$, 至少存在一个 $x \in \boldsymbol{H}_1$, 使得 $Kx = g$;

(2) 唯一性(uniqueness): $\forall g \in \boldsymbol{H}_2$, 最多存在一个 $x \in \boldsymbol{H}_1$, 使得 $Kx = g$;

(3) 稳定性(stability): $Kx_n = g_n, g_n \to 0(n \to \infty)$, 可得 $x_n \to 0(n \to +\infty)$ 。

违反(1)~(3)中任何一条,称为问题不适定(ill-posed)。

在以往研究中,如果问题不适定,我们对此问题不加以研究。在实际问题中,解往往存在,问题变为不适定,其原因是:模式归结不正确;初边值问题提法不合理;观测数据不够(或不完善);观测数据有误差等。但问题不适定,并不意味着问题没有意义!因为实际问题中解总是存在的,所以寻找最合乎物理规律、又有实际意义的稳定近似解,是摆在我们面前的严峻的任务。

1.2.1　线性代数方程组的不适定

线性代数方程组:

$$\boldsymbol{Ax} = \boldsymbol{b} \ (\boldsymbol{A}_{m\times n}, \boldsymbol{x} \in \boldsymbol{R}^n, \boldsymbol{b} \in \boldsymbol{R}^m) \tag{1.2}$$

其齐次伴随方程组为

$$\boldsymbol{A}^{\mathrm{T}}\boldsymbol{y} = 0 \tag{1.3}$$

则由线性代数方程组基本理论可知,式(1.2)问题可解充要条件为

$$\boldsymbol{b} \perp \boldsymbol{y}(\text{或}(\boldsymbol{b},\boldsymbol{y}) = 0,\text{或}\ \boldsymbol{b} \perp N(\boldsymbol{A}^{\mathrm{T}}),\text{或}\ \boldsymbol{b} \in \boldsymbol{N}(\boldsymbol{A}^{\mathrm{T}})^{\perp})$$

式中: $\boldsymbol{N}(\boldsymbol{A}^{\mathrm{T}})$ 为 $\boldsymbol{A}^{\mathrm{T}}$ 的零空间; $\boldsymbol{N}(\boldsymbol{A}^{\mathrm{T}})^{\perp}$ 为的 $\boldsymbol{N}(\boldsymbol{A}^{\mathrm{T}})$ 直交空间; $\boldsymbol{N}(\boldsymbol{A}^{\mathrm{T}}) = \{\boldsymbol{y} | \boldsymbol{A}^{\mathrm{T}}\boldsymbol{y} = 0\}$ 。

一般来说,当 m,n 巨大时, $\boldsymbol{b} \in \boldsymbol{N}(\boldsymbol{A}^{\mathrm{T}})^{\perp}$ 无法验证,故无法可知解是存在

的;即使 $\boldsymbol{b} \in \boldsymbol{N}(\boldsymbol{A}^{\mathrm{T}})^{\perp}$,亦无法说明解的唯一性;若问题解存在唯一,且设 $\boldsymbol{b}_n \to \boldsymbol{b}$,但未必 $\boldsymbol{x}_n \to \boldsymbol{x}$,所以式(1.2)是典型不适定问题。

1.2.2 积分方程的不适定

我们考虑第一类 Fredholm 型积分方程:

$$Kx \equiv \int_a^b k(t,\tau)x(\tau)\mathrm{d}\tau = g(t),t \in [a,b] \tag{1.4}$$

设核函数 $k(t,\tau)$ 是二元连续函数,其伴随方程为

$$K^* g \equiv \int_a^b k(\tau,t)g(\tau)\mathrm{d}\tau = 0 \tag{1.5}$$

式中 K^* 为 K 伴随的伴随算子,满足 $(Kx,g) = (x,K^* g)$。

由 Picard 定理知[1],式(1.4)可解的充要条件为

① $g \in \boldsymbol{N}(K^*)^{\perp}$;

② $\sum\limits_{n=1}^{\infty} \dfrac{1}{\sigma_n^2} |\langle g,u_n\rangle|^2 < +\infty$ 。

条件中 $\{\sigma_n,u_n,v_n\}$ 为 K 的 SVD,满足:

$$Kv_n = \sigma_n u_n,K^* u_n = \sigma_n v_n,n = 1,2,\cdots \tag{1.6}$$

Picard 解决了第一类 Fredholm 型方程可解的充要条件,但条件 1)和 2)实际上是很难验证的,故问题可解否自然无从可知。

例 1.1 解的不存在性

$$Kx \equiv \int_{-\pi}^{\pi} \sin(t + \tau) \cdot x(\tau)\mathrm{d}\tau = \mathrm{e}^{2t} \ (\text{记为 } g(t))$$

此问题的解不存在。原因是若问题的解是存在的,把解代入方程,则

$$\sin t\int_{-\pi}^{\pi} \cos\tau \cdot x(\tau)\mathrm{d}\tau + \cos t\int_{-\pi}^{\pi} \sin\tau \cdot x(\tau)\mathrm{d}\tau = c_1\sin t + c_2\cos t \equiv e^{2t}$$

这是完全不可能的。分析其原因 $\mathrm{e}^{2t} \overline{\in} R(K) = \{g \mid Kx = g,x \in H_1\}$,其中 $R(K)$ 称为 K 的值域。

例 1.2 解不唯一:

$$Kx \equiv \int_{-\pi}^{\pi} \sin(t + \tau) \cdot x(\tau)\mathrm{d}\tau = 3\sin t + 2\cos t$$

先求特解,设 $x_0(t) = c_1\cos t + c_2\sin t$,把 x_0 代入上式,可得 $c_1 = \dfrac{3}{\pi},c_2 = \dfrac{2}{\pi}$,故

全部解为

$$x(t)=\left(\frac{2}{\pi}\sin t+\frac{3}{\pi}\cos t\right)+a_0+\sum_{n=2}^{\infty}(a_n\cos nt+b_n\sin nt)$$

其中 $a_i,b_j(i=0,2,3,\cdots,j=2,3,\cdots)$ 为任意常数,分析其原因为

$$\boldsymbol{N}(K)=\{x\mid Kx=0\}\neq\{0\}$$

例 1.3 解不稳定:

$$Kx\equiv\int_0^t x(\tau)\mathrm{d}\tau=g(t),\ 0\leqslant t\leqslant 1\ ,(\text{或 } x(t)=\frac{\mathrm{d}g(t)}{\mathrm{d}t})$$

这是典型第一类 Volterra 型积分方程。若 g^δ 为 g 的近似, $g^\delta=g+\delta\sin\frac{t}{\delta^2}$,

则 $\|g^\delta-g\|\leqslant\delta$ (δ 充分小),而且 $x^\delta=x+\frac{1}{\delta}\cos\frac{t}{\delta^2}$, 此时

$$\|x^\delta-x\|=\frac{1}{\delta}\rightarrow(+\infty)(\delta\rightarrow+\infty)$$

式中

$$\|f\|=\max_{0\leqslant t\leqslant 1}|f(t)|$$

分析其原因, K^{-1} 是无界算子。

例 1.3 说明:有误差的观测数据 g^δ 求微分问题是不适定的。

1.2.3 偏微分方程问题的不适定

例 1.4 热传导方程逆源问题:

$$\begin{cases}\dfrac{\partial u}{\partial t}=\dfrac{\partial^2 u}{\partial x^2}, & u|_{x=0}=u|_{x=\pi}=0\\ u|_{t=T}=f(x), & \end{cases}\tag{1.7}$$

求 $u|_{t=0}$ 的值。这是热传导方程逆源问题,可以用变量分离法来求解,显然式(1.7)的解为

$$u(t,x)=\sum_{n=1}^{\infty}b_n\mathrm{e}^{n^2(T-t)}\sin nx,b_n=\frac{2}{\pi}\int_0^{\pi}f(y)\sin ny\mathrm{d}y$$

记 $\|f\|_{L^2}^2=\frac{\pi}{2}\sum_1^{\infty}b_n^2$, 于是求 $u(0,x)$ 的逆源问题中,不存在常数 M ,使

$$\|u(0,x)\|_{L^2}\leqslant M\|f\|_{L^2}$$

从而 $u(0,x)$ 不连续依赖于 f ,于是问题失去了稳定性。

分析原因,求逆源问题实际上是熵减少问题,亦是说热传导问题是不可逆问

题，所以在数值天气预报中，由即时的气象要素，确定过去某时刻的气象要素是不适定问题。

说明 2　正问题是线性，求解反问题往往是高度非线性问题。

例 1.5　考虑一阶线性常微分方程：

$$\frac{\mathrm{d}x}{\mathrm{d}t} = ax + Q(t), x|_{t=0} = x_0$$

式中：a 为常数。

正问题：当 $a, Q(t), x_0$ 给定时，正问题是线性的，此时问题存在唯一解，即

$$x(t) = \mathrm{e}^{at}\left(x_0 + \int_0^t Q(\tau)\mathrm{e}^{-a\tau}\mathrm{d}\tau\right)$$

反问题：若 $Q(t), x_0$ 给定，附加条件 $x|_{t=T} = x_T$，求参数 a，则

$$x_T = \mathrm{e}^{aT}\left(x_0 + \int_0^T Q(t)\mathrm{e}^{-at}\mathrm{d}t\right) \equiv K(a)$$

于是求 a 转化为非线性问题，即

$$K(a) = x_T$$

一般来说，参数反演是高度非线性问题。

例 1.6　热传导方程的 Cauchy 问题：

$$\begin{cases} \dfrac{\partial u}{\partial t} = a^2 \dfrac{\partial^2 u}{\partial x^2} \\ u|_{t=0} = \varphi(x) \end{cases}$$

正问题：若 a，φ 给定，求解 $u(t,x)$，则

$$u(t,x) = \frac{1}{2a\sqrt{\pi t}}\int_{-\infty}^{\infty} \varphi(\xi)\mathrm{e}^{-\frac{(x-\xi)^2}{4a^2 t}}\mathrm{d}\xi$$

反问题：热传导方程的逆源问题，若 a，$u|_{t=\mathrm{T}} = \psi(x)$ 给定，求 $u|_{t=0} = \varphi(x)$。

于是问题转化为

$$\frac{1}{2a\sqrt{\pi T}}\int_{-\infty}^{\infty} \varphi(\xi)\mathrm{e}^{-\frac{(x-\xi)^2}{4a^2 T}}\mathrm{d}\xi = \psi(x)$$

这是线性第一类 Fredholm 卷积型积分方程，即

$$K\varphi = k * \varphi = g$$

其中

$$k(x) = \mathrm{e}^{-\frac{x^2}{4a^2 T}}, g = 2a\sqrt{\pi T}\psi(x)$$

这类问题（卷积型）是不适定的，但并非是非线性的。

例 1.7 求热传导方程的系数问题[4]：

$$\frac{\partial u}{\partial t}=k\frac{\partial^2 u}{\partial x^2},(t,x)\in(0,T)\times(0,1),u|_{t=0}=0,u|_{x=0}=f(t),u|_{x=1}=0 \tag{1.8}$$

假设如下：

(1) $f(t)$ 满足相容条件 $f(0)=0$，$f(t)$ 连续可微 $(0\leqslant t\leqslant T)$；

(2) $f(t)\neq 0, 0\leqslant t\leqslant t_0$，且 $f'(t)\geqslant 0$。

附加条件为

$$-\rho ck\frac{\partial u}{\partial x}\Big|_{x=0,t=t_0>0}=h(h>0\text{ 的常值}) \tag{1.9}$$

求系数常数 k。

步骤 1 式(1.8)的解可以表示为

$$u(t,x)=-k\int_0^t\frac{\partial M(k(t-\tau),x)}{\partial x}f(\tau)\mathrm{d}\tau \tag{1.10}$$

其中

$$M(t,x)=\frac{1}{\sqrt{\pi t}}\sum_{-\infty}^{\infty}\mathrm{e}^{-\frac{(x+2n)^2}{4t}},(t>0) \tag{1.11}$$

显然 $M(t,x)$ 满足

1) $\dfrac{\partial M(k(t-\tau),x)}{\partial\tau}=-k\dfrac{\partial^2 M(k(t-\tau),x-\xi)}{\partial x^2},x\neq\xi,t\neq\tau$；

2) $\lim\limits_{\tau\to t}M(k(t-\tau),\ x-\xi)=0,\quad x\neq\xi,x,\xi\in[0,1]$。

步骤 2 求 $\dfrac{\partial u}{\partial x}$：

$$\frac{\partial u}{\partial x}(t,x)=-k\int_0^t\frac{\partial^2 M(k(t-\tau),x)}{\partial x^2}f(\tau)\mathrm{d}\tau\overset{\text{由1)}}{=}\int_0^t\frac{\partial M(k(t-\tau),x)}{\partial\tau}f(\tau)\mathrm{d}\tau\overset{\text{分部积分}}{=}$$

$$M(k(t-\tau),x)f(\tau)\Big|_{\tau=0}^{\tau=t}-\int_0^t M(k(t-\tau),x)f'(\tau)\mathrm{d}\tau=-\int_0^t M(k(t-\tau),x)f'(\tau)\mathrm{d}\tau$$

于是

$$\frac{\partial u}{\partial x}(t,0)=\lim_{x\to 0}\frac{\partial u}{\partial x}=-\int_0^t M(k(t-\tau),0)f'(\tau)\mathrm{d}\tau\triangleq -G(t,k)$$

利用式(1.9)可知，k 满足

$$F(k) \triangleq \rho ckG(t_0,k) = h \tag{1.12}$$

式(1.12)关于 k 是高度非线性代数方程。

步骤 3 存在唯一正解[4]。

可以证明 $F(k)$ 是连续可微,而且 $F'(k) > 0, \lim\limits_{k\to 0}F(k) = 0, \lim\limits_{k\to\infty}F(k) = \infty$,对任意 $h(h > 0)$ 存在唯一 k , $F(k) = h$ 。

说明 3 求解反问题,通常数值方法求解会导致失败。

例 1.8 求解第一类 Fredholm 型的积分方程:

$$Kx \equiv \int_0^1 \mathrm{e}^{ts}x(s)\,\mathrm{d}s = \frac{\mathrm{e}^{t+1} - 1}{t + 1}(\triangleq g(t)) \tag{1.13}$$

步骤 1 首先说明式(1.13)的解是存在唯一的。

其存在性是显然的,因为 $x(t) = \mathrm{e}^t$ 为式(1.13)的一个解。下面来说明唯一性,只需证明

$$\int_0^1 \mathrm{e}^{ts}x(s)\,\mathrm{d}s = 0 \tag{1.14}$$

只有零解,把式(1.14)进行泰勒展开。

$$\sum_{n=0}^{\infty}\left(\int_0^1 s^n x(s)\,\mathrm{d}s\right)\frac{t^n}{n!} = 0 \to \int_0^1 s^n x(s)\,\mathrm{d}s = 0(\forall n) \to (t^n, x(t))_{L^2(0,1)} = 0, \forall n$$

利用 $1,t,t^2,\cdots$ 是 $L^2(0,1)$ 中一组完备基,故 $x(t)=0$,由此可见式(1.13)的解存在且唯一。

步骤 2 式(1.13)的数值计算。

首先把积分离散,取步长 $h = \dfrac{1}{n}$,记 $t_i = ih$,采用梯形计算积分,可得

$$h\left[\frac{1}{2}x_0 + \frac{1}{2}\mathrm{e}^{kh}x_n + \sum_{j=1}^{n-1}\mathrm{e}^{jkh}x_j\right] = g_k \quad k = 0,1,\cdots,n$$

式中: $x_j = x(jh)$; $g_k = g(kh)$ 。数值解与真实解的误差见表 1.1。

表 1.1 数值解与真实解的误差[1]

t	$n = 4$	$n = 8$	$n = 16$	$n = 32$
0	0.44	−3.08	1.08	−3.21
1/4	−0.67	−38.16	−25.17	50.91
1/2	0.95	−75.44	31.24	−116.45
3/4	−1.02	−22.15	20.03	103.45
1	1.09	−0.16	−4.23	−126.87

从上面例子可见，h 越小，即网格越密，误差越大，所以用通常数值方法计算反问题造成的误差是不可想象的。其原因为：网格越细，所得线性代数方程组矩阵的条件数越大，解就越不稳定。除了上面网格影响以外，若用迭代法求解反问题，并非迭代次数越多，越逼近真解，于是在反问题中提出迭代中止步数的问题。

Phillips 曾给出例子，说明对于反问题，利用通常数值方法求解，分点越密，解会出现高频振荡现象。

例 1.9 Phillips 的例子[5]：

$$Kx \triangleq \int_{-6}^{6} k(t-\tau)x(\tau)\mathrm{d}\tau = g(t), |t| \leqslant 6 \tag{1.15}$$

其中

$$k(t) = 1 + \cos\frac{\pi t}{3}, g(t) = (6+t)\left(1 - \frac{1}{2}\cos\frac{\pi t}{3}\right) - \frac{9}{2\pi}\sin\frac{\pi t}{3}$$

为已知函数，求 $x(t)$。

这个积分方程的精确解如图 1.2 中的实粗线，用数值方法求解积分方程的近似解，取 13 个离散点，所得的近似解如图 1.2 中的锯齿线，显然它的误差是不能接受的。如把分点加密，以提高数值积分的精度，期望得到较好的近似解，但事实相反，节点增加一倍，计算结果如图 1.3 所示，它不但没有改善反而比原来更糟。美国物理学家 D. L. Phillips 以上面例子说明："解不连续依赖于初始数据"

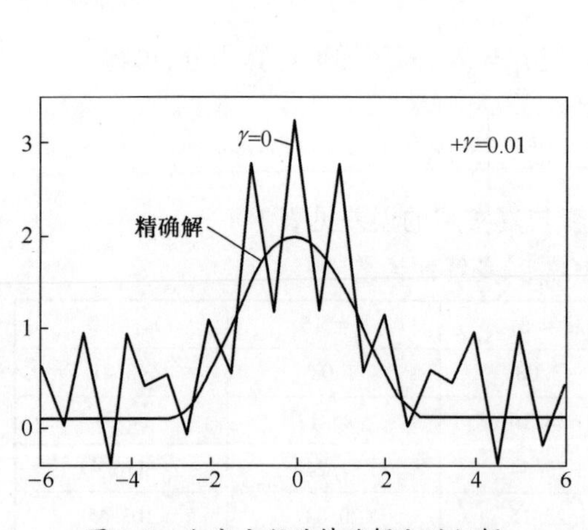

图 1.2　积分方程的精确解和近似解

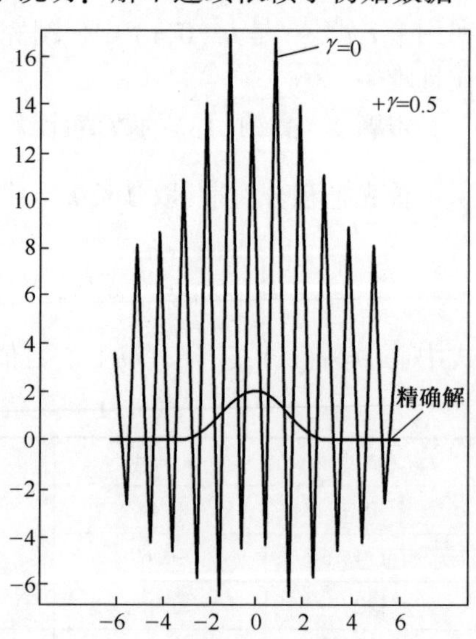

图 1.3　节点增加一倍的程分方程的精确解和近似解

会给计算带来“灾难”。图 1.2 和图 1.3 中 γ 为 Tikhonov 正则化参数，并通过 Tikhonov 正则化后得到的解，Tikhonov 正则化解消除解的高频振荡现象。

说明 4　解反问题的附加条件(观测数据)如何给?

解反问题时观测数据如何给这是十分关键的问题，像例 1.7 中，为求热传导系数，观测资料给出：

$$-\rho ck\frac{\partial u}{\partial x}\Big|_{x=0,t=t_0>0}=h$$

此时保证 k 是存在唯一。若观测数据太多，会使问题超定；观测数据给在什么地方，都会直接影响到反问题求解。

例 1.10　考虑双曲型方程的 Cauchy 问题：

$$\begin{cases}L_q u\equiv\dfrac{\partial^2 u}{\partial t^2}-\dfrac{\partial^2 u}{\partial x^2}+q(x)u=0\\ u\big|_{t=0}=0,u_t\big|_{t=0}=\delta(x)\end{cases}\tag{1.16}$$

式中：$\delta(x)$ 为 Dirac 函数。

我们目的是求 $q(x)$，必须附加信息，这是一个复杂问题，与物理信息及测量手段有密切关系，而且与方程结构有关。

第一种情形：附加信息(观测资料)如下

$$u\big|_{x=0}=f_1(t),u_x\big|_{x=0}=f_2(t)$$

可以证明：在一定条件下，存在唯一局部解 $q(x)$，$x\in(-\delta,\delta)$。

第二种情形：附加信息(观测资料)如下

$$u\big|_{x=x_0}=f_1(t),u_x\big|_{x=x_0}=f_2(t),x_0>0$$

可以证明：当 $x\geqslant x_0$ 时，存在唯一局部解；当 $x<x_0$ 时解不能唯一确定。

有关这方面证明及更进一步内容可参阅文献[6]。

说明 5　反问题中如何体现解的概念。

对于第一类算子方程式(1.1)，设 K 是 $\boldsymbol{H}_1\to\boldsymbol{H}_2$ 中线性有界算子。

(1) 问题分析

g 有两种可能：$g\in\boldsymbol{R}(K)$ 及 $g\,\overline{\in}\,\boldsymbol{R}(K)$。

当 $g\in\boldsymbol{R}(K)$，可以推出解是存在的，但不能保证解唯一。若解是唯一的，则解可以表示为

$$x\equiv K^{-1}g$$

但 g 由测量得到，在实际问题中式(1.1)呈以下形式：

$$Kx=g^\delta,\ \|g^\delta-g\|\leqslant\delta=1\tag{1.17}$$

若 $g^\delta\in\boldsymbol{R}(K)$，则 $x_\delta\equiv K^{-1}g^\delta$，可以问：

$$\| x_\delta - x \| = \| K^{-1}(g^\delta - g) \| \to 0?, \delta \to 0$$

很遗憾,由于 K^{-1} 的无界性,故 x_δ 不能当作式(1.1)的稳定近似解。

若 $g^\delta \overline{\in} \boldsymbol{R}(K)$ 或者不可知,故无法判定式(1.1)是否有解!

当 $g \overline{\in} \boldsymbol{R}(K)$ 或 $g \in \boldsymbol{R}(K)$ 不可知,问题变得更复杂。

我们任务是:如何来定义式(1.1)的"解",于是必须引入"广义解"的概念(generalized solution 或 Solution-like)。

(2) 广义解的引进

式(1.1)的广义解必须满足以下两个条件:

1) 广义解必须存在唯一;

2) 若原问题有解,则这个广义解就是解。

这样的广义解记为 $x^+ \equiv K^+ g$。

下面分析式(1.1),什么样的解才能是广义解?

步骤 1 计算最小二乘解。

$$\| Ku - g \| = \inf_{x \in \boldsymbol{H}_1} \| Kx - g \| \tag{1.18}$$

可以证明式(1.18)的解是存在的,疑问在于解是否具有唯一性,因为 $Kx = 0$ 有非零解,故最小二乘解不能担当广义解的重任。

记

$$\varkappa = \{ x \mid \| Kx - g \| = \min! \}$$

为式(1.1)最小二乘解集合。

步骤 2 设 x_b 为背景场,在最小二乘解集合 $\varkappa$ 中选一代表元 x^+,满足

$$\| x^+ - x_b \| = \inf_{x \in \varkappa} \| x - x_b \| \tag{1.19}$$

可以证明,在某些条件下,x^+ 是唯一,记

$$x^+ = K^+ g$$

式中:K^+ 为 K 的 Moore-Penrose 广义逆。

另一方面,若 $Kx = g$ 有解,则必有 $Kx^+ = g$,故 x^+ 必为解,从而解决了 $Kx = g$ 的广义解问题。广义解满足

$$\begin{aligned} \| Ku - g \| &= \inf_{x \in \boldsymbol{H}_1} \| Kx - g \| \\ \| x^+ \| &= \inf_{u \in \varkappa} \| u \| \end{aligned} \tag{1.20}$$

(3) 新的困难

对于式(1.1)定义了广义解 $x^+ = K^+ g$。似乎问题已经解决,但实际问题中 g^δ 往往由测量得到,存在一定的误差,即 $\| g^\delta - g \| \leqslant \delta$,此时广义解为 $x_\delta^+ = K^+ g^\delta$,我们问 $\| x_\delta^+ - x^+ \| \to 0?$,也就是说 x_δ^+ 是否能担当起稳定近似解的重任?很遗

憾,一般来说 $K^+ g^\delta \nrightarrow K^+ g(\delta \to 0)$ 。原因在于 K^+ 不是有界算子,而是无界算子,于是求解反问题变得任重而道远。真可谓“路漫漫其修远兮,吾将上下而求索”。直到 20 世纪 60 年代,Tikhonov 等提出了正则化方法,才找到了一种求解反问题的有效办法[2]。

2　解代数方程组及正则化方法引进

本节从解线性代数方程组着手,着重解决

$$\boldsymbol{Ax}=\boldsymbol{b} \tag{2.1}$$

并且有以下几个问题:

(1) 矛盾方程组如何克服矛盾性?

(2) 多解方程组如何走向唯一?从而建立式(2.1)的广义解概念;

(3) 如何解决方程组不稳定问题?从而引出了 Tikhonov 正则化思想;

(4) 求解式(2.1),如何在计算机上实现?

这些问题的解决,为一般反问题解决指出了一条切实可行的办法。

在式(2.1)中,为了方便,引入一些记号:

$$\boldsymbol{x}=(x_1,x_2,\cdots,x_n)^{\mathrm{T}},(\boldsymbol{x},\widetilde{\boldsymbol{x}})_{\boldsymbol{R}^n}=\sum_{1}^{n}x_i\cdot\widetilde{x_i},\ \|\boldsymbol{x}\|_{\boldsymbol{R}^n}=(\sum_{1}^{n}x_i{}^2)^{1/2}$$

$$\boldsymbol{y}=<y_1,y_2,\cdots,y_m>^{\mathrm{T}},\ <\boldsymbol{y},\widetilde{\boldsymbol{y}}>_{\boldsymbol{R}^m}=\sum_{1}^{m}y_i\cdot\widetilde{y_i},\ \|\boldsymbol{y}\|_{\boldsymbol{R}^m}=(\sum_{1}^{m}y_i{}^2)^{1/2}$$

$$\boldsymbol{A}_{m\times n}=(a_{ij})_{m\times n}$$

记 $\boldsymbol{N}(\boldsymbol{A})=\{\boldsymbol{x}\,|\,\boldsymbol{Ax}=0\}$ 为 $\boldsymbol{A}$ 的零空间;$\boldsymbol{N}(\boldsymbol{A}^{\mathrm{T}})=\{\boldsymbol{y}\,|\,\boldsymbol{A}^{\mathrm{T}}\boldsymbol{y}=0\}$ 为 $\boldsymbol{A}^{\mathrm{T}}$ 的零空间,则

$$\boldsymbol{R}^n=\boldsymbol{N}(\boldsymbol{A})\oplus\boldsymbol{N}(\boldsymbol{A})^{\perp}$$

$$\boldsymbol{R}^m=\boldsymbol{N}(\boldsymbol{A}^{\mathrm{T}})\oplus\boldsymbol{N}(\boldsymbol{A}^{\mathrm{T}})^{\perp}$$

式中 $\oplus$ 为直和;$\boldsymbol{N}(\boldsymbol{A})^{\perp}$ 为 $\boldsymbol{N}(\boldsymbol{A})$ 的直交空间。

记 $\dim\boldsymbol{N}(\boldsymbol{A})$ 表示 $\boldsymbol{N}(\boldsymbol{A})$ 的维数,即 $\boldsymbol{Ax}=0$ 的极大线性无关解个数。

2.1　线性代数方程组回顾

对于式(2.1)的伴随方程记为

$$\boldsymbol{A}^{\mathrm{T}}\boldsymbol{y}=0 \tag{2.2}$$

显然有以下结果:

(1) $\boldsymbol{Ax}=\boldsymbol{b}$ 可解充要条件:$\mathrm{rank}(\boldsymbol{A}\,|\,\boldsymbol{b})=\mathrm{rank}(\boldsymbol{A})$,或者 $\boldsymbol{b}\perp\boldsymbol{y}$,也可表示为

$b \in N(A^{T})^{\perp}$；

(2) $\dim N(A) = \dim N(A^{T})$；

(3) 若 $\dim N(A) = 0$,则对 $\forall b \in R^{m}$，$Ax = b$ 存在唯一解。

下面来分析两个例子。

例 2.1 考虑以下代数方程组：

$$\begin{cases} x_1 + x_2 = 2 \\ x_3 = 3 \\ -x_3 = 1 \end{cases} \quad \text{或} \quad \begin{bmatrix} 1 & 1 & 0 \\ 0 & 0 & 1 \\ 0 & 0 & -1 \end{bmatrix} \begin{bmatrix} x_1 \\ x_2 \\ x_3 \end{bmatrix} = \begin{bmatrix} 2 \\ 3 \\ 1 \end{bmatrix} \tag{2.3}$$

式(2.3)有两个显著特点：

特点 1 式(2.3)是矛盾方程组。

$x_3 = 3$，$x_3 = -1$ 是矛盾的，是否可以折衷一下 $x_3 = \dfrac{3-1}{2} = 1$。此种折中的数学依据是什么？

特点 2 式(2.3)是多解的。$x_1 + x_2 = 2$ 是否可以折衷一下 $x_1 = x_2 = 1$，此种折衷数学依据又是什么？

如何对矛盾及多解方程组寻找切合实际问题的“解”，这是问题解决的关键。特别当 m 和 n 特别巨大时，根本不知道方程组是否矛盾？是否唯一？那么什么叫方程组的“解”，也是摆在我们面前的任务。

例 2.2 设式(2.3)中 A 是正定对称矩阵，不妨设：

$$A = \operatorname{diag}(\lambda_1, \lambda_2, \cdots, \lambda_n)\ ,(\ \lambda_1 \geqslant \lambda_2 \geqslant \cdots \geqslant \lambda_n > 0\ ;\ \lambda_n \approx 0$$

则其解 $x = A^{-1}b$。

实际上 b 是测量结果，不妨设 $b^{\delta} = b + [0, 0, \cdots, \sqrt{\lambda_n}]^{T}$，$\| b^{\delta} - b \| = \sqrt{\lambda_n} \approx 0$，则

$$\| x_{\delta} - A^{-1} b^{\delta} \| = \frac{1}{\sqrt{\lambda_n}} + \infty\ (n \to +\infty)$$

从而 x_{δ} 的解失去稳定性。

不稳定是由于矩阵 A 的条件数 $C(A) = \dfrac{\lambda_{\max}}{\lambda_{\min}} = \dfrac{\lambda_1}{\lambda_n}$ 特别巨大，，于是如何求式(2.1)的解亦是十分严峻的问题。

我们的任务是：对式(2.1)如何建立“广义解”的概念来克服式(2.1)的矛盾性与多解性；如何解决式(2.1)计算不稳定问题，导致正则化方法的产生。

2.2 广义解的引进

首先给出 $Ax = b$ 的广义解 x^{+} 的定义：

(1) 广义解 $\boldsymbol{x}^+$ 必须存在且唯一;

(2) 如果 $\boldsymbol{Ax}=\boldsymbol{b}$ 有解,则广义解 $\boldsymbol{x}^+$ 就是其中一个解。

问题:什么样的 $\boldsymbol{x}$ 才能担当 $\boldsymbol{Ax}=\boldsymbol{b}$ 的广义解重任?

首先想到的是最小二乘解。

2.2.1 最小二乘解

$$J=\|\boldsymbol{Ax}-\boldsymbol{b}\|^2=<\boldsymbol{Ax}-\boldsymbol{b},\boldsymbol{Ax}-\boldsymbol{b}>=\min! \tag{2.4}$$

则

$$\delta J=2\langle \boldsymbol{Ax}-\boldsymbol{b},\boldsymbol{A}\delta\boldsymbol{x}\rangle=(\boldsymbol{A}^{\mathrm{T}}(\boldsymbol{Ax}-\boldsymbol{b}),\delta\boldsymbol{x})=0,\forall\delta\boldsymbol{x}$$

故最小二乘解必须满足

$$\boldsymbol{A}^{\mathrm{T}}\boldsymbol{Ax}=\boldsymbol{A}^{\mathrm{T}}\boldsymbol{b} \tag{2.5}$$

若 $\boldsymbol{x}$ 满足式(2.5),则 $J[\boldsymbol{x}]=\min!$

首先说明式(2.5)的解是存在的,记式(2.5)的齐次伴随方程组为

$$\boldsymbol{A}^{\mathrm{T}}\boldsymbol{Ay}=0$$

只需验证

$$\langle\boldsymbol{A}^{\mathrm{T}}\boldsymbol{b},\boldsymbol{y}\rangle=\langle\boldsymbol{A}^{\mathrm{T}}\boldsymbol{Ax},\boldsymbol{y}\rangle=(\boldsymbol{x},\boldsymbol{A}^{\mathrm{T}}\boldsymbol{Ay})=0$$

式(2.5)满足解的存在条件,故最小二乘解是存在的。但最小二乘解不唯一,因为若 $\hat{\boldsymbol{x}}$ 为式(2.5)的解,$\bar{\boldsymbol{x}}$ 为 $\boldsymbol{Ax}=0$ 的解,则 $\hat{\boldsymbol{x}}+t\bar{\boldsymbol{x}}(t\in\boldsymbol{R})$ 亦为最小二乘解,故最小二乘解不能担当广义解重任。记最小二乘解的集合为

$$\varkappa=\{\boldsymbol{x}\,|\,\boldsymbol{A}^{\mathrm{T}}\boldsymbol{Ax}=\boldsymbol{A}^{\mathrm{T}}\boldsymbol{b}\}$$

注 2.1 最小二乘解使矛盾方程组变为不矛盾。

以例 2.1 说明:

$$\boldsymbol{A}=\begin{bmatrix}1&1&0\\0&0&1\\0&0&-1\end{bmatrix},\boldsymbol{A}^{\mathrm{T}}=\begin{bmatrix}1&0&0\\1&0&0\\0&1&-1\end{bmatrix},\boldsymbol{A}^{\mathrm{T}}\boldsymbol{A}=\begin{bmatrix}1&1&0\\1&1&0\\0&1&2\end{bmatrix},\boldsymbol{A}^{\mathrm{T}}\boldsymbol{b}=\begin{bmatrix}2\\2\\2\end{bmatrix}$$

于是 $\boldsymbol{A}^{\mathrm{T}}\boldsymbol{Ax}=\boldsymbol{b}$ 变为

$$\begin{bmatrix}1&1&0\\1&1&0\\0&0&2\end{bmatrix}\begin{bmatrix}x_1\\x_2\\x_3\end{bmatrix}=\begin{bmatrix}2\\2\\2\end{bmatrix}\quad 或\quad \begin{aligned}x_1+x_2&=2\\x_1+x_2&=2\\x_3&=1\end{aligned}$$

此时 $\Phi=[(x_1,x_2,1]^{\mathrm{T}}\,|\,x_1+x_2=2]$。

最小二乘解是不唯一,下面设计在 $\varkappa$ 中选一元,作为方程组的广义解。

2.2.2 广义解(极小模最小二乘法)的引进

定义

$$\| \boldsymbol{x}^{+} \| = \min_{\boldsymbol{x} \in \varkappa} \| \boldsymbol{x} \| \tag{2.6}$$

这样选择的 $\boldsymbol{x}^{+}$ 唯一否？注意到 $\varkappa$ 为凸集,即当 $x_1, x_2 \in \varkappa$ 时,有

$$\alpha_1 x_1 + \alpha_2 x_2 \in \varkappa \quad \alpha_1, \alpha_2 \geqslant 0, \alpha_1 + \alpha_2 = 1$$

$\varkappa$ 为闭集,因为若 $x_n \in \varkappa, x_n \to x$,则显然有 $\boldsymbol{x} \in \varkappa$ 。利用 $\varkappa$ 为 R^n 的闭凸集,容易证 $\boldsymbol{x}^{+}$ 是唯一。另一方面,若 $\boldsymbol{Ax}=\boldsymbol{b}$ 解存在,则易证 $\boldsymbol{x}^{+}$ 即为解,故 $\boldsymbol{x}^{+}$ 担当起广义解重任。

由广义解定义可知

$$\boldsymbol{x}^{+} \in \boldsymbol{N}(\boldsymbol{A})^{\perp}$$

因为 $\forall \boldsymbol{u} \in \varkappa$,可以把 $\boldsymbol{u}$ 直交分解成

$$\boldsymbol{u} = \hat{\boldsymbol{x}} \oplus \boldsymbol{x}^{+}, \ \hat{\boldsymbol{x}} \in \boldsymbol{N}(\boldsymbol{A}), \boldsymbol{x}^{+} \in \boldsymbol{N}(\boldsymbol{A})^{\perp}$$

$\| \boldsymbol{u} \| = \min!$ 意味着 $\hat{\boldsymbol{x}} = 0$,即 $\| \boldsymbol{x}^{+} \| = \min!$ 故 $\boldsymbol{x}^{+} \in N(\boldsymbol{A})^{\perp}$。

注 2.2:极小模作用使多解变为唯一。以例 2.1 为例,有

$$\varkappa = \{(x_1, x_2, 1)^{\mathrm{T}} \mid x_1 + x_2 = 2\}$$

$$\| \boldsymbol{x}^{+} \| = \min! \leftrightarrow x_1^2 + (2 - x_1)^2 + 1 = \min! \leftrightarrow x_1 = 1, x_2 = 1$$

对于式(1.1)的广义解 $\boldsymbol{x}^{+}$ 为 $\boldsymbol{x}^{+} = (1,1,1)^{\mathrm{T}}$ 。

2.2.3 用广义解方法来解式(1.1)

记

$$\begin{aligned} J_0 &= \frac{1}{2}\langle \boldsymbol{Ax} - \boldsymbol{b}, \boldsymbol{R}^{-1}(\boldsymbol{Ax} - \boldsymbol{b}) \rangle = \min! \\ \varkappa &= \{\boldsymbol{x} \mid J_0 = \min!\} \\ J_b &= \frac{1}{2}(\boldsymbol{x} - x_b, \boldsymbol{B}^{-1}(\boldsymbol{x} - x_b)) = \min_{\boldsymbol{x} \in \varkappa}! \end{aligned} \tag{2.7}$$

式中:$\boldsymbol{R}$ 为观测方程 $\boldsymbol{Ax} - \boldsymbol{b} = 0$ 的误差协方差阵;$\boldsymbol{B}$ 为背景场误差协方差阵。

对于 3DVar,有

$$J = J_0 + J_b = \min! \qquad (\text{假定观测与背景场不相关})$$

而利用反问题思想求 $\boldsymbol{x}$,则 x 满足式(2.7),这里没有假定观测与背景场的不相关。

对于上面所定义的广义解 $\boldsymbol{x}^{+}$ (或极小模最小二乘解)形式上可写为

$$\boldsymbol{x}^{+} = \boldsymbol{A}^{+} \boldsymbol{b} (\boldsymbol{A}^{+}_{n \times m}) \tag{2.8}$$

式中:$\boldsymbol{A}^{+}$ 为 $\boldsymbol{A}$ 的广义逆矩阵。

下面提出以下几个问题。

问题 1 $\boldsymbol{A}^{+}$ 是什么样矩阵?$\boldsymbol{x}^{+}$ 的表达式是什么?

此问题导致 $\boldsymbol{A}$ 的奇异值分解(SVD)。

问题 2　设 $\boldsymbol{b}^{\delta}$ 为测量结果，$\|\boldsymbol{b}^{\delta}-\boldsymbol{b}\| \leqslant \delta \ll 1$,记 $\boldsymbol{Ax}=\boldsymbol{b}^{\delta}$ 的广义解为 $\boldsymbol{x}_{\delta}^{+}=\boldsymbol{A}^{+}\boldsymbol{b}^{\delta}$,问

$$\|\boldsymbol{A}^{+}\boldsymbol{b}^{\delta}-\boldsymbol{A}^{+}\boldsymbol{b}\| \to 0?\ (\delta \to 0)$$

也就是解是否有稳定性,结果很失望,这就导致正则化思想的产生。

2.3　A^{+}是什么样矩阵？x^{+}的表达式是什么？

现在回答问题 2。从以下几步导出 $\boldsymbol{A}^{+}$ 与 $\boldsymbol{x}^{+}$ 的表达式。

步骤 1　从最小二乘解出发,建立 SVD。

最小二乘解满足式(2.5),于是首先对矩阵 $\boldsymbol{A}^{\mathrm{T}}\boldsymbol{A}$ 进行分析

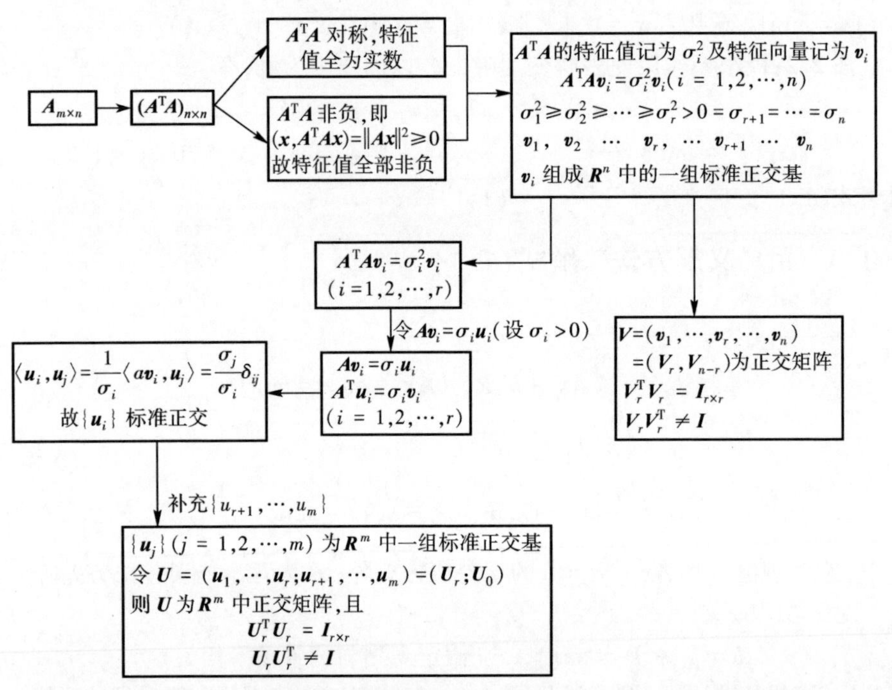

其中,$\{\boldsymbol{u}_i,\boldsymbol{v}_j,\sigma_i\}$ 为 $\boldsymbol{A}$ 的奇异系统;$\{\boldsymbol{u}_i\}$ 和$\{\boldsymbol{v}_j\}$ 为 $\boldsymbol{A}$ 的奇异向量;$\{\sigma_i\}$ 为 $\boldsymbol{A}$ 的奇异值。

步骤 2　$\boldsymbol{A}$ 的 SVD。

计算:

$\boldsymbol{AV}=\boldsymbol{A}(\boldsymbol{v}_1,\cdots,\boldsymbol{v}_r,\boldsymbol{v}_{r+1},\cdots,\boldsymbol{v}_n)=(\boldsymbol{Av}_1,\cdots,\boldsymbol{Av}_r,\boldsymbol{Av}_{r+1},\cdots,\boldsymbol{Av}_n)=(\sigma_1\boldsymbol{u}_1,\cdots,\sigma_r\boldsymbol{u}_r,0,\cdots,0)$ 下面导出 $\boldsymbol{A}$ 的 SVD,因为

$$
\boldsymbol{U}^{\mathrm{T}}\boldsymbol{A}\boldsymbol{V}=\begin{bmatrix}\boldsymbol{u}_1^{\mathrm{T}}\\ \boldsymbol{u}_2^{\mathrm{T}}\\ \vdots\\ \boldsymbol{u}_m^{\mathrm{T}}\end{bmatrix}[\boldsymbol{\sigma}_1\boldsymbol{u}_1,\boldsymbol{\sigma}_2\boldsymbol{u}_2,\cdots,\boldsymbol{\sigma}_r\boldsymbol{u}_r,0,\cdots,0]=\begin{bmatrix}\boldsymbol{\sigma}_1\boldsymbol{u}_1^{\mathrm{T}}\boldsymbol{u}_1 & 0 & 0 & 0\\ \vdots & \vdots & \vdots & \vdots\\ 0 & 0 & \boldsymbol{\sigma}_r\boldsymbol{u}_r^{\mathrm{T}}\boldsymbol{u}_r & 0\\ \vdots & \vdots & \vdots & \vdots\end{bmatrix}
$$

$$
=\begin{bmatrix}\boldsymbol{\Sigma} & 0\\ 0 & 0\end{bmatrix}_{m\times n}
$$

式中：$\boldsymbol{\Sigma}=\begin{bmatrix}\sigma_1 & 0 & 0\\ 0 & & 0\\ 0 & 0 & \sigma_r\end{bmatrix}_{r\times r}$，则

$$
\boldsymbol{A}=\boldsymbol{U}\begin{bmatrix}\boldsymbol{\Sigma} & 0\\ 0 & 0\end{bmatrix}\boldsymbol{V}^{\mathrm{T}}=\boldsymbol{U}_r\boldsymbol{\Sigma}\boldsymbol{V}_r^{\mathrm{T}} \tag{2.9}
$$

式(2.9)称为 $\boldsymbol{A}$ 的奇异值分解。

步骤 3 导出广义解 $\boldsymbol{x}^+$ 的表达式。

设 $\{v_i\}$ 为 $\boldsymbol{R}^n$ 中一组标准正交基，$\{\boldsymbol{u}_j\}$ 为 $\boldsymbol{R}^m$ 中一组标准正交基，对 $\boldsymbol{x}\in\boldsymbol{R}^n$，$b\in\boldsymbol{R}^m$ 进行展开可得：

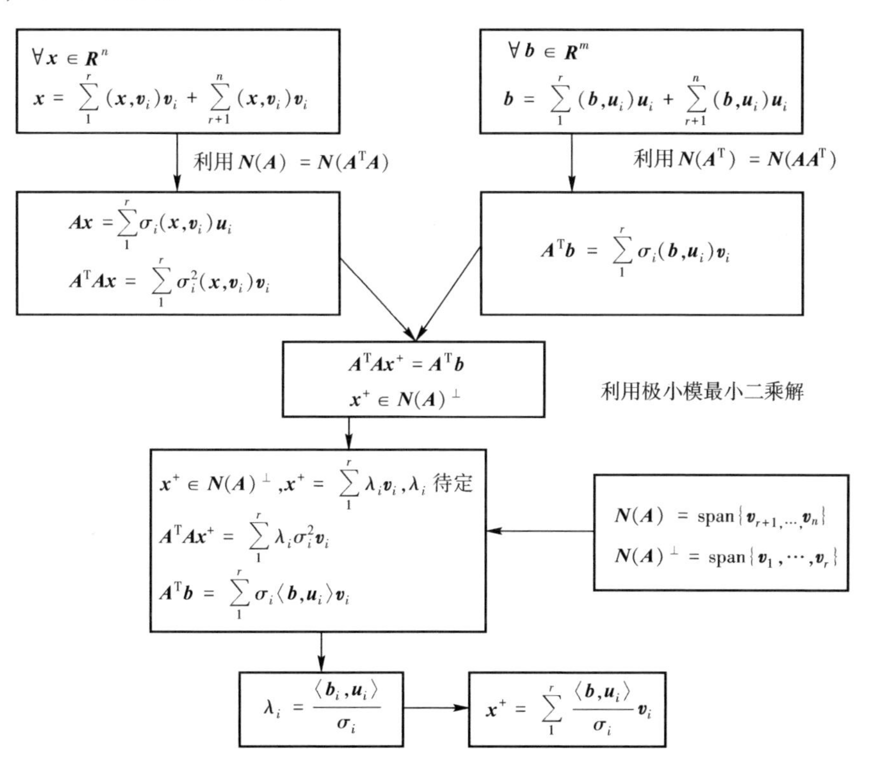

于是

$$\boldsymbol{x}^{+}=\sum_{1}^{r}\frac{\langle\boldsymbol{b},\boldsymbol{u}_i\rangle}{\boldsymbol{\sigma}_i}\boldsymbol{v}_i \tag{2.10}$$

注 2.3 $N(\boldsymbol{A}^{\mathrm{T}}\boldsymbol{A})=N(\boldsymbol{A}),N(\boldsymbol{A}\boldsymbol{A}^{\mathrm{T}})=N(\boldsymbol{A}^{\mathrm{T}})$

证明:若

$$\boldsymbol{x}\in N(\boldsymbol{A})\rightarrow\boldsymbol{A}\boldsymbol{x}=0\rightarrow\boldsymbol{A}^{\mathrm{T}}\boldsymbol{A}\boldsymbol{x}=0\rightarrow\boldsymbol{x}\in N(\boldsymbol{A}^{\mathrm{T}}\boldsymbol{A})$$

反之,若

$$\begin{aligned}\boldsymbol{x}\in N(\boldsymbol{A}^{\mathrm{T}}\boldsymbol{A})\rightarrow\boldsymbol{A}^{\mathrm{T}}\boldsymbol{A}\boldsymbol{x}=0\rightarrow(\boldsymbol{A}^{\mathrm{T}}\boldsymbol{A}\boldsymbol{x},\boldsymbol{x})=0\rightarrow\langle\boldsymbol{A}\boldsymbol{x},\boldsymbol{A}\boldsymbol{x}\rangle\\=\|\boldsymbol{A}\boldsymbol{x}\|^2=0\rightarrow\boldsymbol{A}\boldsymbol{x}=0\rightarrow\boldsymbol{x}\in N(\boldsymbol{A})\end{aligned}$$

同理,可证 $N(\boldsymbol{A}\boldsymbol{A}^{\mathrm{T}})=N(\boldsymbol{A}^{\mathrm{T}})$。

步骤 4 导出 $\boldsymbol{A}^{+}$ 的表达式。

只需要把 $\boldsymbol{x}^{+}=\boldsymbol{A}^{+}\boldsymbol{b}$ 写成矩阵乘积形式,即

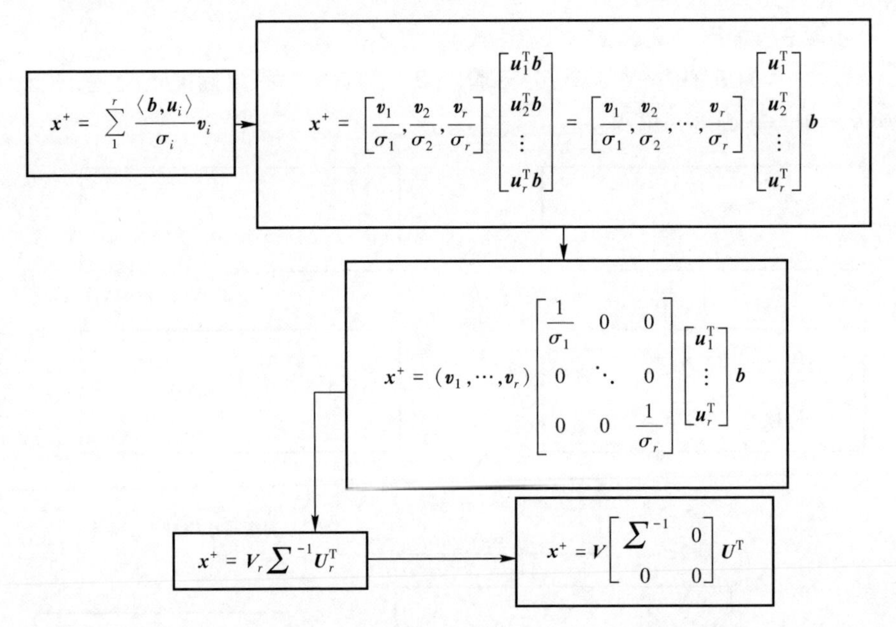

则

$$\boldsymbol{x}^{+}=\boldsymbol{V}\begin{bmatrix}\boldsymbol{\Sigma}^{-1}&0\\0&0\end{bmatrix}\boldsymbol{U}^{\mathrm{T}} \tag{2.11}$$

$$\boldsymbol{A}^{+}=\boldsymbol{V}\begin{bmatrix}\boldsymbol{\Sigma}^{-1}&0\\0&0\end{bmatrix}\boldsymbol{U}^{\mathrm{T}} \tag{2.12}$$

其中,$\boldsymbol{A}^{+}$ 为 $\boldsymbol{A}$ 的广义逆矩阵。

2.4 误差分析

设 $\boldsymbol{Ax}=\boldsymbol{b}$，此时广义解 $\boldsymbol{x}^{+}=\boldsymbol{A}^{+}\boldsymbol{b}$，从而误差 $\Delta\boldsymbol{x}^{+}=\boldsymbol{A}^{+}\boldsymbol{Vb}$。广义解的误差协方差阵为

$$E(\Delta\boldsymbol{x}^{+}\cdot(\Delta\boldsymbol{x}^{+})^{\mathrm{T}})=\boldsymbol{A}^{+}\boldsymbol{E}(\Delta\boldsymbol{b}\cdot\Delta\boldsymbol{b}^{\mathrm{T}})(\boldsymbol{A}^{+})^{\mathrm{T}} \tag{2.13}$$

设资料向量所有统计量是相互独立，有着相同方差 σ_b^2，则

$$\boldsymbol{R}=E(\Delta\boldsymbol{x}^{+}\cdot(\Delta\boldsymbol{x}^{+})^{\mathrm{T}})=\sigma_b^2\boldsymbol{A}^{+}(\boldsymbol{A}^{+})^{\mathrm{T}} \tag{2.14}$$

下面分四种情形进行讨论。

情形 1 $m=n,\det\boldsymbol{A}\neq 0$，此种情形表示 $\boldsymbol{U}_0=0,\boldsymbol{V}_0=0$，且 $\boldsymbol{A}^{+}=\boldsymbol{A}^{-1}$，则

$$\boldsymbol{R}=\sigma_b^2(\boldsymbol{A}^{-1})(\boldsymbol{A}^{-1})^{\mathrm{T}}=\sigma_b^2(\boldsymbol{A}^{\mathrm{T}}\boldsymbol{A})^{-1} \tag{2.15}$$

情形 2 $m>n,\mathrm{rank}\boldsymbol{A}=n$，此种情形表示的列向量是满秩的，故 $(\boldsymbol{A}^{\mathrm{T}}\boldsymbol{A})^{-1}$ 存在。此时 $\boldsymbol{U}_0\neq 0,\boldsymbol{V}_0=0$，对应最小二乘解 $\boldsymbol{x}^{+}$ 及 $\boldsymbol{A}^{+}$ 为

$$\boldsymbol{x}^{+}=(\boldsymbol{A}^{\mathrm{T}}\boldsymbol{A})^{-1}\boldsymbol{A}^{\mathrm{T}}\boldsymbol{b},\boldsymbol{A}^{+}=(\boldsymbol{A}^{\mathrm{T}}\boldsymbol{A})^{-1}\boldsymbol{A}^{\mathrm{T}}$$

则

$$\boldsymbol{R}=\sigma_b{}^2(\boldsymbol{A}^{\mathrm{T}}\boldsymbol{A})^{-1} \tag{2.16}$$

情形 3 $m<n,\mathrm{rank}\boldsymbol{A}=m$，此种情形表示 $\boldsymbol{A}$ 的行的秩是满秩的，故 $(\boldsymbol{AA}^{\mathrm{T}})^{-1}$ 存在，此时 $\boldsymbol{U}_0=0,\boldsymbol{V}_0\neq 0$，即有

$$\boldsymbol{A}^{+}=\boldsymbol{V}_r\boldsymbol{\Sigma}^{-1}\boldsymbol{U}_r^{\mathrm{T}}$$

现在考虑

$$\begin{aligned}\boldsymbol{A}^{\mathrm{T}}(\boldsymbol{AA}^{\mathrm{T}})^{-1}&=\boldsymbol{V}_r\boldsymbol{\Sigma}\boldsymbol{U}_r^{\mathrm{T}}(\boldsymbol{U}_r\boldsymbol{\Sigma}\boldsymbol{V}_r^{\mathrm{T}}\cdot\boldsymbol{\Sigma}\boldsymbol{U}_r^{\mathrm{T}})-1(\text{利用 }\boldsymbol{V}_r^{\mathrm{T}}\boldsymbol{V}_r=I)\\&=\boldsymbol{V}_r\boldsymbol{\Sigma}\boldsymbol{U}_r^{\mathrm{T}}(\boldsymbol{U}_r\boldsymbol{\Sigma}^2\boldsymbol{U}_r^{\mathrm{T}})^{-1}\\&=\boldsymbol{V}_r\boldsymbol{\Sigma}\boldsymbol{U}_r^{\mathrm{T}}\boldsymbol{U}_r\boldsymbol{\Sigma}^{-2}\boldsymbol{U}_r^{\mathrm{T}}(\text{利用 }\boldsymbol{U}_0=0,\text{故 }\boldsymbol{U}=\boldsymbol{U}_r,\text{此时 }\boldsymbol{U}_r^{\mathrm{T}}\boldsymbol{U}_r=I,\\&\quad\boldsymbol{V}_r^{\mathrm{T}}\boldsymbol{V}_r=\boldsymbol{I})\\&=\boldsymbol{V}_r\boldsymbol{\Sigma}^{-1}\boldsymbol{U}_r^{\mathrm{T}}\end{aligned}$$

于是

$$\boldsymbol{A}^{+}=\boldsymbol{A}^{\mathrm{T}}(\boldsymbol{AA}^{\mathrm{T}})^{-1}$$

从而

$$\boldsymbol{R}=\sigma_b^2\boldsymbol{A}^{\mathrm{T}}(\boldsymbol{AA}^{\mathrm{T}})^{-2}\boldsymbol{A} \tag{2.17}$$

情形 4 $\boldsymbol{U}_0\neq 0,\boldsymbol{V}_0\neq 0$，此时 $\boldsymbol{A}^{+}=\boldsymbol{V}_r\boldsymbol{\Sigma}^{-1}\boldsymbol{U}_r^{\mathrm{T}}$，则

$$\boldsymbol{R}=\sigma_b^2\boldsymbol{V}_r\boldsymbol{\Sigma}^{-2}\boldsymbol{U}_r^{\mathrm{T}} \tag{2.18}$$

2.5 解代数方程组正则化由来

现在来回答问题2。若 $\boldsymbol{b}^\delta$ 为测量结果，则 $\|\boldsymbol{b}^\delta-\boldsymbol{b}\|\leqslant\delta\leqslant 1$。记 $\boldsymbol{Ax}=\boldsymbol{b}^\delta$ 的广义解为 $\boldsymbol{x}_\delta^+=\boldsymbol{A}^+\boldsymbol{b}^\delta$，问 $\boldsymbol{x}_\delta^+\to\boldsymbol{x}(\delta\to 0)$？下面的例子说明在一般情况下，上述结论不成立，原因为 $\sigma_r\approx 0$。

例2.3 若 $\boldsymbol{b}^\delta=\boldsymbol{b}+\delta\boldsymbol{u}_r$，$\sigma_r\approx 0$，不妨设 $\sigma_r=\delta^2$，则

$$\boldsymbol{x}^+=\boldsymbol{A}^+\boldsymbol{b}=\sum_1^r\frac{1}{\sigma_i}\langle\boldsymbol{b},\boldsymbol{u}_i\rangle\boldsymbol{v}_i$$

$$\boldsymbol{x}_\delta^+=\boldsymbol{A}^+\boldsymbol{b}^\delta=\sum_1^r\frac{1}{\sigma_i}\langle\boldsymbol{b}^\delta,\boldsymbol{u}_i\rangle\boldsymbol{v}_i=\boldsymbol{A}^+\boldsymbol{b}+\delta\frac{\boldsymbol{v}_r}{\sigma_r}=\boldsymbol{A}^+\boldsymbol{b}+\frac{\boldsymbol{v}_r}{\delta}$$

于是

$$\|\boldsymbol{x}_\delta{}^+-\boldsymbol{x}^+\|=\frac{1}{\delta}\to+\infty\,(\delta\to+\infty)$$

由例2.3可见，失去计算稳定性是由于 $\sigma_r\approx 0$ 的作用。正则化的任务是设法在 $\boldsymbol{x}_\delta^+$ 中抑制 $\dfrac{1}{\sigma_i}$ 项的作用。引入阻尼函数 $q(\alpha,\sigma_i^2)$ 为[1]

$$\boldsymbol{x}_\alpha=\boldsymbol{R}_\alpha\boldsymbol{b}=\sum_1^n\frac{q(\alpha,\sigma_i{}^2)}{\sigma_i}\langle\boldsymbol{b},\boldsymbol{u}_i\rangle\boldsymbol{v}_i,\ x_\alpha^\delta=\boldsymbol{R}_\alpha\boldsymbol{b}^\delta$$

式中：$\boldsymbol{R}_\alpha$ 为正则化算子，用它代替原来的 $\boldsymbol{A}^+$。

下面给出三个要求：

(1) $q(\alpha,s^2)$ 为连续有界函数；

(2) $\dfrac{q(\alpha,s^2)}{s}\leqslant C(\alpha)$（目的消除 $\sigma_r\approx 0$ 的影响）；

(3) $q(\alpha,s^2)\to 1(\alpha\to 0)$（保证当 α 充分小时，$\boldsymbol{x}_\alpha$ 与 $\boldsymbol{x}^+$ 充分接近）。

下面就问：

问题3 $\boldsymbol{x}_\alpha\to\boldsymbol{x}^+$？$(\alpha\to 0)$。

问题4 $\boldsymbol{x}_\alpha^\delta\to\boldsymbol{x}^+$？$(\alpha\to 0,\delta\to 0)$。

解决问题3。估计

$$\|\boldsymbol{x}_\alpha-\boldsymbol{x}^+\|^2=\left\|\sum_1^r\frac{q(\alpha,\sigma_i^2)-1}{\sigma_i}\langle\boldsymbol{b},\boldsymbol{u}_i\rangle\boldsymbol{v}_i\right\|^2=\sum_1^r\frac{[q(\alpha,\sigma_i^2)-1]^2}{\sigma_i^2}|\langle\boldsymbol{b},\boldsymbol{u}_i\rangle|^2$$

$$\leqslant\max_i\,[q(\alpha,\sigma_i^2)-1]^2\sum_1^r\frac{|\langle\boldsymbol{b},\boldsymbol{u}_i\rangle|^2}{\sigma_i^2}\leqslant\max_i\,[q(\alpha,\sigma_i^2)-1]^2\|\boldsymbol{x}^+\|\to 0(\alpha\to 0)$$

于是当 α 充分小时,保证 $\|\boldsymbol{x}_\alpha - \boldsymbol{x}^+\|$ 也充分小。问题 3 的结论:当 α 充分小时 $\|\boldsymbol{x}_\alpha - \boldsymbol{x}^+\|$ 也充分小。

解决问题 4。估计

$$\|\boldsymbol{x}_\alpha^\delta - \boldsymbol{x}^+\| \leqslant \|\boldsymbol{x}_\alpha^\delta - \boldsymbol{x}_\alpha\| + \|\boldsymbol{x}_\alpha - \boldsymbol{x}^+\| \tag{2.19}$$

式中第二项,由问题 3 可知,当 $\alpha \to 0$ 时, $\|\boldsymbol{x}_\alpha - \boldsymbol{x}^+\| \to 0$。现在估计第一项,即

$$\|\boldsymbol{x}_\alpha^\delta - \boldsymbol{x}_\alpha\| = \|\boldsymbol{R}_\alpha(\boldsymbol{b}^\delta - \boldsymbol{b})\| \leqslant \|\boldsymbol{R}_\alpha\| \|\boldsymbol{b}^\delta - \boldsymbol{b}\| \leqslant \|\boldsymbol{R}_\alpha\| \delta$$

而算子 $\boldsymbol{R}_\alpha$ 的范数为

$$\|\boldsymbol{R}_\alpha\| = \sup_{\boldsymbol{b} \neq 0} \frac{\|\boldsymbol{R}_\alpha \boldsymbol{b}\|}{\|\boldsymbol{b}\|}$$

则有

$$\|\boldsymbol{R}_\alpha \boldsymbol{b}\|^2 = \sum_1^n \frac{q^2(\alpha, \sigma_i^{\ 2})}{\sigma_i^{\ 2}} |\langle \boldsymbol{b}, \boldsymbol{u}_i \rangle|^2 \leqslant C^2(\alpha) \sum_1^r |\langle \boldsymbol{b}, \boldsymbol{u}_i \rangle|^2 \leqslant C^2(\alpha) \|\boldsymbol{b}\|^2$$

故

$$\|\boldsymbol{R}_\alpha\| \leqslant C(\alpha) \tag{2.20}$$

由此得到

$$\|\boldsymbol{x}_\alpha^\delta - \boldsymbol{x}^+\| \leqslant C(\alpha)\delta + \|\boldsymbol{x}_\alpha - \boldsymbol{x}^+\| \tag{2.21}$$

实际上,当 $\alpha \to 0$ 时, $C(\alpha) \to \infty$, 要使 $\|\boldsymbol{x}_\alpha^\delta - \boldsymbol{x}^+\| \to 0$,于是对 α 产生了先验选择原则(α 称为正则化参数),即 α 满足条件:

$$\begin{aligned} &① \ \delta \to 0 \text{ 时}, \alpha \to 0 \\ &② \ C(\alpha)\delta \to 0, \delta \to 0 \end{aligned} \tag{2.22}$$

例 2.4 观测资料求导问题。观测资料求导问题是不适定问题,该问题归结为

$$\int_0^t \boldsymbol{x}(\tau)\mathrm{d}\tau = \boldsymbol{g}^\delta(t)$$

于是 $\boldsymbol{x}(t) = \dfrac{\mathrm{d}\boldsymbol{g}^\delta(t)}{\mathrm{d}t}$,若 $\boldsymbol{g}^\delta(t) = \boldsymbol{g}^{\mathrm{T}}(t) + \boldsymbol{h}(t), |\boldsymbol{h}(t)| \leqslant \delta$,其中 $\boldsymbol{g}^{\mathrm{T}}(t)$ 为精确数据,令

$$\boldsymbol{R}_\alpha \boldsymbol{g}^{\mathrm{T}} = \frac{\boldsymbol{g}^{\mathrm{T}}(t+\alpha) - \boldsymbol{g}^{\mathrm{T}}(t)}{\alpha} (\boldsymbol{R}_\alpha \text{ 为差分算子})$$

则

$$\boldsymbol{x}_\alpha^{\ \delta} = \boldsymbol{R}_\alpha \boldsymbol{g}^\delta = \frac{\boldsymbol{g}^{\mathrm{T}}(t+\alpha) - \boldsymbol{g}^{\mathrm{T}}(t)}{\alpha} + \frac{\boldsymbol{h}(t+\alpha) - \boldsymbol{h}(t)}{\alpha}$$

如要求

$$\boldsymbol{x}_{\alpha}^{\delta} \to \frac{\mathrm{d}\boldsymbol{g}^{\mathrm{T}}(t)}{\mathrm{d}t}(\delta \to 0)$$

则

$$\| \boldsymbol{x}_{\alpha}^{\delta} - \frac{\mathrm{d}\boldsymbol{g}^{\mathrm{T}}(t)}{\mathrm{d}t} \| \leqslant \frac{|\boldsymbol{h}(t+\alpha) - \boldsymbol{h}(t)|}{\alpha} \leqslant \frac{2\delta}{\alpha}$$

于是取

$$\alpha = \frac{2\delta}{\eta(\delta)}, 当 \alpha \to 0 时, \eta(\delta) \to 0$$

从而实现

$$\boldsymbol{x}_{\alpha(\delta)}^{\delta} \to \frac{\mathrm{d}\boldsymbol{g}^{\mathrm{T}}(t)}{\mathrm{d}t}(\delta \to 0)$$

式(2.22)称为正则化参数的先验选择原则。

2.6 Tikhonov 正则化实现

2.6.1 Tikhonov 正则化

对于 Tikhonov 正则化,特别取阻尼函数为

$$q(\alpha, s^2) = \frac{s^2}{\alpha + s^2}, \alpha > 0 \tag{2.23}$$

此时阻尼函数满足以下的条件:

(1) $q(\alpha, s^2)$ 是连续有界函数;

(2) $\frac{q(\alpha, s^2)}{s} = \frac{s}{\alpha + s^2} \leqslant \frac{s}{2\sqrt{\alpha}s} = \frac{1}{2\sqrt{\alpha}}, C(\alpha) = \frac{1}{2\sqrt{\alpha}}$;

(3) $q(\alpha, s^2) \to 1$,当 $\alpha \to 0$。

则

$$\| \boldsymbol{x}_{\alpha}^{\delta} - \boldsymbol{x}^{+} \| \leqslant C(\alpha)\delta + \| \boldsymbol{x}_{\alpha} - \boldsymbol{x}^{+} \| = \frac{\delta}{2\sqrt{\alpha}} + \| \boldsymbol{x}_{\alpha}^{\delta} - \boldsymbol{x}^{+} \| \tag{2.24}$$

$$\boldsymbol{x}_{\alpha}^{\delta} = \sum_{1}^{r} \frac{\sigma_i}{\alpha + \sigma_i^2} \langle \boldsymbol{b}^{\delta}, \boldsymbol{u}_i \rangle \boldsymbol{v}_i \tag{2.25}$$

正则化参数 $\alpha = \alpha(\delta)$ 选择原则(亦称为先验原则,prior principle)为

① $\alpha = \alpha(\delta) \to 0, (\delta \to 0)$

② $\frac{\delta^2}{\alpha(\delta)} \to 0,(\delta \to 0)$ (2.26)

特别取 $\alpha = \delta^p (0 < p < 2)$，则

$$\| \boldsymbol{x}_\alpha^\delta - \boldsymbol{x}^+ \| = O(\delta^{1-\frac{p}{2}})$$

2.6.2 在 Tikhonov 正则化下把解写成矩阵形式

由上面的推导可知

$$\boldsymbol{x}_\alpha^\delta = \sum_1^r \frac{\sigma_i}{\alpha + \sigma_i^2} \langle \boldsymbol{b}^\delta, \boldsymbol{u}_i \rangle \boldsymbol{v}_i$$

现在把它写成矩阵形式:

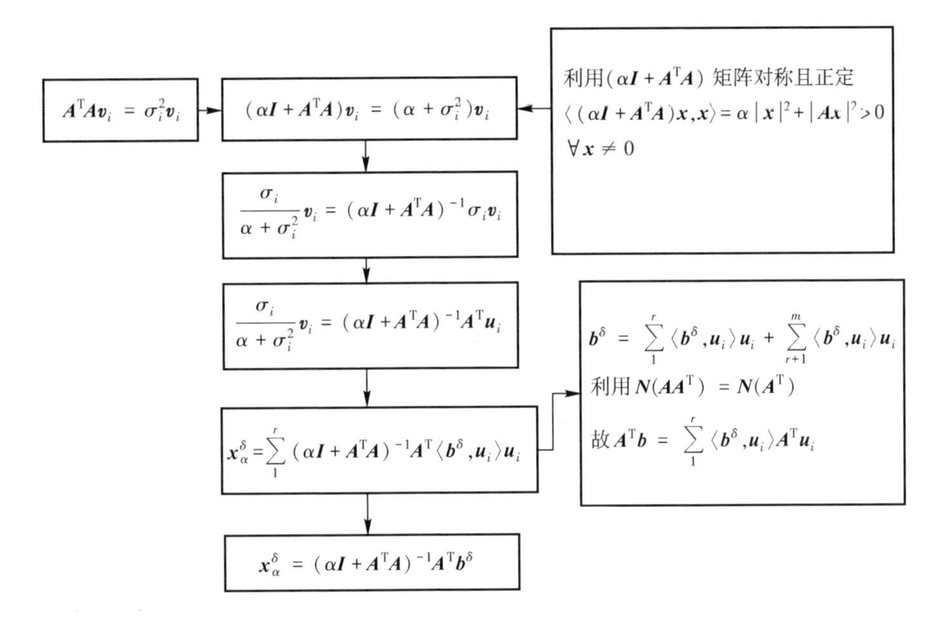

2.6.3 Tikhonov 正则化的等价表示形式

引入 Tikhonov 函数：

$$J[x] = \| \boldsymbol{A}\boldsymbol{x} - \boldsymbol{b}^\delta \|^2 + \alpha \| \boldsymbol{x} \|^2 = \langle \boldsymbol{A}\boldsymbol{x} - \boldsymbol{b}^\delta, \boldsymbol{A}\boldsymbol{x} - \boldsymbol{b}^\delta \rangle + \alpha \langle \boldsymbol{x}, \boldsymbol{x} \rangle = \min! \tag{2.27}$$

则

$$\frac{1}{2}\delta J = \langle \boldsymbol{A}\boldsymbol{x} - \boldsymbol{b}^\delta, \boldsymbol{A}\delta\boldsymbol{x} \rangle + \alpha \langle \boldsymbol{x}, \delta\boldsymbol{x} \rangle = ((\alpha \boldsymbol{I} + \boldsymbol{A}^{\mathrm{T}}\boldsymbol{A})\boldsymbol{x} - \boldsymbol{A}^{\mathrm{T}}\boldsymbol{b}^\delta, \delta\boldsymbol{x}) = 0, \forall \delta$$

从而 $\boldsymbol{x}_\alpha^\delta$ 满足

$$(\alpha \boldsymbol{I} + \boldsymbol{A}^{\mathrm{T}}\boldsymbol{A})\boldsymbol{x}_{\alpha}^{\delta} = \boldsymbol{A}^{\mathrm{T}}\boldsymbol{b}^{\delta}$$

利用 $(\alpha \boldsymbol{I} + \boldsymbol{A}^{\mathrm{T}}\boldsymbol{A})$ 逆阵存在,可得

$$\boldsymbol{x}_{\alpha}^{\delta} = (\alpha \boldsymbol{I} + \boldsymbol{A}^{\mathrm{T}}\boldsymbol{A})^{-1}\boldsymbol{A}^{\mathrm{T}}\boldsymbol{b}^{\delta} \tag{2.28}$$

反之亦然。

问题关键是 $\alpha = \alpha(\delta)$ 如何选择?这是 Tikhonov 正则化的成功关键。关于这部分内容,我们在译者补记的第 3 节中进行详细阐述。

3 Tikhonov 正则化

在第2节中，我们讨论了线性代数方程组，引入了广义解的概念，利用的SVD分解，导出了广义解的表达式，同时分析了问题不适定的原因；在此基础上引入阻尼函数和正则化算子，从而产出了代数方程组的 Tikhonov 正则化思想，并得到代数方程组的 Tikhonov 正则化解的形式；最后对正则化参数的选择的先验准则进行介绍。对于一般线性有界算子方程，有

$$Kx = y^{\delta} \tag{3.1}$$

也可实施 Tikhonov 正则化，但需要用到泛函分析、算子逼近和算子谱等知识[2-4]。因为一般算子方程离散后即可化为代数方程组。本节从代数方程组（引入带有偏差的极小模解）讨论其 Tikhonov 正则化，同时给出正则化参数的后验选择原则，其结果可以推广到线性有界算子方程中去。最后把此思想用于3DVAR 中去，并对 3DVAR 进行评说。

3.1 带有偏差和带有背景场的广义解引进

在 3DVAR 中，我们给出观测方程组为

$$\boldsymbol{y} - \boldsymbol{H}\boldsymbol{x} = \boldsymbol{v} \tag{3.2}$$

式中，$\boldsymbol{x} \in \boldsymbol{R}^n$ 为状态变量；$\boldsymbol{y} \in \boldsymbol{R}^m$ 为观测量，$\boldsymbol{H}:\boldsymbol{R}^n \to \boldsymbol{R}^m$ 中线性算子，设观测误差协方差为 $\boldsymbol{R}$（$\boldsymbol{R}$ 正定对称），记 $\boldsymbol{x}_b \in \boldsymbol{R}^n$ 为背景场，其背景误差协方差阵为 $\boldsymbol{B}$（$\boldsymbol{B}$ 正定对称）。

记

$$\begin{cases} J_0 = \langle \boldsymbol{y} - \boldsymbol{H}\boldsymbol{x}, \boldsymbol{R}^{-1}(\boldsymbol{y} - \boldsymbol{H}\boldsymbol{x}) \rangle = \langle \boldsymbol{R}^{-\frac{1}{2}}(\boldsymbol{y} - \boldsymbol{H}\boldsymbol{x}), \boldsymbol{R}^{-\frac{1}{2}}(\boldsymbol{y} - \boldsymbol{H}\boldsymbol{x}) \rangle \\ J_b = (\boldsymbol{x} - \boldsymbol{x}_b, \boldsymbol{B}^{-1}(\boldsymbol{x} - \boldsymbol{x}_b) \rangle = (\boldsymbol{B}^{-\frac{1}{2}}(\boldsymbol{x} - \boldsymbol{x}_b), \boldsymbol{B}^{-\frac{1}{2}}(\boldsymbol{x} - \boldsymbol{x}_b)) \end{cases} \tag{3.3}$$

令

$$\boldsymbol{x} = \boldsymbol{B}^{-\frac{1}{2}}(\boldsymbol{x} - \boldsymbol{x}_b)$$

即

$$\boldsymbol{x} = \boldsymbol{B}^{\frac{1}{2}}\boldsymbol{x} + x_b$$

$$\boldsymbol{y} = \boldsymbol{R}^{-\frac{1}{2}}(\boldsymbol{y} - \boldsymbol{Hx})$$

即

$$\boldsymbol{y} = \boldsymbol{R}^{\frac{1}{2}}\boldsymbol{y} + \boldsymbol{Hx}_b, \boldsymbol{h} = \boldsymbol{R}^{-\frac{1}{2}}\boldsymbol{HB}^{\frac{1}{2}}$$

则

$$\begin{aligned} J_0 &= < \boldsymbol{y} - \boldsymbol{Hx}, \boldsymbol{R}^{-1}(y - Hx) > = \| \boldsymbol{y} - \boldsymbol{hx} \|^2 \\ J_b &= (\boldsymbol{x}, \boldsymbol{x}) > = \| \boldsymbol{x} \|^2 \end{aligned} \tag{3.4}$$

于是我们只需讨论以下代数方程组：

$$\boldsymbol{hx} = \boldsymbol{y}^{\delta}, \boldsymbol{h}: \boldsymbol{R}^n \to \boldsymbol{R}^m \text{ 中线性算子}$$

我们要求广义解为

$$\begin{aligned} &\| \boldsymbol{h}\hat{\boldsymbol{x}} - \boldsymbol{y}^{\delta} \| \leqslant \delta (\text{其中 } \delta \text{ 为测量误差}, \| \boldsymbol{y} - \boldsymbol{y}^{\delta} \| \leqslant \delta) \\ &\| \hat{\boldsymbol{x}} \| = \min! \end{aligned} \tag{3.5}$$

此解 $\hat{\boldsymbol{x}}$ 为带有偏差 δ 的极小模解，或者写为

$$\| \hat{\boldsymbol{x}} \| = \min_{x \in \boldsymbol{R}^n} \{ \| \boldsymbol{x} \| \mid \| \boldsymbol{hx} - \boldsymbol{y}^{\delta} \| \leqslant \delta \} \tag{3.6}$$

此解的意义如下：

(1) 若 $\boldsymbol{hx} = \boldsymbol{y}^{\delta}$ 的真解 $\boldsymbol{x}^{\mathrm{T}}$ 存在，记为 $\boldsymbol{x}^{\mathrm{T}}$ 则 $\| \boldsymbol{h}\hat{\boldsymbol{x}} - \boldsymbol{y}^{\delta} \| = \| \boldsymbol{y} - \boldsymbol{y}^{\delta} \| \leqslant \delta$，则 δ 表示观测的总误差，而所求广义解 $\hat{\boldsymbol{x}}$，满足 $\| \boldsymbol{h}\hat{\boldsymbol{x}} - \boldsymbol{y}^{\delta} \| \leqslant \delta$，不超出 δ 的范围是合理的。

(2) 对于 $\| \boldsymbol{h}\hat{\boldsymbol{x}} - \boldsymbol{y}^{\delta} \| \leqslant \delta$，在 $\boldsymbol{R}^n$ 中搜索 $\boldsymbol{x}$，此时解不唯 $(\boldsymbol{N}(\boldsymbol{h}) \neq \{0\})$，记 $U_{\delta} = \{ \boldsymbol{x} \mid \| \boldsymbol{hx} - \boldsymbol{y}^{\delta} \| \leqslant \delta \}$，它是 $\boldsymbol{R}^n$ 中的凸闭集，在 U_{δ} 中寻找一个有物理意义的广义解。

(3) 如何在 U_{δ} 中选解，若 $0 \in U_{\delta}$，显然 $J_0 \leqslant \delta$，且 $J_b = 0 = \min!$ 。故可把 0 当作广义解；若 $0 \overline{\in} U_{\delta}$，在 U_{δ} 中选一个 $\hat{\boldsymbol{x}}$，使 $J_b = \min!$ ，即 $\boldsymbol{x}$ 与 0 充分接近，这也是合理的。

若求出式(3.6)的广义解 $\hat{\boldsymbol{x}}$ 则

$$\hat{\boldsymbol{x}} = B^{\frac{1}{2}}\hat{\boldsymbol{x}} + \boldsymbol{x}_b \tag{3.7}$$

3.2 带有偏差的极小模解构造

为了研究问题方便,我们研究以下规范的代数方程组:

$$\boldsymbol{Kx} = \boldsymbol{y}^{\delta}(\|\boldsymbol{y} - \boldsymbol{y}^{\delta}\| \leqslant \delta) \tag{3.8}$$

假定式(3.8)的不带偏差的方程的解存在且唯一。于是要构造广义解,使

$$\|\hat{\boldsymbol{x}}\| = \min\{\|\boldsymbol{x}\| \mid \|\boldsymbol{Kx} - \boldsymbol{y}^{\delta}\| \leqslant \delta\} \tag{3.9}$$

下面分几步来进行,首先说明式(3.9)的广义解存在唯一性,在此基础上再构造 $\hat{x}$ 。

步骤 1:问题式(3.9)的转化。

记集合 $U_{\delta} = \{\boldsymbol{x} \mid \|\boldsymbol{Kx} - \boldsymbol{y}^{\delta}\| \leqslant \delta\}$,显然 U_{δ} 是 $\boldsymbol{R}^n$ 中的凸集,因为若 $\boldsymbol{x}_1$, $\boldsymbol{x}_2 \in U_{\delta}$,则

$$\alpha_1\boldsymbol{x}_1 + \alpha_1\boldsymbol{x}_2 \in U_{\delta}, \quad 0 \leqslant \alpha \leqslant 1$$

其次 U_{δ} 是$\boldsymbol{R}^n$ 中的闭集,若 $\boldsymbol{x}_n \in U_{\delta}, \boldsymbol{x}_n \to \boldsymbol{x}^*$, 利用$\boldsymbol{R}^n$ 中内积的连续性可知 $\boldsymbol{x}^* \in U_{\delta}$ 。

问题式(3.9)的解 $\hat{\boldsymbol{x}}$ 转化为 0 点在 U_{δ} 上最优逼近问题,即问题等价于:

$$(\hat{\boldsymbol{x}}, \hat{\boldsymbol{x}} - \boldsymbol{x}) \leqslant 0, \forall \boldsymbol{x} \in U_{\delta} \tag{3.10}$$

此条件表示向量 $\hat{\boldsymbol{x}}$ 与向量 $\hat{\boldsymbol{x}}-\boldsymbol{x}$ 之间夹角 $\theta \geqslant \dfrac{\pi}{2}$ 。由于 U_{δ} 是闭集,故 $\hat{\boldsymbol{x}}$ 若存在必唯一。

步骤 2:由式(3.10)构造 $\hat{\boldsymbol{x}}$。

可以分两种情形讨论:

(1) 若 $\|\boldsymbol{y}^{\delta}\| \leqslant \delta$,此条件等价于

$$\|\boldsymbol{y}^{\delta} - \boldsymbol{K}_0\| = \|\boldsymbol{y}^{\delta}\| \leqslant \delta$$

即 $0 \in U_{\delta}$,则取 $\hat{\boldsymbol{x}}=0$ 就满足式(3.9)。

(2) 若 $\|\boldsymbol{y}^{\delta} - \boldsymbol{y}\| \leqslant \delta < \|\boldsymbol{y}^{\delta}\|$,受第 2 节中 Tikhonov 正则解启发,构造 $\hat{\boldsymbol{x}}$ 如下:

$$(\alpha\boldsymbol{I} + \boldsymbol{K}^{\mathrm{T}}\boldsymbol{K})\hat{\boldsymbol{x}} = K^{\mathrm{T}}\boldsymbol{y}^{\delta} \tag{3.11}$$

$$\|\boldsymbol{K}\hat{\boldsymbol{x}} - \boldsymbol{y}^{\delta}\| = \boldsymbol{\delta} \tag{3.12}$$

注 3.1 式(3.12)为什么取 $\|\boldsymbol{K}\hat{\boldsymbol{x}} - \boldsymbol{y}^{\delta}\| = \delta$, 而不是取 $\|\boldsymbol{K}\hat{\boldsymbol{x}} - \boldsymbol{y}^{\delta}\| < \delta$? 由极小模指出,必须是等号,而不是小于号,若

$$\|\boldsymbol{K}\hat{\boldsymbol{x}} - \boldsymbol{y}^{\delta}\| < \delta$$

则对 $\forall 0 < t < 1, t \approx 1$，有

$$\| \boldsymbol{K} t \hat{\boldsymbol{x}} - \boldsymbol{y}^{\delta} \| < \delta$$

然而 $\| t\hat{\boldsymbol{x}} \| < \| \hat{\boldsymbol{x}} \|$，与 $\hat{\boldsymbol{x}}$ 为极小模相矛盾。

下面来证明式(3.11)和式(3.12)满足条件式(3.10)：

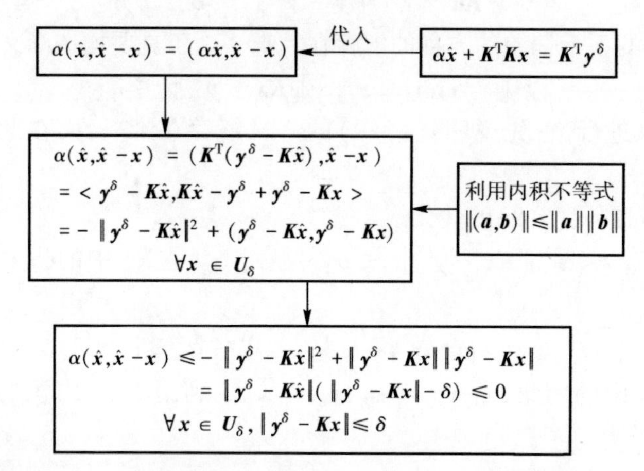

于是 $\hat{\boldsymbol{x}}$ 满足式(3.10)。若解存在，必唯一。

现在证明式(3.11)和式(3.12)解的存在性，首先注意到 $\alpha \boldsymbol{I} + \boldsymbol{K}^{\mathrm{T}}\boldsymbol{K}$ 一定是正定的，因为

$$((\alpha \boldsymbol{I} + \boldsymbol{K}^{\mathrm{T}}\boldsymbol{K})\boldsymbol{x}, \boldsymbol{x}) = \alpha \; \| \boldsymbol{x} \|^2 + \| \boldsymbol{K}\boldsymbol{x} \|^2$$

于是

$$\hat{\boldsymbol{x}} = \boldsymbol{x}_{\alpha}^{\delta} = (\alpha \boldsymbol{I} + \boldsymbol{K}^{\mathrm{T}}\boldsymbol{K})^{-1}\boldsymbol{K}^{\mathrm{T}}\boldsymbol{y}^{\delta} \tag{3.13}$$

把 $\hat{\boldsymbol{x}}$（或 $\boldsymbol{x}_{\alpha}^{\delta}$）代入式(3.12)，问是否能找到 α，使

$$G(\alpha) = \| \boldsymbol{K}\boldsymbol{x}_{\alpha}^{\delta} - \boldsymbol{y}^{\delta} \|^2 - \delta^2 = 0 \tag{3.14}$$

步骤 3：证明式(3.14)的解存在且唯一。

要证明上述结论，只需证明：

(1) $G(\alpha)$ 在 $\alpha \in (0, +\infty)$ 内是连续函数，且严格单调上升；

(2) $G(0) < 0, G(+\infty) > 0$。

由第 2 节可知，$\boldsymbol{K}$ 的奇异系统为 $\{\boldsymbol{u}_i, \boldsymbol{v}_j, \sigma_i\}$，则

$$\boldsymbol{K}\boldsymbol{v}_i = \sigma_i \boldsymbol{u}_i, \boldsymbol{K}^* \boldsymbol{u}_i = \sigma_i \boldsymbol{v}_i$$

由 $\boldsymbol{x}_{\alpha}^{\delta}$ 的表达式(3.13)与第 2 节中 Tikhonov 正则解 $\hat{\boldsymbol{x}}$ 一致，故

$$\boldsymbol{x}_{\alpha}^{\delta} = \sum_{1}^{r} \frac{\sigma_i}{\alpha + \sigma_i^2} \langle \boldsymbol{y}^{\delta}, \boldsymbol{u}_i \rangle \boldsymbol{v}_i \tag{3.15}$$

从而

$$Kx_\alpha^\delta - y^\delta = K\left(\sum_1^r \frac{\sigma_i}{\alpha+\sigma_i^2}\langle y^\delta, u_i\rangle v_i\right) - \sum_1^r \langle y^\delta, u_i\rangle u_i - \sum_{r+1}^m \langle y^\delta, u_i\rangle u_i$$

$$= -\sum_1^r \frac{\alpha}{\alpha+\sigma_i^2}\langle y^\delta, u_i\rangle u_i - \sum_{r+1}^m \langle y^\delta, u_i\rangle u_i$$

即

$$\| Kx_\alpha^\delta - y^\delta \|^2 = \sum_1^r \frac{\alpha^2}{(\alpha+\sigma_i^2)^2} |\langle y^\delta, u_i\rangle|^2 + \| Py^\delta \|^2$$

其中

$$\| Py^\delta \|^2 = \sum_{r+1}^m |\langle y^\delta, u_i\rangle|^2$$

P 为 y^δ 在 $N(K^{\mathrm{T}}) = N(KK^{\mathrm{T}})$ 上投影。从而

$$G(\alpha) = \sum_1^r \frac{\alpha^2}{(\alpha+\sigma_i^2)^2} |\langle y^\delta, u_i\rangle|^2 + \| Py^\delta \|^2 - \delta^2$$

显然 $G(\alpha)$ 在 $\alpha \in (0, +\infty)$ 上是连续函数,且

$$\frac{\mathrm{d}G(\alpha)}{\mathrm{d}\alpha} = \sum_1^r \frac{2\alpha\sigma_i^2}{(\alpha+\sigma_i^2)^3} |\langle y^\delta, u_i\rangle|^2 > 0, \forall \alpha > 0$$

故 $G(\alpha)$ 在 $\alpha \in (0, +\infty)$ 上关于 α 是严格单调上升的连续函数。

下面证明 $G(0) < 0$。

因为假定 $Kx = y$ 存在唯一解,故 $y \in R(K)$,对

$$\forall x \in R^n, x = \sum_1^n c_i v_i, Kx = \sum_1^r c_i \sigma_i u_i$$

从而 y 必为 $u_1, u_2, \cdots, u_r$ 的线性组合,这表示 $Py = 0$,由 $\| y^\delta - y \| \leqslant \delta < \| y^\delta \|$ 可知

$$G(0) = \| Py^\delta \|^2 - \delta^2 = \| P(y - y^\delta) \|^2 - \delta^2 \leqslant \| y - y^\delta \|^2 - \delta^2 \leqslant 0$$

另一方面, $G(+\infty)$ 可表示为

$$G(+\infty) = \sum_1^r |\langle y^\delta, u_i\rangle|^2 + \| Py^\delta \|^2 - \delta^2 = \sum_1^m |\langle y^\delta, u_i\rangle|^2 - \delta^2$$

$$= \| y^\delta \|^2 - \delta^2 > 0$$

由以上分析可知,在 $\alpha \in (0, +\infty)$ 上, $\exists !\ \alpha^*$ 使 $G(\alpha) = 0$。

步骤 4:正则化解 x_α^δ 在计算机上实施。

利用 Newton 迭代法求 α,即

$$\alpha_n = \alpha_{n-1} - \frac{G(\alpha_{n-1})}{G'(\alpha_{n-1})} \tag{3.16}$$

而

$$G(\alpha_{n-1}) = \| \boldsymbol{Kx}(\alpha_{n-1}) - \boldsymbol{y}^{\delta} \|^2 - \delta^2 = < \boldsymbol{Kx}(\alpha_{n-1}) - \boldsymbol{y}^{\delta}, \boldsymbol{Kx}(\alpha_{n-1}) - \boldsymbol{y}^{\delta} > - \delta^2$$

$$G'(\alpha_{n-1}) = 2\left(\frac{\mathrm{d}x(\alpha_{n-1})}{\mathrm{d}\alpha} - \boldsymbol{y}^{\delta}, \boldsymbol{K}^{\mathrm{T}}(\boldsymbol{Kx}(\alpha_{n-1}) - \boldsymbol{y}^{\delta})\right)$$

$$\alpha_{n-1}x(\alpha_{n-1}) + \boldsymbol{K}^{\mathrm{T}}\boldsymbol{Kx}(\alpha_{n-1}) = \boldsymbol{K}^{\mathrm{T}}\boldsymbol{y}^{\delta}$$

于是

$$\alpha_{n-1}\frac{\mathrm{d}x(\alpha_{n-1})}{\mathrm{d}\alpha} + \boldsymbol{K}^{\mathrm{T}}\boldsymbol{K}\frac{\mathrm{d}x(\alpha_{n-1})}{\mathrm{d}\alpha} = - \boldsymbol{x}(\alpha_{n-1}) = - (\alpha_{n-1}\boldsymbol{I} + \boldsymbol{K}^{\mathrm{T}}\boldsymbol{K})^{-1}\boldsymbol{K}^{\mathrm{T}}\boldsymbol{y}^{\delta}$$

即

$$\frac{\mathrm{d}x(\alpha_{n-1})}{\mathrm{d}\alpha} = - (\alpha_{n-1}\boldsymbol{I} + \boldsymbol{K}^{\mathrm{T}}\boldsymbol{K})^{-2}\boldsymbol{K}^{\mathrm{T}}\boldsymbol{y}^{\delta}$$

计算机计算格式如下：

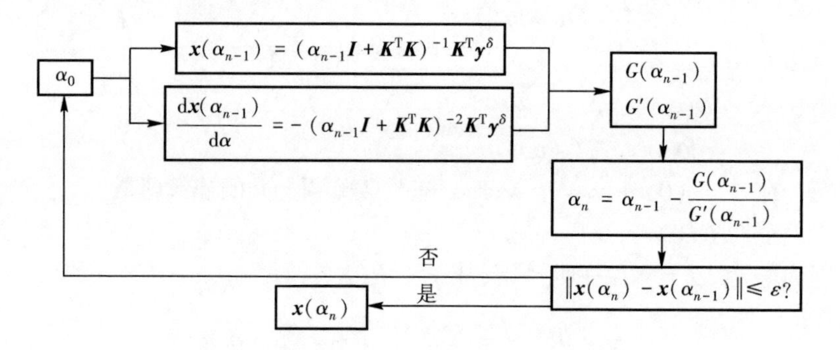

3.3 Tikhonov 正则化解收敛性及收敛阶结果介绍

在第 3.2 节中，我们得到

$$x_{\alpha}^{\delta} = (\alpha\boldsymbol{I} + \boldsymbol{K}^{\mathrm{T}}\boldsymbol{K})^{-1}\boldsymbol{K}^{\mathrm{T}}\boldsymbol{y}^{\delta} \tag{3.17}$$

并且 α 满足

$$\| \boldsymbol{Kx}_{\alpha}^{\delta} - \boldsymbol{y}^{\delta} \|^2 - \delta^2 = 0 \tag{3.18}$$

现在引入 Tikhonov 泛函(对于代数方程而言，此时为 Tikhonov 函数)：

$$J(\boldsymbol{x}) = J_0 + \alpha J_b = \| \boldsymbol{Kx} - \boldsymbol{y}^{\delta} \|^2 + \alpha \| \boldsymbol{x} \|^2 = \min! \tag{3.19}$$

式中：$J(\boldsymbol{x})$ 为 Tikhonov 稳定泛函(函数)；α 为 Tikhonov 正则化参数，则 $J(\boldsymbol{x}) = \min!$ 必要条件为 $\delta J = 0$，则

$$\begin{aligned}\delta J &= 2[< \boldsymbol{Kx} - \boldsymbol{y}^{\delta}, \boldsymbol{K}\delta\boldsymbol{x} > + \alpha(\boldsymbol{x}, \delta\boldsymbol{x})] \\ &= 2[(\boldsymbol{K}^{\mathrm{T}}(\boldsymbol{Kx} - \boldsymbol{y}^{\delta}) + \alpha\boldsymbol{x}, \delta\boldsymbol{x})] = 0, \forall \delta\boldsymbol{x}\end{aligned}$$

于是可导出

$$\hat{x} = (\alpha \boldsymbol{I} + \boldsymbol{K}^{\mathrm{T}}\boldsymbol{K})^{-1}\boldsymbol{K}^{\mathrm{T}}\boldsymbol{y}^{\delta}$$

完全同于式(3.17),此时 α 的选择原则由式(3.18)决定,式(3.18)也为 Morozov 准则,或偏差原则(discrepancy principle)[7]。

由第二节中讨论可知, α 选择先验准则满足

(1) $1\alpha = \alpha(\delta) \to 0, (\delta \to 0)$

(2) $\dfrac{\delta^2}{\alpha(\delta)} \to 0, (\delta \to 0)$

由此可见, $\alpha(\delta)$ 很小, αJ_b 作用就很小。对于 3DVAR 情形,可以引入以下函数:

$$J(\boldsymbol{x}) = J_0 + \alpha J_b = \frac{1}{2} < \boldsymbol{y} - \boldsymbol{H}\boldsymbol{x}, \boldsymbol{R}^{-1}(\boldsymbol{y} - \boldsymbol{H}\boldsymbol{x}) > + \frac{1}{2}\alpha(\boldsymbol{x} - \boldsymbol{x}_b, \boldsymbol{B}^{-1}(\boldsymbol{x} - \boldsymbol{x}_b)) = \min!$$

α 充分小体现正则化中突出观测 J_0 的作用,而 $J_b = \dfrac{1}{2}(\boldsymbol{x} - \boldsymbol{x}_b, \boldsymbol{B}^{-1}(\boldsymbol{x} - \boldsymbol{x}_b))$ 在正则化中仅起到稳定的作用,这也是为什么称 J_b 为稳定泛函的原因。

以上仅对代数方程组完成了 Tikhonov 正则化,对一般算子方程:

$$\boldsymbol{K}\boldsymbol{x} = \boldsymbol{y}^{\delta} \tag{3.20}$$

式中: $\boldsymbol{K}:\boldsymbol{H}_1 \to \boldsymbol{H}_2$ 为中线性算子, $\boldsymbol{H}_i$ 为 Hilbert 空间,也可引入 Tikhonov 泛函

$$J(\boldsymbol{x}) = J_0 + \alpha J_b = \|\boldsymbol{K}\boldsymbol{x} - \boldsymbol{y}^{\delta}\|^2 + \alpha \|\boldsymbol{x}\|^2 = \min! \tag{3.21}$$

此时

$$\begin{aligned} \delta J &= 2[< K\boldsymbol{x} - \boldsymbol{y}^{\delta}, K\delta\boldsymbol{x} > + \alpha(\boldsymbol{x}, \delta\boldsymbol{x})] \\ &= 2[((\alpha\boldsymbol{I} + \boldsymbol{K}^*\boldsymbol{K})\boldsymbol{x} - \boldsymbol{K}^*\boldsymbol{y}^{\delta}), \delta\boldsymbol{x})] = 0, \forall \delta\boldsymbol{x} \end{aligned}$$

可导出 Tikhonov 正则化解为

$$\hat{\boldsymbol{x}} = (\alpha\boldsymbol{I} + \boldsymbol{K}^*\boldsymbol{K})^{-1}\boldsymbol{K}^*\boldsymbol{y}^{\delta} \tag{3.22}$$

式中: $\boldsymbol{K}^*$ 为 $\boldsymbol{K}$ 的伴随算子,而 α 的决定仍采用偏差原则,即

$$\|\boldsymbol{K}\boldsymbol{x}_{\alpha}^{\delta} - \boldsymbol{y}^{\delta}\|^2 - \delta^2 = 0 \tag{3.23}$$

下面介绍 Tikhonov 正则化收敛性及收敛阶的一些结果,这些结果在 K 为单叶线性有界算子情形下,由 Morozov[8](1966 年)得到。下面仅对线性代数方程组给出相关结果。

定理 3.1 对于方程组:

$$\boldsymbol{K}\boldsymbol{x} = \boldsymbol{y} \tag{3.24}$$

$$\boldsymbol{K}\boldsymbol{x} = \boldsymbol{y}^{\delta} \tag{3.25}$$

设

(1) $\boldsymbol{y}, \boldsymbol{y}^{\delta} \in R(\boldsymbol{K}), \boldsymbol{y}^{\delta} \in \boldsymbol{H}_2, \delta > 0$, 且 $\|\boldsymbol{y}^{\delta} - \boldsymbol{y}\| \leqslant \delta < \|\boldsymbol{y}^{\delta}\|$;

(2) $\boldsymbol{K}^{-1}$ 存在；

(3) $\boldsymbol{x}_{\alpha}^{\delta}$ 满足式(3.12)和式(3.23)的 Tikhonov 正则化解。则

$$\boldsymbol{x}_{\alpha(\delta)}^{\delta} \to \boldsymbol{K}^{-1}\boldsymbol{y}, \delta \to 0$$

证明分三步进行。

步骤 1：$\boldsymbol{x}_{\alpha}^{\delta}$ 的有界性估计。

$$\delta^2 + \alpha \|\boldsymbol{x}_{\alpha}^{\delta}\|^2 = \|\boldsymbol{K}\boldsymbol{x}_{\alpha}^{\delta} - \boldsymbol{y}^{\delta}\|^2 + \alpha \|\boldsymbol{x}_{\alpha}^{\delta}\|^2 \leftarrow (\text{利用 } J(\boldsymbol{x}_{\alpha}^{\delta}) = \min!)$$
$$\leqslant \|\boldsymbol{K}(\boldsymbol{K}^{-1}\boldsymbol{y}) - \boldsymbol{y}^{\delta}\|^2 + \alpha \|\boldsymbol{K}^{-1}\boldsymbol{y}\|^2 = \|\boldsymbol{y} - \boldsymbol{y}^{\delta}\|^2 + \alpha \|\boldsymbol{K}^{-1}\boldsymbol{y}\|^2$$
$$\leqslant \delta^2 + \alpha \|\boldsymbol{K}^{-1}\boldsymbol{y}\|^2$$

从而

$$\|\boldsymbol{x}_{\alpha}^{\delta}\| \leqslant \|\boldsymbol{K}^{-1}\boldsymbol{y}\| \tag{3.26}$$

步骤 2：证明 $\boldsymbol{x}_{\alpha}^{\delta} \rightharpoonup \boldsymbol{K}^{-1}\boldsymbol{y}$(弱收敛)$\delta \to 0$。

$$|\langle \boldsymbol{K}\boldsymbol{x}_{\alpha}^{\delta} - \boldsymbol{y}, \boldsymbol{g}\rangle| = |\langle \boldsymbol{K}\boldsymbol{x}_{\alpha}^{\delta} - \boldsymbol{y}^{\delta} + \boldsymbol{y}^{\delta} - \boldsymbol{y}, \boldsymbol{g}\rangle|$$
$$\leqslant |\langle \boldsymbol{K}\boldsymbol{x}_{\alpha}^{\delta} - \boldsymbol{y}^{\delta}, \boldsymbol{g}\rangle + \langle \boldsymbol{y}^{\delta} - \boldsymbol{y}, \boldsymbol{g}\rangle| \leftarrow (\text{利用 Cauchy 不等式} |(\boldsymbol{a},\boldsymbol{b})| \leqslant \|\boldsymbol{a}\| \|\boldsymbol{b}\|)$$
$$\leqslant \{\|\boldsymbol{K}\boldsymbol{x}_{\alpha}^{\delta} - \boldsymbol{y}^{\delta}\| + \|\boldsymbol{y} - \boldsymbol{y}^{\delta}\|\} \|\boldsymbol{g}\| \leqslant 2\delta \|\boldsymbol{g}\|$$

于是

$$\langle \boldsymbol{K}\boldsymbol{x}_{\alpha}^{\delta} - \boldsymbol{y}, \boldsymbol{g}\rangle \to 0 \Rightarrow \langle \boldsymbol{x}_{\alpha}^{\delta} - \boldsymbol{K}^{-1}\boldsymbol{y}, \boldsymbol{K}^{*}\boldsymbol{g}\rangle \to 0, \delta \to 0$$

从而

$$\boldsymbol{x}_{\alpha}^{\delta} \rightharpoonup \boldsymbol{K}^{-1}\boldsymbol{y}, \delta \to 0 \tag{3.27}$$

步骤 3：证明 $\boldsymbol{x}_{\alpha}^{\delta} \to \boldsymbol{K}^{-1}\boldsymbol{y}$(强收敛)$\delta \to 0$。

估计

$$\|\boldsymbol{x}_{\alpha}^{\delta} - \boldsymbol{K}^{-1}\boldsymbol{y}\|^2 = \|\boldsymbol{x}_{\alpha}^{\delta}\|^2 - 2(\boldsymbol{x}_{\alpha}^{\delta}, \boldsymbol{K}^{-1}\boldsymbol{y}) + \|\boldsymbol{K}^{-1}\boldsymbol{y}\|^2 \leftarrow (\text{利用式(3.26)})$$
$$\leqslant 2(\|\boldsymbol{K}^{-1}\boldsymbol{y}\|^2 - (\boldsymbol{x}_{\alpha}^{\delta}, \boldsymbol{K}^{-1}\boldsymbol{y})) \to 0$$

于是

$$\boldsymbol{x}_{\alpha}^{\delta} \to \boldsymbol{K}^{-1}\boldsymbol{y}, \delta \to 0 \tag{3.28}$$

注 3.2 定理 3.1 告诉我们：对于方程 $\boldsymbol{K}\boldsymbol{x} = \boldsymbol{y}^{\delta}$，由于 $\boldsymbol{y}^{\delta}$ 是近似，利用近似方程求得 Tikhonov 正则化解 $\boldsymbol{x}_{\alpha}^{\delta}$ 具有稳定性，即当 $\delta \to 0$ 时，保证了 $\boldsymbol{x}_{\alpha}^{\delta} \to \boldsymbol{K}^{-1}\boldsymbol{y}$ (真解)。

定理 3.2 Tikhonov 正则化解收敛阶估计。

在定理 3.1 条件下，另外附加 $\boldsymbol{y} \in R(\boldsymbol{K}\boldsymbol{K}^{*})$，则

$$\|\boldsymbol{K}\boldsymbol{x}_{\alpha}^{\delta} - \boldsymbol{y}^{\delta}\|^2 = O(\delta^{\frac{1}{2}}), \delta \to 0 \tag{3.29}$$

注 3.3 $\boldsymbol{y} \in R(\boldsymbol{K}\boldsymbol{K}^{*})$ 的意义表示 $\boldsymbol{K}^{-1}\boldsymbol{y} \in R(\boldsymbol{K}^{*})$，即存在 $\boldsymbol{g} \in \boldsymbol{R}^{m}$，使

$$\boldsymbol{K}^{-1}\boldsymbol{y} = \boldsymbol{K}^{*}\boldsymbol{g} \tag{3.30}$$

下面证明定理 3.2。估计

$$
\begin{aligned}
&\| x_\alpha^\delta - K^{-1}y \|^2 \leftarrow (\text{利用式}(3.28)) \\
&\leqslant 2(\| K^{-1}y \|^2 - (x_\alpha^\delta, K^{-1}y)) = 2[(K^{-1}y - x_\alpha^\delta, K^{-1}y)] \leftarrow (\text{利用式}(3.30)) \\
&= 2(K^{-1}y - x_\alpha^\delta, K^* g) = 2(K(K^{-1}y - x_\alpha^\delta), g) = 2(y - Kx_\alpha^\delta, g) = 2(y - y^\delta + y^\delta - Kx_\alpha^\delta, g) \\
&\leqslant 2(\| y - y^\delta \| + \| y^\delta - Kx_\alpha^\delta \|) \| g \| \leqslant 4\delta \| g \|
\end{aligned}
$$

于是

$$
\| Kx_\alpha^\delta - y^\delta \|^2 = O(\delta^{\frac{1}{2}}), \delta \to 0
$$

注 3.4 由式(3.29),对正则化解的收敛阶做出估计 $O(\delta^{\frac{1}{2}})$,对一般算子方程,Tikhonov 正则化解收敛精度亦有类似估计,在特定条件下,Tikhonov 正则化解收敛精度可以达到 $O(\delta^{1-\varepsilon})(0 < \varepsilon < 1)$,但永远达不到 $O(\delta)$,这是反问题与正问题的一个显著区别。正问题可以不断提高解的收敛阶数,如二阶或高阶精度,但反问题解收敛阶精度永远限制在 $O(\delta^{1-\varepsilon})(0 < \varepsilon < 1)$ 内。有关更深入内容可参阅专著[9]。

注 3.5 对正则化参数 α 的估计,在 $\| y^\delta - y \| \leqslant \delta < \| y^\delta \|$ 条件下:

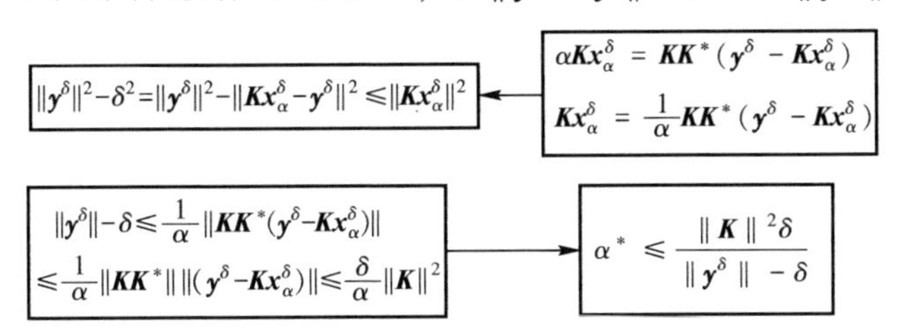

3.4 正则化参数的选择原则

正则化参数的选取始终是正则化方法研究中的一个重要课题。从选择正则化参数的策略来说,有先验选择与后验选择。关于先验选取策略,我们在第 2 节中予以介绍,即

$$
\alpha = \alpha(\delta) \to 0, \quad \frac{\delta^2}{\alpha(\delta)} \to 0 \qquad (\delta \to 0)
$$

但先验策略往往仅有理论价值,在实际应用中难以检验。因而对正则化参数进行后验策略研究,就显得十分重要。常用有以下几种策略。

3.4.1 Morozov 偏差原则

$$
\| Kx_\alpha^\delta - y^\delta \|^2 = c\delta^2 \tag{3.31}
$$

式中：$c \geqslant 1$ 为预先给定常数，特别取 $c=1$，就是式(3.23)。

Morozov 偏差原则是一种十分有效的正则化参数选取策略，但是它需要求解一个隐式的非线性方程（称为 Morozov 偏差原则）：

$$G(\alpha)=\|\boldsymbol{K}\boldsymbol{x}_{\alpha}^{\delta}-\boldsymbol{y}^{\delta}\|^{2}-c\delta^{2}=0 \tag{3.32}$$

数值求解 Morozov 偏差方程，通常采用 Newton 迭代方法，即

$$\boldsymbol{x}(\alpha_{n-1})=(\alpha_{n-1}\boldsymbol{I}+\boldsymbol{K}^{*}\boldsymbol{K})^{-1}\boldsymbol{K}^{*}\boldsymbol{y}^{\delta}$$

$$\alpha_{n}=\alpha_{n-1}-\frac{G(\alpha_{n-1})}{G'(\alpha_{n-1})}$$

其计算量十分巨大，故每一次迭代需要解两次代数方程组，即

$$(\alpha_{n-1}\boldsymbol{I}+\boldsymbol{K}^{*}\boldsymbol{K})\boldsymbol{x}(\alpha_{n-1})=\boldsymbol{K}^{*}\boldsymbol{y}^{\delta}$$

$$(\alpha_{n-1}\boldsymbol{I}+\boldsymbol{K}^{*}\boldsymbol{K})^{2}\frac{\mathrm{d}}{\mathrm{d}\alpha}\boldsymbol{x}(\alpha_{n-1})=\boldsymbol{K}^{*}\boldsymbol{y}^{\delta}$$

注 3.6 用式(3.32)直接求解时，数值计算并不是十分有效，当用 Newton 迭代法求解时，由于函数的导数很小，会出现迭代解的收敛速度很慢的问题。

3.4.2 吸收 Morozov 准则

在许多应用中，利用 Morozov 准则确定正则化解不是很理想，或者说 Morozov 准则过于保守，因此更一般的偏差原则被提出来，称为吸收 Morozov 准则[10-11]：

$$\|\boldsymbol{K}\boldsymbol{x}(\alpha)-\boldsymbol{y}^{\delta}\|^{2}+\alpha^{\gamma}\|\boldsymbol{x}(\alpha)\|^{2}=c\delta^{2} \tag{3.33}$$

式中：$\gamma\in(0,+\infty)$ 是给定的常数，称为吸收系数，$c\geqslant 1$ 给定常数，满足

$$\|\boldsymbol{y}^{\delta}-\boldsymbol{y}\|^{2}\leqslant c\delta^{2}<\|\boldsymbol{y}^{\delta}\|^{2} \tag{3.34}$$

此时，式(3.34)至少存在一个解。当 $\gamma\to+\infty$ 时，吸收偏差原则即为 Morozov 准则。可以证明，在一定条件下[11]

$$\|\boldsymbol{x}(\alpha)-\hat{\boldsymbol{x}}\|^{2}=O(\delta^{\min\left\{\frac{1}{2},\frac{\gamma-1}{\gamma}\right\}})$$

注 3.7 特别对于大误差水平的测量数据，吸收 Morozov 准则比 Morozov 准则能够得到更好的结果。

3.4.3 模型函数方法对正则化参数的最优选择

为了克服 Newton 法的缺点，有人提出了一种用模型函数方法确定正则化参数[12-13]。

模型函数方法的思想：将 Tikhonov 泛函：

$$J_{\alpha}(\boldsymbol{x})=\|\boldsymbol{K}\boldsymbol{x}(\alpha)-\boldsymbol{y}^{\delta}\|^{2}+\alpha\|\boldsymbol{x}(\alpha)\|^{2}(\alpha>0) \tag{3.35}$$

定义成关于 α 的函数，即

$$F(\alpha)=\frac{1}{2}\min_{x\in X}J_{\alpha}(x) \tag{3.36}$$

然后建立吸收 Morozov 准则，即

$$\|\boldsymbol{K}\boldsymbol{x}(\alpha)-\boldsymbol{y}^{\delta}\|^{2}+\alpha^{\gamma}\ \|\boldsymbol{x}(\alpha)\|^{2}=\delta^{2}$$

它等价于下面相容方程为

$$G(\alpha)=F(\alpha)+(\alpha^{\gamma}-\alpha)F'(\alpha)-\frac{1}{2}\delta^{2}=0 \tag{3.37}$$

式中：$F(\alpha)$ 为 Tikhonov 泛函的极小函数。$F(\alpha)$ 具有很好的性质，但其具体形式是未知的，故而直接求解方程式(3.37)是很困难的。现在引进函数 $F(\alpha)$ 的含待定参数且具有明确表达式的近似函数 $m(\alpha)$ 后(见注 3.10)，将相容方程 $G(\alpha)=0$ 近似为

$$m(\alpha)+(\alpha^{\gamma}-\alpha)m'(\alpha)-\frac{1}{2}\delta^{2}=0 \tag{3.38}$$

下面给出用模型函数方法选择正则化参数的流程图。

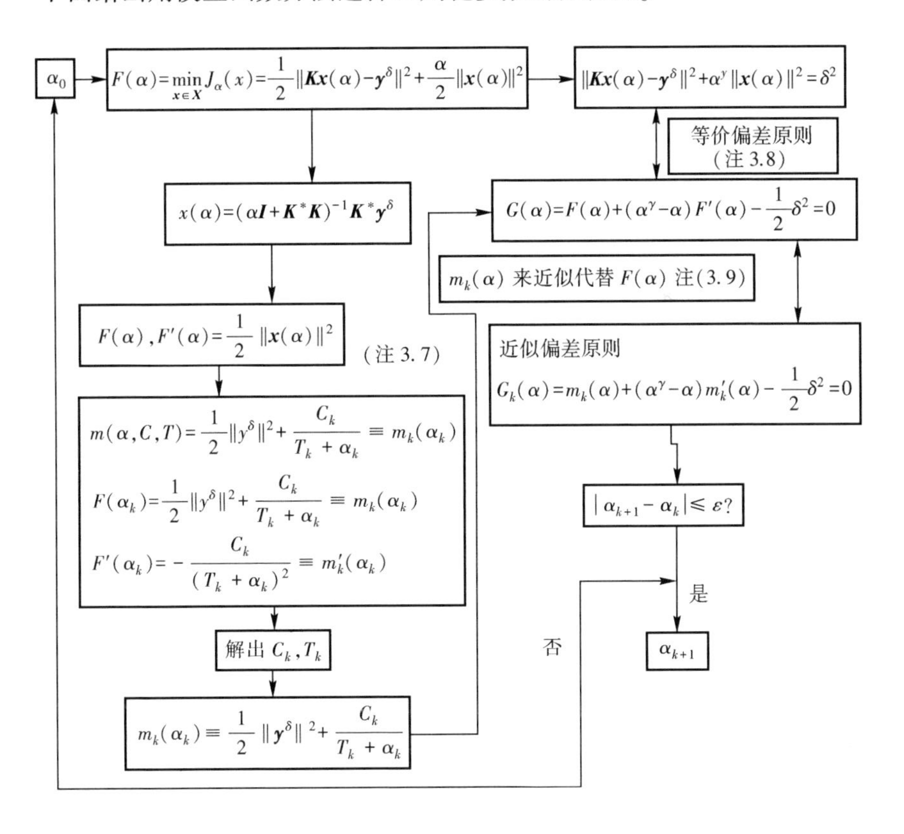

注 3.8　$F'(\alpha)=\frac{1}{2}\|\boldsymbol{x}(\alpha)\|^2$ 的说明

$$\begin{cases}F(\alpha)=\frac{1}{2}\|\boldsymbol{Kx}(\alpha)-\boldsymbol{y}^\delta\|^2+\frac{\alpha}{2}\|\boldsymbol{x}(\alpha)\|^2\\ F'(\alpha)=<\boldsymbol{Kx}(\alpha)-\boldsymbol{y}^\delta,\boldsymbol{Kx}'(\alpha)-\boldsymbol{y}^\delta>+\alpha(\boldsymbol{x}(\alpha),\boldsymbol{x}'(\alpha))+\frac{1}{2}\|\boldsymbol{x}(\alpha)\|^2\\ \qquad=(\boldsymbol{K}^*(\boldsymbol{Kx}(\alpha)-\boldsymbol{y}^\delta)+\alpha\boldsymbol{x}(\alpha),\boldsymbol{x}'(\alpha))+\frac{1}{2}\|\boldsymbol{x}(\alpha)\|^2=\frac{1}{2}\|\boldsymbol{x}(\alpha)\|^2\end{cases} \tag{3.39}$$

注 3.9　吸收偏差准则式(3.33)等价于式(3.37)。
由式(3.33)可知

$$F(\alpha)=\frac{1}{2}\|\boldsymbol{Kx}(\alpha)-\boldsymbol{y}^\delta\|^2+\frac{\alpha}{2}\|\boldsymbol{x}(\alpha)\|^2 \tag{3.40}$$

把式(3.40)代入式(3.37),利用 $F'(\alpha)=\frac{1}{2}\|\boldsymbol{x}(\alpha)\|^2$,即可得到等价的偏差原则,即

$$G(\alpha)=m(\alpha)+(\alpha^\gamma-\alpha)m'(\alpha)-\frac{1}{2}\delta^2=0$$

注 3.10　为什么由 $G(\alpha)=0$,引进模型函数 $m(\alpha)$ 。把式(3.37)转化成近似偏差原则,即

$$G_k(\alpha)=m_k(\alpha)+(\alpha^\gamma-\alpha)m_k'(\alpha)-\frac{1}{2}\delta^2=0$$

等价的偏差原则中 $F(\alpha)$ 具有很好的性质(如可以证明 $F(\alpha)$ 关于 α 是无穷次可微),但其具体形式是未知的,故直接求解式(3.37)是比较困难的,模型函数方法是通过引进函数 $F(\alpha)$ 的含待定参数且具有明确表达式的近似函数 $m(\alpha)$ 后,将相容方程 $G(\alpha)=0$ 近似为

$$m(\alpha)+(\alpha^\gamma-\alpha)m'(\alpha)-\frac{1}{2}\delta^2=0 \tag{3.41}$$

通过不断更新模型函数 $m(\alpha)$ 中待定参数,可使 $m(\alpha)$ 更好地逼近 $F(\alpha)$,从而通过求解近似方程式(3.41)可求得相容性方程的迭代算法。文献[13]证明了局部收敛性。

图 3.1 绘出了该方法的几何描述。

关于模型函数的进一步结果可参阅相关专著与文献[14-16]。

3.4.4 正则参数选取的 L 曲线准则(L-curve principle)

L 曲线的宗旨:残差范数 $\|\boldsymbol{Kx}(\alpha)-\boldsymbol{y}^{\delta}\|$ 与正则化解范数 $\|\boldsymbol{x}(\alpha)\|$ 之间在一组正则化参数下所构成的图象,即 $\{\|\boldsymbol{Kx}(\alpha)-\boldsymbol{y}^{\delta}\|,\|\boldsymbol{x}(\alpha)\|\}$ 所构成的图像,该图象的形状如字母 L,故称为 L 曲线。确定正则化参数 L 曲线是找对应于 L 曲线“角点”的正则化参数[17-18]。该“角点”是 L 曲线上曲率最大的点。在数值计算时,常把它们转化成 $\{\lg\|\boldsymbol{Kx}(\alpha)-\boldsymbol{y}^{\delta}\|,\lg\|\boldsymbol{x}(\alpha)\|\}$ 的图形(图 3.2)。

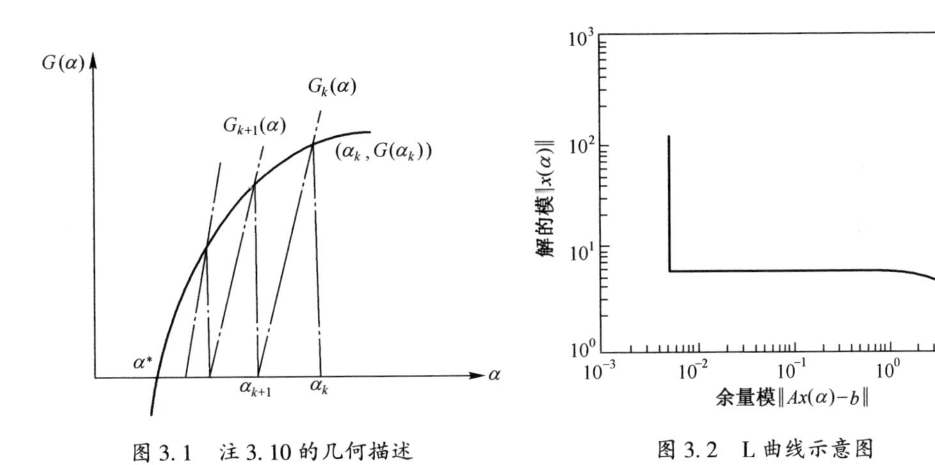

图 3.1 注 3.10 的几何描述

图 3.2 L 曲线示意图

用 L 曲线方法中正则化参数 α,使其极大值曲率函数为

$$\kappa(\alpha)=\frac{U''(\alpha)V'(\alpha)-U'(\alpha)V''(\alpha)}{[U^2(\alpha)+V^2(\alpha)]^{3/2}} \tag{3.42}$$

Engl[19]指出:在相当多的情况下,L 曲线通过

$$\varphi(\alpha)=\|\boldsymbol{x}(\alpha)\|\;\|\boldsymbol{Kx}(\alpha)-\boldsymbol{y}^{\delta}\| \tag{3.43}$$

极小化来实现,这一准则便于在数值上加以实现。

注 3.11 L 曲线方法优点:不需要预先知道误差水平。

L 曲线方法存在的问题如下。

(1) 其收敛结果尚未得到证明,文献[20]曾举出反例,指出 L 曲线准则的不收敛性,但数值结果表明,L 曲线准则具有很强的收敛性[21]。

(2) L 曲线方法非常耗时,这是因为它将重复求解大型线性代数方程组,Morigi 等[22]基于 Lanczov 算法构造了一种迭代方法来求 L 曲线上点,它可以节省计算量,然后再计算出最优正则化参数,关于这方面还有 Calveth 等[23-25]的工作。Reichel 等[26]则提出一种截断奇异值正则化方法中正则化参数的 L 曲线方法,Rezghi 等[27]则提出一种变形的 L 曲线方法,Belge 等[28]则研究了多正则化参数的 Tikhonov 正则化方法中 L 曲面方法。

3.4.5 广义交叉检验准则(Generalized Cross-validation,GCV)[29]

与 L 曲线方法一样,确定正则化参数也不需要预先知道输入数据的误差水平的方法,该方法使

$$V(\alpha)=\frac{\|(\boldsymbol{I}-\boldsymbol{K}(\alpha))\boldsymbol{y}\|^2}{[\mathrm{Tr}(\boldsymbol{I}-\boldsymbol{K}(\alpha))]^2}=\min! \tag{3.44}$$

式中:$\boldsymbol{K}(\alpha)=\boldsymbol{K}(\alpha\boldsymbol{I}+\boldsymbol{K}^*\boldsymbol{K})^{-1}K^*$;Tr 为矩阵的迹。下面利用逆矩阵公式把式(3.44)进行转换,若 $\boldsymbol{K}$ 为 $m\times n$ 的矩阵,则 $\boldsymbol{K}^*=\boldsymbol{K}^{\mathrm{T}}$。

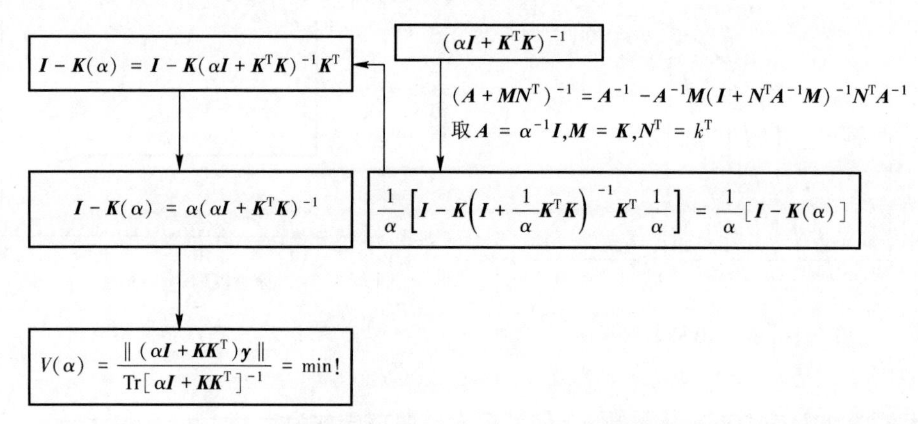

注 3.12 此方法不需预先的误差信号,计算较稳定,但 GCV 函数极小点难以求得,因为它在极小点附近非常平坦,但是数值结果表明,GCV 方法具有很强的适应性。

参考文献

[1] Kress R.Linea Integral Equations[M].New-York:Springer-Verlag,1989.

[2] Tikhonov A N,Arsenin V Y.Solutions of Ill-Posed Problems[M].Washington:Winston and Sonk, 1977.

[3] Kirsch A. An Introduction to the Mathematical Theory of Inverse Problems [M]. New York: Spring-Verlag, 1996.

[4] 郭本琦.抛物型偏微分方程的反问题[M].黑龙江:黑龙江科学技术出版社,1988.

[5] Phillips D L.A technique for the numerical solution of certain integral equations of the first kind[J].J. Ass. Comp. Math,1962, 9:84-97.

[6] Romanov V G.Inverse Problems of Mathematical Physiss[M].VNU Science Press BV, 1987.

[7] Morozov V A.Choice of parameter for the solution of functional equations by the regularization method[J].Soviet Math,Doklady,1967,8:1000-1003.

[8] Morozov V A.On the solution of functional equations by the method of regularization[J].Soviet Math Doklady,1966,7:414-417.

[9] Groetsch C W.The Theory of Tikhonov Regularization parameters in linear inverse Problems.Inverse Problems [M].1984,14(5):1247-1264.

[10] Morozov V A.Methods for solving Incorrectly Posed Problems[M].New York:Springer-Verlag,1984.

[11] Kunisch K.On a class of damped Morozov principal[J].Computing,1993,50:185-198.

[12] Kunisch K.Zou J.Iterative choices of regularization parameters in linear inverse Problems[J].Inverse Problems,1998,14(5):1247-1264.

[13] Xie J L,Zou J.An improved model function method for choosing regularization parameters in linear inverse problems, Inverse Problems,2002,18(5):631-643.

[14] 刘继军.不适定问题的正则化方法及应用[M].北京:科学出版社,2005.

[15] Liu J J,Ni M.A model function method for determining the regularization parameter in potential approach for the recovery of scattered wave[J].Appl. Num. Math. ,2008,58(8):1113-1128.

[16] 王泽文.Tikhonov 正则化参数的选取及两类反问题研究[D].南京:东南大学,2010.

[17] Hansen P C,O' Leary D P.The use of he L-curve in the regularization of discrete ill-posed problems[J]. SIAM Journal of Scientific computing,1993,14(6):147-1503.

[18] Engl H W, Grever W. Using the L-curve for determining optimal regularization parameters [J]. Numer. Math,1994,69(1):25-31.

[19] Engl H W.Discrepancy principles for Tikhonov regularization of ill-posed problems leading to optimal convergence of the L-curve regularization parameter selection method[J].Inverse Problems,1987,12:537-547.

[20] Vogel C B. Non-convergence of the L-curve regularization parameter selection method [J]. Inverse Problems,1996,12:535-547.

[21] Hanke M,Hansen P C.Regularization methods for large-scale problems[J].Surv. Math. Ind,1993,3:253-315.

[22] Morigi S, Sgallari F. A regularizing L-cyrve Lanczos method for underdetermind linear systems[J]. Appl. Math Comp, 2001, 121(1):55-73.

[23] Kilmer M E, O′ Leary D P. Choosing regularization parameters in iferative methods for ill-posed problems [J]. SIAM J. Matrix Anal. Appl., 2000, 22(4):1204-1221.

[24] Calvetti D, Hansen P C, Reichel. L-curve currature bounds via Lanczos bidiagonalization[J]. Electronic Transcactions on Numerical Analysis, 2002, 14:20-35.

[25] Calvetti D, reichel L. Tikhonov regularization of Large linear problems[J]. BIT Numerical Mathematics, 2003, 43(2):263-283.

[26] Reichel L, Hosseini S M. A new L-curve for ill-posed problems[J]. J of Comp and Appl. Math, 2009. 219 (2):493-508.

[27] Rezghi M, Hosseini S M. A new variant of L-curve for Tikhonov regularization[J]. J of Comp. Appl. Math. 2009, 231(2):914-924.

[28] Belge M, Kilmer M E, Miller E L. Effcient determination of multiple Regularization parameters in a generalized L-curve pramework[J]. Inverse Problems, 2002, 18(4):1161-1183.

[29] Golub G, Heath H M, Wahha G. Generalized cross-validation as a method for choosing a good ridge parameter[J]. Thchnometrics, 1979. 21:215-223.

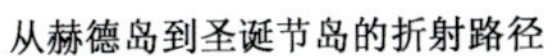
从赫德岛到圣诞节岛的折射路径

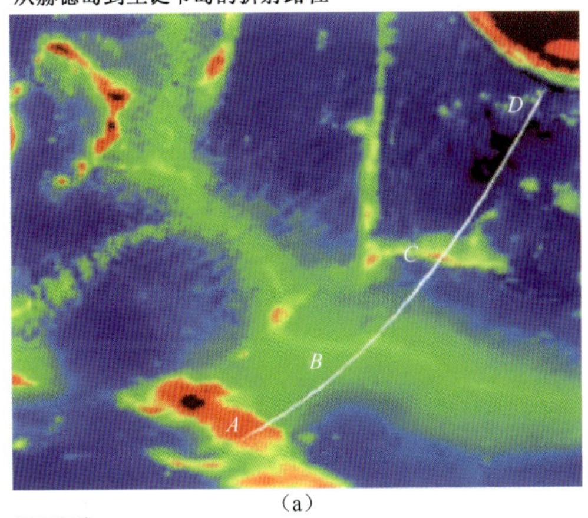
A
B
C
D

(a)

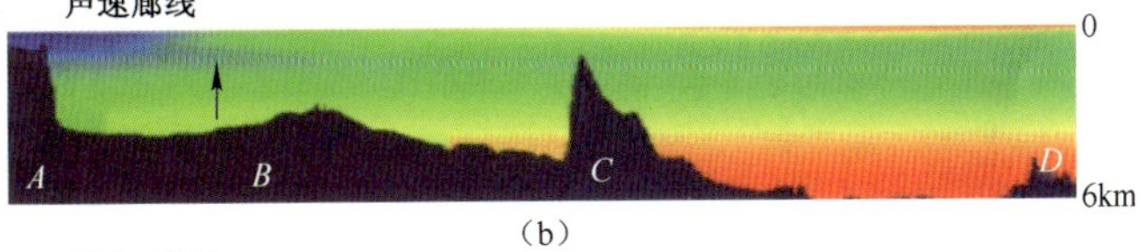
声速廓线
0
6km
A
B
C
D

(b)

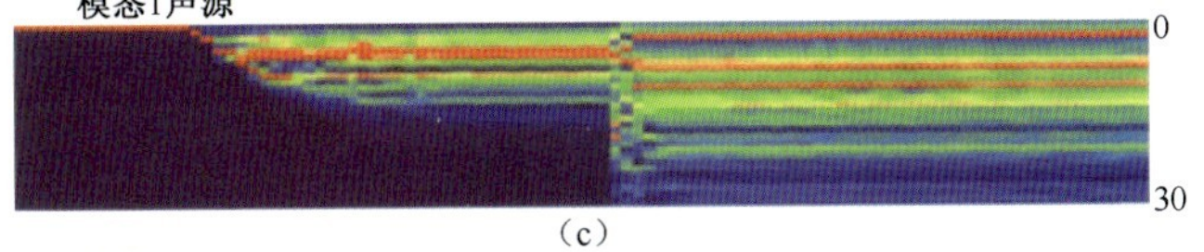
模态1声源
0
30

(c)

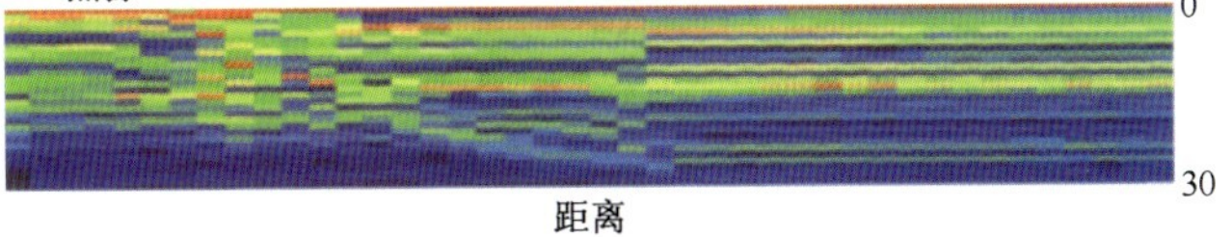
点源
0
30
距离

(d)

图 8.10

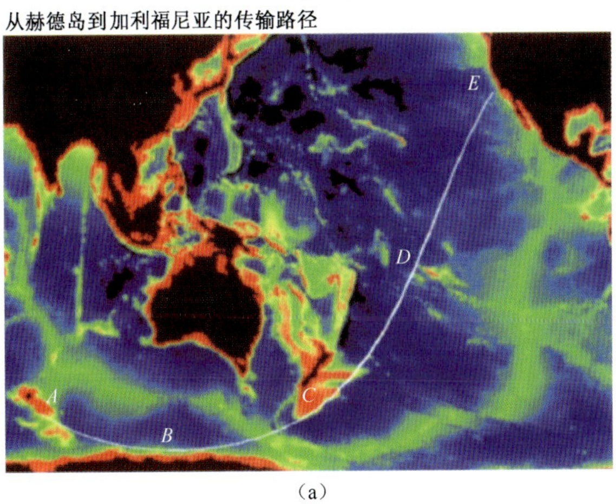
从赫德岛到加利福尼亚的传输路径
A
B
C
D
E

(a)

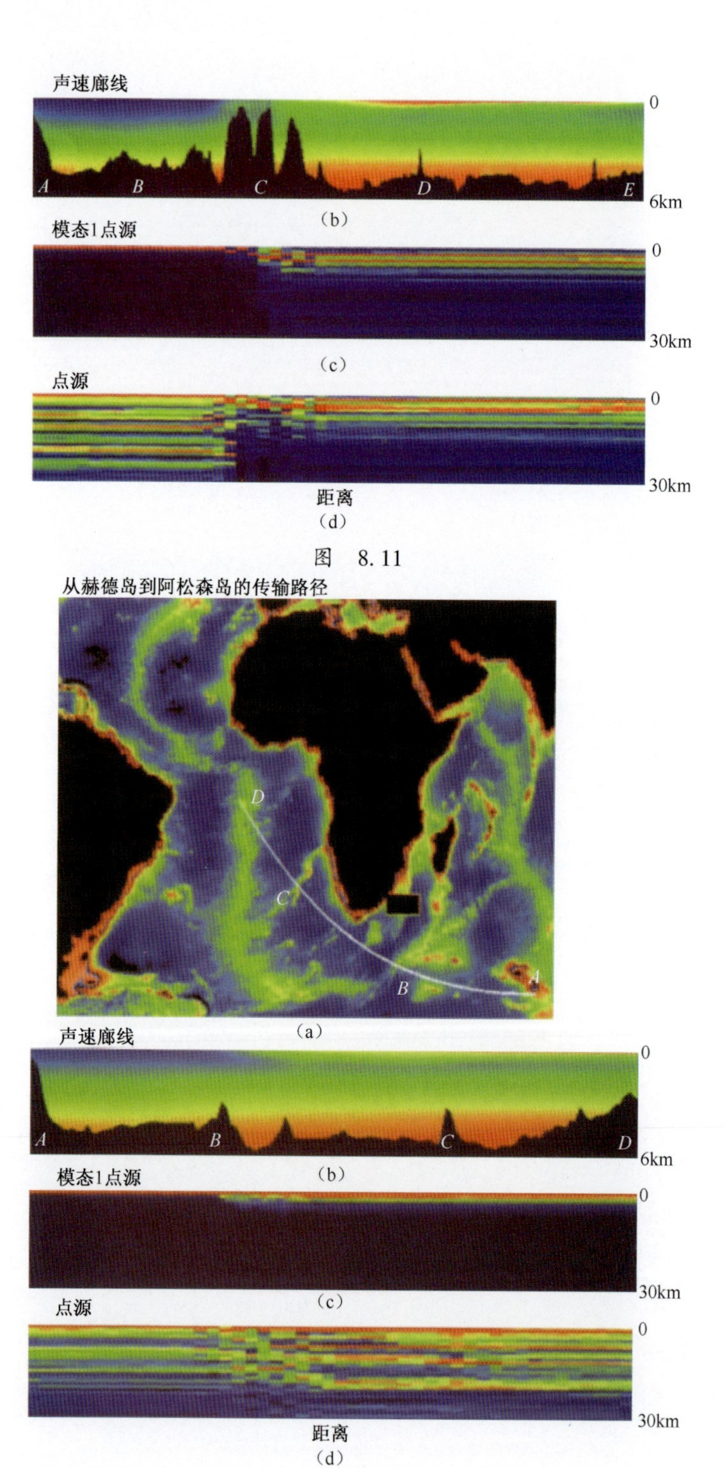
声速廓线
0
A
B
C
D
E
6km
(b)
模态1点源
0
30km
(c)
点源
0
30km
距离
(d)
从赫德岛到阿松森岛的传输路径
D
C
B
A
(a)
声速廓线
0
A
B
C
D
6km
(b)
模态1点源
0
30km
(c)
点源
0
30km
距离
(d)

图 8.11

图 8.12

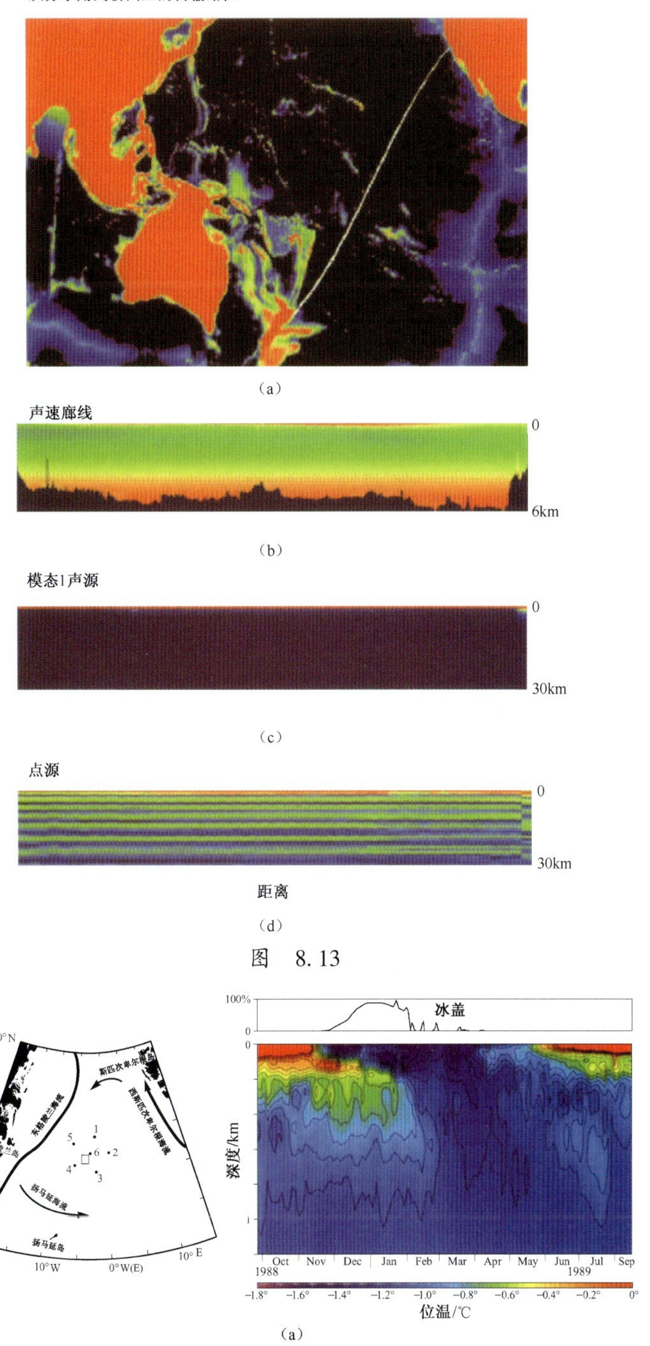
从苏尔角到新西兰的传输路径
(a)
声速廓线
0
6km
(b)
模态1声源
0
30km
(c)
点源
0
30km
距离
(d)
80° N
76° N
72° N
20° W
10° W
0° W(E)
10° E
斯匹次卑尔根岛
西斯匹次卑尔根海流
东格陵兰海流
格陵兰岛
扬马延海流
扬马延岛
1
2
3
4
5
6
100%
0
冰盖
深度/km
Oct
Nov
Dec
Jan
Feb
Mar
Apr
May
Jun
Jul
Sep
1988
1989
-1.8°
-1.6°
-1.4°
-1.2°
-1.0°
-0.8°
-0.6°
-0.4°
-0.2°
0°
位温/℃

图　8.13

（a）

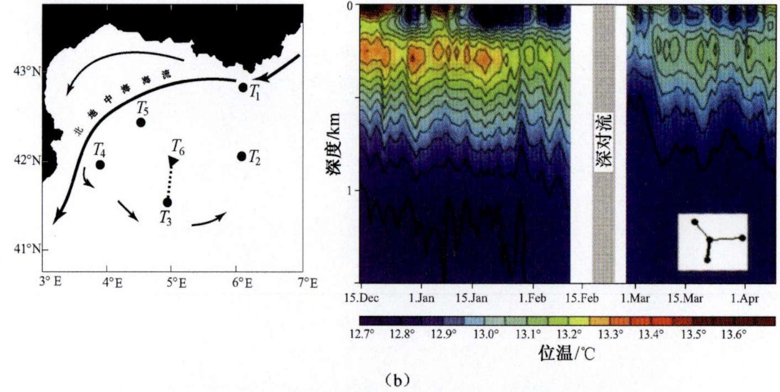
43°N
42°N
41°N
3° E
4°E
5°E
6°E
7°E
北地中海海流
T_1
T_2
T_3
T_4
T_5
T_6
深度/km
深对流
15.Dec
1.Jan
15.Jan
1.Feb
15.Feb
1.Mar
15.Mar
1.Apr
12.7°
12.8°
12.9°
13.0°
13.1°
13.2°
13.3°
13.4°
13.5°
13.6°
位温/℃

(b)

图 E.1

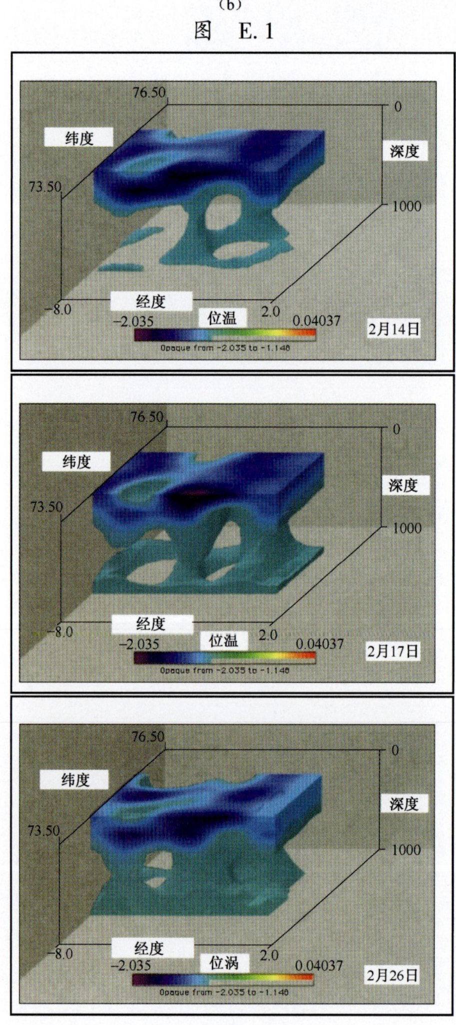
76.50
73.50
纬度
深度
0
1000
经度
-8.0
2.0
位温
-2.035
0.04037
2月14日
2月17日
位涡
2月26日

图 E.2